FISCHER KOLLEG
Das Abitur-Wissen

ist ein Übungs- und Nachschlagewerk für Schüler, die die Oberstufe (Kolleg-stufe, differenzierte gymnasiale Oberstufe, Sekundarstufe II) des Gymna-siums oder anderer vergleichbarer Schulen besuchen, zugleich für alle, die im Zweiten Bildungsgang oder im Selbststudium ein der Reifeprüfung ver-gleichbares Bildungsziel anstreben. Es ist außerdem als Repetitorium für Studierende der Anfangssemester benutzbar.

<u>Fischer Kolleg besteht aus folgenden 10 Bänden:</u>

Mathematik

Physik

Chemie

Biologie

Deutsch
Verstehen – Sprechen – Schreiben

Englisch – Französisch – Latein

Literatur

Geographie

Geschichte

Sozialwissenschaften
Gesellschaft – Staat – Wirtschaft – Recht

MATHEMATIK

Herausgegeben von
Rudolf Brauner und Fritz Geiß

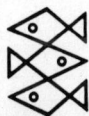

Fischer Taschenbuch Verlag

Mitarbeiter dieses Bandes

Herausgeber: Rudolf Brauner, Fritz Geiß
Autoren: Rudolf Brauner, Fritz Geiß, Horst Sewerin

(Der Beitrag über »Algebraische Strukturen« ist Nachfolger einer Darstellung von
Professor Horst Walter.)

134.–136. Tausend: April 1990

Veröffentlicht im Fischer Taschenbuch Verlag GmbH,
Frankfurt am Main, Oktober 1973
Überarbeitete Neuausgabe: September 1983

© Fischer Taschenbuch Verlag GmbH, Frankfurt am Main 1973, 1979, 1983
Redaktion: Lexikographisches Institut Dr. Störig, München
Zeichnungen: Dušan Kesić, Robert Funk, Niels Larsen und Gabriela Bauer
Umschlagentwurf: Rambow, Lienemeyer, van de Sand
Satz: Passavia Druckerei GmbH, Passau
Druck und Bindung: Clausen & Bosse, Leck
Printed in Germany
ISBN 3-596-24540-0 (Kassette)
ISBN 3-596-24541-9 (Band Mathematik)

Inhalt

Kapitel IV   Stochastik *(Sewerin)*   347

Zufall, Ereignis und Häufigkeit   347

Wahrscheinlichkeiten   355

Kombinatorik   363

Mehrstufige Zufallsprozesse   375

Bedingte Wahrscheinlichkeiten   383

Zufallsvariable   390

Die Binomialverteilung   402

Die Poisson-Verteilung   410

Die Normalverteilung   415

Statistische Anwendungen   428

Lösungen der Aufgaben   447

Register   456

Vorwort

»Der Band Mathematik hat so etwas wie die Quadratur des Zirkels zu lösen, wenn er mehr bieten will als ein Lexikon und etwas anderes als ein Lehrbuch.« Der einleitende Satz aus dem Vorwort zur ersten Auflage des Fischer-Kollegs gilt heute ebenso wie vor zehn Jahren.

Für den vorliegenden Band mußte über die Auswahl und über die Darstellung des Stoffes neu entschieden werden. Durch die Beschlüsse der Konferenz der Kultusminister war in der Zwischenzeit die Oberstufen-Reform an den Gymnasien in Gang gekommen – ein Prozeß, der inhaltlich und organisatorisch große Wandlungen brachte und der überdies noch nicht abgeschlossen erscheint.

Es gibt jedoch gegenwärtig keinen Zweifel daran, daß Wahrscheinlichkeitsrechnung und Statistik einen festen Platz im Unterricht der Sekundarstufe II gefunden haben. Deshalb bemühten sich Herausgeber und Verlag vorrangig um einen entsprechenden Beitrag für das Abitur-Wissen.

Die Kapitel über Algebraische Strukturen und über Zahlen wurden gekürzt. Es mag noch einige Jahre dauern, bis zuverlässiger abzuschätzen ist, in welchem Umfang vorwiegend strukturorientierte Betrachtungsweisen in der Schule zu vermitteln sind.

Während das Kapitel zur Analysis fast unverändert blieb, wurde der Beitrag zur Geometrie weitgehend umgestaltet. Die axiomatische Geometrie war in den vorigen Auflagen ein Schwerpunkt des Kapitels. Da sich in der Schulpraxis dieser Aspekt der Geometrie weit weniger intensiv verwirklicht hat, als dies 1972 angenommen werden durfte, wurde hier sehr stark gekürzt. Dafür konnten Lineare Gleichungssysteme aufgenommen werden, die zusammen mit den linearen Ungleichungen zum bedeutsamen Anwendungsgebiet des Linearen Optimierens hinführen. So ist es auch zu verstehen, daß das Kapitel III nunmehr die Überschrift »Analytische Geometrie und Lineare Algebra« trägt.

Das Buch ist in weiten Teilen an Aufgaben orientiert. Der Benutzer sollte deshalb den Text nicht nur (über)lesen, sondern mit Bleistift und Papier selbsttätig durcharbeiten. Das zugeordnete Übungsmaterial und die ausführlichen Lösungen ermöglichen Kontrollen und Vertiefung.

Da es zunehmend Bestrebungen gibt, der angewandten Mathematik in der Oberstufe der Gymnasien mehr Raum als bisher zu gewähren, wurden oft Aufgaben ausgewählt, die eine gewisse »Lebensnähe« haben. Besonders deutlich treten die vielfältigen Einsatzmöglichkeiten beim Linearen Optimieren und in der Statistik zutage.

In der Darstellungsform dominiert der zusammenhängende Text, der mit deutlicher Gliederung angelegt wurde. Die Autoren waren bemüht, übergeordnete Aspekte hervorzuheben und auf häufig eintretende Verständnisschwierigkeiten einzugehen. Deshalb bleibt manches unerwähnt, was früher zum herkömmlichen Schulstoff zählte.

Im Rahmen des Gesamtwerkes »Fischer Kolleg« muß der Mathematik-Band vom Umfang her den anderen Bänden entsprechen. Deshalb konnten die in den einzelnen Kapiteln aufgegriffenen Themenkreise nicht in Form vollständiger Abhandlungen erscheinen. Beispielsweise fehlt der Teilbereich »Lineare Abbildungen« in der Geometrie. Der Verzicht auf diese und andere schulrelevante Teilgebiete erscheint durch das didaktische Prinzip der exemplarischen Vertiefung gerechtfertigt. Mit Martin Wagenschein möchten die Autoren dem reduzierten Inhalt die Chance für besseres Verständnis entgegensetzen.

Um den Lesern die Durcharbeit zu erleichtern, wurde ein ausführliches Register erstellt, bei dem durch Fettdruck im Falle mehrerer Seitenangaben auf den Hauptort des betreffenden Begriffes hingewiesen wird.

Die Autoren und der Verlag hoffen, daß der vorliegende Band für Schüler und (Nichtmathematik)Studenten von Nutzen ist. Hinweise von Lesern – sei es Tadel oder Lob – werden jederzeit und dankbar entgegengenommen.

Die Herausgeber

Kapitel I   Algebraische Strukturen

Vorbemerkungen

In der Schulmathematik begegnet man Sachverhalten, die unterschiedlichen *Teilbereichen* der Wissenschaft zugeordnet werden können. Wir nennen drei Beispiele:

1) Es gibt unendlich viele Primzahlen – Zahlentheorie, Arithmetik.

2) Jeder Umfangswinkel über dem Durchmesser eines Halbkreises ist ein rechter Winkel. – Satz des Thales, Geometrie.

3) $(a + b)^2 = a^2 + 2ab + b^2$ – binomische Formel, Algebra.

Das Interesse an diesen (und anderen) Teilgebieten der Mathematik war zu verschiedenen Zeiten unterschiedlich; Weiterentwicklungen und Spezialisierungen betonten die besonderen Aspekte der jeweiligen Teildisziplin.

Es gibt aber auch Zusammenhänge, die trotz inhaltlicher Verschiedenheit den Eindruck von *Gleichartigem* hervorrufen. Ein Beispiel-Komplex soll das verdeutlichen:

1) Wir betrachten die Menge, die aus den ganzen Zahlen $+1$ und -1 besteht. Bei der Multiplikation dieser Zahlen bleibt man in der Menge; die folgende Verknüpfungstabelle zeigt das übersichtlich an:

$\cdot$	$+1$	-1
$+1$	$+1$	-1
-1	-1	$+1$

2) Betrachtet werden gerade Zahlen und ungerade Zahlen. Da die Addition zweier gerader Zahlen oder zweier ungerader Zahlen stets eine gerade Zahl ergibt, während die Summe aus einer geraden Zahl und einer ungeraden Zahl stets ungerade ist, kommt man zu folgender Tabelle:

$+$	G	U
G	G	U
U	U	G

3) Ein Rechteck (mit zwei unterschiedlich langen Seiten) kann durch zwei (!) Drehungen mit sich zur Deckung gebracht werden. Diese Drehungen haben den Mittelpunkt des Rechtecks als Zentrum; der eine Drehwinkel ist $0°$ (oder $360°$), der andere ist $180°$. Mit den Zeichen D_0 und D_{180} als Symbolen für diese Drehungen kann man auch hier eine Tabelle wie oben erstellen. Dabei werden zwei Drehungen nacheinander ausgeführt; das Resultat ist dann eine der betrachteten Drehungen. Das Nacheinanderausführen der Drehungen wird durch das Zeichen $\circ$ symbolisiert. Es entsteht eine dritte Tabelle:

$\circ$	D_0	D_{180}
D_0	D_0	D_{180}
D_{180}	D_{180}	D_0

Obwohl die beschriebenen Beispiele inhaltlich verschieden sind, wird ihre *Gleichartigkeit* durch die Tabellen belegt. Die Information, die in den drei Tabellen enthalten ist, kann in einer einzigen Tabelle festgehalten werden: Man identifiziert $(+1)$, G und D_0 mit dem Zeichen a, entsprechend (-1), U und D_{180} mit dem Zeichen b und verwendet als einheitliches Symbol der Verknüpfung das Zeichen $\star$.

So entsteht schließlich die folgende Tafel:

$\star$	a	b
a	a	b
b	b	a

Mit einer letzten Veränderung wird uns diese Tafel im Abschnitt II wiederbegegnen.

Man sagt, die Beispiele zeigen die gleiche **Struktur**; diese Struktur ist in der letzten Tafel festgehalten.

Mit fortschreitender Entwicklung der einzelnen Gebiete der Mathematik gewannen gerade die *Struktur-Gleichheiten* an Interesse.

Seit etwa fünfzig Jahren arbeitet eine große Gruppe von Mathematikern unter dem Pseudonym **Bourbaki** an dem Versuch, die gesamte Mathematik unter dem *Struktur-Aspekt* zu ordnen.

Dabei werden zunächst die sogenannten *Mutterstrukturen* untersucht. Man unterscheidet dabei drei verschiedene Mutterstrukturen:

1) Ordnungsstrukturen; Theorie geordneter Mengen.

2) Algebraische Strukturen; Theorie der Gruppen, Ringe, Körper, ...

3) Topologische Strukturen; Theorie der topologischen Räume.

Die historisch gewachsenen Teilbereiche der Mathematik enthalten meistens strukturelle Elemente aus verschiedenen Mutterstrukturen; sie sind *multiple Strukturen.* Wir verdeutlichen das am Beispiel der rationalen Zahlen.

1) Man kann zwei rationale Zahlen über die Relation »Größer/Kleiner« der *Größe* nach *vergleichen.* Die rationalen Zahlen sind eine geordnete Menge, und diese Ordnung hat charakteristische Eigenschaften; Aus $a < b$ und $b < c$ folgt $a < c$.

Als Beispiel für eine geordnete Menge gehören die rationalen Zahlen zu den *Ordnungsstrukturen.*

2) Unabhängig von der Tatsache, daß man zwei rationale Zahlen miteinander vergleichen kann, kann man mit diesen Zahlen naturgemäß auch *rechnen,* also etwa addieren und multiplizieren. Hierbei ergibt sich eine Fülle bemerkenswerter Eigenschaften, etwa:

$$a + b = b + a \qquad \text{für alle } a, b \in \mathbb{Q}$$
$$(a \cdot b) \cdot c = a \cdot (b \cdot c) \qquad \text{für alle } a, b, c \in \mathbb{Q}$$
$$a \cdot (b + c) = a \cdot b + a \cdot c \qquad \text{für alle } a, b, c \in \mathbb{Q}$$

Die rationalen Zahlen sind ein Beispiel für einen *Körper,* eine besondere *algebraische Struktur.*

3) Läßt man die ordnungstheoretischen und algebraischen Eigenschaften der rationalen Zahlen außer acht, so besitzen sie unabhängig davon auch eine topologische Struktur; jeder rationalen Zahl kann man *Umgebungen* zuordnen, und Umgebungen genügen bestimmten topologischen Gesetzmäßigkeiten: Der Durchschnitt zweier offener Umgebungen ist wieder eine offene Umgebung *(topologische Struktur)*.

Diese Bemerkungen zeigen wohl zur Genüge, wie vielfältig die rationalen Zahlen strukturiert sind.

Wir werden uns im folgenden fast ausschließlich den algebraischen Strukturen widmen.

Dabei soll in den Abschnitten über Verknüpfungsgebilde und Gruppen angedeutet werden, wie in der strukturorientierten Mathematik *Begriffe gebildet* werden und wie man mit ihnen *operiert*.

Der letzte Abschnitt will im Gegensatz dazu einen *lexikalischen Überblick* zu den algebraischen Strukturen, Ring, Körper, Vektorraum und Verband vermitteln.

Außerdem wird eine Übersicht zum Zahlensystem gegeben.

Grundlagen

Die folgende Übersicht soll für den Leser einige Begriffe und Zeichen zusammenstellen, die zum Verständnis der Abschnitte über Verknüpfungsgebilde und Gruppen nötig sind.

Bei grundlegender Betrachtung könnte auch hier noch weitergefragt werden. (»Was ist eine Menge?«, ...) Für unsere Zwecke genügt jedoch die Kenntnis, die man durch wiederholten Umgang mit den verwendeten Begriffen erworben hat.

Mengen

Wir erinnern an die herkömmlichen Schreib- und Darstellungsweisen.

Für die Menge der Ziffern des Dezimalsystems gibt es die *aufzählende Form:* $M_{10} = \{0, 1, 2, ..., 8, 9\}$. Daneben die *beschreibende Form:* $M_{10} = \{x \mid x$ ist Ziffer im Dezimalsystem$\}$.

M_{10} ist eine *endliche Menge;* sie enthält die zehn Elemente $0; 1; 2; ...; 8; 9$. $1 \in M_{10}$ $12 \notin M_{10}$.

Die Menge $\mathbb{N}$ der natürlichen Zahlen ist *unendlich.* Man schreibt $\mathbb{N} = \{1, 2, 3, ...\}$, bei Einschluß der Null $\mathbb{N}_0 = \{0, 1, 2, ...\}$.

Für die Menge der ganzen Zahlen steht $\mathbb{Z}$.

$$\mathbb{Z} = \{0, +1, -1, +2, -2, ...\}$$

Vielfachmengen und Teilmengen

Man betrachtet die Mengen der Vielfachen von 3 bzw. 4 bzw. 6. Also $V(3) = \{3, 6, 9, ...\}$ bzw. $V(4) = \{4, 8, 12, ...\}$ bzw. $V(6) = \{6, 12, 18, ...\}$. Es gilt die *Teilmengenbeziehung* $V(6) \subset V(3) \subset \mathbb{N}$ (Jedes Vielfache von 6 ist ein Vielfaches von 3.)

Schnittmenge und Vereinigungsmenge

$$V(4) \cap V(6) = \{12, 24, 36, \ldots\} = V(12).$$

Alle Elemente in der Schnittmenge gehören zu $V(4)$ und $V(6)$; die Schnittmenge ist $V(12)$.

$$V(4) \cup V(3) = \{3, 4, 6, 8, 9, 12\}.$$

Die Elemente der Vereinigungsmenge gehören zu $V(4)$ oder auch zu $V(3)$. Weitere Beispiele:

$$V(3) \cup V(6) = V(3) \qquad\qquad V(3) \cap V(6) = V(6)$$
$$V(3) \cap M_{10} = \{3, 6, 9\}$$
$$M_{10} \cup V(3) = \{0, 1, 2, 3, 4, 5, 6, 7, 8, 9, 12, 15, 18, \ldots\}$$

Restmenge

$$V(3) \backslash V(6) = \{3, 9, 15, 21, \ldots\}.$$

Zur Restmenge gehören alle Elemente aus $V(3)$, die nicht zu $V(6)$ gehören.

$$V(6) \backslash V(3) = \emptyset$$

$\emptyset$ steht für die *leere Menge;* sie enthält kein Element.

Potenzmenge
Die Potenzmenge $P(M)$ zu einer Menge M enthält alle Teilmengen von M. Beispiel: Wenn $M = \{1, 2\}$, dann ist

$$P(M) = \{\emptyset, \{1\}, \{2\}, \{1, 2\}\}.$$

Kartesisches Produkt zweier Mengen
Wenn $A = \{1, 2\}$ und $B = \{x, y, z\}$, dann ist das *kartesische Produkt* $A \times B$ dieser beiden Mengen die Menge aller *geordneten Paare* $(a; b)$, $a \in A$ und $b \in B$. Also im Beispiel

$$A \times B = \{(1; x), (1; y), (1; z), (2; x), (2; y), (2; z). \quad \text{Dagegen ist}$$
$$B \times A = \{(x; 1), (x; 2), (y; 1), (y; 2), (z; 1), (z; 2)\}.$$

Wegen der *Ordnung* der Paare ist demnach $A \times B \neq B \times A$.
Die kartesischen Produkte $A \times B$ bzw. $B \times A$ enthalten gleich viele Elemente, wenn A und B endliche Mengen sind.
Das Wort »kartesisches Produkt« wird gelegentlich ersetzt durch *»Kreuzprodukt«.*

Abbildungen einer Menge M in eine Menge W

M und W seien zwei nichtleere Mengen.

Definition: Eine *Abbildung* f ordnet jedem Element von M ein (und nur ein) Element von W zu.

Symbolische Darstellung: $M \xrightarrow{f} W$

Eine ausführlichere Betrachtung zu diesem Thema findet der Leser im Analysis-Teil → »Funktionen«.

M und/oder W müssen nicht Zahlenmengen sein. Der Einfachheit halber wählen wir aber Beispiele mit Zahlenmengen.
Als Darstellungsform für Abbildungen werden im ersten Teil des Buches (gemäß allgemeinem Brauch) hauptsächlich *Tabellen* oder *Pfeildiagramme* verwendet.
Beispiele: Sei $M = \{1, 2, 3, 4, 5\}$ und $W = \{10, 20, 30, 40, 50\}$

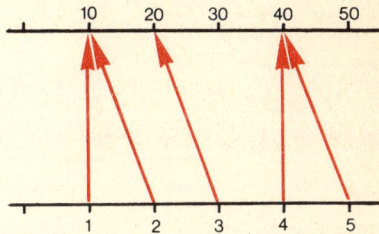

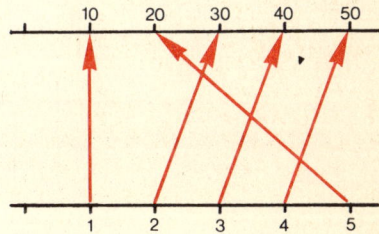

Das zweite Pfeildiagramm (und die entsprechende Tabelle) gehören zu einer *umkehrbar eindeutigen* Abbildung von M auf W. Hier ist es möglich, die Pfeile umzukehren, so daß dann eine Abbildung $g^I : W \xrightarrow{g^I} M$ entsteht.

Man sagt, die Elemente von M und W sind eineindeutig einander zugeordnet. (Fachwort »*Bijektion*« oder »*bijektive Abbildung*«)
Wenn bei einer Abbildung $f: M \xrightarrow{f} W$ alle Elemente von W als Bilder erscheinen,
spricht man von einer Abbildung von M auf W. *(»Surjektion«)*
Es kommt oft vor, daß $W = M$ ist. Man hat dann eine Abbildung einer Menge M *in sich*.
Umkehrbar eindeutige Abbildungen von endlichen Mengen auf sich heißen *Permutationen*.
Wir notieren als Beispiel die sechs möglichen Permutationen einer Menge mit drei Elementen.

$$M = \{1, 2, 3\}.$$

$$P_1: \frac{1 \,|\, 2 \,|\, 3}{1 \,|\, 2 \,|\, 3} \qquad P_2: \frac{1 \,|\, 2 \,|\, 3}{1 \,|\, 3 \,|\, 2} \qquad P_3: \frac{1 \,|\, 2 \,|\, 3}{3 \,|\, 2 \,|\, 1}$$

$$P_4: \frac{1 \,|\, 2 \,|\, 3}{2 \,|\, 1 \,|\, 3} \qquad P_5: \frac{1 \,|\, 2 \,|\, 3}{2 \,|\, 3 \,|\, 1} \qquad P_6: \frac{1 \,|\, 2 \,|\, 3}{3 \,|\, 1 \,|\, 2}$$

Zur Übung kann der Leser einige der zugehörigen Pfeildiagramme zeichnen.

(Zweistellige) Verknüpfungen in einer Menge

M sei eine nichtleere Menge.

$M \times M$ wird abgebildet in M, wenn jedem Element aus dem kartesischen Produkt ein Element von M zugeordnet wird.

Smybolisch: $M \times M \to M$

Anders gewendet: Jedem geordneten Paar $(a; b) \in M \times M$ muß durch eine *Zuordnungsvorschrift* ein Bild $a \star b \in M$ zugeordnet werden.

Derartige Abbildungen $M \times M \to M$ heißen *Verknüpfungen* in einer Menge. Es ist üblich, die Zuordnungsvorschriften durch Zeichen wie $\star, \bigcirc, \triangle, \perp, \dots$ zu symbolisieren.

Beispiel: Sei $M = \{1, 2\}$. Dann ist $M \times M = \{(1; 1), (1; 2), (2; 1), (2; 2)\}$. Es gibt 16 Verknüpfungen in M.

Wir notieren acht in Tabellenform.

	$\star$	$\bigcirc$	$\square$	$\triangle$	$\triangledown$	$\perp$	$\oplus$	$\top$
$(1; 1)$	1	1	1	1	1	1	1	1
$(1; 2)$	1	1	1	1	2	2	2	2
$(2; 1)$	1	1	2	2	1	1	2	2
$(2; 2)$	1	2	1	2	1	2	1	2

Eine übersichtlichere Darstellung wird durch Verknüpfungstafeln vermittelt; für die Verknüpfungen $\square$ und $\oplus$ erhält man demnach

$\square$	1	2
1	1	1
2	2	1

bzw.

$\oplus$	1	2
1	1	2
2	2	1

Der Leser mag die fehlenden acht Verknüpfungen zu seiner Übung aufschreiben.

(Zweistellige) Relationen in einer Menge

M sei eine nichtleere Menge.

Definition: Jede Teilmenge R des kartesischen Produktes $M \times M$ ist eine *zweistellige Relation* in M.

Als (übersichtlichste) Darstellungsform für Relationen erscheint das Pfeildiagramm.

Für die Menge $M = \{1, 2, 3\}$ werden drei Relationen vorgestellt.

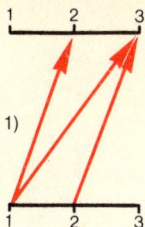

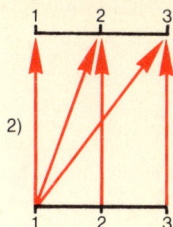

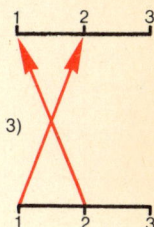

1) $R_1 = \{(1;2), (1;3), (2;3)\}$ »a kleiner als b«
2) $R_2 = \{(1;1), (1;2), (1;3), (2;2), (3;3)\}$ »a teilt b«
3) $R_3 = \{(1;2), (2;1)\}$ »$a + b = 3$«

Im ganzen gibt es 512 Relationen in der Menge $\{1, 2, 3\}$.

Das Beispiel *1)* zeigt eine *Ordnungs-Relation*.
Für Ordnungs-Relationen *OR* gelten folgende Forderungen:
O1) Wenn $(m;n) \in OR$, dann $(n;m) \notin OR$.
  Asymmetrie.
O2) Wenn $(m;n) \in OR$ und $(n;l) \in OR$, dann auch $(m;l) \in OR$.
  Transitivität.
Besonderes Interesse hat man außerdem für *Äquivalenz-Relationen*. Für Äquivalenz-Relationen muß gelten:
Ä1) Für alle $m \in M$ gilt $(m;m) \in \ddot{A}R$
  Reflexivität.
Ä2) Wenn $(m;n) \in \ddot{A}R$, dann auch $(n;m) \in \ddot{A}R$.
  Symmetrie.
Ä3) Wenn $(m;n) \in \ddot{A}R$ und $(n;l) \in \ddot{A}R$, dann auch $(m;l) \in \ddot{A}R$.
  Transitivität.
Beispiel: In der Menge $\mathbb{Z}$ heißt a kongruent zu b modulo 5, wenn $b - a$ ein Vielfaches von 5 ist.
Man sieht, daß jede Zahl zu sich selbst kongruent ist.
(Reflexivität)
Wenn $b - a$ durch 5 teilbar ist, dann gilt das auch für $a - b$.
(Symmetrie)
Schließlich folgt aus $b = a + z_1 \cdot 5$ und $c = b + z_2 \cdot 5$,
daß $c = a + z_3 \cdot 5$ (Transitivität)
Die betrachtete Relation ist also eine Äquivalenz-Relation.
Die Menge $\mathbb{Z}$ kann nun wie folgt zerlegt werden:

$$\mathbb{Z} = \{0, +5, -5, +10, -10, ...\} \cup \{1, +6, -4, +11, -9, ...\} \cup$$
$$\{+2, +7, -3, +12, -8, ...\} \cup \{+3, +8, -2, +13, -7, ...\} \cup$$
$$\{+4, +9, -1, +14, -6, ...\}$$

In jeder der fünf Teilmengen liegen jeweils die Elemente, die zueinander in der Äquivalenzrelation stehen.

Andererseits ist $\mathbb{Z}$ Vereinigungsmenge von fünf Teilmengen, die untereinander jeweils einen leeren Durchschnitt haben. Eine derartige Zerlegung einer Menge M heißt *Klasseneinteilung*.

Man kann zeigen, daß jede Äquivalenzrelation in einer Menge eine Klasseneinteilung von M stiftet.

Umgekehrt definiert jede Klasseneinteilung von M eine Äquivalenzrelation in M.

Zeichen

Abschließend werden einige gebräuchliche Zeichen ins Gedächtnis gerufen:

$$\mathbb{N} = \{1, 2, 3, \ldots\}$$
$$\mathbb{Z} = \{0, +1, -1, +2, -2, +3, \ldots\}$$

$\mathbb{Q}$ steht für die Menge der rationalen Zahlen

$$\mathbb{Q}^+ = \{r \,|\, r \in \mathbb{Q} \quad \text{und} \quad r > 0\}$$

$\mathbb{R}$ steht für die Menge der reellen Zahlen

$$\mathbb{C} = \{z \,|\, z \text{ ist eine komplexe Zahl}\}$$

Verknüpfungsgebilde

Im Schulunterricht werden verschiedene *Verknüpfungen* in der Menge der natürlichen Zahlen betrachtet, das heißt Vorschriften, die je zwei natürlichen Zahlen genau eine natürliche Zahl zuordnen. So sind etwa die Addition und die Multiplikation zweier natürlicher Zahlen derartige Verknüpfungen. Die Subtraktion ist keine derartige Verknüpfung, da sie nicht für alle Paare natürlicher Zahlen definiert ist; so ist $(3 - 4)$ keine natürliche Zahl.

In der Potenzmenge einer Menge ist das Bilden der Vereinigung oder das Bilden des Durchschnitts eine Verknüpfung; je zwei Mengen aus $P(M)$ wird eine Menge aus $P(M)$ zugeordnet.

In der Menge der Translationen der Ebene ist das Nacheinanderausführen von zwei Translationen eine derartige Verknüpfung.

Es ist daher sinnvoll, diesen Begriff allgemein zu fassen.

Definition: M sei eine nichtleere Menge und $\star$ eine Abbildung, die je zwei Elementen a, b aus M genau ein Element $(a \star b)$ aus M zuordnet. Die Abbildung $\star$ heißt *Verknüpfung*. (Anderer Ausdruck *»Innere Verknüpfung«*)

Das Paar $(M, \star)$ heißt *Verknüpfungsgebilde*.

Beispiele für Verknüpfungsgebilde: Im folgenden geben wir Beispiele für den oben definierten Begriff des Verknüpfungsgebildes an. Dazu ist es notwendig, M und $\star$ zu konkretisieren.

1) Für die erste Beispielgruppe sei M die Menge der natürlichen Zahlen. Es soll gelten für alle $a, b \in \mathbb{N}$:

$$a \star b = \text{Max}(a, b)$$
$$a \star b = \text{ggT}(a, b)$$
$$a \star b = a^b.$$

2) Wir betrachten die Menge der ganzen Zahlen; für alle a, b aus $\mathbb{Z}$ sei

$$a \star b = a - b$$
$$a \star b = -a$$
$$a \star b = (a + b)^2$$

3) $P(M)$ sei die Potenzmenge einer nichtleeren Menge M. Für alle A, B aus $P(M)$ sei

$$A \star B = A \cap B$$
$$A \star B = A \setminus B.$$

Beachten Sie, daß A und B in diesem Aufgabenteil für Teilmengen der Ausgangsmenge M stehen (vgl. auch Aufg. 8).
Gegenbeispiele: Die nachfolgenden Konkretisierungen von M und $\star$ führen nicht zu Verknüpfungsgebilden. Es genügt zu zeigen, daß es zwei Elemente $a, b \in M$ gibt, so daß $a \star b \notin M$.
1) $M = \mathbb{N}$. $a \star b = a : b$.
Man wählt etwa $a = 2$ und $b = 3$.
2) M sei die Menge der Primzahlen, $a \star b = a + b$.
Wenn a und b ungerade Primzahlen sind, ist die Summe gerade – also Nichtprimzahl.
3) $M = \{1, 2, 3, 4\}$. Für alle $a, b \in M$ sei $a \star b = |a - b|$.
Hier wählt man $a = b$, dann ist $a \star b = 0 \notin M$.

Falls die betrachtete Menge M endlich und ihre Mächtigkeit nicht zu groß ist, kann man ein Verknüpfungsgebilde überschaubar in einer *Verknüpfungstafel* darstellen. Wir verdeutlichen das in einem weiteren Beispiel.
Es sei $M = \{0, 1, 2\}$. $a \star b$ soll der Dreierrest von $a + b$ sein; also $2 \star 2 = $ Dreierrest von $4 = 1$. Man erhält demnach die folgende Tafel:

$\star$	0	1	2
0	0	1	2
1	1	2	0
2	2	0	1

Entsprechende Tafeln werden im folgenden häufig benutzt. Dabei erscheinen die Elemente $a_1, a_2, \ldots, a_n$ der Menge M (in gleicher Reihenfolge!) am Eingang der Zeilen und der Spalten; im Schnittpunkt der Zeile i mit der Spalte k steht das Element $a_i \star a_k$.

$\star$	a_1	a_2	a_3	$\ldots$	a_k	$\ldots$	a_n
a_1			$a_1 \star a_3$				
a_2	$a_2 \star a_1$						
a_3							
$\vdots$							
a_i					$a_i \star a_k$		
$\vdots$							
a_n							

Die Kommutativität einer Verknüpfung

Die in der Mathematik betrachteten Verknüpfungen haben häufig besondere *Eigenschaften*. Diese werden in Gesetzen formuliert; man fragt nach ihrer Allgemeingültigkeit *(Beweise)* oder zieht Nutzen aus ihnen, etwa in Gestalt von Rechenvorteilen.

Es ist naheliegend zu fragen, ob es eine Rolle spielt, in welcher *Reihenfolge* man zwei Elemente a und b verknüpft.

Der Leser weiß, daß $2 + 3 = 3 + 2$
und daß $2^3 \neq 3^2$.

Wir notieren daher ohne weitere Vorbemerkungen die folgende wichtige Definition und geben dann einige Beispiele/Anmerkungen.

Definition: In einem Verknüpfungsgebilde $(M, \star)$ heißt die Verknüpfung $\star$ *kommutativ* genau dann, wenn für alle $a, b \in M$ gilt

$$a \star b = b \star a.$$

$(M, \star)$ heißt *kommutatives Verknüpfungsgebilde*.

Beispiele: In $\mathbb{N}$ sind Addition, Multiplikation und das Bilden des größten gemeinsamen Teilers kommutative Verknüpfungen. Dagegen ist $a \star b = a$ nicht kommutativ, da etwa $2 \star 3 = 2$, aber $3 \star 2 = 3$.

In $\mathbb{Q}$ sind die Verknüpfungen Subtraktion oder Division (durch Teiler ungleich 0) erklärt, aber nicht kommutativ.

$a - b \neq b - a$ $\qquad\qquad$ $a : b \neq b : a$, falls $a \neq 0$ und $b \neq 0$.

Anmerkungen: Auch außerhalb der Mathematik ist die Kommutativität eine besondere Eigenschaft.

1) In der deutschen Sprache werden zusammengesetzte Worte gebildet. Dabei ist die Reihenfolge von Belang. Zur Illustration:

a) Wertpapier   (Anlageform für Geld)

Papierwert   (Schlimm, wenn die Anlage sich derart reduziert hat)

b) Schatzbrief   (Besondere Anlageform)

Briefschatz   (Wertvolle Briefe oder ein besonderer »Schatz«)

c) Schärfentiefe

Tiefenschärfe

Beides sind Begriffe aus der Fotografie, die in etwa das gleiche bedeuten – also kommutierbare Wortverknüpfung, eine Seltenheit.

2) Das *Nacheinanderausführen* von Tätigkeiten kann als Verknüpfung angesehen werden. Hier ist die Reihenfolge wiederum von Bedeutung!

a) Im allgemeinen zieht man zuerst Strümpfe und dann Schuhe an. Die umgekehrte Reihenfolge ist ungewöhnlich, aber bei Glatteis durchaus sinnvoll!

b) Beim Schachspielen soll man zuerst nachdenken und dann ziehen! Umgekehrte Reihenfolge ist häufig gleichbedeutend mit Partieverlust.

c) Es führt zu sehr unterschiedlicher Finanzgebarung, ob jemand zuerst spart und dann einkauft oder ob er die umgekehrte Reihenfolge wählt.

Die Assoziativität einer Verknüpfung

Bei der Kommutativität ging es um die Reihenfolge zweier Elemente in der Verknüpfung. Bei der Assoziativität fragt man, ob es bei drei Elementen – in fester Reihenfolge! – *unterschiedliche* Resultate gibt, je nachdem, wie man die Elemente jeweils zur Verküpfung zusammenfaßt.

Erläuterung dazu: $12 + 6 + 2$

Hier ist es gleichgültig, ob man rechnet $12 + 6 = 18$ und dann $18 + 2 = 20$, oder (unter Verwendung einer Klammer) $12 + (6 + 2) = 12 + 8 = 20$.

Anders dagegen bei Division (oder Subtraktion):
$12 : 6 = 2$ und $2 : 2 = 1$.   Hingegen $12 : (6 : 2) = 12 : 3 = 4$.

Die Beispiele genügen zur Einführung. Wir notieren die Definition für assoziative Verknüpfungen:

Definition: In einem Verknüpfungsgebilde $(M, \star)$ heißt die Verknüpfung $\star$ *assoziativ* genau dann, wenn für alle $a, b, c \in M$ gilt:

$$(a \star b) \star c = a \star (b \star c)$$

$(M, \star)$ heißt *assoziatives Verknüpfungsgebilde*.

Die Assoziativität einer Verknüpfung rechtfertigt also das *Weglassen von Klammern;* wie immer man bei einem drei- oder mehrgliedrigen Ausdruck klammert, man erhält stets das gleiche Resultat.

Weitere *Beispiele:* In $\mathbb{N}$ sind Addition und Multiplikation assoziative Verknüpfungen; außerdem auch $a \star b = \mathrm{ggT}(a, b)$ oder auch $a \square b = b$. Prüfen Sie letzteres zur Übung nach!

Dagegen ist in $\mathbb{Q}$ folgende Verknüpfung nicht assoziativ:

$$a \star b = (a + b) : 2.$$

Man erhält $(2 \star 4) \star 6 = 3 \star 6 = 4{,}5$
aber $2 \star (4 \star 6) = 2 \star 5 = 3{,}5$.

Schon bei diesem Gegenbeispiel fällt auf, daß Kommutativität und Assoziativität wohlunterschiedene Forderungen sind; das Bilden des Mittels ist ja kommutativ (vgl. dazu auch Aufgabe 5).

Ein sehr wichtiges Beispiel für assoziative Verknüpfungen ist die *Nacheinanderausführung* von Abbildungen $f, g, h, \ldots$, die eine Menge M in sich überführen ($\rightarrow$ Analysis, S. 87).

Die Menge bestehe aus den Elementen $P, Q, R, S, T, U, V, \ldots$; $M = \{P, Q, R, S, T, U, V, \ldots\}$. Betrachtet werden Abbildungen f, g, h, von M in sich. Jede derartige Abbildung ist festgelegt durch Angabe einer Tabelle, die jedem Element aus M sein Bildelement zuordnet. Die folgenden Annahmen über f, g, h sind willkürlich. Zur Darstellung in der Tabelle genügen die gezeigten Ausschnitte.

f:

P	Q	R	$\cdots$	U	V
R	$\cdot$	$\cdot$	$\cdot$	$\cdot$	

g:

P	Q	R	$\cdots$	U	V
$\cdot$	$\cdot$	T			

h:

P	Q	R	$\cdots$	T	U	V
$\cdot$	$\cdot$	$\cdot$		V	$\cdot$	$\cdot$

Demnach erhält man für die Abbildung $f \circ g$, die P zuerst nach R überführt und anschließend R nach T, das folgende Schema:

$f \circ g$:

P	Q	R	$\cdots$	U	V
T	$\cdot$	$\cdot$		$\cdot$	$\cdot$

Entsprechend für $g \circ h$:

P	Q	R	$\cdots$
$\cdot$	$\cdot$	V	

(*R* geht zuerst in *T* über; *T* kommt dann nach *V*.)
Schließlich erhält man folgende Ausschnitte für

$(f \circ g) \circ h$:

P	Q	R	$\cdots$
V	$\cdot$	$\cdot$	

bzw. für $f \circ (g \circ h)$:

P	Q	R	$\cdots$
V	$\cdot$	$\cdot$	

Noch kürzer notiert: $P \xrightarrow{f \circ g} T \xrightarrow{h} V$ bzw. $P \xrightarrow{f} R \xrightarrow{g \circ h} V$.

Zusammengefaßt: Die Abbildung $(f \circ g) \circ h$ ordnet dem Element P *dasselbe Bild* zu wie die Abbildung $f \circ (g \circ h)$.

Da über P nichts angenommen worden war, gilt das für jedes Element von M. Also stimmen die betrachteten Abbildungen $(f \circ g) \circ h$ und $f \circ (g \circ h)$ überein; *das Hintereinanderausführen von Abbildungen einer Menge in sich ist assoziativ!*

Assoziative Verknüpfungsgebilde werden in der Mathematik häufig untersucht; sie erhalten die Fachbezeichnung »*Halbgruppe*«.
Anmerkung: Auch außerhalb der Mathematik ist die Assoziativität bedeutsam.
1) Wir betrachten wiederum Wortverknüpfungen in der deutschen Sprache.

»Handschuhfachbuch« Ist das ein Buch für das Handschuhfach, wie der Verfasser eines im Auto liegen hat, oder ist es ein Fachbuch für Handschuhe?

»Gartenschachturnier« Ist das ein Schachturnier im Garten oder ein Turnier mit Gartenschach?

»Wasserfallweg« Der Fallweg des Wassers oder ein Weg zum Wasserfall?

»Oberbauarbeiter« Ein Arbeiter am Oberbau (einer Bahn) oder ein Bauarbeiter mit längerer Dienstzeit?

2) Ein Beispiel aus dem Kochbuch. Mit v werde die Verknüpfung »vermischt mit« in der Menge von Zutaten bezeichnet. Man findet (schmeckt):
Wasser v (Mehl v Fett) $\neq$ (Wasser v Mehl) v Fett.

Die Existenz von neutralen Elementen

In manchen Verknüpfungsgebilden gibt es Elemente, die gegenüber allen anderen Elementen der Menge *ausgezeichnet* sind:
In $(\mathbb{Z}, +)$ ist es die Zahl 0; in $(\mathbb{Q}^+, \cdot)$ die Zahl 1. Die Sonderrolle dieser Elemente besteht darin, daß jedes Element der Menge bei Verknüpfung mit diesem ausgezeichneten Element unverändert bleibt.

Definition: In einem Verknüpfungsgebilde $(M, \star)$ heißt ein Element $n \in M$ genau dann *neutrales Element*, wenn für alle a aus M gilt:

$$a \star n = n \star a = a.$$

Weitere *Beispiele:* In der Menge der Bewegungen einer Ebene ist bezüglich der Nacheinanderausführung das In-Ruhe-Lassen neutrales Element.
In der Potenzmenge einer Menge M ist bezüglich der Vereinigung als Verknüpfung die leere Menge neutrales Element.
In der Menge $\{2, 4, 6, 8, \ldots\}$ gibt es bezüglich der Multiplikation kein neutrales Element.
Es mag auffallen, daß immer nur von dem neutralen Element in einem Verknüpfungsgebilde gesprochen wurde. In der Tat gilt der **Satz:**
In einem Verknüpfungsgebilde gibt es höchstens ein neutrales Element.

Beweis: Wenn $a \star n = n \star a = a$ für alle $a \in M$ (1)
  und $a \star n' = n' \star a = a$ für alle $a \in M$,   (2)
  dann ist $n' \star n = n'$ nach (1), aber
  außerdem $n \star n' = n' \star n = n$ nach (2),
  das heißt $n' = n$.

Die Existenz von inversen Elementen zu gegebenem Element

Das Verknüpfungsgebilde $(\mathbb{Z}, +)$ besitzt ein neutrales Element, nämlich die Zahl 0. Betrachtet man die Gleichung

$$z + x = 0,$$

so ist sie für jedes Element $z \in \mathbb{Z}$ eindeutig auflösbar nach x.
Etwa $(+6) + (-6) = 0$ oder $(-5) + (+5) = 0$.
Man sagt: Das Element x ist invers zu z bezüglich der Addition. Entsprechendes gilt für $(\mathbb{Q}^+, \cdot)$. Dort ist beispielsweise $\frac{1}{4}$ invers zu 4 oder $\frac{4}{3}$ invers zu $\frac{3}{4}$ jeweils bezüglich der Multiplikation.

Definition: In einem Verknüpfungsgebildet $(M, \star)$ mit dem neutralen Element n heißt a^I *inverses Element* von a genau dann, wenn gilt:

$$a \star a^I = a^I \star a = n.$$

Bemerkungen: *1)* Es wird gefordert, daß sowohl $a \star a^I = n$ als auch $a^I \star a = n$ gilt. (*Kommutativität* ist nicht vorauszusetzen!)
2) Die Definition sagt klar, daß man nicht einfach von einem inversen Element oder von den inversen Elementen sprechen kann. Es ist nur sinnvoll, inverse Elemente in bezug auf ein vorher festgelegtes Element anzugeben.
Im Beispiel 2 (s. u.) wird deutlich, daß es u. U. zu einem Element mehrere inverse Elemente geben kann. Erst bei zusätzlichen Forderungen an das Verknüpfungsgebilde werden inverse Elemente in bezug auf vorgegebene Elemente eindeutig festgelegt – falls es sie überhaupt gibt.
3) In der Literatur findet man auch andere Schreibweisen, etwa $\mathrm{Inv}(a)$, $(a)^{-1}$ oder $\bar{a}$.
Beispiele: 1) In der Menge der Abbildungen einer Ebene ist bezüglich der Hintereinanderführung jede Achsenspiegelung zu sich selbst invers.
Zu einer Drehung um einen Punkt Z mit dem Drehwinkel α ist die Drehung um Z mit dem Drehwinkel $360° - \alpha$ invers. (Fester Drehsinn!)

2) Für die Menge $M = \{2, 4, 5, 8\}$ betrachten wir folgende Verknüpfungstafel:

⋆	2	4	5	8
2	2	4	5	8
4	4	2	2	2
5	5	2	2	8
8	8	4	5	8

Gefragt wird nach inversen Elementen in der Menge.
Man sieht, daß 2 das neutrale Element dieser Verknüpfung ist: $\text{Inv}(2) = 2$.
Zu 4 sind 4 und 5 inverse Elemente, $4 \star 4 = 2$ und $4 \star 5 = 5 \star 4 = 2$. 8 ist kein inverses Element zu 4 (!). Zwar gilt $4 \star 8 = 2$, aber $8 \star 4 = 4 \neq 2$.
Zu 5 sind ebenfalls 4 und 5 inverse Elemente.
Zu 8 gibt es kein inverses Element.
Wenn das betrachtete Verknüpfungsgebilde eine Halbgruppe mit neutralem Element ist, kann es zu keinem Element mehrere inverse Elemente geben. Es gilt der **Satz:**

In einem assoziativen Verknüpfungsgebilde H mit neutralem Element n gibt es zu jedem Element $h \in H$ höchstens ein inverses Element.

Der Beweis zu diesem Satz kann in Aufgabe 11 geführt oder nachvollzogen werden.

Aufgaben

1) Überprüfen Sie, ob die nachfolgende Paare $(M, \star)$ Verknüpfungsgebilde sind.
  a) $(\mathbb{N}, \star)$ mit $a \star b = \begin{cases} a, \text{ wenn } a \text{ eine gerade Zahl ist} \\ b, \text{ wenn } b \text{ eine ungerade Zahl ist.} \end{cases}$
  b) $(\mathbb{N}, \star)$ mit $a \star b = b$
  c) $(\mathbb{N}, \star)$ mit $a \star b = a^2 - b$
  d) $(\mathbb{N}_0, \star)$ mit $a \star b = a^2 - a$
  e) $(\mathbb{N}, \star)$ mit $a \star b = a - b + ab$
  f) $M = \{1, 3, 5, 7, 9, \ldots\}$ mit $a \star b = a \cdot b$
  g) $(\mathbb{Z}, \star)$ mit $a \star b = a^b$.

2) Untersuchen Sie für die Fälle, in denen bei Aufgabe 1) Verknüpfungsgebilde vorliegen, ob diese Verknüpfungen kommutativ oder assoziativ sind. (Direkter Nachweis oder Angabe eines Gegenbeispiels.)

3) Notieren Sie einige Wortverknüpfungen, die wegen der Nichtassoziativität mehrdeutig sind.

4) Untersuchen Sie die folgenden Verknüpfungsgebilde auf Kommutativität bzw. Assoziativität.
  a) $(\mathbb{Z}, \star)$ mit $a \star b = a + b - 1$
  b) $(\mathbb{Z}, \star)$ mit $a \star b = a + b + ab$
  c) $(\mathbb{Z}, \star)$ mit $a \star b = (a + b)^2$.

5) Definieren Sie auf der Menge $\mathbb{N}$ eine Verknüpfung, die
   a) kommutativ und assoziativ ist,
   b) kommutativ, aber nicht assoziativ ist,
   c) nicht kommutativ, aber assoziativ ist,
   d) weder kommutativ noch assoziativ ist.

6) Untersuchen Sie, ob die folgenden Verknüpfungsgebilde ein neutrales Element besitzen. Geben Sie es an, oder zeigen Sie, warum kein neutrales Element existiert.
   a) $(\mathbb{N}, \star)$ mit $a \star b = \text{Max}(a, b)$
   b) $M = \{1, 2, 3, 4, \ldots, 10\}$; $a \star b = \text{Min}(a, b)$
   c) $(\mathbb{Q}, \star)$ mit $a \star b = a + b + ab$
   d) $(\mathbb{Q}, \star)$ mit $a \star b = a + b - 2ab$
   e) $(\mathbb{Z} \times \mathbb{Z}, \star)$ mit $(a, b) \star (c, d) = (a + c, bd)$

7) Betrachten Sie diejenigen Verknüpfungsgebilde aus den Aufgaben 4 und 6, die ein neutrales Element besitzen. Bestimmen Sie dann die Elemente aus der jeweiligen Menge, zu denen es inverse Elemente gibt, und geben Sie die inversen Elemente an.

8) Betrachtet werde die Menge $M = \{1, 2\}$. In der Menge der Teilmengen von sei $A \star B = (A \cup B) \backslash (A \cap B)$.
   Legen Sie eine Verknüpfungstafel an und nennen Sie Eigenschaften der Verknüpfung.

9) Untersuchen Sie, welche der folgenden Tafeln a) kommutativ,
   b) assoziativ sind.
   c) Welche Tafeln besitzen ein neutrales Element?
   d) Welche Elemente besitzen inverse Elemente?

a)

$\star$	1	2
1	1	1
2	1	1

b)

$\triangle$	1	2
1	1	2
2	2	1

c)

$\circ$	1	2
1	2	1
2	1	2

d)

$\square$	1	2	3	4
1	1	2	3	4
2	2	4	2	4
3	3	2	1	4
4	4	4	4	4

e)

$\oplus$	1	2	3	4
1	1	2	3	4
2	2	1	4	3
3	3	4	1	2
4	4	2	3	1

10) Für die Menge $M = \{1, 2, 3\}$ sollen Verknüpfungstafeln geschrieben werden.
   a) Wieviele solcher Tafeln gibt es?
   b) Wie schreibt man kommutative Tafeln?
   c) Notieren Sie einige Tafeln, in denen das assoziative Gesetz gilt!

11) Beweisen Sie, daß es in einem assoziativen Verknüpfungsgebilde $(H, \star)$ mit dem neutralen Element n zu einem $h \in H$ höchstens ein inverses Element geben kann.

Gruppen

Im vorigen Abschnitt wurden Verknüpfungsgebilde vorgestellt und wichtige Eigenschaften von Verknüpfungen e i n z e l n untersucht. Im folgenden wird verlangt, daß mehrere dieser Eigenschaften z u g l e i c h gelten.
Es wird dann deutlicher werden, daß mit den Begriffen des vorigen Abschnitts wesentliche Teilbereiche der Mathematik unter *einheitlichen Gesichtspunkten* beschrieben werden können.
Man sagt: Die gemeinsame **STRUKTUR** tritt hervor.
Dies ist ein wesentliches Anliegen der sogenannten »Neuen Mathematik«: Das Herausstellen und Betonen bestimmter formaler Elemente soll als *Ordnungsprinzip* die Vielfalt überschaubarer machen.
Am Beispiel des Gruppenbegriffs können einige charakteristische Betrachtungs- und Schlußweisen der strukturorientierten Mathematik vorgestellt werden.

Definition: Ein Verknüpfungsgebilde $(G, \star)$ heißt genau dann *Gruppe*, wenn gilt:
    1) Die Verknüpfung ist assoziativ.
    2) $(G, \star)$ besitzt ein neutrales Element.
    3) Zu jedem Element aus G gibt es in G ein inverses Element.

In formaler Schreibweise wird also gefordert:

    1) Für alle, $g, h, l \in G$ gilt

$$(g \star h) \star l = g \star (h \star l)$$

    2) Es gibt $n \in G$, so daß gilt

$$g \star n = n \star g = g \quad \text{für alle } g \in G.$$

    3) Zu jedem $g \in G$ gibt es $g^I \in G$ mit

$$g \star g^I = g^I \star g = n.$$

Anmerkungen:
1) Die *Kommutativität* wird für Gruppen nicht gefordert. Wenn die Verknüpfung $\star$ zusätzlich noch kommutativ ist, dann nennt man $(G, \star)$ eine *kommutative Gruppe* oder auch eine *abelsche Gruppe*. (N. H. Abel war ein Mathematiker im 19. Jahrhundert.)
2) Manche Darstellungen vermeiden den Begriff »Verknüpfungsgebilde«. In solchen Texten wird eingangs verlangt:
    »Jedem geordneten Paar $(a, b) \in G \times G$ wird eindeutig ein Element $a \star b \in G$ zugeordnet.«
Diese Forderung wird als *Abgeschlossenheit* bezeichnet.
Der Deutlichkeit halber werden wir den Begriff gelegentlich verwenden.
Die Forderungen nach Assoziativität, neutralem Element und dem Vorhandensein von inversen Elementen für alle $g \in G$ folgen dann in der vorgestellten Reihenfolge.
3) Ist G eine endliche Menge, dann heißt $(G, \star)$ *endliche Gruppe*. Die Anzahl der Elemente zu einer endlichen Gruppe $(G, \star)$ heißt *Ordnung von G*.
Wenn G unendlich viele Elemente besitzt, nennt man $(G, \star)$ eine *unendliche Gruppe*.
4) Die Menge G selbst heißt *Trägermenge* der Gruppe $(G, \star)$.

Beispiele und Gegenbeispiele

Wir beginnen mit Konkretisierungen aus der Geometrie. Es ist vorteilhaft, sich dazu Schablonen (aus Karton, …) anzufertigen. Auch bei den weiteren Beispielen sollte man die Einzelschritte stets sorgfältig mit/nachvollziehen. Also etwa aufschreiben, warum die Forderungen (1), (2) und (3) der Eingangsdefinition erfüllt sind.
Die ersten Beispiele werden sehr ausführlich dargestellt; später wird der Text gerafft.

1) Die Deckdrehungen von Quadraten

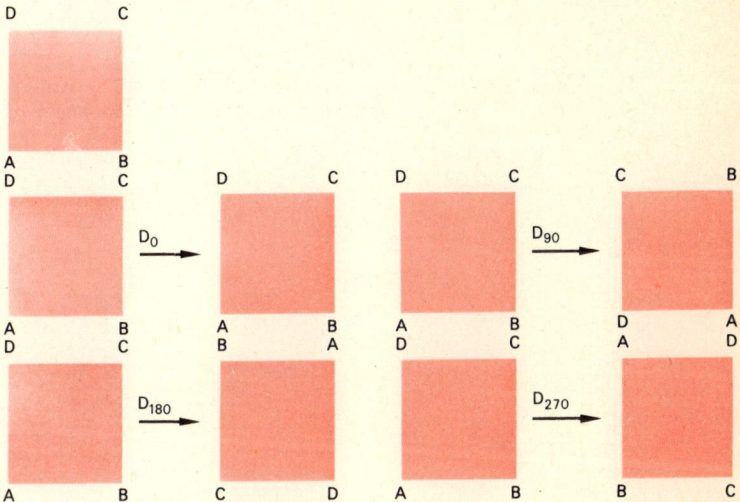

G sei die Menge aller Deckdrehungen eines beliebigen Quadrats. Man sieht sofort, daß die Seitenlänge des Quadrats unerheblich ist. G enthält immer genau vier Elemente. Wir nennen sie D_0, D_{90}, D_{180} und D_{270}.
Es sind jeweils Drehungen um den Mittelpunkt des Quadrats, entgegengesetzt zum Umlaufsinn des Uhrzeigers.

D_0 Drehung um $0°$ D_{90} Drehung um $90°$
D_{180} Drehung um $180°$ D_{270} Drehung um $270°$

In G kann man als Verknüpfung die *Nacheinanderführung* zweier Deckdrehungen festlegen. $D_{90} \star D_{180}$ bedeutet diejenige Drehung, die die gleiche Wirkung auf das Quadrat ausübt wie das Nacheinanderausführen der Drehung um $90°$ und um $180°$ (in dieser Reihenfolge!) Man sieht, daß

$$D_{90} \star D_{180} = D_{270}.$$

Im einzelnen erkennt man:

0) G ist bezüglich $\star$ abgeschlossen, d.h. die Nacheinanderausführung zweier Drehungen ergibt stets wieder eine Drehung. *»Abgeschlossenheit«*

1) Die Verknüpfung $\star$ ist assoziativ (Nacheinanderausführung von Abbildungen, die eine Menge in sich überführen.)

2) G besitzt ein neutrales Element, D_0 – das In-Ruhe-Lassen.

3) Jedes Element besitzt ein Inverses, das zu G gehört.

$\text{Inv}(D_0) = D_0 \quad \text{Inv}(D_{90}) = D_{270} \quad \text{Inv}(D_{180}) = D_{180} \quad \text{Inv}(D_{270}) = D_{90}$.

Somit ist $(G, \star)$ eine Gruppe, deren Gruppentafel folgende Gestalt hat:

$\star$	D_0	D_{90}	D_{180}	D_{270}
D_0	D_0	D_{90}	D_{180}	D_{270}
D_{90}	D_{90}	D_{180}	D_{270}	D_0
D_{180}	D_{180}	D_{270}	D_0	D_{90}
D_{270}	D_{270}	D_0	D_{90}	D_{180}

Darüber hinaus gilt für alle Drehungen um ein festes Zentrum, daß die Reihenfolge vertauscht werden darf: Die Gruppe der Deckdrehungen des Quadrates ist *kommutativ*.

2) Die Deckabbildungen gleichseitiger Dreiecke

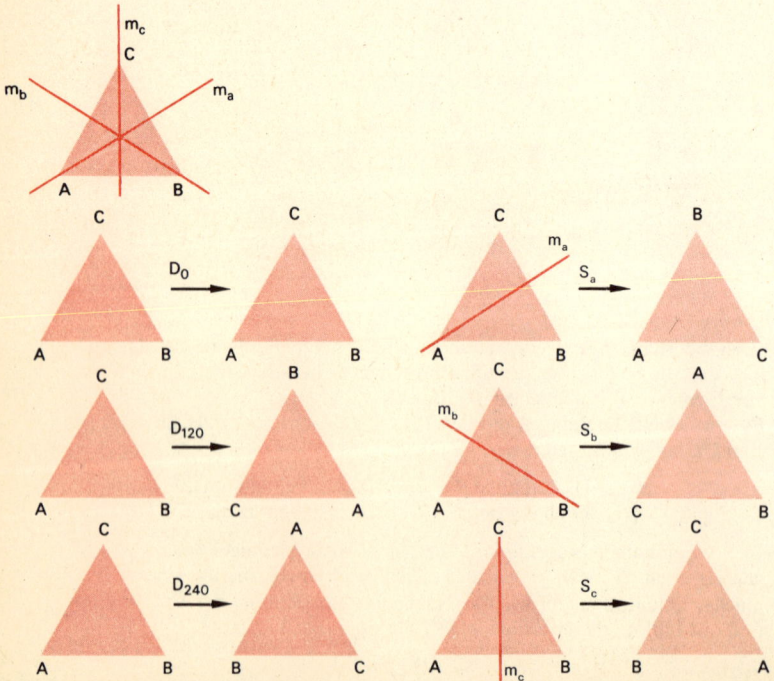

G sei die Menge aller Deckabbildungen eines beliebigen gleichseitigen Dreiecks. Eingangs stellt man wiederum fest, daß die Seitenlänge des Dreiecks für die nachfolgenden Betrachtungen unerheblich ist.

G enthält genau 6 Elemente: Drei Drehungen um den Mittelpunkt des Dreiecks (Drehsinn »mathematisch positiv«, d. h. entgegengesetzt zum Uhrzeigersinn). Daneben gibt es drei Spiegelungen an den Mittelsenkrechten des gleichseitigen Dreiecks (Symmetrieachsen!).

Wir vereinbaren folgende Bezeichnungen:

D_0 Drehung um $0°$, zugleich In-Ruhe-Lassen.

D_{120} Drehung um $120°$ D_{240} Drehung um $240°$

S_a Spiegelung an der Mittelsenkrechte m_a

S_b Spiegelung an der Mittelsenkrechte m_b und

S_c Spiegelung an der Mittelsenkrechte m_c.

Wie im vorhergehenden Fall wird man in G das Nacheinanderausführen der Abbildungen als die Verknüpfung $\star$ betrachten. Die eingefügte Figurenleiste soll verdeutlichen, wie eine Drehung mit einer Spiegelung zu verknüpfen ist.

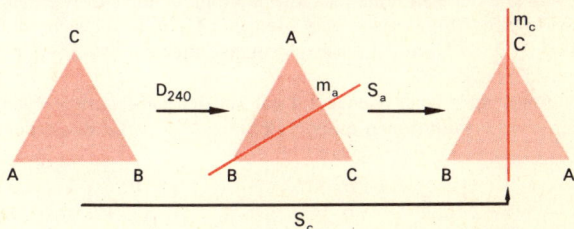

Die Ersatzabbildung für die Operation $D_{240} \star S_a$ ist die Spiegelung S_c

Es ist darauf zu achten, daß S_a i m m e r die Spiegelung an der Mittelsenkrechte m_a *im Dreieck der Ausgangslage* sein muß, sonst ist keine Übersicht möglich! Diese Achse – wie auch alle anderen – ist also bei allen nachfolgenden Abbildungen, die auf das Dreieck angewendet werden, o r t s f e s t in der Ebene zu denken. Man erkennt, daß $D_{240} \star S_a$ dieselbe Abbildung verursacht wie S_c; also gilt $D_{240} \star S_a = S_c$.

Entsprechend behandelt man die anderen Fälle.

So resultiert schließlich die folgende Verknüpfungstafel:

$\star$	D_0	D_{120}	D_{240}	S_a	S_b	S_c
D_0	D_0	D_{120}	D_{240}	S_a	S_b	S_c
D_{120}	D_{120}	D_{240}	D_0	S_b	S_c	S_a
D_{240}	D_{240}	D_0	D_{120}	S_c	S_a	S_b
S_a	S_a	S_c	S_b	D_0	D_{240}	D_{120}
S_b	S_b	S_a	S_c	D_{120}	D_0	D_{240}
S_c	S_c	S_b	S_a	D_{240}	D_{120}	D_0

Wir überprüfen die Forderungen (0), (1), (2) und (3).

0) Die Verknüpfung von 2 Deckabbildungen ergibt eine Deckabbildung. »Abgeschlossenheit«.

1) Die Assoziativität ist gewährleistet, weil man Abbildungen nacheinander ausgeführt hat.

2) D_0 – das In-Ruhe-Lassen – ist neutrales Element.

3) Zu jeder Abbildung aus G gibt es (genau) eine inverse Abbildung, die in G liegt.

Die Deckabbildungen eines gleichseitigen Dreiecks bilden eine Gruppe, wenn als Verknüpfung das Hintereinanderausführen zweier Abbildungen gewählt wird.

Diese Gruppe ist nicht kommutativ; beispielsweise ist $D_{240} \star S_a \neq S_a \star D_{240}$.

3) Permutationen

Obwohl im zweiten Beispiel die Elemente der Gruppe als geometrisch wohldefinierte Abbildungen gekennzeichnet sind, zeigt es sich, daß beim Umgehen mit diesen Elementen ihre anschauliche Bedeutung – Deckabbildungen eines Dreiecks – vergessen werden kann.

Es genügt die Information, wohin die Eckpunkte des Dreiecks abgebildet werden. Die Elemente der betrachteten Gruppe können aufgefaßt werden als umkehrbar eindeutige Abbildungen der Menge $\{A, B, C\}$ auf sich; dabei sind A, B, C lediglich noch Namen für verschiedene Objekte, etwa Eckpunkte eines gleichseitigen Dreiecks.

Derartige Abbildungen einer Menge auf sich werden *Permutationen* genannt.

Es ist üblich, die Permutationen unseres Beispiels wie folgt darzustellen:

$$D_0 = \begin{pmatrix} A & B & C \\ A & B & C \end{pmatrix} \qquad S_a = \begin{pmatrix} A & B & C \\ A & C & B \end{pmatrix}$$

$$D_{120} = \begin{pmatrix} A & B & C \\ B & C & A \end{pmatrix} \qquad S_b = \begin{pmatrix} A & B & C \\ C & B & A \end{pmatrix}$$

$$D_{240} = \begin{pmatrix} A & B & C \\ C & A & B \end{pmatrix} \qquad S_c = \begin{pmatrix} A & B & C \\ B & A & C \end{pmatrix}$$

Dieses Darstellungsschema gestattet es, die Verknüpfung von Permutationen bequem abzulesen. Wir betrachten dazu nochmals die Abbildungsfolge des vorigen Beispiels, $D_{240} \star S_a$.

$$D_{240} \star S_a = \begin{pmatrix} A & B & C \\ C & A & B \end{pmatrix} \star \begin{pmatrix} A & B & C \\ A & C & B \end{pmatrix} = \begin{pmatrix} A & B & C \\ B & A & C \end{pmatrix} = S_c.$$

Man verfolgt dabei, welche Transformationen jeder einzelne »Punkt« in der Abfolge der Abbildungen erfährt.

$$A \xrightarrow{\quad D_{240} \quad} C; \quad C \xrightarrow{\quad S_a \quad} B; \quad \text{also} \quad A \xrightarrow{\quad D_{240} \star S_a \quad} B, \dots$$

Diese Betrachtungsweise läßt sich leicht auf viele ähnlich gelagerte Fälle übertragen.

Gruppen von Permutationen wurden in der historischen Entwicklung der Lehre von den Gruppen schon früh studiert.

4) Die Deckdrehungen von Quadern

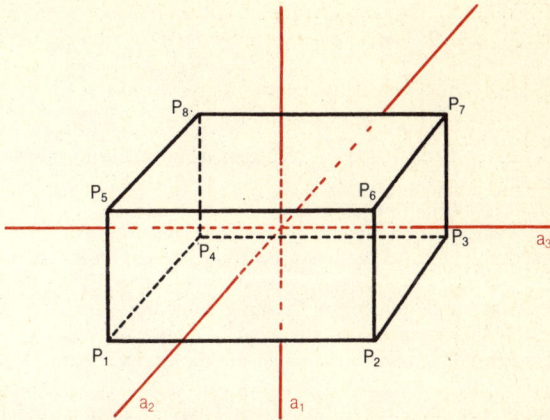

Betrachtet wird ein Quader, dessen drei Kanten unterschiedliche Längen haben. (Abmessungen unerheblich!)
G sei die Menge aller Deckabbildungen dieses Quaders.
Außer dem In-Ruhe-Lassen gibt es drei Drehungen um die *ortsfesten Achsen* a_1, a_2, a_3 um jeweils 180°.
Wir beschreiben diese Bewegungen durch *Permutationsschemata*, wie sie im vorigen Beispiel vorgestellt wurden.

D_0: In-Ruhe-Lassen; $\begin{pmatrix} 1234 & 5678 \\ 1234 & 5678 \end{pmatrix} = D_0$

D_1: Drehung um die Achse a_1; $\begin{pmatrix} 1234 & 5678 \\ 3412 & 7856 \end{pmatrix} = D_1$

D_2: Drehung um die Achse a_2; $\begin{pmatrix} 1234 & 5678 \\ 6587 & 2143 \end{pmatrix} = D_2$

D_3: Drehung um die Achse a_3; $\begin{pmatrix} 1234 & 5678 \\ 8765 & 4321 \end{pmatrix} = D_3$

Als Verknüpfung wird das Hintereinanderausführen dieser Abbildungen gewählt. Wir verfolgen, daß beispielsweise

$$D_1 \star D_2 = \begin{pmatrix} 1234 & 5678 \\ 3412 & 7856 \end{pmatrix} \star \begin{pmatrix} 1234 & 5678 \\ 6587 & 2143 \end{pmatrix} = \begin{pmatrix} 1234 & 5678 \\ 8765 & 4321 \end{pmatrix} = D_3$$

Entsprechend findet man, daß

$$D_1 \star D_3 = D_2 \quad \text{und} \quad D_2 \star D_3 = D_1.$$

Da $\quad D_1^2 = D_2^2 = D_3^2 = D_0,\quad$ entsteht folgende Verknüpfungstafel:

$\star$	D_0	D_1	D_2	D_3
D_0	D_0	D_1	D_2	D_3
D_1	D_1	D_0	D_3	D_2
D_2	D_2	D_3	D_0	D_1
D_3	D_3	D_2	D_1	D_0

Wie bei den vorigen zwei Beispielen verifiziert man die Gruppenbedingungen:
(1) Assoziativität
(2) Existenz des neutralen Elementes
(3) Vorhandensein inverser Elemente zu jedem Element.
Dieses Beispiel zeigt eindrucksvoll, wie sich Bewegungen im Raum verknüpfen lassen.
Gerade dieses Aufeinanderfolgen von Drehungen um drei zueinander senkrechte Achsen bildet die Grundlage des faszinierenden *Rubikschen Würfels.*
Aus Platzgründen können wir nicht näher auf dieses interessante Kapitel eingehen.
5) G sei die Menge aller Reste, die bei der Division einer natürlichen Zahl durch 4 auftreten können, also $\quad G = \{0, 1, 2, 3\}$. Für a und b aus G soll gelten: $a \star b$ ist der Viererrest von $a + b$. Aus dieser Vorschrift resultiert die folgende Verknüpfungstafel:

$\star$	0	1	2	3
0	0	1	2	3
1	1	2	3	0
2	2	3	0	1
3	3	0	1	2

Die Tafel beschreibt eine kommutative Gruppe der Ordnung 4.

Anmerkung: Ersetzt man die Zahl 4 aus dem letzten Beispiel durch irgendeine andere natürliche Zahl k, so erhält man wiederum eine kommutative Gruppe der Ordnung k.
Derartige Gruppen heißen *additive Restklassengruppen* (modulo k).

Die weiteren Beispiele/Gegenbeispiele werden nur noch skizziert.
6.1) G sei die Menge $\mathbb{Z}$ der ganzen Zahlen und $\star$ die vertraute Addition.
$(\mathbb{Z}, +)$ ist eine unendliche, kommutative Gruppe.
6.2) $G = \{0, +2, -2, +4, -4, +6, -6, ...\}$. Wählt man als Verknüpfung die Addition, so resultiert eine unendliche, kommutative Gruppe.
6.3) $G = \mathbb{Q}^+$; als Verknüpfung wird die Multiplikation gewählt. $(\mathbb{Q}^+, \cdot)$ ist eine unendliche, kommutative Gruppe.

7) Gegenbeispiele
7.1) Die Menge der natürlichen Zahlen bezüglich der Addition. Es gibt kein neutrales Element und keine inversen Elemente!

7.2) Die Menge der rationalen Zahlen bezüglich der Multiplikation. Null besitzt kein inverses Element.

7.3) Die Menge der ganzen Zahlen bezüglich der Multiplikation. Nur $(+1)$ und (-1) haben inverse Elemente – sich selbst.

7.4) Die folgende Verknüpfungstafel für $M = \{a, b, c\}$ beschreibt keine Gruppe

$\star$	a	b	c
a	a	b	c
b	b	a	c
c	c	a	b

Hier ist die Assoziativität nicht erfüllt; $(b \star c) \star c = c \star c = b$, aber $b \star (c \star c) = b \star b = a$.

Untergruppen

Wenn man die vorgestellten Beispiele (und vielleicht auch Bekanntes aus dem Unterricht der Mittelstufe) nochmals durchmustert, fallen weitere Besonderheiten auf:

1) Es kommt vor, daß es in einer Gruppe $(G, \star)$ eine Teilmenge $T \neq \emptyset$ gibt, die in bezug auf dieselbe Verknüpfung $\star$ bereits eine Gruppe ist. (Vgl. dazu Beispiel 6.1 und 6.2, ...) Andererseits hat nicht jede (nichtleere) Teilmenge $U \subset G$ diese Eigenschaft; die ungeraden Zahlen für sich genommen bilden keine Gruppe bzgl. der Addition!

Deshalb trifft man folgende **Definition:**

> Sei $(G, \star)$ eine Gruppe und T eine nichtleere Teilmenge von G. $(T, \star)$ heißt *Untergruppe* von $(G, \star)$ genau dann, wenn $(T, \star)$ eine Gruppe ist.

Gemäß dieser Festsetzung hat jede Gruppe immer mindestens zwei Untergruppen. Sie heißen *triviale Untergruppen.*
Zunächst ist $(G, \star)$ natürlich Untergruppe von $(G, \star)$.
(Solche Konstatierung ist halbwegs typisch für Mathematiker!)
Außerdem erfüllt das Paar $(\{n\}, \star)$ alle Gruppenforderungen, wenn n das neutrale Element von $(G, \star)$ ist.
Zur Illustration werden die nichttrivialen Untergruppen aus einigen Beispielen angegeben. Die Gruppe der Deckdrehungen des Quadrates hat nur eine nichttriviale Untergruppe, nämlich $(\{D_0, D_{180}\}, \star)$.
Im Beispiel 2 (Gruppe der gleichseitigen Dreiecke) findet man vier nichttriviale Untergruppen:

$$(\{D_0, D_{120}, D_{240}\}, \star), \quad (\{D_0, S_a\}, \star)$$
$$(\{D_0, S_b\}, \star) \quad \text{und} \quad (\{D_0, S_c\}, \star).$$

In der additiven Restklassengruppe modulo 5 gibt es nur die trivialen Untergruppen. Wenn $a \neq 0$ Element einer Untergruppe $(U, \star)$ ist, müssen wegen der Abgeschlossenheit auch die Elemente $a \star a, \ldots$ zu U gehören. Man erkennt, daß $(U, \star) = (G, \star)$. Vergleichen Sie dazu die nachfolgende Tafel.

⋆	0	1	2	3	4
0	0	1	2	3	4
1	1	2	3	4	0
2	2	3	4	0	1
3	3	4	0	1	2
4	4	0	1	2	3

Ordnung von Elementen

Es ist üblich – wie in der Potenzrechnung –, folgende Bezeichnungen zu verwenden. Wenn g ein beliebiges Element von G ist, gehört auch $g \star g$ zu G. (Abgeschlossenheit bezüglich ⋆)

Man schreibt abkürzend $g \star g = g^2$

Entsprechendes gilt für $g^3, g^4, \ldots$

In einer *endlichen* Gruppe wird ein Element $g \neq n$ betrachtet. Da die Folge $g, g^2, g^3, \ldots$ nicht unendlich werden kann, muß es in dieser Folge gleiche Elemente geben.

Sei $g^k = g^l$ mit $k, l \in \mathbb{N}, l > k$.

Weil $l = l + k - k = k + l - k$ ist, gilt wegen der Assoziativität in $(G, \star)$

$$g^l = g^k = g^k \star g^{l-k}.$$

Das heißt aber, es gibt die natürliche Zahl $l - k$, so daß

$$g^{l-k} = n \quad \text{ist.}$$

Es sei m die kleinste natürliche Zahl, so daß $g^m = n$ ist. Nach den vorangegangenen Überlegungen gibt es für jedes Element g aus G eine derartige Zahl; sie ist eindeutig bestimmt.

Wir notieren als wichtige **Definition:**

> Die *Ordnung eines Elementes* $g \neq n$ einer endlichen Gruppe $(G, \star)$ ist die kleinste natürliche Zahl m, so daß

$$g^m = g \star g \star \cdots \star g = n$$

(m Glieder!)

Die Ordnung von n ist 1.

Für das Beispiel *1)* gilt folgende Übersicht:

g	D_0	D_{90}	D_{180}	D_{270}
Ordnung (g)	1	4	2	4

Für die Deckabbildungen des gleichseitigen Dreiecks erhält man entsprechend:

g	D_0	D_{120}	D_{240}	S_a	S_b	S_c
Ordnung (g)	1	3	3	2	2	2

In der additiven Restklassengruppe modulo 5 hat jedes Element $\neq 0$ die Ordnung 5 (s. o.).

Zyklische Gruppen

In der Gruppe der Deckdrehungen des Quadrates gibt es 2 Elemente, deren Ordnung gleich der Gruppenordnung ist. Die Gruppe des gleichseitigen Dreiecks (Beispiel 2) hat die Ordnung 6; bei den Ordnungen der Gruppenelemente liegt das Maximum bei 3. Dieser Unterschied ist wesentlich!

Im Beispiel 1 ist es möglich, aus einem einzigen Element alle Elemente der Gruppe zu erzeugen. So erhält man aus D_{90} durch wiederholte Verknüpfung mit sich selbst die gesamte Gruppe.

Im Beispiel 2 (Gruppe des gleichseitigen Dreiecks) ist das nicht möglich: Verknüpft man eine Drehung wiederholt mit sich selbst, so erhält man stets Drehungen (und keine Spiegelung). Verknüpft man eine Spiegelung wiederholt mit sich, so erhält man nur das neutrale Element oder die Spiegelung selbst.

Aufgrund dieser Bemerkungen ist es sinnvoll, Gruppen besonders zu kennzeichnen, bei denen man aus *einem* Element alle anderen Elemente erzeugen kann:

Definition: Eine Gruppe $(G, \star)$ heißt genau dann *zyklisch*, wenn es ein Element $a \in G$ gibt, so daß es zu jedem $g \in G$ ein $k \in N$ gibt mit $g = a^k$.
Man nennt a ein *erzeugendes Element* der zyklischen Gruppe.

Wie man in Beispiel 1 erkennt, kann eine zyklische Gruppe mehrere erzeugende Elemente besitzen: D_{90} und D_{270} erzeugen die Gruppe.

Die Definition sagt nur, daß eine zyklische Gruppe *mindestens ein* erzeugendes Element besitzt; das heißt nicht, daß jedes Element $g \neq n$ erzeugendes Element ist.

Zu jeder natürlichen Zahl k gibt es eine zyklische Gruppe der Ordnung k: Man betrachte die additive Restklassengruppe modulo k. Hier ist 1 immer erzeugendes Element.

Elementare Gruppen-Eigenschaften

Im folgenden Abschnitt stellen wir Eigenschaften von Gruppen zusammen. Die meisten lassen sich noch verhältnismäßig direkt herleiten. Wir geben einige der Beweise im Text, so daß der Leser die noch offenen Behauptungen in mehreren Aufgaben bearbeiten kann.

Der abschließende Satz von *Lagrange* erfordert mehr Vorbereitungen; er bleibt deshalb ohne Beweis.

1) In jeder Gruppe $(G, \star)$ gilt für beliebige Elemente $a, b, c \in G$:
1.1) Aus $a \star b = c \star b$ folgt $a = c$;
aus $a \star b = a \star c$ folgt $b = c$.
1.2) $\mathrm{Inv}(\mathrm{Inv}(a)) = a$.
1.3) $\mathrm{Inv}(a \star b) = \mathrm{Inv}(b) \star \mathrm{Inv}(a)$

2.1) Wenn $(G, \star)$ zyklisch ist, dann ist $(G, \star)$ kommutativ.
2.2) Wenn $g^2 = n$ ist für alle $g \in G$, dann ist $(G, \star)$ eine kommutative Gruppe.

3) In jeder Gruppe $(G; \star)$ sind die Gleichungen

$$a \star x = b \quad \text{und} \quad y \star a = b$$

für beliebige $a, b \in G$ eindeutig auflösbar nach x bzw. y.

4.1) Eine nichtleere Teilmenge $U \subset G$ ist dann und nur dann Untergruppe der Gruppe $(G, \star)$, wenn die folgenden beiden Bedingungen gelten:

a)   Wenn $a \in U$ und $b \in U$, dann ist $a \star b \in U$.

b)   Wenn $a \in U$, dann ist auch $a^I \in U$.

4.2) Wenn $(U, \star)$ und $(V, \star)$ Untergruppen einer Gruppe $(G, \star)$ sind, dann ist auch $(\{U \cap V\}, \star)$ eine Untergruppe von $(G, \star)$.

5.1) $(G, \star)$ sei eine endliche Gruppe der Ordnung k.
Die Ordnung jeder Untergruppe von $(G, \star)$ ist ein Teiler von k.
(Satz von Lagrange – Der französische Gelehrte Lagrange lebte von 1736 bis 1813)

5.2) Die Ordnung eines jeden Elements einer endlichen Gruppe $(G, \star)$ ist ein Teiler der Gruppenordnung.

Anmerkungen

Zu *1)* Mit diesen Regeln wird das Rechnen in Gruppen überschaubar.
Die Reihenfolge bei *1.3* muß eingehalten werden, solange $(G, \star)$ nicht kommutativ ist!
In endlichen Gruppen bewirken die Regeln unter *1.1*, daß in jeder Zeile und in jeder Spalte der Verknüpfungstafel jedes Element von G genau einmal vorkommt.
Zu *3)* In manchen Darstellungen zur Gruppentheorie erscheinen diese beiden Forderungen in der Eingangsdefinition zum Gruppenbegriff.
Sie stehen dann anstelle der Forderungen (2) und (3) von Seite 26.
Zu *4)* Da man sich oft dafür interessiert, welche Untergruppen eine gegebene Gruppe hat, gibt es noch weitere Kriterien für Untergruppen. (Vgl. dazu Aufg. 19).
Zu *5)* Der Satz von Lagrange macht weitreichende Aussagen über das Gefüge von Gruppen.
Gleichzeitig wird eine sehr enge Verflechtung hergestellt zwischen der Gruppentheorie und der Teilbarkeit natürlicher Zahlen.
Der Satz von Lagrange sagt nicht, daß es in einer Gruppe der Ordnung k eine Untergruppe gibt, deren Ordnung ein beliebiger Teiler von k ist.
Die Aussage von Lagrange zielt gerade in die umgekehrte Richtung.
Die Behauptung unter *5.2* ist eine unmittelbare Folgerung aus dem Satz von Lagrange und der Definition über die Ordnung eines Gruppenelementes. Jedes $g \in G$ erzeugt ja mit seinen Potenzen $g^2, g^3, \ldots$ eine zyklische Untergruppe mit m Elementen, wenn g die Ordnung m hat.
Bei den Beweisen der Eigenschaften unter *1)* bis *4)* dürfen nur die Bedingungen (1), (2) und (3) der Eingangsdefinition oder bereits bewiesene Eigenschaften benutzt werden. Der Deutlichkeit halber verwenden wir in den Begründungen die folgenden Abkürzungen:

1)   In $(G, \star)$ gilt $(a \star b) \star c = a \star (b \star c)$ (AG)

2)   Es gibt ein neutrales Element   (NE)

3)   Jedes Element hat ein inverses Element   (IE)

Beweis von *1.1)*   Sei $a \star b = c \star b$;
Nach (IE) gibt es ein Element b^I. Man erhält dann

$$(a \star b) \star b^I = (c \star b) \star b^I$$

Wegen (AG) gilt $a \star (b \star b^I) = c \star (b \star b^I)$

Da $b \star b^I = n$ ist, folgt $\qquad a \star n = c \star n$ und schließlich

$$a = c.$$

Die entsprechenden Schlüsse für die beiden nächsten Aussagen sind Inhalt der Aufgabe 19.

Der Leser sei daran erinnert, daß er derartige Umformungen beim Lösen linearer Gleichungen sicherlich sehr oft vollzogen hat. Allerdings unter der zusätzlichen Hilfe der Kommutativität für Addition und Multiplikation.

Beweis zu *1.3*

Wenn $a \star b = h$, dann gibt es wegen (IE) h^I, so daß $h \star h^I = n$.

Nun gilt $\quad (a \star b) \star (b^I \star a^I) = \qquad$ (AG)

$$a \star (b \star b^I) \star a^I = \qquad \text{(IE)}$$
$$a \star n \star a^I = \qquad \text{(AG, NE)}$$
$$a \star a^I = n.$$

Nach der bewiesenen Regel *1.1* muß demnach

$$h^I = b^I \star a^I \quad \text{sein, d.h.}$$
$$(a \star b)^I = b^I \star a^I.$$

Beweis zu *2.1*: Nach der Definition wird eine zyklische Gruppe erzeugt durch die Potenzen eines erzeugenden Elementes a. Wenn g, h aus G sind, gibt es natürliche Zahlen k und l, so daß $g = a^k$ und $h = a^l$.

Nunmehr gilt $\quad g \star h = a^k \star a^l$

$$= a^{k+l}$$
$$= a^{l+k}$$
$$= a^l \star a^k = h \star g$$

Beweis zu *2.2*). Es sei $\qquad a^2 = n \qquad$ für alle a aus G.

Das heißt zunächst, daß $\quad a^I = a \qquad$ für alle $a \in G$.

Wir müssen zeigen, daß $\; a \star b = b \star a \qquad$ für alle $a, b \in G$.

Wir setzen $\qquad a \star b = h, h \star G$.

Nach der Voraussetzung gilt $h^2 = n$, $\qquad$ nach dem einleitend

Gesagten also auch $\qquad h^I = h$.

Nach *1.3* ist $\qquad h^I = b^I \star a^I$

Da $\; a^I = a$, also auch $\quad b^I = b$, $\qquad$ folgt

$$h^I = b \star a.$$

Nach der Definition von h heißt das aber, daß

$$a \star b = b \star a \qquad \text{für alle}$$

a, b aus G.

Beweis zu *3*). Vorgelegt werde die Gleichung $\; a \star x = b$.

Wegen (IE) erhält man $\qquad a^I \star (a \star x) = a^I \star b$.

Mit (AG) und (NE) bekommt man $\qquad n \star x = a^I \star b$, also

$$x = a^I \star b.$$

Wegen *1.1* ist dieses Element die einzige Lösung der vorgelegten Gleichung.
Die Gleichung $y \star a = b$ wird entsprechend behandelt.
Beweis zu *4.1*. Wenn $(U, \star)$ eine Untergruppe von $(G, \star)$ ist, müssen die Bedingungen *a)* und *b)* erfüllt sein, wegen der Forderungen nach Abgeschlossenheit und dem Vorhandensein der inversen Elemente.
Seien umgekehrt die Bedingungen *a)* und *b)* erfüllt.
Dann bewirkt *a)* gerade das Abgeschlossensein bezüglich der Verknüpfung $\star$.
Die Assoziativität gilt, da sie für alle Elemente der Gruppe gefordert wird, also auch für die Elemente aus U zutrifft.
Da U nicht leer ist, gibt es mindestens ein Element u in U.
Nach Voraussetzung *b)* gehört dann auch u^I zu U. Da aber mit u und u^I nach der Bedingung *a)* auch $u \star u^I$ zugehört, liegt das neutrale Element n in der Teilmenge U.
Damit sind alle Gruppenforderungen erfüllt. Die Bedingung *b)* sichert ja das Vorhandensein der inversen Elemente.
Der Beweis der Behauptung unter *4.2* und ein weiteres Kriterium für Untergruppen ist Gegenstand der Aufgabe 19.

Isomorphie von Gruppen

Zu den fundamentalen Begriffen der modernen Mathematik gehört die Isomorphie. Vom griechischen Ursprung her bedeutet das »gleiche Gestalt«.
Damit ist bereits angedeutet, daß man *vergleicht*, wenn es um Isomorphie geht. Wir betrachten deshalb nebeneinander die Verknüpfungstafeln einiger Gruppen der Ordnung 4. Dazu stellen wir eingangs noch ein weiteres Beispiel vor:

Die Deckbewegungen des Rechtecks

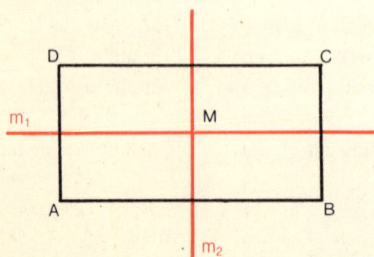

Im Rechteck $ABCD$ sei $l(\overline{AB}) \neq l(\overline{BC})$, das Rechteck soll also kein Quadrat sein!
Die Menge der Deckbewegungen enthält vier Elemente:
Das In-Ruhe-Lassen: D_0
Die Drehung D_{180} um M: D_{180}
Die Spiegelung S_1 an der Achse m_1: S_1 und
die Spiegelung S_2 an der Achse m_2: S_2.
Aus den zugehörigen Permutationsschemata oder durch das Umwenden einer Schablone gewinnt man rasch die folgende Verknüpfungstafel:

a)

$\star$	D_0	D_{180}	S_1	S_2
D_0	D_0	D_{180}	S_1	S_2
D_{180}	D_{180}	D_0	S_2	S_1
S_1	S_1	S_2	D_0	D_{180}
S_2	S_2	S_1	D_{180}	D_0

Außerdem erinnern wir an drei ausführlich behandelte Beispiele:
b) Deckbewegungen des Quaders (vgl. S. 31)

$\star$	D_0	D_1	D_2	D_3
D_0	D_0	D_1	D_2	D_3
D_1	D_1	D_0	D_3	D_2
D_2	D_2	D_3	D_0	D_1
D_3	D_3	D_2	D_1	D_0

c) Deckdrehungen des Quadrats (vgl. S. 27)

	D_0	D_{90}	D_{180}	D_{270}
D_0	D_0	D_{90}	D_{180}	D_{270}
D_{90}	D_{90}	D_{180}	D_{270}	D_0
D_{180}	D_{180}	D_{270}	D_0	D_{90}
D_{270}	D_{270}	D_0	D_{90}	D_{180}

d) Additive Restklassengruppe modulo 4 (vgl. S. 32)

	0	1	2	3
0	0	1	2	3
1	1	2	3	0
2	2	3	0	1
3	3	0	1	2

Alle diese Gruppen haben die Ordnung vier gemeinsam; außerdem sind sie kommutativ.

Nach der Herkunft der Elemente könnte man annehmen, daß die Beispiele a) und c) enger zusammengehören als andere Kombinationen. Beidesmal sind es ja Deckabbildungen spezieller Vierecke, teilweise sogar mit gleichen Elementen. Betrachtet man aber die *Tafeln* selbst, das heißt, die Art der Verknüpfung der Elemente, so wird deutlich, daß die Beispiele a) und b) zusammengehören, so wie andererseits c) und d) auffällig übereinstimmen. Die Gruppen unter c) und d) sind zyklisch; in jeder dieser Gruppen gibt es zwei erzeugende Elemente; jede der beiden Gruppen hat nur eine nichttriviale Untergruppe.

Auf der anderen Seite sind die Gruppen unter a) und b) nicht zyklisch; je drei Elemente haben die Ordnung zwei; diese drei Elemente erzeugen (nichttriviale) Untergruppen der Ordnung 2.

Die angeführten Eigenschaften sprechen nicht mehr die inhaltliche Bedeutung der Gruppenelemente an; sie beziehen sich nur auf das *Verhalten bezüglich der Verknüpfung.*

Die Herkunft der Elemente (Geometrie, Arithmetik, …) oder ihre Namen spielen keine Rolle mehr.

Etwas präziser: Es ist möglich, die Elemente einander so zuzuordnen, daß sie **austauschbar** werden.

In unseren Beispielen gelten folgende Entsprechungen:

Beispiele $a)/b)$		Beispiele $c)/d)$	
D_0	$\longleftrightarrow D_0$	D_0	$\longleftrightarrow 0$
D_{180}	$\longleftrightarrow D_1$	D_{90}	$\longleftrightarrow 1$
S_1	$\longleftrightarrow D_2$	D_{180}	$\longleftrightarrow 2$
S_2	$\longleftrightarrow D_3$	D_{270}	$\longleftrightarrow 3$

Man sieht: Die Elemente zweier Gruppen werden durch eine Abbildung f umkehrbar eindeutig einander zugeordnet *(Bijektion)*.
(Forderung A)

Das allein macht aber noch nicht die Isomorphie aus!

Es besteht auch die Möglichkeit für folgende Bijektion:

$$\text{Beispiele } b)/c)$$
$$D_0 \longleftrightarrow D_0$$
$$D_1 \longleftrightarrow D_{90}$$
$$D_2 \longleftrightarrow D_{180}$$
$$D_3 \longleftrightarrow D_{270}$$

Hier gibt es aber dann wesentliche Unterschiede *in* den Tafeln. D_1 hat die Ordnung 2, D_{90} dagegen hat die Ordnung 4, … Zur »gleichen Gestalt« von Gruppen muß also die Gleichheit bei der Verknüpfung gefordert werden.

Wir verschärfen, fassen dabei die Betrachtungen zugleich etwas allgemeiner:

Wenn zwei Elemente a, b in der *einen* Tafel verknüpft werden, dann hat das Element $a \star b$, das bei dieser Verknüpfung entsteht, ein Bild in der *anderen* Tafel bei der Abbildung gemäß der Forderung (A).

Wir bezeichnen dieses Element mit $f(a \star b)$.

Und genau dieses Element $f(a \star b)$ soll entstehen, wenn in der *zweiten* Tafel die Bilder von a und b – also $f(a)$ und $f(b)$ – so verknüpft werden, wie es dort vorgeschrieben ist. Deshalb verwenden wir ein anderes Verknüpfungszeichen.

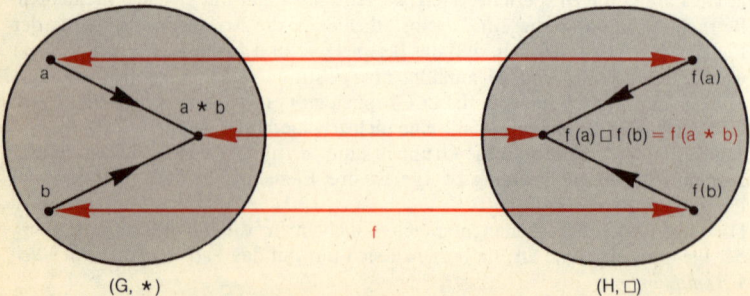

(G, $\star$)   (H, $\square$)

Die Elemente von G und H lassen sich durch eine Abbildung f *umkehrbar eindeutig* einander zuordnen:

$$a \longleftrightarrow f(a)$$
$$b \longleftrightarrow f(b)$$
$$c \longleftrightarrow f(c)$$
$$\cdot \qquad \cdot$$
$$\cdot \qquad \cdot$$
$$g \longleftrightarrow f(g)$$

$$(G, \star) \qquad (H, \square)$$

(Bedingung A)
Wenn $a \star b = g$ ist, dann ist $f(g)$ eindeutig bestimmt.
Zur Isomorphie wird verlangt, daß dieses $f(g)$ *überstimmt* mit $f(a) \square f(b)$.
(Bedingung B)
Man sagt, die Abbildung f sei »*operationstreu*«.
Zusammenfassend notieren wir als **Definition:**

> Zwei Gruppen $(G, \star)$ und $(H, \square)$ heißen *isomorph zueinander* genau dann, wenn es eine Abbildung f gibt, die folgende Forderungen erfüllt:

(A)   Die Elemente von G und H werden durch f *umkehrbar eindeutig* einander zugeordnet.

(B)   Für alle $a, b \in G$ gilt: $f(a \star b) = f(a) \square f(b)$.

Diese Definition wirkt anfangs vielleicht kompliziert. Sie wird von ihrer Fremdheit verlieren, wenn sich der Leser gründlich um die Aufgaben 21–24 bemüht oder ihre Lösungen eingehend durcharbeitet.
Nachbemerkung: Der Gruppentyp des Beispiel-Paares *a)/b)* heißt »*Kleinsche Vierergruppe*«.

Aufgaben

12) Untersuchen Sie, ob durch die folgenden Verknüpfungsvorschriften Gruppen definiert werden.
  a) $M = \{1; 2; 3\}$ mit $a \star b$ als dem Viererrest von $a + b$.
  b) $M = \{1; 3; 5; 7\}$ mit $a \star b$ als dem Achterrest von $a \cdot b$.
  c) $(\{2^z, z \in \mathbb{Z}\}, \cdot)$
  d) $(\mathbb{R} \backslash \{0\}, \star)$ mit $a \star b = (a \cdot b) : 2$

13) Betrachtet werden Rauten (Rhomben) mit $w(\alpha) \neq 90°$ (vgl. Figur).
  a) Bestimmen Sie alle Deckabbildungen dieser Vierecke.
  b) Zeigen Sie, daß eine Gruppe entsteht, wenn man die Deckabbildungen nacheinander ausführt.
  c) Geben Sie die Gruppentafel an.

14) *a)* Bestimmen Sie die Menge aller Deckabbildungen eines Quadrates.
  b) Zeigen Sie, daß bezüglich des Hintereinanderausführens eine Gruppe der Ordnung acht entsteht.
  c) Schreiben Sie die Gruppentafel auf.

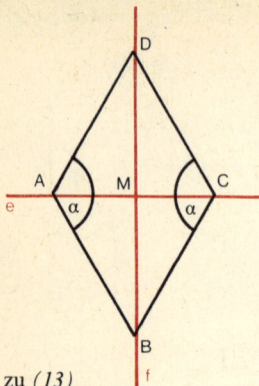

zu *(13)*

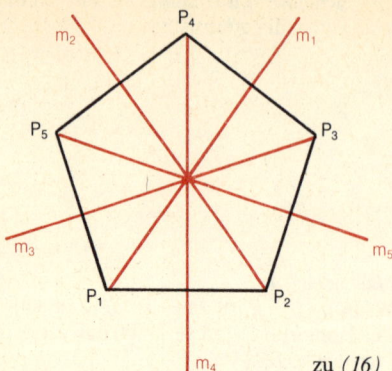

zu *(16)*

15) *a)* Bestimmen Sie die Ordnung aller Gruppenelemente aus Aufgabe 14.
   b) Geben Sie alle Untergruppen an, die es in der Gruppe des Quadrates gibt.

16) *a)* Bestimmen Sie alle Deckabbildungen eines regelmäßigen Fünfecks (vgl. Figur).
   b) Beschreiben Sie diese Abbildungen durch Permutationsschemata.
   c) Zeigen Sie, daß beim Hintereinanderausführen dieser Abbildungen eine Gruppe der Ordnung 10 entsteht.
   d) Welche Ordnungen haben die einzelnen Gruppenelemente?
   e) Charakterisieren Sie die nichttrivialen Untergruppen.

17) Geben Sie echte Untergruppen von $(\mathbb{Z}, +)$ *an, die*
   a) das Element 8 enthalten,
   b) die Elemente 4 und 6 enthalten,
   c) die Elemente 2 und 3 enthalten.

18) *a)* Notieren Sie die Gruppentafel einer zyklischen Gruppe der Ordnung 6.
   b) Bestimmen Sie die Ordnung der einzelnen Gruppenelemente.
   c) Geben Sie alle erzeugenden Elemente dieser Gruppe an.
   d) Geben Sie die nichttrivialen Untergruppen dieser Gruppe an.

19) Beweisen Sie die folgenden Behauptungen für eine beliebige Gruppe $(G, \star)$.
   a) Aus $a \star b = a \star c$ folgt $b = c$.
   b) $\mathrm{Inv}(\mathrm{Inv}(a)) = a$.
   c) Wenn $(U, \star)$ und $(V, \star)$ Untergruppen der Gruppe $(G, \star)$ sind, dann ist auch $(\{U \cap V\}, \star)$ eine Untergruppe von $(G, \star)$.
   d) Eine nichtleere Teilmenge $U \subset G$ ist dann eine Untergruppe der Gruppe $(G, \star)$, wenn mit beliebigen Elementen $u \in U$ und $v \in U$ auch stets $u \star v^I \in U$ ist.

20) Untersuchen Sie, ob die folgenden Gleichungen für beliebige Elemente a, b einer Gruppe $(G, \star)$ Lösungen in dieser Gruppe haben.
   a) $a \star x = a^I$ *b)* $a^I \star x^I = b^I$

c) $a \star x = b \star a$ *d)* $x \star x = n$
e) $x \star x = a$ *f)* $a \star x = x \star a$.

21) Zeigen Sie die Isomorphie von Gruppen in den folgenden Fällen:
   a) $(G, \star)$ ist isomorph zu $(G, \star)$.
   b) Die Gruppe der Deckbewegungen des Rechtecks ist isomorph zur Gruppe der Deckbewegungen der Raute.
   c) $(\mathbb{Z}, +)$ ist isomorph zu $(\{0, +2, -2, +4, -4, +6, \ldots\}, +)$
   d) $(\mathbb{Z}, +)$ ist isomorph zu $(\{2^z, z \in \mathbb{Z}\}, \cdot)$.

22) Geben Sie zwei Gruppen der Ordnung 6 an, die nicht zueinander isomorph sind.

23) Zeigen Sie, daß die Gruppe der Deckbewegungen einer *quadratischen Säule* isomorph ist zur Gruppe des Quadrates.

24) Betrachtet wird ein *Tetraeder*, das ist eine sechskantige Pyramide, die von vier gleichseitigen Dreiecken begrenzt wird (vgl. Skizze).
   Die Deckbewegungen dieses Körpers zerfallen in zwei Klassen:
   1) Es gibt Drehungen um Achsen, die durch die Mittelpunkte zweier Kanten verlaufen, die nicht aneinanderstoßen.
   2) Es gibt Drehungen um Achsen, die durch eine Ecke und den Mittelpunkt der Gegenfläche gehen.
   a) Beschreiben Sie die zwölf Deckbewegungen des Tetraeders durch Permutationsschemata.
   b) Zeigen Sie, daß die echten Drehungen gemäß *1)* die Ordnung zwei haben.
   c) Zeigen Sie, daß die echten Drehungen gemäß *2)* die Ordnung 3 haben.
   d) Zeigen Sie, daß die Gruppe der Deckbewegungen des Tetraeders eine Untergruppe der Ordnung vier enthält, deren Elemente die Drehungen gemäß *1)* sind.
   Nennen Sie Gruppen, die zu dieser Untergruppe isomorph sind.
   e) Geben Sie andere Untergruppen der Tetraedergruppe an, ohne die gesamte Gruppentafel aufzustellen.

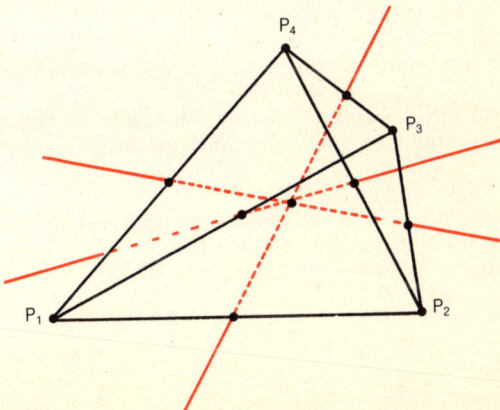

Überblick zu Algebraischen Strukturen

Der letzte Abschnitt im Teil Algebraische Strukturen soll eine Auswahl häufig verwendeter Begriffe lexikonartig vorstellen. Das Vokabular entspricht dem der vorangegangenen Abschnitte; unter Umständen wird man sogar dort nachlesen.

Da ein Überblick angestrebt wird, ist die Darstellung weder vollständig noch deduktiv.

Behandelte Begriffe: *Ring*   *Körper*
                       Vektorraum   *Verband*
                       Zahlbereiche

Ring

Ein Ring ist eine algebraische Struktur, in der es *zwei* Verknüpfungen gibt.

Wir bezeichnen sie der Einfachheit halber mit den vertrauten Zeichen $+$ und $\cdot$, weisen aber darauf hin, daß die zugehörigen Verknüpfungen oft nicht übereinstimmen mit der Addition bzw. Multiplikation gemäß den Grundrechenarten.

Definition: In einer nichtleeren Menge R mit den Elementen $a, b, c, \ldots$ gibt es zwei Verknüpfungen $+$ und $\cdot$; es werden folgende Forderungen erfüllt:

R1) $(R, +)$ ist eine kommutative Gruppe.

R2)   Für alle $a, b, c \in R$ gilt
       $(a \cdot b) \cdot c = a \cdot (b \cdot c)$
       $- (R, \cdot)$ ist eine Halbgruppe $-$

R3)   Für alle $a, b, c \in R$ gilt
3.1 $a \cdot (b + c) = a \cdot b + a \cdot c$ und
3.2 $(a + b) \cdot c = a \cdot c + b \cdot c$.
       Die Bedingungen unter (3) heißen *Distributivgesetze*.

Man braucht *3.1* und *3.2*, da für die multiplikative Verknüpfung (im allgemeinen) *nicht das Kommutativgesetz* gilt.

Beispiele für Ringe
1) $(\mathbb{Z}; +, \cdot)$ Ring der ganzen Zahlen
2) $M_g = \{0, +2, -2, +4, -4, +6, -6, \ldots\}$ $-$ gerade Zahlen
Als Verknüpfungen betrachtet man die Addition und Multiplikation dieser Zahlen.

Dieser Ring ist – wie der vorige – kommutativ bezüglich der Multiplikation. Es gibt aber kein neutrales Element für die multiplikative Verknüpfung im Beispiel *2)*.

3) $R_3 = \{0, 1, 2\}$ bzw. $R_4 = \{0, 1, 2, 3\}$
Die Verknüpfungen werden so definiert, wie das beim Rechnen mit Restklassen üblich ist ($\rightarrow$ Verknüpfungsgebilde, Gruppen).
Man erhält folgende Verknüpfungstafeln:

Für R_3:

$+$	0	1	2
0	0	1	2
1	1	2	0
2	2	0	1

bzw.

$\cdot$	0	1	2
0	0	0	0
1	0	1	2
2	0	2	1

Für R_4:

+	0	1	2	3
0	0	1	2	3
1	1	2	3	0
2	2	3	0	1
3	3	0	1	2

·	0	1	2	3
0	0	0	0	0
1	0	1	2	3
2	0	2	0	2
3	0	3	2	1

4) Sei R die Menge von reellwertigen Polynomfunktionen ($\rightarrow$ Analysis). Mit den naheliegenden Festsetzungen über Summe und Produkt wird $(R; +, \cdot)$ ein Ring, dessen Elemente Funktionen sind.

Nullteiler

Wegen der ersten Ringforderung gibt es in jedem Ring ein neutrales Element bezüglich der Addition. Wir bezeichnen es durch die Null; also $a + 0 = 0 + a = 0$ für alle $a \in R$. Das Beispiel *3)* im Falle R_4 zeigt, daß es Ringe gibt, in denen Elemente u und v existieren mit $u \cdot v = 0$, obwohl $u \neq 0$ und $v \neq 0$.

Solche Elemente heißen *Nullteiler*. (Im erwähnten Beispiel ist die 2 der Nullteiler.)

Allgemeine Sätze über Nullteiler sind ein Teilbereich der Ringtheorie. Andere Untersuchungen befassen sich mit den *Primelementen*, das heißt Elementen, die den Primzahlen 2, 3, 5, 7, 11, ... aus $\mathbb{N}$ entsprechen.

Da sich der Isomorphie-Begriff ohne weiteres auf Ringe übertragen läßt, gibt es hier weitere interessante Fragen.

Körper

Ein Körper ist eine algebraische Struktur, in der es *zwei* Verknüpfungen gibt. Wir bezeichnen sie der Einfachheit halber mit den vertrauten Zeichen $+$ und $\cdot$, weisen aber darauf hin, daß die zugehörigen Verknüpfungen oft nicht übereinstimmen mit der Addition bzw. Multiplikation der Grundrechenarten.

Definition: In einer nichtleeren Menge K mit den Elementen $a, b, c, \ldots$ gibt es zwei Verknüpfungen $+$ und $\cdot$; es werden folgende Forderungen erfüllt:

K1) $(K, +)$ ist eine kommutative Gruppe.
         Das neutrale Element in dieser Gruppe werde 0 genannt.

K2) $(K \setminus \{0\}, \cdot)$ ist eine kommutative Gruppe.

K3)   Für alle a, b, c aus K gilt das *Distributivgesetz*
         $a \cdot (b + c) = a \cdot b + a \cdot c$.

In der wissenschaftlichen Literatur wird statt (2) gelegentlich nur (2') gefordert: $(K \setminus \{0\}, \cdot)$ ist eine Gruppe.

Bei solchem Aufbau zerfällt dann das Distributivgesetz in die beiden Forderungen: *(3.1)* $a \cdot (b + c) = a \cdot b + a \cdot c$

und *(3.2)* $(a + b) \cdot c = a \cdot c + b \cdot c$.

Wenn darüber hinaus die Gruppe $(K \setminus \{0\}, \cdot)$ kommutativ ist, wird das zugehörige Gebilde ein kommutativer Körper genannt.

Im Schulbereich spielen nichtkommutative Körper keine Rolle. Deshalb bevorzugen wir die engere Definition, die mit der Fassung von (2) getroffen wurde.

Solange man in der Eingangsdefinition nicht auf den Gruppenbegriff zurückgreifen kann (oder will), wird ein Körper durch folgende Forderungen gefaßt: Es gibt zwei Verknüpfungen in K mit den folgenden Eigenschaften. Für beliebige Elemente $a, b, c \in K$ gilt

$a + b \in K$	$a \cdot b \in K$
$(a + b) + c = a + (b + c)$	$(a \cdot b) \cdot c = a \cdot (b \cdot c)$
$a + b = b + a$	$a \cdot b = b \cdot a$
Es gibt ein Element $0 \in K$, so daß $a + 0 = a$ für alle $a \in K$.	Es gibt ein Element $1 \in K$, so daß $1 \cdot a = a$ für alle $a \in K$.
Zu jedem a gibt es $\bar{a}$, so daß $a + \bar{a} = 0$.	Zu jedem $a \neq 0$ gibt es a^I, so daß $a \cdot a^I = 1$.

Für alle $a, b, c \in K$ gilt das Distributivgesetz

$$a \cdot (b + c) = a \cdot b + a \cdot c$$

Man sieht, wie der Strukturbegriff *»Gruppe«* die Verständigung erleichtert, falls er zu Gebote steht.

Beispiele für Körper

1.1 $(\mathbb{Q}, +, \cdot)$ Körper der rationalen Zahlen
1.2 $(\mathbb{R}, +, \cdot)$ Körper der reellen Zahlen
(vgl. Seite 56/57)

2) Sei p eine Primzahl und $K_p = \{0, 1, 2, \ldots, p-1\}$.
Addition und Multiplikation werden definiert, wie das beim Rechnen mit Restklassen üblich ist (vgl. die vorigen Kapitel).

Wir notieren die Verknüpfungstafeln für die Fälle $p = 2$ und $p = 5$.

$p = 2$

+	0	1
0	0	1
1	1	0

	1
1	1

$p = 5$

+	0	1	2	3	4
0	0	1	2	3	4
1	1	2	3	4	0
2	2	3	4	0	1
3	3	4	0	1	2
4	4	0	1	2	3

	1	2	3	4
1	1	2	3	4
2	2	4	1	3
3	3	1	4	2
4	4	3	2	1

Durch Nachrechnen verifiziert man das Distributivgesetz. Derartige Körper heißen *endliche Körper oder Galoisfelder.*

3) Betrachtet werden Terme der Form $\alpha = a_1 + a_2 \cdot \sqrt{2}$ und $\beta = b_1 + b_2 \cdot \sqrt{2}$ mit rationalen Zahlen a_1, a_2, b_1 und b_2. Durch die Definitionen

$$\alpha + \beta = (a_1 + b_1) + (a_2 + b_2) \cdot \sqrt{2} \quad \text{und}$$
$$\alpha \cdot \beta = (a_1 b_1 + 2 a_2 b_2) + (a_1 b_2 + a_2 b_1) \cdot \sqrt{2}$$

erhält man 2 Verknüpfungen in der Menge $\mathbb{Q} \times \mathbb{Q}^*$, wo

$$\mathbb{Q}^* = \{q^* | q^* = q \cdot \sqrt{2}, \quad q = \mathbb{Q}\}.$$

Man sieht, daß die Forderungen *1)* und *2)* erfüllt sind; zu

$$\alpha = a_1 + a_2 \cdot \sqrt{2} \quad \text{ist} \quad \alpha^I = (a_1 - a_2 \cdot \sqrt{2}) : (a_1^2 - 2 a_2^2) = (a_1 - a_2 \cdot \sqrt{2}) :$$

$[(a_1 + a_2 \cdot \sqrt{2}) \cdot (a_1 - a_2 \cdot \sqrt{2})]$ invers bezüglich der Multiplikation. Dieses Element gehört zu $\mathbb{Q} \times \mathbb{Q}^*$, wenn $\alpha \neq O + O \cdot \sqrt{2}$.

Zum Nachweis der Körpereigenschaften muß man noch das Distributivgesetz in Evidenz setzen.

Körper dieser Form heißen *algebraische Zahlenkörper*. Sie enthalten $\mathbb{Q}$ als Teilkörper und sind selbst Teilkörper in $\mathbb{R}$.

Anordnung von Körpern

Definition: Ein Körper $(K, +, \cdot)$ heißt *angeordnet* genau dann, wenn es in K eine nichtleere Teilmenge P gibt, die folgende Forderungen erfüllt:
1) Für jedes $a \in K$ gilt genau eine der Beziehungen $a = 0$ oder $a \in P$ oder $\bar{a} \in P$
2) Wenn a und b in P liegen, dann gilt auch $a + b \in P$ und $a \cdot b \in P$.
P heißt *Positivbereich* von K.

In vielen Darstellungen wird die Anordnung wie folgt erklärt:
1) Zwei Zahlen a und b erfüllen immer genau eine der Beziehungen $a = b$ oder $a > b$ oder $a < b$.
2) Wenn $a > b$, dann auch $a + c > b + c$, $c \in K$.
3) Wenn $a > b$ und $c > 0$, dann $a \cdot c > b \cdot c$.
Man kann zeigen, daß endliche Körper nicht anordbar sind. Dasselbe gilt für den Körper der komplexen Zahlen (vgl. S. 57f.).

Nullteilerfreiheit
Es ist beweisbar, daß in einem Körper ein Produkt dann und nur dann Null ist, wenn mindestens einer der Faktoren Null ist.
Körper enthalten keine *»Nullteiler«* ($\rightarrow$ Ringe).

Vektorraum

Als Vektorraum bezeichnet die neuere Mathematik eine algebraische Struktur, deren Definition zurückgeht auf Erfahrungen, die man in der Geometrie, aber auch in der Physik mit »Vektoren« machte.
Im Schulbereich genießen Vektorräume neuerdings großes Interesse. Wegen der starken Beziehung zur Geometrie findet der Leser eine ausführlichere Darstellung im Teil 3 dieses Buches.

Wir notieren an dieser Stelle nur die wichtigsten Definitionen und geben einige Beispiele an.

Definition: Betrachtet wird ein Körper K, dessen Elemente mit $\alpha, \beta, \gamma, \delta, \ldots$ bezeichnet werden; für das Neutralelement der Körper-Multiplikation steht das Zeichen 1.

Die Elemente des *Vektorraumes* V sollen durch die Zeichen $\vec{a}, \vec{b}, \vec{c}, \ldots$ beschrieben werden.

Es müssen folgende Forderungen erfüllt werden:

1) In $V = \{\vec{a}, \vec{b}, \vec{c}, \ldots\}$ gibt es eine innere Verknüpfung $+$, die sogenannte *Vektoraddition.*

2) Das Gebilde $(V, +)$ ist eine kommutative Gruppe.

3) Es gibt eine Abbildung von $K \times V$ in V, die jedem Paar $(\alpha, \vec{a})$ das Element $\alpha \cdot \vec{a}$ aus V zuordnet. *(»Skalare Multiplikation«)*

4) Die Abbildung gemäß *3)* genügt den Bedingungen

4.1 $\alpha \cdot (\vec{a} + \vec{b}) = \alpha \cdot \vec{a} + \alpha \cdot \vec{b}$

4.2 $(\alpha + \beta) \cdot \vec{a} = \alpha \cdot \vec{a} + \beta \cdot \vec{a}$

4.3 $\alpha \cdot (\beta \cdot \vec{a}) = (\alpha \cdot \beta) \cdot \vec{a}$

4.4 $1 \cdot \vec{a} = \vec{a}$

Beispiele:

1) Betrachtet wird der Körper $\mathbb{R}$ der reellen Zahlen. Die Elemente der Menge V sollen n-Tupel von reellen Zahlen sein, haben also die Form

$$\vec{a} = (a_1, a_2, \ldots, a_n)$$

beziehungsweise $$\vec{b} = (b_1, b_2, \ldots, b_n)$$

mit Zahlen a_i, b_i aus $\mathbb{R}$. Man definiert die innere Verknüpfung V durch

$$\vec{a} + \vec{b} = (a_1 + b_1, a_2 + b_2, \ldots, a_n + b_n)$$

und die skalare Multiplikation durch

$$r \cdot \vec{a} = (r \cdot a_1, r \cdot a_2, \ldots, r \cdot a_n), \; r \in \mathbb{R}.$$

Es ist zu sehen, daß alle Forderungen aus der Definition eines Vektorraumes erfüllt werden.

Für $n = 2$ oder $n = 3$ liegen geometrische Deutungen nahe.

2) K sei der Körper der reellen Zahlen. Als Elemente von V betrachtet man Polynomfunktionen vom Grade n, das heißt Funktionen der Form

$$p_n(x) = a_n x^n + a_{n-1} x + \cdots + a_0$$

bzw. $$q_n(x) = b_n x^n + b_{n-1} x^{n-1} + \cdots + b_0,$$

$a_i \in \mathbb{R}$, $b_i \in \mathbb{R}$. $a_n \neq 0$, $b_n \neq 0$.

Mit den naheliegenden Festsetzungen $(p_n + q_n)(x) = p_n(x) + q_n(x)$

$$(r \cdot p_n)(x) = r \cdot p_n(x)$$

erhält man den Vektorraum der reellen Polynomfunktionen vom Grade n.

3) Betrachtet wird das Gleichungssystem

$$x_1 + 2x_2 + 2x_3 = 0$$
$$3x_1 - 2x_2 + 4x_3 = 0$$
$$4x_1 - 12x_2 + 3x_3 = 0$$

über der Grundmenge $\mathbb{R}$.

Für dieses Gleichungssystem gibt es Lösungen ungleich $(0;0;0)$, etwa $(x_1 = 6;$ $x_2 = 1; x_3 = -4)$.

Im Hinblick auf die *Gesamtheit aller Lösungen* überlegt man folgendes:

Wegen der besonderen Form der Gleichungen ist mit einem Lösungstripel (u_1, u_2, u_3) und einem Lösungstripel (v_1, v_2, v_3) auch das Zahlentripel $(u_1 + v_1, u_2 + v_2, u_3 + v_3)$ ein Lösungselement des Systems. Außerdem gehört jedes Zahlentripel (ru_1, ru_2, ru_3) zu den Lösungen des Systems, wenn nur (u_1, u_2, u_3) zu den Lösungen gehört, $r \in \mathbb{R}$.

Mithin bildet die Menge V der Lösungen dieses Systems einen Vektorraum, wenn man die innere Verknüpfung und die skalare Multiplikation wie oben festlegt.

Dieser Zusammenhang gilt für beliebige lineare und homogene Gleichungssysteme. Er läßt sich sogar in die Analysis übertragen; dort gilt er für die Lösung entsprechender Differentialgleichungen.

Wir nennen im folgenden die Elemente eines Vektorraumes Vektoren, unabhängig von der speziellen Trägermenge V.

Das Neutralelement von $(V, +)$ sei $\vec{0}$.

Linear-Kombination von Vektoren

Definition: Ein Vektor $\vec{s}$ heißt Linearkombination der Vektoren $\vec{a}_1, \vec{a}_2, \ldots, \vec{a}_n$, genau dann, wenn es Zahlen $\sigma_1, \sigma_2, \ldots, \sigma_n \in K$ gibt, so daß gilt
$$\vec{s} = \sigma_1 \vec{a}_1 + \sigma_2 \vec{a}_2 + \cdots + \sigma_n \vec{a}_n$$

Lineare Unabhängigkeit von Vektoren

Definition: Die p Vektoren $\vec{a}_1, \vec{a}_2, \ldots, \vec{a}_p$ heißen *linear unabhängig* genau dann, wenn die Gleichung
$$\alpha_1 \cdot \vec{a}_1 + \alpha_2 \cdot \vec{a}_2 + \cdots + \alpha_p \cdot \vec{a}_p = \vec{0}$$
nur lösbar ist durch die Zahlen $\alpha_1 = \alpha_2 = \cdots = \alpha_p = 0$.
(»Triviale Lösung der Vektorgleichung«)
Hat die Gleichung $\alpha_1 \cdot \vec{a}_1 + \cdots + \alpha_p \cdot \vec{a}_p = \vec{0}$ eine Lösung ungleich $(0;0;\ldots;0)$, so heißen die p Vektoren *linear abhängig*.

Im Falle linearer Abhängigkeit der Vektoren $\vec{a}_1, \vec{a}_2, \ldots, \vec{a}_p$ ist mindestens einer der Vektoren als Linearkombination der anderen $(p-1)$ Vektoren darstellbar.

Dimension eines Vektorraumes

Definition: Ein Vektorraum $(V, +, \cdot)$ hat die *Dimension* n genau dann, wenn es n linear unabhängige Vektoren gibt, wenn aber je $(n+1)$ Vektoren aus V linear abhängig sind.

Der Vektorraum aus dem Beispiel *1)* hat die Dimension n; der Vektorraum *aller* reellen Polynomfunktionen hat keine endliche Dimension; im Beispiel *3)* findet man die Dimension 1.

Basis eines Vektorraumes

Definition: Ist $(V, +, \cdot)$ ein Vektorraum mit der Dimension n, dann heißt jedes n-Tupel von linear unabhängigen Vektoren aus V *eine Basis* von $(V, +, \cdot)$.

Sei $(\vec{b}_1, \vec{b}_2, \dots, \vec{b}_n)$ eine Basis von $(V, +, \cdot)$; man kann dann beweisen, daß jeder Vektor $\vec{x}$ aus V eine eindeutige Linear-Darstellung durch die Vektoren der Basis besitzt. Es gibt also Zahlen $\beta_V \in K$, so daß $\quad \vec{x} = \beta_1 \vec{b}_1 + \beta_2 \vec{b}_2 \cdots + \beta_n \vec{b}_n$.
Die eindeutig bestimmten Zahlen $\beta_1, \beta_2, \dots, \beta_n$ heißen die *Vektorkoordinaten* von $\vec{x}$ in bezug auf die Basis $(\vec{b}_1, \vec{b}_2, \dots, \vec{b}_n)$.

Verband

Ein Verband ist eine algebraische Struktur, in der es *zwei* Verknüpfungen gibt. Wir bezeichnen die Verknüpfungen bei allgemeiner Betrachtungsweise durch $\perp$ und $\top$.
In Beispielen sind konkrete Zuordnungsvorschriften zu verabreden.

Definition: In einer nichtleeren Menge V mit den Elementen $a, b, c, \dots$ gibt es zwei Verknüpfungen $\perp$ und $\top$; es werden folgende Forderungen erfüllt:

(V1) $\qquad a \perp b = b \perp a \quad$ und $\quad a \top b = b \top a$
$\qquad\qquad$ *(Kommutativität)*

(V2) $\qquad (a \perp b) \perp c = a \perp (b \perp c) \quad$ und
$\qquad\qquad (a \top b) \top c = a \top (b \top c)$
$\qquad\qquad$ *(Assoziativität)*

(V3) $\qquad a \perp (a \top b) = a \quad$ und $\quad a \top (a \perp b) = a$
$\qquad\qquad$ *(Absorption)*

Beispiele für Verbände:
1) Zu einer nichtleeren Menge M wird die Potenzmenge $P(M)$ betrachtet, also die Menge aller Teilmengen von M.
Als Verknüpfungen $\perp$ und $\top$ wählen wir das Bilden der Vereinigungsmenge bzw. der Schnittmenge von zwei Mengen aus $P(M)$.

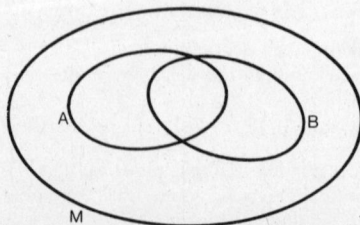

Es gilt für alle A, B, C, aus $P(M)$:

1) $A \cup B = B \cup A$ und $A \cap B = B \cap A$

2) $(A \cup B) \cup C = A \cup (B \cup C)$ und
$(A \cap B) \cap C = A \cap (B \cap C)$

3) $A \cup (A \cap B) = A$ und $A \cap (A \cup B) = A$.

$(P(M), \cup, \cap)$ ist ein Verband, der sogenannte *Potenzmengenverband*.

2) Betrachtet wird die Menge der Teiler der natürlichen Zahl 30; also
$T(30) = \{1, 2, 3, 5, 6, 10, 15, 30\}$.

Wenn a und b für Zahlen aus $T(30)$ stehen, dann soll gelten:

$\quad\quad a \perp b$ ist kleinstes gemeinsames Vielfaches von a und b,

bzw. $a \top b$ ist größter gemeinsamer Teiler von a und b.

Abgekürzt geschrieben $a \perp b = \mathrm{kgV}(a|b)$

bzw. $a \top b = \mathrm{ggT}(a|b)$.

Man sieht sofort, daß $\mathrm{kgV}(a|b) = \mathrm{kgV}(b|a)$

und $\mathrm{ggT}(a|b) = \mathrm{ggT}(b|a)$.

Auch die Assoziativität ist zu erkennen:

$\quad\quad \mathrm{kgV}(\mathrm{kgV}(a|b)|c) = \mathrm{kgV}(a|\mathrm{kgV}(b|c))$
$\quad\quad \mathrm{ggT}(\mathrm{ggT}(a|b)|c) = \mathrm{ggT}(a|\mathrm{ggT}(b|c))$

Da $\mathrm{kgV}(a|\mathrm{ggT}(a|b)) = a$ und
$\mathrm{ggT}(a|\mathrm{kgV}(a|b)) = a$ gilt,

ist das Gebilde $(T(30); \mathrm{kgV}, \mathrm{ggT})$ ein Verband.

Wählt man eine beliebige natürliche Zahl anstelle der Ausgangszahl 30, so erhält man den *Teilerverband* der betreffenden natürlichen Zahl.

3) Wenn M eine nichtleere Zahlenmenge mit den Elementen $a, b, c, \dots$ ist, so erhält man durch die Festsetzungen

$$a \perp b = \mathrm{Max}(a|b) \quad \text{und}$$
$$a \top b = \mathrm{Min}(a|b)$$

ein Gebilde, das Verbandseigenschaften besitzt.

Dieses Beispiel zeigt, daß Verbände *endlich* oder *unendlich* sein können.

Dualität

Sowohl beim Betrachten der Beispiele als auch in den Verbandsaxiomen *V1)* bis *V3)* fällt die *Gleichwertigkeit* der beiden Verknüpfungen auf.

Alle Forderungen werden übereinstimmend für *beide* Operationen gestellt. Tauscht man die Zeichen $\perp$ und $\top$ gegeneinander aus, so erscheinen dieselben Verbandsaxiome wie vorher. Diese Besonderheit nennt man *Dualität*.

In der Theorie der Verbände bewirkt die Dualität, daß es zu jedem Satz einen dualen Satz gibt, der durch das Vertauschen der Verknüpfungen $\perp$ und $\top$ entsteht *(»Dualitätsprinzip«)*.

In den vorgestellten Beispielen hätte man wegen der Dualität die Definitionen für die Verknüpfungen $\perp$ und $\top$ auswechseln können. Im Beispiel *3)* hieße es dann

$$a \perp b = \mathrm{Min}(a|b) \quad \text{und} \quad a \top b = \mathrm{Max}(a|b).$$

Entsprechendes gilt in den anderen Fällen.

Hasse-Diagramme

Wenn V nicht zu viele Elemente enthält, stellt man die Verbandsverknüpfungen gerne in Form eines Diagrammes dar. Wir verdeutlichen das Verfahren mit der Darstellung der Teilerverbände zu den Zahlen 30 bzw. 12 bzw. 27.

Die Elemente $a, b, c, \ldots$ aus $T(n)$ werden durch Punkte in der Ebene markiert. Zuerst zeichnet man 1 als tiefsten Punkt des Diagramms und n als den höchsten Punkt.

Die anderen Elemente sind so einzutragen, wie es der Teilerstruktur entspricht.

Im Falle der Zahl 30 erscheinen die Primzahlen 2, 3, 5 (zweckmäßigerweise) auf gleicher Höhe. Sie werden durch Strecken mit der 1 verbunden.

Als nächstes betrachtet man die Teiler 6, 10 und 15; sie enthalten je zwei Primfaktoren, mit denen sie jeweils durch Strecken verbunden werden.

Zwischenbemerkung: Die Kreuzung der Strecken 2–10 und 3–6 zählt nicht zum Diagramm.

Da 30 genau drei Primfaktoren enthält, gibt es abschließend 3 Strecken von 6, 10 und 15 zur 30.

Für zwei Elemente a, b aus $T(30)$ ist nun $a \perp b$ abzulesen aus einem *nach oben* verlaufenden Streckenzug, der a mit b verbindet und der möglichst wenige Strecken enthält.

$a \perp b$ wird durch den höchsten Punkt des Streckenzuges dargestellt.

Entsprechend findet man $a \top b$ als niedrigsten Punkt in einem nach unten verlaufenden Streckenzug von a nach b, der möglichst wenige Strecken enthält.

Das Diagramm zeigt also, daß

$$\text{kgV}(2|6) = 6 \qquad \text{ggT}(2|6) = 2$$
$$\text{kgV}(6|15) = 30 \qquad \text{ggT}(6|15) = 3$$
$$\text{kgV}(3|10) = 30 \qquad \text{ggT}(3|10) = 1.$$

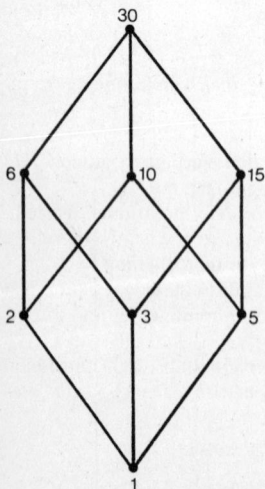

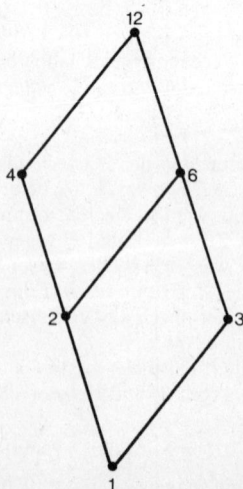

Entsprechendes gilt für die anderen Teilerverbände bzw. für andere Verbands-Diagramme.

Diese Darstellungen werden *Hasse-Diagramme* genannt.

Gelegentlich definiert man einen Verband unmittelbar durch die Vorgabe eines entsprechenden Diagrammes. Für die Menge $M = \{r, s, t, u, v, w\}$ geben wir zwei Beispiele:

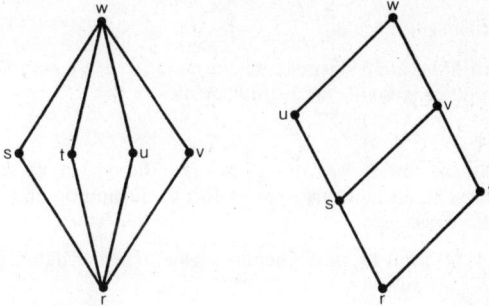

An diesen Beispielen werden weitere Eigenschaften verdeutlicht, die Verbände haben können – aber nicht haben müssen.

Nullelement bzw. Einselement im Sinne der Verbandstheorie

Definition: Ein Element n eines Verbandes $(V, \perp, \top)$ heißt *Verbandsnull* genau dann, wenn

$$n \top a = n = (a \top n) \qquad \text{für alle } a \in V.$$

Ein Element e eines Verbandes $(V, \perp, \top)$ heißt *Verbandseins* genau dann, wenn

$$e \perp a = e = (a \perp e) \qquad \text{für alle } a \in V.$$

In den beiden Beispielen für $M = \{r, s, t, u, v, w\}$ ist das Element r jeweils die Verbandsnull und das Element w jeweils die Verbandseins.

Komplementarität in Verbänden

Wenn ein Verband $(V, \perp, \top)$ Nullelement n und Einselement e im Sinne der Verbandstheorie hat, kann es zu einem Element a ein *komplementäres Element* $\bar{a}$ (eventuell auch mehrere Elemente $\bar{a}$) geben, so daß

$$a \perp \bar{a} = e \qquad \text{und gleichzeitig} \qquad a \top \bar{a} = n \text{ ist.}$$

Im Beispiel links gibt es zu jedem $a \in M$ derartige Elemente $\bar{a}$. Der Verband heißt deshalb ein *komplementärer Verband*.

Definition: Ein Verband $(V, \perp, \top)$ heißt *komplementär* genau dann, wenn folgende Forderungen erfüllt sind:

K1)   Es gibt ein Element $n \in V$, so daß für alle $a \in V$

$$n \top a = n = (a \top n)$$

(Verbandsnull)

K2)   Es gibt ein Element $e \in V$, so daß für alle $a \in V$

$$e \perp a = e = (a \perp e)$$

(Verbandseins)

K3)   Zu jedem $a \in V$ gibt es mindestens ein Element $\bar{a} \in V$, so daß

$$a \top \bar{a} = n \quad \text{und}$$
$$a \perp \bar{a} = e$$

(Komplementarität)

Der im rechten Diagramm dargestellte Verband ist nicht komplementär; die Elemente s, t, u und v haben keine Komplemente.

Distributivität

Wie bei den Ringen und Körpern liegt es nahe, die beiden Verknüpfungen $\perp$ und $\top$ zu *verkoppeln*. Wir geben deshalb sofort die Definition und verdeutlichen sie danach an den Beispielen.

Definition: Ein Verband $(V, \perp, \top)$ heißt *distributiv* genau dann, wenn für alle $a, b, c \in V$ gilt

D1) $(a \perp b) \top c = (a \top c) \perp (b \top c)$ und dual dazu

D2) $(a \top b) \perp c = (a \perp c) \top (b \perp c)$.

Der Verband im linken Diagramm ist nicht distributiv, weil

$$(s \top t) \perp u = r \perp u = u \quad \text{aber}$$
$$(s \perp u) \top (t \perp u) = w \top w = w.$$

Durch Fleiß (oder Kenntnis allgemeinerer Sätze) läßt sich zeigen, daß im rechten Diagramm die Distributiveigenschaften erfüllt sind.

Ein letztes Diagramm zeigt einen Verband, der nicht komplementär und nicht distributiv ist.

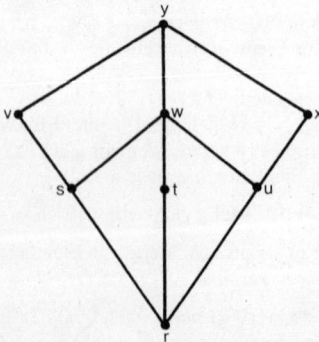

Boolesche Verbände

Definition Ein Verband $(V, \perp, \top)$ heißt *boolescher Verband* genau dann, wenn er komplementär und distributiv ist.

In einem booleschen Verband werden also folgende Forderungen erfüllt:

$V1)$ $\qquad a \perp b = b \perp a$ $\qquad$ und $\qquad a \top b = b \top a$

$V2)$ $\qquad (a \perp b) \perp c = a \perp (b \perp c)$ $\qquad$ und
$\qquad\qquad (a \top b) \top c = a \top (b \top c)$

$V3)$ $\qquad a \perp (a \top b) = a$ $\qquad$ und $\qquad a \top (a \perp b) = a$.

$K1)$ $\qquad$ Es gibt ein $n \in V$, so daß für alle $a \in V$
$\qquad\qquad n \top a = n$ $\qquad$ (Verbandsnull)

$K2)$ $\qquad$ Es gibt ein $e \in V$, so daß für alle $a \in V$
$\qquad\qquad e \perp a = e$ $\qquad$ (Verbandseins)

$K3)$ $\qquad$ Zu jedem $a \in V$ gibt es ein $\bar{a} \in V$, so daß
$\qquad\qquad a \perp \bar{a} = e$ $\qquad$ und $\qquad a \top \bar{a} = n$

Für alle $a, b, c \in V$ gilt

$D1)$ $\qquad (a \perp b) \top c = (a \top c) \perp (b \top c)$ $\qquad$ und

$D2)$ $\qquad (a \top b) \perp c = (a \perp c) \top (b \perp c)$

Alle Potenzmengenverbände sind zugleich komplementär und distributiv, also boolesche Verbände.

Andererseits kann man zeigen, daß jeder endliche boolesche Verband isomorph ist zu einem geeignet gewählten Potenzmengenverband.

In booleschen Verbänden gelten insonderheit folgende Beziehungen:

$1)$ $\qquad \bar{n} = e$ $\qquad$ und $\qquad \bar{e} = n$

$2)$ $\qquad \overline{(\bar{a})} = a$

$3)$ $\qquad \overline{(a \perp b)} = \bar{a} \top \bar{b}$ $\qquad$ und dual dazu
$\qquad\qquad \overline{(a \top b)} = \bar{a} \perp \bar{b}$.

Die Beziehungen unter *3)* heißen Regeln von de Morgan.

Boolesche Verbände werden auch *boolesche Algebren* genannt. Sie sind bedeutsam für die Schaltalgebra und die Aussagen-Logik.

Der englische Mathematiker G. Boole fand vor mehr als hundert Jahren die entsprechenden Zusammenhänge bei Untersuchungen über die Regeln des logischen Schließens.

Zahlen

Natürliche Zahlen, $\mathbb{N} = \{1, 2, 3, \dots\}$

Betrachtet man die natürlichen Zahlen im Sinne algebraischer Verknüpfungsgebilde, so denkt man zunächst an die Verknüpfungen Addition und Multiplikation. Hier bilden

$$(\mathbb{N}, +) \quad \text{bzw.} \quad (\mathbb{N}, \cdot)$$

jeweils eine kommutative Halbgruppe, das heißt ein Gebilde, das abgeschlossen ist gegenüber der Verknüpfung und in dem das Assoziativgesetz und das Kommutativgesetz gilt.

Mit den Festsetzungen $a \perp b = \text{Max}(a|b)$ und
$$a \top b = \text{Min}(a|b)$$

wird $(\mathbb{N}, \perp, \top)$ ein distributiver Verband. Die Zahl 1 ist Nullelement im Sinne der Verbandstheorie.

Rückt der Fragehorizont weiter in den Hintergrund, so sucht man Antworten auf Fragen wie »Was sind Zahlen?«, »Warum ist $2 + 3 = 3 + 2$?«, ...

Solche Fragen fanden unterschiedliche Antworten im Laufe der Jahrhunderte. Vor etwa neunzig Jahren gab der Mathematiker Peano folgende axiomatische Kennzeichnung für $\mathbb{N}$:

1) 1 ist eine natürliche Zahl.

2) Jede Zahl $n \in \mathbb{N}$ hat einen eindeutig bestimmten Nachfolger $n' \in \mathbb{N}$.

3) Es gibt keine Zahl mit dem Nachfolger 1.

4) Wenn $n' = m'$,   dann $n = m$.

5) Jede Menge M natürlicher Zahlen, welche die Zahl 1 enthält und zu jeder Zahl $m \in M$ auch den Nachfolger m', enthält alle natürlichen Zahlen. $(M = \mathbb{N})$

Das fünfte Axiom wird *Induktionsaxiom* genannt ($\rightarrow$ Teil 4, Vollständige Induktion).

Es gibt noch andere Kennzeichnungen für $\mathbb{N}$. So lassen sich natürliche Zahlen im Gefüge der »Mengenlehre« durch Klasseneinteilungen definieren.

In allen derartigen Darstellungen bleiben die verwendeten Grundbegriffe außerhalb der Betrachtung. (»1«, »Nachfolger«, ...) Es wird jedoch dann *beweisbar*, daß für beliebige natürliche Zahlen das Assoziationsgesetz und das Kommutativgesetz der Addition beziehungsweise der Multiplikation gilt.

Ganze Zahlen, $\mathbb{Z} = \{0, +1, -1, +2, -2, ...\}$

Wir begnügen uns mit dem Aufzählen algebraischer Strukturen. Hinsichtlich der Verknüpfungen Addition und Multiplikation gilt:

$(\mathbb{Z}, +)$ ist eine kommutative Gruppe,

$(\mathbb{Z}, \cdot)$ ist eine kommutative Halbgruppe mit dem Neutralelement 1,

$(\mathbb{Z}, +, \cdot)$ ist ein kommutativer Ring ohne Nullteiler.

$\mathbb{Z}$ erhält Verbandseigenschaften durch die Festsetzungen

$$a \perp b = \text{Max}(a|b) \quad \text{und} \quad a \top b = \text{Min}(a|b).$$

Der Verband $(\mathbb{Z}, \perp, \top)$ besitzt keine Verbandsnull.

Rationale Zahlen

Die Menge $\mathbb{Q}$ der rationalen Zahlen läßt sich beschreiben als Menge von Quotienten aus ganzen Zahlen,

$$\mathbb{Q} = \{q | q = z_1 : z_2; \; z_1, z_2 \in \mathbb{Z}, z_2 \neq 0\}.$$

Von der algebraischen Struktur her ist $(\mathbb{Q}, +, \cdot)$ ein Körper, den man anordnen kann.

Es läßt sich zeigen, daß jeder nichtendliche Körper einen Teilkörper besitzt, der zu $\mathbb{Q}$ isomorph ist, also umkehrbar eindeutig und operationstreu auf $\mathbb{Q}$ abgebildet werden kann.

Notiert man die rationalen Zahlen als Dezimalzahlen, so ist die Ziffernfolge nach dem Komma entweder *abbrechend* oder *periodisch*.

$3 : 8 = 0,375; \quad 1 : 3 = 0,333 \ldots = 0,\overline{3}; \quad 5 : 6 = 0,8\overline{3};$

$2 : 7 = 0,\overline{285714}.$

Bei der Darstellung auf einer Zahlengeraden liegen die zugehörigen Punkte »überall dicht«; das soll sagen, daß zwischen zwei rationalen Zahlen immer noch weitere rationale Zahlen bzw. deren zugehörige Markierungen liegen.

Reelle Zahlen

Trotz der Dichtheit der rationalen Zahlen gibt es Lücken auf der Zahlengerade, wenn man nur Zahlen aus $\mathbb{Q}$ betrachtet.

Man kann zeigen, daß die Zahl $\sqrt{2}$ keine rationale Zahl ist. $\sqrt{2}$ ist das klassische Beispiel für eine irrationale Zahl. Die dazugehörige Dezimalzahldarstellung ist *unendlich, aber nichtperiodisch*!

Eine einwandfreie Begründung des Rechnens und der Anordnung in $\mathbb{R}$ erfordert Sorgfalt und Geduld.

Wir stellen drei wichtige Ergebnisse heraus:

1) Jede nichtleere, nach oben beschränkte Menge reeller Zahlen besitzt eine kleinste untere Schranke in $\mathbb{R}$ ($\rightarrow$ Analysis). Dieser Sachverhalt gilt nicht in $\mathbb{Q}$!

2) Man kann jede reelle Zahl durch rationale Zahlen (beliebig genau) approximieren.

3) $(\mathbb{R}, +, \cdot)$ ist ein Körper, den man anordnen kann.

Komplexe Zahlen

Obwohl die reellen Zahlen in mancher Hinsicht als abgeschlossen erscheinen, gibt es doch Anlässe, nach umfassenderen Bereichen zu suchen. So hat beispielsweise die quadratische Gleichung $\quad x^2 + 1 = 0 \qquad\qquad$ (1)

keine Lösung in $\mathbb{R}$.

Es ist bemerkenswert, daß man eine sehr umfassende Erweiterung im Zahlenbereich erzielt, wenn es gelingt, die Lösung der obigen Gleichung zu gewährleisten.

Dazu betrachtet man die Menge $\mathbb{C}$ aller Paare reeller Zahlen,

$$\mathbb{C} = \{(a; b); a, b \in \mathbb{R}\}.$$

In $\mathbb{C}$ soll wie folgt operiert werden:

Gleichheit zweier Elemente $\quad (a; b) = (c; d)$, genau dann, wenn $\quad a = c$ und $b = d$,

Addition zweier Elemente $\quad (a; b) + (c; d) = (a + c; b + d)$,

Multiplikation zweier Elemente $\quad (a; b) \cdot (c; d) = (ac - bd; ad + bc)$.

Man sieht, daß $(\mathbb{C}, +)$ eine kommutative Gruppe bildet. Das Paar $(0; 0)$ ist neutrales Element in dieser Gruppe. Zu dem Element $(a; b)$ ist $(-a; -b)$ additiv inverses Element.

Hinsichtlich der Multiplikation macht es etwas Mühe, die Gültigkeit des Assoziativgesetzes nachzurechnen. Die anderen Forderungen für eine kommutative

Gruppe $(\mathbb{C}, \cdot)$ lassen sich unschwer verifizieren: Das Element $(1; 0)$ ist neutrales Element für die Multiplikation in $\mathbb{C}$. Zu $(a; b) \neq (0; 0)$ ist das Element $(a: (a^2 + b^2); -b: (a^2 + b^2))$ multiplikativ invers.

Mit etwas Geduld kann der Leser auch zeigen, daß das Distributivgesetz erfüllt wird.

Mithin ist $(\mathbb{C}; +, \cdot)$ ein Körper. Er heißt Körper der *komplexen Zahlen*.

Betrachtet man die Menge der Zahlenpaare $(a; 0)$, so erhält man einen Unterkörper von $\mathbb{C}$, der zu dem Körper der reellen Zahlen isomorph ist.

Da überdies $(0; 1)^2 = (0; 1) \cdot (0; 1) = (-1; 0)$,

kann das Element $(0; 1)$ als Lösung der Gleichung (1) angesehen werden. Man notiert diese dann allenfalls in der Form $z^2 + (1; 0) = (0; 0)$.

Eine *geometrische Darstellung* komplexer Zahlen wird im rechtwinkligen Koordinatensystem möglich.

Wir bezeichnen das Zahlenpaar $(a; b)$ als komplexe Zahl z und betrachten den Punkt P mit den rechtwinkligen Koordinaten $(a|b)$ als Repräsentanten der Zahl z.

Dabei heißt a der *Realteil von z*, während b *Imaginärteil* von z genannt. wird.

Man schreibt $z = a + b \cdot i.$

Dabei steht i (als *imaginäre Einheit*) abkürzend für das Zahlenpaar $(0; 1)$, das oben in seiner Sonderrolle vorgestellt wurde.

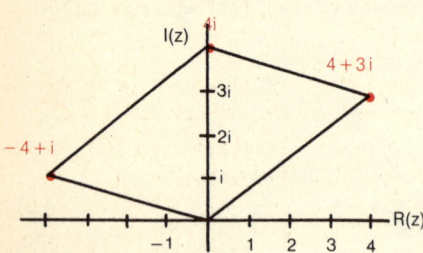

Zur Addition komplexer Zahlen
$(4 + 3i) + (-4 + i) = 4i$

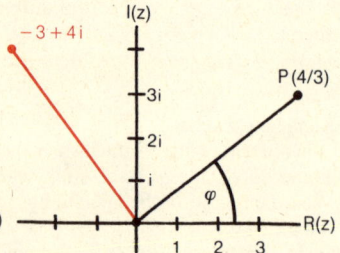

Zur Multiplikation komplexer Zahlen
$(4 + 3i) \cdot i = -3 + 4i$

Wenn $z_1 = a_1 + b_1 \cdot i$ und $z_2 = a_2 + b_2 \cdot i$,
dann ist $z_1 + z_2 = (a_1 + a_2) + (b_1 + b_2) \cdot i$.

Die Addition von zwei komplexen Zahlen kann demnach verstanden werden wie die Addition von zwei Vektoren in der Ebene ($\rightarrow$ Teil 3).

Zur Deutung der Multiplikation geht man aus von der Festlegung eines Punktes durch seine *Polarkoordinaten*.

Wenn r der Abstand des Punktes $P(a|b)$ vom Ursprung des Koordinatensystems ist und wenn φ den Winkel bezeichnet zwischen der positiven Richtung der X-Achse und der Gerade durch OP, dann gilt

$$a = r \cos \varphi \quad \text{bzw.} \quad r = \sqrt{a^2 + b^2}$$
$$b = r \sin \varphi \qquad \tan \varphi = b : a, \; a \neq 0.$$

Die komplexe Zahl $\qquad z = a + b \cdot i \qquad$ ist nun
darstellbar in der Form $\quad z = r(\cos\varphi + i \cdot \sin\varphi)$

Die reelle Zahl r heißt *Betrag von z*, der Winkel φ wird als *Argument von z* bezeichnet.

Für $\qquad\qquad z_1 = r_1(\cos\varphi_1 + i \cdot \sin\varphi_1)$
und $\qquad\qquad z_2 = r_2(\cos\varphi_2 + i \cdot \sin\varphi_2)$
wird $\qquad\quad z_1 \cdot z_2 = r_1 \cdot r_2(\cos(\varphi_1 + \varphi_2) + i \cdot \sin(\varphi_1 + \varphi_2)).$

Dieser Zusammenhang folgt aus der oben getroffenen Festlegung der Multiplikation und aus den Additionstheoremen der Winkelfunktionen.

Geometrisch läßt sich die Multiplikation der beiden komplexen Zahlen nun als Drehstreckung deuten: Die Beträge von z_1 und z_2 werden multipliziert, die Argumente von z_1 und z_2 werden addiert.

An dieser Stelle kann man auch unmittelbar sehen, daß für die Multiplikation komplexer Zahlen das Assoziativgesetz gilt.

Das obige Diagramm verdeutlicht die Multiplikation

$$(4 + 3i) \cdot i = -3 + 4i.$$

Wir schließen die Übersicht zu den komplexen Zahlen mit drei Bemerkungen:

1) Der Körper $\mathbb{C}$ kann nicht angeordnet werden. Anders gewendet: Für die komplexen Zahlen gibt es keine Größer/Kleiner-Relation!

2) Im Bereich komplexer Zahlen hat jede quadratische Gleichung zwei (allenfalls zusammenfallende) Lösungselemente.
Entsprechendes gilt für Gleichungen vom Grade n.

3) Für die Behandlung vieler Probleme in Technik und Wissenschaft sind die komplexen Zahlen überaus nützlich und deswegen sehr gebräuchlich.

Lösungen der Aufgaben

Verknüpfungsgebilde

1)   *a)*   Kein Verknüpfungsgebilde. Zu Paaren wie $(1;2)$ ist $a \star b$ nicht definiert.
     b)   Verknüpfungsgebilde.
     c)   Kein Verknüpfungsgebilde. Zu $(1;3)$ ist $a \star b \notin \mathbb{N}$.
     d)   Verknüpfungsgebilde. $1 \star 1 = 0 \in \mathbb{N}_0$. Für $a > 1$, ist $a^2 - a \in \mathbb{N}$.
     e)   Verknüpfungsgebilde. $a - b + ab = a + b(a - 1) \geq a$, also $a \star b \in \mathbb{N}$.
     f)   Verknüpfungsgebilde. Das Produkt ungerader Zahlen ist eine ungerade Zahl.
     g)   Kein Verknüpfungsgebilde. Zu $(2; -1)$ liegt $a \star b$ nicht in $\mathbb{Z}$.

2)   Beispiel *1b)*   nicht kommutativ   assoziativ
     Beispiel *1d)*   nicht kommutativ   nicht assoziativ
     Beispiel *1e)*   nicht kommutativ   nicht assoziativ
           da $2 \star 3 \neq 3 \star 2$ $(2 \star 3) \star 4 \neq 2 \star (3 \star 4)$
     Beispiel *1f)*   kommutativ   assoziativ

3) Bundesweingesetz   Krankenhausarzt
    Buchweizentorte   Kriegswaffenkontrollgesetz
    Ersatzteilversorgung   Landespresseball
    Fernsehkontrollgerät   Landesvermessungsamt
    Fremdenverkehrsamt   Leserbriefteil
    Jugendmusikschule   Stadtgartendirektion
    Junggesellenverein   Straßendienstwagen
    Hafenkonzertorchester   Spielerpaßnummer
    Hauptturnierleiter   Spitzensteuersatz
    Hausaufgabenhilfe   Taschenhöhenmesser
    Kindergeldkasse   Waldsportplatz
    Kleinspielfeld   Wintermärchenerzähler

4) *a)* Kommutativ assoziativ
    b) kommutativ assoziativ (!)
    c) kommutativ nicht assoziativ

5) Mögliche Lösungen sind
    a) $a \star b = a + b, \ldots$ oder $a \star b = a + b + ab$
    b) $a \star b = (a + b)^2$
    c) $a \star b = a$ oder $a \star b = b + 1$
    d) $a \star b = a^b$

6) *a)* 1 ist neutrales Element.
    b) 10 ist neutrales Element.
    c) 0 ist neutrales Element.
    d) Es gibt kein neutrales Element. Die Gleichung $a \star n = a$ ist für gewisse a erfüllbar, doch hängt die Lösung von a ab, gilt also nicht für alle $a \in \mathbb{Q}$.
    e) (0; 1) ist neutrales Element.

7) Zu Beispiel *4a)* $n = 1$ $\mathrm{Inv}(a) = 2 - a$.
    zu Beispiel *4b)* $n = 0$ In $\mathbb{Z}$ liegen $\mathrm{Inv}(0) = 0$ und $\mathrm{Inv}(-2) = -2$.
    zu Beispiel *6a)* $\mathrm{Inv}(1) = 1$ sonst keine inversen Elemente vorhanden.
    zu Beispiel *6b)* $\mathrm{Inv}(10) = 10$ sonst keine inversen Elemente vorhanden.
    zu Beispiel *6c)* (-1) hat kein inverses Element.
                        Für $a \neq -1$ gilt $\mathrm{Inv}(a) = (-a) : (1 + a)$.
    zu Beispiel *6e)*   Nur Paare der Form $(a; 1)$ bzw. $(a; -1)$ haben inverse Elemente in $\mathbb{Z}$. Es gilt
                        $\mathrm{Inv}((a; 1)) = (-a; 1)$ bzw. $\mathrm{Inv}(a; -1) = (-a; -1)$.

8)

$\star$	$\emptyset$	$\{1\}$	$\{2\}$	$\{1; 2\}$
$\emptyset$	$\emptyset$	$\{1\}$	$\{2\}$	$\{1; 2\}$
$\{1\}$	$\{1\}$	$\emptyset$	$\{1; 2\}$	$\{2\}$
$\{2\}$	$\{2\}$	$\{1; 2\}$	$\emptyset$	$\{1\}$
$\{1; 2\}$	$\{1; 2\}$	$\{2\}$	$\{1\}$	$\emptyset$

$(P(M), \star)$ ist ein Verknüpfungsgebilde; es ist kommutativ und assoziativ. Die leere Menge ist neutrales Element, jedes Element ist zu sich selbst invers.

9) *a)*   Kommutativ   assoziativ   ohne Neutralelement
   b)   kommutativ   assoziativ   1 ist neutrales Element.   Jedes Element ist zu sich selbst invers.
   c)   kommutativ   assoziativ   2 ist neutrales Element.   Jedes Element ist zu sich selbst invers.
   d)   kommutativ   assoziativ   1 ist neutrales Element. $\mathrm{Inv}(1) = 1$ $\mathrm{Inv}(3) = 3$
   e)   nicht kommutativ   nicht assoziativ; $4 \star (2 \star 3) = 4 \star 4 = 1$
   $(4 \star 2) \star 3 = 2 \star 3 = 4$
   1 ist neutrales Element.   Jedes Element ist zu sich selbst invers.

10) *a)*   Es gibt 3^9 verschiedene Tafeln. (Zur Begründung wird auf den Teil über Wahrscheinlichkeitsrechnung verwiesen; vgl. S. 368 ff.).
   b)   Man muß jede Zeile (von links nach rechts) genauso ausfüllen wie die entsprechende Spalte (von oben nach unten).

c)

$\star$	1	2	3
1	1	1	1
2	1	1	1
3	1	1	1

$\star$	1	2	3
1	2	2	2
2	2	2	2
3	2	2	2

$\star$	1	2	3
1	1	2	3
2	2	3	1
3	3	1	2

11) Sei $h \star f = f \star h = n$ (1)   und
   $h \star g = g \star h = n.$ (2)   Dann ist
   $f \star (g \star h)$ $= f \star n = f,$ aber auch
   $f \star (g \star h)$ $= f \star (h \star g) = (f \star h) \star g = n \star g = g$
   Also $f = g.$

Gruppen

12) *a)*   Kein Verknüpfungsgebilde, also keine Gruppe. $2 \star 2 = 0 \notin M$.
   b)   Gruppe mit der folgenden Tafel

$\star$	1	3	5	7
1	1	3	5	7
3	3	1	7	5
5	5	7	1	3
7	7	5	3	1

Diese Gruppe ist abelsch.
   c)   Wegen $2^0 = 1$; $2^{-n} = 1 : 2^n$, $n \in \mathbb{N}$ und $2^{z_1} \cdot 2^{z_2} = 2^{z_1 + z_2}$ werden die Gruppenanforderungen erfüllt. Die Gruppe ist abelsch.
   d)   Man erkennt leicht die Abgeschlossenheit und die Assoziativität.
   Wegen $a \star 2 = a$,   ist 2 neutrales Element.
   Zu $a \neq 0$ ist $4 : a$ invers.
   Die Gruppe ist abelsch.

13) a) D_0 In-Ruhe-Lassen $\qquad$ D_{180} Drehung um 180° um M.
  E Spiegelung an e $\qquad$ F Spiegelung an f
b) Vgl. beim Rechteck.

c)

$\star$	D_0	D_{180}	E	F
D_0	D_0	D_{180}	E	F
D_{180}	D_{180}	D_0	F	E
E	E	F	D_0	D_{180}
F	F	E	D_{180}	D_0

Die Gruppe ist abelsch.

14) a) Ein Quadrat besitzt die folgenden 8 Deckabbildungen (vgl. frühere Aufgaben zu Quadrat, Rechteck und Raute!).

D_0 In-Ruhe-Lassen $\qquad\qquad$ D_{90} Drehung um 90° um M
D_{180} Drehung um 180° um M $\qquad$ D_{270} Drehung um 270° um M
S_1 Spiegelung an der Achse m_1 $\qquad$ S_2 Spiegelung an der Achse m_2
E Spiegelung an der Diagonale e
F Spiegelung an der Diagonale f

b, c) Wie in den erwähnten Beispielen erhält man die Gruppentafel:

$\star$	D_0	D_{90}	D_{180}	D_{270}	S_1	S_2	E	F
D_0	D_0	D_{90}	D_{180}	D_{270}	S_1	S_2	E	F
D_{90}	D_{90}	D_{180}	D_{270}	D_0	F	E	S_1	S_2
D_{180}	D_{180}	D_{270}	D_0	D_{90}	S_2	S_1	F	E
D_{270}	D_{270}	D_0	D_{90}	D_{180}	E	F	S_2	S_1
S_1	S_1	E	S_2	F	D_0	D_{180}	D_{90}	D_{270}
S_2	S_2	F	S_1	E	D_{180}	D_0	D_{270}	D_{90}
E	E	S_2	F	S_1	D_{270}	D_{90}	D_0	D_{180}
F	F	S_1	E	S_2	D_{90}	D_{270}	D_{180}	D_0

15) a)

g	D_0	D_{90}	D_{180}	D_{270}	S_1	S_2	E	F
Ordnung (g)	1	4	2	4	2	2	2	2

15) b) Die folgenden Mengen U_i mit $i = 1, 2, \ldots, 10$ sind Trägermengen für Untergruppen:

$U_1 = \{D_0\}$ $\qquad\qquad$ $U_2 = \{D_0, D_{180}\}$
$U_3 = \{D_0, D_{90}, D_{180}, D_{270}\}$ $\qquad$ $U_4 = \{D_0, S_1\}$
$U_5 = \{D_0, S_2\}$ $\qquad\qquad$ $U_6 = \{D_0, E\}$
$U_7 = \{D_0, F\}$ $\qquad\qquad$ $U_8 = \{D_0, D_{180}, S_1, S_2\}$
$U_9 = \{D_0, D_{180}, E, F\}$
$U_{10} = \{D_0, D_{90}, D_{180}, D_{270}, S_1, S_2, E, F\}$

16) a) Es gibt fünf Drehungen $D_0, D_{72}, D_{144}, D_{216}, D_{288}$, jeweils um den Mittelpunkt M mit den Drehwinkeln, die man am Index abliest; so ist D_{72} eine Drehung um 72° um M, ... Außerdem gibt es fünf Spiegelungen $S_1, S_2, S_3,$

S_4, S_5. Die zugehörigen Spiegelachsen gehen jeweils durch die Ecke des Fünfecks, die im Index genannt wird und durch den Mittelpunkt der gegenüberliegenden Seite. Demnach ist die Spiegelachse zu S_1 eine Gerade durch P_1 und den Mittelpunkt der Seite $\overline{P_3 P_4}$.

b)
$$D_0 = \begin{pmatrix} 1 & 2 & 3 & 4 & 5 \\ 1 & 2 & 3 & 4 & 5 \end{pmatrix} \qquad D_{72} = \begin{pmatrix} 1 & 2 & 3 & 4 & 5 \\ 2 & 3 & 4 & 5 & 1 \end{pmatrix}$$

$$D_{144} = \begin{pmatrix} 1 & 2 & 3 & 4 & 5 \\ 3 & 4 & 5 & 1 & 2 \end{pmatrix} \qquad D_{216} = \begin{pmatrix} 1 & 2 & 3 & 4 & 5 \\ 4 & 5 & 1 & 2 & 3 \end{pmatrix}$$

$$D_{288} = \begin{pmatrix} 1 & 2 & 3 & 4 & 5 \\ 5 & 1 & 2 & 3 & 4 \end{pmatrix} \qquad S_1 = \begin{pmatrix} 1 & 2 & 3 & 4 & 5 \\ 1 & 5 & 4 & 3 & 2 \end{pmatrix}$$

$$S_2 = \begin{pmatrix} 1 & 2 & 3 & 4 & 5 \\ 3 & 2 & 1 & 5 & 4 \end{pmatrix} \qquad S_3 = \begin{pmatrix} 1 & 2 & 3 & 4 & 5 \\ 5 & 4 & 3 & 2 & 1 \end{pmatrix}$$

$$S_4 = \begin{pmatrix} 1 & 2 & 3 & 4 & 5 \\ 2 & 1 & 5 & 4 & 3 \end{pmatrix} \qquad S_5 = \begin{pmatrix} 1 & 2 & 3 & 4 & 5 \\ 4 & 3 & 2 & 1 & 5 \end{pmatrix}$$

c) Gruppentafel des regelmäßigen Fünfecks:

$\star$	D_0	D_{72}	D_{144}	D_{216}	D_{288}	S_1	S_2	S_3	S_4	S_5
D_0	D_0	D_{72}	D_{144}	D_{216}	D_{288}	S_1	S_2	S_3	S_4	S_5
D_{72}	D_{72}	D_{144}	D_{216}	D_{288}	D_0	S_3	S_4	S_5	S_1	S_2
D_{144}	D_{144}	D_{216}	D_{288}	D_0	D_{72}	S_5	S_1	S_2	S_3	S_4
D_{216}	D_{216}	D_{288}	D_0	D_{72}	D_{144}	S_2	S_3	S_4	S_5	S_1
D_{288}	D_{288}	D_0	D_{72}	D_{144}	D_{216}	S_4	S_5	S_1	S_2	S_3
S_1	S_1	S_4	S_2	S_5	S_3	D_0	D_{144}	D_{288}	D_{72}	D_{216}
S_2	S_2	S_5	S_3	S_1	S_4	D_{216}	D_0	D_{144}	D_{288}	D_{72}
S_3	S_3	S_1	S_4	S_2	S_5	D_{72}	D_{216}	D_0	D_{144}	D_{288}
S_4	S_4	S_2	S_5	S_3	S_1	D_{288}	D_{72}	D_{216}	D_0	D_{144}
S_5	S_5	S_3	S_1	S_4	S_2	D_{144}	D_{288}	D_{72}	D_{216}	D_0

d) Alle Spiegelungen haben die Ordnung zwei.
Alle echten Drehungen haben die Ordnung fünf; D_0 hat die Ordnung 1.

e) Alle Spiegelungen erzeugen Untergruppen vom Typ

$\star$	n	S
n	n	S
S	S	n

Die Untergruppe der Drehungen ist zyklisch von der Ordnung 5. Jede Drehung $\neq D_0$ ist ein erzeugendes Element dieser Untergruppe.

17) a) $(\{0, +8, -8, +16, -16, +24, \dots\}, +)$ oder
$(\{0, +4, -4, +8, -8, +12, \dots\}, +)$ oder
$(\{0, +2, -2, +4, -4, +6, \dots\}, +)$

b) $(\{0, +2, -2, +4, -4, +6, \ldots\}, +)$

c)   Es gibt keine echte Untergruppe U, die den gestellten Forderungen genügt. Mit den Elementen 3 und 2 müßte U auch das Element $3 + (-2) = 1$ enthalten.

Dadurch wird U identisch mit $\mathbb{Z}$, also unechte Untergruppe.

18) a)

$\star$	0	1	2	3	4	5
0	0	1	2	3	4	5
1	1	2	3	4	5	0
2	2	3	4	5	0	1
3	3	4	5	0	1	2
4	4	5	0	1	2	3
5	5	0	1	2	3	4

b)

g	0	1	2	3	4	5
Ordnung (g)	1	6	3	2	3	6

c)   1 und 5 sind erzeugende Elemente.

d) $(\{0, 2, 4\}, +)$ und $(0, 3\}, +)$

19) a)   Wenn $\qquad a \star b = a \star c,$ $\qquad$ dann folgt aus (IE)

$\qquad a^I \star (a \star b) = a^I \star (a \star c).$ $\qquad$ Mit (AG) erhält man

$\qquad (a^I \star a) \star b = (a^I \star a) \star c.$ $\qquad$ (IE) und (NE) ergeben

$\qquad\qquad n \star b = n \star c$

$\qquad\qquad\qquad b = c.$

b)   Die Behauptung folgt unmittelbar aus der Definition des inversen Elementes, wenn man die Rollen von a und $\mathrm{Inv}(a)$ vertauscht. Die Eindeutigkeit folgt aus 1.1 von Seite 35.

c)   Da $n \in U$ und $n \in V$, gehört n zu $U \cap V$; damit ist auch $U \cap V \neq \emptyset$. Die *Assoziativität* gilt in ganz $(G, \star)$, also erst recht in den Teilmengen von G. Wenn $a \in U \cap V$ und $b \in U \cap V$, dann ist $a \in U$ und $a \in V$, sowie $b \in U$ und $b \in V$.

Mithin gilt $a \star b \in U$ und $a \star b \in V$, also

$a \star b \in U \cap V.$ *(Abgeschlossenheit)*

Weiterhin gilt $a^I \in U$ und $a^I \in V$, also auch

$a^I \in U \cap V.$

Damit sind alle Gruppenforderungen erfüllt.

d)   Da $U \neq \emptyset$, enthält U mindestens ein Element u.

Mit $v = u$ folgt aus der Kriteriumsforderung

$u \star u^I = n \in U.$

Weiter folgt aus dem Kriterium $n \star u^I = u^I \in U.$

Wenn U ein weiteres Element v enthält, folgt entsprechend, daß $v^I \in U$.

Schließlich gilt dann nach dem Kriterium

$u \star ((v^I)^I) \in U.$

Nach Aufgabenteil b) heißt das $u \star v \in U.$

Damit sind alle Gruppenforderungen erfüllt.

20) a) $x = a^I \star a^I$ b) $x = b \star a^I$
   c) $x = a^I \star b \star a$.
   d)   Diese Gleichung beschreibt Gruppenelemente der Ordnung 2. Ohne Kenntnis der Gruppenstruktur kann nichts weiter gesagt werden.
   e)   Ohne Kenntnis der Gruppenstruktur ist nicht zu sagen, ob diese Gleichung Lösungen hat.
   f)   Diese Gleichung hat immer die Lösungen a, a^I, n.
   Eventuell gibt es weitere Lösungen in $(G; \star)$. Man kann zeigen, daß die Lösungen dieser Gleichung eine Untergruppe von $(G, \star)$ bilden, den sogenannten *Zentralisator von a*.

21) a)   Mit der identischen Abbildung $g \in G \longleftrightarrow g \in G$
   werden die Forderungen (A) und (B) erfüllt.
   Eventuell gibt es auch andere Abbildungen (»Automorphismen«).
   b)   Eine vermittelnde Abbildung ist gegeben durch

$$D_0 \longleftrightarrow D_0, \qquad D_{180} \longleftrightarrow D_{180}$$
$$S_1 \longleftrightarrow E, \qquad S_2 \longleftrightarrow F$$

   c)   Die Abbildung $0 \longleftrightarrow 0, \quad +1 \longleftrightarrow +2,$
$$-1 \longleftrightarrow -2, \ldots \text{ also}$$
$$z \longleftrightarrow 2z$$

   bildet die Menge $\mathbb{Z}$ umkehrbar eindeutig auf die Menge der geraden Zahlen ab. Dabei ist auch die Bedingung (B) erfüllt.
   d)   Die Isomorphie wird gewährleistet durch das Potenzgesetz

$$2^{z_1} \cdot 2^{z_2} = 2^{z_1 + z_2}$$

   Die vermittelnde Abbildung ist $z \longleftrightarrow 2^Z$.

22) Die Gruppe der Deckbewegungen des Dreiecks und die zyklische Gruppe der Ordnung 6.

23) Entweder stellt man über Permutationsschemata die Tafel der Deckdrehungen der quadratischen Säule auf und erkennt dann die Isomorphie.
   Einfacher ist folgende Überlegung: Alle Deckdrehungen der quadratischen Säule führen das Quadrat *RSTU* in sich über. Also Isomorphie mit den Deckbewegungen eines Quadrates (vgl. Figur).

24) a) $E = \begin{pmatrix} 12 & 34 \\ 12 & 34 \end{pmatrix}$ $A = \begin{pmatrix} 12 & 34 \\ 21 & 43 \end{pmatrix}$ $B = \begin{pmatrix} 13 & 24 \\ 31 & 42 \end{pmatrix}$ $C = \begin{pmatrix} 14 & 23 \\ 41 & 32 \end{pmatrix}$

$$\begin{pmatrix} 1 & 234 \\ 1 & 342 \end{pmatrix} \qquad \begin{pmatrix} 1 & 234 \\ 1 & 423 \end{pmatrix} \qquad \begin{pmatrix} 2 & 134 \\ 2 & 341 \end{pmatrix} \qquad \begin{pmatrix} 2 & 134 \\ 2 & 413 \end{pmatrix}$$

$$\begin{pmatrix} 3 & 124 \\ 3 & 241 \end{pmatrix} \qquad \begin{pmatrix} 3 & 124 \\ 3 & 412 \end{pmatrix} \qquad \begin{pmatrix} 4 & 123 \\ 4 & 231 \end{pmatrix} \qquad \begin{pmatrix} 4 & 123 \\ 4 & 312 \end{pmatrix}$$

b, c)   Aus dem Permutationsschema erkennbar oder geometrisch einsichtig.

d)

$\star$	E	A	B	C
E	E	A	B	C
A	A	E	C	B
B	B	C	E	A
C	C	B	A	E

Diese Gruppe ist isomorph zur Gruppe der Bewegungen des Rechtecks oder der Raute (Kleinsche Vierergruppe).

e)   Die Tetraeder-Drehungen, die eine Ecke festlassen, bilden jeweils eine Gruppe, die isomorph ist zur Gruppe der Drehungen des gleichseitigen Dreiecks (zyklisch von der Ordnung 3).

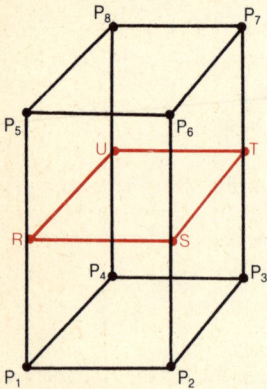

Zur quadratischen Säule (23)

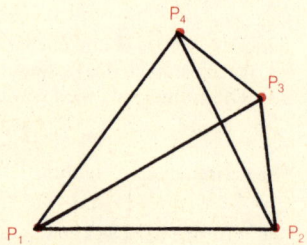

Zum Tetraeder (24)

Kapitel II Analysis

Grundlagen

Vorbemerkung: Dieser erste Abschnitt ist im wesentlichen den reellen Zahlen gewidmet. Es werden Axiome, Definitionen und Sätze zusammengestellt bzw. erläutert, die später für die Beweisführung oder zur Verständigung dienen. Gemäß der Zielsetzung des Buches streben wir dabei keine axiomatisch-deduzierende Darstellung an.

Gebrauch der üblichen Schreib- und Sprechweisen

Beispiele: $2 \in \mathbb{N}$; $\{1,\frac{1}{2}\} \not\subset \mathbb{N}$; $\{1,2\} \cap \{3,4\} = \emptyset$;
$\{x \mid x \in \mathbb{N} \text{ und } x \text{ ist ein Teiler von } 12\} = \{1, 2, 3, 4, 6, 12\}$.
Sprechweisen wie »Sei a eine Zahl ungleich Null ...« sollen abkürzend darauf hinweisen, daß »a« eine Variable ist, für die Zahlen ungleich Null einzusetzen sind.

Sicherheit beim Rechnen mit Zahlen und Termen

Beispiele: Umgang mit Klammerausdrücken, wie etwa

$$(a + b)^2 = a^2 + 2ab + b^2; \quad 3a + 6ab + 9a^2 = 3a(1 + 2b + 3a);$$

Auflösen von linearen Gleichungen, ...
Die entsprechenden Regeln folgen aus den Körpergesetzen, die im ersten Teil des Buches behandelt wurden.

Anordnung und elementare Ungleichungen

Weit häufiger als in der Elementarmathematik benutzt man in der Analysis Ungleichungen. Die grundlegenden Beziehungen stellen den Zusammenhang her zwischen der Ordnungsstruktur der Zahlen und der Addition bzw. der Multiplikation. Im einzelnen wird gefordert:

1) Anordnung:
Wenn $a \neq b$ ist, gilt entweder $a > b$ oder $b > a$.
Veranschaulicht man die Zahlen wie üblich durch Punkte auf der Zahlengeraden, dann bedeutet $a > b$, daß der zur Zahl a gehörige Punkt rechts von dem Punkt liegt, der b markiert.

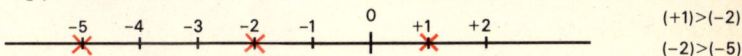

$$(+1) > (-2)$$
$$(-2) > (-5)$$

Figur zum Axiom der Anordnung

Gleichwertig mit $a > b$ ist $b < a$;
man schreibt: $a > b \Leftrightarrow b < a$.

2) Transitivität:
Wenn $a > b$ und $b > c$, so gilt $a > c$.

3) Monotonie:

3a) Wenn $a > b$, so gilt $a + c > b + c$ für beliebige $c \in \mathbb{R}$.

3b) Wenn $a > b$ und $c > 0$, so gilt $a \cdot c > b \cdot c$.

Zur Übung beweisen wir einige einfache Folgerungen; die weiteren Beispiele und Aufgaben sollten von weniger Geübten sehr sorgfältig studiert werden!

Beispiel 1: Wenn $a > 0$, dann ist $-a < 0$.

Beweis: Aus $a > 0$ folgt wegen *3a)* $a + (-a) > 0 + (-a)$, also $0 > (-a)$, das heißt aber $(-a) < 0$.

Beispiel 2: Wenn $a > b$, dann ist $-a < -b$.

Beweis: Aus $a > b$ folgt wegen *3a)* $a - a > b - a$, $0 > b - a$. Nochmals *3a)* ergibt $0 - b > b - a - b$; $-b > -a$ oder $-a < -b$.

Beispiel 3: Wenn $a > b > 0$, dann ist $0 < \frac{1}{a} < \frac{1}{b}$.

Beweis: Aus $a > 0$ folgt $\frac{1}{a} > 0$. (Wieso?) Ebenso gilt $\frac{1}{b} > 0$. Wegen *3b)* hat man $a \cdot \frac{1}{a} > b \cdot \frac{1}{a}$, $1 > \frac{b}{a}$; $1 \cdot \frac{1}{b} > \frac{b}{a} \cdot \frac{1}{b}$, $\frac{1}{b} > \frac{1}{a}$ oder $0 < \frac{1}{a} < \frac{1}{b}$.

Mit entsprechenden Schlüssen beweise man die folgenden sehr häufig gebrauchten Beziehungen:

Wenn $a > b$ und $c < 0$, dann ist $a \cdot c < b \cdot c$.

Wenn $0 < a < b$ und $0 < c < d$, dann ist $ac < bd$.

Beispiel 4: Zu lösen sei die Ungleichung $5 - x < 10 + 3x$. Kurznotation: $5 - x - 3x < 10$; $-4x < 5$; $x > -\frac{5}{4}$.

Beispiel 5: Zu lösen sei die Ungleichung $\dfrac{x+3}{x-3} > 2$. Hier ist eine Fallunterscheidung zu machen.

a) Sei $x - 3 > 0$. Dann soll gelten $x + 3 > 2(x-3), \ldots, 9 > x$.

Also insgesamt $3 < x < 9$.

b) Falls $x - 3 < 0$, dann $x + 3 < 2(x-3), \ldots, 9 < x$.

Die Bedingungen $x - 3 < 0$ und $9 < x$ können nicht gleichzeitig erfüllt werden, d.h. im Fall *b)* ist die Lösungsmenge leer. Da der Fall $x = 3$ ausscheidet, wird die Ungleichung gelöst durch alle x mit $3 < x < 9$.

Sehr oft begegnen wir der Relation $a \leq b$ (lies »a kleiner oder gleich b«). Die entsprechenden Regeln entnimmt man dem folgenden Abschnitt.

Absolutbetrag

Man definiert
$$|a| = \begin{cases} a, & \text{wenn } a \geq 0 \\ -a, & \text{wenn } a < 0 \end{cases}$$
(gelesen »Betrag von a«).

Auf der Zahlengerade entspricht $|a|$ dem Abstand des Nullpunktes von dem Punkt, der die Zahl a markiert.

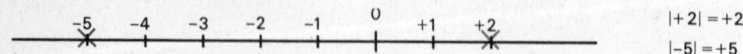

$$|+2| = +2$$
$$|-5| = +5$$

Der Absolutbetrag einer Zahl

Man erkennt, daß für eine beliebige positive Zahl ε und für reelle x die folgenden Ungleichungen äquivalent sind

1)
$$|x| < \varepsilon \quad \leftrightarrow \quad -\varepsilon < x < +\varepsilon.$$

Wir geben zwei weitere grundlegende Regeln für den Umgang mit dem Absolutbetrag an:

2)
$$|a \cdot b| = |a| \cdot |b|$$

3) $\qquad |a + b| \leq |a| + |b|$.

Der Nachweis von *2)* gelingt durch Fallunterscheidung über das Vorzeichen von $a \cdot b$. Die dritte Beziehung heißt *Dreiecksungleichung*; zum Beweis beachten wir

$$- |a| \leq a \leq |a|.$$

Ebenso ist $\qquad - |b| \leq b \leq |b|$.

Demnach gilt $\qquad - (|a| + |b|) \leq a + b \leq |a| + |b|$

Gemäß *1)* bedeutet das $\quad |a + b| \leq |a| + |b|$.

Intervalle und Umgebungen; Häufungspunkte

Jedes zusammenhängende Teilstück der Zahlengerade, das mehr als einen Punkt enthält, veranschaulicht ein *Intervall*. In der analytischen Fassung unterscheidet man zwei Fälle:

1) Endliche Intervalle: Unter der Bedingung $a < b$ verabreden wir folgende Sprech- und Schreibweisen:

Abgeschlossenes Intervall: $\quad [a; b] = \{x | a \leq x \leq b\}$;

halboffene Intervalle: $\qquad [a; b[= \{x | a \leq x < b\}$;

$\qquad\qquad\qquad\qquad\qquad]a; b] = \{x | a < x \leq b\}$;

offenes Intervall: $\qquad\qquad]a; b[= \{x | a < x < b\}$.

Die positive Zahl $b - a$ heißt bei allen vier Unterfällen Länge des Intervalls.

2) Unendliche Intervalle: Intervall-Länge nicht definiert.

$$[a; \infty [= \{x | a \leq x\} \qquad] - \infty; a] = \{x | a \geq x\}.$$

Die Menge aller Zahlen ist ebenfalls ein unendliches Intervall. Zugehörige Schreibfigur $] - \infty; \infty [$.

3) Als *ε-Umgebung* (»Epsilon-Umgebung«) einer Zahl a bezeichnet man das offene Intervall $]a - \varepsilon; a + \varepsilon [$.

Dabei steht ε für eine beliebige positive Zahl.

Notation: $\qquad\qquad U_\varepsilon (a) = \{x | a - \varepsilon < x < a + \varepsilon\}$.

Der Leser überzeuge sich davon, daß diese Punktmenge auch wie folgt beschrieben werden kann: $\qquad U_\varepsilon (a) = \{x | |x - a| < \varepsilon\}$.

Allgemeiner bezeichnet man jedes endliche, offene Intervall, das a enthält, als Umgebung von a. Mit $a_1 < a < a_2$ ist dann

$$U(a) = \{x | a_1 < x < a_2\}.$$

Gelegentlich muß aus einer Umgebung von a das Element a selbst ausgeschlossen werden; die so entstehende Punktmenge heißt *punktierte Umgebung* von a. Mit $a_1 < a < a_2$ erhält man

$$U^* (a) = \{x | a_1 < x < a \quad \text{oder} \quad a < x < a_2\}.$$

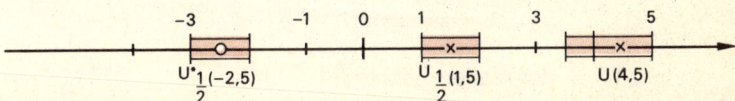

Punktierte Umgebung (links), *symmetrische und unsymmetrische Umgebung einer Zahl* (Mitte bzw. rechts)

4) Häufungspunkte: Wenn M eine nichtleere Menge reeller Zahlen ist, heißt a genau dann *Häufungspunkt* von M, wenn in jeder Umgebung von a mindestens ein Punkt aus M liegt, der von a verschieden ist.

Beispiel: Die Häufungspunkte einer punktierten Umgebung U^* sind der ausgeschlossene Punkt, alle Elemente von U^* und die Randpunkte des Intervalls.

Obere und untere Schranken

Eine nichtleere Teilmenge M der reellen Zahlen heißt genau dann *beschränkt nach oben*, wenn es eine Zahl s gibt, so daß

$s \geq m$ für alle m aus M. s heißt obere Schranke von M.

Ist s obere Schranke von M, dann ist naturgemäß jede Zahl s_1 mit $s_1 > s$ obere Schranke von M.

Beispiel: $M = \mathbb{R}^- = \{x \mid x < 0\}$.

Die Zahl Null und jede positive Zahl sind obere Schranken von M.

Die Zahl Null ist unter allen oberen Schranken von $\mathbb{R}^-$ die kleinste. Man nennt sie deshalb kleinste obere Schranke von $\mathbb{R}^-$ oder auch Supremum von $\mathbb{R}^-$, abgekürzt $\sup \mathbb{R}^-$.

Definition: Es sei S die Menge der oberen Schranken einer nichtleeren, nach oben beschränkten Menge M. Genau dann, wenn es in S ein kleinstes Element σ gibt, heißt σ *kleinste obere Schranke* von M oder auch *Supremum* von M.

Schreibweise: $\sigma = \sup M$.

Das Supremum wird auch obere Grenze von M genannt. Die Zahl σ erfüllt dann folgende Bedingungen:

1) Für alle m aus M gilt $m \leq \sigma$.

2) Wenn $s' < \sigma$, dann gibt es mindestens ein $m \in M$ mit $s' < m$.

1) bedeutet, daß σ obere Schranke von M ist;

2) besagt, daß jede Zahl, die kleiner als σ ist, keine obere Schranke von M ist.

Die folgenden Begriffe gewinnt man durch Symmetrisieren aus den vorhergehenden.

Es sei $M \subset \mathbb{R}$, $M \neq \emptyset$. M heißt genau dann *nach unten beschränkt*, wenn es eine Zahl t gibt, so daß

$$t \leq m \quad \text{für beliebiges} \quad m \in M.$$

t heißt untere Schranke von M.

Genau dann, wenn es in der Menge T der unteren Schranken von M ein größtes Element τ gibt, heißt τ *größte untere Schranke* von M oder auch *Infimum* von M.

Schreibweise: $\tau = \inf M$.

Für τ gilt:

1) Für alle $m \in M$ ist $m \geq \tau$;

2) Wenn $t' > \tau$, dann gibt es mindestens ein $m \in M$ mit $t' > m$.

Lückenlosigkeit der reellen Zahlen

Für die folgende Erörterung betrachten wir die Menge $\mathbb{Q}^+$ der positiven rationalen Zahlen und bilden die Teilmengen

$$A = \{a \,|\, a \in \mathbb{Q}^+ \quad \text{und} \quad a^2 < 2\}$$

und

$$B = \{b \,|\, b \in \mathbb{Q}^+ \quad \text{und} \quad b^2 > 2\}.$$

Beide Mengen sind gewiß nicht leer; $1 \in A$, $2 \in B$. Für beliebige $a \in A$ und $b \in B$ gilt nach Definition $a^2 < 2$, $2 < b^2$, d.h. $a^2 < b^2$. Da außerdem $0 < a, b$, muß $a < b$ sein.

Demnach ist die Menge A nach oben beschränkt, jedes b ist obere Schranke. Ebenso ist die Menge B nach unten beschränkt, jedes a ist untere Schranke.

Auf S. 57 wurde erwähnt, daß es keine rationale Zahl gibt, deren Quadrat gleich 2 ist. Daher ist die Menge B gleichzeitig die Menge S der oberen Schranken von A (A nichtleer und beschränkt nach oben). Es gibt aber unter den oberen Schranken von A – d.h. den Elementen von B – kein kleinstes Element. Mit anderen Worten:

Wir haben eine Menge A, die nichtleer und nach oben beschränkt ist, ohne daß es sup A gibt (betrachtet wird $\mathbb{Q}^+$!).

Beweis:

konkretes Beispiel:

$b_1 = 2$, $b_1 \in B$;

$\frac{2}{b_1} = 1 = a_1$, $a_1 \in A$;

Wir bilden:

$\frac{1}{2}(2 + 1) = \frac{3}{2} = \beta_2$;

Es ist $\frac{9}{4} > 2$,

also: $\beta_2 \in B$, $\beta_2 < b_1$.

Außerdem sei

$\alpha_2 = 2 : \beta_2$,

also: $\alpha_2 = \frac{4}{3}$.

Es wird

$\alpha_2^2 = \frac{16}{9} < 2$.

Also $\alpha_2 \in A$ mit $a_1 < \alpha_2$.

In der numerischen Mathematik benutzt man dieses Verfahren oft zur näherungsweisen Berechnung von Quadratwurzeln (Algorithmus von Heron). (vergleiche Aufgabe 6)

allgemeine Notation:

Es sei b_1 beliebig aus B, dann liegt $\frac{2}{b_1} = a_1$ in A; man hat $4 = (a_1 b_1)^2 = a_1^2 \cdot b_1^2$. Da $b_1^2 > 2$, wird $4 > 2a_1^2$, also $a_1^2 < 2$, $a_1 \in A$.

Nun bildet man

$\beta_2 = \frac{1}{2}(a_1 + b_1)$. Nach Aufg. 1 g gilt $a_1 < \beta_2 < b_1$. In der Aufgabe 2 wird gezeigt, daß

$$\frac{(a_1 + b_1)^2}{4} > a_1 b_1,$$

wenn $a_1 \neq b_1$. In unserem Falle ist $a_1 \cdot b_1 = 2$; also $\beta_2^2 > 2$, $\beta_2 \in B$ mit $\beta_2 < b_1$.

Man zeigt entsprechend, daß $\alpha_2 = \dfrac{2}{\beta_2}$ zu A gehört und daß α_2 größer ist als a_1

Wir veranschaulichen den betrachteten Sachverhalt auf der Zahlengeraden:

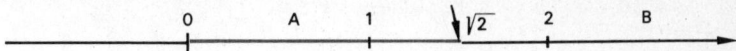

Darstellung von sup $A = \sqrt{2} = $ inf B

Im Bereich der rationalen Zahlen gibt es Lücken. Wegen der Lücke an der Stelle $\sqrt{2}$ gab es kein Supremum für die Menge A (und kein Infimum für die Menge B). Durch die irrationale Zahl $\sqrt{2}$ läßt sich die aufgewiesene Lücke schließen; es gilt dann: sup $A = \sqrt{2} = $ inf B.

In der Folge wird angenommen, daß die reellen Zahlen »lückenlos« auf der Zahlengerade liegen. Wenn man den Begriff der Lückenlosigkeit analytisch faßt, kann bewiesen werden, daß jede nichtleere, nach oben beschränkte Teilmenge reeller Zahlen ein wohlbestimmtes Supremum besitzt. Dieser Satz von der Existenz des Supremums hat für die Analysis entscheidendes Gewicht. Von der Anschauung her erscheint er plausibel; ein Beweis wird hier nicht geführt.

Aufgaben

1) Beweisen oder widerlegen Sie die folgenden Behauptungen:

a) Aus $A \cup B = A$ folgt $B = \emptyset$;

b) Aus $A \cap B = A$ folgt $A \subset B$; $\Big\}$ für beliebige Mengen A, B.

c) $A \cup (B \cap A) = A$;

d) $\dfrac{a}{b} = \dfrac{b}{a} \Leftrightarrow a = b$

e) Aus $(a + b)^3 = a^3 + b^3$ folgt $a = 0$ oder $b = 0$;

f) Wenn $0 \le a < b$, dann ist $a^2 < b^2$;

g) Wenn $a < b$, dann gilt $a < \dfrac{a+b}{2} < b$; $a, b, x \in \mathbb{R}$.

h) Wenn $a^2 > b^2$, dann ist $a > b$;

i) Aus $(x - 1) \cdot (x - 3) > 0$ folgt $x > 3$;

j) $||a|| = |a|$;   *k)* $|a - b| = |b - a|$;

l) $(a + |a|)(a - |a|) = 0$.

m) Der Durchschnitt von zwei Intervallen ist stets ein Intervall.

n) Der Durchschnitt von zwei Intervallen ist niemals ein Intervall.

o) Es gelte $\emptyset \ne M_1$; M_1 sei echte Teilmenge einer nach oben beschränkten Zahlenmenge M_2.
Behauptung: Es existiert sup M_1; es gilt sup $M_1 <$ sup M_2.

p) Es seien M_1 und M_2 zwei nichtleere, nach oben beschränkte Zahlenmengen. Man betrachte

$$M = M_1 \oplus M_2 = \{m_1 + m_2 \mid m_1 \in M_1, m_2 \in M_2\}$$

Behauptung: M ist nach oben beschränkt. Außerdem gilt:

$$\text{sup } M \le \text{sup } M_1 + \text{sup } M_2$$

2) Es sei $0 < a \le b$. Man bezeichnet

$\dfrac{a + b}{2}$ als arithmetisches Mittel $A(a, b)$,

$\sqrt{ab}$ als geometrisches Mittel $G(a, b)$ und

$\dfrac{2ab}{a + b}$ als harmonisches Mittel $H(a, b)$. Zeigen Sie, daß die folgende Kette von Ungleichungen gilt

$$a \le H(a, b) \le G(a, b) \le A(a, b) \le b.$$

Wann gilt das Gleichheitszeichen? Hinweis: $(a + b)^2 - 4ab = (a - b)^2 \ge 0$

3) Lösen Sie die folgenden Ungleichungen:

   a) $18\,(2x - 3) - 11\,(4x + 3) < 2\,(x - 50)$;

   b) $(x - 1)\,(x - 2)\,(x - 3) > 0$;

   c) $x^2 - 5x + 4 \geq 0$;

   d) $3^x > 9$;

   e) $\dfrac{2}{x-1} + \dfrac{1}{x+1} > 0$.

4) Beweisen Sie die folgenden Beziehungen für beliebige Zahlen $a, b, c \in \mathbb{R}$:

$$|a + b + c| \leq |a| + |b| + |c|\,;$$
$$|a + b| \geq |a| - |b|\,; \qquad |a + b| \geq |b| - |a|\,;$$
$$|a - b| \leq |a| + |b|\,; \qquad |a - b| \geq |a| - |b|\,.$$

5) Lösen Sie die folgenden Gleichungen beziehungsweise Ungleichungen

$$|5 - x| = 3\,; \qquad |x - 5| < 3\,;$$
$$0 < |x + 4| \leq 1\,; \qquad |x| + x < 2\,.$$
$$\left| \frac{x+1}{x+2} \right| < 1\,;$$

6) Im Abschnitt Lückenlosigkeit der reellen Zahlen wurde ein Verfahren angedeutet, $\sqrt{2}$ näherungsweise zu bestimmen (»Einschachtelungs-Verfahren«; siehe auch Aufgabe 2). Es war

$$a_1 = 1\,; \qquad b_1 = 2\,;$$
$$a_2 = \tfrac{4}{3}\,; \qquad b_2 = \tfrac{3}{2}\,.$$

Berechnen Sie a_3, b_3, a_4 und b_4.

Funktionen

Reelle Funktionen als Zuordnungen

Der Abschnitt soll unvermittelt mit einer Definition des Funktionsbegriffes beginnen, da angenommen wird, daß der Leser durch vorausgegangenen Unterricht (bzw. Lektüre) bereits entsprechend vorbereitet ist.

Definition: Gegeben sei eine nichtleere Menge D von reellen Zahlen. Eine *reelle Funktion* f ordnet jeder Zahl $x \in D$ eine und nur eine Zahl $f(x)$ aus $\mathbb{R}$ zu. Man bezeichnet D als den *Definitionsbereich* der Funktion f; die Menge $W = \{f(x) \mid x \in D\}$ heißt der *Wertevorrat* oder auch *Bildbereich* der Funktion. Die Zahl $f(x)$ heißt *Funktionswert* von f an der Stelle x.

Mit der symbolischen Schreibweise $f : D \xrightarrow{f} W$ soll angedeutet werden, daß die Menge D durch f auf die Menge W »abgebildet« wird. Man schreibt in diesem Zusammenhang abkürzend: $W = f(D)$. Wenn M eine Teilmenge von D ist, soll $f(M)$ die zugehörige Bildmenge bezeichnen, also $f(M) = \{f(x) \mid x \in M\}$.

Eine reelle Funktion wird bestimmt durch den Definitionsbereich D und durch genaue Angaben über die Zuordnung $x \to f(x)$ für alle $x \in D$. In der Regel wird diese Zuordnung durch einen Funktionsterm oder durch eine Aussageform beschrieben. An elementaren Beispielen läßt sich zeigen, welche Forderungen die Definition des Funktionsbegriffes enthält. Außerdem gebrauchen wir dabei einige der üblichen Sprech- und Schreibweisen.

Es sei $D = \{-1, 0, +1\}$. Die Zuordnung $x \to f(x)$ soll durch »Pfeildiagramme« markiert werden.

Beispiel 1: keine Funktion!

Die Null hat »zwei Bilder«; gefordert wird ein und nur ein $f(x)$ für jedes $x \in D$.

Beispiel 2: Funktion!

Formale Notation: $f: x \to 1, \quad x \in D$

oder auch $f: f(x) = 1, \quad x \in D.$

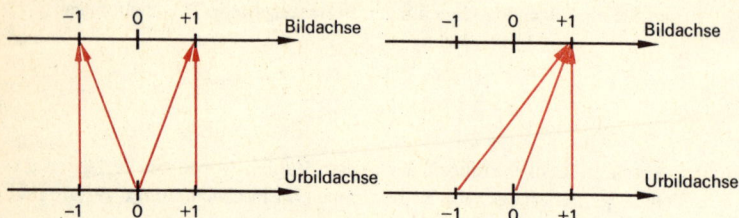

Links *Figur zum Beispiel 1): Die Zuordnung stellt keine Funktion dar;*
rechts *Figur zum Beispiel 2): Die Zuordnung ist eine Funktion*

Vielfach gibt man nur den Funktionsterm an, schreibt also $f(x) = 1, \quad x \in D.$

Beispiel 3: keine Funktion!

$f(0)$ ist nicht erklärt.

Für die Menge $D_2 = \{-1, +1\}$

hätte man eine funktionale Zuordnung

$$g: z \to z, \quad z \in D_2$$

oder auch $g: g(z) = z, \quad z \in D_2$

(Wechsel in der Bezeichnung, da diese willkürlich ist).

Beispiel 4: Funktion!

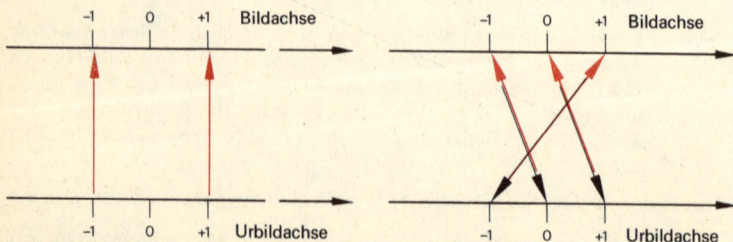

Links *Figur zum Beispiel 3): Die Zuordnung stellt keine Funktion dar;*
rechts *Figur zum Beispiel 4): Die Zuordnung ist eine Funktion*

Im Gegensatz zu *2)* vermitteln Pfeile in der umgekehrten Richtung eine eindeutige Abbildung von *W* auf *D*.
Wir haben das Beispiel einer *umkehrbaren oder eineindeutigen* Funktion.

Graphische Darstellung von Funktionen

Schon das letzte Beispiel macht deutlich, daß Pfeildiagramme nur begrenzt verwendbar sind. Bei verwickelteren Zuordnungen $x \rightarrow f(x)$ oder bei nicht endlichen Definitionsmengen geht die Übersicht verloren. Die übliche graphische Darstellung von Funktionen ist jedoch eng mit dem Pfeildiagramm verwandt. Man hat ja lediglich die beiden Zahlengeraden senkrecht zueinander angeordnet und das Augenmerk auf den Punkt $P(x; y)$ gerichtet, wobei die *y*-Koordinate durch $y = f(x)$ festgelegt wird.
Für die Beispiele *2)* und *4)* ergibt das folgende Darstellungen (die punktierten Linien vermitteln das Pfeildiagramm):

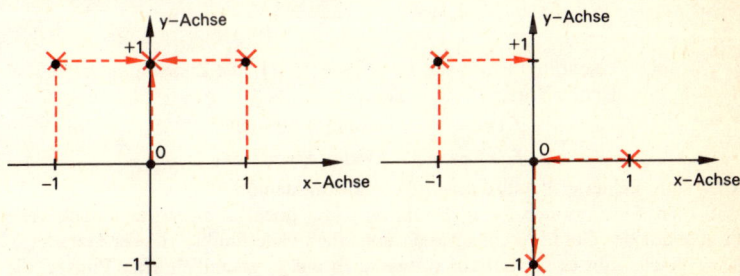

Links *graphische Darstellung des Beispiels 2);*
rechts *graphische Darstellung des Beispiels 4)*

Wenn wir zu einer Funktion übergehen, deren Definitionsmenge ein Intervall ist, sieht das Diagramm anders aus. Man hat jetzt nicht mehr nur endlich viele, diskret liegende Punkte, sondern eine unendliche Punktmenge, die in vielen Fällen geometrisch beschreibbar ist.
Beispiel 5: $D_5 = [-1; +1]$ $f_5 : x \rightarrow 2x, \quad x \in D_5$.
Alle Punkte mit den Koordinaten $(x; f(x))$ liegen auf der Geraden durch P_1 und P_2 (Figur S. 78 links oben). Jeder Punkt der Strecke $\overline{P_1 P_2}$ gehört zur Punktmenge $\{P(x; f(x)) \mid x \in D_5\}$.
Die Strecke $\overline{P_1 P_2}$ heißt *Graph* der Funktion f_5.
Für den allgemeinen Fall gilt die folgende

Definition: Es sei *f* eine reelle Funktion mit dem Definitionsbereich $D, f: D \underset{f}{\rightarrow} W$.

Legt man ein rechtwinkliges Koordinatensystem zugrunde, dann heißt die Punktmenge $\{P(x; y) \mid y = f(x), \quad x \in D\}$
Graph der Funktion f.

Wegen der engen Beziehung zwischen einer Funktion und ihrem Graphen wird letzterer manchmal sogar mit der Funktion identifiziert.
Ein kräftiges Gegenbeispiel soll deshalb verdeutlichen, daß die Darstellungskraft

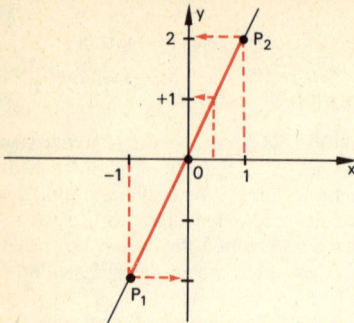

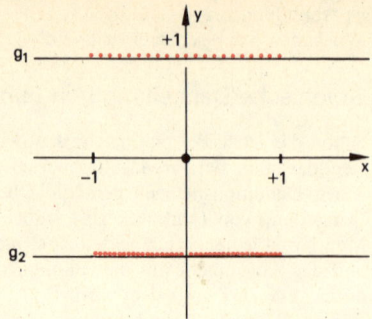

Links *graphische Darstellung des Beispiels 5)*;
rechts *Skizze zur Funktion f_6 (vgl. Text)*

von Graphen beschränkt ist. Es sei $D_6 = [-1; +1]$; die Zuordnung $x \rightarrow f_6(x)$ wird durch folgende Vorschrift festgelegt

$$f_6(x) = 1, \qquad \text{wenn } x \text{ rational}$$
$$f_6(x) = -1, \qquad \text{wenn } x \text{ irrational}$$

(es besteht keinerlei Verstoß gegen die Ausgangsdefinition!)

Will man den Graphen dieser Funktion f_6 zeichnen, so liegen unendlich viele Punkte auf der Gerade g_1, aber auch unendlich viele Punkte auf der Gerade g_2. Andererseits gibt es sowohl auf g_1 wie auch auf g_2 unendlich viele Punkte, die nicht zum Graphen von f_6 gehören (rechte Figur).

Beispiele

1) Der Leser sollte vertraut sein mit den *linearen Funktionen*. Sie haben die Form $l: x \rightarrow mx + b$, $x \in \mathbb{R}$; m und b sind reelle Formvariable. Der zugehörige Graph ist eine Gerade, die festgelegt wird durch

$$l(0) = b$$

und

$$m = \tan\alpha = \frac{l(x_2) - l(x_1)}{x_2 - x_1}.$$

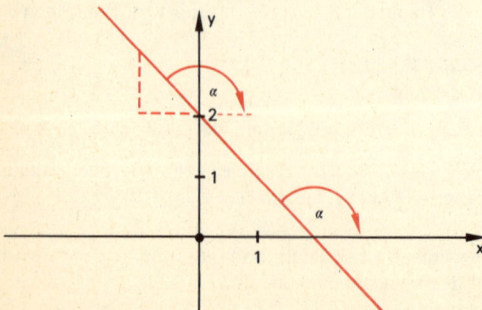

*Graph der
Funktion
$l: x \rightarrow -x + 2$, $x \in \mathbb{R}$*

2) Quadratische Funktionen sind von der Form

$$q: x \to ax^2 + bx + c; \quad a \neq 0, \ x \in \mathbb{R}$$

mit den Formvariablen a, b und c.

Der zugehörige Graph entsteht durch Verschieben und Strecken (bzw. Stauchen) aus der »Normalparabel«, die als Graph der Funktion $q_n: x \to x^2$ wohlbekannt ist.

3) In den folgenden Diagrammen sind die Graphen einiger *Potenzfunktionen* skizziert.

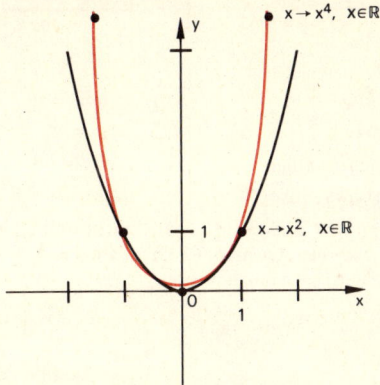

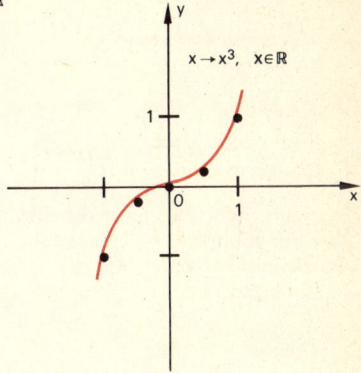

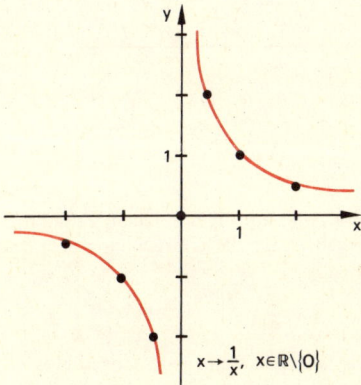

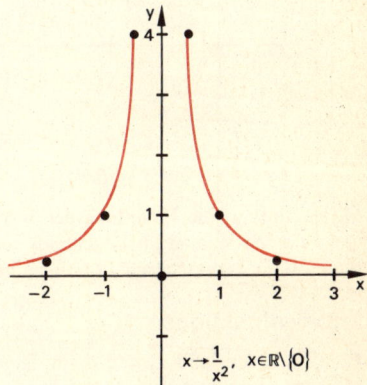

$x \to x^4, \ x \in \mathbb{R}$

$x \to x^2, \ x \in \mathbb{R}$

$x \to x^3, \ x \in \mathbb{R}$

$x \to \dfrac{1}{x}, \ x \in \mathbb{R} \setminus \{0\}$

$x \to \dfrac{1}{x^2}, \ x \in \mathbb{R} \setminus \{0\}$

Trigonometrische Funktionen

Im Schulbereich werden die trigonometrischen Funktionen definiert durch Längenverhältnisse am Einheitskreis oder am rechtwinkligen Dreieck (mit anschließender Fortsetzung für nichtspitze Winkel). Mit den folgenden Figuren erinnern wir an die Grundbeziehungen; weitergehende Formeln entnehme man einer Formelsammlung.

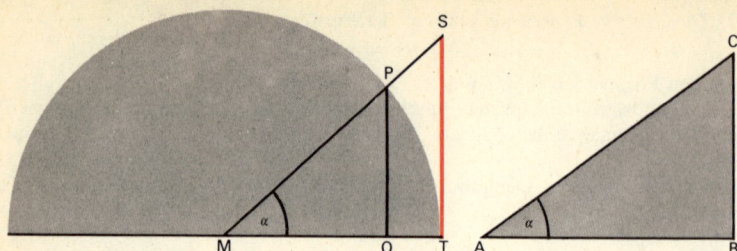

Die trigonometrischen Funktionen

$$\sin\alpha = \frac{l(\overline{PQ})}{l(\overline{MP})}; \qquad \cos\alpha = \frac{l(\overline{MQ})}{l(\overline{MP})}; \qquad \tan\alpha = \frac{l(\overline{ST})}{l(\overline{MT})} = \frac{\sin\alpha}{\cos\alpha};$$

$$\sin\alpha = \frac{l(\overline{BC})}{l(\overline{AC})} = \frac{\text{Länge der Gegenkathete}}{\text{Länge der Hypotenuse}}.$$

Der numerische Zugang erfolgte früher über Tabellen (Logarithmentafel) oder über Funktionsleitern (Rechenstab), heute benutzt man Taschenrechner.
Als Beispiel skizzieren wir den Graphen der Sinusfunktion,
$\sin: x \to \sin x, x \in \mathbb{R}$.

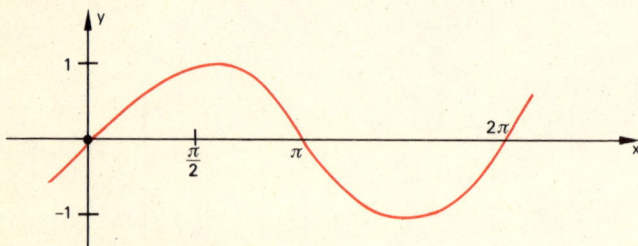

Der Graph der Sinusfunktion

Man achte auf die Einteilung der *x*-Achse; wie immer in solchem Zusammenhang werden Winkel im Bogenmaß angegeben; für die Umrechnung ins Gradmaß gilt die Proportion $\hat{\alpha}: \alpha° = 2\pi:360°$.

Treppenfunktionen

Eine Funktion heißt genau dann *Treppenfunktion*, wenn jedes abgeschlossene Intervall ihres Definitionsbereiches in endlich viele Intervalle (oder einzelne Punkte) zerlegt werden kann, auf denen die Funktion jeweils konstante Werte annimmt.
Wir geben drei wichtige Beispiele.
1) Vorzeichen-Funktion (linke Figur):

$$\text{sign}: \text{sign}\, x = \begin{cases} -1, & \text{wenn } x < 0 \\ = 0, & \text{wenn } x = 0 \\ +1, & \text{wenn } x > 0. \end{cases}$$

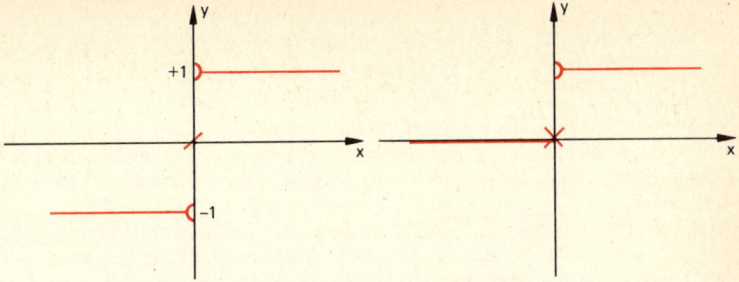

Links *die Vorzeichenfunktion;* rechts *die Heaviside-Funktion*

2) Heaviside-Funktion (rechte Figur):

$$H: \quad H(x) = \begin{cases} 0, & \text{wenn } x \leq 0 \\ 1, & \text{wenn } x > 0. \end{cases}$$

3) Gaußklammer-Funktion: Man definiert: Für $x \in \mathbb{R}$ ist $[x]$ die größte ganze Zahl, die kleiner oder gleich x ist, (gelesen »x in Gaußklammer« oder »Gaußklammer von x«). Es gilt also für beliebige ganze Zahlen $z \in \mathbb{Z}$

$$[x] = z \Leftrightarrow z \leq x < z + 1.$$

Man erhält demnach folgenden Graphen für die Funktion g:

$$x \to [x], \quad x \in \mathbb{R}.$$

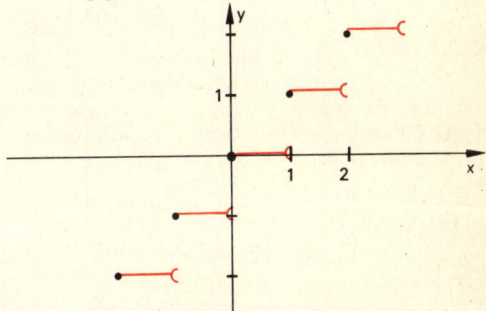

Die Gaußklammer-Funktion

Der Punkt markiert den Funktionswert, der Halbkreis den Ausschluß des Endpunktes.

Zweite Definition des Funktionsbegriffes

Wir überlegen uns, daß eine ebene Punktmenge genau dann der Graph einer Funktion ist, wenn jede Parallele zur y-Achse mit der Punktmenge höchstens einen Punkt gemeinsam hat. Durch die analytische Fassung dieser Bemerkung kommt man zu einer Definition des Funktionsbegriffes, bei der das Wort »Zuordnung« nicht mehr benötigt wird. Die Charakterisierung erfolgt statt dessen durch mengentheoretische Umschreibung; sie erfreut sich daher neuerdings zunehmender Beliebtheit.

Definition: Gegeben seien zwei nichtleere Mengen A und B von reellen Zahlen. Eine *reelle Funktion f* ist eine Menge von geordneten Paaren reeller Zahlen $f = \{(x; y) \mid x \in A \wedge y \in B\}$ mit folgender Eigenschaft: Wenn $(x_1; y_1)$ und $(x_1; y_2)$ zu f gehören, folgt $y_1 = y_2$.

Der Definitionsbereich der Funktion f ist die Menge aller Zahlen x, für die es eine Zahl y gibt, so daß $(x; y)$ in f liegt. Wenn x_1 zu f gehört, gibt es eine eindeutig bestimmte Zahl y_1, so daß $(x_1; y_1)$ in f liegt. Dies y_1 ist der Funktionswert von f an der Stelle x_1.

Diese Betrachtungsweise von Funktionen kann auch im Sinne einer Wertetabelle gedeutet werden: Die Zahlen aus dem Definitionsbereich D werden jeweils mit dem zugehörigen Funktionswert zu Zahlenpaaren zusammengefaßt. Die Gesamtheit aller Zahlenpaare macht die Funktion aus.

Man erkennt, daß die graphische Darstellung einer Funktion der Deutung als Paarmenge oder als Zuordnung gerecht wird.

Beziehungen zwischen Funktionen

Gleichheit von Funktionen. Zwei Funktionen f und g sind genau dann gleich, wenn die Definitionsbereiche gleich sind und wenn $f(x) = g(x)$ für alle $x \in D$ gilt. Wir betonen nochmals, daß bei unserer Schreibweise $f(x) = g(x)$ die Gleichheit der Funktionswerte *an einer Stelle* fordert, während $f = g$ die *Übereinstimmung der Paarmengen* beinhaltet.

Beispiel a):
$$f: x \to x, \qquad x \in \mathbb{R};$$
$$g: x \to x^2, \qquad x \in \mathbb{R}.$$
Es ist $f(0) = g(0) = 0$ und $f(1) = g(1) = 1$, aber $f \neq g$.

b) $f:$ $x \to 1$, $x \in \mathbb{R}$; $g:$ $x \to (\sin x)^2 + (\cos x)^2$, $x \in \mathbb{R}$.
   $f = g$, da $(\sin x)^2 + (\cos x)^2 = 1$ für alle $x \in \mathbb{R}$.

Einschränkung und Fortsetzung. Gegeben sei eine Funktion f mit dem Definitionsbereich D, $f: D \underset{f}{\to} W$. Wenn D_1 eine nichtleere Teilmenge von D ist, bezeichnet man als die Einschränkung (oder Restriktion) von f auf D_1 die Funktion f_1, für die gilt

$$f_1(x) = f(x), \qquad x \in D_1.$$

Symbolisch: $\qquad\qquad\qquad f_1: D_1 \underset{f}{\to} W_1.$

Dieser Zusammenhang soll jetzt »von der anderen Seite her« dargestellt werden. Betrachtet wird eine Funktion f mit dem Definitionsbereich D_f, $f: D_f \to W_f$. Eine Funktion φ heißt Fortsetzung von f, wenn folgende Bedingungen gelten:
1) Der Definitionsbereich D_φ der Funktion φ enthält den Definitionsbereich D_f, $D_f \subset D_\varphi$
2) Auf dem Definitionsbereich D_f gilt

$$f(x) = \varphi(x), \qquad x \in D_f.$$

Fehlerwarnung: Nach Vorgabe von $\emptyset \neq D_1 \subset D$ ist die Restriktion f_1 eindeutig festgelegt; der Übergang zu Fortsetzungen von f läßt noch viele Möglichkeiten offen.

Beispiel: $f:$ $x \to x$, $x \in [0; 4]$; $D_1 = \{0, 1, 2, 3, 4\}$. Der Graph von f_1 ist rot markiert.

$$D_\varphi = \mathbb{R}; \quad \varphi\colon x \to x, \; x \in \mathbb{R};$$

$$D_{\overline{\varphi}} = \mathbb{R}; \; \overline{\varphi}\colon \begin{cases} \overline{\varphi}(x) = 0, \; x < 0; \\ \overline{\varphi}(x) = x, \; 0 \le x \le 4; \\ \overline{\varphi}(x) = 4, \; x > 4. \end{cases}$$

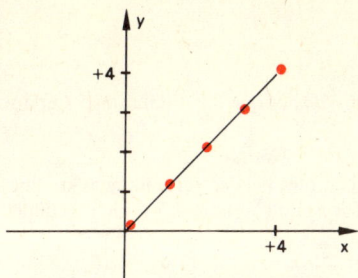

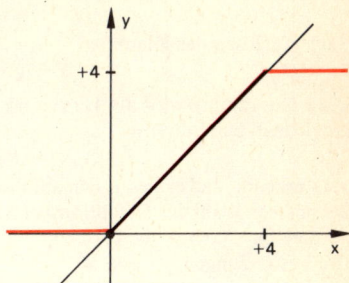

Links *Einschränkung einer Funktion;*
rechts *Zwei Fortsetzungen einer Funktion*

Algebraische Verknüpfungen. Wenn f und g zwei Funktionen sind, deren Definitionsbereich D_f und D_g einen nichtleeren Durchschnitt D haben, wird ihre Summe $f + g$ wie folgt definiert

$$f + g\colon \; x \to f(x) + g(x), \; x \in D.$$

Anders geschrieben

$$f + g\colon \; (f + g)(x) = f(x) + g(x), \; x \in D.$$

Das Produkt $f \cdot g$ und der Quotient $\dfrac{f}{g}$ werden entsprechend eingeführt

$$f \cdot g\colon \; x \to f(x) \cdot g(x), \; x \in D$$

bzw.

$$\frac{f}{g}\colon x \to \frac{f(x)}{g(x)}, x \in D \setminus \{x \mid g(x) = 0\}.$$

Beim Quotienten ist darauf zu achten, daß durch Bilden der Differenzmenge nur die Stellen im Definitionsbereich bleiben, an denen die Funktion g Werte ungleich Null hat. Naturgemäß muß $D \setminus \{x \mid g(x) = 0\} \ne \emptyset$ sein.

Verkettung. Die folgende wichtige Definition soll durch ein Beispiel und die zugehörigen Pfeildiagramme vorbereitet werden.

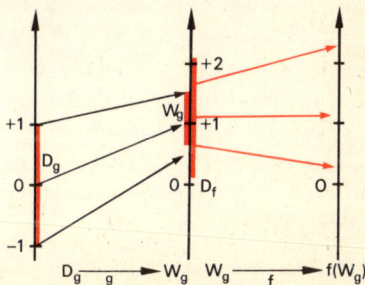

*Graphische Darstellung der Verkettung
zweier Funktionen*

Es sei g: $x \to \frac{1}{2}x + 1$, $x \in [-1; +1]$;

außerdem f: $x \to x^2$, $x \in [0; 4]$.

Es ist $W_g = [0,5; 1,5] \subset D_f$; es gibt also zu jedem $g(x) \in W_g$ das Bild vermöge der Funktion f, so daß man eine Zuordnungskette erhält.

$$x \underset{g}{\to} \tfrac{1}{2}x + 1 \underset{f}{\to} (\tfrac{1}{2}x + 1)^2.$$

Nach Auflösen der Klammer

$$x \to \tfrac{1}{4}x^2 + x + 1.$$

Diese Zuordnung wird als *Verkettung* oder *Komposition* der Funktionen f und g bezeichnet. Schreibweise:

$$f \circ g: \quad x \to (\tfrac{1}{2}x + 1)^2, \quad x \in D_g.$$

Man erkennt, daß es wesentlich auf die Reihenfolge bei der Verkettung ankommt. Bei unserer Wahl der Definitionsbereiche für f und g könnte $g \circ f$ nicht gebildet werden, da $f(D_f) = [0; 16) \not\subset D_g$.

Die Festsetzungen f: $x \to x^2$, $x \in \mathbb{R}$ und g: $x \to \frac{1}{2}x + 1$, $x \in \mathbb{R}$ führen zu folgenden Verkettungen

$$f \circ g: \quad x \to \tfrac{1}{4}x^2 + x + 1,$$

und $g \circ f$: $x \to \tfrac{1}{2}x^2 + 1$,   also $f \circ g \neq g \circ f$.

Definition *für den allgemeinen Fall:* Betrachtet werden zwei Funktionen f und g mit den Definitionsbereichen D_f und D_g. Wenn $W_g = g (D_g)$ eine Teilmenge von D_f ist, wird die *Verkettung* $f \circ g$ beider Funktionen definiert durch die Vorschrift

$$f \circ g: \quad x \to f(g(x)), \quad x \in D_g.$$

Reduziertes Pfeildiagramm: $x \underset{g}{\to} g(x) \underset{f}{\to} f(g(x))$; d. h.:

$$x \xrightarrow[f \circ g]{} f(g(x)).$$

Durch wiederholtes Verknüpfen oder Verketten lassen sich eine große Anzahl von Funktionen aus wenigen Grundfunktionen erzeugen. Wir werden zeigen, daß man außerdem auch wesentliche Eigenschaften der zusammengesetzten Funktionen auf die Eigenschaften der Grundfunktionen zurückführen kann.

Polynomfunktionen; Horner-Schema

1) In Theorie und Praxis begegnet man häufig Funktionen des folgenden Typs

$$p_2: \; p_2(x) = x^2 - 2x + 1, \quad x \in \mathbb{R}$$

oder p_3: $x \to 4x^3 - x$, $x \in \mathbb{R}$.

Die allgemeine Form solcher Funktionen wird beschrieben durch

$$p_n: \; x \to a_n x^n + a_{n-1} x^{n-1} + \cdots + a_1 x + a_0; \quad a_n \neq 0, \quad x \in \mathbb{R}.$$

Die natürliche Zahl n heißt *Grad der Polynomfunktion*. Für die Formvariablen $a_n, a_{n-1}, \ldots, a_0$ werden reelle Zahlen eingesetzt; diese Zahlen heißen *Koeffizienten* der Polynomfunktion.

Unsere Beispiele sind demnach Polynomfunktionen vom Grade zwei bzw. vom Grade drei. Man erkennt, daß die linearen Funktionen besonders einfache Polynomfunktionen sind. Umgekehrt läßt sich zeigen, daß die Polynomfunktionen durch Verketten und Verknüpfen aus linearen Funktionen zu erzeugen sind.

2) Zur Bestimmung der Funktionswerte von Polynomfunktionen gibt es ein übersichtliches Rechenverfahren, das *Horner-Schema*. Wir wollen es an einem Beispiel entwickeln.

Betrachtet werde $p_3\colon\ x \to 4x^3 + 3x^2 + 2x + 1,\quad x \in \mathbb{R}$

Zu berechnen sei $p_3(2),\quad p_3(1),\quad p_3(-0{,}5), \ldots$

Es ist $4x^3 + 3x^2 + 2x + 1 = 1 + x \cdot (2 + 3x + 4x^2)$
$$= 1 + x \cdot (2 + x\,(3 + 4x)),$$

Also $4x^3 + 3x^2 + 2x + 1 = ((4x + 3)\,x + 2)\,x + 1.$

Diese Äquivalenzumformung wird folgendermaßen in ein Rechenschema umgesetzt:

$$
\begin{array}{c|cccc}
 & 4 & 3 & 2 & 1 \\
\hline
2 & 0 & 8 & 22 & 48 \\
 & 4 & 11 & 24 & 49
\end{array}
$$

$p_3(2) = 49.$

In der ersten Zeile stehen die Koeffizienten der betrachteten Polynomfunktion. Die herausgesetzte Zahl 2 gibt die Stelle an, für die der Funktionswert berechnet werden soll. Der Algorithmus beginnt mit dem Übertragen des führenden Koeffizienten 4 in die dritte Zeile. Danach wird in der Richtung des Pfeiles mit dem vorgesetzten Wert multipliziert und dann in der Spalte addiert. Dieses Verfahren ist bis zur letzten Spalte fortzusetzen. Man verfolge, wie die einzelnen Zwischenergebnisse mit der oben gegebenen Darstellung korrespondieren. So ist etwa $24 = (4 \cdot 2 + 3) \cdot 2 + 2, \ldots$, also schließlich

$$49 = p_3(2).$$

Zur Übung berechnen wir einige weitere Werte.

$$
\begin{array}{c|cccc}
 & 4 & 3 & 2 & 1 \\
\hline
1 & 0 & 4 & 7 & 9 \\
 & 4 & 7 & 9 & 10
\end{array}
\qquad
\begin{array}{c|cccc}
 & 4 & 3 & 2 & 1 \\
\hline
-0{,}5 & 0 & -2 & -0{,}5 & -0{,}75 \\
 & 4 & 1 & 1{,}5 & 0{,}25
\end{array}
$$

$p_3(1) = 10$ $\qquad\qquad p_3(-0{,}5) = 0{,}25$

$$
\begin{array}{c|cccc}
 & 4 & 3 & 2 & 1 \\
\hline
0{,}1 & 0 & 0{,}4 & 0{,}34 & 0{,}234 \\
 & 4 & 3{,}4 & 2{,}34 & 1{,}234
\end{array}
$$

$p_3(0{,}1) = 1{,}234$

Jeder Funktionswert kommt durch drei Multiplikationen und drei Additionen zustande; bei herkömmlicher Rechnung sind dagegen neun Elementaroperationen nötig.

Der hier entwickelte Algorithmus kann bei beliebigen Polynomfunktionen angewendet werden. Es liegt auf der Hand, daß das Horner-Schema bei Polynomfunktionen höheren Grades die Berechnung der numerischen Werte wesentlich vereinfacht – im EDV-Bereich also nennenswert verbilligt.

3) Durch weiteres Betrachten unseres Beispiels soll die Einsatzmöglichkeit des Verfahrens in einem anderen Zusammenhang gezeigt werden.

Zu
$$p_3\colon\ x \to 4x^3 + 3x^2 + 2x + 1, \quad x \in \mathbb{R}$$
liefert das Rechenschema

		4	3	2	1
	2	0	8	22	48
		4	11	24	49

den Funktionswert an der Stelle 2, $p_3(2) = 49$.

Das Bildungsgesetz der Zahlen des Horner-Schemas ermöglicht die folgende Umformung:

$$\begin{aligned}
4x^3 + 3x^2 + 2x + 1 &= 4x^3 + 11x^2 - 8x^2 + 24x - 22x + 49 - 48;\\
&= 4x^3 + 11x^2 + 24x - (8x^2 + 22x + 48) + 49;\\
&= x(4x^2 + 11x + 24) - 2(4x^2 + 11x + 24) + 49;\\
&= (x - 2)(4x^2 + 11x + 24) + 49. \qquad\qquad (1)
\end{aligned}$$

Anders geschrieben:

$$p_3(x) = p_3(2) + (x - 2) \cdot p_2(x). \qquad\qquad (1^*)$$

Setzt man das Verfahren fort, so erhält man entsprechend

$$4x^2 + 11x + 24 = (x - 2)(4x + 19) + 62, \qquad\qquad (2)$$

wobei die Koeffizienten 4, 19 und 62 wiederum in einem Horner-Schema stehen,

		4	11	24
	2	0	8	38
		4	19	62

Ein letzter Schritt führt zu

$$4x + 19 = 4(x - 2) + 27. \qquad\qquad (3)$$

Das zugehörige Horner-Schema wird der Systematik wegen hingeschrieben – die Aufspaltung ergibt sich ja auch unmittelbar.

		4	19
	2	0	8
		4	27

Setzt man die Darstellungen *2)* und *3)* in *1)* ein, so folgt nach elementarer Umformung

$$4x^3 + 3x^2 + 2x + 1 = 49 + 62(x - 2) + 27(x - 2)^2 + 4(x - 2)^3$$

In etwas allgemeinerer Schreibweise

$$p_3(x) = p_3(2) + b_1 \cdot (x - 2) + b_2 \cdot (x - 2)^2 + b_3 \cdot (x - 2)^3.$$

Man sagt »Die Polynomfunktion p_3 wurde nach Potenzen von $(x - 2)$ entwickelt«. Die Koeffizienten dieser Entwicklung können im Horner-Schema sehr rasch und übersichtlich bestimmt werden.

Wir schreiben die Entwicklung von p_3 nach Potenzen von $x - 1$ auf:

	4	3	2	1
1	0	4	7	9
	4	7	9	10
1	0	4	11	
	4	11	20	
1	0	4		
	4	15		
1	0			
	4			

$p_3 : x \to 4x^3 + 3x^2 + 2x + 1;$

$p_3(x) = (x - 1) \cdot (4x^2 + 7x + 9) + 10;$

$10 = p_3\,(1);$

$4x^2 + 7x + 9 = (x - 1)\,(4x + 11) + 20;$

$20 = b_1';$

$4x + 11 = (x - 1) \cdot 4 + 15;$

$15 = b_2'.$

$4 = b_3'$

$$p_3(x) = 4x^3 + 3x^2 + 2x + 1 = 10 + 20\,(x - 1) + 15\,(x - 1)^2 + 4\,(x - 1)^3.$$

Diese Entwicklung kann dazu dienen, näherungsweise Funktionswerte an Stellen zu bestimmen, die nahe bei eins liegen. So ist zum Beispiel

$$p_3(1{,}1) = 10 + 20 \cdot 0{,}1 + 15 \cdot 0{,}01 + 4 \cdot 10^{-3}$$

$$\approx 12{,}15. \quad \text{Für} \quad x = 1{,}01 \quad \text{erhält man}$$

$$p_3(1{,}01) = 10 + 20 \cdot 10^{-2} + 15 \cdot 10^{-4} + 4 \cdot 10^{-6}$$

$$\approx 10{,}2 \quad (\text{»Lineare Approximation«}).$$

Eigenschaften von Funktionen

Symmetrie-Eigenschaften. Eine Funktion f heißt genau dann *gerade*, wenn $f(x) = f(-x)$ für alle $x \in D$ gilt.
Beispiel: $f : x \to x^2$.
Der Graph einer geraden Funktion ist achsensymmetrisch zur y-Achse.
Eine Funktion g heißt genau dann *ungerade*, wenn $g(x) = -g(-x)$ für alle $x \in D$ gilt.
Beispiel: $g : x \to x^3$.
Der Graph einer ungeraden Funktion ist punktsymmetrisch in bezug auf den Ursprung des Koordinatensystems.

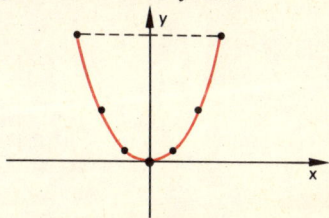

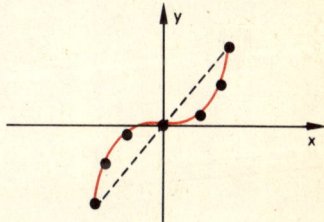

Links: *Eine gerade Funktion ist achsensymmetrisch zur y-Achse;* rechts: *eine ungerade Funktion ist punktsymmetrisch zum Ursprung des Koordinatensystems*

Beschränkung: Eine Funktion f heißt genau dann *beschränkt nach oben*, wenn es eine Zahl s gibt, so daß $f(x) \leq s$ für alle $x \in D$.
Entsprechend heißt eine Funktion g genau dann *beschränkt nach unten*, wenn es eine Zahl t gibt, so daß $g(x) \geq t$ für alle $x \in D$. Eine Funktion h heißt genau dann *beschränkt*, wenn sie nach oben und nach unten beschränkt ist. Es gibt dann eine Zahl st, so daß $|f(x)| \leq st$ für alle $x \in D$.
Eine Funktion heißt genau dann nichtnegativ, wenn Null eine untere Schranke der Funktion ist.

Monotonie. Eine Funktion f heißt genau dann *strikt monoton steigend in einem Intervall* $[a; b]$ ihres Definitionsbereiches D_f, wenn $f(x_1) < f(x_2)$ für alle x_1, x_2 mit $a \leq x_1 < x_2 \leq b$.

Die Funktion heißt genau dann *strikt monoton steigend*, wenn $f(x_1) < f(x_2)$ für alle $x_1 < x_2 \in D_f$.

Entsprechend heißt eine Funktion g *strikt monoton fallend* genau dann, wenn $g(x_1) > g(x_2)$ für alle $x_1 < x_2 \in D_g$.

Wird nur gefordert, daß $f(x_1) \leq f(x_2)$ für $x_1 < x_2 \in D$, dann nennt man f monoton steigend im weiteren Sinne.

Beispiele: Die Funktion $f : x \rightarrow x^3, x \in R$ ist strikt monoton steigend.

Die Funktion $g : x \rightarrow x^2, x \in R$ ist strikt monoton fallend im Intervall $] - \infty ; 0]$; sie ist strikt monoton steigend in $[0; \infty[$. Die Heaviside-Funktion ist monoton steigend im weiteren Sinne, ebenso die Gaußklammer-Funktion.

Periodizität. Eine Funktion f heißt genau dann *periodisch*, wenn es eine Zahl $p \neq 0$ gibt, so daß $f(x) = f(x + p)$ für alle $x \in D$.

Beispiel: $\sin : x \rightarrow \sin x$ mit $\sin x = \sin(x + 2\pi)$.

Aufgaben

7) Es sei $M_1 = \{-1, 0, +1\}$, $M_2 = \{0, 1\}$.

   a) Wie viele Funktionen $f : M_1 \underset{f}{\rightarrow} M_2$ gibt es?

   b) Bestimmen Sie die Anzahl aller Funktionen $g : M_1 \underset{g}{\rightarrow} M_1$.

8) Welche der folgenden Graphen stellen Funktionen $x \rightarrow f(x)$ auf dem Intervall $[-2; +2]$ dar? Geben Sie Zuordnungsterme an, wenn es sich um Funktionen handelt.

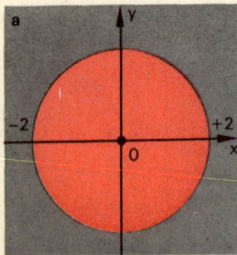

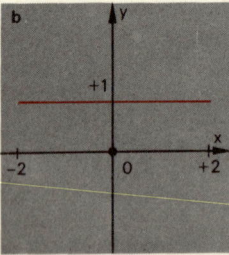

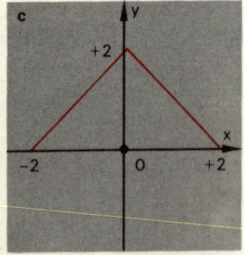

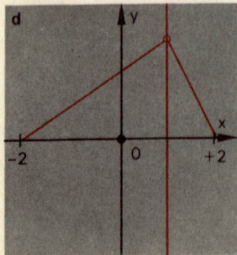

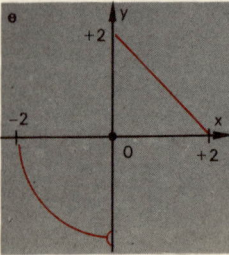

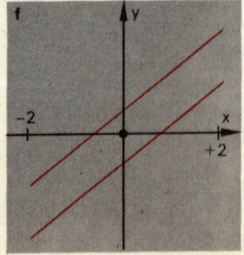

9) Welche der folgenden Vorschriften definieren eine Funktion $f : x \to f(x)$ für $x \in [-2; +2]$? Zeichnen Sie in jedem Falle den zugehörigen Graphen.

a) $|x| + y = 1$;   *b)* $x + |y| = 1$;
c) $|x| + |y| = 1$;   *d)* $[x] + y = 1$;
e) $x + [y] = 1$;   *f)* $x^2 + y^2 = 0$.

10) Skizzieren Sie die Graphen der folgenden Funktionen; der Definitionsbereich sei jeweils das Intervall $[-2; +2]$.

a) $x \to 2x - 1$;   *b)* $x \to -2x - 1$;   *c)* $x \to 2x + 1$;
d) $x \to x^2 + 2$;   *e)* $x \to -x^2 + 2$;   *f)* $x \to 2x^2$;
g) $x \to (x + 2)^2$;   *h)* $x \to x^2 + 2x$;   *i)* $x \to x^2 + 2x + 2$.

11) Skizzieren Sie die Graphen der folgenden Funktionen im Intervall $[-2; +2]$. Welche Eigenschaften haben die Funktionen im Definitionsbereich $\mathbb{R}$?

a) $x \to |x^2 - 1|$;   *b)* $x \to 2^{|x|}$;   *c)* $x \to (x - [x])^2$.

12) Welche der folgenden Paarmengen sind reelle Funktionen?

a) $\{(1; 1), (2; 1), (3; 0), (4; 0), (5; 1)\}$.
b) $\{(1; 1), (\pi; 2), (\sqrt{2}; 3), (0; 4) (1; 5)\}$;
c) $\{(1; 0), 2; 1), (3; \pi), 4; a)\}$;
d) $\{(n; p(n)) \mid n \in \mathbb{N} \setminus \{1\}$ und $p(n) =$ Anzahl der Primzahlen $\le n\}$.

13) f, g und h seien reelle Funktionen mit dem Definitionsbereich $\mathbb{R}$. Beweisen oder widerlegen Sie die folgenden Behauptungen.

a) $(f \circ g) \circ h = f \circ (g \circ h)$;
b) Es gibt eine Funktion $e : x \to e(x), x \in R$, so daß $f \circ e = e \circ f = f$.
c) $(f + g) \circ h = f \circ h + g \circ h$;
d) $f \circ (g + h) = f \circ g + f \circ h$.

14) Es sei f eine reelle Funktion mit dem Definitionsbereich $\mathbb{R}$. Beschreiben Sie, wie der Graph der Funktion g jeweils aus dem Graphen der Funktion f hervorgeht, wenn g wie folgt definiert ist. Zeichnen Sie entsprechende Skizzen.

a) $g(x) = f(x) + a$;   *b)* $g(x) = a \cdot f(x)$;
c) $g(x) = f(|x|)$;   *d)* $g(x) = |f(x)|$.
e) $g(x) = f(x + 1)$.

15) Berechnen Sie die Funktionswerte der nachfolgend definierten Funktion efun für $x = 0; 0, 1; 0, 2; \ldots 0, 9; 1, 0$.

$$\text{efun:} \quad x \to x^3 + 3x^2 + 6x + 6, x \in [0; 1].$$

(Mit dem Taschenrechner prüfe man nach, daß in diesem Bereich die Werte der Funktion $e: x \to e^x$ angenähert werden durch $\frac{1}{6}$ efun x.)

16) Wenn $f : x \to f(x), x \in \mathbb{R}$ und $g : x \to g(x), x \in \mathbb{R}$ jeweils gerade Funktionen sind, dann ist auch $f + g$ eine gerade Funktion. Beweisen Sie diesen Satz. Formulieren und beweisen Sie entsprechende Sätze über algebraische Verknüpfung bzw. Verkettung von geraden und ungeraden Funktionen.

Grenzwert und Stetigkeit

Vorbemerkung: Grenzwert und Stetigkeit sind grundlegende Begriffe der Analysis. Aus der breiten Skala möglicher Darstellungen soll im folgenden ein Weg skizziert werden, der relativ rasch zur Differentiation und Integration führt, die Grundlegung aber nicht ausläßt. Deshalb wird in diesem Abschnitt 3 der Grenzwert von Funktionen ohne Bezug auf konvergente Folgen erklärt. Wenn der Leser durch den Gang seines Unterrichts gehalten ist, zuerst die Konvergenz von Folgen und dann erst das Grenzwertverhalten von Funktionen zu studieren, kann der Abschnitt über Folgen und Reihen nach vorn gezogen werden.

Weitere Beispiele von Funktionen

Um bei den folgenden Betrachtungen einen größeren Vorrat an Beispielen zu haben, sollen zunächst noch zwei Funktionen betrachtet werden.

a) $\qquad\qquad f\colon x \to \sin\frac{1}{x}\,,\ D = \mathbb{R} \setminus \{0\}.$

Die Funktion ist ungerade; es genügt, sie für $x > 0$ zu untersuchen. f wird durch Verketten der Sinusfunktion mit der Funktion $u\colon x \to \frac{1}{x},\ x \neq 0$ gebildet. Daher skizziert man zunächst beide Graphen.

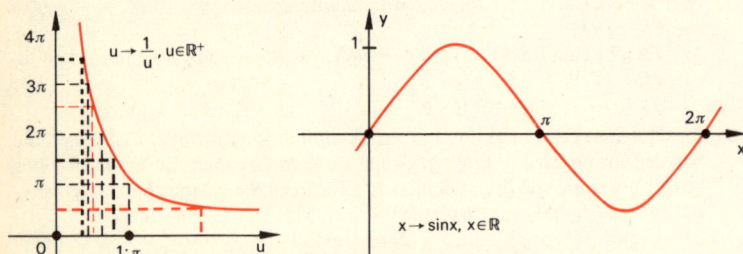

Links *Graph der Funktion* $u \to \frac{1}{u}$; rechts *Graph der Sinusfunktion*

An den Stellen $\pi, 2\pi, 3\pi, \ldots$ nimmt die Sinusfunktion jeweils den Wert Null an (Fachbezeichnung »Nullstelle«). Nun wird $u(x) = \pi$ bzw. 2π bzw. $3\pi\ldots$, wenn $x = \dfrac{1}{\pi}$ bzw. $\dfrac{1}{2\pi}$ bzw. $\dfrac{1}{3\pi},\ldots$ ist. Das bedeutet zunächst, daß die Funktion f rechts von $\dfrac{1}{\pi}$ nur noch positiven Funktionswert hat. Eigenartig ist jedoch das Verhalten der Funktion f in der Nähe der Stelle $x = 0$. Da $f(x) = 0$ ist für alle $x = \dfrac{1}{n\cdot\pi}$, $n \in \mathbb{N}$, findet man in jeder Umgebung der Null beliebig viele Nullstellen von f.

Die Funktion $x \to \sin x$ hat ihre Maximalwerte – nämlich 1 – an den Stellen $\dfrac{\pi}{2}, \dfrac{5\pi}{2}, \dfrac{9\pi}{2}, \ldots$ Diese Werte werden von der Funktion u angenommen für

$x = \dfrac{2}{\pi}, \dfrac{2}{5\pi}, \dfrac{2}{9\pi}, \ldots$ Damit kennt man alle Stellen, an denen f jeweils den Maximalwert annimmt; es liegen in jeder Umgebung der Null unendlich viele Einsstellen von f. Durch entsprechende Überlegung findet man die Minimalstellen von f bei $x = \dfrac{2}{3\pi}, \dfrac{2}{7\pi}, \dfrac{2}{11\pi}, \ldots$

Da f abschnittsweise monoton ist und an jeder Nullstelle das Vorzeichen wechselt, kommt allmählich ein Überblick zustande. Zum Anlegen einer Skizze wird man den Maßstab auf der y-Achse stark überhöhen; trotzdem ist die Darstellung sehr schwierig. Noch in jeder Umgebung der Stelle $x = 0$ liegen beliebig viele Maximalstellen, Nullstellen und Stellen, an denen die Funktion f den Wert -1 annimmt.

Die verbindenden Kurvenbogen rücken schließlich so dicht aneinander, daß keine zeichnerische Darstellung mehr möglich ist.

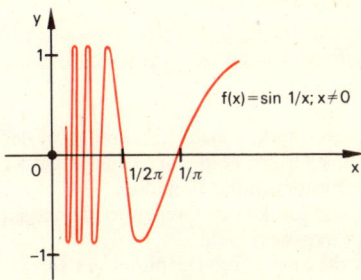

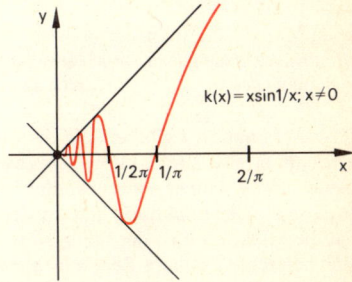

Links *Graph der Funktion* $f: x \to \sin\frac{1}{x}$; rechts *Graph der Funktion* $k: x \to x\sin\frac{1}{x}$

b) $k: x \to x \cdot \sin\frac{1}{x}$, $D = \mathbb{R} \setminus \{0\}$.

Die Untersuchung verläuft ähnlich wie beim Beispiel $a)$. $x \to k(x)$ ist eine gerade Funktion und hat dieselben Nullstellen wie f. Wo f die Werte ± 1 annahm, hat k die Funktionswerte $\pm x$; die entsprechenden Punkte des Graphen von k liegen demnach auf den Winkelhalbierenden. Aus diesen Einsichten läßt sich eine Skizze entwerfen. Dabei ist noch unklar, wo die Funktion ihr Monotonieverhalten ändert. Für diesen Paragraphen sind solche Fragen aber noch nicht vordringlich.

Ebenso wie im Beispiel $a)$ versagt die zeichnerische Darstellung in der Nachbarschaft des Nullpunktes.

Geometrische Betrachtungen zum Grenzwert-Begriff

Die Funktionen f und k des vorigen Abschnittes wurden vorgestellt, weil sie in der Nähe des Nullpunktes fundamentale Unterschiede aufweisen und daher die Forderungen der Grenzwert-Definition sehr deutlich demonstrieren. Bis jetzt sieht man freilich eher die Gemeinsamkeiten: Beide Funktionen sind für $x = 0$ nicht definiert; für beide versagt die anschauliche Darstellung. Bei der Funktion k

liegen jedoch die Funktionswerte »dicht« bei der Null oder »dicht beieinander«, während sie bei f zwischen (-1) und $(+1)$ schwanken.

Genauer: Legt man bei der Funktion k einen Streifen beliebiger Breite parallel zur x-Achse, dann ist es möglich, einen Streifen in der y-Richtung anzugeben, so daß der Graph der Funktion in diesem Bereich ganz innerhalb des entstehenden Rechtecks bleibt.

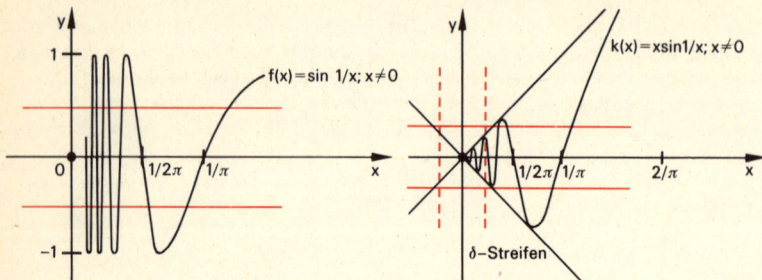

Die Funktion f hat keinen Grenzwert an der Stelle Null (links); *die Funktion k hat an der Stelle Null den Grenzwert Null* (rechts)

Bei der Funktion f gibt es kein derartiges Rechteck, sobald der Streifen in der x-Richtung eine Breite kleiner als zwei hat. Es liegen ja in jeder Umgebung der Stelle $x = 0$ immer noch unendlich viele Einsstellen der Funktion.

Man sagt: Die Funktion f hat an der Stelle Null keinen Grenzwert. Hingegen hat die Funktion k an der Stelle Null den Grenzwert Null.

Wir betrachten weitere Beispiele, ehe wir die allgemeine Definition des Grenzwert-Begriffes aufschreiben.

1) Bei der Vorzeichen-Funktion ist wiederum das Verhalten am Nullpunkt interessant.

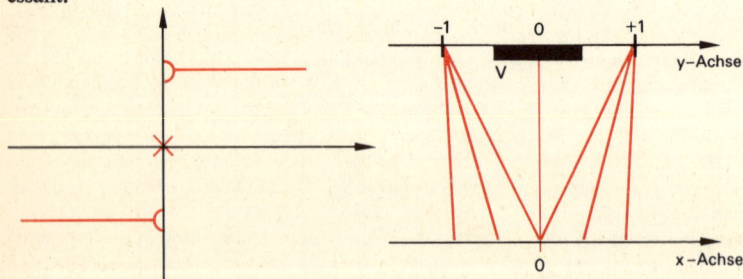

Links *Graph der Vorzeichenfunktion;* rechts *zugehöriges Pfeildiagramm*

Zeichnet man Parallelen zur x-Achse, so daß die Streifenbreite kleiner als zwei ist, wird es wegen der Stufenhöhe dieser Treppenfunktion keinen Streifen parallel zur y-Achse geben, so daß der Graph der Funktion innerhalb des entstehenden Rechtecks liegt. Das zugehörige Pfeildiagramm legt eine andere Deutung dieses Sachverhaltes nahe.

Wenn auf der y-Achse zur Zahl 0 eine symmetrische Umgebung V vorgegeben wird, deren Länge kleiner als 2 ist, gibt es keine Umgebung U der Zahl Null, so daß sign $U \subset V$ wäre.

An jeder Stelle ungleich Null ist ein Grenzwert vorhanden; er ist $(+1)$ für $x > 0$ und (-1), wenn $x < 0$ gewählt wurde.

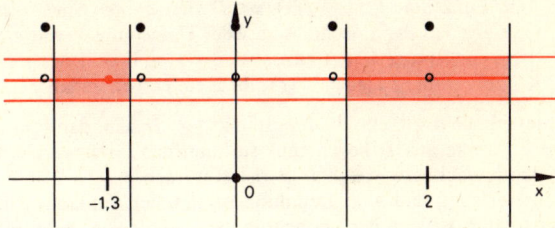

Zum Grenzverhalten einer Funktion (vergleiche Text)

2) Betrachtet werde f: $\begin{cases} x \to 2, & \text{wenn } x \text{ ganzzahlig ist;} \\ x \to 1, & \text{wenn } x \text{ nicht ganzzahlig ist.} \end{cases}$

Offenbar sind zwei Fälle zu unterscheiden.

$\alpha)$ Ganzzahliges x, etwa $x = 2$. Wenn ein Streifen beliebiger Breite um die Gerade $y = 1$ gelegt wird, ist es möglich, um die Stelle zwei einen Streifen parallel zur y-Achse abzugrenzen, so daß alle Funktionswerte innerhalb des entstehenden Rechtecks liegen, wenn $f(2)$ selbst nicht mitbetrachtet wird.

$\beta)$ Nichtganzzahliges x, etwa $x = -1, 3$. Bei beliebig vorgegebenen Streifen parallel zu $y = 1$ gibt es stets einen Streifen in der x-Richtung, so daß ein zusammenhängendes Stück des Graphen ganz im entstehenden Rechteck liegt. Die Pfeildiagramme sollen die Situation vollends verdeutlichen:

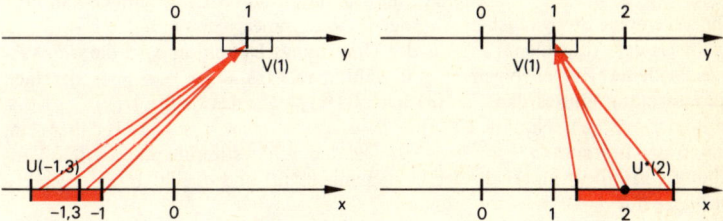

Pfeildiagramme zu der vorhergehenden Figur

V sei eine beliebige Umgebung der Zahl 1 auf der Bildachse.

Es gibt Umgebungen $U(-1, 3)$, so daß

$$f(U) \subset V.$$

Für die punktierte Umgebung $U^*(2)$ gilt

$$f(U^*) \subset V.$$

Analytische Fassung des Grenzwert-Begriffes

Die Beispiele des vorigen Abschnitts sollten das Grenzwert-Verhalten von Funktionen geometrisch darstellen. Wir fassen die Beobachtungen zu einer Definition zusammen, die nahe bei der geometrischen Beschreibung steht. a sei ein Häufungspunkt von D.

Definition: Eine Funktion $f : x \to f(x)$, $x \in D$ hat *an der Stelle a den Grenzwert g* genau dann, wenn es zu jeder Umgebung V von g eine punktierte Umgebung $U^*(a)$ gibt, so daß $f(x) \in V$ für jedes $x \in U^*(a)$.
Kürzer gefaßt: Zu jedem $V(g)$ gibt es ein $U^*(a)$, so daß $f(U^*) \subset V$.

Die betrachtete Stelle a soll ein Häufungspunkt von D sein, damit in jeder Umgebung von a Punkte aus D liegen; nur so kann das Grenzwertverhalten der Funktion f durch Nachbarwerte charakterisiert werden.
Es wird nicht verlangt, daß a im Definitionsbereich der Funktion f liegt; wenn a zu D gehört, wird $f(a)$ von der Betrachtung ausgeschlossen. Relevant ist lediglich das Verhalten in der punktierten Umgebung von a.
Für die Rechnung betrachtet man in der Regel symmetrische Umgebungen. Dabei ist es üblich, die Länge des Intervalls $V(g)$ durch 2ε zu beschreiben. Es gilt demnach
$$V(g) = \{y \mid g - \varepsilon < y < g + \varepsilon\}$$
oder
$$V(g) = \{y \mid |y - g| < \varepsilon\}$$
Fachwort: ε-Umgebung.
Entsprechend erhält man die punktierte δ-Umgebung von a:
$$U^*(a) = \{x \mid 0 < |x - a| < \delta\}$$
oder
$$U^*(a) = \{x \mid a - \delta < x < a \lor a < x < a + \delta\}.$$
Mit diesen Bezeichnungen läßt sich die gegebene Definition anders formulieren:
a sei ein Häufungspunkt von D. Eine Funktion $f : x \to f(x)$, $x \in D$ hat an der Stelle a dann und nur dann den Grenzwert g, wenn es zu jeder positiven Zahl ε eine Zahl $\delta > 0$ gibt, so daß $|f(x) - g| < \varepsilon$ für alle x mit $0 < |x - a| < \delta$.
Anmerkung: Die ε-δ-Fassung des Grenzwertverhaltens ist charakteristisch für reelle (bzw. komplexe) Funktionen; die Definition durch Umgebungen kann für sehr allgemeine Stetigkeitsbetrachtungen übernommen werden.
Nachweis der Äquivalenz: *1)* Aus der Umgebungs-Definition wird die ε-δ-Aussage abgeleitet: Zu beliebigem $\varepsilon > 0$ wählt man $V(g) = \,]g - \varepsilon; g + \varepsilon[$. Nach Voraussetzung gibt es dann $U^*(a)$ mit $f(U^*) \subset V$, das heißt $|f(x) - g| < \varepsilon$ für alle $x \in U^*(a)$. Nun ist $U^*(a) = \{x \mid a_1 < x < a \lor a < x < a_2\}$; daher setzt man $\delta = \text{Minimum}\,(a - a_1, a_2 - a)$. Die dadurch bestimmte punktierte δ-Umgebung von a liegt innerhalb der Umgebung $U^*(a)$ und es gilt $|f(x) - g| < \varepsilon$ für alle x mit $0 < |x - a| < \delta$.
2) Es gelte umgekehrt die ε-δ-Aussage. Ist dann $V = \,]b_1; b_2[$ eine beliebige Umgebung von g, so setze man $\varepsilon = \text{Min}\,(g - b_1, b_2 - g)$. Zu diesem $\varepsilon > 0$ gibt es nach Voraussetzung eine punktierte δ-Umgebung von a, so daß
$$|f(x) - g| < \varepsilon \quad \text{für alle } a \text{ mit} \quad 0 < |x - a| < \delta.$$
Betrachtet man die punktierte δ-Umgebung als spezielle Umgebung $U^*(a)$, wird die Grenzwertforderung erfüllt.
Wenn eine Funktion f an der Stelle a den Grenzwert g hat, schreiben wir

$$g = \lim_a f,$$

gelesen »g ist Grenzwert der Funktion f an der Stelle a« oder kürzer »g ist Grenzwert von f bei a.«

Da diese Notation nur wenig verbreitet ist, wird in diesem Buch auch die konventionelle Schreibweise benutzt,

$$g = \lim_{x \to a} f(x)$$

(»g ist Grenzwert für $f(x)$, wenn x gegen a strebt«).

Über Vorzüge oder Schwächen der verschiedenen Ausdrucksweisen kann hier nicht weiter diskutiert werden. Nur soviel ist zu sagen, daß der tiefgestellte Teil der zweiten Schreibfigur nichts zu tun hat mit einer funktionalen Zuordnung im Sinne des Abschnitts über reelle Funktionen als Zuordnungen. Es wird vielmehr das Pfeil-Zeichen in zweierlei Bedeutung verwendet.

Sätze über Grenzwerte

In der Folge werden einige Sätze über Grenzwerte vorbewiesen; diese Beispiele sollen eine Vorstellung von der Beweismethodik vermitteln. Der Rahmen dieses Buches würde jedoch gesprengt, wenn man alle Sätze in voller Strenge erschließen wollte. Das gilt erst recht für spätere Abschnitte.

Satz 1: Eine Funktion f kann an einer Stelle a nur einen Grenzwert g haben.

Indirekter Beweis: Seien g_1 und g_2 verschiedene Grenzwerte an der Stelle a. Demnach wäre $|g_2 - g_1| > 0$. Nach dem ε-δ-Kriterium muß es zu jedem $\varepsilon > 0$ ein δ geben, so daß $|f(x) - g| < \varepsilon$ für alle x mit $0 < |x - a| < \delta$. Wir wählen $\dfrac{|g_2 - g_1|}{2}$ als ε und erhalten möglicherweise zwei verschieden breite Streifen in der y-Richtung, nämlich δ_1, so daß $|g_1 - f(x)| < \dfrac{|g_1 - g_2|}{2}$ für alle x mit $0 < |x - a| < \delta_1$ und δ_2, so daß $|g_2 - f(x)| < \dfrac{|g_1 - g_2|}{2}$ für alle x mit $0 < |x - a| < \delta_2$. Nimmt man δ als Minimum von δ_1 und δ_2, dann muß für alle x mit $0 < |x - a| < \delta$ gelten:

$$|g_2 - g_1| = |g_2 - f(x) + f(x) - g_1| \leq |g_2 - f(x)| + |f(x) - g_1|$$

(letzteres nach der Dreiecksungleichung).

Also $|g_2 - g_1| < \dfrac{|g_1 - g_2|}{2} + \dfrac{|g_1 - g_2|}{2} = |g_1 - g_2|$. Widerspruch!

Satz 2: Wenn f an der Stelle a den Grenzwert g hat, ist f in einer punktierten Umgebung $U^*(a)$ beschränkt.

Beweis: Wir legen um die Gerade $y = g$ einen Streifen der Breite zwei. Nach dem ε-δ-Kriterium muß es eine punktierte Umgebung $U^*(a)$ geben, so daß

$$g - 1 < f(x) < g + 1 \quad \text{für alle } x \text{ aus } U^*(a),$$

also ist f in dieser Umgebung beschränkt nach oben und nach unten.

Satz 3: Wenn $\lim_a f_1 = g_1$ und $\lim_a f_2 = g_2$, dann ist $\lim_a (f_1 + f_2) = g_1 + g_2$. Konventionell geschrieben:

Wenn $\lim\limits_{x \to a} f_1(x) = g_1$ und $\lim\limits_{x \to a} f_2(x) = g_2$, dann ist
$$\lim\limits_{x \to a} (f_1 + f_2)(x) = g_1 + g_2.$$

Beweis: Es ist zu zeigen, daß es zu beliebigem $\varepsilon > 0$ ein δ gibt, so daß $|(f_1 + f_2)(x) - (g_1 + g_2)| < \varepsilon$ für alle x mit $0 < |x - a| < \delta$.
Da f_1 an der Stelle a den Grenzwert g_1 hat, kann man verlangen, daß $|f_1(x) - g_1| < \frac{1}{2}\varepsilon$ ist, wenn nur $0 < |x - a| < \delta_1$ gilt. Entsprechend gibt es ein δ_2, so daß $|f_2(x) - g_2| < \frac{\varepsilon}{2}$ für alle x mit $0 < |x - a| < \delta_2$.
Setzt man $\delta = \text{Min}\,(\delta_1, \delta_2)$, so wird
$$|(f_1 + f_2)(x) - (g_1 + g_2)| = |f_1(x) + f_2(x) - (g_1 + g_2)|$$
$$= |f_1(x) - g_1 + f_2(x) - g_2| \leq |f_1(x) - g_1| + |f_2(x_2) - g_2| < \frac{\varepsilon}{2} + \frac{\varepsilon}{2} = \varepsilon$$
für alle x mit $0 < |x - a| < \delta$.

Satz 4: Wenn $\lim\limits_{a} f_1 = g_1$ und $\lim\limits_{a} f_2 = g_2$, dann ist $\lim\limits_{a} (f_1 \cdot f_2) = g_1 \cdot g_2$.

Oder auch: Wenn $\lim\limits_{x \to a} f_1(x) = g_1$ und $\lim\limits_{x \to a} f_2(x) = g_2$, dann ist $\lim\limits_{x \to a} (f_1 \cdot f_2)(x) = g_1 \cdot g_2$.

Der Beweis dieses Satzes erfordert bereits einige Fertigkeit in der »Epsilontik«. Es ist zu zeigen, daß es zu jedem $\varepsilon > \delta$ eine punktierte δ-Umgebung von a gibt, so daß
$|(f_1 \cdot f_2)(x) - g_1 \cdot g_2| < \varepsilon$ für alle x mit $0 < |x - a| < \delta$.
Nun ist
$$|(f_1 \cdot f_2)(x) - g_1 \cdot g_2| = |f_1(x) \cdot f_2(x) - g_1 \cdot g_2|$$
$$= |f_1(x) \cdot f_2(x) - g_1 \cdot f_2(x) + g_1 \cdot f_2(x) - g_1 \cdot g_2|$$
$$= |f_2(x) \cdot (f_1(x) - g_1) + g_1 \cdot (f_2(x) - g_2)|$$
$$\leq |f_2(x)| \cdot |f_1(x) - g_1| + |g_1| \cdot |f_2(x) - g_2|.$$

Nach *Satz 2* gibt es eine punktierte δ_1-Umgebung von a, so daß dort $f_2(x)$ beschränkt ist, $|f_2(x)| \leq st$ für alle x mit $0 < |x - a| < \delta_1$. Weiterhin gibt es ein δ_2, so daß $|f_1(x) - g_1| < \dfrac{\varepsilon}{2st}$ für alle x mit $0 < |x - a| < \delta_2$.
Dabei darf $st \neq 0$ angenommen werden; ebenso $g_1 \neq 0$. Schließlich muß δ_3 existieren, so daß $|f_2(x) - g_2| < \dfrac{\varepsilon}{2\,|g_1|}$ für alle $0 < |x - a| < \delta_3$. Setzt man $\delta = \text{Min}\,(\delta_1, \delta_2, \delta_3)$, so gilt
$$|(f_1 \cdot f_2)(x) - g_1 \cdot g_2| < st \cdot \frac{\varepsilon}{2st} + |g_1| \cdot \frac{\varepsilon}{2\,|g_1|} = \varepsilon$$
in der punktierten δ-Umgebung von a.
In ähnlicher Weise beweist man den

Satz 5: Ist $\lim\limits_{a} f_1 = g_1$ und $\lim\limits_{a} f_2 = g_2$, $g_2 \neq 0$, so gilt $\lim\limits_{a} (f_1 : f_2) = g_1 : g_2$.

Als letztes soll noch rechnerisch nachgewiesen werden, daß die Funktion $h: x \to x \cdot \sin\frac{1}{x}$, $x \in \mathbb{R} \setminus \{0\}$ an der Stelle Null den Grenzwert Null hat.
Es ist $|x \cdot \sin\frac{1}{x} - 0| = |x| \cdot |\sin\frac{1}{x}| \leq |x| \cdot 1$,
und also wird $|h(x)| < \varepsilon$, wenn nur $0 < |x| < \delta = \varepsilon$ ist.

Weitere Aussagen über Grenzwerte von Funktionen findet man in den folgenden Aufgaben.

Aufgaben

17) Es sei $f : x \to \dfrac{1}{x}, \; x \in \mathbb{R} \setminus \{0\}$

    a)   Zeigen Sie, daß $\lim\limits_{2} f = \frac{1}{2}$. Bestimmen Sie eine Zahl δ so, daß

$$|f(x) - \tfrac{1}{2}| < 10^{-3} \; \text{für alle} \; 0 < |x - 2| < \delta.$$

    b)   Zeigen Sie, daß $\lim\limits_{0} f$ nicht existiert.

18) Es sei $f : x \to f(x)$ eine Funktion mit dem Definitionsbereich $\mathbb{R}^+$. Man definiert: »$\lim\limits_{\infty} f = g \Leftrightarrow$ Zu jedem $\varepsilon > 0$ gibt es eine Zahl z so, daß $|f(x) - g| < \varepsilon$ für alle x, die größer sind als z.«
Untersuchen Sie, ob $\lim\limits_{\infty} f$ für die folgenden Funktionen existiert

    a) $f : x \to \dfrac{1}{x}, \; x \in \mathbb{R}^+;$ *b)* $f : x \to \sin x, \; x \in \mathbb{R}^+;$

    c) $f : x \to \dfrac{x+1}{x}, \; x \in \mathbb{R}^+;$ *d)* $f : x \to \dfrac{\sin x}{x}, \; x \in \mathbb{R}^+.$

    e)   Welche Verallgemeinerung läßt Aufgabe *d)* zu?

19) Beweisen oder widerlegen Sie die Behauptungen
    a)   Wenn sowohl $\lim\limits_{a} f$ als auch $\lim\limits_{a} g$ nicht vorhanden sind, dann ist auch $\lim\limits_{a} (f + g)$ nicht vorhanden.

    b)   Wenn $\lim\limits_{a} f$ vorhanden ist und $\lim\limits_{a} g$ nicht vorhanden ist, dann ist $\lim\limits_{a} (f + g)$ nicht vorhanden.

    c)   Wenn $\lim\limits_{a} f$ und $\lim\limits_{a} (f \cdot g)$ vorhanden sind, dann gibt es auch $\lim\limits_{a} g$.

20) Es seien f und g Funktionen mit dem gemeinsamen Definitionsbereich D. Beweisen oder widerlegen Sie die folgenden Behauptungen:
    a)   Wenn $f(x) < g(x), \; x \in D$ und wenn $\lim\limits_{a} g$ vorhanden ist, dann gibt es auch $\lim\limits_{a} f$.

    b)   Es gilt $\lim\limits_{a} f < \lim\limits_{a} g$.

21) *a)*   Sichert die folgende Bedingung den Grenzwert g einer Funktion f an der Stelle a? »Zu jedem $\delta > 0$ gibt es eine Zahl $\varepsilon > 0$, so daß $|f(x) - g| < \varepsilon$ für alle $0 < |x - a| < \delta$.«
    b)   Geben Sie eine Bedingung dafür an, daß die Zahl g nicht Grenzwert der Funktion f an der Stelle a ist.

Stetigkeit an einer Stelle

Wenn eine Funktion $f : x \to f(x), \; x \in D$ an einer Stelle a den Grenzwert g hat, können folgende Fälle unterschieden werden:

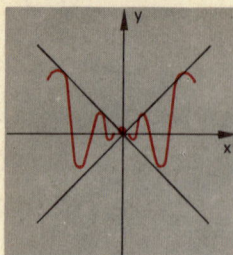 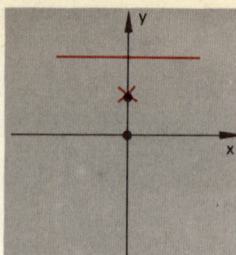 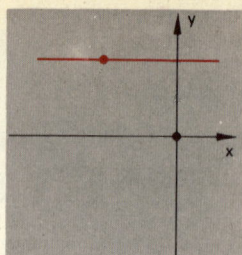

$a \notin D$, d.h. $a \in D$, $a \in D$
$f(a)$ nicht definiert; $f(a) \neq \lim_{a} f$; $f(a) = \lim_{a} f$.

Im folgenden wird gezeigt, daß das Zusammenfallen von Grenzwert und Funktionswert viele Eigenschaften nach sich zieht, insbesondere dann, wenn diese Übereinstimmung für alle Zahlen eines Intervalls gesichert ist.

Definition: Eine Funktion f heißt genau dann *stetig* an einer Stelle a, wenn a zum Definitionsbereich der Funktion f gehört, wenn $\lim f$ vorhanden ist und wenn $f(a)$ übereinstimmt mit $\lim f$. $\quad^a$
  Es muß also gelten $\quad f(a) = \lim_{a} f. \quad^a$

Wenn an einer Stelle a des Definitionsbereiches einer Funktion f entweder $\lim f$ nicht vorhanden ist oder wenn $\lim_{a} f \neq f(a)$ ist, heißt f unstetig bei a. $\quad^a$

Diese Definition erfaßt demnach ebenso wie die Grenzwertdefinition zunächst nur lokale Eigenschaften der Funktion f. Man erkennt, wie die Forderungen für Grenzwert und Stetigkeit zusammenhängen: Für das Grenzwertverhalten ist $f(a)$ unerheblich; bei der Stetigkeit muß $f(a)$ mitbetrachtet werden.

Umgebungskriterium: Eine Funktion f ist dann und nur dann stetig an einer Stelle a ihres Definitionsbereiches, wenn es zu jeder Umgebung $V(f(a))$ eine Umgebung $U(a)$ gibt, so daß $f(U(a)) \subset V(f(a))$.

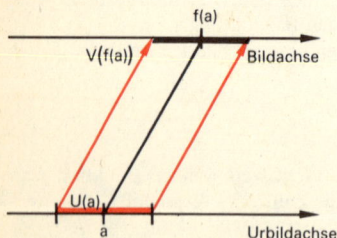 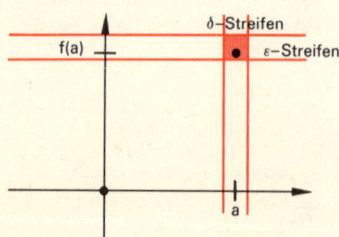

Links *Figur zum Umgebungskriterium;* rechts *Figur zum ε-δ-Kriterium*

Das *ε-δ-Kriterium* lautet entsprechend: Eine Funktion f ist dann und nur dann stetig an einer Stelle a ihres Definitionsbereiches, wenn es zu jedem $\varepsilon > 0$ ein $\delta > 0$ gibt, so daß $|f(x) - f(a)| < \varepsilon$ für alle x mit $|x - a| < \delta$.
Den Sätzen über Grenzwerte entsprechen Sätze über Stetigkeit. So gilt für algebraische Verknüpfungen der

Satz 6: Wenn die Funktionen f_1 und f_2 stetig sind an der Stelle a, dann sind auch $f_1 + f_2$ und $f_1 \cdot f_2$ stetig bei a.

Ist außerdem $f_2(a) \neq 0$, so ist auch $f_1 : f_2$ stetig an der Stelle a.

Über die Verkettung stetiger Funktionen gilt der

Satz 7: Wenn die Funktion $g : x \to g(x)$ stetig ist an der Stelle a und wenn die Funktion $f : u \to f(u)$ stetig ist an der Stelle $g(a)$, dann ist die Funktion $f \circ g : x \to f(g(x))$ stetig an der Stelle a.

Beweis: Da die Funktion $f : u \to f(u)$ stetig ist an der Stelle $g(a)$ ihres Definitionsbereiches, gibt es zu jeder Umgebung V von $f(g(a))$ eine Umgebung $U_1(g(a))$, so daß $f(U_1) \subset V$. Da außerdem die Funktion $x \to g(x)$ stetig ist bei a, muß es zu dieser Umgebung $U_1(g(a))$ eine Umgebung $U(a)$ geben, so daß $g(U) \subset U_1$. Insgesamt gilt also $f(g(U)) \subset f(U_1) \subset V(f(g(a)))$ und das ist gerade die Stetigkeitsaussage. Die beiden folgenden Sätze können als Überleitung zum nächsten Abschnitt angesehen werden.

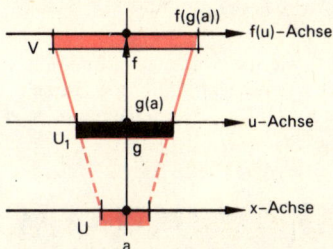

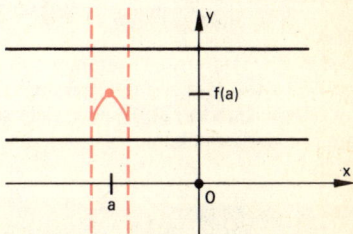

Links *Figur zum Beweis des Satzes 7;* rechts *Figur zum Beweis des Satzes 8*

Satz 8: Wenn die Funktion f bei a stetig ist und wenn $f(a) > 0$ ist, gibt es eine ganze Umgebung von a, in der f nur positive Funktionswerte annimmt. Entsprechendes gilt, wenn $f(a) < 0$ ist.

Beweis: Nach Voraussetzung ist $f(a) > 0$ also $0 < \dfrac{f(a)}{2}$. Nimmt man diesen letzten Wert als halbe Streifenbreite in der x-Richtung, muß es einen zugehörigen δ-Streifen geben, so daß der Graph von f völlig in dem entstehenden Rechteck verläuft. Das heißt aber, daß alle Funktionswerte in der betreffenden δ-Umgebung größer sind als $\frac{1}{2} \cdot f(a)$, also sind sie gewiß positiv.

Entsprechend beweist man den

Satz 9: Wenn die Funktion f bei a stetig ist, gibt es eine ganze Umgebung von a, in der f beschränkt ist nach oben und nach unten.

Stetigkeit im abgeschlossenen Intervall

Die vorangegangenen Betrachtungen über Grenzwert und Stetigkeit bezogen sich auf lokales Verhalten; sie brachten Aussagen über einzelne Stellen oder einzelne Umgebungen. Die folgenden Sätze enthalten weitreichende Folgerungen für Funktionen, die in einem Intervall stetig sind.

Definition: Eine Funktion $f: x \to f(x)$, $x \in D$ heißt *stetig in einem offenen Intervall* $]a$; $b[$, wenn sie an jeder Stelle dieses Intervalls stetig ist.
Eine Funktion f heißt *(schlechthin) stetig*, wenn sie an allen Stellen ihres Definitionsbereiches stetig ist.

Man sieht leicht, daß die Funktion $e: x \to x$, $x \in \mathbb{R}$ an jeder Stelle ihres Definitionsbereiches stetig ist. Nach den Sätzen des vorangegangenen Abschnitts sind daher auch alle Polynomfunktionen schlechthin stetig. Die Stetigkeit vieler trigonometrischer Funktionen folgt aus der Stetigkeit der Funktion $\sin: x \to \sin x$, $x \in R$.

Für die Stetigkeit einer Funktion in dem *abgeschlossenen Intervall* $[a$; $b]$ wird gefordert, daß f stetig ist in $]a$; $b[$ und daß überdies eine Fortsetzungsfunktion φ der Funktion f stetig ist in a bzw. b. Dabei soll gelten

$$\varphi: \begin{cases} x \to f(a) & \text{für } a - 1 \le x \le a; \\ x \to f(x) & \text{für } a \le x \le b; \\ x \to f(b) & \text{für } b \le x \le b + 1. \end{cases}$$

Beispiele: Das erste Diagramm verdeutlicht, wie die Fortsetzungsfunktion φ gebildet wird. Das zweite Diagramm zeigt die Vorzeichenfunktion; sie ist stetig im offenen Intervall $]0$; $1[$, aber nicht stetig in $[0$; $1]$. Das dritte Diagramm zeigt die Heaviside-Funktion.

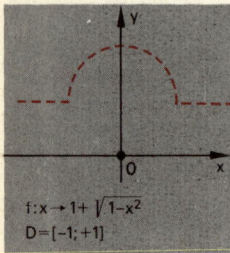

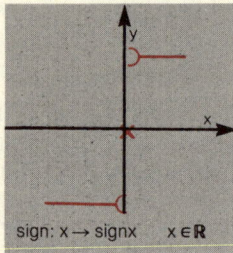

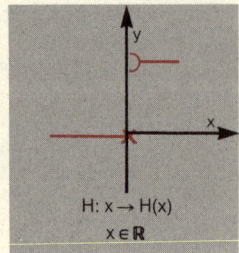

$f: x \to 1 + \sqrt{1-x^2}$
$D = [-1; +1]$

$\text{sign}: x \to \text{sign}\, x \quad x \in \mathbb{R}$

$H: x \to H(x)$
$x \in \mathbb{R}$

Links *Figur zur Bildung der Fortsetzungsfunktion φ;* Mitte *Figur zur Stetigkeit der Vorzeichenfunktion;* rechts *Figur zur Stetigkeit der Heaviside-Funktion*

Wir formulieren jetzt den sogenannten *Nullstellensatz* für stetige Funktionen.

Satz 10: Wenn eine Funktion $f: x \to f(x)$ stetig ist in einem abgeschlossenen Intervall $[a$; $b]$ und wenn $f(a) < 0 < f(b)$ gilt, dann gibt es mindestens ein x aus $[a$; $b]$, so daß $f(x) = 0$.

Von der Anschauung her ist diese Aussage naheliegend; ein analytischer Nachweis gelingt jedoch nur, wenn man auf die Forderung der Lückenlosigkeit der reellen Zahlen zurückgreift.
Beweis zu Satz 10: Die Funktion f genüge den Voraussetzungen des Satzes; es sei also f stetig in $[a$; $b]$; $f(a) < 0$ und $f(b) > 0$.

Wir betrachten die Menge

$$A = \{x \mid a \leq x \leq b \text{ und } f \text{ ist negativ im Intervall } [a; x]\}.$$

Da $f(a) < 0$, gibt es eine Umgebung von a, so daß dort f kleiner ist als Null (Satz 8 des vorigen Abschnitts). Demnach ist $A \neq \emptyset$. Nach Konstruktion ist die Menge A nach oben beschränkt. Da die reellen Zahlen lückenlos sind, existiert eine (und nur eine) kleinste obere Schranke σ der Menge A. Für diese Zahl wird gezeigt: $f(\sigma) = 0$.

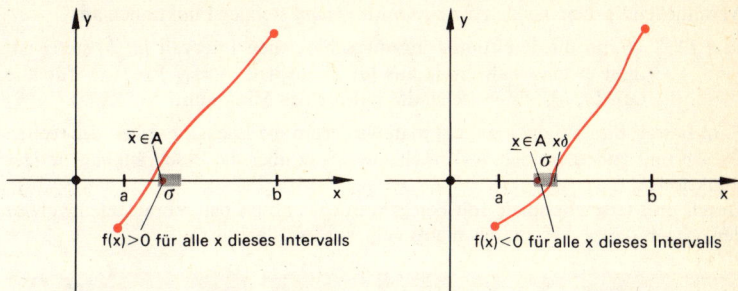

Figuren zum Beweis des Satzes 10

1) Wäre $f(\sigma) > 0$, dann müßte es nach Satz 8 des vorigen Abschnitts eine ganze δ-Umgebung von σ geben, so daß $f(x) > 0$ wäre für alle x mit $\sigma - \delta \leq x \leq \sigma + \delta$. Da σ kleinste obere Schranke der Menge A ist, müssen in jeder Umgebung von σ Elemente aus A liegen. Es gibt also eine Zahl $\bar{x}$ mit $\bar{x} \in A$ und $\sigma - \delta < \bar{x} < \sigma$. Nach der Konstruktion von A muß gelten $f(\bar{x}) < 0$. Da $\bar{x}$ in der δ-Umgebung von σ liegt, müßte andererseits gelten $f(\bar{x}) > 0$. Widerspruch! $f(\sigma)$ kann nicht größer als Null sein.

2) Angenommen, $f(\sigma)$ wäre kleiner als Null. Dann gibt es wiederum nach Satz 8 eine ganze δ-Umgebung von σ, so daß $f(x) < 0$ für alle x mit $\sigma - \delta < x < \sigma + \delta$. Weil σ kleinste obere Schranke von A ist, muß es eine Zahl $\underline{x} \in A$ geben mit $\sigma - \delta < \underline{x} < \sigma$.

Nach Konstruktion von A ist f negativ im Intervall $[a; \underline{x}]$. Wenn x_δ eine Zahl ist mit $\sigma < x_\delta < \sigma + \delta$, dann wäre f negativ im Intervall $[\underline{x}; x_\delta]$; $[\underline{x}; x_\delta]$ liegt in der δ-Umgebung von σ, in der f negativ ist.

Somit wäre f negativ im Intervall $[a; x_\delta]$, das heißt, x_δ müßte zu A gehören. Das ist aber ein Widerspruch, da $x_\delta > \sigma$ wäre, während σ kleinste obere Schranke von A ist. Demnach kann $f(\sigma)$ nicht kleiner als Null sein.

Aus den Beweisschritten *1)* und *2)* folgt also $f(\sigma) = 0$. Als unmittelbare Folgerung läßt sich der *Zwischenwertsatz* herleiten:

Satz 11: Wenn die Funktion f im Intervall $[a; b]$ stetig ist und $f(a) < c < f(b)$ gilt, dann gibt es mindestens ein x aus $[a; b]$, so daß $f(x) = c$.

Zum Beweis betrachten wir die stetige Funktion $g : g(x) = f(x) - c$, $x \in D_f$, für die der Nullstellensatz gilt. Der nächste fundamentale Satz betrifft die *Beschränkung* stetiger Funktionen:

Satz 12:   Wenn die Funktion f im abgeschlossenen Intervall $[a; b]$ stetig ist, ist f dort nach oben beschränkt. Entsprechendes gilt für die Beschränkung nach unten.

Der Beweis dieses Satzes verläuft analog zu dem des Nullstellensatzes. Man betrachtet die Menge $A = \{x \mid a \leq x \leq b$ und f ist nach oben beschränkt in $[a; x]\}$.

Aus der Lückenlosigkeit der reellen Zahlen und aus Satz 9 erhielte man einen Widerspruch, wenn f in $[a; b]$ unbeschränkt wäre.

Abschließend geben wir den *Satz vom Maximum* stetiger Funktionen an:

Satz 13:   Wenn die Funktion f im abgeschlossenen Intervall $[a; b]$ stetig ist, gibt es eine Zahl x_{max} aus $[a; b]$, so daß $f(x_{max}) \geq f(x)$ für alle $x \in [a; b]$. Entsprechendes gilt für das Minimum.

Zum Beweis dieses Satzes benutzt man wiederum die Lückenlosigkeit der reellen Zahlen und außerdem den vorhergehenden Satz über die Beschränkung stetiger Funktionen.

Durch drei Gegenbeispiele soll belegt werden, daß an den Voraussetzungen zu den Sätzen dieses Abschnittes nichts gelockert werden darf.

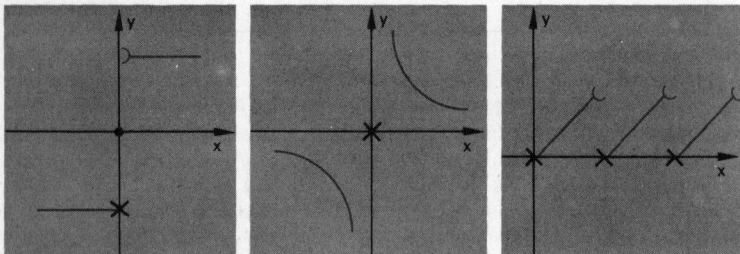

Links *Figur zum Gegenbeispiel 1;* Mitte *Figur zum Gegenbeispiel 2;* rechts *Figur zum Gegenbeispiel 3*

Beispiel 1: $f: \begin{cases} x \to -1, & \text{wenn } x \leq 0 \\ x \to +1, & \text{wenn } x > 0 \end{cases}$. Diese Funktion ist nur an einer Stelle unstetig, hat aber keine Nullstelle.

Beispiel 2: $g: \begin{cases} 0 \to 0 \\ x \to \frac{1}{x}, & x \in \mathbb{R} \setminus \{0\} \end{cases}$. g ist nicht stetig in $[0; 1]$, aber stetig in $]0; 1]$.

Die Funktion ist nicht beschränkt im Intervall $[0; 1]$.

Beispiel 3: $h: x \to x - [x]$, $x \in \mathbb{R}^+$. h ist stetig in $]0; 1[$, aber nicht stetig in $[0; 1]$. Es gibt kein x_{max}, so daß $h(x_{max}) \geq h(x)$ für alle $x \in [0; 1]$.

Aufgaben

22) Zeigen Sie, daß die folgenden Funktionen in ihrem Definitionsbereich schlechthin stetig sind.
   a) $x \to |x|$, $x \in \mathbb{R}$;   b) $x \to \frac{1}{x}$, $x \in \mathbb{R} \setminus \{0\}$;
   c) $x \to \sin x$, $x \in \mathbb{R}$.

Hinweis zu *c)* $\sin\alpha - \sin\beta = 2 \cdot \sin\dfrac{\alpha - \beta}{2} \cdot \cos\dfrac{\alpha + \beta}{2}$.

23) Geben Sie eine Funktion an, die an keiner Stelle ihres Definitionsbereiches $\mathbb{R}$ stetig ist.

24) Bestimmen Sie den größtmöglichen Definitionsbereich für die folgenden Funktionen. Können diese Funktionen jeweils auf $\mathbb{R}$ fortgesetzt werden, so daß die Fortsetzungsfunktion stetig ist?

a) $f_1 : x \rightarrow \dfrac{x^2 - 4}{x - 2}$;   *b)* $f_2 : x \rightarrow \dfrac{|x|}{x}$;

c) $f_3 : x \rightarrow \dfrac{x \sin\frac{1}{x}}{x}$;   *d)* $f_4 : x \rightarrow \dfrac{x^3 - 1}{x - 1}$.

25) Die Funktion $f : x \rightarrow f(x)$ sei stetig in $[a; b]$. Zeigen Sie, daß f zu einer stetigen Funktion φ mit dem Definitionsbereich $\mathbb{R}$ fortgesetzt werden kann. Ist φ durch die Forderungen eindeutig bestimmt? Ist die stetige Fortsetzbarkeit gesichert, wenn f stetig ist in $]a; b[$?

26) Beweisen oder widerlegen Sie die folgenden Behauptungen:
   a)   Wenn die Funktion f stetig ist im Intervall $[a; b]$ und wenn f dort höchstens endlich viele Werte annimmt, dann ist f konstant in $[a; b]$.
   b)   Wenn die Funktionen f und g stetig sind in $[a; b]$ und wenn $f(a) < g(a)$, $f(b) > g(b)$ ist, dann gibt es ein x in $[a; b]$ mit $f(x) = g(x)$.

27) Untersuchen Sie, ob die folgenden Funktionen in den angegebenen Bereichen beschränkt sind nach oben bzw. nach unten und ob es Stellen $x_{\max}$ bzw. $x_{\min}$ gibt.

a) $x \rightarrow x^2$, $x \in] -1; +1[$;   *b)* $x \rightarrow x^2$, $x \in \mathbb{R}$;

c) $x \rightarrow x + \frac{1}{x}$, $0 < |x| < 2$;   *d)* $x \rightarrow [x]$, $x \in [-2; +2]$.

Differenzierbarkeit

Tangentenproblem

In der Elementargeometrie hat der Leser sicherlich von der Kreistangente gehört. Sie steht im »Berührungspunkt« P senkrecht auf dem zugehörigen Kreisradius $\overline{PM}$. Wenn ein Punkt T auf der Tangente t liegt und von P verschieden ist, gilt $l(\overline{TM}) > l(\overline{PM})$, das heißt, T liegt nicht auf dem Kreis (zum Beweis betrachtet man das rechtwinklige Dreieck MPT, in dem die Hypotenuse größer sein muß als jede Kathete). Jede Gerade, die durch P geht und von t verschieden ist, schneidet den Kreis in einem weiteren Punkt Q, ist also Sekante in bezug auf den Kreis.

Da der Kreis sehr spezielle Eigenschaften hat, ist kaum zu erwarten, daß man bei beliebigen Kurven die Tangenten ebenfalls so leicht durch geometrische Bedingungen kennzeichnen kann. Schon beim Betrachten der Graphen von stetigen Funktionen stößt man auf Schwierigkeiten.

Im ersten Diagramm gibt es dem Augenschein nach an jeder Stelle des Graphen eine Gerade, die man »Tangente« nennen könnte. Die zweite Skizze läßt es fragwürdig erscheinen, ob der Tangentenbegriff im Zusammenhang mit geradlinigen

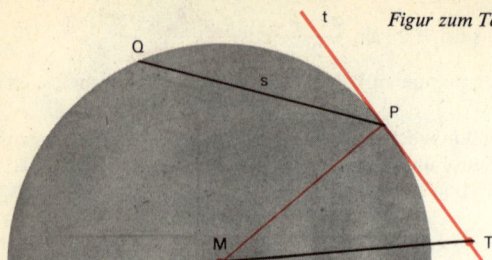

Figur zum Tangentenproblem am Kreis

Kurvenstücken überhaupt sinnvoll gebraucht werden kann; überdies ist die Stelle (0; 1) sicherlich kritisch, da es dort unendlich viele Geraden gibt, die mit dem Graphen von *g* nur diesen einen Punkt gemeinsam haben. Beim dritten Graphen ist man wohl vollends ratlos, wie im Nullpunkt eine Tangentenrichtung ausgezeichnet werden soll. Offenbar ist es nötig, nach analytischen Kennzeichnungen des Tangentenbegriffes zu suchen.

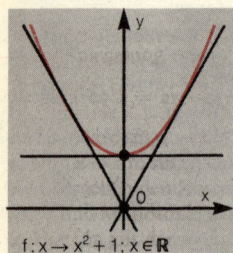

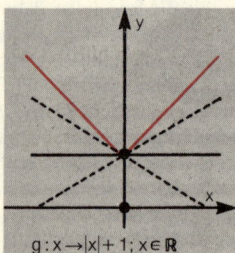

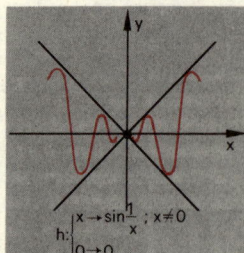

Figuren zum Tangentenproblem bei verschiedenen Funktionen

Wir betrachten dazu den Graphen der Funktion $f: x \to x^2$, $x \in \mathbb{R}$. Es ist unser Ziel, für einen Punkt P_1 dieser Kurve Steigung und Verlauf einer Tangente analytisch festzulegen.

Es sei $P_1(2; 4)$. Wählen wir einen weiteren Punkt $Q(x; x^2)$ auf der Parabel, $Q \neq P_1$, so wird durch die Punkte P_1 und Q eine Sekante *s* bestimmt.

Die Gerade *s* ist Graph einer linearen Funktion $l: x \to mx + n$. Die zugehörige Geradensteigung *m* kann aus den Koordinaten der Punkte P_1 und Q errechnet werden. Wenn σ den Steigungswinkel der Sekante bezeichnet, erhält man:

$$\tan \sigma = \frac{l(x) - l(2)}{x - 2}$$

oder $\qquad \tan \sigma = \frac{f(x) - f(2)}{x - 2} = \frac{x^2 - 4}{x - 2} = \frac{(x + 2)(x - 2)}{x - 2}.$

Da $Q \neq P_1$ sein soll, gilt $x - 2 \neq 0$. Demnach kann der Ausdruck für $\tan \sigma$ vereinfacht werden; es ist

$$\tan \sigma = x + 2, \quad x \neq 2.$$

Die Funktion $\tan \sigma: x \to x + 2$, $x \in \mathbb{R} \backslash \{2\}$ ordnet allen Parabelsekanten durch den Punkt (2; 4) die zugehörigen Sekantensteigungen zu. Der Wertevorrat der Funktion ist $\mathbb{R} \backslash \{4\}$.

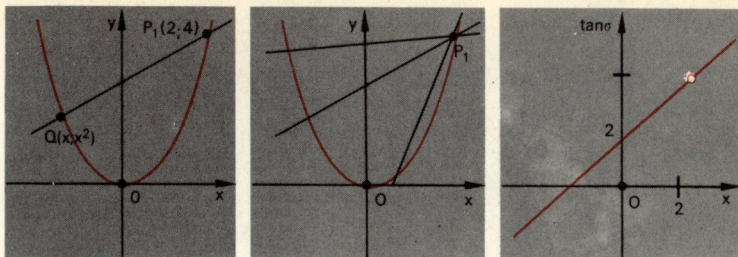

Links *und* Mitte *der Übergang von der Sekante zur Tangente bei der Funktion f: x → x²;* rechts *Graph der Sekantensteigungsfunktion die zum Punkt P₁(2; 4) von f gehört*

Man erkennt sofort, daß $\lim_{2}(x \to x + 2) = 4$ ist; herkömmlich geschrieben $\lim_{x \to 2} (x + 2) = 4$.

Andererseits gibt es in der Menge aller Geraden durch P_1 (2; 4) genau zwei Geraden, die nicht Sekanten an die Parabel sind:

1) Die Gerade, die zur *y*-Achse parallel läuft; es erscheint wenig sinnvoll, diese Gerade als Tangente zu bezeichnen.

2) Die Gerade mit der Steigung $m_1 = 4$. Wir nennen diese Gerade die *Tangente* in P_1; sie ist dadurch gekennzeichnet, daß ihre Steigung $4 = \tan\tau$ der Grenzwert der Steigungen der Sekanten durch P_1 ist. Es gilt also

$$4 = \tan\tau = \lim_{2}(x \to x + 2)$$

oder anders geschrieben $4 = \tan\tau = \lim_{x \to 2}(x + 2)$.

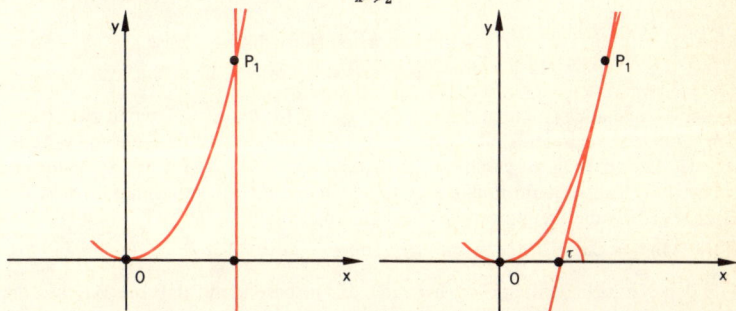

Es gibt zwei Geraden durch P_1 (2; 4), die nicht Sekante sind: die Parallele zur y-Achse durch P_1 (links) und die Gerade mit der Steigerung $m_1 = 4$, die Tangente (rechts)

Es war also möglich, durch Betrachten der Sekantensteigungsfunktion für den Punkt P_1 (2; 4) der Normalparabel eine Gerade als Tangente zu definieren. Diese Tangente hat mit der Parabel keinen weiteren Punkt gemeinsam. Man sagt deshalb, sie »berühre« die Parabel im Punkt P_1; im Gegensatz dazu wird die Kurve von den Sekanten in zwei Punkten »geschnitten«. Um die Einsicht in diesen fundamentalen Prozeß zu vertiefen, betrachten wir einen anderen Punkt P auf der Parabel; die Koordinaten seien nunmehr a und a^2, also $P(a; a^2)$. Wir wählen einen zweiten Punkt $Q(x;\ x^2)$ auf der Parabel, $Q \neq P$ – mithin $x \neq a$. Die Sekante s durch die Punkte P und Q bestimmt eine lineare Funktion $l: x \to mx + n$. Wie oben erhält man die zugehörige Sekantensteigung $\tan \sigma$; es ist

$$\tan \sigma = \frac{l(x) - l(a)}{x - a} = \frac{f(x) - f(a)}{x - a}$$

$$= \frac{x^2 - a^2}{x - a} = \frac{(x + a)\,(x - a)}{x - a}.$$

Da $P \neq Q$ vorausgesetzt wurde, gilt $x - a \neq 0$; demnach wird

$$\tan \sigma = x + a.$$

Diese Sekantensteigungsfunktion ist definiert für $x \in \mathbb{R} \setminus \{a\}$, ihr Wertevorrat ist $\mathbb{R} \setminus \{2a\}$.

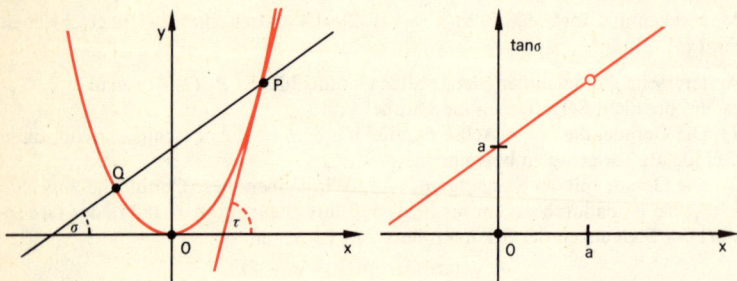

Zur Tangentensteigung im Punkt $P(a;\ a^2)$ der reellen Funktion $f: x \to x^2$

Man erkennt die völlige Analogie zur ersten Betrachtung. Es ist

$$\lim_{a}(x \to x + a) = 2a \quad \text{oder} \quad \lim_{x \to a}(x + a) = 2a.$$

In der Menge aller Geraden durch den Punkt P $(a;\ a^2)$ gibt es genau zwei Geraden, die nicht Sekanten sind. Zunächst wird wiederum die Parallele zur y-Achse aus der Betrachtung ausgeschlossen. Es bleibt die Gerade mit der Steigung $2a$; sie wird als Tangente im Punkt $P(a;\ a^2)$ definiert. Ihr Steigungsmaß $\tan \tau$ ist der Grenzwert für die Steigungen der Sekanten durch $P(a;\ a^2)$:

$$\tan \tau = 2a = \lim_{a}(x \to x + a) \quad \text{oder} \quad \tan \tau = 2a = \lim_{x \to a}(x + a).$$

Für den Koordinatenursprung bedeutet das insbesondere, daß die x-Achse die Tangente in diesem Punkt bildet.
Wie man die analytischen Zusammenhänge in eine geometrische Tangentenkonstruktion umsetzen kann, zeigt die Aufgabe 28. Abschließend sollen die Funktionen des Eingangsbeispiels an einigen Stellen nach dem eben entwickelten Verfahren untersucht werden.
Es war $g: x \to |x| + 1$, $x \in \mathbb{R}$. Wir betrachten die »Knickstelle«, also $P_1(0;\ 1)$. Wenn $Q \neq P_1$ ist, erhält man

$$\tan \sigma = \frac{|x|}{x} \quad \text{also} \quad \begin{aligned} \tan \sigma &= 1, \ x > 0 \\ \tan \sigma &= -1, \ x < 0. \end{aligned}$$

Es ist für unsere Betrachtungen unerheblich, daß die Sekanten durch P_1 und Q

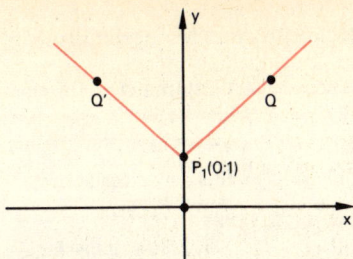

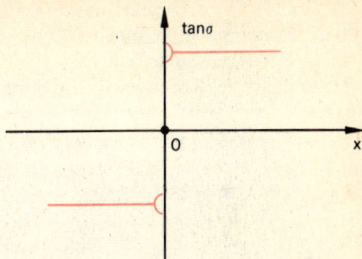

Zum Steigungsverhalten der Funktion $g : x \to |x| + 1$ *im Punkt* $P_1(0;1)$

teilweise mit einem Stück des Graphen von g zusammenfallen. Das Interesse gilt der Sekantensteigungsfunktion. Sie ist definiert für $x \in \mathbb{R} \backslash \{0\}$; der Wertevorrat ist $\{-1; +1\}$. Man erkennt, daß

$$\lim_0 (x \to \tfrac{|x|}{x}) \quad \text{oder} \quad \lim_{x \to 0} \tfrac{|x|}{x}$$

nicht existiert. Deshalb wird dem Graphen der Funktion $g : x \to |x| + 1$ im Nullpunkt *keine Tangente* zugeschrieben. Die anderen Stellen dieser Funktion werden in Aufgabe 29 untersucht.

$$\text{Zu betrachten bleibt} \quad h : \begin{cases} x \to x \cdot \sin \tfrac{1}{x}, & x \neq 0 \\ 0 \to 0. \end{cases}$$

Wir studieren das Verhalten der Sekantensteigungen im Nullpunkt, also $P_1(0;0)$. Man nimmt wiederum $Q \neq P_1$ und erhält für die Sekantensteigungen folgenden Ausdruck

$$\tan \sigma = \frac{x \cdot \sin \tfrac{1}{x}}{x} = \sin \tfrac{1}{x}, \quad \text{da} \quad x \neq 0.$$

Die Sekantensteigungsfunktion zu P_1 hat keinen Grenzwert für die Stelle 0; deshalb kann dem Graphen der Funktion h im Nullpunkt keine Tangente zugeschrieben werden.

Ableitungsfunktion

Im vorigen Abschnitt wurde die Frage nach der Tangente in einem Kurvenpunkt analytisch erfaßt. In der Folge soll ein Kalkül entwickelt werden, der unabhängig von der geometrischen Betrachtungsweise anwendbar ist.

Bei der Funktion $f : x \to x^2$, $x \in R$ konnte im Punkt $P_1(2;4)$ eine Tangente definiert werden, indem die Steigung $\tan \tau$ dieser Tangente gleichgesetzt wurde dem vorhandenen Grenzwert der Sekantensteigungen durch P_1

$$\tan \tau = \lim_2 (x \to \tan \sigma) = 4.$$

Der Term $\dfrac{f(x) - f(2)}{x - 2}$ gab für $x \neq 2$ die Steigung einer Sekante durch P_1 an. Dieser Term heißt auch Differenzenquotient von f an der Stelle 2. Entsprechend bezeichnet man die Funktion $x \to \dfrac{f(x) - f(2)}{x - 2}$, $x \in \mathbb{R} \backslash \{2\}$ als die Differenzenquotientenfunktion von f an der Stelle 2. Der an der Stelle 2 vorhandene Grenzwert der Differenzenquotientenfunktion wird *Differentialquotient* von f an der Stelle 2 genannt. Eine andere Fachbezeichnung für denselben Begriff ist *Ableitung von f an der Stelle 2*.

Wir stellen die Redeweisen und ihre geometrischen Entsprechungen in einer Tabelle zusammen:

$$f: x \to x^2, \quad x \in \mathbb{R}; \quad P_1(2; 4); \quad Q(x; x^2) \neq P_1(2; 4)$$

$\dfrac{f(x) - f(2)}{x - 2}, \ x \neq 2$	Differenzenquotient von f an der Stelle 2	Steigung einer Sekante durch P_1;
$x \to \dfrac{x^2 - 4}{x - 2}, \ x \neq 2$	Differenzenquotientenfunktion von f an der Stelle 2	Sekantensteigungsfunktion von f an der Stelle 2;
$4 = \lim_{2}(x \to x + 2)$	Differentialquotient von f an der Stelle 2	Steigung der Tangente in P_1;
$4 = \lim_{x \to 2}(x + 2)$	Ableitung von f an der Stelle 2	Grenzwert der Steigungen der Sekanten durch P_1.
$4 = \lim_{2} \tan \sigma$		

Man schreibt $4 = f'(2)$; gelesen »Vier gleich f Strich von zwei« oder »Vier gleich f Strich an der Stelle 2«. Für einen beliebigen Punkt $P(a; a^2)$ auf dem Graphen von $f: x \to x^2$, $x \in \mathbb{R}$ sind die Redeweisen entsprechend abzuändern. So ist zum Beispiel die Ableitung von f an der Stelle a gleich $2a$, in Zeichen $f'(a) = 2a = \lim_{a}(x \to x + a)$.

Fassen wir alle geordneten Paare $(a; 2a)$, $a \in \mathbb{R}$ zu einer Menge zusammen, erhalten wir die Funktion

$$\{(a; 2a), \quad a \in \mathbb{R}\} = \{(a; \lim_{a}(x \to x + a)), \quad a \in \mathbb{R}\}.$$

Diese Funktion heißt *Ableitungsfunktion f'* der Funktion f. Die Funktionswerte von f' geben die Ableitungswerte von f an jeder Stelle a des Definitionsbereiches $\mathbb{R}$ an. Da $f' = \{(a; 2a), a \in \mathbb{R}\} = \{(x; 2x), x \in \mathbb{R}\}$ ist, kann man den Zusammenhang wie folgt notieren:

Die Funktion $f: x \to x^2$, $x \in \mathbb{R}$ hat die Ableitungsfunktion $f': x \to 2x$, $x \in \mathbb{R}$.

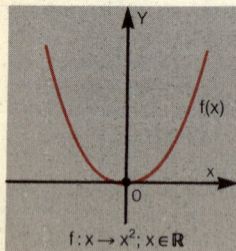

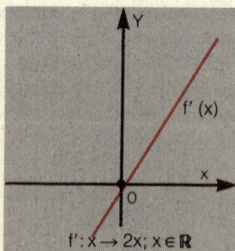

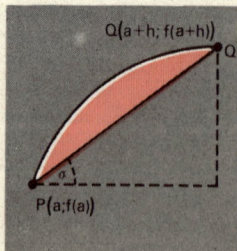

Links *die Funktion $f: x \to x^2$*; Mitte *ihre Ableitungsfunktion*; rechts *Bild zum Differenzenquotienten*

Bei der Übertragung der Begriffe auf beliebige Funktionen verwenden wir lediglich eine etwas abgeänderte Bezeichnungsweise; vom Inhalt her ist alles Wesentliche bereits in den Beispielen enthalten.

Es sei $f: x \to f(x)$, $x \in D$ eine beliebige reelle Funktion. Wenn a und $a + h$ zu D gehören, gibt der Term

$$\frac{f(a + h) - f(a)}{h}$$

für jedes $h \neq 0$ einen Differenzenquotienten von f an der Stelle a an. Am Graph der Funktion f ist das also die Steigung einer Sekante durch die Punkte $P(a; f(a))$ und $Q(a + h; f(a + h))$.

Die Differenzenquotientenfunktion $\quad h \to \dfrac{f(a + h) - f(a)}{h}$, die zur Stelle a gehört, hat den Definitionsbereich $D \cap (\mathbb{R}\backslash\{0\})$. Die folgenden Definitionen sind grundlegend für das ganze Kapitel.

Definition: Die Funktion $f: x \to f(x)$ heißt genau dann *differenzierbar an der Stelle a*, wenn $\lim\limits_{0}\left(h \to \dfrac{f(a + h) - f(a)}{h}\right)$ existiert. Der Grenzwert (und nur dieser) wird durch $f'(a)$ bezeichnet; es ist also

$$f'(a) = \lim\limits_{0}\left(h \to \frac{f(a + h) - f(a)}{h}\right).$$

Bei der üblichen Schreibweise wird gefordert, daß $f'(a) = \lim\limits_{h \to 0} \dfrac{f(a + h) - f(a)}{h}$ existiert.

Definition: Eine Funktion f heißt genau dann *differenzierbar in einem Intervall*, wenn sie an jeder Stelle dieses Intervalles differenzierbar ist.

Eine Funktion heißt (schlechthin) differenzierbar genau dann, wenn sie in ihrem gesamten Definitionsbereich differenzierbar ist.

Wenn eine Funktion $f: x \to f(x)$ an der Stelle a differenzierbar ist, heißt die Gerade durch den Punkt $P(a; f(a))$ mit der Steigung $\tan \tau = f'(a)$ die *Tangente* in $P(a; f(a))$ an den Graphen von f.

Die Menge $\left\{ (a; f'(a)) \,|\, a \in D \wedge f'(a) = \lim\limits_{0}\left(h \to \dfrac{f(a + h) - f(a)}{h}\right) \right\}$

oder auch $\left\{ (a; f'(a)) \,|\, a \in D \wedge f'(a) = \lim\limits_{h \to 0} \dfrac{f(a + h) - f(a)}{h} \right\}$ ist

eine Funktion $f': a \to f'(a)$, $a \in Df'$.

f' heißt *Ableitungsfunktion* von f oder auch Differentialquotientenfunktion von f.

Der Definitionsbereich $D_{f'}$ von f' ist Teilmenge des Definitionsbereiches von f. Wenn die Funktion f schlechthin differenzierbar ist, gilt $D_{f'} = D$.

Nach der Definition geben die Werte der Ableitungsfunktion f' jeweils das Steigungsmaß der Tangenten an den Graphen von f an:

$$f'(a) = \tan \tau(a).$$

Beispiel: Es sei $e: x \to x$, $x \in \mathbb{R}$. Als Differenzenquotientenfunktion erhält man an der Stelle $a \in \mathbb{R}$

$$h \to \frac{a+h-a}{h}, \text{ also } h \to 1, \ h \neq 0.$$

Demnach ist $f'(a) = \lim_{0} (h \to 1) = 1$ oder $f'(a) = \lim_{h \to 0} 1 = 1$.

Dieser Zusammenhang gilt für alle $a \in \mathbb{R}$. Mithin ist $e : x \to x, x \in \mathbb{R}$ schlechthin differenzierbar. Die Ableitungsfunktion e' ist die Menge aller Paare $(a; 1)$, $a \in \mathbb{R}$, also $e' = \{(a; 1), \ a \in \mathbb{R}\}$. Dafür kann man schreiben $e' : a \to 1, \ a \in \mathbb{R}$ oder auch $e' : x \to 1, \ x \in \mathbb{R}$.

Ergebnis: Die Funktion $e : x \to x, \ x \in \mathbb{R}$ ist schlechthin differenzierbar; sie hat die Ableitungsfunktion $e' : x \to 1, \ x \in \mathbb{R}$.

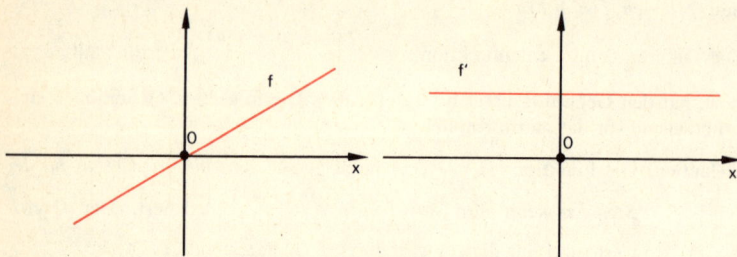

Die Funktion $e : x \to x$ und ihre Ableitungsfunktion

Man erkennt, daß in diesem Falle der Graph der Funktion für jeden seiner Punkte gleichzeitig auch Tangente ist. Weitere Beispiele und Regeln folgen im übernächsten Abschnitt.

Andere Zugänge zur Differentialrechnung

Geschwindigkeit und Beschleunigung bei geradliniger Bewegung. In Physik und Technik untersucht man häufig geradlinige Bewegungen: Ein Meßwagen rollt auf einer Fahrbahn, Körper fallen oder werden senkrecht geworfen, Autos fahren auf gerader, ebener Straße. In allen diesen Fällen kann die Bewegung beschrieben werden durch ein Weg-Zeit-Diagramm. Dabei ist es üblich, den Buchstaben t als Variable für die Zeit und den Buchstaben s als Variable für den Weg zu verwenden.

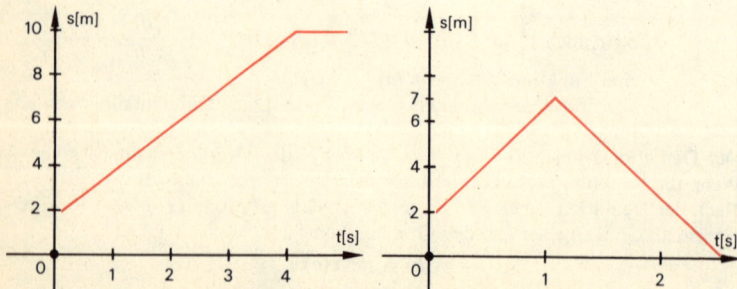

Zwei s-t-Diagramme für die geradlinige gleichförmige Bewegung eines Körpers

Das erste Diagramm erfaßt eine Bewegung, die zur Zeit $t = 0$ s an der Stelle $s = 2$ m beginnt. Der Körper kommt innerhalb von 4 s bis zur Stelle $s = 10$ m und bleibt dann dort (relativ zu seiner Umgebung) in Ruhe. Die zweite Bewegung ist komplizierter. Nach Ablauf einer Sekunde kehrt der Körper seine Bewegungsrichtung um; zur Zeit $t = 2$ s passiert er seinen Ausgangspunkt; 0,4 s später erreicht er die Marke $s = 0$ m. Es ist naheliegend, bei Bewegungen nach der Geschwindigkeit zu fragen. Die vorgelegten Beispiele lassen sich dadurch charakterisieren, daß es Bewegungsabschnitte gibt, bei denen in gleichen Zeitintervallen gleiche Wegstrecken zurückgelegt werden. Anders gewendet: Die Quotienten $\dfrac{\Delta s}{\Delta t}$ sind abschnittsweise konstant. Man nennt den Quotienten die *Geschwindigkeit der gleichförmigen Bewegung*. Im ersten Diagramm ist für 0 s $< t < 4$ s die Geschwindigkeit $2\,\dfrac{\mathrm{m}}{\mathrm{s}}$, danach ist $v = 0\,\dfrac{\mathrm{m}}{\mathrm{s}}$.

Beim zweiten Beispiel bewegt sich der Körper zunächst mit $v = 5\,\dfrac{\mathrm{m}}{\mathrm{s}}$ in der positiven s-Richtung. Nach der Umkehr, die durch einen (elastischen) Stoß an eine Wand bewirkt werden mag, beträgt die Geschwindigkeit $-5\,\dfrac{\mathrm{m}}{\mathrm{s}}$.

Die beiden nächsten Diagramme markieren zwei geradlinige, aber nichtgleichförmige Bewegungen.

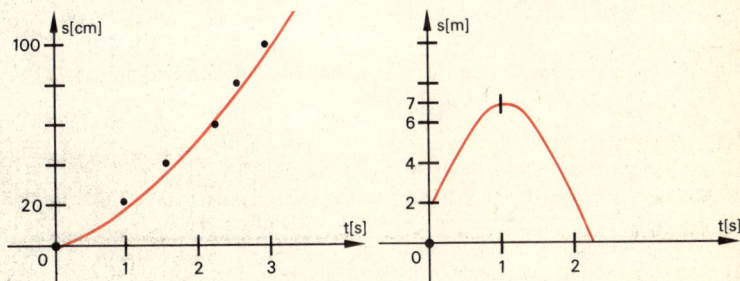

Zwei s-t-Diagramme für geradlinige aber nicht gleichförmige Bewegung eines Körpers

Hier ist die Frage nach der Geschwindigkeit nicht ohne weiteres zu beantworten. Realisiert man den ersten Bewegungsablauf etwa durch Kugeln in einer geneigten Rinne, so fällt die Ungleichförmigkeit auf; die Kugeln rollen langsam an und werden offenbar immer schneller. Für quantitative Aussagen bestimmt man an einer festen Stelle s_1, das heißt zu einer bestimmten Zeit t_1, die Quotienten

$$\frac{\Delta s}{\Delta t} = \frac{s - s_1}{t - t_1}.$$

Diese Quotienten heißen Intervallgeschwindigkeiten zum Zeitpunkt t_1.
Man erkennt, daß die Messung von Intervallgeschwindigkeiten analog ist zur Bestimmung von Sekantensteigungen oder zur Berechnung von Differenzenquotienten. Wir geben daher nur das Ergebnis der kinematischen Erörterung an:

Die *Momentangeschwindigkeit* $v(t_1)$ in einem Zeitpunkt t_1 ist Grenzwert der Intervallgeschwindigkeitsfunktion, die zum Zeitpunkt t_1 gehört.

Wenn das Weg-Zeit-Diagramm Graph einer Funktion $f : t \to f(t)$ ist, dann erhält man das Geschwindigkeits-Zeit-Diagramm als Graph der Ableitungsfunktion

$$v : t \to f'(t).$$

Entsprechende Betrachtungen führen zum Begriff der Beschleunigung: Die *Momentanbeschleunigung* $a(t_1)$ in einem Zeitpunkt t_1 ist der Grenzwert von Intervallbeschleunigungen

$$\frac{v(t) - v(t_1)}{t - t_1} = \frac{\Delta v}{\Delta t},$$

die zum Zeitpunkt t_1 gehören.

Wenn das Geschwindigkeits-Zeit-Diagramm Graph einer Funktion $v : t \to v(t)$ ist, erhält man das Beschleunigungs-Zeit-Diagramm als Graph der Ableitungsfunktion a,

$$a : t \to v'(t).$$

In der Physik wird dieser Zusammenhang meist kürzer bezeichnet:

Weg-Zeit-Gesetz: $\qquad\qquad s = f(t)$

Geschwindigkeits-Zeit-Gesetz: $\qquad v = f'(t)$

Beschleunigungs-Zeit-Gesetz: $\qquad a = v'(t)$

oder noch kürzer $\quad v = \dot{s}\quad$ und $\quad a = \dot{v} = \ddot{s}.$

Beispiel: Beim freien Fall gilt $s = 0{,}5\, g \cdot t^2$. Dabei ist $g \approx 10\ \mathrm{m/s^2}$ (Fallbeschleunigung). Man erhält

$$v = gt \quad \text{und} \quad a = g.$$

Lineare Approximation. Es wurde gezeigt, daß jede Polynomfunktion

$$p_n : x \to a_n x^n + a_{n-1} \cdot x^{n-1} + \cdots + a_1 x + a_0, \quad x \in \mathbb{R}$$

für beliebige $a \in \mathbb{R}$ dargestellt werden kann in der Form

$$p_n(x) = p_n(a) + (x - a) \cdot p_{n-1}(x).$$

Die Koeffizienten des Polynoms p_{n-1} ergaben sich aus dem Horner-Schema der Funktion p_n; als Polynomfunktion ist p_{n-1} schlechthin stetig.

Neuerdings nimmt man diesen Sachverhalt häufig als Ausgangspunkt für die Differentialrechnung. Bei einer beliebigen Funktion $f : x \to f(x)$, $x \in D$ wird gefordert, daß es eine Funktion f_1 gibt, die den folgenden Bedingungen genügt:

1) Es gilt $f(x) = f(a) + (x - a) \cdot f_1(x)$, $x \in D$.

2) Die Funktion $f_1 : x \to f_1(x)$ ist stetig an der Stelle a.

Wenn beide Bedingungen erfüllt sind, nennt man die Funktion f differenzierbar an der Stelle a; $f_1(a)$ ist der Wert der Ableitungsfunktion f' an der Stelle a.

Betrachtet man die Funktion $g : x \to f(a) + (x - a) \cdot f_1(a)$, so erhält man eine lineare Approximation von $f(x)$ in folgendem Sinne:

Es ist
$$f(x) = f(a) + (x - a) \cdot f_1(x);$$
$$g(x) = f(a) + (x - a) \cdot f_1(a).$$

Mithin gilt: $\qquad |f(x) - g(x)| = |x - a| \cdot |f_1(x) - f_1(a)|.$

Da f_1 stetig ist bei a, kann man vorschreiben, daß $|f_1(x) - f_1(a)|$ kleiner wird als jede positive Zahl ε. Demnach ist $|f(x) - g(x)|$ kleiner als $|x - a| \cdot \varepsilon$ für alle x aus einer Umgebung $U(a)$.

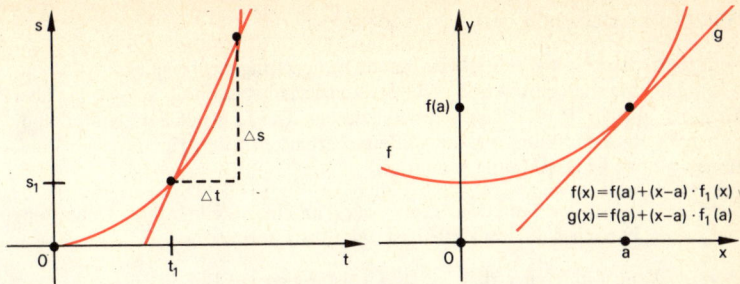

Links *Bestimmung der Intervallgeschwindigkeit eines Körpers bei der geradlinigen nicht gleichförmigen Bewegung;* rechts *Figur zur linearen Approximation*

Es läßt sich zeigen, daß bei gegebener Funktion f höchstens eine Funktion f_1 existiert, die den Forderungen *1)* und *2)* genügt.

Da die Funktion $x \to f_1(x)$ nichts anderes darstellt als die Differenzenquotienten-funktion von f an der Stelle a, macht man sich klar, daß der Graph der linearen Funktion $g: x \to f(a) + (x - a)f_1(a)$ die Tangente im Punkte $P(a; f(a))$ an den Graphen von f ist.

Gerade der zuletzt skizzierte Weg macht deutlich, daß für die Differenzierbarkeit wohlbestimmte Forderungen zu erfüllen sind und daß es in keiner Weise darum geht, einen Quotienten der Form $\frac{0}{0}$ zu bestimmen.

Aufgaben

28) Zeigen Sie, daß für $a \neq 0$ die Tangente t im Punkte $P(a; a^2)$ einer Normalparabel gezeichnet werden kann, indem man $P(a; a^2)$ verbindet mit $R(0; -a^2)$. Geben Sie die lineare Funktion an, deren Graph durch die Tangente t dargestellt wird.

29) Zeigen Sie, daß die Funktion $f: x \to |x| + 1$ differenzierbar ist für alle $x \neq 0$.

30) Untersuchen Sie die Differenzierbarkeit der Funktion sign: $x \to \operatorname{sign} x$.

31) Für den freien Fall gilt $s = \frac{g}{2} \cdot t^2$, $g \approx 10 \text{ m s}^{-2}$.

   a) Welche Geschwindigkeit hat ein Körper, wenn er 50 m gefallen ist?

   b) Nach welcher Fallstrecke ist die Geschwindigkeit halb so groß wie bei Frage *a)*?

   c) Zwei Körper werden aus derselben Höhe nacheinander losgelassen. Verändert sich ihr Abstand während des Fallens?

32) *a)* Betrachtet werde die Funktion $f: x \to x^2 - 2x + 3$.
   Bestimmen Sie jeweils die Funktion $f_1: x \to f_1(x)$,
   für die gilt $f(x) = f(a) + (x - a) \cdot f_1(x)$, wenn für $a = +1$ oder $+2$ oder -2 eingesetzt wird.

   b) Erfüllen Sie die entsprechende Forderung für die Funktion $g: x \to x^3$ an einer (beliebigen) Stelle a.

Sätze und Beispiele zur Differentiation

Differenzierbarkeit und Stetigkeit. Bereits in den Eingangsbeispielen wurde gezeigt, daß eine stetige Funktion nicht differenzierbar sein muß; $x \to |x|$ ist überall stetig, aber in $P_1(0; 0)$ nicht differenzierbar. Der folgende Satz zeigt, daß die Stetigkeit einer Funktion aus der Differenzierbarkeit folgt; für unstetige Funktionen gibt es keine Ableitungsfunktion.

Satz 1:   Wenn die Funktion $f: x \to f(x)$ an einer Stelle a ihres Definitionsbereiches differenzierbar ist, dann ist f dort stetig.

Beweis: Wenn f differenzierbar ist bei a, existiert gemäß Definition

$\lim\limits_{h \to 0} \dfrac{f(a + h) - f(a)}{h}$. Nach den Sätzen über das Rechnen mit Grenzwerten gilt nun

$$[\lim_{h \to 0}(f(a + h) - f(a)] = \lim_{h \to 0}\left[\frac{f(a + h) - f(a)}{h} \cdot h\right]$$

$$= \lim_{h \to 0}\frac{f(a + h) - f(a)}{h} \cdot \lim_{h \to 0} h = f'(a) \cdot 0 = 0.$$

Die Beziehung $\lim\limits_{h \to 0} [(f(a + h) - f(a))] = 0$ oder

$$0 = \lim_{0} [h \to (f(a + h) - f(a))]$$

ist aber äquivalent zur Stetigkeitsforderung.

Definiert man die Differenzierbarkeit durch lineare Approximation, kann der Beweis ohne Schreibarbeit geführt werden: Wenn $f(x)$ darstellbar ist in der Form

$$f(x) = f(a) + (x - a) \cdot f_1(x)$$

mit der in a stetigen Funktion f_1, dann folgt aus den Sätzen über die Verknüpfung stetiger Funktionen sofort die Stetigkeit von f an der Stelle a.

Elementare Differentiationsregeln. Der Beweis der folgenden Ableitungsregeln gelingt ohne Kunstgriffe durch Betrachten der Differenzenquotientenfunktionen. Der Leser schreibe die entsprechenden Umformungen auf und zeichne Figuren, die den jeweiligen Sachverhalt illustrieren.

Satz 2:   Die Funktion $f: x \to c$ hat die Ableitungsfunktion $f': x \to 0$.

Satz 3:   Wenn die Funktion $f: x \to f(x)$, $x \in D$ differenzierbar ist, dann ist auch die Funktion $g: x \to f(x) + c$, $c \in \mathbb{R}$ differenzierbar und es gilt $g'(x) = f'(x)$, $x \in D$. Kurzform $(f + c)' = f'$.

Satz 4:   Wenn die Funktion $f: x \to f(x)$, $x \in D$ differenzierbar ist, dann ist auch die Funktion $g: x \to c \cdot f(x)$, $c \in \mathbb{R}$ differenzierbar und es gilt $g'(x) = c \cdot f'(x)$, $x \in D$.
Kurzform $(c \cdot f)' = c f'$.

Höhere Ableitungen. Eine Funktion f sei differenzierbar in ihrem Definitionsbereich D; wie üblich bezeichne f' die Ableitungsfunktion von f. Wenn nun auch f'

differenzierbar ist, bezeichnet man die zu f' gehörige Ableitungsfunktion durch f'' (gelesen »f zwei Strich«, auch »zweite Ableitung von f«).
In entsprechender Weise werden auch die weiteren Ableitungsfunktionen eingeführt und bezeichnet.

Beispiel: $f : x \to x^2, x \in \mathbb{R}$; $\quad f' : x \to 2x, x \in \mathbb{R}$;
$f'' : x \to 2, x \in \mathbb{R}$; $\quad f''' : x \to 0, x \in \mathbb{R}$.

Differentiation bei algebraischen Verknüpfungen

Satz 5: Wenn die Funktionen $f : x \to f(x)$ und $g : x \to g(x)$ im gemeinsamen Definitionsbereich D differenzierbar sind, dann ist auch die Funktion $\varphi : x \to f(x) + g(x)$ differenzierbar und es gilt
$\varphi'(x) = f'(x) + g'(x)$.
Kurzfassung: $(f + g)' = f' + g'$.
Wir bezeichnen diesen Satz auch als **Summenregel.**

Beweis: Zu betrachten ist die Differenzenquotientenfunktion von φ an einer Stelle a aus D. Also für $h \neq 0$, $a + h \in D$:

$$h \to \frac{\varphi(a + h) - \varphi(a)}{h} = \frac{(f + g)(a + h) - (f + g)(a)}{h};$$

$$h \to \frac{f(a + h) + g(a + h) - f(a) - g(a)}{h}$$

$$= \frac{f(a + h) - f(a)}{h} + \frac{g(a + h) - g(a)}{h}.$$

Nach den Sätzen über Grenzwerte von Funktionen erhält man daraus
$\varphi'(a) = f'(a) + g'(a)$.

Als Vorbereitung der Produktregel beweisen wir den folgenden Satz:

Satz 6: Wenn die Funktion $f : x \to f(x)$ differenzierbar ist in D, dann ist auch die Funktion $\varphi : x \to x \cdot f(x)$ differenzierbar in D und es gilt
$\varphi'(x) = f(x) + x f'(x)$.

Beweis: Zu betrachten ist $\quad h \to \dfrac{\varphi(a + h) - \varphi(a)}{h}$

Also $\qquad h \to \dfrac{(a + h) \cdot f(a + h) - a \cdot f(a)}{h}$

$$= \frac{a \cdot f(a + h) + h \cdot f(a + h) - a f(a)}{h}.$$

Da $h \neq 0$ vorgesetzt wird, bleibt als Differenzenquotientenfunktion

$$h \to \left[f(a + h) + a \cdot \frac{f(a + h) - f(a)}{h} \right].$$

Wegen der Stetigkeit von f an der Stelle a erhält man als Grenzwert dieser Differenzenquotientenfunktion

$$\varphi'(a) = f(a) + a \cdot f'(a).$$

Der letzte Satz gestattet es, eine Ableitungsregel anzugeben für die Potenzfunktion mit natürlichem Exponenten.

Satz 7:   Die Funktion $f: x \to x^n$, $x \in \mathbb{R}$, $n \in \mathbb{N}$ hat die Ableitungsfunktion $f': x \to n \cdot x^{n-1}$, $x \in \mathbb{R}$.

Den Beweis führen wir durch *vollständige Induktion*.

I) Die Regel ist verankert für $n = 1, 2$.

II) Schluß von n auf $(n + 1)$: Zur Funktion $f_n : x \to x^n$ gehöre die Ableitungsfunktion $f'_n : x \to n \cdot x^{n-1}$.

Nun ist $f_{n+1} : x \to x^{n+1} = x \cdot x^n$. Das rechts stehende Produkt kann nach dem Satz 6 und gemäß der Induktionsannahme differenziert werden. Man erhält

$$f'_{n+1} = x^n + x \cdot n \cdot x^{n-1}$$
$$= x^n (1 + n).$$

Damit ist gezeigt, daß die Potenzregel für den Exponenten $n + 1$ gilt, wenn sie für den Exponenten n richtig war. Aus *I)* und *II)* folgt somit die Gültigkeit der Differentiationsregel für alle Potenzfunktionen, deren Exponenten natürliche Zahlen sind. Aus der Summenregel und Satz 3 folgt dann überdies die Differenzierbarkeit für alle Polynomfunktionen.

Satz 8   **(Produktregel):**   Wenn die Funktionen $f: x \to f(x)$ und $g: x \to g(x)$ im gemeinsamen Definitionsbereich D differenzierbar sind, dann ist auch die Produktfunktion $\varphi: x \to f(x) \cdot g(x)$ differenzierbar und es gilt

$$\varphi'(x) = f(x) \cdot g'(x) + f'(x) \cdot g(x)$$

Kurzfassung: $(f \cdot g)' = f \cdot g' + f' \cdot g$.

Der Beweis gelingt durch kunstgerechte Addition der Zahl Null zum Differenzenquotienten. Es ist

$$\tan \sigma_\varphi = \frac{(f \cdot g)(a + h) - (f \cdot g)(a)}{h}$$

$$= \frac{f(a + h) \cdot g(a + h) - f(a) \cdot g(a)}{h}$$

$$= \frac{f(a + h) \cdot g(a + h) - f(a + h) \cdot g(a) + f(a + h) \cdot g(a) - f(a) \cdot g(a)}{h}$$

$$= f(a + h)\frac{g(a + h) - g(a)}{h} + g(a)\frac{f(a + h) - f(a)}{h}.$$

Durch diese Umformung gelingt es, die Differenzenquotienten der Funktionen f bzw. g an der Stelle a in die Rechnung zu bringen. Nach mehrmaligem Rückgriff auf Sätze über Grenzwerte und Stetigkeit erhält man daraus

$$\varphi'(a) = f(a) \cdot g'(a) + f'(a) \cdot g(a).$$

Satz 9   **(Reziprokenregel):**   Wenn die Funktion $f: x \to f(x)$ in einem Bereich differenzierbar und ungleich Null ist, dann ist auch die Funktion $\varphi: x \to \dfrac{1}{f(x)}$ dort differenzierbar und es gilt $\varphi'(x) = \dfrac{-f'(x)}{(f(x))^2}$.

Kurzfassung: $\left(\dfrac{1}{f}\right)' = \dfrac{-f'}{f^2}$.

Zu betrachten sind die Differenzenquotienten der Funktion φ an einer Stelle a; also

$$\tan \sigma_\varphi = \frac{\varphi(a + h) - \varphi(a)}{h}$$

$$= \frac{\dfrac{1}{f(a + h)} - \dfrac{1}{f(a)}}{h} = \frac{f(a) - f(a + h)}{h \cdot [f(a + h) \cdot f(a)]}$$

$$= -\frac{f(a + h) - f(a)}{h} \cdot \frac{1}{f(a) \cdot f(a + h)} \, .$$

Durch wiederholtes Anwenden der Grenzwertsätze folgt daraus

$$\varphi'(a) = -f'(a) \cdot \frac{1}{(f(a))^2} \, .$$

Aufgrund der Reziprokenregel können die Potenzfunktionen differenziert werden, deren Exponenten negative ganze Zahlen sind. Es sei $\varphi : x \to x^{-n}$, $x \in \mathbb{R} \setminus \{0\}$, $n \in \mathbb{N}$. Mithin ist $\varphi(x) = \dfrac{1}{x^n}$, $x \neq 0$. Gemäß der Reziprokenregel erhält man

$$\varphi'(x) = \frac{-n \cdot x^{n-1}}{(x^n)^2} = \frac{-n \cdot x^{n-1}}{x^{2n}} = \frac{-n}{x^{n+1}} = -n \cdot x^{-n-1}.$$

Wir vergleichen dieses Ergebnis mit der Regel über die Differentiation von Potenzen mit natürlichen Exponenten:

$$f : x \to x^n, \quad x \in \mathbb{R}, \ n \in \mathbb{N}; \quad \varphi : x \to x^{-n}, \ x \in \mathbb{R} \setminus \{0\}, \ n \in \mathbb{N};$$
$$f' : x \to n \cdot x^{n-1}; \qquad \varphi' : x \to -n \cdot x^{-n-1} \, .$$

Läßt man einmal die Verschiedenheit der Definitionsbereiche außer acht, können Potenzen mit ganzzahligen Exponenten nach einer Regel differenziert werden.

Satz 10: Die Funktion $\psi : x \to x^z$, $z \in \mathbb{Z}$ hat in ihrem Definitionsbereich die Ableitungsfunktion $\psi' : x \to z \cdot x^{z-1}$.
Kurzform: $(x^z)' = z \cdot x^{z-1}$.

Die letzte Schreibweise darf nur dann verwendet werden, wenn kein Zweifel besteht, daß sich der Ableitungsprozeß auf die Variable x bezieht!
Die Kombination der Reziproken- und Produktregel ergibt schließlich die Quotientenregel:

Satz 11 **(Quotientenregel):** Wenn die Funktion $f : x \to f(x)$, $x \in D$ differenzierbar ist und wenn die Funktion $g : x \to g(x)$, $x \in D$ differenzierbar und ungleich Null ist, dann ist auch die Quotientenfunktion
$\varphi : x \to \dfrac{f(x)}{g(x)}$ differenzierbar und es gilt

$$\varphi'(x) = \frac{g(x)\, f'(x) - f(x)\, g'(x)}{(g(x))^2}$$

Kurzfassung: $\left(\dfrac{f}{g}\right)' = \dfrac{g \cdot f' - f \cdot g'}{g^2} \, .$

Der Beweis wird dem Leser als Übung empfohlen.

Die Differentiation der Sinusfunktion. Wir bestimmen die Ableitungsfunktion zu $f: x \to \sin x$, $x \in \mathbb{R}$ in zwei Schritten. Zunächst wird die Tangentensteigung im Punkte P_1 $(0; 0)$ ermittelt; aus dem Resultat gewinnt man $f'(a)$, $a \neq 0$.

1) Am Anfang steht wie üblich ein Differenzenquotient. Für $Q(x; \sin x)$, $x \neq 0$ erhält man $\tan \sigma = \dfrac{\sin x}{x}$, $x \neq 0$.

Es ist also zu untersuchen, ob die Funktion $x \to \dfrac{\sin x}{x}$, $x \neq 0$ einen Grenzwert an der Stelle 0 hat. Man erkennt, daß die Funktion $x \to \dfrac{\sin x}{x}$ gerade ist; es genügt also, positive Werte für x zu betrachten. Zur Orientierung stellen wir eine kleine Tabelle zusammen.

x	$\dfrac{\pi}{3}$	$\dfrac{\pi}{6}$	$\dfrac{\pi}{18}$	$\dfrac{\pi}{180}$	(Bogenmaß!)
$\sin x$	$\frac{1}{2}\sqrt{3}$	$\frac{1}{2}$	0,174	0,0175	
$\dfrac{\sin x}{x}$	0,827	0,955	0,995	0,999	(Rechenstabgenauigkeit)

Die Werte lassen erwarten, daß $\lim\limits_{0} \left(x \to \dfrac{\sin x}{x} \right) = 1$ ist. Zum Beweis betrachten wir die Abb. auf S. 78. Dort gilt für

$$0 < x < \frac{\pi}{4} \text{ (Bogenmaß)}$$

$$\sin x = \frac{l\,(\overline{PQ})}{l\,(\overline{MP})} \qquad \cos x = \frac{l\,(\overline{MQ})}{l\,(\overline{MP})}$$

$$\tan x = \frac{\sin x}{\cos x} = \frac{l\,(\overline{ST})}{l\,(\overline{MT})}.$$

Außerdem vergleichen wir die Flächeninhalte der Dreiecke MPQ bzw. MST mit dem Inhalt des Kreissektors MPT.

Es gilt offenbar Fläche $(MPQ) <$ Fläche $(MPT) <$ Fläche (MST)

Also $\qquad \frac{1}{2}r^2 \cdot \cos x \cdot \sin x < \frac{1}{2}r^2 \cdot x < \frac{1}{2}r^2 \cdot \tan x,$

$$\cos x \cdot \sin x < x < \frac{\sin x}{\cos x}$$

oder $\qquad\qquad \cos x < \dfrac{x}{\sin x} < \dfrac{1}{\cos x}.$

Eine letzte Umformung ergibt

$$\frac{1}{\cos x} > \frac{\sin x}{x} > \cos x.$$

Da die cos-Funktion im Intervall $0 \leq x \leq \dfrac{\pi}{4}$ monoton fällt, muß die Funktion

$x \to \dfrac{1}{\cos x}$ dort monoton steigen. Die Stetigkeit beider Funktionen und die Gleichheit der Funktionswerte an der Stelle Null sichert das Vorhandensein des Grenzwertes von $x \to \dfrac{\sin x}{x}$ an der Stelle 0. Es ist $\lim\limits_{0} \left(x \to \dfrac{\sin x}{x} \right) = 1$; das heißt die Funktion $f: x \to \sin x$ hat an der Stelle Null die Ableitung $f'(0) = 1$.

2) Zu einem Punkt $P(a; \sin a)$ wählen wir einen Punkt Q, $Q \neq P$, $Q(a + h; \sin(a + h))$. Als Differenzenquotient erhalten wir dann

$$\tan \sigma = \frac{\sin(a + h) - \sin a}{h}, \quad h \neq 0.$$

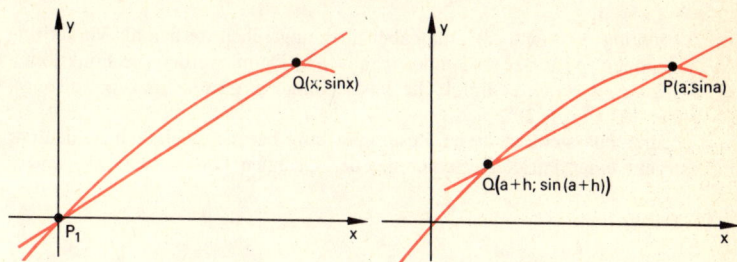

Links *Figur zur Ableitung der Sinusfunktion im Punkt $P_1(0; 0)$*; rechts *Figur zur Ableitung der Sinusfunktion in einem beliebigen Punkt*

Aus einer Formelsammlung entnehmen wir die Beziehung

$$\sin \alpha - \sin \beta = 2 \sin \frac{\alpha - \beta}{2} \cos \frac{\alpha + \beta}{2}.$$

Somit wird $\quad \tan \sigma = \dfrac{2 \cdot \sin \dfrac{h}{2} \cdot \cos \dfrac{2a + h}{2}}{h} = \dfrac{\sin \dfrac{h}{2}}{\dfrac{h}{2}} \cdot \cos \dfrac{2a + h}{2}.$

In *1)* wurde gezeigt, daß $\lim\limits_{0} \left(h \to \dfrac{\sin x}{x} \right) = 1$ ist. Demnach ist auch

$\lim\limits_{0} \left(h \to \dfrac{\sin \dfrac{h}{2}}{\dfrac{h}{2}} \right) = 1.$ Wegen der Stetigkeit der cos-Funktion gilt

$$\lim\limits_{0} \left(h \to \cos \frac{2a + h}{2} \right) = \cos a.$$

Nach dem Satz über den Grenzwert einer Produktfunktion gilt daher

$$\lim\limits_{0} \left(h \to \frac{\sin \dfrac{h}{2}}{\dfrac{h}{2}} \cdot \cos \frac{2a + h}{2} \right) = 1 \cdot \cos a.$$

Das heißt aber: Bei der Funktion $f: x \to \sin x$, $x \in \mathbb{R}$ gilt $f'(a) = \cos a$. Anders geschrieben:

Satz 12:   Die Funktion $f: x \to \sin x$, $x \in \mathbb{R}$ ist differenzierbar und es gilt $f': x \to \cos x$.

Die Kettenregel. Sehr häufig begegnet man Verkettungen von Funktionen; daher ist es geboten, ihre Differenzierbarkeit zu untersuchen. Wir beginnen mit zwei wichtigen Sonderfällen; danach folgt die allgemeine Regel.

1) $\varphi: x \to (x + 2)^2$, $x \in \mathbb{R}$. Da $(x + 2)^2 = x^2 + 4x + 4$ ist, kann die Funktion φ als Polynomfunktion ohne weiteres differenziert werden. Man erhält $\varphi': x \to 2x + 4$.

Die Zuordnung $x \to (x + 2)^2$ mag aber auch angesehen werden als Verkettung der Funktionen $g: x \to x + 2$ und $q: u \to u^2$. Damit werden die Funktionen q und g zu $q \circ g$ verkettet durch die Festsetzung $q \circ g: x \to q(g(x))$, also $x \to q(x + 2) = (x + 2)^2$.

Im Koordinatensystem ist dieser Zusammenhang besonders einfach zu deuten; er entspricht einer Parallelverschiebung der Graphen von $q: x \to x^2$ und $\varphi: x \to (x + 2)^2$.

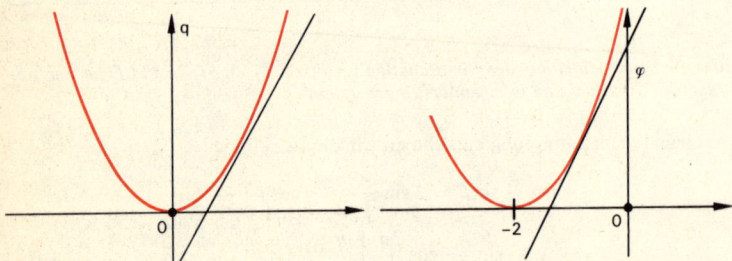

Figuren zur Verkettung von Funktionen

Nun geben die Werte der Ableitungsfunktion q' an, welches Steigungsmaß die Tangenten an den Graphen von q haben. Da bei einer Parallelverschiebung des Graphen von q in Richtung der x-Achse (oder in der Gegenrichtung) die Winkel der Tangenten gegen die x-Achse nicht geändert werden, muß der Graph von φ' aus dem Graphen von q' ebenfalls durch Parallelverschiebung um 2 Einheiten auf der x-Achse hervorgehen.

Es ist $q': x \to 2x$

Demnach erhält man $\varphi': x \to 2(x + 2)$.

Wir übertragen den geometrisch beschriebenen Sachverhalt in die analytische Notation und betrachten gleichzeitig Funktionen φ der Form $\varphi: x \to f(x + c)$.

Es sei also φ entstanden durch Verkettung der Funktionen $g: x \to x + c$ und $f: u \to f(u)$, $u \in \mathbb{R}$; dabei werde vorausgesetzt, daß die Funktion f überall differenzierbar ist.

Wie oben gehen die Graphen von $f: x \to f(x)$ und $\varphi: x \to f(x + c)$ durch Parallelverschiebung auseinander hervor. Formal können wir das beschreiben

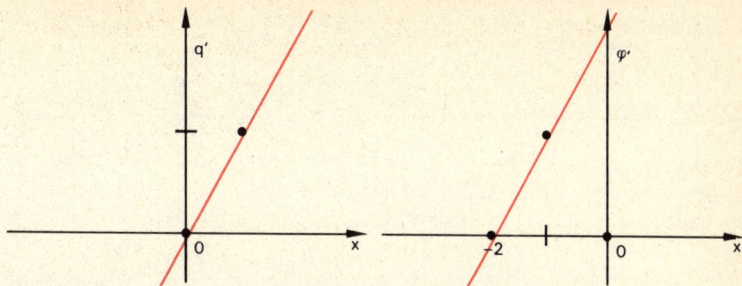

Links *Ableitungsfunktion q′ von q;* rechts *Ableitungsfunktion φ′ von φ*

durch eine Koordinatentransformation

$$\overline{x} = x + c.$$

Betrachten wir den Differenzenquotienten von φ an einer Stelle a, so erhalten wir für $h \neq 0$

$$\tan \sigma_\varphi = \frac{\varphi(a + h) - \varphi(a)}{h} = \frac{f(a + c + h) - f(a + c)}{h} = \frac{f(\overline{a} + h) - f(\overline{a})}{h}.$$

Nach Voraussetzung existiert

$$\lim_0 \left(h \to \frac{f(\overline{a} + h) - f(\overline{a})}{h} \right) = f'(\overline{a}) = f'(a + c).$$

Das heißt aber, daß die Funktion φ an jeder Stelle differenzierbar ist. Dabei gilt

$$\varphi'(x) = f'(x + c).$$

Betrachtet man insbesondere die Funktionen vom Typ

$$\varphi : x \to \sin(x + \alpha),$$

dann wird

$$\varphi' : x \to \cos(x + \alpha).$$

Im Sonderfall $\alpha = \dfrac{\pi}{2}$ gilt $\sin(x + \dfrac{\pi}{2}) = \cos x$. Außerdem ist $\cos(x + \dfrac{\pi}{2}) = -\sin x$. Demnach gilt für die cos-Funktion folgende Ableitungsregel:

Satz 13: Zur Funktion $\cos : x \to \cos x$ gehört die Ableitungsfunktion
$\cos' : x \to -\sin x$.

2) Zur Funktion $\varphi : x \to \sin 2x$, $x \in \mathbb{R}$ können wir die Ableitungsfunktion φ' ebenfalls auf mehreren Wegen ermitteln. Gemäß Formelsammlung gilt $\sin 2x = 2 \cdot \sin x \cdot \cos x$. Demnach ist φ nach der Produktregel zu differenzieren. Man erhält

$$\varphi'(x) = 2 \cdot [\sin x \cdot (-\sin x) + \cos x \cdot \cos x]$$
$$= 2 \cdot (\cos^2 x - \sin^2 x).$$

Eine weitere trigonometrische Umformung ergibt schließlich

$$\varphi'(x) = 2 \cdot \cos 2x.$$

Andererseits kann $\varphi : x \to \sin 2x$, $x \in \mathbb{R}$ durch Verketten der Funktionen $\sin : u \to \sin u$; $u \in \mathbb{R}$ und $g : x \to 2x$ dargestellt werden.

$$\sin \circ g : x \to \sin(g(x)) = \sin 2x, \quad x \in \mathbb{R}.$$

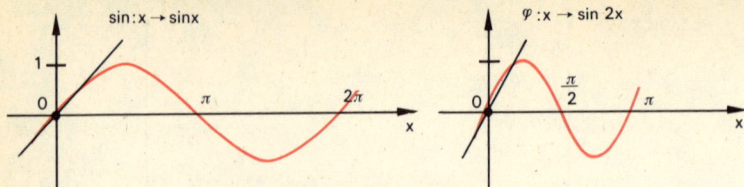

Vergleich der Graphen von sin x (links) *und sin 2 x* (rechts)

Beim Vergleich der Graphen von $\sin : x \to \sin x$ und $x \to \sin 2x$ erkennt man, daß die Kurven durch Verkürzung bzw. Streckung in der x-Richtung auseinander hervorgehen. Dabei werden die Steigungen der Tangenten – gemessen durch den Tangenswert des Winkels τ – verdoppelt (bzw. halbiert). Dies kann aus der Figur begründet werden; es läßt sich aber auch rechnerisch belegen.

Zwischenergebnis: Zu $\varphi : x \to \sin 2x$

gehört $\varphi' : x \to 2\cos 2x$.

Wir beweisen den erwähnten Zusammenhang sogleich für einen etwas allgemeineren Fall. Es sei $f : x \to f(x)$ eine in $\mathbb{R}$ differenzierbare Funktion, außerdem bezeichne $g : x \to cx$, $x \in \mathbb{R}$ eine lineare Funktion mit dem Formparameter $c \neq 0$.

Wir verketten die Funktionen f und g, bilden also

$$\varphi = f \circ g : x \to f(g(x)) = f(cx), \quad x \in \mathbb{R}.$$

Für den Differenzenquotienten der Funktion φ an einer Stelle a erhalten wir

$$\tan \sigma_\varphi = \frac{\varphi(a+h) - \varphi(a)}{h}, \quad h \neq 0$$

$$= \frac{f(c(a+h)) - f(ca)}{h} = c \frac{f(ca+ch) - f(ca)}{c \cdot h}.$$

Ersetzt man $c \cdot h$ durch $\overline{h}$, dann ist der Differenzenquotient von φ an der Stelle a gegeben durch

$$\tan \sigma_\varphi = c \frac{f(ca+\overline{h}) - f(ca)}{\overline{h}}, \quad \overline{h} \neq 0.$$

Der Term $\dfrac{f(ca+\overline{h}) - f(ca)}{\overline{h}}$ beschreibt aber gerade den Differenzenquotienten

der Funktion f an der Stelle $c \cdot a$. Nach der Voraussetzung über die Differenzierbarkeit der Funktion f existiert

$$\lim_0 \left(\overline{h} \to \frac{f(ca+\overline{h}) - f(ca)}{\overline{h}} \right) = f'(ca)$$

und daher auch $\varphi'(a) = \lim_0 \left(h \to c \cdot \dfrac{f(ca+\overline{h}) - f(ca)}{\overline{h}} \right) = c \cdot f'(ca)$.

Damit ist bewiesen: Wenn die Funktion $f : x \to f(x)$, $x \in \mathbb{R}$ differenzierbar ist, dann ist auch die Funktion $\varphi : x \to f(cx)$, $x \in \mathbb{R}$, differenzierbar und es gilt $\varphi'(x) = c \cdot f'(cx)$. (Warum darf man die Einschränkung $c \neq 0$ weglassen?)

3) Die bisherigen Ergebnisse gestatten es, aus der Differenzierbarkeit einer Funktion $f: x \to f(x)$, $x \in \mathbb{R}$ zu schließen auf die Differenzierbarkeit der Funktion $\varphi: x \to f(ax + b)$. Außerdem ist es möglich, die Verwandtschaft der Ableitungsfunktionen f' und φ' unmittelbar geometrisch zu deuten.

Wir behandeln jetzt den allgemeinen Fall der Verkettung zweier Funktionen, geben aber lediglich eine Beweisskizze für die Kettenregel.

Es sei $g: x \to g(x)$ differenzierbar in einem Bereich D_g, außerdem sei $f: u \to f(u)$ differenzierbar in einem Bereich $D_f \supset g(D_g)$. Betrachtet wird

$$\varphi = f \circ g: x \to f(g(x)), \quad x \in D_g.$$

Will man die Differenzierbarkeit von φ untersuchen, ist der Differenzenquotient an einer Stelle a zu betrachten.

$$\tan \sigma_\varphi = \frac{\varphi(a + h) - \varphi(a)}{h} = \frac{f(g(a + h)) - f(g(a))}{h}, \quad h \neq 0.$$

Wenn $g(a + h) - g(a) \neq 0$ ist, kann $\tan \sigma$ umgeformt werden zu

$$\tan \sigma_\varphi = \frac{f(g(a + h)) - f(g(a))}{g(a + h) - g(a)} \cdot \frac{g(a + h) - g(a)}{h}.$$

Der Term $\dfrac{g(a + h) - g(a)}{h}$ ist Differenzenquotient der Funktion g an der Stelle a. Nach Voraussetzung existiert

$$\lim_{0} \left(h \to \frac{g(a + h) - g(a)}{h} \right) = g'(a).$$

Der Term $\dfrac{f(g(a + h)) - f(g(a))}{g(a + h) - g(a)}$ läßt sich anders schreiben, wenn man $g(a) = b$ und $g(a + h) = b + k$ setzt. Man erhält dann

$$\frac{f(g(a + h)) - f(g(a))}{g(a + h) - g(a)} = \frac{f(b + k) - f(b)}{k}.$$

Der letzte Bruch ist aber Differenzenquotient der Funktion f an der Stelle $b = g(a)$. Da f differenzierbar ist, existiert

$$\lim_{0} \left(k \to \frac{f(b + k) - f(b)}{k} \right) = f'(b) = f'(g(a)).$$

Beachtet man schließlich die Stetigkeit der Funktion f an der Stelle $b = g(a)$, dann folgt die Differenzierbarkeit der Funktion φ an der Stelle a. Es ist

$$\lim_{0} \left(h \to \frac{\varphi(a + h) - \varphi(a)}{h} \right) = f'(g(a)) \cdot g'(a),$$

also $\qquad\qquad \varphi'(a) = f'(g(a)) \cdot g'(a).$

Satz 14: Wenn die Funktion $g: x \to g(x)$ differenzierbar ist in einem Bereich D_g und wenn die Funktion $f: u \to f(u)$ differenzierbar ist in einem Bereich $D_f \supset g(D_g)$, dann ist auch die Funktion $\varphi: x \to f(g(x))$ differenzierbar in dem Bereich D_g. Für die Ableitungsfunktion φ' gilt $\varphi'(x) = f'(g(x)) \cdot g'(x)$.
Diese Formel wird als *Kettenregel* bezeichnet.

Die Kurzfassung $(f \circ g)' = f' \cdot g'$ ist einprägsam für das Auge; es fehlt jedoch der Hinweis darauf, daß die Funktionswerte auf der rechten Seite an verschiedenen Stellen zu bilden sind.

Unser Beweisabriß enthält die Voraussetzung $g(a + h) - g(a) \neq 0$. Die Kettenregel gilt auch, wenn $g(a + h) - g(a) = 0$ ist. Wir übergehen jedoch den zugehörigen Beweis; wird die Differentiation über lineare Approximation erklärt, ist die Fallunterscheidung übrigens nicht nötig.

Beispiele zur Kettenregel

1) $\varphi : x \to (\sin x)^2$ oder auch $x \to \sin^2 x$. Verkettet werden die Funktionen $g : x \to \sin x$ und $f : u \to u^2$. Man bildet $g' : x \to \cos x$ und $f' : u \to 2u$. Damit erhält man $\varphi'(x) = 2 \cdot \sin x \cos x$, was auch aus der Produktregel folgt.

2) $\varphi : x \to \sin(x^2)$. Jetzt werden die Funktionen $g : x \to x^2$ und $f : u \to \sin u$ verkettet. Es ist $g' : x \to 2x$ und $f' : u \to \cos u$; also wird

$$\varphi'(x) = \cos(x^2) \cdot 2x$$

oder

$$\varphi' : x \to 2x \cdot \cos(x^2).$$

3) $\varphi : x \to \sin(\sin x)$: Hier wird die Funktion $g : x \to \sin x$ mit sich selbst verkettet. Man findet

$$\varphi'(x) = (\cos(\sin x)) \cdot \cos x.$$

4) $\varphi : x \to (x + \sin x)^2$. Jetzt ist $g : x + \sin x$; $g' : x \to 1 + \cos x$, außerdem $f : u \to u^2$; $f' : u \to 2u$. Also gilt

$$\varphi'(x) = 2(x + \sin x) \cdot (1 + \cos x).$$

Aufgaben

33) Bestimmen Sie zu den folgenden Funktionen jeweils die zugehörige Ableitungsfunktion.

a) $f : x \to mx + n$;

e) $f : x \to x^2 + 2x + 3 + \dfrac{4}{x}$, $x \neq 0$;

b) $f : x \to 3x^2 + 4x + 5$;

f) $g : x \to \dfrac{ax + b}{cx + d}$, $cx + d \neq 0$;

c) $f : x \to x \cdot \sin x$;

g) $f : x \to \dfrac{x^2 - 1}{x^2 + 1}$;

d) $f : x \to x^2 \cos x + x(\cos x)^2$;

h) $f : x \to \tan x = \dfrac{\sin x}{\cos x}$,

$x \neq \dfrac{\pi}{2}(2n - 1)$.

34) Differenzieren Sie mit Hilfe der Kettenregel die folgenden Funktionen

a) $f : x \to \sin \dfrac{1}{x}$, $x \neq 0$;

b) $f : x \to \sin(1 + x^2)$;

c) $f : x \to 1 + \sin(x^2)$;

d) $f : x \to \sin(1 + x^n)$

e) $f : x \to (\sin(1 + x))^n$ $\left.\begin{array}{r}\\\\\end{array}\right\}$ $n \in \mathbb{N}$;

f) $g : t \to a \cdot \cos(\alpha t + \beta)$.

35) Als Schnittwinkel zweier Kurven bezeichnet man bei gegebenen Voraussetzungen den Winkel, den die Tangenten im Schnittpunkt bilden.

a) Welche Schnittwinkel haben die Graphen der Funktionen
$$f: x \rightarrow x^2 \quad \text{und} \quad g: x \rightarrow x?$$

b) Bestimmen Sie a so, daß sich die Graphen der Funktionen $f: x \rightarrow ax^2$ und $g: x \rightarrow 1 - \dfrac{x^2}{a}$, $a \neq 0$ rechtwinklig schneiden.

36) Welche Koeffizientenbedingung muß bestehen, damit Funktionen der Form $x \rightarrow x^3 + ax^2 + bx + c$

a) in keinem Punkt, b) in einem Punkt, c) in zwei Punkten waagrechte Tangenten besitzen?

37) Beweisen oder widerlegen Sie die folgenden Behauptungen

a) Wenn die Funktion f differenzierbar ist an der Stelle a, dann ist auch $|f|$ differenzierbar an der Stelle a.

b) Wenn die Funktion f differenzierbar ist in ihrem Definitionsbereich D, dann ist die Funktion f' dort stetig.

c) Wenn die Funktion $f + g$ differenzierbar ist an der Stelle a, dann sind auch die Funktionen f und g differenzierbar an der Stelle a.

d) Wenn die Funktionen $f_1, f_2, \ldots, f_n$ differenzierbar sind an der Stelle a, dann ist auch die Funktion $\varphi = f_1 f_2 \cdots f_n$ an dieser Stelle differenzierbar.

Maxima und Minima bei differenzierbaren Funktionen

Der folgende Abschnitt soll zeigen, daß die Differentialrechnung mehr leistet als zu einer gegebenen Funktion f deren Ableitungsfunktion f' zu bestimmen. In wesentlichen Teilen geht es geradezu darum, Eigenschaften von f zu begründen aus Informationen über f'.

Extremalstellen und stationäre Stellen von Funktionen. Der Begriff Maximalstelle einer Funktion wurde bereits beiläufig benutzt. Er soll hier nochmals zusammen mit anderen Definitionen formuliert werden.

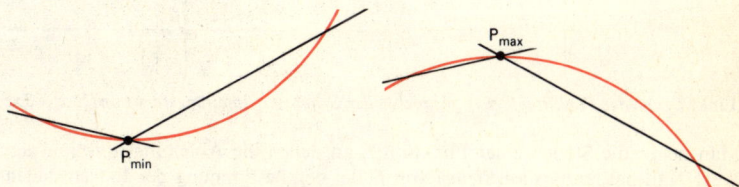

Minimum und Maximum einer Funktion

Definition: Wenn $f: x \rightarrow f(x)$ eine reelle Funktion mit dem Definitionsbereich D ist, heißt x_{max} genau dann *Maximalstelle* von f im Intervall $[a; b] \in D$, wenn $f(x_{max}) \geq f(x)$ für alle $x \in [a; b]$.
Entsprechende Festsetzungen gelten für *Minimalstellen*.

Durch den Begriff *Extremstellen* werden die Maximalstellen und Minimalstellen einer Funktion zusammengefaßt. x_m heißt relative Maximalstelle von f genau dann, wenn es eine Umgebung $U(x_m)$ gibt, so daß $f(x_m) \geq f(x)$ für alle $x \in U(x_m)$.

Alle diese Begriffe können bei beliebigen Funktionen verwendet werden. Wir wollen sie jetzt für differenzierbare Funktionen in Beziehung bringen zu deren Ableitungsfunktionen.

Satz 15:   Es sei $f: x \to f(x)$ eine reelle Funktion in $]a; b[$. Wenn x_{extr} Extremstelle von f in $]a; b[$ ist und wenn f differenzierbar ist an der Stelle x_{extr}, dann gilt $f'(x_{extr}) = 0$.

Zum Beweis greifen wir zurück auf die Definition der Ableitung der Funktion f an einer Stelle a.

$$f'(x_{extr}) = \lim_0 \left[h \to \frac{f(x_{extr} + h) - f(x_{extr})}{h} \right]$$

$$\text{oder auch} \quad f'(x_{extr}) = \lim_{h \to 0} \left(\frac{f(x_{extr} + h) - f(x_{extr})}{h} \right).$$

Betrachten wir eine Minimalstelle x_{min}, so ist der Zähler des Differenzenquotienten von f an der Stelle x_{min} stets ≥ 0, solange $x_{min} + h$ im Intervall von $]a; b[$ liegt. Infolgedessen ist der Differenzenquotient $\tan \sigma_f$ nicht negativ für $h > 0$; weiterhin ist $\tan \sigma_f \leq 0$ für $h < 0$. Da $f'(x_{min})$ Grenzwert der Differenzenquotientenfunktion ist, muß $f'(x_{min}) = 0$ sein.

In aller Entschiedenheit wird darauf hingewiesen, daß Satz 15 nicht umkehrbar ist.

Gegenbeispiel: Die Funktion $f: x \to x^3$, $x \in \mathbb{R}$.

Es gilt $f'(0) = 0$; trotzdem ist f strikt monoton steigend im ganzen Definitionsbereich.

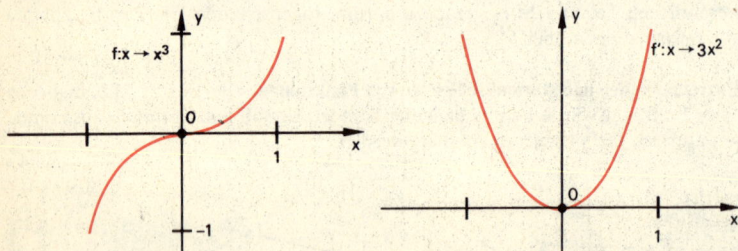

Links *Graph der Funktion* $f: x \to x^3$; rechts *der Graph der Ableitungsfunktion* $f': x \to 3x^2$

Man nennt die Stellen einer Funktion f, an denen die Ableitungsfunktion den Wert Null hat, *stationäre Stellen* von f. Bei der Bestimmung der Extremstellen einer Funktion f im Intervall $[a; b]$, hat man die stationären Stellen von f zu untersuchen; außerdem müssen die Randstellen betrachtet werden, an denen die sogenannten Randextreme liegen können. Schließlich sind alle diejenigen Stellen zu betrachten, an denen f nicht differenzierbar ist.

Satz von Rolle; Mittelwertsatz der Differentialrechnung. Die beiden nächsten

Sätze sind von der geometrischen Veranschaulichung her unmittelbar einleuchtend. Zu ihrem analytischen Beweis braucht man jedoch die fundamentalen Sätze über Stetigkeit im abgeschlossenen Intervall.

Satz 16: Wenn die Funktion $f: x \rightarrow f(x)$ im abgeschlossenen Intervall $[a; b]$ stetig und im offenen Intervall $]a; b[$ differenzierbar ist und wenn $f(a) = f(b)$ gilt, dann gibt es mindestens eine stationäre Stelle in $]a; b[$ *(Satz von Rolle)*.

Geometrisch gewendet: Wenn der Graph einer in $[a; b]$ stetigen und in $]a; b[$ differenzierbaren Funktion durch eine Sekante in Richtung der x-Achse begrenzt werden kann, dann gibt es eine Tangente in dieser Richtung, deren Berührungsabszisse zwischen a und b liegt.
Ein Beispiel und ein Gegenbeispiel werden in den Skizzen dargestellt.

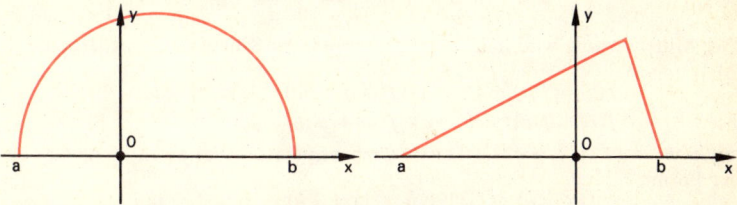

Figuren zum Satz von Rolle, links *Beispiel*, rechts *Gegenbeispiel*

Zum Beweis benutzen wir den Satz vom Maximum.
Da f stetig ist in $[a; b]$, gibt es eine Stelle $x_{\max}$, so daß $f(x_{\max}) \geq f(x)$ für alle $x \in [a; b]$. Wir unterscheiden zwei Fälle.
a) $x_{\max}$ liegt im Inneren des Intervalls $[a; b]$. Dann sind die Voraussetzungen des Satzes 15 erfüllt; es gibt eine Stelle $x_{st} \in [a; b]$ mit $f'(x_{st}) = 0$.
b) $x_{\max}$ liegt am Rande von $[a; b]$. Dann gibt es entweder eine Minimalstelle von f im Inneren des Intervalls, so daß wiederum der Satz 15 herangezogen werden kann. Liegt dagegen die Minimalstelle am Rand von $[a, b]$, so sind wegen:
$f(a) = f(b)$ die Extremwerte gleich; das heißt, die Funktion f hat konstante Funktionswerte. Dann ist f für jedes x aus dem Intervall stationär.
Obwohl der nachfolgende Mittelwertsatz durch einen Kunstgriff sehr leicht auf den Satz von Rolle zurückgeführt werden kann, ist er doch der Ausgangspunkt für sehr viele Betrachtungen der Differentialrechnung.

Satz 17: (Mittelwertsatz der Differentialrechnung): Wenn die Funktion $f: x \rightarrow f(x)$ im abgeschlossenen Intervall $[a; b]$ stetig und im offenen Intervall $]a; b[$ differenzierbar ist, dann gibt es eine Zahl $x_1 \in]a; b[$, so daß

$$f'(x_1) = \frac{f(b) - f(a)}{b - a}.$$

In der geometrischen Deutung besagt der Mittelwertsatz, daß es bei einer vorgegebenen Sekantenrichtung eine parallele Tangente gibt, deren Berührungspunkt auf dem Graphen zwischen den Schnittpunkten der Sekante liegt. Sehr anschaulich ist auch die kinematische Einkleidung: Wenn ein Fahrzeug in einer Stunde 100 km zurückgelegt hat, dann muß es mindestens einen Zeitpunkt gegeben haben, in dem die Momentangeschwindigkeit genau 100 km/h betrug.

Beweis des Mittelwertsatzes. Die Hilfsfunktion

$$h: x \to f(x) - \frac{f(b) - f(a)}{b - a}(x - a)$$

erfüllt die Voraussetzungen des Satzes von Rolle. Durch die algebraische Verknüpfung entsprechender Funktionen wird die Stetigkeit von h in $[a; b]$ bzw. die Differenzierbarkeit in $]a; b[$ gewährleistet. Außerdem ist $h(a) = f(a) = h(b)$. Nach Satz 15 gibt es also $x_{st} \in]a; b[$, so daß $h'(x_{st}) = 0$. Es ist aber

$$h'(x) = f'(x) - \frac{f(b) - f(a)}{b - a} \cdot 1$$

Also gilt $$0 = f'(x_{st}) - \frac{f(b) - f(a)}{b - a}.$$

Der Mittelwertsatz wird häufig in etwas geänderter Schreibweise wiedergegeben. Man notiert

$$f(b) = f(a) + (b - a) \cdot f'(x_1) \quad \text{mit} \quad a < x_1 < b,$$

oder $$f(b) = f(a) + (b - a) \cdot f'(a + \vartheta (b - a))$$

mit einer Zahl $0 < \vartheta < 1$. Durch Umbenennen der Variablen kommt es zu der Form

$$f(x + h) = f(x) + h \cdot f'(x + \vartheta h), \quad 0 < \vartheta < 1.$$

Zum Abschluß dieses Abschnitts formulieren wir zwei Sätze, die der Leser aus dem Mittelwertsatz herleiten mag.

Satz 18:   Wenn für die differenzierbare Funktion $f: x \to f(x)$ im Intervall $[a; b]$ gilt $f'(x) = 0$, dann ist f dort eine Konstantfunktion, $f(x) = c$, $x \in [a; b]$.

Satz 19:   Wenn für zwei differenzierbare Funktionen f und g die Ableitungsfunktionen in einem Intervall $[a; b]$ gleich sind, dann gilt $f(x) = g(x) + c$ für alle x dieses Intervalls.
        Kurzform: Wenn $f' = g'$, dann $f = g + c$.

Steigen und Fallen von Funktionen; Kriterien für Extremstellen. Das Steigen bzw. Fallen von Funktionen wurde bereits definiert. Wir setzten fest:
Eine Funktion $f: x \to f(x)$ heißt genau dann strikt monoton steigend im Intervall $[a; b]$ ihres Definitionsbereiches D, wenn $f(x_1) < f(x_2)$ für alle x_1, x_2 mit $a \leq x_1 < x_2 \leq b$. Wir können diese Eigenschaft einer Funktion f jetzt durch Aussagen über ihre Ableitungsfunktion f' begründen.

Satz 20:   Wenn bei einer differenzierbaren Funktion $f: x \to f(x)$ die Ableitungsfunktion f' in einem Intervall $[a; b]$ nur positive Werte hat, dann ist f in diesem Intervall strikt monoton steigend.

Zum Beweis benutzen wir den Mittelwertsatz. Es seien a_1, b_1 zwei beliebige Stellen aus $[a; b]$ mit $b_1 > a_1$. Nach Satz 17 gilt

$$\frac{f(b_1) - f(a_1)}{b_1 - a_1} = f'(x_z) \quad \text{für ein } x_z \text{ mit} \quad a_1 < x_z < b_1.$$

Da $f'(x_z) > 0$ vorausgesetzt wurde, muß $f(b_1) > f(a_1)$ sein. Genau das ist aber zu beweisen.

In entsprechender Weise erhält man den

Satz 21: Wenn bei einer differenzierbaren Funktion $f : x \to f(x)$ die Ableitungsfunktion f' in einem Intervall $[a; b]$ nur negative Werte hat, dann ist f in diesem Intervall strikt monoton fallend.

Die folgenden Sätze zeigen, daß auch die Extremstellen einer differenzierbaren Funktion f aus den Eigenschaften der Ableitungsfunktionen f' bzw. f'' gefunden werden können. Eine notwendige Bedingung liefert ja bereits der Satz 15, der besagte, daß eine differenzierbare Funktion im Innern ihres Definitionsbereiches nur dort Extremstellen haben kann, wo die Ableitungsfunktion gleich Null ist. Als hinreichende Bedingung beweisen wir den

Satz 22: Wenn bei einer zweimal differenzierbaren Funktion $f : x \to f(x)$, $x \in D$, $f'(x_1) = 0$ und $f''(x_1) > 0$ ist, dann hat f an der Stelle x_1 ein relatives Minimum. Gilt $f'(x_1) = 0$ und $f''(x_1) < 0$, dann hat f an der Stelle x_1 ein relatives Maximum.

Beweis: Die Zahl $f''(x_1)$ gibt die Tangentensteigung an die Funktion $f'(x)$ im Punkte $P_1(x_1; 0)$ an. Da $f''(x_1)$ größer ist als Null, muß es eine Umgebung $U(x_1)$ geben, so daß die Sekantensteigungen der Funktion f' an der Stelle x_1 positiv sind für $x \in U(x_1)$. Es gilt also

$$\frac{f'(x_1 + h) - f'(x_1)}{h} > 0, \; x_1 + h \in U(x_1).$$

Daher muß $f'(x_1 + h) > f'(x_1)$ sein, wenn h größer ist als Null und es muß $f'(x_1 + h) < f'(x_1)$ sein, wenn h kleiner ist als Null.

Nach den Sätzen 20 und 21 bedeutet das aber, daß die Funktion f strikt monoton steigt für $x > x_1$, $x \in U(x_1)$ und daß f strikt monoton fällt für $x < x_1$, $x \in U(x_1)$.

Infolgedessen hat f an der Stelle x_1 ein relatives Minimum.

Der Beweis für den Fall $f'(x_1) = 0$ und $f''(x_1) < 0$ verläuft entsprechend.

Man beachte, daß der letzte Satz versagt, wenn $f'(x_1) = 0$ und zugleich $f''(x_1) = 0$ ist.

Die Ermittlung einer Extremstelle kann auch ohne den Rückgriff auf die zweite Ableitung durchgeführt werden. Der Satz 23 gibt eine Bedingung, die sogar notwendig und hinreichend ist für sehr viele Funktionen.

Satz 23: Wenn die Funktion $f : x \to f(x)$ differenzierbar ist und wenn die Ableitungsfunktion f' stetig ist und nur endlich viele Nullstellen $x_1, \ldots, x_n$ hat, dann liegt an einer solchen Stelle $x_\nu, \nu = 1, \ldots, n$ genau dann ein relatives Extremum, wenn die Funktion f' an der Stelle x_ν ihr Vorzeichen wechselt.

Der Beweis dieses Satzes wird dem Leser überlassen; die nachfolgenden Figuren sollen ihm als Hinweis dienen.

Beispiel zur Kurvendiskussion: Es soll gezeigt werden, wie man die Graphen vorgegebener Funktionen mit geringem Rechenaufwand bestimmen kann.

Zu betrachten sei $f : x \to x^7 - x^3$, $x \in \mathbb{R}$.

Die Funktion ist ungerade, es gilt $f(x) = -f(-x)$. Als Polynomfunktion ist f

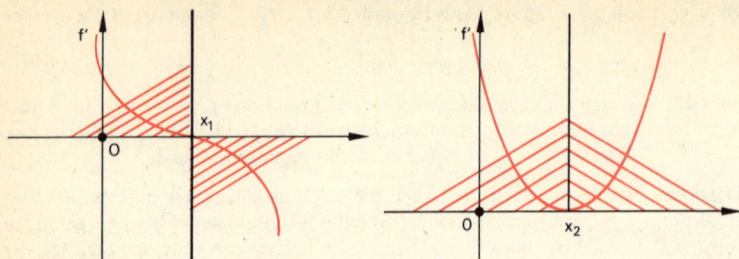

Figuren zum Beweis des Satzes 23

schlechthin differenzierbar, also auch überall stetig. Eine erste Übersicht gewinnt man aus der folgenden Gebietseinteilung. Es ist $x^7 - x^3 = x^3 \cdot (x^4 - 1)$. Diese Produktdarstellung liefert zunächst alle Nullstellen: Ein Produkt reeller Zahlen ist genau dann Null, wenn ein Faktor Null ist. Demnach hat die Funktion f Nullstellen, wenn $x^3 = 0$, das heißt, wenn $x = 0$ ist oder wenn $x^4 - 1 = 0$ wird. Nun gilt $x^4 - 1 = (x^2 + 1)(x^2 - 1)$; das bedeutet, daß für $x = +1$ bzw. für $x = -1$ jeweils eine Nullstelle vorliegt. Andere reelle Nullstellen gibt es nicht. Wir haben demnach folgende Produktdarstellung
$x^7 - x^3 = (x + 1) \cdot (x - 1) \cdot x^3 \cdot (x^2 + 1)$. Daraus erkennt man leicht die Vorzeichen der Funktionswerte in bestimmten Bereichen. Es gilt:
Für $0 < x < 1$ ist $f(x) < 0$; für $1 < x$ ist $f(x) > 0$.
Da f eine ungerade Funktion ist, sind damit die Gebiete festgelegt, in denen der Graph von f verläuft.

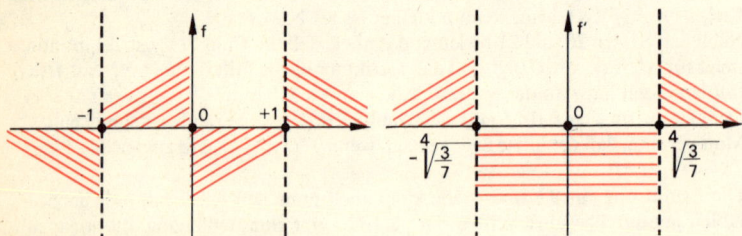

Links *Gebietseinteilung der Funktion $f: x \to x^7 - x^3$;*
rechts *Gebietseinteilung der Ableitungsfunktion $f': x \to 7x^6 - 3x^2$*

Durch entsprechende Umformungen gewinnt man die Gebietseinteilung für die Ableitungsfunktion $f': x \to 7x^6 - 3x^2$.
Es ist $7x^6 - 3x^2 = x^2(7x^4 - 3)$. Mithin liegen die Nullstellen von f', das heißt die stationären Stellen von f, bei $x = 0$ und bei $x = -\sqrt[4]{\frac{3}{7}}$ bzw.
$$x = +\sqrt[4]{\frac{3}{7}} \approx 0{,}81.$$
Gleichzeitig erhält man damit die Gebietseinteilung von f'.
Durch die Gebietseinteilung von f' ist aber andererseits auch das Monotonieverhalten von f überschaubar.
Die Funktion f steigt strikt monoton für $x < -\sqrt[4]{\frac{3}{7}}$.

Bei $x = -\sqrt[4]{\frac{3}{7}}$ liegt ein relatives Maximum; danach fällt die Funktion monoton bis zum Punkt $P(0;0)$. Dort liegt *kein* Extremum, obwohl $f'(0) = 0$ ist. Die Funktion f fällt nämlich weiterhin, solange $x < \sqrt[4]{\frac{3}{7}}$. Es ist lediglich anzumerken, daß die Tangentensteigung von f im Punkte $(0;0)$ ein relatives Extremum hat; diese Aussage kann in Zusammenhang gebracht werden mit dem Krümmungsverhalten der Funktion. Da der Graph von f punktsymmetrisch verläuft, ist alles Wesentliche bereits beschrieben. Es wären allenfalls noch die Funktionswerte an den Extremstellen zu bestimmen. Der Verlauf des Graphen von f kann jedoch auch dann skizziert werden, wenn man statt dessen $f(0,5)$ bzw. $f(-0,5)$ berechnet und die Steigung der Funktion an den Nullstellen $+1$ (bzw. -1) beachtet. Zur Übung kann sich der Leser mit dem Graphen der Ableitungsfunktion befassen.

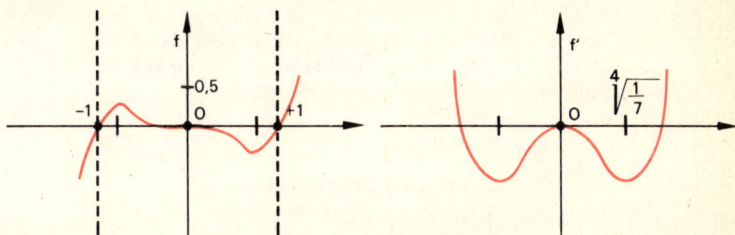

Links *Graph der Funktion;* rechts *Graph der Ableitungsfunktion*

Im gewählten Beispiel konnten die Nullstellen von f und f' sofort angegeben werden. In vielen Fällen gelingt das nicht ohne Mühe oder sogar nur näherungsweise; an den Wechselbeziehungen von f und f' wird dadurch jedoch nichts geändert. Gesonderte Untersuchungen sind außerdem angezeigt, wenn Grenzwerte zu ermitteln sind oder wenn das Verhalten der Funktion für sehr große bzw. sehr kleine x interessiert.

Aus Platzgründen verzichten wir auf entsprechende Darstellungen.

Zum Abschluß behandeln wir einen Aufgabentyp, der auch für die Praxis von Interesse ist.

Zu ermitteln sind Extremwerte von Funktionen, die meist von mehreren Variablen abhängen, wobei die Variablen untereinander gekoppelt sind. Das folgende Beispiel ist leicht überschaubar.

Für eine elektrische Schaltung wird gefordert, daß zwei Widerstände R_1 und R_2 wahlweise in Reihe oder parallel geschaltet werden können. Bei der Reihenschaltung soll der Gesamtwiderstand $500 \, \Omega$ betragen; bei der Parallelschaltung hingegen soll der Gesamtwiderstand möglichst groß sein. Bezeichnet man den Gesamtwiderstand mit R, so gilt für die Reihenschaltung

$$R_R = R_1 + R_2 \, .$$

Bei Parallelschaltung ist $\dfrac{1}{R_P} = \dfrac{1}{R_1} + \dfrac{1}{R_2}$ oder nach Umformung

$$R_P = \frac{R_1 \cdot R_2}{R_1 + R_2} \, . \tag{1}$$

Durch geeignete Wahl von R_1 und R_2 soll R_P einen möglichst großen Wert erhalten. Die Variablen R_1 und R_2 sind allerdings nicht unabhängig voneinander. Es besteht vielmehr die Kopplungsbedingung $R_1 + R_2 = 500\,\Omega$.

Überdies können R_1 und R_2 als physikalische Größen nur Werte $\geq 0\,\Omega$ annehmen.

Durch die Kopplungsbedingung kann man die Beziehung (*1*) so umformen, daß R_P funktional von einer Variablen abhängt. Man erhält

$$R_P = \frac{R_1(500\,\Omega - R_1)}{500\,\Omega} \quad \text{für} \ \ 0\,\Omega \leq R_1 \leq 500\,\Omega.$$

Um den etwas störenden Benennungen zu entgehen, betrachten wir die Funktion

$$f: x \to \frac{x\,(500 - x)}{500} \quad \text{für} \ \ 0 \leq x \leq 500$$

oder auch die Funktion $g: x \to x\,(500 - x)$, da f und g gleiche Extremstellen haben. Wenn Extremstellen im Inneren des Definitionsbereiches liegen, muß dort die Ableitungsfunktion den Wert Null haben. Deshalb bildet man f' (bzw. g') und ermittelt die Nullstellen dieser Funktion. Mithin

$$f': x \to \frac{500 - 2x}{500} \quad \text{oder} \ \ g': x \to 500 - 2x.$$

$$f'(x) = 0 \Leftrightarrow x = 250 \Leftrightarrow g'(x) = 0.$$

Nun ist $f'': x \to -2/500$ bzw. $g'': x \to -2$.

Also liegt nach Satz 22 an der Stelle $x = 250$ ein relatives Maximum der Funktion f (bzw. g). Da die Randwerte jeweils Null sind, ist man sogar sicher, daß ein absolutes Maximum vorhanden ist. Den zugehörigen Extremwert errechnet man für die Funktion f bzw. für R_P (125 bzw. 125 Ω).

Bei aller Vielfalt derartiger Probleme dürften die folgenden Hinweise nützlich sein:

1) Aufgabentext sorgfältig lesen.

2) Brauchbare Bezeichnungen einführen, wenn möglich übersichtliche Figur anlegen.

3) Beziehungen zwischen den verschiedenen Variablen zusammenstellen (Kopplungsbedingungen!).

4) Umformen, so daß schließlich ein funktionaler Zusammenhang erkennbar ist (Definitionsbereich angeben!).

5) Prüfen, ob es Funktionen gibt, die gleiche Extremstellen haben, aber mit geringerem Rechenaufwand untersucht werden können.

6) Darauf achten, ob es Randextreme gibt oder ob die Differenzierbarkeit stellenweise aufgehoben ist. Nach Möglichkeit Graph der Funktion skizzieren.

Aufgaben

38) Beweisen oder widerlegen Sie:

    a) Die Funktionen der Form $f: x \to x^3 + px + q$ haben nur eine reelle Nullstelle, wenn $p > 0$ ist.

    b) Diese Funktionen haben drei reelle Nullstellen, wenn $4p^3 + 27q^2 < 0$ ist.

39) Beweisen oder widerlegen Sie:

a)   Wenn eine zweimal differenzierbare Funktion f an der Stelle $x_1 \in D_f$ ein relatives Minimum hat, dann gilt $f'(x_1) = 0$ und $f''(x_1) > 0$.

b)   Wenn f eine differenzierbare Funktion ist, dann haben die Funktionen f und $\varphi = f^2$ die gleichen Extremstellen.

c)   Wenn f und g differenzierbare Funktionen sind mit $f(a) = g(a)$ und $f'(x) < g'(x)$, $x \in R$, dann gilt $f(x) > g(x)$ für alle $x < a$ und $f(x) < g(x)$ für $x > a$.

40) Diskutieren Sie die folgenden Funktionen (Gebietseinteilung, Nullstellen, Monotonieverhalten, Extremstellen) und skizzieren Sie dann den jeweiligen Graphen.

a) $f : x \to x^4 + 1$;   *b)* $f : x \to x^4 + x$;   *c)* $f : x \to x^4 + x^2$;

d) $f : x \to x^4 + x^3$;   *e)* $f : x \to |x^2 - 1|$;   *f)* $g : x \to (x^2 - 1)^2$;

g) $f : x \to (x^2 - 1)^3$;   *h)* $f : x \to x + \sin x$.

41) In einer elektrischen Schaltung werden zwei Widerstände R_1 und R_2 wahlweise in Reihe oder parallel geschaltet. Bei Parallelschaltung muß der Gesamtwiderstand $500\,\Omega$ betragen; bei der Reihenschaltung soll der Gesamtwiderstand minimal werden. Wie sind R_1, R_2 zu bemessen?

42) In einen Halbkreis soll ein Trapez eingezeichnet werden, dessen eine Grundseite vom Durchmesser des Halbkreises gebildet wird. Wann ist der Flächeninhalt des Trapezes maximal?

43) Ein Kasten soll die Form einer quadratischen Säule haben und $100\,dm^3$ fassen. Das Material für die Bodenfläche kostet 10 Pfg/dm²; für die übrigen Flächen werden 20 Pfg/dm² berechnet. Welche Abmessungen ergeben minimale Kosten?

Umkehrfunktionen

Wir haben bisher lediglich in einem Einführungsbeispiel auf die Umkehrbarkeit von Funktionen hingewiesen.

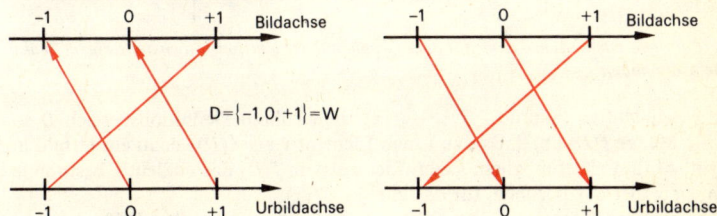

Figuren zur Umkehrbarkeit von Funktionen; links *Funktion*, rechts *Umkehrfunktion*

Bei dem linken Pfeildiagramm zu $f : D \underset{f}{\to} W$ war es möglich, durch Umkehrung der Pfeilrichtung eine Abbildung von W auf D zu erhalten. Das liegt offenbar daran, daß alle Elemente von W als Bildelemente auftreten und daß jedes Element von W nur ein Urbild in D hat. Das Umkehren der Pfeilrichtung läßt sich sehr leicht in die Betrachtungsweise des Abschnitts von S. 80 übertragen. Dort wurde eine Funktion f als Menge geordneter Zahlenpaare aufgefaßt, für die eine Eindeutigkeitsbedingung gilt: Wenn $(x_1; y_1)$ und $(x_1; y_2)$ zu f gehören, dann ist $y_1 = y_2$. Im vorliegenden Fall hat man

$$f = \{(-1; 1), (0; -1), (+1; 0)\}.$$

Durch das Umkehren der Pfeile werden in jedem geordneten Zahlenpaar jeweils die Zahlen umgestellt; man erhält so die Menge

$$f^I = \{(+1; -1), (-1; 0), (0; +1)\}$$

Diese Menge f^I genügt der Eindeutigkeitsforderung, ist also auch eine Funktion. Man nennt sie die *Umkehrfunktion* oder *Inverse* von f.

Definition: Eine Funktion $f: x \rightarrow f(x)$, $x \in D$ heißt *eineindeutig* genau dann, wenn mit $x_1 \neq x_2$ auch $f(x_1) \neq f(x_2)$ ist. Anders gewendet: Aus $f(x_1) = f(x_2)$ folgt $x_1 = x_2$.

Als Beispiel für Eineindeutigkeit nennen wir die Funktion $e: x \rightarrow x$, $x \in \mathbb{R}$; allgemeiner sogar jede streng monoton steigende oder streng monoton fallende Funktion. Die Funktionen $q: x \rightarrow x^2$, $x \in \mathbb{R}$ oder sin: $x \rightarrow \sin x$, $x \in \mathbb{R}$ sind nicht eineindeutig; es gibt aber eineindeutige Einschränkungen dieser Funktionen.

Überträgt man die Forderung $f(x_1) \neq f(x_2)$ für alle $x_1 \neq x_2$ ins Geometrische, so wird verlangt, daß jede Parallele zur x-Achse mit dem Graphen der Funktion f höchstens einen Punkt gemeinsam hat.

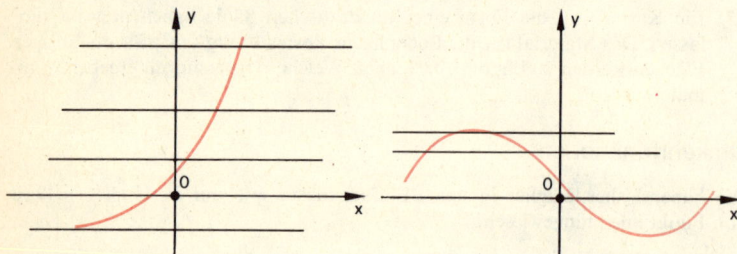

Jede Parallele zur x-Achse darf mit dem Graphen der Funktion f höchstens einen Punkt gemeinsam haben

Jede eineindeutige Funktion $f: x \rightarrow f(x)$ bildet ihren Definitionsbereich D so auf die Menge $f(D)$ ab, daß es zu jedem Element y aus $f(D)$ genau ein Urbild in D gibt. Mithin ist es möglich, jedem Element y in $f(D)$ das eindeutig bestimmte Element x in D zuzuordnen, für das gilt $y = f(x)$.

Die so erklärte Funktion bildet $f(D)$ auf D ab. Diese Funktion heißt die *Umkehrfunktion* oder *Inverse* zu f. Als zugehörige Schreibfigur verwenden wir f^I. Symbolisch geschrieben:

$$f: D \underset{f}{\rightarrow} f(D);$$

wenn f eineindeutig ist, gibt es $f^I: f(D) \underset{f^I}{\rightarrow} D$.

Wenn eine Funktion f nicht eineindeutig ist, kann es zu f keine Umkehrfunktion

f^I geben; mindestens ein Element in $f(D)$ hätte ja zwei (oder mehr) Urbilder in D.
In der Betrachtungsweise des vorher erwähnten Abschnitts ist eine Funktion f eine Menge von geordneten Paaren,

$$f = \{(x; y) \mid x \in D \wedge y \in W\},$$

die der Eindeutigkeitsbedingung genügt: Wenn $(x_1; y_1) \in f$ und $(x_1; y_2) \in f$, dann folgt $y_1 = y_2$.
Fordert man die Eineindeutigkeit, so muß gelten: Wenn $(x_1; y_1) \in f$ und
$$(x_2; y_1) \in f, \quad \text{dann ist} \quad x_1 = x_2.$$
Bilden wir zu einer eineindeutigen Funktion f die Umkehrfunktion f^I, so ist

$$f^I = \{(y; x) \mid (x; y) \in f\}.$$

Geometrisch bedeutet dies, daß die Graphen von f und f^I durch Spiegelung an der ersten Winkelhalbierenden auseinander hervorgehen, wenn man beide Graphen so anlegt, daß die erste Zahl in jedem Zahlenpaar der Funktion auf der Rechtsachse abgetragen wird.

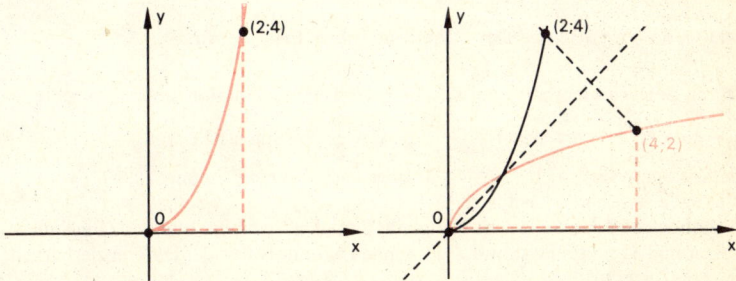

Links *Funktion;* rechts *Umkehrfunktion, die durch Spiegelung an der Winkelhalbierenden des 1. Quadranten gebildet wird*

Der Zusammenhang von f und f^I kann auch anders gefaßt werden: Wenn f eine eineindeutige Funktion ist, dann ist auch f^I eineindeutig. Es gilt $(f^I)^I = f$.
Dies folgt aus der Definition von f^I ebenso wie aus der graphischen Darstellung. Eine zweimalige Spiegelung an einer Gerade ergibt bekanntlich die identische Abbildung. Für die Verkettung beider Funktionen gilt

$$(f^I \circ f)(x) = x, \quad x \in D$$

oder auch $\qquad (f \circ f^I)(y) = y, \quad y \in f(D)$.

Bei der Behandlung konkreter Beispiele verwendet man nach Möglichkeit spezielle Symbole zur Bezeichnung des Umkehrungs-Prozesses; außerdem vertauscht man am Ende der Betrachtung häufig die benutzten Variablensymbole.
Beispiel 1: $q : x \to x^2$; eineindeutig, wenn $x \geq 0$. Man verwendet das Quadratwurzelzeichen, um die Zuordnung $x \to x^2$ umzukehren. Also $x \geq 0$ und $y = x^2 \Leftrightarrow x \geq 0, \ y \geq 0$ und $x = \sqrt{y}$.

Mithin $\qquad\qquad q^I : y \to \sqrt{y}, \ y \geq 0$.

Nach dem Austausch der Variablenzeichen spricht man in der Regel die Funktion $g : x \to \sqrt{x}, \ x \geq 0$ als Umkehrfunktion von q an.
Die zugehörige graphische Darstellung findet sich in der vorigen Abbildung.

Beispiel 2:   Die Funktion $\sin : x \to \sin x$ ist eineindeutig im Intervall $-\dfrac{\pi}{2} \le x \le \dfrac{\pi}{2}$.

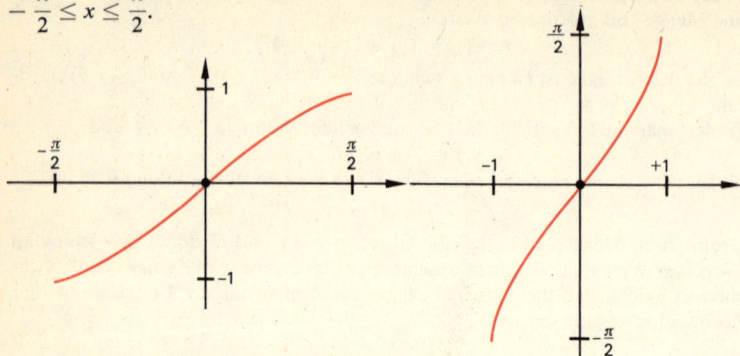

Links *Graph der Sinusfunktion*, rechts *Graph ihrer Umkehrfunktion*

Durch Spiegelung erhält man das Bild der Umkehrfunktion $\sin^I$. Man schreibt

$$y = \sin x \Leftrightarrow x = \arc \sin y \quad \text{für} \quad -\frac{\pi}{2} \le x \le \frac{\pi}{2}.$$ Mithin erhält man

$\sin^I : y \to \arc \sin y$, $-1 \le y \le +1$ oder nach Umbezeichnung
$\arc \sin : x \to \arc \sin x$, $-1 \le x \le +1$.
Wir übergehen den Zusammenhang von Stetigkeit in einem Intervall, Eineindeutigkeit und Monotonie; statt dessen wenden wir uns sofort der Differenzierbarkeit zu. Hierfür gilt der

Satz 24:   Wenn die Funktion $f : x \to f(x)$ im Intervall $[a; b]$ eineindeutig und stetig ist und wenn für eine Stelle x_1 aus $[a; b]$ $f'(x_1)$ existiert und ungleich Null ist, dann ist auch die Umkehrfunktion $g = f^I$ an der Stelle $f(x_1)$ differenzierbar und es gilt

$$g'(f(x_1)) = \frac{1}{f'(x_1)}.$$

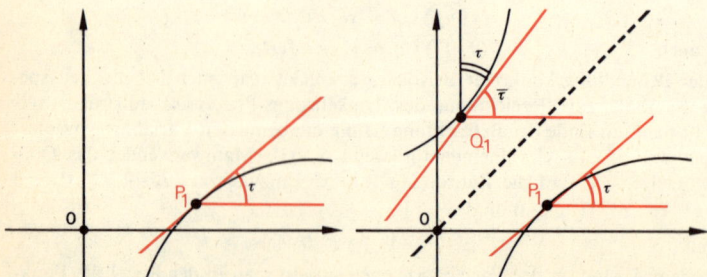

Der analytische Beweis wäre durch Betrachten des Differenzenquotienten von g an der Stelle $f(x_1)$ zu führen. Wegen der engen geometrischen Beziehung von f

und $f^I = g$ begnügen wir uns mit dem Studium der Graphen. Es ist $f'(x_1)$ der Tangens des Winkels τ, den die Tangente im Punkte $(x_1; f(x_1))$ mit der Parallele zur x-Achse bildet.

Bei der Spiegelung an der Winkelhalbierenden geht die Tangente im Punkte $P_1 (x_1; f(x_1))$ an den Graphen von f über in die Tangente im Punkte $Q_1 (f(x_1); x_1) = Q_1(y_1; g(y_1))$ an den Graphen von $g = f^I$. Für die Ableitungsfunktion g' ist

aber nicht der Winkel τ zu betrachten, sondern der Winkel $\bar{\tau}$, für den gilt $\tau + \bar{\tau} = \dfrac{\pi}{2}$

Aus Grundbeziehungen der Trigonometrie folgt

$$\tan \bar{\tau} = \tan \left(\frac{\pi}{2} - \tau\right) = \cot \tau = \frac{1}{\tan \tau}, \ \tau \neq 0.$$

Mithin gilt $g'(f(x_1)) = \dfrac{1}{f'(x_1)}$.

Zur Illustration behandeln wir zwei Beispiele.

3) Betrachtet werde die Funktion $g_n : x \to \sqrt[n]{x}$, $x \in \mathbb{R}^+$, $n \in \mathbb{N}$. Gemäß allgemeiner Verabredung ist

$$y = \sqrt[n]{x} \text{ gleichwertig mit } y^n = x, y \geq 0.$$

Die Funktion g_n ist also Umkehrfunktion zu $f_n : y \to y^n$, $y \in \mathbb{R}^+$. Da f_n differenzierbar ist mit $f_n'(y) = n \cdot y^{n-1}$, $f_n'(y) \neq 0$, so ist auch g_n differenzierbar und es gilt

$$g_n'(x) = \frac{1}{n \cdot y^{n-1}}.$$

In dieser Gleichung muß jetzt die Variable y eliminiert werden, da man ja eine Aussage über g_n anstrebt. Es ist $y = \sqrt[n]{x}$ oder in Potenzschreibweise $y = x^{\frac{1}{n}}$, mithin erhält man $y^{n-1} = x^{\left(\frac{1}{n}\right)^{n-1}} = x^{\frac{n-1}{n}}$.

Also ist $\qquad g_n'(x) = \dfrac{1}{n \cdot x^{\frac{n-1}{n}}} = \dfrac{1}{n} \cdot x^{\left(-1 + \frac{1}{n}\right)}$.

Ergebnis: Die Funktion $g_n : x \to \sqrt[n]{x}$ oder auch $x \to x^{\frac{1}{n}}$ hat die Ableitungsfunktion $g_n' : x \to \dfrac{1}{n} \cdot x^{\left(\frac{1}{n} - 1\right)}$.

Beispiel 4: Zu bestimmen sei die Ableitungsfunktion zu arc sin : $x \to$ arc sin$x$, $-1 \leq x \leq +1$.

Nach Beispiel 2 ist arc sin die Umkehrfunktion zu

$$\sin : y \to \sin y, \ -\frac{\pi}{2} \leq y \leq +\frac{\pi}{2}$$

Es ist $\sin' : y \to \cos y$. Hier ist jetzt zu beachten, daß die Ableitungsfunktion $\sin'$ Nullstellen hat für $y = -\dfrac{\pi}{2}$ und $y = \dfrac{\pi}{2}$. Das bedeutet, daß die Umkehrfunktion an den zugehörigen Stellen nicht differenzierbar ist – die Tangenten verlaufen dort parallel zur Hochachse (siehe dazu Abbildung S. 134 unten). Wir erhalten also mit dem abkürzenden Funktionssymbol $g =$ arc sin folgende Beziehung

$$g'(x) = \frac{1}{\cos y}, \quad -\frac{\pi}{2} < y < +\frac{\pi}{2}.$$

Nun gilt $\cos y = \sqrt{1-(\sin y)^2} = \sqrt{1-x^2}$, da $x = \sin y$. Das heißt also: Die Funktion $g = \arc \sin : x \to \arc \sin x$ ist im Bereich $-1 < x < +1$ differenzierbar. Für die Ableitungsfunktion gilt $g'(x) = \dfrac{1}{\sqrt{1-x^2}}$.

Aufgaben

44) Die Funktion $f : x \to x^3$, $x \in \mathbb{R}$ ist stetig, strikt monoton steigend und eineindeutig. Stellen Sie entsprechende Aussagen für die folgenden reellen Funktionen zusammen.

a) $x \to x^3 + 1$;

b) $x \to (x + 1)^3$;

c) $x \to x^3 + x$;

d) $x \to x^3 - x$;

e) $x \to [x]$;

f) $x \to x + [x]$;

g) $x \to x - [x]$;

h) $x \to \begin{cases} x, x \in \mathbb{Q}; \\ x + 1, x \in \mathbb{R} \setminus \mathbb{Q}. \end{cases}$

45) Beweisen oder widerlegen Sie die folgenden Behauptungen. Wenn f und g eineindeutige Funktionen sind, dann ist auch

a) $f + g$ eine eineindeutige Funktion,

b) $f \cdot g$ eine eineindeutige Funktion,

c) $f \circ g$ eine eineindeutige Funktion.

46) Wenn f und g eineindeutige Funktionen sind, dann gilt
$(f \circ g)^I = g^I \circ f^I$ Beweis?

47) Zeigen Sie, daß die Menge der linearen Funktionen

$$\{l : x \to mx + n \mid m \neq 0\}$$

eine Gruppe bildet, wenn als Verknüpfung zweier Funktionen l_1 und l_2 die Verkettung gewählt wird,

$$\varphi = l_1 \circ l_2 : x \to l_1(l_2(x)), \quad x \in \mathbb{R}$$

($\to$ Algebraische Strukturen). Geben Sie einige Untergruppen dieser Gruppe an.

48) Bestimmen Sie die Ableitungsfunktionen zu

$x \to \arc \cos x, -1 \leq x \leq +1$ bzw. $x \to \arc \tan x, x \in \mathbb{R}$.

Integrierbarkeit

Flächenproblem

Zu den interessantesten Problemen der klassischen Geometrie gehört die Berechnung des Kreisinhaltes. Die erste Figur soll an das Verfahren des Archimedes erinnern: Man betrachtet regelmäßige Vielecke, die dem Kreis ein- beziehungsweise umbeschrieben sind. Durch elementare Rechnungen lassen sich die zugehörigen Flächeninhalte bestimmen; so gilt für die Figuren unserer linken Skizze

$$1,5 r^2 \sqrt{3} < A_K < \frac{6 r^2}{\sqrt{3}}, \text{ näherungsweise also } 2,6 r^2 < A_K < 3,46 r^2.$$

Geht man vom Sechseck zum Zwölfeck über, ergibt sich eine bessere Abschätzung für den Flächeninhalt des Kreises. Das einbeschriebene Zwölfeck ist größer als das innenliegende Sechseck; andererseits liegt das Außen-Zwölfeck innerhalb des umbeschriebenen Sechsecks, hat also einen kleineren Flächeninhalt. Mithin gilt (in leicht verständlicher Bezeichnung)

$$A_6^{(i)} < A_{12}^{(i)} < A_K < A_{12}^{(a)} < A_6^{(a)}.$$

Durch fortgesetztes Verdoppeln der Eckenzahl erhält man immer bessere Annäherungen für den Flächeninhalt des Kreises; die Berechnung der numerischen Werte ist jedoch recht beschwerlich.

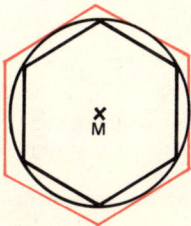

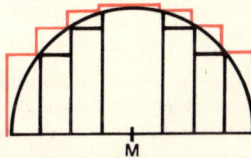

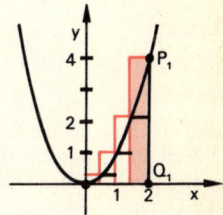

Links *Berechnung der Kreisfläche durch ein- und umbeschriebene regelmäßige Vielecke;*
Mitte *Berechnung der Kreisfläche nach dem Streifen-Verfahren;*
rechts *Figur zur Flächenberechnung bei der Parabel*

Die mittlere Figur verdeutlicht das sogenannte Streifen-Verfahren. Vom Prinzip her ist es sehr eng mit dem Polygonverfahren verwandt. Man bestimmt den Inhalt der einbeschriebenen bzw. umbeschriebenen Rechtecksfiguren und erhöht dann die Anzahl der Streifen.

Aus Platzgründen verzichten wir auf die detaillierte Darstellung beim Kreis und studieren eine analoge Aufgabe an der Parabel.

Zu berechnen sei der Inhalt des Flächenstücks, das begrenzt wird durch den Graph der Normalparabel, durch die x-Achse und (beispielsweise) durch die Ordinate zum Kurvenpunkt $P_1 (2; 4)$. Wie bereits angedeutet, berechnet man zunächst die Inhalte von ein- beziehungsweise umbeschriebenen Rechtecksfiguren; diese erhält man durch Zerlegen des Grundintervalls und durch das Einzeichnen der zugehörigen Ordinatenstrecken. In unserer Figur wurde die Strecke $\overline{OQ_1}$ in vier gleiche Teile zerlegt; die Teilungspunkte sollen x_1, x_2 und x_3 heißen; der rechte Endpunkt des Grundintervalls wird x_4 genannt. Da die Ordinatenstrecken durch die Zuordnungsvorschrift $x_i \rightarrow x_i^2$ bestimmt werden, lassen sich die Inhalte der Rechtecksfiguren angeben. Man erhält eine Summe U_4, die dem Inhalt der unteren Treppenfigur entspricht und eine Summe O_4, die zur oberen Treppenfigur gehört (»Untersumme U_4 bzw. Obersumme O_4«). Es ist demnach

$$U_4 = \frac{2}{4} \cdot x_1^2 + \frac{2}{4} \cdot x_2^2 + \frac{2}{4} \cdot x_3^2 \qquad O_4 = \frac{2}{4} \cdot x_1^2 + \frac{2}{4} \cdot x_2^2 + \frac{2}{4} \cdot x_3^2 + \frac{2}{4} \cdot x_4^2$$

$$= \frac{2}{4} \cdot (x_1^2 + x_2^2 + x_3^2) \qquad\qquad = \frac{2}{4} \cdot (x_1^2 + x_2^2 + x_3^2 + x_4^2)$$

$$= \frac{1}{2} \cdot (\frac{1}{4} + 1 + \frac{9}{4}). \qquad\qquad = \frac{1}{2} \cdot (\frac{1}{4} + 1 + \frac{9}{4} + 4)$$

$$U_4 = \frac{1}{2} \cdot \frac{14}{4} = 1{,}75. \qquad\qquad O_4 = \frac{1}{2} \cdot \frac{30}{4} = 3{,}75.$$

Das betrachtete Flächenstück unterhalb der Parabel wird also noch nicht sonderlich genau abgeschätzt.

Es ist $O_4 - U_4 = \frac{1}{2} \cdot 4 = 2$. In der Figur entspricht diese Differenz dem Inhalt des punktierten Rechtecks. Die Wirksamkeit des Verfahrens liegt jedoch in der Erhöhung der Streifenzahl. Für acht gleichbreit gewählte Streifen erhält man

$$U_8 = \frac{2}{8} \cdot [(\frac{2}{8})^2 + (\frac{2 \cdot 2}{8})^2 + \cdots + (\frac{2 \cdot 7}{8})^2] \qquad O_8 = \frac{2}{8} \cdot [(\frac{2}{8})^2 + (\frac{2 \cdot 2}{8})^2 + \cdots + (\frac{2 \cdot 8}{8})^2]$$

$$= \frac{2^3}{8^3} \cdot [1^2 + 2^2 + \cdots + 7^2] \approx 2{,}19 \qquad = \frac{2^3}{8^3} \cdot [1^2 + 2^2 + \cdots + 8^2] \approx 3{,}19$$

Jetzt ist $\quad O_8 - U_8 = \frac{2}{8} \cdot 4 = 1$.

Für n gleichbreite Streifen folgt entsprechend

$$U_n = \frac{2}{n} \left[(\frac{2}{n})^2 + (\frac{2 \cdot 2}{n})^2 + \cdots + (\frac{2 \cdot (n-1)}{n})^2 \right] = \frac{2^3}{n^3} [1^2 + 2^2 + \cdots + (n-1)^2],$$

$$O_n = \frac{2}{n} \cdot \left[(\frac{2}{n})^2 + (\frac{2 \cdot 2}{n})^2 + \cdots + (\frac{n \cdot 2}{n})^2 \right] = \frac{2^3}{n^3} \cdot [1^2 + 2^2 + \cdots + n^2]$$

sowie $\quad O_n - U_n = \frac{2}{n} \cdot 4 = \frac{2^3}{n}$.

Man erkennt, daß die Differenz zwischen zusammengehörigen Obersummen und Untersummen unterhalb jeder vorgegebenen Genauigkeitsschranke $\varepsilon > 0$ liegt, wenn nur hinreichend viele (gleichbreite) Streifen gewählt werden.

Die Untersummen bzw. Obersummen selbst lassen sich berechnen, wenn man eine elementar beweisbare Summenformel benutzt.

Es ist $\qquad\quad 1^2 + 2^2 + \cdots + n^2 = \frac{1}{6} n \cdot (n+1) \cdot (2n+1)$,

also $\qquad\quad 1^2 + 2^2 + \cdots + (n-1)^2 = \frac{1}{6} \cdot (n-1) \cdot n \cdot (2n-1)$

Mithin gilt:

$$U_n = \frac{2^3}{n^3} \cdot \frac{1}{6} \cdot n \, (n-1) \cdot (2n-1) = \frac{2^3}{6} \cdot \frac{n-1}{n} \cdot \frac{2n-1}{n}$$

und $\qquad O_n = \frac{2^3}{n^3} \cdot \frac{1}{6} \cdot n \, (n+1) \cdot (2n+1) = \frac{2^3}{6} \cdot \frac{n+1}{n} \cdot \frac{2n+1}{n}$.

Ersetzt man n durch 10, 100 oder 1000, so ergeben sich die folgenden Werte

n	10	100	1000
U_n	$\frac{2^3}{6} \cdot 1{,}71$	$\frac{2^3}{6} \cdot 1{,}9701$	$\frac{2^3}{6} \cdot 1{,}997001$
O_n	$\frac{2^3}{6} \cdot 2{,}31$	$\frac{2^3}{6} \cdot 2{,}0301$	$\frac{2^3}{6} \cdot 2{,}003001$

Man erkennt, daß die Maßzahl des von uns betrachteten Flächenstücks $\frac{2^3}{3}$ sein muß. Ein größerer Wert – etwa $\frac{2^3}{3} \cdot 1{,}0004$ – läge über der Obersumme $O_{10\,000}$, die ihrerseits ja unser Flächenstück vom Inhalt her übertrifft. Da auch für jeden Wert, der kleiner ist als $\frac{2^3}{3}$, durch Vergleich mit einer geeigneten Untersumme ein Widerspruch entsteht, kann dem betrachteten Flächenstück kein anderer Inhalt zugeschrieben werden.

Es ist zu sehen, daß die Wahl des Punktes $P_1(2; 4)$ für das Verfahren unwesentlich war. Nimmt man statt dessen den Punkt $P(a; a^2)$, so muß das entsprechend begrenzte Flächenstück zwischen x-Achse, Ordinate und Parabel den Flächeninhalt $\frac{1}{3} a^3$ haben.

Das bestimmte Integral

Im vorigen Abschnitt wurde der Inhalt eines Flächenstücks berechnet, das vom Graph der Funktion $f: x \to x^2$, $x \in \mathbb{R}$ und von Geradenstücken begrenzt war. In der Folge soll die dabei angewandte Betrachtungsweise allgemeiner gefaßt werden. Wir wollen uns von der Bindung an die Quadrat-Funktion und vom Rückgriff auf den anschaulich vorausgesetzten Flächeninhalt lösen.

Es sei $f: x \to f(x)$, $x \in D$ eine beschränkte, reelle Funktion; das Intervall $[a; b]$ gehöre zum Definitionsbereich D.

Definition: Eine *Zerlegung Z* des Intervalls $[a; b]$ ist eine Menge von Zahlen x_0, $x_1, \ldots, x_n$, für die gilt:
$$a = x_0 < x_1 < x_2 < \cdots x_n = b.$$
Eine Zerlegung Z_1 von $[a; b]$ heißt *feiner* als die Zerlegung Z_2 von $[a; b]$ genau dann, wenn Z_1 echte Obermenge von Z_2 ist.

Durch eine Zerlegung Z entstehen also aus dem Intervall $[a; b]$ die n neuen Intervalle $[a = x_0; x_1]$, $[x_1; x_2], \ldots, [x_{n-1}; x_n = b]$.

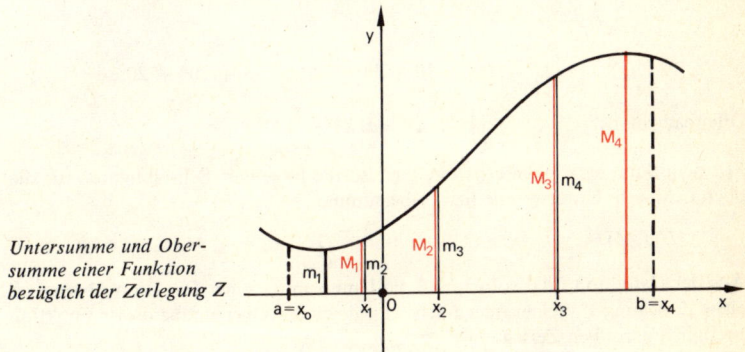

Untersumme und Obersumme einer Funktion bezüglich der Zerlegung Z

Da die Funktion f beschränkt ist, gibt es in jedem Teilintervall eine wohlbestimmte größte untere Schranke für die Funktionswerte aus diesem Teilintervall. Für das Intervall $[x_{i-1}; x_i]$ soll m_i diese größte untere Schranke bezeichnen, $i = 1, 2, \ldots, n$. Aus demselben Grund existiert in jedem Teilintervall eine kleinste obere Schranke M_i für die Funktionswerte dieses Intervalls. Es sei also

$$m_i = \inf \{f(x) \mid x_{i-1} \leq x \leq x_i\}$$

und

$$M_i = \sup \{f(x) \mid x_{i-1} \leq x \leq x_i\}.$$

Für eine stetige Funktion f ist m_i das Minimum und M_i das Maximum der Funktionswerte im Teilintervall $[x_{i-1}; x_i]$. Bei der Beispielfunktion im vorigen Abschnitt wurden wegen der zusätzlich vorhandenen strikten Monotonie die ausgezeichneten Funktionswerte jeweils am Rand der Teilintervalle angenommen.

Definition: Die *Untersumme* der Funktion f bezüglich der Zerlegung Z wird definiert durch
$$U(f, Z) = m_1(x_1 - x_0) + m_2(x_2 - x_1) + \cdots + m_n \cdot (x_n - x_{n-1})$$

Entsprechend heißt
$$O(f, Z) = M_1(x_1 - x_0) + M_2(x_2 - x_1) + \cdots + M_n(x_n - x_{n-1})$$
die *Obersumme* der Funktion f bezüglich Z.

Es ist üblich, Summen durch ein besonderes Zeichen verkürzt zu notieren. Man benutzt dazu den griechischen Großbuchstaben Sigma und schreibt anstelle von

$$S_{100} = 1 + 2 + 3 + \cdots + 100$$

$$S_{100} = \sum_{i=1}^{100} i.$$

Entsprechend bezeichnet

$$S_{100}^{(2)} = \sum_{i=1}^{10} i^2 \quad \text{die Summe}$$

$$S_{100}^{(2)} = 1^2 + 2^2 + 3^2 + \dots + 10^2.$$

Weitere Beispiele:

$$S_n^{(3)} = \sum_{i=1}^{n} i^3 = 1^3 + 2^3 + \cdots + n^3;$$

$$\sum_{k=1}^{10} \frac{1}{k \cdot (k+1)} = \frac{1}{1 \cdot 2} + \frac{1}{2 \cdot 3} + \cdots + \frac{1}{10 \cdot 11};$$

$$\sum_{k=10}^{20} (k^2 + k) = 10^2 + 10 + 11^2 + 11 + \cdots + 20^2 + 20.$$

Offenbar gilt
$$\sum_{k=10}^{20} (k^2 + k) = \sum_{k=10}^{20} k^2 + \sum_{k=10}^{20} k.$$

Mit dem Summenzeichen erhalten wir also die folgenden Schreibfiguren für die oben definierte Untersumme bzw. Obersumme

$$U(f, Z) = \sum_{i=1}^{n} m_i(x_i - x_{i-1}) \quad \text{und} \quad O(f, Z) = \sum_{i=1}^{n} M_i(x_i - x_{i-1}).$$

Aus der Definition folgt sofort, daß die Untersumme einer Funktion f bezüglich einer Zerlegung Z kleiner oder höchstens gleich der Obersumme dieser Funktion bezüglich derselben Zerlegung Z ist.

Beim Vergleich von Obersummen und Untersummen, die zu verschiedenen Zerlegungen Z_1 und Z_2 eines Intervalls gebildet wurden, ist nicht von vorneherein zu sehen, daß $U(f, Z_1) \leq O(f, Z_2)$.

Diese Beziehung kann in zwei Schritten bewiesen werden. Man zeigt, daß $U(f, Z_1) \leq U(f, Z^*)$, wenn Z^* eine feinere Zerlegung als Z_1 ist; entsprechend gilt $O(f, Z_1) \geq O(f, Z^*)$.

Der Leser zeichne eine Skizze und leite die beiden letzten Ungleichungen her, indem er zunächst die Zerlegung Z verfeinert zu einer Zerlegung Z', die genau einen Teilungspunkt mehr enthält als Z.

Betrachtet man die Zerlegung Z_3, die alle Teilungspunkte von Z_1 und Z_2 enthält, so ist Z_3 feiner als Z_1 und gleichzeitig auch feiner als Z_2. Aus den beiden vorigen Ungleichungen folgt dann

$$U(f, Z_1) \leq U(f, Z_3) \leq O(f, Z_3) \leq O(f, Z_2),$$

also $$U(f, Z_1) \leq O(f, Z_2).$$ Mithin ist für eine beschränkte Funktion f die Menge aller Untersummen über einem Intervall $[a; b]$ beschränkt nach oben; eine beliebige Obersumme ist obere Schranke. Nach dem

Satz vom Supremum gibt es eine wohlbestimmte kleinste obere Schranke für die Menge aller Untersummen

$$I_u = \text{Sup}\ \{U(f, Z) \mid Z \text{ zerlegt } [a; b]\}.$$

I_u heißt *unteres Integral* oder *Unterintegral* der Funktion f im Intervall $[a; b]$.

Entsprechend ist für die beschränkte Funktion f die Menge aller *Obersummen* über dem Intervall $[a; b]$ nach unten beschränkt; jede Untersumme über $[a; b]$ ist untere Schranke. Der Satz vom Infimum sichert dies Vorhandensein einer größten unteren Schranke:

$$I_0: \qquad\qquad I_0 = \text{Inf}\ \{O(f, Z) \mid Z \text{ zerlegt } [a; b]\}.$$

I_0 heißt *oberes Integral* oder *Oberintegral* von f im Intervall $[a; b]$.

Offensichtlich gilt
$$U(f, Z) \le I_u \le O(f, Z);$$
$$U(f, Z) \le I_0 \le O(f, Z);$$

für beliebige Zerlegungen Z des Intervalls $[a; b]$.

Überdies ist $I_u \le I_0$.

Da die Zahlen I_u und I_0 voneinander verschieden sein können, erscheint die folgende Definition sinnvoll:

Definition: Eine beschränkte Funktion f heißt *integrierbar* im Intervall $[a; b]$ genau dann, wenn $I_u = I_0$ ist. In diesem Falle schreibt man

$$I_u = I_0 = \int\limits_a^b f, \text{ oder auch } I = I_u = I_0 = \int\limits_a^b f(x)dx.$$

Gelesen »Integral von a bis b über f«

oder   »Integral von a bis b über $f(x)dx$«.

Die Schreibweise $I = \int\limits_a^b f$ deutet an, daß dem Tripel $(f; a; b)$ die reelle Zahl I zugeordnet wird.

Die (häufiger verwendete) Schreibweise $I = \int\limits_a^b f(x)dx$ soll an die Summation der Produkte erinnern.

Die Zahl a heißt *untere Grenze des Integrals* oder *untere Integrationsgrenze*; entsprechend heißt b *obere Grenze des Integrals* oder *obere Integrationsgrenze*.

Beispiel 1: Das im vorigen Abschnitt behandelte Flächenproblem läßt sich jetzt folgendermaßen formulieren: Zur Funktion $q : x \to x^2$, $x \in \mathbb{R}$ wurde $\int\limits_0^a q$ bestimmt. Nach konventioneller Schreibweise berechnete man $\int\limits_0^a x^2 dx$.

Wir benutzten dabei die Zerlegungen des Intervalls $[0; a]$ in n gleichlange Teilintervalle. Die Werte m_i und M_i wurden wegen der Stetigkeit und Monotonie von q jeweils am Rande der Teilintervalle angenommen. Die Differenz zwischen Obersumme und Untersumme bezüglich derselben Zerlegung betrug $\frac{a}{n} \cdot a^2$; durch geeignete Wahl der Zahl n bleibt $O_n - U_n$ also unter jeder vorgegebenen Genauigkeitsschranke $\varepsilon > 0$. Mit der Formel für die Summe der Quadratzahlen kann der Wert des Integrals angegeben werden, obwohl nur sehr spezielle Zerlegungen des Intervalls $[0; a]$ betrachtet wurden(!).

Es ist
$$\int\limits_0^a q = \int\limits_0^a x^2 dx = \frac{a^3}{3}.$$

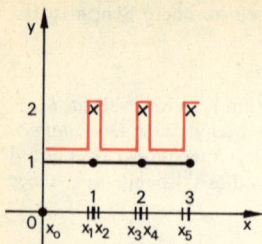

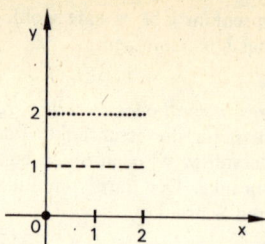

Links *Figur zu Beispiel 2;* rechts *Figur zu Beispiel 3*

Beispiel: 2: Betrachtet werde die Funktion $g : g(x) = \begin{cases} 2, & x \in \mathbb{N} \\ 1, & x \in \mathbb{R} \setminus \mathbb{N}. \end{cases}$
Es sei $a = 0$, $b = 3$.
Man erkennt, daß bei beliebiger Zerlegung Z stets $U(g, Z) = 3$ ist. Also gilt $I_u = 3$. Der Wert der Obersummen hängt sehr wohl von der Zerlegung Z ab; es gibt Zerlegungen, so daß $O(g, Z) = 6$ ist. Für die Integrierbarkeit interessiert jedoch das Infimum zur Menge aller Obersummen. Aus der Figur ist zu sehen, warum auch $I_0 = 3$ ist. Bezeichnet man nämlich den Abstand der Teilpunkte $x_1, x_2, \ldots, x_5$ von der jeweils nächstgelegenen ganzen Zahl mit δ, so wird für jede derartige Zerlegung Z_δ der Wert der Obersumme

$$O(g, Z_\delta) = 1 \cdot (3 - 5\,\delta) + 2 \cdot 5\,\delta = 3 + 5\,\delta.$$

Nun gilt $\text{Inf } \{3 + 5\,\delta \mid \delta > 0\} = 3 = I_0.$

Das heißt aber, daß die Funktion g im Intervall $[0; 3]$ integrierbar ist, $\int_0^3 g = 3$.

Beispiel 3: Zu untersuchen sei die Integrierbarkeit der Funktion h:

$$h(x) = \begin{cases} 1, & x \in \mathbb{Q} \\ 2, & x \in \mathbb{R} \setminus \mathbb{Q} \end{cases} \text{ im Intervall } [0; 2].$$

Bei beliebiger Zerlegung Z gibt es in jedem Teilintervall Stellen, an denen die Variable x einen rationalen Wert hat; also ist m_i stets gleich 1. Da andererseits aber in jedem Teilintervall auch irrationale Zahlen liegen, ist M_i immer gleich 2. Mithin gilt für jede Zerlegung Z des Intervalls $[0; 2]$

$$U(h, Z) = 1 \cdot 2 = I_u; \quad O(h, Z) = 2 \cdot 2 = I_0; \quad I_u \neq I_0!$$

Die Funktion h ist im Intervall $[0; 2]$ nicht integrierbar (man erkennt, daß h in keinem Intervall integrierbar ist).

Sätze über bestimmte Integrale

Wir verschaffen uns zunächst ein Kriterium über die Integrierbarkeit beschränkter Funktionen.

Satz 1:   Eine beschränkte Funktion f ist dann und nur dann integrierbar im Intervall $[a; b]$ ihres Definitionsbereiches, wenn es zu jeder Zahl $\varepsilon > 0$ eine Zerlegung Z_ε von $[a; b]$ gibt, so daß $O(f, Z_\varepsilon) - U(f, Z_\varepsilon) < \varepsilon$ ist.

Beweis: 1) Wenn f integrierbar ist, gilt $I = I_u = I_0$, das heißt $\sup \{U(f, Z) \mid Z \text{ zerlegt } [a; b]\} = \inf \{O(f, Z) \mid Z \text{ zerlegt } [a; b]\}.$

Betrachten wir zur Zahl I eine symmetrische Umgebung der Länge ε, so muß in dieser Umgebung mindestens eine Obersumme $O(f, Z_1)$ und mindestens eine Untersumme $U(f, Z_2)$ liegen. Das bedeutet

$$O(f, Z_1) - U(f, Z_2) < \varepsilon.$$

Wenn Z_3 eine gemeinsame Verfeinerung von Z_1 und Z_2 ist, bestehen die Ungleichungen $U(f, Z_3) \geq U(f, Z_2)$ und $O(f, Z_3) \leq O(f, Z_1)$; daraus ergibt sich

$$O(f, Z_3) - U(f, Z_3) \leq O(f, Z_1) - U(f, Z_2) < \varepsilon.$$

Da $\varepsilon > 0$ beliebig gewählt werden konnte, folgt also aus der Integrierbarkeit die Bedingung des Kriteriums.

2) Umgekehrt soll es zu jeder positiven Zahl ε eine Zerlegung Z_ε von $[a; b]$ geben, so daß $O(f, Z_\varepsilon) - U(f, Z_\varepsilon) < \varepsilon$.

Aus
$$I_u = \sup \{U(f, Z)\} \geq U(f, Z_\varepsilon)$$

und
$$I_0 = \inf \{O(f, Z)\} \leq O(f, Z_\varepsilon)$$

folgt
$$I_0 - I_u \leq O(f, Z_\varepsilon) - U(f, Z_\varepsilon) < \varepsilon.$$

Wenn aber $I_0 - I_u < \varepsilon$ bleibt für jedes $\varepsilon > 0$, dann stimmen die Zahlen I_0 und I_u überein; also ist die Funktion f integrierbar.

Durch die voranstehende Analyse über $\sup \{U(f, Z) \,|\, Z$ zerlegt $[a; b]\}$ und $\inf \{O(f, Z) \,|\, Z$ zerlegt $[a; b]\}$ erscheint die Forderung für die Integrierbarkeit jetzt weniger spröde als zuvor. Die beiden folgenden Sätze geben weitere Informationen über den Bereich der integrierbaren Funktionen. Der Leser sollte versuchen, Satz 2 auf das Kriterium über die Integrierbarkeit zurückzuführen. Den Beweis zu Satz 3 führen wir im nächsten Abschnitt.

Satz 2:   Wenn die Funktion f im Intervall $[a; b]$ beschränkt und strikt monoton ist, dann ist f in $[a; b]$ integrierbar.

Satz 3:   Wenn die Funktion f im Intervall $[a; b]$ stetig ist, dann ist f in $[a; b]$ integrierbar.

Wie das Beispiel 2 im Abschnitt Bestimmte Integrale zeigte, ist die Stetigkeit einer Funktion nicht notwendig für die Integrierbarkeit.

Wenn auch Satz 2 und Satz 3 die Existenz sehr vieler bestimmter Integrale sichern, so wäre die Ermittlung der numerischen Werte doch mehr als mühsam. In einigen Fällen könnten Summenformeln helfen; ein tiefgreifender Durchbruch gelingt aber erst durch das Aufdecken des Zusammenhangs mit der Differentialrechnung. Die beiden nächsten Sätze werden den Leser an die entsprechenden Aussagen aus dem Abschnitt über Differenzierbarkeit erinnern (S. 112).

Satz 4:   Wenn die Funktion f im Intervall $[a; b]$ integrierbar ist, dann ist auch die Funktion $c \cdot f$ in $[a; b]$ integrierbar, $c \in \mathbb{R}$. Es gilt

$$\int_a^b c \cdot f = c \cdot \int_a^b f.$$

Satz 5:   Wenn die Funktionen f und g im Intervall $[a; b]$ integrierbar sind, dann ist auch die Funktion $f + g$ in $[a; b]$ integrierbar. Es gilt

$$\int_a^b (f + g) = \int_a^b f + \int_a^b g.$$

Der Nachweis dieser Sätze könnte über das Kriterium zur Integrierbarkeit geführt werden. Um Schreibarbeit zu sparen, stellen wir jedoch auch diese Beweise vorerst zurück. Wir wollen uns vielmehr nochmals dem Integralbegriff zuwenden.

Zunächst geben wir eine Abschätzung an, die elementar ist, aber wesentliche Umformungen ermöglicht.

Satz 6:   Wenn die Funktion f im Intervall $[a; b]$ integrierbar ist und wenn $m \leq f(x) \leq M$ für alle $x \in [a; b]$ gilt, dann ist

$$m(b - a) \leq \int_a^b f \leq M(b - a).$$

Der Beweis folgt aus den Ungleichungen

$$m\,(b - a) \leq U(f, Z)\,|\,Z \text{ zerlegt } [a, b] \leq I_u$$

und

$$M(b - a) \geq O(f, Z)\,|\,Z \text{ zerlegt } [a, b] \geq I_0.$$

An zweiter Stelle soll die Beziehung zwischen Flächeninhalt und Integral festgelegt werden. Wir hatten ein Flächenstück berechnet, dessen Inhalt von der Anschauung her als gegeben angesehen werden konnte. Anschließend wurde ein analytisches Verfahren entwickelt, das dem Tripel (f, a, b) – unter bestimmten Voraussetzungen – die Zahl $\int_a^b f$ zuordnet. Dabei wurden die geometrischen Betrachtungsweisen durch Rechenvorschriften ersetzt. Nunmehr ist es möglich, den Begriff des Flächeninhaltes analytisch zu fassen; in ähnlicher Weise verfuhren wir mit dem Tangentenbegriff.

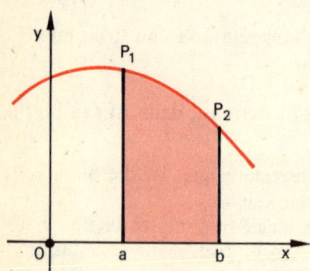

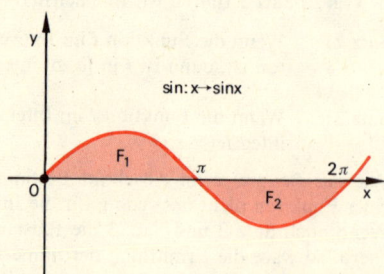

Figuren zum Begriff des Flächeninhaltes

Definition: Die Funktion $f : x \to f(x)$ sei im Intervall $[a; b]$ definiert und nehme dort nur positive Werte an. Das Flächenstück zwischen dem Graph von f, der x-Achse und den Ordinaten zu den Punkten $P_1\,(a; f(a))$ und $P_2(b; f(b))$ hat genau dann einen *Flächeninhalt A*, wenn die Funktion f integrierbar ist im Intervall $[a; b]$. Man setzt

$$A = \int_a^b f.$$

In der Definition wird das Positivsein der Funktionswerte verlangt, weil andernfalls das Integral $\int_a^b f$ einen nichtpositiven Wert haben kann.

Wie man aus geeigneten Unter- und Obersummen sehen kann, ist zum Beispiel $\int\limits_{0}^{2\pi} \sin = 0$. Weiterhin ist erkennbar, daß $\int\limits_{\pi}^{2\pi} \sin < 0$ wird. Will man den Inhalt des Flächenstücks F_2 bestimmen, ohne das Ergebnis über F_1 zu benützen, so beachtet man Satz 4: $A(F_2) = \int\limits_{\pi}^{2\pi} |\sin| = \int\limits_{\pi}^{2\pi} (-1) \cdot \sin = -\int\limits_{\pi}^{2\pi} \sin = |\int\limits_{\pi}^{2\pi} \sin|$.

Zur Abrundung des Integralbegriffs ist eine weitere wichtige Festsetzung notwendig. Bisher wurden sämtliche Integrale definiert für den Fall $a < b$. Bei der Bildung von Untersummen bzw. Obersummen waren also die dort auftretenden Differenzen $x_i - x_{i-1}$ stets positiv. Es ist zweckmäßig, dann noch das bestimmte Integral $\int\limits_{a}^{b} f$ zu betrachten, wenn $a > b$. Für derartige Fälle wird festgelegt:

$$\int\limits_{a}^{b} f = -\int\limits_{b}^{a} f.$$

Diese Definition ergibt sich aus dem Bau der Untersummen bzw. Obersummen. Schließlich setzt man noch

$$\int\limits_{a}^{a} f = 0.$$

Abschließend beweisen wir eine grundlegende Beziehung über die Integrierbarkeit in aneinander grenzenden Intervallen.

Satz 7: Es sei $a < b < c$; $a, b, c \in \mathbb{R}$. Wenn die Funktion f integrierbar ist im Intervall $[a, c]$, dann ist f auch integrierbar in $[a, b]$ und in $[b; c]$. Wenn umgekehrt f integrierbar ist in $[a; b]$ und in $[b; c]$, dann ist f auch integrierbar in $[a; c]$.

Es gilt $\int\limits_{a}^{c} f = \int\limits_{a}^{b} f + \int\limits_{b}^{c} f$.

Beweis: Wenn f integrierbar ist in $[a; c]$, dann gibt es nach Satz 1 zu jedem $\varepsilon > 0$ eine Zerlegung Z von $[a; c]$, so daß $O(f, Z) - U(f, Z) < \varepsilon$.

Falls die Zerlegung Z die Zahl b nicht als Teilpunkt enthält, betrachten wir die Verfeinerung Z_1 von Z, die alle Teilpunkte von Z und zusätzlich noch b enthält. Dann ist $U(f, Z) \leq U(f, Z_1)$ und $O(f, Z) \geq O(f, Z_1)$. Mithin wird $O(f, Z_1) - U(f, Z_1) \leq O(f, Z) - U(f, Z) < \varepsilon$.

Nun zerlegt Z_1 sowohl das Intervall $[a; b]$ wie das Intervall $[b; c]$. Z' bezeichne die Zerlegung von $[a; b]$, Z'' die Zerlegung von $[b; c]$. Offensichtlich ist

$$O(f, Z_1) = O(f, Z') + O(f, Z'')$$

und $\qquad U(f, Z_1) = U(f, Z') + U(f, Z'')$.

Demnach wird

$$O(f, Z_1) - U(f, Z_1) = [O(f, Z') - U(f, Z')] + [O(f, Z'') - U(f, Z'')] < \varepsilon.$$

Da die Terme innerhalb der eckigen Klammern nicht negativ sind, muß jede Differenz bereits kleiner als ε sein. Nach Satz 1 bedeutet das aber die Integrierbarkeit von f in $[a; b]$ bzw. in $[b; c]$.

Aus $\qquad\qquad U(f, Z') \leq \int\limits_{a}^{b} f \leq O(f, Z')$

und $\qquad\qquad U(f, Z'') \leq \int\limits_{b}^{c} f \leq O(f, Z'')$

erhält man $\qquad U(f, Z_1) \leq \int\limits_a^b f + \int\limits_b^c f \leq O(f, Z_1).$

Da diese Beziehung für jede Zerlegung Z des Intervalls $[a; c]$ gültig ist, folgt wegen der Integrierbarkeit von f in $[a; c]$, daß

$$\int\limits_a^c f = \int\limits_a^b f + \int\limits_b^c f.$$

Wenn schließlich f integrierbar ist in $[a; b]$ und in $[b; c]$, dann gibt es zu jedem $\varepsilon > 0$ eine Zerlegung Z' von $[a; b]$ und eine Zerlegung Z'' von $[b; c]$, so daß

$$O(f, Z') - U(f, Z') < \frac{\varepsilon}{2};$$

und $\qquad\qquad O(f, Z'') - U(f, Z'') < \frac{\varepsilon}{2}.$

Betrachten wir nun die Zerlegung Z, die alle Teilpunkte von Z' und Z'' enthält, $Z = Z' \cup Z''$, so ist

$$O(f, Z) = O(f, Z') + O(f, Z'')$$

sowie $\qquad\qquad U(f, Z) = U(f, Z') + U(f, Z'').$

Mithin gilt

$$O(f, Z) - U(f, Z) = [O(f, Z') - U(f, Z')] + [O(f, Z'') - U(f, Z'')] < \frac{\varepsilon}{2} + \frac{\varepsilon}{2}.$$

Nach Satz 1 ist damit aber die Integrierbarkeit von f im Intervall $[a; c]$ gesichert.

Mit der vorigen Definition (und ein wenig Geduld) kann man nachweisen, daß auch bei beliebiger Anordnung der Zahlen a, b, c stets die Gleichung

$\int\limits_a^c f = \int\limits_a^b f + \int\limits_b^c f$ besteht, wenn nur a, b und c innerhalb eines Intervalls liegen, in dem f integrierbar ist.

Satz 7 wird zusammen mit den Sätzen 4 und 5 in der Integrations-Praxis häufig benutzt.

Aufgaben

49) Es ist $\sum\limits_{i=1}^{n} i^3 = \dfrac{n^2(n+1)^2}{4}$.

Bestimmen Sie mit Hilfe der angegebenen Summenformel zur Funktion $f: x \to x^3,\ x \in \mathbb{R}$ das Integral $\int\limits_0^a f,\ a \in \mathbb{R}$.

50) Untersuchen Sie, ob die folgenden Funktionen $f: x \to f(x)$ im Intervall $[-1; +1]$ integrierbar sind und bestimmen Sie gegebenenfalls $\int\limits_{-1}^{+1} f$.

a) $x \to x$;

b) $x \to |x|$;

c) $x \to [x]$;

d) $x \to x + [x]$;

e) $x \to x \cdot |x|$;

f) $x \to (x - [x])^2$;

g) $x \to \operatorname{sign} x$;

h) $x \to \begin{cases} x, x \in \mathbb{Q}; \\ x + 1, x \in \mathbb{R} \setminus \mathbb{Q}. \end{cases}$

51) Beweisen oder widerlegen Sie die folgenden Behauptungen:

    a) Wenn die Funktion $f : x \to f(x)$ gerade ist und integrierbar im Intervall $[0; a]$, dann gilt $\int\limits_{-a}^{a} f = 2 \cdot \int\limits_{0}^{a} f$.

    b) Aus $\int\limits_{a}^{b} f = \int\limits_{a}^{b} g$ folgt $f = g$.

    c) Wenn $t : x \to t(x)$, $x \in [a; b]$ eine Treppenfunktion ist, dann ist t integrierbar in $[a; b]$.

    d) Aus $\int\limits_{a}^{b} f^2 = 0$ folgt $f(x) = 0$, $x \in [a; b]$.

52) Beweisen Sie den Satz 2 von S. 143.

Der Hauptsatz der Differential- und Integralrechnung

Wenn die Funktion f integrierbar ist im Intervall $[a; b]$, existiert nach Satz 7 zu jedem $x \in [a; b]$ die Zahl $\int\limits_{a}^{x} f$. Es ist daher möglich, eine Funktion F zu definieren durch die Vorschrift

$$F : x \to \int\limits_{a}^{x} f, \quad x \in [a; b].$$

F heißt *eine Integralfunktion* der Funktion f; f wird Integrandenfunktion genannt.

Der unbestimmte Artikel ist wesentlich: Mit $a_1 \neq a$ sei $[a_1; b_1]$ ein anderes Intervall, in dem f integrierbar ist; dann definiert

$$F_1 : x \to \int\limits_{a_1}^{x} f, \quad x \in [a_1; b_1]$$

eine andere Integralfunktion von f.

Über den Zusammenhang von Integralfunktionen $F, F_1, \ldots$, die zu derselben Integrandenfunktion f gehören, gilt

Satz 8: Die Funktion f sei integrierbar in einem Intervall $[a, b]$, das die Intervalle $[a_1; b_1]$ und $[a_2; b_2]$ enthält. Betrachtet man die Integralfunktionen

$$F_1 : x \to \int\limits_{a_1}^{x} f, \quad x \in [a; b] \quad \text{und} \quad F_2 : x \to \int\limits_{a_2}^{x} f, \quad x \in [a; b]$$

    so gilt $\quad F_2 = F_1 + c$, $c \in \mathbb{R}$.

Der Beweis folgt sofort aus Satz 7:

$$F_2(x) = \int\limits_{a_2}^{x} f = \int\limits_{a_2}^{a_1} f + \int\limits_{a_1}^{x} f = c + F_1(x) \text{ mit der reellen Konstanten } c = \int\limits_{a_2}^{a_1} f.$$

Zwei Integralfunktionen zu einer Integrandenfunktion unterscheiden sich also lediglich um eine additive Konstante. Betrachten wir beispielsweise die Funktion $q : x \to x^2$, $x \in \mathbb{R}$, so ist $Q_1 : x \to \int\limits_{0}^{x} q$ eine Integralfunktion von q. Es gilt $Q_1 : x \to \frac{x^3}{3}$. Damit ist auch die Menge aller Integralfunktionen von q bestimmt:

$$\{Q \,|\, Q \text{ ist Integralfunktion von } q\} = \{Q \,|\, Q : x \to \frac{x^3}{3} + c, \ c \in \mathbb{R}\}.$$

Wenn $Q_2(x) = \int_1^x q$ gesetzt wird, errechnet man

$$Q_2(x) = \int_1^x q = \int_1^0 q + \int_0^x q = -\int_0^1 q + \int_0^x q = -\frac{1}{3} + \frac{x^3}{3}.$$

Wird statt der Schreibfigur $I = \int_a^b f$ die konventionelle Notierung verwendet, also $I = \int_a^b f(x)\,dx$ geschrieben, dann ist zur Bezeichnung von Integralfunktionen Vorsicht geboten. Durch den Integrationsprozeß wird die Variable unter dem Integralzeichen gebunden. Daher ist die Definition $F: x \to \int_a^x f(x)\,dx$ nicht korrekt, man hätte zu schreiben $F: x \to \int_a^x f(t)\,dt$ oder $F: x \to \int_a^x f(u)\,du$.

Der nächste Satz macht eine weitgehende Aussage über alle Integralfunktionen, es gilt

Satz 9:   Wenn f integrierbar ist im Intervall $[a, b]$, dann ist die Integralfunktion $F: x \to \int_a^x f$ stetig in $[a; b]$.

Beweis: Wir müssen zeigen, daß für jedes $x_1 \in [a; b]$ $\lim\limits_{x_1} F = F(x_1)$ ist. Anders gewendet: Zu beliebig vorgegebenem $\varepsilon > 0$ muß es eine positive Zahl δ geben, so daß

$$|F(x) - F(x_1)| < \varepsilon \text{ für alle } x \text{ mit } |x - x_1| < \delta.$$

Wir unterscheiden die Fälle

$$x > x_1 \qquad \text{und} \qquad x < x_1.$$

Dazu setzen wir

$$x = x_1 + h, h > 0 \qquad \text{bzw.} \qquad x = x_1 - h, h > 0.$$

Es ist $F(x) = \int_a^x f$ und $F(x_1) = \int_a^{x_1} f$.   Nach Satz 7 wird

$$F(x) = \int_a^{x_1} f + \int_{x_1}^{x_1+h} f \qquad \text{bzw.} \qquad F(x) = \int_a^{x_1} f + \int_{x_1}^{x_1-h} f.$$

Also erhält man

$$F(x) - F(x_1) = \int_{x_1}^{x_1+h} f \quad \text{bzw.} \quad F(x_1) - F(x) = -\int_{x_1}^{x_1-h} f = \int_{x_1-h}^{x_1} f.$$

Als integrierbare Funktion ist f beschränkt; es gibt eine positive Zahl M, so daß $-M \leq f(x) \leq M$ für alle $x \in [a; b]$. Mit Hilfe von Satz 6 kann nunmehr die Differenz $F(x) - F(x_1)$ bzw. $F(x_1) - F(x)$ abgeschätzt werden. Man erhält $-hM \leq F(x) - F(x_1) \leq hM$ bzw. $-hM \leq F(x_1) - F(x) \leq hM$. Anders geschrieben $|F(x) - F(x_1)| \leq h \cdot M$.

Demnach wird $|F(x) - F(x_1)| < \varepsilon$, falls $h < \dfrac{\varepsilon}{M}$.

Damit ist aber die Stetigkeit der Funktion F an einer beliebigen Stelle x_1 ihres Definitionsbereiches $[a; b]$ gesichert. Die eben benutzte Beweisidee ist so tragfähig, daß sie noch ausgeweitet werden kann. Dabei ergeben sich erneut tiefgreifende Konsequenzen aus den Forderungen über die Stetigkeit von Funktionen. Wir beweisen zunächst den noch offenen Satz 3 aus dem vorigen Abschnitt.

Gleichsam als Nebenresultat erhalten wir dann eine sehr enge Verbindung von Differentialrechnung und Integralrechnung (Hauptsatz der Differential- und Integralrechnung).

Wenn die Funktion f im Intervall $[a; b]$ stetig ist, so ist sie dort beschränkt. Es existiert daher für jedes $x \in [a; b]$ die eindeutig bestimmte Zahl

sup $\{U(f, Z) \mid Z$ zerlegt $[a; x]\}$ – das Unterintegral I_u der Funktion f im Intervall

$[a; x]$. Wir bezeichnen $I_u(f, a, x)$ durch $\int\limits_a^x f$ und erhalten zur stetigen Funktion f

eine *Unterintegralfunktion* F_u durch die Vorschrift

$$F_u : x \to \int\limits_a^x f, \quad x \in [a; b] .$$

Der Unterschied in den Definitionen von Integralfunktion F und Unterintegralfunktion F_u liegt in den Voraussetzungen über f. Im ersten Fall wird die Integrierbarkeit von f gefordert, also die Gleichheit von I_u und I_0; im zweiten Fall wird die Stetigkeit von f verlangt. Durch die Gemeinsamkeiten bei der Begriffsbildung lassen sich aus den vorhergegangenen Beweisen wesentliche Resultate für Unterintegrale bzw. Unterintegralfunktionen gewinnen.

Man erkennt sofort, daß der Satz 6 auf Unterintegrale übertragbar ist. Es gilt

$$m(b-a) \leq \int\limits_a^b f \leq M(b-a), \text{ wenn } m \leq f(x) \leq M, \ x \in [a; b] .$$

Weiterhin beweisen wir die Entsprechung zu Satz 7:

$$\int\limits_a^c f = \int\limits_a^b f + \int\limits_b^c f .$$

Gemäß der Definition der Unterintegrale ist zu zeigen:

sup $\{U(f, Z) \mid Z$ zerlegt $[a; c]\}$ = sup $\{U(f, Z') \mid Z'$ zerlegt $[a; b]\}$ +
sup $\{U(f, Z'') \mid Z''$ zerlegt $[b; c]\}$.

Wir können ohne Beschränkung der Allgemeinheit annehmen, daß die Zerlegung Z von $[a; c]$ den Teilpunkt b enthält. Dann ist

$$U(f, Z) = U(f, Z') + U(f, Z'').$$

Mithin bleibt nachzuweisen, daß

sup $\{U(f, Z)\}$ = sup $\{U(f, Z')\}$ + sup $\{U(f, Z'')\}$.

1) Für jede Zerlegung Z' von $[a; b]$ gilt $U(f, Z') \leq$ sup $\{U(f, Z')\}$. Entsprechend hat man $U(f, Z'') \leq$ sup $\{U(f, Z'')\}$. Also ist für jede Zerlegung Z von $[a; c]$

$$U(f, Z) = U(f, Z') + U(f, Z'') \leq \text{sup } \{U(f, Z')\} + \text{sup } \{U(f, Z'')\}.$$

Das heißt aber sup $\{U(f, Z)\} \leq$ sup $\{U(f, Z')\}$ + sup $\{U(f, Z'')\}$.

2) Es sei ε eine beliebige positive Zahl; Z_ε' bezeichne eine Zerlegung von $[a; b]$,

so daß sup $\{U(f, Z')\} - U(f, Z_\varepsilon') < \dfrac{\varepsilon}{2}$. Entsprechend gelte für eine Zerlegung

Z_ε'' von $[b; c]$ die Ungleichung sup $\{U(f, Z'')\} - U(f, Z_\varepsilon'') < \dfrac{\varepsilon}{2}$

Dann ist

sup $\{U(f, Z')\}$ + sup $\{U(f, Z'')\}$ - $[U(f, Z_\varepsilon') + U(f, Z_\varepsilon'')] < \varepsilon$.

Da Z_ε' und Z_ε'' eine Zerlegung Z_ε von $[a; c]$ erzeugen, ist demnach

sup $\{U(f, Z')\}$ + sup $\{U(f, Z'')\}$ < $U(f, Z_\varepsilon) + \varepsilon$.

Aus $U(f, Z_\varepsilon) \leq \sup \{U(f, Z)\}$ erhält man daher
$\sup \{U(f, Z')\} + \sup \{U(f, Z'')\} < \sup \{U(f, Z)\}$.
Die Beweisschritte *1)* und *2)* ergeben also

$$\sup \{U(f, Z)\} = \sup \{U(f, Z')\} + \sup \{U(f, Z'')\};$$

anders geschrieben $\int\limits_a^c f = \int\limits_a^b f + \int\limits_b^c f$.

Nach diesem Einschub über Unterintegral-Eigenschaften knüpfen wir beim Beweis des Satzes 9 an.
Wir zeigen, daß bei einer stetigen Funktion f die Unterintegralfunktion F_u differenzierbar ist!
Dazu müssen wir die Sekantensteigungsfunktion von F_u an einer Stelle x_1 in $[a; b]$ betrachten,

$$\tan \sigma_{F_u} = \frac{F_u(x) - F_u(x_1)}{x - x_1} = \frac{F_u(x_1) - F_u(x)}{x_1 - x}.$$

Wie in Satz 9 unterscheidet man die Fälle
$x > x_1$ und $x < x_1$,   setzt also
$x = x_1 + h, h > 0$ bzw. $x = x_1 - h, h > 0$.
Man findet wie oben

$$F_u(x) - F_u(x_1) = \int\limits_{x_1}^{x_1+h} f \quad \text{bzw.} \quad F_u(x_1) - F_u(x) = \int\limits_{x_1-h}^{x_1} f.$$

Da f stetig ist in $[a; b]$, gibt es Stellen $\underline{x}$ und $\overline{x}$ bzw. $\underline{\underline{x}}$ und $\overline{\overline{x}}$, so daß
$\quad f(\underline{x}) \leq f(x), \ x \in [x_1; x_1 + h] \quad$ bzw. $\quad f(\underline{\underline{x}}) \leq f(x), \ x \in [x_1 - h; x_1]$
und $\quad f(\overline{x}) \geq f(x), \ x \in [x_1; x_1 + h] \qquad\qquad f(\overline{\overline{x}}) \geq f(x), \ x \in [x_1 - h; x_1]$.

Aus der Entsprechung von Satz 6 folgt daher

$$h \cdot f(\underline{x}) \leq F_u(x) - F_u(x_1) \leq h \cdot f(\overline{x})$$

bzw. $\qquad\qquad h \cdot f(\underline{\underline{x}}) \leq F_u(x_1) - F_u(x) \leq h \cdot f(\overline{\overline{x}})$.

Somit erhält man schließlich

$$f(\underline{x}) \leq \frac{F_u(x) - F_u(x_1)}{h} \leq f(\overline{x})$$

bzw. $\qquad\qquad f(\underline{\underline{x}}) \leq \frac{F_u(x_1) - F_u(x)}{h} \leq f(\overline{\overline{x}})$.

Für den Fall $x > x_1$ bzw. für den Fall $x < x_1$ wird also $\tan \sigma_{F_u}$ nach unten und nach oben eingeschränkt durch die Funktionswerte $f(\underline{x})$ und $f(\overline{x})$ bzw. $f(\underline{\underline{x}})$ und $f(\overline{\overline{x}})$.
Wegen der Stetigkeit der Funktion f an der Stelle x_1 liegen aber die genannten Funktionswerte innerhalb jeder vorgeschriebenen ε-Umgebung von $f(x_1)$, wenn nur $\underline{x}$ und $\overline{x}$ bzw. $\underline{\underline{x}}$ und $\overline{\overline{x}}$ innerhalb einer geeigneten δ-Umgebung von x_1 liegen.
Mithin ist $\qquad\qquad\qquad \lim \tan \sigma_{F_u} = f(x_1)$.
Resultat: Die Unterintegralfunktion F_u der stetigen Funktion f ist differenzierbar; es gilt $(F_u)' = f$.
Als nächstes kann man bei einer stetigen Funktion f alle Überlegungen, die sich auf Unterintegrale und Unterintegralfunktionen bezogen, auf Oberintegrale bzw. Oberintegralfunktionen übertragen:

Wenn f stetig ist im Intervall $[a, b]$, existiert zu jedem $x \in [a; b]$ genau eine Zahl inf; $\{O(f, Z)\mid Z \text{ zerlegt } [a; b]\}$, das Oberintegral I_0.

Wir schreiben $I_0(f, a, x) = \int_a^b f$ und definieren eine Oberintegralfunktion

$F_0 : x \to \int_a^b f$, $x \in [a; b]$. Wegen der völligen Analogie gilt

$$m(b-a) \leq \int_a^b f \leq M(b-a), \quad \text{wenn} \quad m \leq f(x) \leq M, \ x \in [a; b],$$

und ebenso $\qquad \int_a^c f = \int_a^b f + \int_b^c f$.

Daher ist auch das letzte Resultat übertragbar:
Wenn die Funktion f stetig ist in $[a; b]$, dann ist die Oberintegralfunktion F_0 dort differenzierbar und es gilt $\quad (F_0)' = f$.
Nach Satz 19 S. 126 können sich die Funktionen F_u und F_0 nur um eine additive Konstante unterscheiden, $F_u(x) = F_0(x) + c$, $x \in [a; b]$, $c \in \mathbb{R}$. Nun ist

$F_u(a) = \int_a^a f = 0$ und ebenso $F_0(a) = \int_a^a f = 0$. Daraus folgt $c = 0$, das heißt
$F_u(x) = F_0(x)$, $x \in [a; b]$, speziell $F_u(b) = F_0(b)$.
Bei einer stetigen Funktion f stimmen also Unterintegral $\int_a^b f$ und Oberintegral

$\int_a^b f$ überein; die Funktion f ist nach Definition integrierbar im Intervall $[a, b]$.
Damit ist Satz 3 hergeleitet. Darüber hinaus formulieren wir den **Hauptsatz der Differential- und Integralrechnung.**

Satz 10: Wenn die Funktion f im Intervall $[a; b]$ stetig ist, dann ist die Integralfunktion $F : x \to \int_a^x f$, $x \in [a; b]$ im Innern des Intervalls differenzierbar und es gilt
$$F' = f.$$
Wenn andererseits f stetig ist in $[a, b]$ und wenn f Ableitungsfunktion einer Funktion g ist, $f = g'$, dann gilt
$$\int_a^b f = g(b) - g(a).$$

Der erste Teil des Hauptsatzes wurde oben bereits mitbewiesen. Der zweite Teil folgt aus Satz 19 S. 126.

Es sei $F : x \to \int_a^x f$, $x \in [a; b]$. Dann gilt nach Teil eins des Hauptsatzes
$F' = f = g'$. Also ist $F(x) = g(x) + c$, $c \in \mathbb{R}$. Aus $0 = F(a) = g(a) + c$ folgt $c = -g(a)$. Mithin wird $F(x) = g(x) - g(a)$, $x \in [a, b]$, speziell
$F(b) = \int_a^b f = g(b) - g(a)$, was zu beweisen war. Der zweite Teil des Hauptsatzes ist auch bei etwas abgeschwächten Voraussetzungen noch gültig: Wenn die Funktion f integrierbar ist im Intervall $[a; b]$ und wenn f Ableitungsfunktion einer Funktion g ist, dann gilt $\int_a^b f = g(b) - g(a)$.
Der Beweis des allgemeineren Falles gelingt durch Rückgriff auf den Mittelwert-

satz der Differentialrechnung und durch Betrachten von Untersummen und Obersummen.

Aus dem zweiten Teil des Hauptsatzes folgt nun auch ohne weiteres die Gültigkeit der Sätze 4 und 5; es sei jedoch nochmals bemerkt, daß man sie auch unabhängig vom Hauptsatz herleiten kann.

Wir betrachten ein illustrierendes Beispiel und verweisen zugleich auf den Abschnitt Beispiele und die Übungsaufgaben.

Beispiel 4: Die Funktion $\sin : x \to \sin x$ ist stetig auf $\mathbb{R}$, also integrierbar in jedem Intervall endlicher Länge. Ohne Kenntnis des Hauptsatzes wären wir darauf angewiesen, über die Summenformel für $\sin\alpha + \sin 2\alpha + \cdots + \sin n\alpha$ den Wert eines bestimmten Integrals zu ermitteln. Da man aber weiß, daß die Sinusfunktion sehr eng mit der Ableitung der Kosinusfunktion zusammenhängt, $\cos' = -\sin$, kann jedes Integral der Sinusfunktion mit ganz geringem Aufwand bestimmt werden. Aus dem Hauptsatz ergibt sich nämlich

$$I = \int\limits_a^b \sin = -\cos b - (-\cos a) = \cos a - \cos b,$$

speziell also etwa $\int\limits_0^\pi \sin = 1 - (-1) = 2.$

Für derartige Berechnungen ist die konventionelle Notation handlicher; üblicherweise schreibt man

$$I = \int\limits_a^b \sin x \, dx = -\cos b - (-\cos a).$$

Zur Abkürzung werden an dieser Stelle auch folgende Schreibfiguren verwendet

$$[g(x)]_{x=a}^{x=b} = g(b) - g(a)$$

oder auch $g(x)\big|_b^b = g(b) - g(a).$

In unserem Falle also

$$\int\limits_a^b \sin x \, dx = [-\cos x]_a^b = -\cos b + \cos a.$$

Da jede Differentialregel jetzt zu einer Integrationsregel umgeschrieben werden kann, schließen wir diesen Abschnitt mit einer entsprechenden Tabelle. Der Leser kann sie (später) noch etwas vervollständigen.

$g : x \to g(x)$	$g' : x \to g'(x)$	$f : x \to f(x)$	$F : x \to \int\limits_a^x f$
$x \to x^n$ $n \in \mathbb{N},\ x \in \mathbb{R}$	$x \to n \cdot x^{n-1}$	$x \to x^n$ $x \in \mathbb{R},\ n \in \mathbb{N}$	$x \to \dfrac{x^{n+1} - a^{n+1}}{n+1}$
$x \to x^r$ $r \in \mathbb{Q},\ x \in \mathbb{R}\backslash\{0\}$	$x \to r \cdot x^{r-1}$	$x \to x^r$ $r \in \mathbb{Q},\ \boxed{r \neq -1}$ oder x und a aus $\mathbb{R}^-$	$x \to \dfrac{x^{r+1} - a^{r+1}}{r+1}$ x und a aus $\mathbb{R}^+$

$g : x \to g(x)$	$g' : x \to g'(x)$	$f : x \to f(x)$	$F : x \to \int\limits_a^x f$
$x \to \sin x$	$x \to \cos x$	$x \to \cos x$	$x \to \sin x - \sin a$
$x \to \cos x$	$x \to (-1) \cdot \sin x$	$x \to \sin x$	$x \to -\cos x + \cos a$
$x \to \tan x$	$x \to \dfrac{1}{\cos^2 x}$	$x \to \dfrac{1}{\cos^2 x}$	$x \to \tan x - \tan a$
$x \neq \dfrac{\pi}{2}(1 + 2z), \quad z \in \mathbb{Z}$		x und a dürfen nicht gleich $\dfrac{\pi}{2}(1 + 2z)$ sein und dürfen auch keine derartige Zahl einschließen.	
$x \to \arcsin x$	$x \to \dfrac{1}{\sqrt{1 - x^2}}$	$x \to \dfrac{1}{\sqrt{1 - x^2}}$	$x \to \arcsin x - \arcsin a$
$|x| < 1$		$|x| < 1, \quad |a| < 1$	

Logarithmusfunktion und Exponentialfunktion

In der Tabelle zur Differentiation bzw. Integration besteht eine auffällige Lücke: Die Funktion $f : x \to \frac{1}{x}$, $x \in \mathbb{R}\setminus\{0\}$ tritt nicht als Ableitungsfunktion auf; daher war es nicht möglich, eine Integralfunktion F zu dieser Funktion f mittels der uns bekannten Funktionsterme anzugeben. Da die Funktion $f : x \to \frac{1}{x}$ in ihrem Definitionsbereich $\mathbb{R}\setminus\{0\}$ stetig (ja sogar differenzierbar) ist, gibt es nach dem Hauptsatz differenzierbare Integralfunktionen zu f. Die Untersuchung einer solchen Integralfunktion soll einerseits als Muster für ähnliche Fälle angesehen werden; zum anderen wird der Bereich der elementaren Funktionen wesentlich erweitert. Wir betrachten im folgenden zur Funktion $f : x \to \frac{1}{x}$, $x \in \mathbb{R}\setminus\{0\}$ die (spezielle) Integralfunktion

$$F : x \to \int\limits_1^x f, \quad x \in \mathbb{R}^+$$

oder herkömmlich geschrieben $\quad F(x) = \int\limits_1^x \dfrac{\mathrm{d}u}{u}, \quad x > 0.$

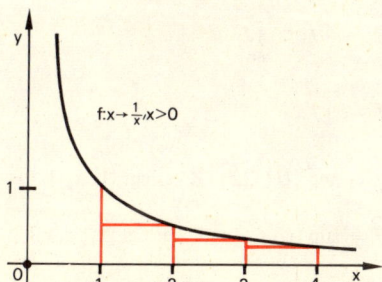

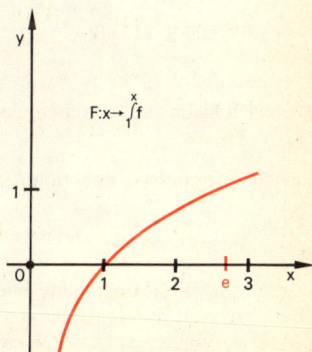

Links *Graph der Funktion* $f : x \to \dfrac{1}{x}$;
rechts *Graph der Integralfunktion* $F : x \to \int\limits_1^x f$

Aus den Eigenschaften von f und den Sätzen der vorausgegangenen Abschnitte erhalten wir vorab die folgenden Aussagen über F:

1) F ist definiert für alle $x \in \mathbb{R}^+$.

2) F hat an der Stelle eins eine Nullstelle.

3) F ist differenzierbar, also stetig. Es gilt $F' = f$ oder $F'(x) = \frac{1}{x}$, $x \in \mathbb{R}^+$.
Demnach steigt F strikt monoton im gesamten Definitionsbereich. Es gibt keine Extremstellen.
F ist positiv für $x > 1$; F ist negativ für $0 < x < 1$.

4) Betrachtet man eine spezielle Untersumme, wie sie in der linken Skizze für den Fall $n = 4$ angedeutet wird, so ergibt sich $F(n) > \frac{1}{2} + \frac{1}{3} + \frac{1}{4} + \cdots + \frac{1}{n}$, $n \in \mathbb{N}$.

Nun ist $\quad\quad\quad\quad \frac{1}{3} + \frac{1}{4} > \frac{1}{4} + \frac{1}{4} = \frac{1}{2}$;

entsprechend gilt $\quad\quad \frac{1}{5} + \frac{1}{6} + \frac{1}{7} + \frac{1}{8} > \frac{4}{8} = \frac{1}{2}$.

Daher wird $\frac{1}{2} + \frac{1}{3} + \frac{1}{4} + \cdots + \frac{1}{n}$ für hinreichend großes n größer als jede vorgegebene positive Zahl, da man immer wieder Glieder in dieser Summe so zusammenfassen kann, daß ein Beitrag entsteht, der größer ist als $\frac{1}{2}$.
Die Funktion F ist also nach oben nicht beschränkt! Wegen der Stetigkeit nimmt sie jeden positiven Funktionswert an.

5) Als monoton steigende Funktion ist F eineindeutig. Es gibt daher eine Umkehrfunktion F^I; sie soll anschließend studiert werden.

6) Aus $\quad F'(x) = \dfrac{1}{x}$, $x \in \mathbb{R}^+$ läßt sich ein »Richtungsfeld« konstruieren (S.169).

7) Durch Auszählen im mm-Papier kann man Annäherungswerte für F bestimmen und den Graphen von F skizzieren.

8) Beim Betrachten von Näherungswerten mag auffallen, daß es noch weitere Zusammenhänge gibt. Wir beweisen dazu das Additionstheorem der Funktion F,

$$F(x_1 \cdot x_2) = F(x_1) + F(x_2); \quad x_1, x_2 \in \mathbb{R}^+.$$

Nach der Definition der Funktion F muß gezeigt werden, daß

$$\int_1^{x_1 \cdot x_2} f = \int_1^{x_1} f + \int_1^{x_2} f.$$

Gemäß Satz 7 S. 145 gilt $\quad \displaystyle\int_1^{x_1 \cdot x_2} f = \int_1^{x_1} f + \int_{x_1}^{x_1 \cdot x_2} f.$

Demnach bleibt nachzuweisen, daß $\displaystyle\int_1^{x_2} f = \int_{x_1}^{x_1 \cdot x_2} f.$

Für die integrierbare Funktion f ist $\displaystyle\int_1^{x_2} f = \sup \{ U(f, Z) \mid Z \text{ zerlegt } [1; x_2] \}$

und $\quad\quad\quad\quad\quad \displaystyle\int_{x_1}^{x_1 \cdot x_2} f = \sup \{ U(f, Z') \mid Z' \text{ zerlegt } [x_1; x_1 x_2] \}.$

Bezeichnen wir die Teilpunkte einer beliebigen Zerlegung Z des Intervalls $[1; x_2]$ durch $u_0 = 1$, $u_1, u_2, \ldots, u_n = x_2$, so bildet die Menge $Z^* = \{x_1 \cdot u_0 = x_1,$ $x_1 \cdot u_1,\ x_1 \cdot u_2, \ldots,\ x_1 \cdot u_n = x_1 \cdot x_2\}$ eine Zerlegung des Intervalls $[x_1;\ x_1 x_2]$. Dabei gilt

$$U(f, Z) \quad = (u_1 - u_0) \cdot \frac{1}{u_1} + \cdots + (u_n - u_{n-1}) \cdot \frac{1}{u_n}$$

$$= (x_1 u_1 - x_1 u_0) \frac{1}{x_1 \cdot u_1} + (x_1 u_2 - x_1 u_1) \cdot \frac{1}{x_1 \cdot u_2} + \cdots$$

$$+ (x_1 u_n - x_1 u_{n-1}) \cdot \frac{1}{x_1 \cdot u_n}$$

$$= U(f, Z^*).$$

Also $(U(f, Z) \mid Z$ zerlegt $[1; x_2]) = (U(f, Z') \mid Z'$ zerlegt $[x_1; x_1 x_2])$. Da auch umgekehrt jede Zerlegung Z' von $[x_1; x_1 x_2]$ eine Zerlegung Z von $[1; x_2]$ erzeugt, folgt aus der Gleichheit der Untersummen die Gleichheit der Integrale $\int\limits_{1}^{x_2} f$ und $\int\limits_{x_1}^{x_1 \cdot x_2} f$, die zu beweisen war.

9) Folgerung aus dem Additionstheorem.
Es gilt $F(x_1 \cdot x_2) = F(x_1) + F(x_2)$ für beliebige Zahlen x_1 und x_2 aus $\mathbb{R}^+$. Im Falle $x_1 \cdot x_2 = 1$ ergibt sich

$$F(1) = 0 = F(x_1) + F(x_2) = F(x_1) + F\left(\frac{1}{x_1}\right),$$

also $$F\left(\frac{1}{x_1}\right) = -F(x_1).$$

Daraus folgt $$F\left(\frac{x_1}{x_2}\right) = F(x_1) - F(x_2) \quad x_1, x_2 \in \mathbb{R}^+.$$

Wegen der Aussage *4)* ist demnach der Wertebereich der Funktion F gleich $\mathbb{R}$. Durch vollständige Induktion erhält man aus dem Additionstheorem

$$F(x_1 x_2 \ldots x_n) = \sum_{i=1}^{n} F(x_i);$$

im Sonderfall $$x_1 = x_2 = \ldots x_n$$

gilt also $$F(x_1^n) = n \cdot F(x_1), \quad n \in \mathbb{N}.$$

Bei negativ ganzzahligen Exponenten gehen wir ähnlich vor wie oben:

$$0 = F(1) = F(x_1^m \cdot x_1^{-m}) = F(x_1^m) + F(x_1^{-m})$$
$$= m \cdot F(x_1) + F(x_1^{-m}); \quad \text{also} \quad F(x_1^{-m}) = -mF(x_1).$$

Für einen rationalen Exponenten $r = \dfrac{m}{n}$ schließt man entsprechend

$$n \cdot F\left(x_1^{\frac{m}{n}}\right) = F\left[\left(x_1^{\frac{m}{n}}\right)^n\right] = F(x_1^m) = m \cdot F(x_1)$$

also $$F(x_1^r) = r \cdot F(x_1); \quad r \in \mathbb{Q}, \quad x_1 \in \mathbb{R}^+.$$

Da die Funktion F stetig ist, kann die Gültigkeit der letzten Gleichung sogar für jeden reellen Exponenten ϱ hergeleitet werden, indem man die rationalen Näherungswerte für ϱ betrachtet.

10) Identifikation der Funktion F mit einer Logarithmusfunktion. Die Beziehungen unter *8)* und *9)* legen es nahe, für die Funktion F einen Zusammenhang zu den Logarithmen zu suchen. Wir erinnern an die definierende Beziehung

$$x = b^{\log_b x} \tag{1}$$

mit einer positiven Zahl $b \neq 1$ als Basis. In der Rechenpraxis benutzt man die Zahl 10 und schreibt

$$x = 10^{\lg x} \quad \text{(dekadische Logarithmen)}.$$

Für die Funktion F fanden wir die charakteristische Gleichung

$$F(x^\varrho) = \varrho \cdot F(x).$$

Wenn die Variable x gemäß Gleichung 1) dargestellt wird, erhalten wir

$$F(x) = F(b^{\log_b x}) = \log_b x \cdot F(b) \qquad (2)$$

Diese Beziehung gilt für jede Basis b, $b \neq 1$. Da die Zahl 1 nach Aussage 4) zum Wertbereich der Funktion F gehört, kann die Basis b so gewählt werden, daß

$$F(b) = 1 \quad \text{ist.}$$

Die dadurch festgelegte Zahl ist für die Mathematik von großer Bedeutung; sie erhält deshalb auch einen eigenen Namen. Wir definieren an dieser Stelle die Zahl e durch die Bedingung

$$1 = \int\limits_1^e \frac{du}{u}.$$

Im Abschnitt Folgen und Reihen werden andere Darstellungen von e angegeben. Durch Auszählen findet man $e \approx 2{,}7$.

In der Höheren Mathematik benutzt man fast ausschließlich die Logarithmen zur Basis e; sie werden als die *natürlichen Logarithmen* bezeichnet und folgendermaßen notiert: $\ln x = \log_e x$.

Gemäß dieser Verabredung bekommt die Gleichung 2) jetzt die Form $F(x) = \ln x$.

Setzen wir zum Anfang zurück, so ist

$$\ln x = \int\limits_1^x \frac{du}{u}, \quad x \in \mathbb{R}^+.$$

11) Zusammenfassung: Die Integralfunktion $F: x \to \int\limits_1^x \dfrac{du}{u}$, $x \in \mathbb{R}^+$ ist die natürliche Logarithmusfunktion; ihre Basis e wird definiert durch die Forderung $1 = \int\limits_1^e \dfrac{du}{u}$.

Man schreibt $\qquad\qquad \ln x = \int\limits_1^x \dfrac{du}{u}, \quad x \in \mathbb{R}^+.$

Die Ableitungsfunktion der Funktion $\ln : x \to \ln x$, $x \in \mathbb{R}^+$ ist die Funktion

$$f: x \to \frac{1}{x}, \quad x \in \mathbb{R}^+.$$

Anders gewendet $\qquad \int\limits_a^b \dfrac{du}{u} = \ln b - \ln a; \quad a, b \in \mathbb{R}^+.$

Es ist $F = \ln = \{(x; y) \,|\, x \in \mathbb{R}^+ \text{ und } y = \ln x\}$. Da F eine eineindeutige Funktion mit dem Wertbereich $\mathbb{R}$ ist, existiert die Umkehrfunktion $E = \ln^I$. Mit $x = e^{\ln x}$ und den Überlegungen des Abschnitts Umkehrfunktion erhält man

$$E = \ln^I = \{(y, x) \,|\, y \in \mathbb{R} \quad \text{und} \quad x = e^y\}, \quad \text{also} \quad E(y) = e^y.$$

Die Eigenschaften der Funktion E lassen sich sofort aus den Eigenschaften der

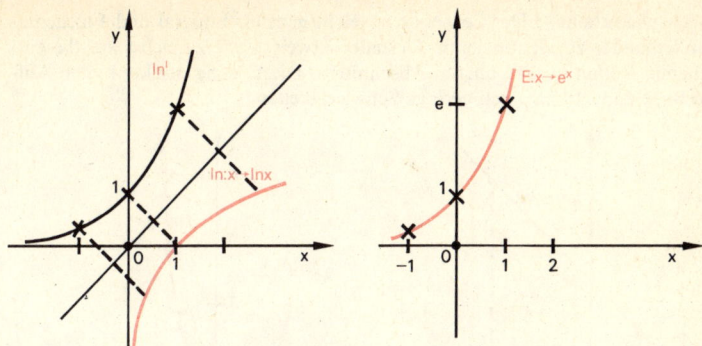

Links *Graph der Logarithmusfunktion ln x und ihrer Umkehrfunktion ln^I;*
rechts *Graph der Funktion E: x → e^x*

Logarithmusfunktion angeben. Wir erläutern als wichtigste lediglich die Differentiationsregel:

Die Ableitungsfunktion zu $F: x \to \ln x$ ist stets ungleich Null; also gilt nach Satz 24 (S. 134) für die Umkehrfunktion $E = \ln^I$

$$E'(y) = \frac{1}{F'(x)} = \frac{1}{\frac{1}{x}} = x,$$

das heißt $\qquad E'(y) = e^y = E(y).$

Nach dem üblichen Austausch der Variablensymbole bezeichnen wir die Umkehrfunktion der Funktion $F = \ln : x \to \ln x,\ x \in \mathbb{R}^+$ durch $E: x \to e^x,\ x \in \mathbb{R}$. Diese Funktion E heißt **Exponentialfunktion**. Wegen der Wichtigkeit ihrer Differentiations-Eigenschaft formulieren wir den

Satz 11: Die Funktion $E: x \to e^x,\ x \in \mathbb{R}$ hat die Ableitungsfunktion
$\qquad\qquad E' : x \to e^x$.

Wir schließen diesen Abschnitt mit einer Bemerkung über den Zusammenhang von Logarithmenfunktionen zu verschiedenen Basen. Es sei b eine positive Zahl $\neq 1$; dann ist $x = b^{\log_b x}$. Mit $b = e^{\ln b}$ erhält man $x = (e^{\ln b})^{\log_b x} = e^{\ln b \cdot \log_b x}$. Andererseits gilt $x = e^{\ln x}$; also ist $\ln x = \ln b \cdot \log_b x$, d.h.

$$\log_b x = \frac{\ln x}{\ln b}.$$

Jede logarithmische Funktion ist bis auf eine multiplikative Konstante gleich der Funktion $\ln : x \to \int\limits_1^x \frac{du}{u},\ x \in \mathbb{R}^+$.

Beispiele zur Integralrechnung

In diesem Abschnitt soll durch die Behandlung verschiedener Probleme vorwiegend auf die *Anwendbarkeit* der Integralrechnung hingewiesen werden; theoretische Überlegungen finden sich daher nur am Rande.

1) Flächenberechnung: Der Lernende ist leicht geneigt, Integral und Flächeninhalt miteinander zu identifizieren. Deshalb verweisen wir zunächst auf die entsprechende Definition in früheren Abschnitten. Die Lösung der konkreten Aufgaben birgt danach nur noch geringe Schwierigkeiten.

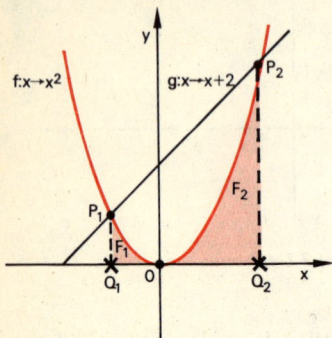

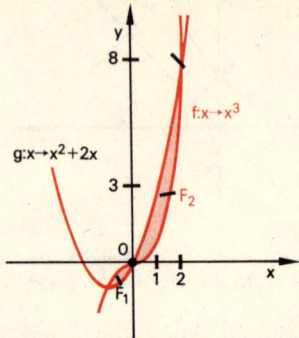

Links *Figur zur Berechnung der Fläche zwischen den Graphen der Funktionen* $f: x \to x^2$ *und* $g: x \to x + 2$; *rechts Figur zur Berechnung der Fläche zwischen den Graphen der Funktionen* $f: x \to x^3$ *und* $g: x \to x^2 + 2x$

Zu berechnen sei der Inhalt der Fläche, die von den Graphen der Funktionen $f: x \to x^2$ und $g: x \to x + 2$, $x \in \mathbb{R}$ eingeschlossen wird. Die Skizze zeigt, daß das Parabelsegment $P_1 O P_2$ übrigbleibt, wenn man vom Trapez $P_1 Q_1 Q_2 P_2$ die beiden schraffierten Flächenstücke wegnimmt. Also

$$A \text{ (Segment)} = A \text{ (Trapez)} - [A(F_1) + A(F_2)].$$

Es ist $A(F_1) = \int_{x_1}^{0} f, \quad A(F_2) = \int_{0}^{x_2} f.$

Mithin A (Segm) $= \int_{x_1}^{x_2} g - \int_{x_1}^{x_2} f = \int_{x_1}^{x_2} (g - f)$.

Zahlenwerte: Aus der Bedingung $f(x) = g(x)$ findet man die Abzissen der Schnittpunkte, nämlich $x_1 = -1$ und $x_2 = +2$; für das Integral folgt

$$\int_{-1}^{2} (x + 2 - x^2) \mathrm{d}x = [\tfrac{x^2}{2} + 2x - \tfrac{x^3}{3}]_{-1}^{2} = (\tfrac{4}{2} + 4 - \tfrac{8}{3}) - (+\tfrac{1}{2} - 2 + \tfrac{1}{3}) = 4,5.$$

Das Parabelsegment hat einen Flächeninhalt von 4,5 Quadrateinheiten.

Im zweiten Beispiel soll die Fläche bestimmt werden, die zwischen den Graphen der Funktionen $f: x \to x^3$, $x \in \mathbb{R}$ und $g: x \to x^2 + 2x$, $x \in \mathbb{R}$ liegt.

Die Graphen schneiden sich in den Punkten $P_1(-1; -1)$, $P_2(0; 0)$ und $P_3(2; 8)$. Der Leser mache sich klar, daß der gesuchte Flächeninhalt durch das Integral $|f - g|$ bestimmt wird. Die Rechnung wird erleichtert, wenn man sich eine Gebietseinteilung der Funktion $f - g$ verschafft.

$$f - g: x \to x^3 - x^2 - 2x = x \cdot (x - 2) \cdot (x + 1).$$

Ergebnis: $A = \int_{-1}^{2} |x^3 - x^2 - 2x| \, \mathrm{d}x$

$$= \int_{-1}^{0} (x^3 - x^2 - 2x) \, \mathrm{d}x + \int_{0}^{2} (- x^3 + x^2 + 2x) \, \mathrm{d}x$$

$$= \left[\frac{x^4}{4} - \frac{x^3}{3} - x^2\right]_{-1}^{0} + \left[-\frac{x^4}{4} + \frac{x^3}{3} + x^2\right]_{0}^{2}$$

$$= 0 - \left(\frac{1}{4} + \frac{1}{3} - 1\right) + \left(-\frac{16}{4} + \frac{8}{3} + 4\right); \quad A = \frac{37}{12}.$$

2) Flächeninhalt bei Polarkoordinaten: Es gibt viele ebene Kurven, deren Relation sich in kartesischen Koordinaten nur umständlich angeben läßt, während ihre Beschreibung in Polarkoordinaten leichtfällt.

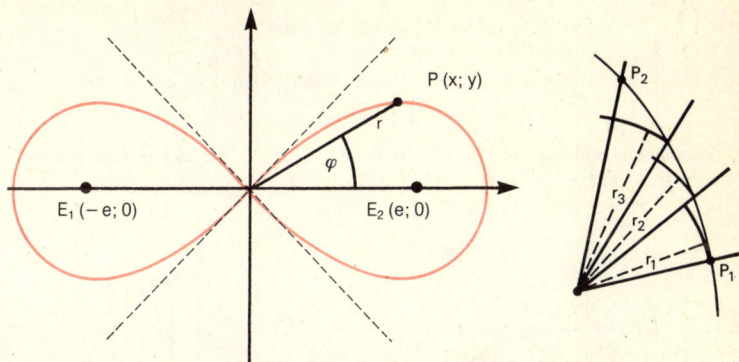

Links *Figur zur Verwendung von Polarkoordinaten;* rechts *zur Sektorformel*

Wenn man zum Beispiel alle Punkte $P(x; y)$ sucht, für die das Produkt ihrer Entfernungen zu den beiden Punkten E_1 und E_2 den konstanten Wert e^2 annimmt, so gilt für die kartesischen Koordinaten die Relation $(x^2 + y^2)^2 + 2e^2 \cdot (y^2 - x^2) = 0$.

Mit Polarkoordinaten dagegen erhält man $\quad r = e \cdot \sqrt{2 \cdot \cos 2\varphi}\quad$ als Gleichung der Leminiskate.

Es wäre mehr als mühsam, wenn zur Flächenberechnung in derartigen Fällen auf Integrale der Form $\int_{x_2}^{x_1} f$ zurückgegriffen werden müßte. Statt dessen benutzt man den Grundgedanken der Integration in einer Form, der der koordinatenmäßigen Beschreibung solcher Kurven angepaßt ist: Bei der Darstellung im rechtrechtwinkligen Koordinatensystem standen die betrachteten Untersummen bzw. Obersummen in Beziehung zu Treppenzügen, die aus Rechtecken gebildet wurden. Im vorliegenden Fall der Polarkoordinaten geht man von Kreissektoren mit dem Zentrum 0 aus. Wenn ein Kreissektor den Mittelpunktswinkel α hat (Bogenmaß!) und zu einem Kreis vom Radius r gehört, dann ist sein Flächeninhalt

$$A \text{ (Sektor)} = \tfrac{1}{2} r^2 \alpha.$$

Wie in der Skizze angedeutet wird, betrachtet man daher zu einer Zerlegung Z des Winkels $P_1 O P_2$ die Untersumme

$$\tfrac{1}{2} \sum_i r_i^2 (\varphi_i - \varphi_{i-1}) \quad \text{und die Obersumme} \quad \tfrac{1}{2} \sum_i R_i^2 (\varphi_i - \varphi_{i-1})$$

Mit entsprechenden Überlegungen ergibt sich daraus die *Sektorformel von Leibniz:*

Wird eine ebene Kurve in Polarkoordinaten beschrieben, $\quad r : \varphi \to r(\varphi), \quad$ so ist (bei gegebener Integrierbarkeit) der Flächeninhalt eines Sektors gleich dem Integral

$$I = \tfrac{1}{2} \int\limits_{\varphi_1}^{\varphi_2} r^2.$$

Im Eingangsbeispiel wird die Fläche innerhalb der Leminiskate beschrieben durch

$$A = 2 \cdot \int\limits_{0}^{\frac{\pi}{4}} e^2 \cdot 2 \cos 2\varphi \, \mathrm{d}\varphi$$

Mit einem kleinen Vorgriff aus dem Unterabschnitt 4) (S. 163) erhält man

$$A = 2e^2.$$

3) Volumenberechnung. Im folgenden Beispiel wollen wir skizzieren, wie der Rauminhalt gewisser Körper durch Integration bestimmt werden kann.

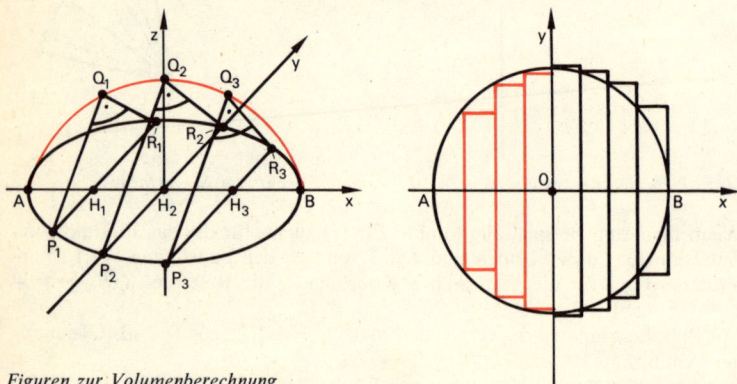

Figuren zur Volumenberechnung

Betrachtet werde ein Körper, der als Grundfläche einen Kreis vom Radius a hat. In diesem Kreis soll es einen Durchmesser $\overline{AB}$ geben, so daß jede Ebene, die auf $\overline{AB}$ senkrecht steht und den Körper schneidet, als Schnittfigur ein gleichschenkelig rechtwinkliges Dreieck erzeugt.

Die Abbildung zeigt ein Schrägbild des Körpers. Da die Dreiecke PQR rechtwinklig sind, muß jede Höhe $\overline{QH}$ nach dem Satz des Thales halb so lang sein wie die zugehörige Hypotenuse $\overline{PR}$. Die (Grat-)Linie AQB ist also ein Halbkreis mit dem Radius a.

Zur Volumenbestimmung wird man den Durchmesser $\overline{AB}$ zerlegen und Untersummen bzw. Obersummen bilden, die dem Rauminhalt von Körpern entsprechen, die aus Prismen bestehen. Jedes Prisma hat ein rechtwinkliges Dreieck als Grundfläche, seine Dicke ist $x_i - x_{i-1}$. Die Skizze zeigt im Grundriß die Hälfte eines einbeschriebenen und die Hälfte eines umbeschriebenen Prismenkörpers. Nach der Volumenformel für das Prisma $V_p = G \cdot h$, erhält man daher als Untersumme $\sum\limits_{i=1}^{n} g_i \cdot (x_i - x_{i-1})$ und als Obersumme $\sum\limits_{i=1}^{n} G_i \cdot (x_i - x_{i-1})$.

Zur Berechnung der Flächenmaße g_i bzw. G_i benutzen wir die Formel für den Dreiecksinhalt; wir erhalten

$$g_i = \frac{2 \cdot y_i \cdot h_i}{2} = y_i^2 \quad \text{bzw.} \quad G_i = \frac{2 \cdot Y_i \cdot h_i}{2} = Y_i^2.$$

Da aber y_i bzw. Y_i die Ordinate eines zugehörigen Abzissenwertes x_i bzw. x_{i-1} ist, wird jede Untersumme bzw. Obersumme durch die Zerlegung Z des Durchmessers $\overline{AB}$ eindeutig festgelegt. Betrachtet man eine Hälfte des Körpers, so gilt

$$y_i^2 = g_i = a^2 - x_i^2 \quad \text{bzw.} \quad Y_i^2 = G_i = a^2 - x_{i-1}^2$$

also
$$U = \sum_{i=1}^{n} (a^2 - x_i^2)\,(x_i - x_{i-1}) \quad \text{bzw.}$$

$$O = \sum_{i=1}^{n} (a^2 - x_{i-1}^2) \cdot (x_i - x_{i-1}).$$

Diese Untersummen bzw. Obersummen bestimmen ein Integral; das Volumen unseres Beispiel-Körpers wird angegeben durch

$$V = I = 2 \cdot \int_0^a (a^2 - x^2)\,\mathrm{d}x,$$

im Zahlenwert $\qquad V = \frac{4}{3}\,a^3$

(man vergleicht mit Volumen der Halbkugel, $V(\mathrm{HK}) = \frac{2}{3}\,\pi \cdot a^3$).

Die Verallgemeinerung des Ergebnisses bietet sich an:

Satz 12: Kennt man bei einem Körper die Flächeninhaltsfunktion $q : x \to q(x)$ für alle Querschnitte senkrecht zu einer Geraden im Körper, so ist das Volumen des Körpers gegeben durch

$V = \int q$, falls die Funktion q integrierbar ist.

Einen sehr wichtigen Sonderfall bilden alle Rotationskörper. Rotationskörper entstehen zum Beispiel, wenn der Graph einer Funktion $f : x \to f(x)$, $a \le x \le b$ um die x-Achse gedreht wird. Die Volumenformel lautet dann

$$V = \pi \int_a^b f^2.$$

Es sei noch angemerkt, daß man in ähnlicher Weise weitere wichtige Begriffe der Mathematik und anderer Wissenschaften durch Integrale beschreibt.

4) Zur Integrationstechnik: Wir schließen den Abschnitt über die Integralrechnung mit einigen Hinweisen zur Technik des Integrierens. Im Gegensatz zur Differentiation braucht man für die Integration viel Übung und algebraische Fertigkeit. Unsere Darstellung kann daher zwangsläufig nur die Ansätze aufzeigen.

a) Produktintegration: Die Differentiationsregel für das Produkt zweier differenzierbarer Funktionen f und g lautete

$$(f \cdot g)' = f \cdot g' + g \cdot f'.$$

Nach dem Hauptsatz der Differential- und Integralrechnung gilt daher

$$\int_a^b (f \cdot g)' = [f \cdot g]_a^b = \int_a^b f \cdot g' + \int_a^b g \cdot f'.$$

Diese Beziehung kann man benutzen für Integranden der Form $\varphi = f \cdot g'$. Es wird dann

$$\int_a^b \varphi = \int_a^b f \cdot g' = [f \cdot g]_a^b - \int_a^b g \cdot f'.$$

Offensichtlich ist das Verfahren nur dann von Vorteil, wenn das rechts stehende Integral $\int\limits_a^b g \cdot f'$ einfacher ist als das Integral über die Funktion φ.

Verwendet man die Schreibweise mit Funktionstermen, so ist zu notieren

$$\int\limits_a^b f(x) \cdot g'(x)\,dx = [f(x) \cdot g(x)]_a^b - \int\limits_a^b f'(x) \cdot g(x)\,dx\,.$$

Als Beispiel wählen wir $\int\limits_0^\pi \cos^2\varphi\,d\varphi$. Der Integrand hat die passende Produktform; es ist $\cos^2 = \cos(\sin)'$ oder

$$\cos^2\varphi = \cos\varphi\,(\sin\varphi)'\,.$$

Mithin gilt $\qquad \int\limits_0^\pi \cos^2\varphi\,d\varphi = [\cos\varphi\,\sin\varphi]_0^\pi - \int\limits_0^\pi \sin\varphi(-\sin\varphi)\,d\varphi\,,$

da $\qquad\qquad\qquad \cos' = -\sin \quad \text{oder} \quad (\cos\varphi)' = -\sin\varphi\,.$

Wir haben demnach $\int\limits_0^\pi \cos^2\varphi\,d\varphi = [\cos\varphi\,\sin\varphi]_0^\pi + \int\limits_0^\pi \sin^2\varphi\,d\varphi =$

$$= 0 + \int\limits_0^\pi (1 - \cos^2\varphi)\,d\varphi\,.$$

(Trigonometrische Grundformel!) Daher gilt $\; 2 \int\limits_0^\pi \cos^2\varphi\,d\varphi = \int\limits_0^\pi 1\,d\varphi = \pi\,;$

also $\qquad\qquad\qquad\qquad \int\limits_0^\pi \cos^2\varphi\,d\varphi = \dfrac{\pi}{2}$

In Kurznotation weitere Beispiele zur Produktregel

$$\int\limits_a^b e^x \sin x\,dx = [e^x \sin x]_a^b - \int\limits_a^b e^x \cos x\,dx$$

$$= [e^x \sin x]_a^b - ([e^x \cdot \cos x]_a^b - \int\limits_a^b e^x(-\sin x)\,dx)\,.$$

$$2 \int\limits_a^b e^x \sin x\,dx = [e^x(\sin x - \cos x)]_a^b$$

$$\int\limits_a^b \ln x\,dx = \int\limits_a^b 1 \cdot \ln x\,dx = \left[x \cdot \ln x\right]_a^b - \int\limits_a^b x \cdot \frac{1}{x}\,dx = \left[x \cdot \ln x - x\right]_a^b$$

Der Leser bestätige die Rechnung durch Differentiation!

b) Integration durch Substitution: Diese Integrationsmethode geht aus der Kettenregel hervor. Es war

$$(f \circ g)' = f'\,g'\,; \quad \text{etwas ausführlicher}$$
$$(f(g(x)))' = f'(g(x))\,g'(x)\,.$$

Nach dem Hauptsatz erhalten wir die Integrationsregel

$$\int\limits_{g(a)}^{g(b)} \varphi = \int\limits_a^b (\varphi \circ g)g'\,.$$

Anders gewendet: Wenn F Integralfunktion von f ist, dann ist $F{\circ}g$ Integralfunktion von $(f{\circ}g)\cdot g'$. In der Schreibweise mit Funktionstermen:

$$\int\limits_{g(a)}^{g(b)} f(x)\,\mathrm{d}x = \int\limits_{a}^{b} f(g(u))g'(u)\,\mathrm{d}u \quad \text{bzw.} \quad \int\limits_{a}^{b} f(g(x))\cdot g'(x)\,\mathrm{d}x = \int\limits_{g(a)}^{g(b)} f(u)\,\mathrm{d}u.$$

Betrachten wir einige Beispiele!

$$\int\limits_{1}^{2} \frac{\mathrm{d}x}{x+1} = \int\limits_{2}^{3} \frac{1\cdot\mathrm{d}u}{u} = [\ln u]_{2}^{3} = \ln 3 - \ln 2 = \ln 1{,}5.$$

Substitution: $x+1=u$.

$$\int\limits_{0}^{\frac{\pi}{2}} \sin 2x\,\mathrm{d}x = \tfrac{1}{2}\cdot\int\limits_{0}^{\frac{\pi}{2}} 2\cdot\sin 2x\,\mathrm{d}x = \tfrac{1}{2}\int\limits_{0}^{\pi} \sin u\,\mathrm{d}u = \tfrac{1}{2}\left[-\cos u\right]_{0}^{\pi} = 1.$$

Substitution $2x=u$;

$$\int\limits_{1}^{2} e^{2-x}\,\mathrm{d}x = \int\limits_{1}^{0} (-1)\cdot e^{u}\,\mathrm{d}u = \int\limits_{0}^{1} e^{u}\,\mathrm{d}u = [e^{u}]_{0}^{1} = e - 1.$$

Substitution $2-x=u$.

Das folgende Beispiel ist wesentlich komplizierter, da es eine nichtlineare Substitution erfordert:

$$\int\limits_{a}^{b} \frac{\mathrm{d}x}{x\cdot\ln x} = \int\limits_{\ln a}^{\ln b} \frac{\mathrm{d}u}{u} = [\ln u]_{\ln a}^{\ln b} = \ln(\ln b) - \ln(\ln a).$$

Substitution $\ln x = u$, also $g'(x) = \frac{1}{x}$.

Als wichtigen Sonderfall verweisen wir noch auf die logarithmische Differentiation bzw. Integration. Verkettet man die Logarithmusfunktion mit einer differenzierbaren Funktion f, die nur positive Werte annimmt, so kann die Funktion $\varphi : x \to \ln(f(x))$ nach der Kettenregel differenziert werden. Es gilt

$$\varphi' : x \to \frac{f'(x)}{f(x)} \quad \textbf{(Logarithmische Differentiation).}$$

Umgekehrt gilt nach dem Hauptsatz

$$\int\limits_{a}^{b} \frac{f'}{f} = [\ln f]_{a}^{b} \quad \text{falls} \quad f(x) > 0,\ x \in [a, b].$$

Beispiel:
$$\int\limits_{0}^{\frac{\pi}{4}} \tan x\,\mathrm{d}x = \int\limits_{0}^{\frac{\pi}{4}} \frac{\sin x\,\mathrm{d}x}{\cos x}$$

$$= -\int\limits_{0}^{\frac{\pi}{4}} \frac{-\sin x\,\mathrm{d}x}{\cos x} = -[\ln\cos x]_{0}^{\frac{\pi}{4}} = -\ln\frac{1}{\sqrt{2}} + \ln 1 = \ln\sqrt{2} \approx 0{,}35.$$

Im letzten Beispiel soll die Zerlegung in Partialbrüche gestreift werden. Zu berechnen sei

$$\int\limits_a^b \frac{\mathrm{d}x}{1-x^2}\,;\,|a|<1,\,|b|<1.$$

Es gilt:

$$\frac{1}{1-x^2} = \frac{1}{(1+x)\cdot(1-x)} = \frac{1}{2}\cdot\left(\frac{1}{1+x}+\frac{1}{1-x}\right).$$

Diese Umformung des Integranden ermöglicht uns die Integration:

$$\int\limits_a^b \frac{\mathrm{d}x}{1-x^2} = \int\limits_a^b \frac{1}{2}\left(\frac{1}{1+x}+\frac{1}{1-x}\right)\mathrm{d}x$$

$$= \frac{1}{2}\left[\int\limits_a^b \frac{\mathrm{d}x}{1+x} + \int\limits_a^b \frac{\mathrm{d}x}{1-x}\right]$$

$$= \frac{1}{2}\left[\int\limits_{a+1}^{b+1} \frac{\mathrm{d}u}{u} + \int\limits_{1-a}^{1-b} \frac{-\mathrm{d}v}{v}\right] = \frac{1}{2}\left[\ln u\right]_{a+1}^{b+1} - \frac{1}{2}\left[\ln v\right]_{1-a}^{1-b}.$$

Nun ist

$$\tfrac{1}{2}(\ln u - \ln v) = \tfrac{1}{2}\left(\ln\frac{u}{v}\right) = \ln\sqrt{\frac{u}{v}}.$$

Mithin folgt

$$\int\limits_a^b \frac{\mathrm{d}x}{1-x^2} = \left[\ln\sqrt{\frac{1+x}{1-x}}\,\right]_a^b.$$

Aufgaben

53) Beweisen Sie den folgenden Satz; er ist als *Mittelwertsatz der Integralrechnung* von ähnlicher Bedeutung wie sein Gegenstück aus der Differentialrechnung.

Wenn die Funktion $f: x \to f(x)$ stetig ist im Intervall $[a;b]$, dann gibt es eine Zahl $x_1 \in [a;b]$, so daß $(b-a)\cdot f(x_1) = \int\limits_a^b f$.

54) Bestimmen Sie für die folgenden Funktionen $f: x \to f(x)$, $x \in \mathbb{R}$ jeweils die Integralfunktion $F: x \to \int\limits_0^x f$, $x \in \mathbb{R}$. Skizzieren Sie die Graphen von f und F.

a) $x \to x$;
b) $x \to |x|$;
c) $x \to [x]$;
d) $x \to x + [x]$;
e) $x \to \operatorname{sign} x$;
f) $x \to (x - [x])^2$.

55) Berechnen Sie die folgenden Integrale

a) $\int\limits_{-3}^1 x^2\,\mathrm{d}x$;

b) $\int\limits_a^b x^3\,\mathrm{d}x$;

c) $\int\limits_{-1}^2 (1 + x^2 + x^4)\,\mathrm{d}x$;

d) $\int\limits_4^9 \sqrt{x}\,\mathrm{d}x$;

e) $\int\limits_{-1}^{+1} (\frac{1}{x^3} + 1 + x^2)\,\mathrm{d}x$ f) $\int\limits_1^2 (\frac{1}{x} + x)\,\mathrm{d}x$;

g) $\int\limits_{0}^{\pi} (\sin x + \cos x) \mathrm{d}x;$ *h)* $\int\limits_{-0,5}^{0,5} \frac{1}{\sqrt{1 - x^2}} \mathrm{d}x;$ *i)* $\int\limits_{-1}^{+1} \frac{1}{1 + x^2} \mathrm{d}x.$

56) Es sei $f: x \to e^{-|x|}, \quad x \in \mathbb{R}.$ Diskutieren Sie die Funktion $F: x \to \int\limits_{-1}^{x} f,$ $x \in \mathbb{R}.$

Existiert $\lim\limits_{\infty} F$? (»Uneigentliches Integral«).

57) Bei den folgenden Aufgaben benutze man die Produktintegration bzw. das Substitutionsverfahren:

a) $\int\limits_{1}^{2} \frac{e^x + e^{-x}}{e^{2x}} \mathrm{d}x;$ *b)* $\int\limits_{0}^{1} \frac{\mathrm{d}x}{4 + x^2};$

c) $\int\limits_{0}^{\pi} x^2 \sin x \, \mathrm{d}x;$ *d)* $\int\limits_{2}^{e} \frac{x + 2}{x - 1} \mathrm{d}x;$

e) $\int\limits_{1}^{2} \frac{4x^3}{x^4 + 1} \mathrm{d}x;$ *f)* $\int\limits_{1}^{e} \frac{1 + \ln x}{x} \mathrm{d}x;$

g) $\int\limits_{1}^{4} e^{\sqrt{x}} \mathrm{d}x;$ *h)* $\int\limits_{0}^{0,5} \arcsin x \, \mathrm{d}x.$

58) Berechnen Sie den Inhalt der Flächenstücke, die zwischen der x-Achse und den Graphen der folgenden Funktionen liegen:
a) $f: x \to \frac{1}{4} x^4 - 3x^2 + 9;$ *b)* $x \to x^4 - 4x^3 + 4x^2;$
c) Berechnen Sie den Inhalt des Flächenstücks, das von den Graphen der beiden folgenden Funktionen eingeschlossen wird:
$f: x \to \frac{1}{3} x^2;$ $g: x \to x - \frac{1}{12} \cdot x^3.$

59) Leiten Sie die Volumenformeln einiger Körper durch geeignete Integrationen her (Kegel, Kegelstumpf, Kugel; Kugelabschnitt).

60) Betrachtet wird eine Kurve in Polarkoordinaten,

$$r = a \cdot \sin 2\varphi, \quad 0 \leq \varphi \leq 2\pi.$$

Berechnen Sie den Inhalt der eingeschlossenen Fläche.

Differentialgleichungen

Einführende Beispiele

Wenn man eine elastische Schraubenfeder an einem Stativ festklemmt und an das andere Ende eine Kugel hängt, deren Gewicht so bemessen ist, daß die Feder merklich ausgezogen wird, dann vergeht einige Zeit, bis die Kugel an der Feder zur Ruhe kommt. Vorher hatte das System Feder-Kugel eine auf- und abgehende Bewegung ausgeführt, die als *mechanische Schwingung* bezeichnet wird. Das Studium von Schwingungen ist für die Physik von großer Wichtigkeit; wir wollen hier einen einfachen und idealisierten Fall betrachten.

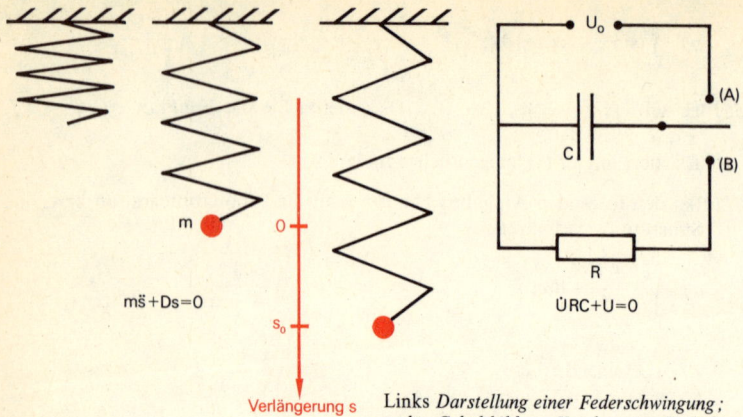

Verlängerung s   Links *Darstellung einer Federschwingung;* rechts *Schaltbild zur Kondensator-Entladung*

Zur experimentellen Realisierung hätte folgendes zu geschehen: Nachdem das System Feder-Kugel seine Ruhelage eingenommen hat, wird die Kugel an der Feder um die Strecke s_0 nach unten geführt und im Zeitpunkt $t = 0\,\text{s}$ losgelassen. Jetzt schwingen Kugel (und Feder) wiederum auf und ab. Mit einer Stoppuhr kann man den zeitlichen Ablauf der Bewegung grob verfolgen; als Schwingungsdauer τ wird dabei insbesondere die Zeitspanne zwischen zwei aufeinander folgenden Durchgängen durch den höchsten bzw. tiefsten Punkt bestimmt. Bei geeignet gewähltem Versuchsmaterial kann es recht lange dauern, bis die Schwingung so weit abgeklungen ist, daß sie nicht mehr wahrgenommen wird.

Für die Deduktion muß zunächst das Elastischsein der Feder quantitativ gefaßt werden. Dazu nimmt man an, daß bei einer Längenverformung der Feder die Verformungskraft F und die Verlängerung s stets zueinander proportional sind. Formelmäßig gefaßt:

1)
$$F = -Ds.$$

Der Faktor (-1) soll andeuten, daß der Kraftvektor und die Auslenkung entgegengesetzte Richtungen haben; D heißt Federkonstante.

Das Newtonsche Grundgesetz der Mechanik ($\rightarrow$ Band Physik) verknüpft die Masse m und die Momentanbeschleunigung a eines bewegten Körpers mit der Kraft F, die die Bewegung verursacht.

2)   Es ist
$$F = m \cdot a$$

In unserem Falle schreiben wir $a = \ddot{s}$.

Wenn man die Masse der Feder gegenüber der Kugelmasse m vernachlässigt und außerdem von dämpfenden Reibungskräften absieht, so gilt demnach

$$m\ddot{s} = -Ds$$

oder
$$m\ddot{s} + Ds = 0. \qquad\qquad I)$$

In der Gleichung I) geben m und D die Materialeigenschaften von Kugel und Feder an, die – gemäß der Idealisierung! – noch von Interesse sind. Die Schwingung selbst muß so ablaufen, daß für alle Werte $s(t)$ und $\ddot{s}(t)$ die Gleichung I) besteht. Demnach sind die Funktionen $S : t \rightarrow s\,(t)$ zu suchen, die der Gleichung *I)* genügen.

Ehe wir die damit zusammenhängenden Fragen etwas weiter diskutieren, soll noch ein Beispiel aus der Elektrizitätslehre behandelt werden.

Ein Kondensator der Kapazität C läßt sich über einen Schalter wahlweise mit einer Gleichspannungsquelle oder mit einem Widerstand R verbinden (rechte Figur auf S. 166).

In der Schalterstellung *(A)* wird der Kondensator aufgeladen.

Für die Kondensatorladung Q und die Spannung U zwischen den Platten gilt stets die Beziehung

3) $$Q = C \cdot U$$

Bringt man im Zeitpunkt $t = 0\,\mathrm{s}$ den Schalter in die Stellung *(B)*, so entlädt sich der Kondensator über den Widerstand. Wenn R hinreichend groß ist, kann an einem parallel geschalteten Voltmeter die zeitliche Abnahme der Spannung beobachtet werden. Die vom Kondensator abfließende Ladung bestimmt die Momentangröße des Entladestromes I. Es gilt in jedem Augenblick des Entladevorganges

4) $$I = -\,\dot{Q}.$$

Hier steht ein Minuszeichen bei $\dot{Q}$, damit dem Abfluß von Ladungen ein positiv gerechneter Entladestrom I entspricht. ($\dot{Q} = \lim \dfrac{\Delta Q}{\Delta t}$; im vorliegenden Fall $\dot{Q} < 0$).

Nach der grundlegenden Beziehung für Spannung U, Stromstärke I und Widerstand R gilt andererseits

5) $$U = I \cdot R.$$

Auch diese Gleichung besteht für jeden Zeitpunkt des Entladevorgangs! Aus Formel *3)* folgt durch Differentiation $\dot{Q} = C \cdot \dot{U}$; mithin erhält man aus *4)* und *5)* die Forderung

$$U = -\,R \cdot C \cdot \dot{U} \quad \text{oder} \quad \dot{U} \cdot R \cdot C + U = 0. \qquad \textit{II)}$$

Dabei sind R und C die charakteristischen Daten des Entladekreises, innerhalb desselben Versuches also Konstanten. Der Entladevorgang selbst muß so verlaufen, daß für die Werte $U(t)$ und $\dot{U}(t)$ in jedem Augenblick die Gleichung *II)* erfüllt wird. Darüber hinaus ist die Anfangsbedingung $U(0) = U_0$ zu beachten.

Mithin bleibt also die Frage, ob es Funktionen $u : t \rightarrow U(t)$ gibt, die der Bedingung *II)* und der Anfangsbedingung genügen.

Bei der Deduktion der beiden Versuche aus verschiedenen Gebieten der Physik finden sich Gemeinsamkeiten: Die Beschreibung ging aus von Grundbeziehungen des jeweiligen Bereiches und von Idealisierungen, die unter Umständen im Experiment nur bedingt zu realisieren sind (Wegfall der Reibung). Aus der Kombination solcher Ansätze entstanden Forderungen an eine Funktion, die den zeitlichen Ablauf des betreffenden Geschehens beschreiben soll. So erhielten wir

$$m\ddot{s} + Ds = 0 \quad \text{bzw.} \quad RC\dot{U} + U = 0.$$

Derartige Gleichungen heißen *(gewöhnliche) Differentialgleichungen.*

Definition: In einer *gewöhnlichen Differentialgleichung* werden eine unabhängige
Variable – in der Physik meistens *t* –, eine nicht gegebene Funktion
und Ableitungen der Funktion verknüpft. Die Aufgabe besteht darin,
alle möglichen Funktionen zu bestimmen, die der gestellten Bedingung
genügen.

Eine Differentialgleichung heißt von *erster Ordnung* genau dann, wenn nur die
erste Ableitung vorkommt. Demnach ist die Gleichung *II)* eine Differentialgleichung erster Ordnung. Entsprechend hat eine Differentialgleichung die Ordnung zwei dann und nur dann, wenn die zweite Ableitung als höchste auftritt.
Gleichung *I)* ist also eine Differentialgleichung zweiter Ordnung.
Die Lehre von den Differentialgleichungen ist eine umfangreiche Teildisziplin
der Mathematik, da sehr viele Vorgänge durch Differentialgleichungen beschrieben bzw. idealisiert werden.
Wir behandeln in den nächsten Abschnitten eine spezielle Form von Differentialgleichungen erster Ordnung und machen danach einige Bemerkungen über Differentialgleichungen zweiter Ordnung.

Richtungsfelder

Damit wir den Begriff der Differentialgleichung noch etwas präziser fassen
können, soll zunächst mitgeteilt werden, wie man Funktionen von mehreren
Variablen definiert.
Gegeben seien n nichtleere Teilmengen $A_1, A_2, \ldots, A_n$ von reellen Zahlen, $n \in \mathbb{N}$.
Eine reelle Funktion f ordnet jedem geordneten n-Tupel von Zahlen aus
$A_1 \times A_2 \times \ldots \times A_n$ eine und nur eine reelle Zahl $f(x_1, x_2, \ldots, x_n)$ zu.
In entsprechender Weise kann die Funktion f als Menge von geordneten
$(n + 1)$-Tupeln reeller Zahlen mit einer Eindeutigkeitsforderung definiert werden.
Für die folgenden Betrachtungen soll wieder die gewohnte kartesische Koordi-
naten-Darstellung der Ebene zugrunde liegen. Dann werden **Richtungsfelder**
wie folgt erklärt:
Es seien A, B nichtleere Teilmengen der reellen Zahlen (etwa Intervalle). Die
Funktion RF ordnet jedem geordneten Paar $(x; y)$ $x \in A$ und $y \in B$ eindeutig
die reelle Zahl f' zu. Diese reelle Zahl f' soll im Punkt $P(x; y)$ aufgrund der Beziehung $\tan \tau = f'(x)$ die Tangentenrichtung einer Funktion $f: x \to f(x)$ bestimmen, so daß $f(x) = y$ ist.

$$RF: (x; y) \to RF(x; y) = f'; \quad (x; y) \in A \times B.$$

Mit dieser Definition läßt sich eine große Anzahl von Differentialgleichungen
erster Ordnung geometrisch erfassen: Genau dann, wenn die geforderte Beziehung zwischen der unabhängigen Variablen x, der Funktion f und der Ableitung
f' explizit dargestellt werden kann in der Form $f' = RF(x; y)$, liegt ein *Richtungsfeld* vor. Das Studium einfacher Fälle wird uns einen gewissen Überblick
verschaffen.

a) $RF: (x; y) \to RF(x; y) = f(x); \quad (x; y) \in A \times B.$

In diesem Fall wird das Richtungsfeld ausschließlich durch die x-Koordinaten
bestimmt; auf Geraden parallel zur y-Achse bleibt die vorgeschriebene Richtung konstant. Markieren wir in einer Zeichnung die Richtung in hinreichend

vielen Punkten der *x-y*-Ebene durch einen kleinen Pfeil oder durch eine kurze Strecke, so wird die Bezeichnung »Richtungsfeld« unmittelbar verständlich.

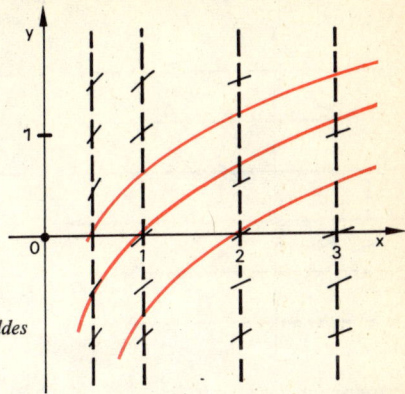

Graphische Darstellung des Richtungsfeldes
$$F'(x) = \frac{1}{x}$$

In der Figur ist das Richtungsfeld dargestellt, das im Abschnitt Logarithmusfunktion erwähnt wurde. Durch Interpolieren zwischen den eingetragenen Richtungen erhält man leicht die skizzierten Kurven.

Aufgrund des Hauptsatzes können wir in vielen Fällen analytisch vorgehen. Wenn die Funktion $x \to f(x) = RF(x; y)$ stetig ist in einem Intervall $[a; b] \in A$, dann ist $F_1 : x \to \int_a^x f(t)\,dt$ eine differenzierbare Funktion, die auf das Richtungsfeld paßt: An jeder Stelle $x_1 \in [a; b]$ gilt $F'(x_1) = f(x_1)$.

Neben der Funktion F_1 genügen alle Funktionen F mit $F = F_1 + c$, $c \in \mathbb{R}$ den Bedingungen des Richtungsfeldes. Die Lösungsmannigfaltigkeit wird dargestellt durch eine Schar von kongruenten Kurven, die durch Verschiebungen längs der *y*-Achse ineinander übergehen.

Es sei angemerkt, daß die Integraldarstellung für die Lösungsfunktionen F in vielen Fällen nicht durch bekannte Funktionsterme ersetzbar ist.

b) *RF:* $(x; y) \to RF(x; y) = g(y)$; $(x; y) \in A \times B$.

Obwohl dieser Fall eng mit dem vorigen zusammenhängt, kommen wir durch die graphischen Darstellungen zu besserem Verständnis der Richtungsfelder. Die vorgeschriebene Steigung soll jetzt allein durch die *y*-Koordinate bestimmt werden. In allen Punkten auf Parallelen zur *x*-Achse ist jeweils dieselbe Richtung für die Tangenten vorgegeben. Wenn die Funktion g stetig ist in einem Intervall $[c; d] \subset B$, dann gibt es eine Schar differenzierbarer Lösungsfunktionen. Irgend zwei Kurven der Schar lassen sich durch eine Parallelverschiebung längs der *x*-Achse zur Deckung bringen.

Der Fall *b)* kann analytisch auf den Fall *a)* zurückgeführt werden, indem man zunächst die Funktion

$$G_1 : y \to \int_c^y g(t)\,dt, \quad y \in [c; d]$$

betrachtet und danach zur Umkehrfunktion G_1^I übergeht, was möglich ist, wenn g keine Nullstellen hat.

Die Verschiebbarkeit der Lösungskurven längs der x-Achse ist von der Geometrie her darin begründet, daß die y-Achse beliebig parallel zu sich selbst verschoben werden kann, ohne daß das Richtungsfeld sich dabei ändert.

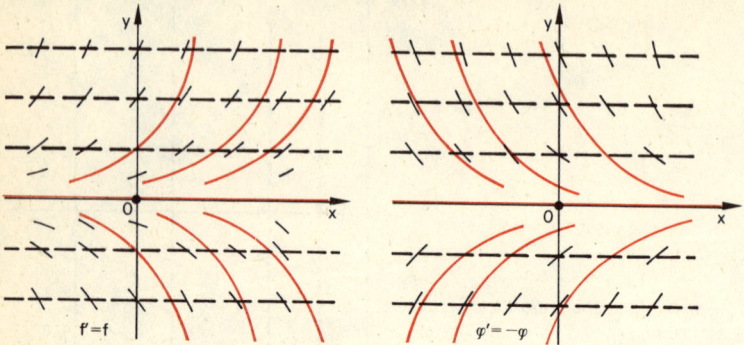

Beispiele für Richtungsfelder

Die Richtungsfelder wurden nach dem Verfahren der Abbildung auf S. 169 konstruiert. Ebenso wie dort erhält man die eingezeichneten Lösungskurven. Die zugehörigen Funktionsvorschriften können durch Probieren oder über die Umkehrfunktionen gefunden werden. Als Lösungsschar erhält man

$$f : x \to Ce^x, \quad C \in \mathbb{R} \quad | \quad \varphi : x \to Ce^{-x}, \quad C \in \mathbb{R}$$

beziehungsweise

$$f : \begin{cases} x \to e^{x-x_0}, & x_0 \in \mathbb{R} \quad \text{oder} \\ x \to 0 \quad \text{oder} \\ x \to -e^{x-x_0}, & x_0 \in \mathbb{R} \end{cases} \qquad \varphi : \begin{cases} x \to e^{-(x-x_0)}, & x_0 \in \mathbb{R} \quad \text{oder} \\ x \to 0 \quad \text{oder} \\ x \to -e^{-(x-x_0)}, & x_0 \in \mathbb{R}. \end{cases}$$

An dieser Stelle kommen wir auf die Differentialgleichung der Kondensatorentladung zurück. Die Gleichung II) lautete

$$\dot{U}RC + U = 0.$$

In der Bezeichnungsweise der Mathematik wird daraus

$$f' + cf = 0$$

mit einer positiven Konstante c. Aus der Betrachtung eines zugehörigen Richtungsfeldes, das der Leser zeichnen möge, vermutet man die Lösungsschar

$$f : x \to k \cdot e^{-cx}, \quad k \in \mathbb{R}.$$

Durch Differentiation wird bestätigt, daß diese Funktionen der Differentialgleichung genügen; der Vollständigkeit halber wäre nachzuweisen, daß es keine anderen Lösungsfunktionen gibt.

Für das physikalische Problem werden die Variablen substituiert: $x \leftrightarrow t$,

$c \leftrightarrow \dfrac{1}{RC}$, ... Mithin erhält man $u : t \to k \cdot e^{-\frac{t}{RC}}$

Diese Gleichung soll den zeitlichen Verlauf der Spannung beschreiben; $e^{-\frac{t}{RC}}$ ist ein reeller Zahlenterm, da der Exponent $-\dfrac{t}{RC}$ dimensionslos ist. Die »Integrationskonstante« k kann daher für eine Spannung stehen. Aus der Anfangsbedingung $U(0) = U_0$ und aus $e^0 = 1$ ergibt sich $k = U_0$. Der zeitliche Ablauf der Kondensatorentladung ist eindeutig bestimmt, wenn die Anfangsbedingung beachtet wird. Für die Spannung gilt

$$U = U_0\, e^{-\frac{t}{RC}} \cdot$$

Entsprechende Formeln erhält man für die Ladung Q bzw. den Entladestrom I.

c) Bei allgemeineren Richtungsfeldern kann ein Überblick durch die Ermittlung von **Isoklinen** zustande kommen. Als Isokline eines Richtungsfeldes RF bezeichnet man eine Menge von Punkten $P(x;y)$, für die $RF(x;y)$ denselben Wert annimmt. In den Fällen *a)* und *b)* waren die Isoklinen also jeweils Parallelen zu den Koordinatenachsen.

Die folgenden Beispiele zeigen vier Richtungsfelder, die nach der Isoklinenmethode dargestellt wurden.

Die Isoklinen sind jeweils punktiert eingetragen.

Die markierten (Lösungs)-Kurven kamen wiederum durch interpolierendes Zeichnen zustande (graphisches Lösungsverfahren). Gelegentlich ist auch hier die analytische Funktionsvorschrift noch zu erraten.

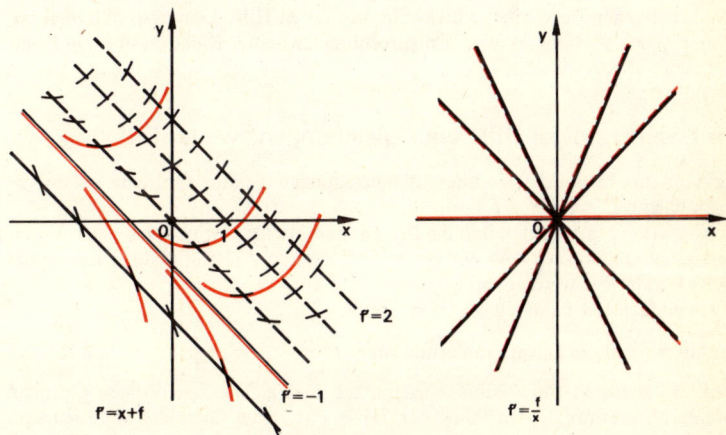

Richtungsfelder, die nach der Isoklinenmethode dargestellt werden

Nun wird eine differenzierbare Funktion in der Nähe des Berührungspunktes durch die Tangente approximiert. Man kann daher erwarten, daß Kurven, die auf ein solches Richtungsfeld passen, Lösungen der Differentialgleichung sind: Jede derartige Kurve ist Graph einer differenzierbaren Funktion $f: x \to f(x); \ x \in D_f$. In jedem Punkt $P(x;f(x))$ gilt $f'(x) = RF(x;f(x))$.

Bei allen vorgelegten Richtungsfeldern, das heißt, bei den speziellen Differentialgleichungen erster Ordnung sind die Lösungsmannigfaltigkeiten Kurvenscharen;

$$f' = \frac{x}{f} \qquad\qquad f' = x^2 + f^2$$

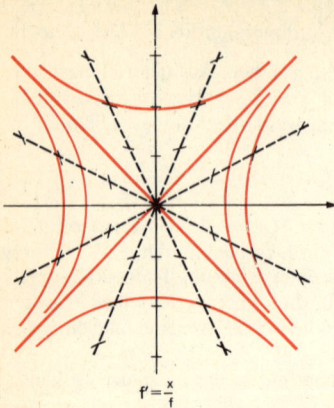

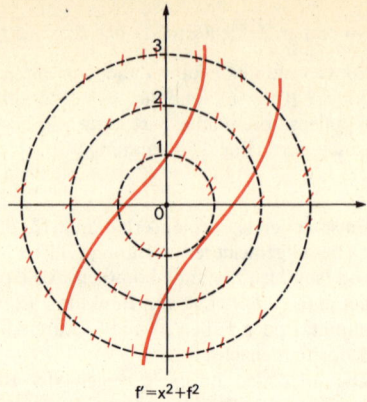

Richtungsfelder, die nach der Isoklinenmethode dargestellt werden

dabei geht durch jeden Punkt des Lösungsbereiches genau eine Kurve der Schar. Aus den Beispielen werden allgemeine Problemstellungen deutlich: Welchen Bedingungen muß die Funktion *RF* genügen, damit Lösungen existieren? Ist es möglich, Rechenprozesse zu entwickeln, mit deren Hilfe Lösungsfunktionen bestimmt werden? Gibt es eine Entsprechung zwischen Richtungsfeld und einparametriger Kurvenschar?

Zur Lösung einiger Differentialgleichungen zweiter Ordnung

Die von uns betrachteten Differentialgleichungen zweiter Ordnung sollen die Form haben $f'' = F(x, f, f')$.
Es wird also vorausgesetzt, daß die Beziehung zwischen der unabhängigen Variablen x, der Funktion f und der ersten und zweiten Ableitung von f funktional nach f'' aufgelöst werden kann.
a) Im einfachsten Falle gilt $f'' = a, \ a \in \mathbb{R}$.

Durch zweimaliges Integrieren erhält man $f: x \to \dfrac{a}{2} \cdot x^2 + bx + c, \ x \in \mathbb{R}$, mit

zwei willkürlichen Integrationskonstanten b und c. Die zugehörigen Graphen sind Parabeln; durch jeden Punkt der x-y-Ebene gehen unendlich viele Kurven. Schreibt man außer den Koordinaten eines Punktes noch die zugehörige Tangentenrichtung vor, dann ist die Lösungsfunktion eindeutig festgelegt.
In gleicher Weise löst man den Fall $f'' = g$, wenn $g: x \to g(x)$ als integrierbare Funktion gegeben ist.
b) Bei Differentialgleichungen der Form $f'' = g(f')$ führt die Substitution $f' = u$ auf ein einfaches Richtungsfeld in u: $u' = g(u)$.
Auch hier kann die Lösung durch zweimalige Integration gewonnen werden. Deshalb darf der Funktionsterm von f zwei reelle Konstanten enthalten.
c) Bei der Behandlung mechanischer Probleme gibt es häufig Differentialgleichungen vom Typ $f'' = g(f)$ mit gegebener Funktion g. Wir erläutern ein

Lösungsverfahren am Beispiel der Federschwingung. Es galt $m\ddot{s} + Ds = 0$ *(I)*. Durch Umbezeichnung ergibt sich $f'' + \omega^2 f = 0$ oder $f'' = -\omega^2 f$ *(I')*; dabei steht ω^2 für die positive Konstante $\dfrac{D}{m}$.

Aus den elementaren Differentiationsregeln folgen zunächst wesentliche Eigenschaften der Lösungsfunktionen:

1) Wenn die Funktion f_1 der Differentialgleichung *(I')* genügt, dann ist auch die Funktion $g_1 = c \cdot f_1$, $c \in \mathbb{R}$ eine Lösung dieser Gleichung.

2) Wenn weiterhin f_1 und f_2 Lösungen von *(I')* sind, dann ist auch $\varphi = f_1 + f_2$ Lösung dieser Gleichung.

Zusammengefaßt: Wenn die Funktionen f_1 und f_2 der Differentialgleichung *(I')* genügen, dann ist jede Funktion $f = c_1 \cdot f_1 + c_2 \cdot f_2$; $c_1, c_2 \in \mathbb{R}$ Lösung dieser Differentialgleichung.

Unterstellt man, daß die Lösung einer Differentialgleichung zweiter Ordnung nur zwei Integrationskonstanten enthält, dann läßt sich jede Lösungsfunktion darstellen als Linearkombination zweier linear unabhängiger Lösungsfunktionen f_1 und f_2. Im Sinne des Kapitels über algebraische Strukturen bilden die Funktionen f_1 und f_2 eine Basis des Lösungs-Vektorraumes der Dimension zwei. (Vgl. S. 49/50).

Von der Differentialrechnung her ist bekannt, daß die Sinusfunktion und die Kosinusfunktion bis auf ein Vorzeichen mit ihrer zweiten Ableitungsfunktion übereinstimmen. Demnach sind die Funktionen $\sin: x \to \sin x$ und $\cos: x \to \cos x$ linear unabhängige Lösungen der Differentialgleichung $f'' + f = 0$.

Nach der Kettenregel genügen dann aber die Funktionen $f_1: x \to \cos \omega x$ und $f_2: x \to \sin \omega x$ der vorgelegten Differentialgleichung *(I')*. Mithin löst jede Funktion vom Typ $f: c_1 \cdot \cos \omega x + c_2 \cdot \sin \omega x$ die Differentialgleichung *(I')*. Andererseits gibt es nach unserer Annahme über die Anzahl der Integrationskonstanten keine weiteren Lösungsfunktionen.

Im Falle der Federschwingung müssen jetzt noch die Anfangsbedingungen beachtet werden. Nach der Substitution der Variablen gilt
$$S: t \to c_1 \cdot \cos \omega t + c_2 \cdot \sin \omega t$$
oder
$$s(t) = c_1 \cdot \cos \omega t + c_2 \cdot \sin \omega t.$$
Zur Zeit $t = 0$ wurde die Kugel an der Stelle $s = s_0$ aus der Ruhelage losgelassen. Das bedeutet $s(0) = s_0$ und $\dot{s}(0) = v(0) = 0$. Aus diesen Bedingungen folgt $c_1 = s_0$ und $c_2 = 0$.

Wenn von der Reibung abgesehen wird, verläuft die Federschwingung nach dem Weg-Zeit-Gesetz $s = s_0 \cdot \cos \omega t$. Frequenz und Schwingungsdauer sind unabhängig von der Amplitude s_0.

Für die Schwingungsdauer τ gilt die Formel

$$\tau = 2\pi \cdot \sqrt{\frac{m}{D}}.$$

Diese Gleichung folgt aus den Beziehungen $\omega^2 = \dfrac{D}{m}$ und $\tau = \dfrac{2\pi}{\omega}$ ($\to$ Bd. Physik).

Werden die Reibungskräfte berücksichtigt, so erhält man eine andere Differentialgleichung für die Federschwingung. Die zugehörigen Lösungen beschreiben dann auch das Abklingen der Schwingung.

Aufgaben

61) Für den radioaktiven Zerfall gilt die Differentialgleichung $\dot{m} = -km$.
Dabei ist k eine Konstante, die für den zerfallenden Stoff charakteristisch ist
(»Zerfallskonstante«).
a) Zur Zeit $t = 0$s habe die zerfallende Substanz die Masse m_0. Welche
Funktion beschreibt den Zerfall?
b) Für jede zerfallende Substanz gibt es eine charakteristische Halbwertszeit τ_H: Im Zeitintervall $[t_1; t_1 + \tau_H]$ zerfällt jeweils die Hälfte des Stoffes,
der zum Zeitpunkt t_1 vorhanden war. Zeigen Sie, daß $\tau_H = \ln 2 : k$ ist.
c) Wieviel Restsubstanz m_R bleibt nach Ablauf der Zeit $10\,\tau_H$ von einer
Ausgangsmasse m_0?
d) Für Radium ist $k = 0,13 \cdot 10^{-10}$ s^{-1}. Wie groß ist die Halbwertszeit?

62) Ein Körper mit der Masse $m = 1000$ kg bewege sich gradlinig mit der konstanten Geschwindigkeit $v = 10\,\dfrac{m}{s}$. Eine Bremskraft F, die zur Momentangeschwindigkeit proportional ist, beginne im Zeitpunkt $t = 0$ s zu wirken; es
sei $F(0) = 1000\,N = 1000$ kg $\cdot$ m $\cdot$ s^{-2}.
a) Welche Differentialgleichung beschreibt die Bewegung des Körpers?
b) Wie lange dauert es, bis die Momentangeschwindigkeit auf $5\,\dfrac{m}{s}$ abge-
bremst wird?
c) Welchen Weg legt der Körper in dieser Zeit zurück?

63) *a)* Geben Sie eine Gleichung an für die Menge aller Kreise, deren Radius
die Länge 1 hat und deren Mittelpunkt M auf der x-Achse liegt, $M(c; 0)$.
b) Durch Differentiation und algebraisches Umformen kann der Parameter c eliminiert werden. Man erhält die Differentialgleichung
$$(f' \cdot f)^2 + f^2 = 1.$$

64) *a)* Geben Sie eine Gleichung an für die Menge aller Tangenten an den
Graphen der Funktion $f: \ x \to x^2, \ x \in \mathbb{R}$.
b) Durch Differentiation erhält man die Differentialgleichung
$$f'^2 - 4xf' + 4f = 0.$$

65) In der Differentialgleichung *I)* $f' + af = g$ sei a eine gegebene Konstante
und g eine gegebene Funktion der unabhängigen Variablen x.
a) Beweisen Sie den folgenden Satz: Wenn die Funktionen f_1 und f_2 der
Differentialgleichung *I)* genügen, dann löst die Funktion $\varphi = f_1 - f_2$ die
Differentialgleichung *H)*
$$\varphi' + a\varphi = 0.$$
b) Welcher Zusammenhang besteht demnach zwischen den Lösungen von
I) und den Lösungen von *H)*?
c) Geben Sie daraufhin die Lösungen der Differentialgleichung $f' = x + f$
an (siehe linke Figur S. 171).

66) Bestimmen Sie graphisch oder rechnerisch die Lösungen der folgenden Differentialgleichungen.

a) $f' \cdot (x + 2) + x = 0;$ *f)* $f \cdot f' + x = 0;$
b) $f' + f^2 = 0;$ *g)* $(x + 1)f' + f + 1 = 0;$
c) $f' = 1 + f^2;$ *h)* $f'' = \sin x;$
d) $x \cdot f' - 2f = 0;$ *i)* $f'' = f' + 2;$
e) $x \cdot f' + f = 0;$ *j)* $f'' - f = 0.$

Folgen und Reihen

Unendliche Folgen

Die Lehre von den unendlichen Folgen ist eng verwandt mit der Erörterung über Grenzwerte bei Funktionen. Unsere Betrachtungen knüpfen daher bei dem Abschnitt über Funktionen an; etwas später werden sich viele Parallelen zum Abschnitt über Grenzwerte zeigen.

Definition: Eine unendliche Zahlenfolge (abgekürzt Folge) ist eine Funktion mit dem Definitionsbereich $\mathbb{N}$, $ZF: n \to f(n)$, $n \in \mathbb{N}$.
Die einzelnen Funktionswerte heißen *Glieder* der Folge.
Die Schreibweise »$ZF: n \to f(n)$, $n \in \mathbb{N}$« wird der Bequemlichkeit halber meist durch andere Schreibfiguren ersetzt. Wir schreiben statt dessen meistens $\langle a_n \rangle = a_1, a_2, a_3, a_4, \ldots$

Beispiele: 1) $\langle n^2 \rangle = 1, 4, 9, 16, \ldots$ Folge der Quadratzahlen;
2) $\langle (-1)^n \rangle = -1, +1, -1, +1, \ldots$ eine alternierende Zahlenfolge;
3) $\langle \frac{1}{n} \rangle = 1, \frac{1}{2}, \frac{1}{3}, \frac{1}{4}, \ldots$ Folge der Stammbrüche.
Als Folgen mit einfachem Bildungsgesetz erwähnen wir noch *4)* **Arithmetische Folgen** (erster Ordnung). Hier ist die Differenz zweier aufeinanderfolgender Glieder stets konstant. Demnach gilt die Rekursionsformel $a_{n+1} - a_n = d$, $n \in \mathbb{N}$. Durch vollständige Induktion kann man daraus die Zuordnungsvorschrift ableiten.

$$AF: n \to a + (n - 1) \cdot d, \; n \in \mathbb{N}.$$

5) Bei **geometrischen Folgen** (erster Ordnung) ist der Quotient zweier aufeinanderfolgender Glieder stets konstant. Die Rekursionsformel lautet demnach $a_{n+1} : a_n = q$, $n \in \mathbb{N}$, $a_n \neq 0$.
Als Funktionsvorschrift erhält man

$$GF: n \to a \cdot q^{n-1}, \; n \in \mathbb{N}, \; q \neq 0.$$

Bei der graphischen Darstellung von Folgen benutzen wir vielfach das kartesische Koordinatensystem und tragen dort die diskret liegenden Funktionswerte ein. Manchmal werden jedoch die Funktionswerte $a_1, a_2, a_3, \ldots$ als Punkte auf einer Zahlengerade markiert. Die Abbildung auf der nächsten Seite deutet beide Möglichkeiten für die Folge der Stammbrüche an.

Das Studium unendlicher Folgen ist ausgerichtet auf den *Grenzwert-Begriff*. Die nachfolgende Definition ist daher bestimmend für den gesamten Abschnitt.

Zwei Darstellungsmöglichkeiten für die Folge der Stammbrüche

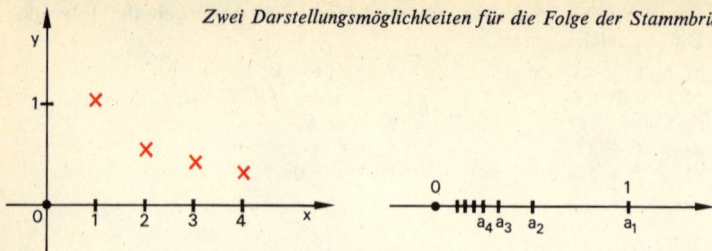

Definition: Die Folge $\langle a_n \rangle$ hat den *Grenzwert* α genau dann, wenn es zu jeder positiven Zahl ε eine natürliche Zahl n_0 gibt, so daß

$$|a_n - \alpha| < \varepsilon$$

für alle natürlichen Zahlen $n > n_0$.

Wenn eine Folge $\langle a_n \rangle$ den Grenzwert α hat, schreiben wir $\alpha = \lim \langle a_n \rangle$.
Gelesen »α ist Grenzwert der Folge $\langle a_n \rangle$«.
Die gebräuchliche Notation dazu sieht so aus:

$$\alpha = \lim_{n \to \infty} a_n$$

Die zugehörige Sprechweise lautet »α gleich Limes a_n, wenn n gegen Unendlich geht« oder ähnlich.
Beispiele: Die Folge der Quadratzahlen hat keinen Grenzwert. Man nennt sie deshalb eine *divergente Folge*.
Die Folge $\langle (-1)^n \rangle$ hat ebenfalls keinen Grenzwert.

Die Folge $\left\langle \dfrac{1}{n} \right\rangle$ hat die Zahl Null als Grenzwert.

Wenn $\varepsilon > 0$ gegeben ist, wird $a_n < \varepsilon$ für alle $n > \left[\dfrac{1}{\varepsilon}\right]$, $n \in \mathbb{N}$.

Man sagt, die Folge $\left\langle \dfrac{1}{n} \right\rangle$ sei *konvergent*; da ihr Grenzwert Null ist, wird sie als *Nullfolge* bezeichnet.
Arithmetische Folgen können nur dann einen Grenzwert haben, wenn $d = 0$ ist.
Die Zahl a ist dann Grenzwert der Konstantfolge $a, a, a, \ldots$
Geometrische Folgen $\langle a_n \rangle = \langle a \cdot q^{n-1} \rangle$ haben den Grenzwert Null im Falle $-1 < q < +1$; sie haben den Grenzwert a, wenn $q = 1$ ist.
In allen anderen Fällen sind geometrische Folgen divergent.
Die ε-n_0-Definition für den Folgen-Grenzwert kann ersetzt werden durch eine Fassung, die der Darstellung im Koordinaten-System etwas näher steht. Wir verwenden dazu die abkürzende Redeweise »fast alle Folgenglieder« und meinen in diesem Zusammenhang »alle Folgenglieder bis auf endlich viele Ausnahmen«.

Definition: Die Folge $\langle a_n \rangle$ hat den Grenzwert α dann und nur dann, wenn in jeder Umgebung von α fast alle Folgenglieder liegen.

Die Äquivalenz beider Definitionen kann leicht nachgewiesen werden. Wir überlassen dies dem Leser ebenso wie die Übertragung der Sätze 1–5 aus dem Abschnitt Grenzwerte von Funktionen.

Zusammenstellung der Ergebnisse:
Eine Folge $\langle a_n \rangle$ kann höchstens einen Grenzwert haben. Wenn eine Folge einen Grenzwert hat, dann ist sie beschränkt.

Aus $\lim \langle a_n \rangle = \alpha$ und $\lim \langle b_n \rangle = \beta$

folgt $\lim \langle a_n + b_n \rangle = \alpha + \beta;$

                        $\lim \langle a_n \cdot b_n \rangle \;\; = \alpha \cdot \beta;$

und $\lim \langle a_n : b_n \rangle \;\; = \alpha : \beta$ falls $\beta \neq 0.$

Unser erster Satz nennt eine hinreichende Bedingung für die Konvergenz von Folgen.

Satz 1:   Wenn eine Folge $\langle a_n \rangle$ nach oben beschränkt ist und wenn sie monoton steigend ist im weiteren Sinne, dann hat diese Folge einen Grenzwert.

Beweis: Da die Folge beschränkt ist nach oben, gibt es nach dem Satz vom Supremum eine wohlbestimmte kleinste obere Schranke α für die Menge der Folgenzahlen. Diese kleinste obere Schranke α ist Grenzwert der Folge $\langle a_n \rangle$!
In jeder beliebigen ε-Umgebung von α muß nämlich mindestens eine Folgenzahl a_{n_0} liegen – sonst wäre α nicht die kleinste obere Schranke der Folgenzahlen. Nun ist aber nach Voraussetzung $a_n \geq a_{n_0}$ für alle $n > n_0$. Demnach gilt
$\alpha - a_n \leq \alpha - a_{n_0} < \varepsilon$; das heißt: α ist Grenzwert der Folge $\langle a_n \rangle$. Ein entsprechender Satz gilt für Folgen, die nach unten beschränkt sind und monoton fallen im weiteren Sinne.
Streicht man in einer Folge $\langle a_n \rangle$ endlich oder unendlich viele Glieder aus, so bilden die verbleibenden Glieder in ihrer ursprünglichen Anordnung eine *Teilfolge* der gegebenen Folge. Dabei ist vorauszusetzen, daß noch unendlich viele Glieder übrigbleiben. Es gilt

Satz 2:   In jeder beliebigen Folge gibt es eine Teilfolge, die entweder nicht-steigend oder nichtfallend ist.

Zum Beweis benutzen wir den Begriff der *Gipfelstelle* einer Folge: Die natürliche Zahl n_1 ist Gipfelstelle der Folge $\langle a_n \rangle$, wenn $a_{n_1} > a_m$ für alle natürlichen Zahlen $m > n_1$.

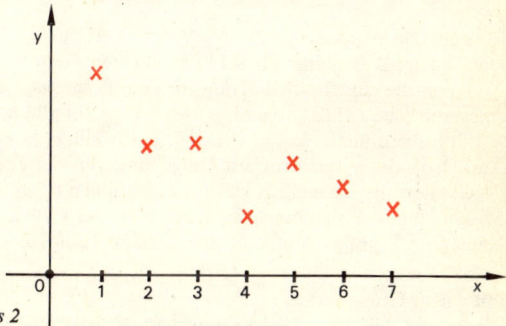

Figur zum Beweis des Satzes 2

Die angedeutete Folge hat die Gipfelstellen 1, 3, 5, 6, 7.
Bei einer beliebigen Folge kann es entweder endlich viele oder unendlich viele Gipfelstellen geben.

Im ersten Fall betrachten wir eine natürliche Zahl n_1, die größer ist als alle Gipfelstellen der Folge. Da n_1 selbst keine Gipfelstelle ist, muß es eine Zahl $n_2 > n_1$ geben, so daß $a_{n_2} \geq a_{n_1}$. Da n_2 ebenfalls keine Gipfelstelle ist, muß es eine natürliche Zahl n_3 geben, so daß $n_3 > n_2$ und $a_{n_3} \geq a_{n_2}$. Fährt man in dieser Weise fort, so erhält man eine Teilfolge $a_{n_1}, a_{n_2}, a_{n_3}, \ldots$, die nichtfallend ist.

Wenn die Folge $\langle a_n \rangle$ unendlich viele Gipfelstellen $n_1, n_2, n_3, \ldots$ enthält mit $n_1 < n_2 < n_3 < \ldots$, so folgt aus der Definition der Gipfelstellen die Ungleichungskette $a_{n_1} > a_{n_2} > a_{n_3} > \ldots$

Damit ist der Satz 2 bewiesen.

Aus der Kombination der Sätze 1 und 2 folgt der wichtige Satz von *Bolzano-Weierstraß*.

Satz 3:   Jede beschränkte Folge enthält eine konvergente Teilfolge.

Eine andere Fassung dieses Satzes besagt, daß jede beschränkte Folge mindestens einen Häufungspunkt enthält. Mit Hilfe des Satzes von Bolzano-Weierstraß kann nun eine notwendige und hinreichende Bedingung für die Konvergenz von Folgen hergeleitet werden, bei der der Grenzwert selbst außer Betracht bleibt. Es gilt der

Satz 4   *(Konvergenzkriterium von Cauchy):* Eine Folge $\langle a_n \rangle$ hat dann und nur dann einen Grenzwert α, wenn es zu jeder positiven Zahl ε eine ganze Zahl n_0 gibt, so daß

$$|a_n - a_m| < \varepsilon$$

für alle natürlichen Zahlen $n > n_0$ und für alle natürlichen Zahlen $m > n_0$.

Beweis: 1) Die Folge $\langle a_n \rangle$ habe den Grenzwert α. Dann gibt es zu jedem $\varepsilon > 0$ eine natürliche Zahl n_0, so daß $|\alpha - a_n| < \dfrac{\varepsilon}{2}$ für alle $n > n_0$.

Demnach ist

$$|a_n - a_m| = |a_n - \alpha + \alpha - a_m|$$

$$\leq |a_n - \alpha| + |\alpha - a_m| < \frac{\varepsilon}{2} + \frac{\varepsilon}{2} = \varepsilon;$$

für alle $n, m > n_0$.

Die Cauchy-Bedingung gilt bei konvergenten Folgen.

2) Wenn die Cauchy-Bedingung für eine Folge $\langle a_n \rangle$ gilt, gibt es zu jedem $\varepsilon > 0$ eine natürliche Zahl n_0, so daß $|a_n - a_m| < \varepsilon$ für alle $n, m > n_0$. Setzt man $\varepsilon = 1$, so gilt insbesondere $|a_{n_0+1} - a_m| < 1$ für alle $m > n_0$.

Außerhalb der symmetrischen Umgebung von der Länge 2 um die Zahl a_{n_0+1} liegen allenfalls die endlich vielen Folgenzahlen $a_1, a_2, \ldots, a_{n_0}$.

Mithin ist eine Folge beschränkt, wenn sie der Cauchy-Bedingung genügt.

Nach Satz 3 gibt es dann eine konvergente Teilfolge

$$\langle a_{k_i} \rangle = a_{k_1}, a_{k_2}, a_{k_3}, \ldots$$

mit einem Grenzwert α.

Wir zeigen, daß diese Zahl α Grenzwert der gesamten Cauchyfolge $\langle a_n \rangle$ ist.

Wegen der Konvergenz der Teilfolge gibt es eine Zahl n_1, so daß bei beliebig vorgegebenem $\varepsilon > 0$ die Ungleichung $|\alpha - a_{k_i}| < \dfrac{\varepsilon}{2}$ besteht für alle $k_i > n_1$.

Andererseits gibt es eine Zahl n_2, so daß $|a_{k_i} - a_n| < \dfrac{\varepsilon}{2}$ für alle $n > n_2$ und alle $k_i > n_2$ (Cauchy-Bedingung!). Setzt man $n_3 = \text{Max } (n_1, n_2)$, so gilt

$$|\alpha - a_n| = |\alpha - a_{k_i} + a_{k_i} - a_n| \le |\alpha - a_{k_i}| + |a_{k_i} - a_n| < \frac{\varepsilon}{2} + \frac{\varepsilon}{2} = \varepsilon$$

für alle $n > n_3$. Das besagt aber, daß die Zahl α der Grenzwert der betrachteten Cauchyfolge $\langle a_n \rangle$ ist.

Der letzte Satz über Folgen soll die Beziehung herstellen zum Grenzwert von Funktionen.

Satz 5: Wenn die Funktion $f: x \rightarrow f(x)$ an einem Häufungspunkt α ihres Definitionsbereiches D den Grenzwert g hat und wenn die Folge $\langle x_n | x_n \in D, \ x_n \ne \alpha \rangle$ den Grenzwert α hat, dann gilt $\lim \langle f(x_n) \rangle = \lim\limits_{\alpha} f$. Wenn umgekehrt für jede Folge $\langle x_n | x_n \in D, \ x_n \ne \alpha \rangle$ mit $\lim \langle x_n \rangle = \alpha$ die Folge der zugehörigen Funktionswerte konvergent ist, dann gilt

$$\lim_{\alpha} f = \lim \langle f(x_n) \rangle.$$

Beweis: 1) Wegen $\lim\limits_{\alpha} f = g$ gibt es zu jedem $\varepsilon > 0$ eine positive Zahl δ, so daß $|f(x) - g| < \varepsilon$ für alle x mit $0 < |x - \alpha| < \delta$. Da die Folge $\langle x_n \rangle$ den Grenzwert α hat, gibt es eine Zahl n_0, so daß $|x_n - \alpha| < \delta$ für alle $n > n_0$. Mithin gilt die Ungleichung $|f(x_n) - g| < \varepsilon$ für alle $n > n_0$.

Das heißt aber $\lim \langle f(x_n) \rangle = g = \lim\limits_{\alpha} f$.

2) Wenn umgekehrt $\lim \langle f(x_n) \rangle$ existiert für jede Folge $\langle x_n \rangle$, die α als Grenzwert hat, dann müssen zunächst sämtliche Funktionswert-Folgen denselben Grenzwert haben. Andernfalls könnte man aus zwei Folgen $\langle x_n \rangle$ und $\langle \bar{x}_n \rangle$, die jeweils den Grenzwert α haben, eine neue Folge $< x'_n >$ bilden, die auch den Grenzwert α hat, so daß aber $\langle f(x'_n) \rangle$ eine Folge ohne Grenzwert wäre.

Es sei also g der gemeinsame Grenzwert aller Folgen $\langle f(x_n) \rangle$, wenn $\langle x_n \rangle$ den Grenzwert α hat. Wäre nun g nicht Grenzwert der Funktion f an der Stelle α, dann müßte es eine positive Zahl ε geben, so daß für jedes $\delta > 0$ immer noch mindestens eine Zahl x_δ existiert mit $0 < |x_\delta - \alpha| < \delta$ und $|f(x_\delta) - g| \ge \varepsilon$.

Betrachten wir die Folge $\langle \delta_n \rangle = \left\langle \dfrac{1}{n} \right\rangle$, dann müßte es eine Folge von Zahlen $\langle x'_n \rangle$ geben mit $0 < |x'_n - \alpha| < \dfrac{1}{n}$ und $|f(x'_n) - g| \ge \varepsilon$.

Da andererseits die Folge $\langle x'_n \rangle$ die Zahl α zum Grenzwert hat, besteht ein Widerspruch zur Voraussetzung; es muß ja für jede Folge von x-Werten, die α als Grenzwert hat, die Folge der zugehörigen Funktionswerte den Grenzwert g haben.

Am Ende des Abschnitts über Folgen kommen wir auf die Zahl e zurück. Im Abschnitt Integralrechnung wurde e als Integrationsgrenze definiert

$$1 = \int\limits_1^e \frac{du}{u}.$$

Wir wollen zeigen, daß e Grenzwert gewisser Zahlenfolgen ist.

Satz 6: $e = \lim \left\langle \left(1 + \dfrac{1}{n}\right)^n \right\rangle$,

$\qquad\qquad e = \lim \left\langle \left(1 + \dfrac{1}{n}\right)^{n+1} \right\rangle$.

Dazu wird zunächst bewiesen, daß jede dieser Folgen einen Grenzwert hat, und daß diese Grenzwerte übereinstimmen.

1) Es sei $a_n = \left(1 + \dfrac{1}{n}\right)^n$, also $a_{n-1} = \left(1 + \dfrac{1}{n-1}\right)^{n-1}$, $n \geq 2$.   Dann wird

$$\frac{a_n}{a_{n-1}} = \left(\frac{n+1}{n}\right)^n : \left(\frac{n}{n-1}\right)^{n-1} = \frac{(n+1)^n}{n^n} \cdot \frac{(n-1)^n}{n^n} \cdot \frac{n}{n-1}$$

$$= \left(\frac{(n+1)(n-1)}{n^2}\right)^n \cdot \frac{n}{n-1} = \left(\frac{n^2-1}{n^2}\right)^n \cdot \frac{n}{n-1} = \left(1 - \frac{1}{n^2}\right)^n \cdot \frac{n}{n-1}.$$

Nach einer elementar beweisbaren Ungleichung gilt $(1 + h)^n > 1 + nh$,   falls $h > -1$ und $n \in \mathbb{N}$.
Infolgedessen erhalten wir

$$\frac{a_n}{a_{n-1}} = \left(1 - \frac{1}{n^2}\right)^n \cdot \frac{n}{n-1} > \left(1 - \frac{n}{n^2}\right) \cdot \frac{n}{n-1} = 1,\quad \text{also}\quad a_n > a_{n-1}.$$

Die Folge $\langle a_n \rangle$ ist monoton steigend!

2) Entsprechende Umformungen zeigen, daß die Folge

$$\langle b_n \rangle = \left\langle \left(1 + \frac{1}{n}\right)^{n+1} \right\rangle \text{ monoton fällt.}$$

3) Außerdem gilt

$$\frac{b_n}{a_n} = \frac{\left(1 + \dfrac{1}{n}\right)^{n+1}}{\left(1 + \dfrac{1}{n}\right)^n} = 1 + \frac{1}{n} > 1,$$

also $b_n > a_n$ für alle $n \in \mathbb{N}$.

4) Schließlich wird $b_n - a_n = \left(1 + \dfrac{1}{n}\right)^{n+1} - \left(1 + \dfrac{1}{n}\right)^n = \left(1 + \dfrac{1}{n}\right)^n \cdot \dfrac{1}{n} = \dfrac{a_n}{n}$.

Wegen *3)* ist $\dfrac{a_n}{n} < \dfrac{b_n}{n}$;   nach *2)* gilt $\dfrac{b_n}{n} < \dfrac{b_1}{n}$.

Da aber $b_1 = (1 + 1)^2 = 4$ ist, erhalten wir $b_n - a_n < \dfrac{4}{n}$.

5) Nach Punkt *3)* ist die monoton steigende Folge $\langle a_n \rangle$ nach oben beschränkt; jedes b_n ist obere Schranke. Gemäß Satz *1)* muß es einen Grenzwert α für diese Folge geben.
Entsprechende Schlüsse sichern die Existenz eines Grenzwertes β für die Folge $\langle b_n \rangle$.
Da die Folge $\langle b_n - a_n \rangle$ nach *4)* den Grenzwert Null hat, müssen α und β übereinstimmen.
Wir zeigen, daß der gemeinsame Grenzwert der Folgen $\langle a_n \rangle$ und $\langle b_n \rangle$ die Zahl e ist, deren Definition wir oben wiederholten.

Bei der Funktion $\quad F: x \to \int\limits_1^x \dfrac{\mathrm{d}u}{u}, \; x > 0$ gilt die Gleichung $F(x^r) = r \cdot F(x)$.

Außerdem ist nach dem Hauptsatz $F'(x) = \dfrac{1}{x}$ (vgl. S. 151).

Betrachtet man die Differenzquotienten-Funktion der Funktion F an der Stelle 1, so ist

$$\tan \sigma = \frac{F(1 + h) - F(1)}{h};$$

es gilt $\qquad \lim\limits_0 (h \to \tan \sigma) = F'(1) = 1$.

Nach Satz 5) muß für eine Folge $\langle x_n \rangle$, die den Grenzwert 1 hat, die Folge $\langle \tan \sigma(x_n) \rangle$ den Grenzwert $F'(1) = 1$ haben. Wir setzen $\langle x_n \rangle = \langle 1 + h_n \rangle = \left\langle 1 + \dfrac{1}{n} \right\rangle$ und erhalten

$$\tan \sigma(x_n) = \frac{F(1 + h_n) - F(1)}{h_n} = n \cdot F\left(1 + \frac{1}{n}\right)$$

$$= F\left[\left(1 + \frac{1}{n}\right)^n\right].$$

Wegen der Stetigkeit der Funktion F ist

$$\lim \left\langle F\left[\left(1 + \frac{1}{n}\right)^n\right]\right\rangle = F\left[\lim \left\langle \left(1 + \frac{1}{n}\right)^n\right\rangle\right].$$

Mithin gilt

$$F'(1) = 1 = F(\alpha),$$

wo $\qquad \alpha = \lim \left\langle \left(1 + \dfrac{1}{n}\right)^n\right\rangle$ ist.

Nach Definition war $1 = F(e)$.

Aus der Eineindeutigkeit der Funktion F folgt somit

$$e = \lim \left\langle \left(1 + \frac{1}{n}\right)^n\right\rangle$$

und nach 4) $\qquad e = \lim \left\langle \left(1 + \dfrac{1}{n}\right)^{n+1}\right\rangle$.

Aus den Folgen $\langle a_n \rangle$ und $\langle b_n \rangle$ ergeben sich Näherungswerte für e; allerdings ist die Rechenarbeit ohne eine leistungsfähige Maschine ziemlich beschwerlich.

n	1	5	10	100	1000	100000
a_n	2	2,49	2,59	2,70	2,717	2,71828
b_n	4	2,98	2,85	2,73	2,720	2,71828

$$e \approx 2{,}71828.$$

Reihen

Definition: Wenn eine unendliche Zahlenfolge $a_1, a_2, a_3, \ldots$ gegeben ist, bezeichnet man die Schreibfigur $a_1 + a_2 + a_3 + \cdots$ als *unendliche Reihe*.

Diese Begriffsbildung ist zunächst rein formal, da eine Summe nur für endlich viele Summanden erklärt ist.

Sinnvolle Aussagen über unendliche Reihen werden möglich durch Betrachten der *Folge der Partialsummen.*

Die Partialsummen definiert man wie folgt:

Definition: $s_1 = a_1$;

$\qquad\qquad s_2 = a_1 + a_2$;

$\qquad\qquad s_3 = a_1 + a_2 + a_3$;

$\qquad\qquad\qquad\cdot$

$\qquad\qquad\qquad\cdot$

$\qquad\qquad\qquad\cdot$

$\qquad\qquad s_n = a_1 + a_2 + a_3 + \cdots + a_n$.

Eine unendliche Reihe heißt *konvergent genau dann*, wenn die Folge ihrer Partialsummen einen Grenzwert s hat. Die Zahl s heißt dann *Summe* der unendlichen Reihe. Wenn die Folge der Partialsummen keinen Grenzwert hat, heißt die unendliche Reihe *divergent*.

Beispiele: 1) Jede unendliche arithmetische Reihe $a + (a + d) + (a + 2d) + \cdots$ ist divergent, wenn a oder d von Null verschieden sind. Im Trivialfall $a = d = 0$ hat die Reihe die Summe 0.

2) Bei unendlichen geometrischen Reihen verschafft man sich zunächst einen einfachen Term für die Partialsumme s_n.

Es ist $\qquad\qquad s_n \qquad = a(1 + q + q^2 + \cdots + q^{n-1})$

und $\qquad\qquad s_n \cdot q \qquad = a(q + q^2 + \cdots + q^{n-1} + q^n)$.

Daraus folgt $\qquad s_n \cdot (1 - q) = a(1 - q^n)$.

Für $q \neq 1$ gilt also $\quad s_n \qquad = \dfrac{a(1 - q^n)}{1 - q} = \dfrac{a}{1 - q} - \dfrac{a \cdot q^n}{1 - q}$.

Über Konvergenz oder Divergenz der geometrischen Reihe entscheidet das Verhalten der Folge $<s_n>$. Durch die Grenzwertsätze über Folgen erhalten wir

Satz 7: Eine unendliche geometrische Reihe $a + aq + aq^2 + \cdots$ ist konvergent im Falle $-1 < q < +1$.

Sie hat die Summe $s = \dfrac{a}{1 - q}$. Jede unendliche Reihe mit $|q| \geq 1$

ist divergent.

3) Die Reihe $1 + \frac{1}{2} + \frac{1}{3} + \frac{1}{4} + \cdots$ ist divergent. Wegen $\frac{1}{3} + \frac{1}{4} > \frac{1}{4} + \frac{1}{4} = \frac{1}{2}$ und $\frac{1}{5} + \frac{1}{6} + \frac{1}{7} + \frac{1}{8} > \frac{4}{8}$, $\cdots$ ist die Folge $\langle s_n \rangle$ nicht beschränkt, also ohne Grenzwert.

Weitere Beispiele findet man in den Übungen.

Aus den Sätzen über Grenzwerte von Folgen erhalten wir eine Anzahl wichtiger Sätze zur Konvergenz von Reihen.

Satz 8: Die Reihe $a_1 + a_2 + a_3 + \cdots$ konvergiert dann und nur dann, wenn es zu jeder positiven Zahl ε eine natürliche Zahl n_0 gibt, so daß $|a_{n+1} + a_{n+2} + \cdots + a_{n+m}| < \varepsilon$ für alle $n > n_0$ und alle $m \in \mathbb{N}$.

Zum Beweis dieses Satzes hat man lediglich die Konvergenzbedingung von Cauchy zu übertragen (Satz 4). Setzt man $m = 1$, so folgt als Nebenresultat der

Satz 9: Die Reihe $a_1 + a_2 + a_3 + \cdots$ ist nur dann konvergent, wenn $\langle \lim a_n \rangle = 0$ ist.

Andere Fassung: Die Forderung $\lim \langle a_n \rangle = 0$ ist eine notwendige aber nicht hinreichende Bedingung für die Konvergenz der Reihe $a_1 + a_2 + a_3 + \cdots$.

Wenn in der Reihe $a_1 + a_2 + a_3 + \cdots$ alle Glieder positiv sind, können weitere Sätze zum Nachweis der Konvergenz oder Divergenz aufgestellt werden.

Satz 10: Eine Reihe $a_1 + a_2 + a_3 + \cdots$ aus positiven Gliedern a_n, $n \in \mathbb{N}$ konvergiert dann und nur dann, wenn die Folge ihrer Partialsummen beschränkt ist.

Der Beweis folgt unmittelbar aus Satz 1.

Satz 11 *(Majorantenkriterium):* Es gelte $0 \le a_n \le b_n$, $n \in \mathbb{N}$. Wenn die Reihe $b_1 + b_2 + b_3 + \cdots$ konvergiert, dann konvergiert auch die Reihe $a_1 + a_2 + a_3 + \cdots$

Zum *Beweis* betrachten wir die zugehörigen Folgen der Partialsummen. Es sei

$$s_n = a_1 + a_2 + \cdots + a_n$$

und

$$t_n = b_1 + b_2 + \cdots + b_n.$$

Wegen $0 \le a_i \le b_i$, $1 \le i \le n$ folgt $0 \le s_n \le t_n$, $n \in \mathbb{N}$.

Nach Voraussetzung ist $\langle t_n \rangle$ konvergent, also auch beschränkt. Demnach ist auch die Folge $\langle s_n \rangle$ beschränkt; da sie monoton steigt, muß sie einen Grenzwert haben.

Eine weitere hinreichende Bedingung für die Konvergenz von Reihen mit positiven Gliedern liefert das *Quotientenkriterium*.

Satz 12: Wenn die Reihe $a_1 + a_2 + a_3 + \cdots$ nur aus positiven Gliedern besteht und wenn es eine positive Zahl $q < 1$ gibt, so daß $\dfrac{a_{n+1}}{a_n} \le q$ ist für fast alle n, dann ist die betrachtete Reihe konvergent.

Beweis: Nach unserer Verabredung über die Redeweise »fast alle n« gibt es eine natürliche Zahl n_0, so daß $a_{n+1} \le q \cdot a_n$ für alle $n > n_0$. Es ist also

$$a_{n_0+1} \le q \cdot a_{n_0}, \quad a_{n_0+2} \le q \cdot a_{n_0+1} \le q^2 \cdot a_{n_0} \ldots.$$

Mithin wird die Reihe $a_{n_0+1} + a_{n_0+2} + a_{n_0+3} + \cdots$ majorisiert durch die geometrische Reihe $a_{n_0} \cdot q \cdot (1 + q + q^2 + \cdots)$.

Da q nach Voraussetzung < 1 ist, konvergiert die Vergleichsreihe (Satz 7). Nach dem Majorantenkriterium konvergiert also die Reihe $a_{n_0+1} + a_{n_0+2} + a_{n_0+3} + \cdots$.

Da die Konvergenz einer Reihe durch Addition (oder Subtraktion) von endlich vielen Gliedern nicht beeinflußt wird, muß auch die vorgelegte Reihe $a_1 + a_2 + a_3 + \cdots$ konvergent sein.

Das Studium unendlicher Reihen und der zugehörigen Partialsummen ist für viele Bereiche der Mathematik und ihrer Anwendungen sehr bedeutsam. So ist ja jedes bestimmte Integral nach Definition mit Obersummen und Untersummen verknüpft. Da es in vielen Fällen nicht möglich ist, Integralfunktionen durch Terme mit bekannten Funktionen zu beschreiben, muß man die numerische Auswertung auf Reihen stützen.

Eine andere zentrale Aufgabe ist die Berechnung der Funktionswerte bei den Funktionen sin, cos, ln, ... Auch dieses Problem wird über unendliche Reihen gelöst. Im Rahmen dieses Buches verzichteten wir jedoch auf die entsprechende Darstellung.

Es sei abschließend angemerkt, daß sich Folgen und Reihen besonders gut in den modernen Rechenanlagen einsetzen lassen.

Aufgaben

67) Schreiben Sie jeweils die ersten fünf Glieder der angegebenen Folgen auf.

a) $\langle a_n \rangle = \langle (-1)^{n+1} \rangle$;

b) $a_1 = 1$, $a_2 = 1$, $a_{n+2} = a_n + a_{n+1}$, $n \in \mathbb{N}$;

c) $\left\langle a_n \right\rangle = \left\langle \dfrac{(-1)^n}{n^2} \right\rangle$;

d) $\left\langle a_n \right\rangle = \left\langle \dfrac{2^{n-1}}{\sqrt{n}} \right\rangle$;

e) $\left\langle a_n \right\rangle = \left\langle \dfrac{x^n}{n!} \right\rangle$, $n! = 1 \cdot 2 \cdot \ldots \cdot n$, $n \in \mathbb{N}$.

68) Schreiben Sie jeweils drei weitere Glieder aus den Folgen auf; geben Sie dann das Bildungsgesetz der Folgen an.

a) $1, -2, 3, -4, \ldots$;

b) $1, -1, \dfrac{1}{2}, -\dfrac{1}{2}, \dfrac{1}{3}, -\dfrac{1}{3}, \ldots$;

c) $\dfrac{1}{3}, \dfrac{4}{6}, \dfrac{9}{11}, \dfrac{16}{18}, \ldots$;

d) $\dfrac{1}{\sqrt{3}}, \dfrac{1}{\sqrt{8}}, \dfrac{1}{\sqrt{15}}, \dfrac{1}{\sqrt{24}}, \ldots$;

e) $x, \dfrac{x^2}{1}, \dfrac{x^3}{1 \cdot 2}, \dfrac{x^4}{1 \cdot 2 \cdot 3}, \ldots$.

69) a) Schreiben Sie eine Bedingung auf, die keine Verneinung enthält, die aber besagt, daß die Zahl α nicht Grenzwert der Folge $a_1, a_2, a_3, \ldots$ ist.

b) Beschreiben Sie die Divergenz einer Folge $a_1, a_2, a_3, \ldots$ durch eine Bedingung, die keine Verneinung enthält.

70) a) Die Folge $a_1, a_2, a_3, \ldots$ habe nur natürliche Zahlen als Glieder. Unter welcher Bedingung für die Glieder ist die Folge konvergent?

b) Welche Teilfolgen der Folge $1, -1, +1, -1, \ldots$ sind konvergent?

c) Gibt es konvergente Teilfolgen der Folge $1, 1, 2, 1, 2, 3, 1, 2, 3, 4, 1, \ldots$?

d) Welche rationalen Zahlen können Grenzwert einer Teilfolge der Folge $\dfrac{1}{2}, \dfrac{1}{3}, \dfrac{2}{3}, \dfrac{1}{4}, \dfrac{2}{4}, \dfrac{3}{4}, \dfrac{1}{5}, \dfrac{2}{5}, \ldots$ sein?

71) Beweisen oder widerlegen Sie die folgenden Behauptungen:
   a) Jede Teilfolge einer konvergenten Folge ist konvergent.
   b) Jede Teilfolge einer divergenten Folge ist divergent.
   c) Wenn die Reihen $a_1 + a_2 + a_3 + \cdots$ und $b_1 + b_2 + b_3 + \cdots$ konvergent sind, dann ist auch die Reihe $(a_1 + b_1) + (a_2 + b_2) + (a_3 + b_3) + \cdots$ konvergent.

72) Untersuchen Sie, ob die angegebenen Folgen/Reihen konvergent oder divergent sind; bestimmen Sie gegebenenfalls den zugehörigen Grenzwert.

   a) $\left\langle a_n \right\rangle = \left\langle \dfrac{n}{2n-1} \right\rangle$;

   b) $\left\langle a_n \right\rangle = \left\langle \dfrac{n^2-1}{n+1} \right\rangle$;

   c) $\left\langle a_n \right\rangle = \left\langle \dfrac{(2n-1)^2}{n^2} \right\rangle$;

   d) $\langle a_n \rangle = \langle \sqrt{n+1} - \sqrt{n} \rangle$
   Anleitung: $\sqrt{a} - \sqrt{b} = \dfrac{(\sqrt{a} - \sqrt{b}) \cdot (\sqrt{a} + \sqrt{b})}{\sqrt{a} + \sqrt{b}}$;

   e) $\dfrac{1}{1 \cdot 2} + \dfrac{1}{2 \cdot 3} + \dfrac{1}{3 \cdot 4} + \cdots$ Anleitung: $\dfrac{1}{m \cdot (m+1)} = \dfrac{1}{m} - \dfrac{1}{m+1}$

   f) $\dfrac{1}{1^2} + \dfrac{1}{2^2} + \dfrac{1}{3^2} + \cdots$ Reihenvergleich mit *e)*

   g) $\frac{1}{3} + \frac{1}{6} + \frac{1}{9} + \cdots$ Reihenvergleich

Lösungen der Aufgaben

Grundlagen

1) *a)* Falsch. Es folgt $B \subset A$.
   b) und *c)* Richtig.
   d) Falsch. Es folgt $a^2 = b^2$, das heißt $a = b$ oder $a = -b$.
   e) Falsch. Es folgt $a = 0$ oder $b = 0$ oder $a = -b$.
   f) und *g)* Richtig (Monotonie!).
   h) Falsch. Es ist $|a| > |b|$.
   i) Falsch. Es folgt $x > 3$ oder $x < 1$.
   j), k) und *l)* Richtig (Fallunterscheidungen!).
   m) und *n)* Falsch. Es gibt jeweils Gegenbeispiele.
   o) sup M_1 muß existieren, da $\emptyset \neq M_1 \subset M_2$. Die zweite Behauptung ist falsch. Man kann nur folgern, daß sup $M_1 \leq$ sup M_2 ist.
   p) Nach den Voraussetzungen gibt es sup M_1 und sup M_2. Aufgrund der Definition von M ist die Zahl sup M_1 + sup M_2 obere Schranke von M.

2)   Aus $a + b \leq 2b$ folgt $1 \leq \dfrac{2b}{a + b}$ und also $a \leq \dfrac{2ab}{a + b} = H(a, b)$.

Vergleicht man $H(a, b)$ und $G(a, b)$, so erhält man bei den bestehenden Voraussetzungen die folgenden, zueinander äquivalenten Ungleichungen:

$$\frac{2ab}{a + b} \leq \sqrt{ab} \Leftrightarrow 2\sqrt{ab} \leq a + b \Leftrightarrow 4ab \leq (a + b)^2 \Leftrightarrow 0 \leq (a + b)^2 - 4ab$$

$$\Leftrightarrow 0 \leq (a - b)^2.$$

Entsprechendes gilt für den Vergleich zwischen $G(a, b)$ und $A(a, b)$. Das Gleichheitszeichen gilt genau dann, wenn $a = b$ ist.

3)   *a)* $L = \{x \mid x > 1{,}3\}$ oder auch $x > 1{,}3$.

b)   Ein Produkt aus drei Faktoren ist genau dann positiv, wenn es keinen oder zwei negative Faktoren enthält. Demnach gilt entweder $x > 3$ oder $1 < x < 2$.

c) $x^2 - 5x + 4 = (x - 1)(x - 4)$. Also entweder $x \leq 1$ oder $x \geq 4$.

d) $x > 2$ (Logarithmieren zur Basis 3).

e)   Bei der Lösung unterscheidet man drei Fälle: 1) $x < -1$; 2) $-1 < x < +1$; 3) $x > 1$. Lösungsmenge $L = \{x \mid -1 < x < -\frac{1}{3}$ oder $x > 1\}$.

4)   *a)*   Unmittelbare Folgerung aus der Dreiecksungleichung:
$$|(a + b) + c| \leq |a + b| + |c| \leq |a| + |b| + |c|$$

b) $|a| = |a + b - b| = |(a + b) + (-b)| \leq |a + b| + |b|$.
Also $|a| - |b| \leq |a + b|$.

c) $|a - b| = |a + (-b)| \leq |a| + |b|$
$|a| = |(a - b) + b| \leq |a - b| + |b|$, also $|a| - |b| \leq |a - b|$.

5)   *a)* $x = 2$ oder $x = 8$;

b) $L = \{x \mid 2 < x < 8\}$;

c) $L = \{x \mid -5 \leq x < -4$ oder $-4 < x \leq -3\}$.
Zeichnen Sie eine entsprechende Figur.

d) $L = \{x \mid x < 1\}$ oder $x < 1$.

e)   Fallunterscheidung! $L = \{x \mid -\frac{3}{2} < x\}$.

6) $a_3 = \frac{24}{17} \approx 1{,}411$; $\qquad$ $b_3 = \frac{17}{12} \approx 1{,}416$;
$a_4 = \frac{816}{577} \approx 1{,}414212$; $\qquad$ $b_4 = \frac{577}{408} \approx 1{,}414216$.
Demnach gilt $1{,}414212 < \sqrt{2} < 1{,}414216$.

Funktionen

7)   *a)*   Es gibt $2^3 = 8$ Funktionen $f: M_1 \underset{f}{\to} M_2$.
Für jedes Element in M_1 bestehen zwei Zuordnungsmöglichkeiten; jede davon kann mit allen anderen kombiniert werden. Daher 2^3 Funktionen. Entsprechend gibt es bei *b)* $3^3 = 27$ Funktionen $g: M_1 \underset{g}{\to} M_1$.

8)   *a)*   Keine Funktion; jedes $x \in \,]-2; +2[$ hat unendlich viele Bilder;

b)   Funktion; $f: x \to 1, \; x \in [-2; +2]$;

c)   Funktion; $f: x \to 2 - |x|$; oder auch $f: \begin{cases} x \to 2 + x, & -2 \leq x \leq 0; \\ x \to 2 - x, & 0 \leq x \leq 2. \end{cases}$

d) Keine Funktion; es gibt kein eindeutiges Bild zu $x = 1$.

e) Funktion; $f: x \to -\sqrt{4 - x^2}$, $-2 \leq x < 0$; $x \to 2 - x$, $0 \leq x \leq +2$.

f) Keine Funktion; jedes $x \in D$ hat zwei Bilder

9) a) Funktion $f: x \to 1 - |x|$. *b)* Keine Funktion.

c) Keine Funktion. *d)* Funktion $f: x \to 1 - [x]$.

e) Keine Funktion. *f)* Keine Funktion.

Figuren zur Lösung siehe S. 188.

10) Graphische Lösung siehe S. 188.

11) Graphische Lösung siehe S. 188.

Die Funktionen in *a)* und *b)* sind jeweils gerade; beschränkt nach unten; unbeschränkt nach oben; abschnittsweise monoton; nicht negativ.

Die Funktion in *c)* ist periodisch; beschränkt nach oben und nach unten; abschnittsweise monoton; nichtnegativ.

12) a) Funktion; $D = \{1, 2, 3, 4, 5\}$.

b) Keine Funktion; da $(1; 1)$ und $(1, 5)$ zur Paarmenge gehören.

c) Keine Funktion; da $(4; a)$ kein Zahlenpaar ist.

d) Funktion; $D = \mathbb{N} \setminus \{1\}$. Anfang einer Wertetabelle:

n	2	3	4	5	6	7	8	9	10	11
$p(n)$	1	2	2	3	3	4	4	4	4	5

13) a) Richtig. $[(f \circ g) \circ h](x) = (f \circ g)(h(x)) = f(g(h(x)))$

$[f \circ (g \circ h)](x) = f[(g \circ h)(x)] = f(g(h(x)))$.

Es gilt also das Assoziativgesetz für das Verketten von Funktionen.

b) Richtig; die Funktion $e: x \to x$, $x \in \mathbb{R}$ ist neutrales Element für das Verketten von Funktionen.

c) Richtig; $[(f + g) \circ h](x) = (f + g)(h(x)) = f(h(x)) + g(h(x))$

$[f \circ h + g \circ h](x) = (f \circ h)(x) + (g \circ h)(x) = f(h(x)) + g(h(x))$.

d) Falsch! Man setze $g = h: x \to 1$, $x \in \mathbb{R}$, $f: x \to x^2$, $x \in \mathbb{R}$.

Es ist dann $[f \circ (g + h)](x) = f(2) = 4$;

$[f \circ g + f \circ h](x) = f(1) + f(1) = 1 + 1 = 2$.

14) a) Der Graph von f wird auf der Hochachse um a verschoben (nach oben, wenn $a > 0$; nach unten, wenn $a < 0$).

b) Trivialfälle sind $a = 1$ und $a = 0$.

Wenn a beispielsweise 2 ist, werden alle Ordinaten im Graphen von f verdoppelt; entsprechend wird halbiert, wenn $a = \frac{1}{2}$.

Für $a = -1$ wird der Graph von f an der x-Achse gespiegelt. Im Falle $a = -2$ werden die Ordinaten verdoppelt und dann wird gespiegelt (oder umgekehrt).

c) Für alle $x \geq 0$ stimmt der Graph von g mit dem Graphen von f überein. Für $x < 0$ erhält man den Graphen von g durch Spiegeln der rechten Hälfte des Graphen von f an der y-Achse.

d) Alle Punkte auf dem Graphen von f, die oberhalb oder auf der x-Achse liegen, gehören zum Graphen von g. Alle Punkte des Graphen von f, die unterhalb der x-Achse liegen, sind an dieser zu spiegeln.

e) Der Graph von f wird in der x-Richtung um eine Einheit *nach links* verschoben.

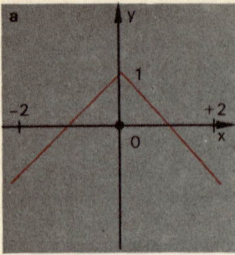

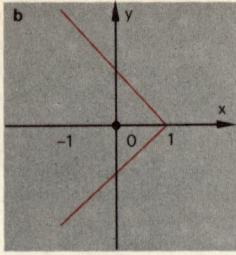

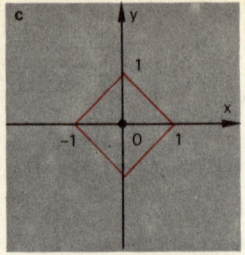

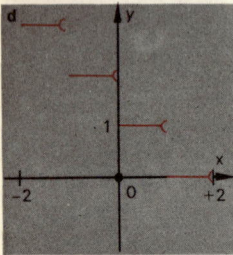

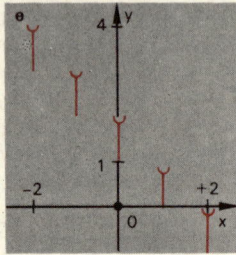

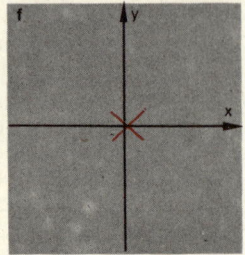

Figuren zur Lösung der Aufgabe 9

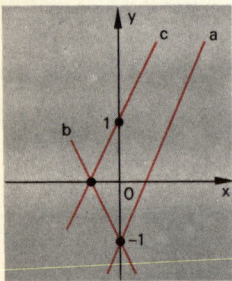

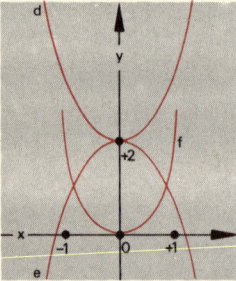

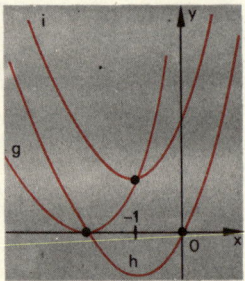

Figuren zur Lösung der Aufgabe 10

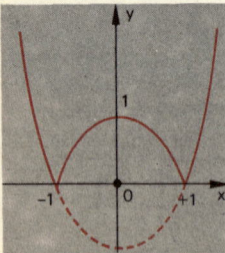

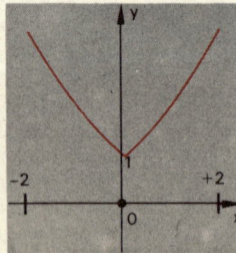

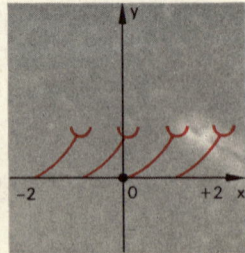

Figuren zur Lösung der Aufgabe 11

15) Horner-Schema! Wertetabelle:

x	0	0,1	0,2	0,3	0,4	0,5	0,6	0,7	0,8	0,9	1,00
efun$x$	6	6,631	7,328	8,097	8,944	9,875	10,896	12,013	13,232	14,559	16,00
$\frac{1}{6}$efun$x$	1	1,105	1,221	1,349	1,491	1,646	1,816	2,00	2,21	2,43	2,66
e^x	1	1,105	1,222	1,350	1,493	1,648	1,821	2,01	2,23	2,46	2,72

16) Für gerade Funktionen f und g gilt $f(x) = f(-x)$ bzw. $g(x) = g(-x)$.
Also ist $(f+g)(x) = f(x) + g(x) = f(-x) + g(-x) = (f+g)(-x)$,
das heißt $\varphi = f + g$ ist eine gerade Funktion.

Grenzwert

17) *a)* Nach Satz 5 gilt $\lim\limits_{2}\left(x \to \dfrac{1}{x}\right) = \dfrac{1}{\lim\limits_{2}(x \to x)} = \dfrac{1}{2}$.

Es ist $\left|\dfrac{1}{x} - \dfrac{1}{2}\right| = \left|\dfrac{2-x}{2x}\right| = \dfrac{|2-x|}{|2x|}$. Mithin wird gefordert $\dfrac{|2-x|}{2|x|} < \varepsilon$.

Für $|x| < 3$ gilt dann $\left|\dfrac{1}{x} - \dfrac{1}{2}\right| < \varepsilon$, wenn nur $0 < |2-x| < \text{Min}(1; 6\varepsilon)$.

In unserem Falle also $\delta = 6 \cdot 10^{-3}$.

b) Die Funktion $f: x \to \dfrac{1}{x}$, $x \neq 0$ ist nicht beschränkt in jeder punktierten
Umgebung von 0. Also kann nach Satz 2 $\lim\limits_{0} f$ nicht existieren (Kontraposition!)

18) *a)* $\lim\limits_{\infty} f = 0$;   *b)* $\lim\limits_{\infty} f$ existiert nicht;

c) $\lim\limits_{\infty} f = 1$;   *d)* $\lim\limits_{\infty} f = 0$.

e) Für Funktionen vom Typ $f: x \to \dfrac{g(x)}{x}$ existiert $\lim\limits_{\infty} f$, falls g beschränkt ist.

19) Falsch. Man setze etwa $f(x) = \begin{cases} 1, & x \text{ rational} \\ 2, & x \text{ irrational} \end{cases}$
und $g(x) = \begin{cases} -1, & x \text{ rational} \\ -2, & x \text{ irrational}. \end{cases}$

b) Richtig. Wäre $\lim\limits_{a}(f+g)$ vorhanden, müßte nach Satz 3 auch
$\lim\limits_{a} g = \lim\limits_{a}[(f+g) - f] = \lim\limits_{a}(f+g) - \lim\limits_{a} f$ existieren.

c) Falsch. Beweis ähnlich wie in *b)* $\lim\limits_{a} g = \lim\limits_{a}(fg) : \lim\limits_{a} f$ existiert genau
dann, wenn $\lim\limits_{a} f \neq 0$.

20) *a)* Falsch. Man setze $g(x) = 2, x \in \mathbb{R}$; $f(x) = \sin\dfrac{1}{x}$, $x \neq 0$; $f(0) = 0$.
$\lim\limits_{0} g = 2$, $\lim\limits_{0} f$ nicht vorhanden.

b) Falsch. Es gilt $\lim\limits_{a} f \leq \lim\limits_{a} g$, wenn $\lim\limits_{a} f$ vorhanden ist.

21) *a)* Nein! Bei der Funktion $x \to \sin \dfrac{1}{x}$, $x \neq 0$ genügen zu jedem $\delta > 0$ alle Zahlen $\varepsilon > 1$ der gestellten Forderung; ein Grenzwert an der Stelle 0 ist aber nicht vorhanden.

b) Es gibt eine Zahl $\varepsilon > 0$, so daß bei beliebigem $\delta > 0 \, |f(x) - g| > \varepsilon$ für mindestens ein x aus $0 < |x - a| < \delta$.

Stetigkeit

22) *a)* Für die Stelle Null stimmen Grenzwert und Funktionswert überein; an allen anderen Stellen ergibt sich die Stetigkeit aus dem Zusammenhang mit der Funktion $e : x \to x$, $x \in \mathbb{R}$.

b) Die Stelle Null gehört nicht zum Definitionsbereich der Funktion; sie bleibt also außer Betracht. An allen anderen Stellen folgt die Stetigkeit aus Satz 6.

c) Man muß zeigen, daß für beliebiges $a \in \mathbb{R} \, |\sin a - \sin x| < \varepsilon$ für alle $|a - x| < \delta$. Gemäß Hinweis ist

$$\left| \sin a - \sin x \right| = 2 \left| \sin \frac{a - x}{2} \cdot \left| \cos \frac{a + x}{2} \right| \le 2 \left| \sin \frac{a - x}{2} \right| \cdot 1. \right.$$

Wegen der Monotonie der Sinusfunktion im Intervall $\left[-\dfrac{\pi}{2} ; \dfrac{\pi}{2} \right]$ ist die Ungleichung $\left| \sin \dfrac{a - x}{2} \right| < \dfrac{\varepsilon}{2}$ zu erfüllen.

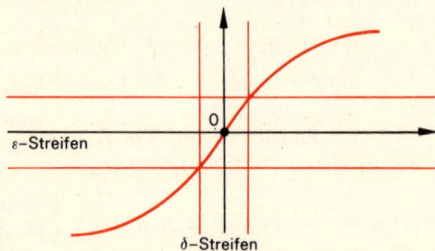

Figur zur Lösung der Aufgabe 22 c

23) $f : \begin{cases} x \to 1, \ x \text{ rational} \\ x \to 2, \ x \text{ irrational.} \end{cases}$

24) *a)* $D = \mathbb{R} \setminus \{2\}$ stetige Fortsetzungsfunktion $\varphi : x \to x + 2$.

b) $D = \mathbb{R} \setminus \{0\}$ keine stetige Fortsetzungsfunktion vorhanden.

c) $D = \mathbb{R} \setminus \{0\}$ keine stetige Fortsetzungsfunktion vorhanden.

Bei *b)* und *c)* ist jeweils $\lim\limits_{0} f$ nicht vorhanden.

d) $D = \mathbb{R} \setminus \{1\}$ Fortsetzungsfunktion $\varphi : x \to x^2 + x + 1$, $x \in \mathbb{R}$ (Horner-Schema oder Polynomdivision).

25) $$\varphi(x) = \begin{cases} f(a), \ x \le a \\ f(x), \ a \le x \le b \\ f(b), \ b \le x. \end{cases}$$

φ ist nicht eindeutig bestimmt. Wenn f in $]a; b[$ stetig ist, braucht keine stetige Fortsetzungsfunktion zu existieren.

26) *a)* Die Behauptung folgt aus dem Zwischenwertsatz.

b) Man betrachte die Funktion $\varphi: x \to f(x) - g(x)$ und wende den Nullstellensatz an.

27) *a)* beschränkt; x_{min} vorhanden, x_{max} nicht.

b) beschränkt nach unten; x_{min} vorhanden, x_{max} nicht.

c) unbeschränkt; es gibt weder x_{min} noch x_{max}.

d) beschränkt; es gibt x_{min} und x_{max}.

Differenzierbarkeit

28) $\tan \tau = 2a = \dfrac{2a^2}{a}$, $a \neq 0$;

$l: x \to 2ax - a^2$.

29) Die Differenzierbarkeit folgt für alle $x \neq 0$ aus dem Zusammenhang mit den Funktionen $l_1: x \to 1 + x$, $x > 0$ bzw. $l_2: x \to 1 - x$, $x < 0$.

30) Die Signum-Funktion ist differenzierbar für alle $a \neq 0$. Es gilt $\lim\limits_{a} \tan \sigma = 0$.

An der Stelle Null ist

$\tan \sigma = \dfrac{1}{|x|}$; $x \neq 0$.

Da $\lim\limits_{0} \tan \sigma$ nicht existiert, ist die Signum-Funktion an der Stelle Null nicht differenzierbar.

31) *a)* Aus $s = \dfrac{g}{2} t^2$ und $v = g \cdot t$ erhält man $v = \sqrt{2gs}$.

Mithin $v \approx \sqrt{1000} \ \dfrac{m}{s} \approx 31{,}6 \ \dfrac{m}{s}$. Für Frage *b)* gilt demnach

$15{,}8 \ \dfrac{m}{s} = \sqrt{2gs}$; $s \approx 12{,}5$ m.

c) Der Abstand vergrößert sich.

32) *a)* Horner-Schema!

	1	-2	$+3$		
1	0	1	-1		$f(1) = 2$;
	1	-1	2		$f(x) = 2 + (x-1)(x-1)$;
					$f_1(x) = x - 1$.

Entsprechend folgt:

$f(x) = 3 + (x-2)x$ bzw. $f(x) = 11 + (x+2)(x-4)$.

b) Man erhält $f(x) = a^3 + (x-a)(x^2 + ax + a^2)$,

also $f_1(x) = x^2 + ax + a^2$; $f_1(a) = 3a^2$.

33) *a)* $f': x \to m$; *b)* $f': x \to 6x + 4$;

c) $f': x \to x \cdot \cos x + \sin x$;

d) $f': x \to -x^2 \cdot \sin x + 2x \cdot \cos x - 2x \cdot \cos x \cdot \sin x + (\cos x)^2$;

e) $f': x \to 2x + 2 - \dfrac{4}{x^2}$, $x \neq 0$;

f) $g': x \to \dfrac{ad - bc}{(cx + d)^2}$, $cx + d \neq 0$;

g) $f': x \to \dfrac{4x}{(x^2 + 1)^2}$;

h) $f': x \to \dfrac{\cos^2 x + \sin^2 x}{\cos^2 x} = \dfrac{1}{\cos^2 x} = 1 + \tan^2 x$, $x \neq \pm \dfrac{\pi}{2}(2n - 1)$.

34) *a)* $f': x \to -\dfrac{1}{x^2} \cdot \cos \dfrac{1}{x}$, $x \neq 0$;

b) $f': x \to 2x \cdot \cos(1 + x^2)$;

c) $f': x \to 2x \cdot \cos(x^2)$;

d) $f': x \to n \cdot x^{n-1} \cdot \cos(1 + x^n)$;

e) $f': x \to n \cdot [\sin(1 + x)]^{n-1} \cdot \cos(1 + x)$;

f) $g': t \to -\alpha \cdot a \cdot \sin(\alpha t + \beta)$.

35) *a)* Schnittwinkel im Nullpunkt: $\sigma = 45°$
Schnittwinkel im Punkt $(1; 1)$: $\sigma = 63{,}4° - 45° = 18{,}4°$.

b) Es muß gelten $m_1 \cdot m_2 = -1$.

Wegen $m_1 = 2ax$, $m_2 = -\dfrac{2x}{a}$, kann der Schnittpunkt nur die Abszisse $\pm \frac{1}{2}$

haben. Man erhält $a = 2 + \sqrt{3}$ oder $a = 2 - \sqrt{3}$.

36) Es ist zu untersuchen, ob die Ableitungsfunktion reelle Nullstellen hat. Es gibt keine waagrechte Tangente, wenn $4a^2 < 12b$. Eine waagrechte Tangente, wenn $4a^2 = 12b$, zwei waagrechte Tangenten, wenn $4a^2 > 12b$.

37) *a)* Gegenbeispiel! $e: x \to x$. Die Behauptung gilt, wenn $f(a) \neq 0$. Es gibt dann eine Umgebung von a, in der f entweder positiv oder negativ ist. Mithin ist in dieser Umgebung $|f| = f$ oder $|f| = -f$.

b) Falsch. Als Gegenbeispiel betrachte man die Funktion

$$f: x \to \begin{cases} x^2 \cdot \sin \dfrac{1}{x}, & x \neq 0 \\ 0, & x = 0. \end{cases}$$

c) Falsch. Als Gegenbeispiel betrachte man etwa

$$f: x \to 1 - |x| \quad \text{und} \quad g: x \to 1 + |x|.$$

d) Richtig. Beweis durch vollständige Induktion aus der Produktregel. Es ist $\varphi': x \to f_1' \, (f_2 f_3 ... f_n) + f_2' \, (f_1 \cdot f_3 .. f_n) + ... + f_n' \, (f_1 \cdot f_2 ... f_{n-1})$.

38) *a)* Aus $f'(x) = 3x^2 + p$ und $p > 0$ folgt, daß f strikt monoton steigt.

b) Wenn $4p^3 + 27q^2 < 0$ ist, muß $p < 0$ sein. Mithin muß f Extremstellen haben bei $\pm \sqrt{-\dfrac{p}{3}}$.

Man berechnet die Extremwerte und findet, daß bei der gemachten Voraussetzung das Maximum im zweiten Quadranten und das Minimum im vierten Quadranten liegt. Daraus folgt die Behauptung.

39) a) Falsch! Gegenbeispiel f: $x \to x^4$. Die Behauptung ist richtig, wenn die zweite Bedingung $f''(x_1) \geq 0$ lautet.

b) Falsch! Gegenbeispiel $f: x \to x$. Die Behauptung ist richtig, wenn f keine Nullstellen hat.

c) Man betrachte die Funktion $F = f - g$. Es ist $F(a) = 0$, $F'(x) < 0$. Nach Satz 21 ist F strikt monoton fallend. Aus den Vorzeichen von

$$\frac{F(x) - F(a)}{x - a}$$ folgt die Behauptung.

40) a) Keine Nullstelle, Minimalstelle bei 0.

b) Nullstellen bei -1 und 0, Minimalstelle bei $\sqrt[3]{-0,25} \approx -0,63$.

c) Nullstelle bei 0, Minimalstelle bei 0.

d) Nullstellen bei -1 und 0, Minimalstelle bei $-0,75$. Kein Extremum an der stationären Stelle 0!

e) Nullstellen bei -1 und $+1$, Minimalstellen bei -1 und $+1$ (dort ist f nicht differenzierbar!).

f) Nullstellen bei -1 und $+1$, Minimalstellen bei -1 und $+1$, Maximum bei $(0; 1)$.

g) Nullstellen bei -1 und $+1$, Minimalstelle bei 0. Keine Extreme an den stationären Stellen -1 und $+1$!

h) Nullstelle bei 0, keine Extremstellen (man betrachte die Ableitungsfunktion).

41) $R_1 = R_2 = 1000\,\Omega$ (vergleichen Sie die Darstellung im Textteil).

42) Man geht aus von der Flächenformel des Trapezes, benutzt den Lehrsatz des Pythagoras als Kopplungsbedingung und betrachtet das Quadrat der Flächenfunktion. Maximaler Inhalt, wenn die zweite Grundseite halb so lang ist wie der Durchmesser.

43) Durch das vorgeschriebene Volumen sind Grundkante und Höhe der quadratischen Säule miteinander verkoppelt. Aus den Angaben des Textes erhält man die Kostenfunktion. Minimaler Aufwand, wenn die Grundkante etwa 5,1 dm lang ist $\left(\sqrt[3]{133} \right)$. Die zugehörige Körperhöhe beträgt 3,84 dm.

44) a) Stetig, strikt monoton steigend, eineindeutig.

b) Stetig, strikt monoton steigend, eineindeutig (die Graphen von *a)* und *b)* sind kongruent zum Graph des Eingangsbeispiels).

c) Stetig, strikt monoton steigend, eineindeutig.

d) Stetig, abschnittsweise strikt monoton, abschnittsweise umkehrbar.

e) Treppenfunktion, monoton steigend, nicht eineindeutig.

f) Unstetig an den Stellen 0, ± 1, ± 2, ..., strikt monoton steigend; eineindeutige Abbildung zwischen $\mathbb{R}$ und $f(\mathbb{R})$.

g) Unstetig an den Stellen 0, ± 1, ± 2, ..., periodisch, abschnittsweise strikt monoton, eineindeutig in einem Intervall $[n; n + 1]$.

h) Überall unstetig, nirgends monoton, eineindeutig(!).

45) a) Falsch. Gegenbeispiel: $f: x \to x$ und $g: x \to -x$.

b) Falsch. $f: x \to x$; $g = f$.

a

b

c

d

e

f

g

h

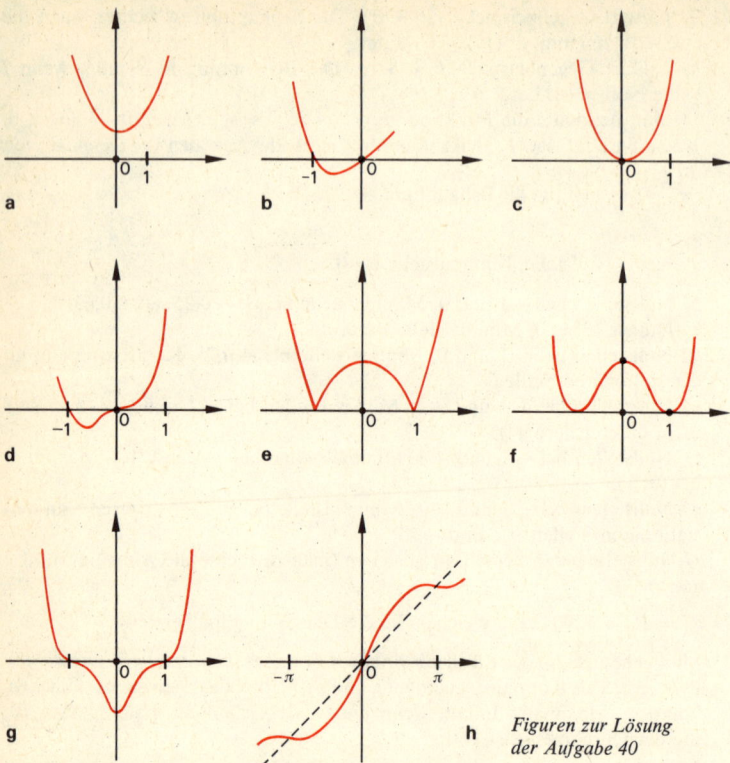

*Figuren zur Lösung
der Aufgabe 40*

c) Es sei $f \circ g(x_1) = f \circ g(x_2)$, also $f(g(x_1)) = f(g(x_2))$. Da f eineindeutig ist, folgt $g(x_1) = g(x_2)$. Da g ebenfalls eineindeutig ist, gilt $x_1 = x_2$, d.h. $f \circ g$ ist eineindeutig.

46) $f \circ g$ ist eineindeutig nach 45 c). Es sei $f(g(x_1)) = y_1$; dann gilt
$g(x_1) = f^I(y_1)$ und $x_1 = g^I(f^I(y_1)) = g^I \circ f^I(y_1)$, was zu beweisen war.

47) Nachweis der Abgeschlossenheit:
$l_1 \circ l_2 : x \to m_1 \cdot m_2 x + m_1 n_2 + n_1 = m_3 x + n_3$.
Wegen $m_1 \neq 0$ und $m_2 \neq 0$ ist auch $m_3 \neq 0$.
Die Funktion $l : x \to mx + n$, $m \neq 0$ hat die Umkehrfunktion
$l^I : x \to \dfrac{1}{m} \cdot (x - n)$.

Eine nichttriviale Untergruppe bilden z.B.: $\{e : x \to x$ und $\bar{e} : x \to -x\}$.
Weiter alle linearen Funktionen mit $l(0) = 0$, $m \neq 0$;
allgemeiner alle linearen Funktionen mit $l(c) = c$, $m \neq 0$.
[Diese Funktionen haben den Fixpunkt $F(c; c)$.]

48) Die Funktion $f: x \to \arccos x$, $-1 \leq x \leq +1$ hat die Ableitungsfunktion

$$f': x \to \frac{-1}{\sqrt{1-x^2}}, \quad |x| < 1.$$

Die Funktion $g: x \to \arctan x$, $x \in \mathbb{R}$ hat die Ableitungsfunktion

$$g': x \to \frac{1}{1+x^2}, \quad x \in \mathbb{R}.$$

Integrierbarkeit

49) Zerlegung des Intervalls $[0; a]$ in n gleichlange Teilintervalle. Berechnung der Unter- und Obersummen.

$$U_n = \frac{a}{n} \cdot \sum_{i=0}^{n-1} \left(\frac{a \cdot i}{n}\right)^3 = \frac{a^4}{n^4} \cdot \frac{(n-1)^2 n^2}{4}; \quad O_n = \frac{a^4}{n^4} \cdot \frac{n^2(n+1)^2}{4};$$

$$\sup \{U_n\} = \frac{a^4}{4} = \int_0^a x^3 \, \mathrm{d}x = \inf \{O_n\}.$$

50) a) $\int_{-1}^{+1} f = 0$;   *b)* $\int_{-1}^{+1} f = 1$;   *c)* $\int_{-1}^{+1} f = -1$;

d) $\int_{-1}^{+1} f = -1$;   *e)* $\int_{-1}^{+1} f = 0$;   *f)* $\int_{-1}^{+1} f = \frac{2}{3}$;

g) $\int_{-1}^{+1} f = 0$;   *h)* f ist nicht integrierbar.

51) a) Jede Zerlegung Z des Intervalls $[0; a]$ induziert eine Zerlegung Z' des Intervalls $[-a; a]$. Es gilt

$$U(f, Z') = 2 \cdot U(f, Z) \quad \text{und} \quad O(f, Z') = 2 \cdot O(f, Z)$$

Daraus folgt die Behauptung.

b) Falsch (Gegenbeispiele findet man in der Aufgabe 50).

c) Aus der Definition der Treppenfunktionen und dem Satz 1 folgt die Behauptung (siehe auch Beispiel 2).

d) Falsch. Bei unstetigen Funktionen kann $\int_a^b f^2$ gleich Null sein, ohne daß $f(x)$ gleich Null ist für alle $x \in [a; b]$.

52) Zerlegung des Intervalls $[a; b]$ in n gleichlange Teilintervalle. Für monoton steigende Funktionen f erhält man als Untersumme $U(f, Z) = \frac{b-a}{n} \cdot \sum_{i=0}^{n-1} f(x_i)$

und als Obersumme $O(f, Z) = \frac{b-a}{n} \cdot \sum_{i=1}^{n} f(x_i)$.

Es gilt $O(f, Z) - U(f, Z) = \frac{b-a}{n} \cdot [f(b) - f(a)]$.

Diese Differenz wird kleiner als jedes vorgegebene $\varepsilon > 0$,

wenn $n > \dfrac{|b-a| \cdot [f(b) - f(a)]}{\varepsilon}$.

Für monoton fallende Funktionen verfährt man entsprechend.

53) Als stetige Funktion ist f integrierbar in $[a; b]$. Nach Satz 6 gilt $m(b - a)$ $\leq \int_a^b f \leq M(b - a)$, falls $m \leq f(x) \leq M$ für alle $x \in [a; b]$. Der Zwischen-wertsatz für stetige Funktionen sichert die Existenz einer Zahl $x_1 \in [a; b]$, so daß $(b - a) \cdot f(x_1) = \int_a^b f$.

54) a) $F: x \to \dfrac{x^2}{2}$;   b) $F: x \to \dfrac{x \cdot |x|}{2}$;

c) $G: \begin{cases} x \to [x] \cdot (x - [x]) + \frac{1}{2} [x - 1] \cdot [x], \ x \geq 0 \\ x \to [x] \cdot (x - [x + 1]) + \frac{1}{2} [x + 1] \cdot [x], \ x < 0 \end{cases}$;

d) $F: x \to \dfrac{x^2}{2} + G(x)$ mit der Funktion G aus c)

e) $F: x \to |x|$;   f) $F: x \to [x] \cdot \frac{1}{3} + \frac{1}{3} (x - [x])^3$.

55) a) $\left[\dfrac{x^3}{3}\right]_{-3}^{1} = \dfrac{28}{3}$;   b) $\left[\dfrac{x^4}{4}\right]_{a}^{b} = \frac{1}{4} (b^4 - a^4)$;

c) $\left[x + \dfrac{x^3}{3} + \dfrac{x^5}{5}\right]_{-1}^{2} = 12{,}6$;   d) $\left[\dfrac{2}{3} x^{1{,}5}\right]_{4}^{9} = \dfrac{38}{3}$;

e) Integral existiert nicht!;   f) $\left[\ln x + \dfrac{x^2}{2}\right]_{1}^{2} = \ln 2 + 1{,}5 \approx 2{,}2$;

g) $\left[-\cos x + \sin x\right]_{0}^{\pi} = 2$;

h) $\left[\arcsin x\right]_{-0{,}5}^{0{,}5} = \dfrac{1}{3} \cdot \pi$;   i) $\left[\arctan x\right]_{-1}^{+1} = \dfrac{\pi}{2}$.

56) $F(-1) = 0$;   einzige Nullstelle. F steigt monoton.

$F'(0) = 1$; $\lim_{\infty} F = 2 - \dfrac{1}{e}$; $\lim_{-\infty} F = -\dfrac{1}{e}$.

57) a) $I = \int_1^2 (e^{-x} + e^{-3x}) \, dx = \left[-1 \left(e^{-x} + \dfrac{1}{3} e^{-3x}\right)\right]_1^2 = \dfrac{1}{e} \left(1 - \dfrac{1}{e}\right)$

$+ \dfrac{1}{3} \cdot \dfrac{1}{e^3} \left(1 - \dfrac{1}{e^3}\right) \approx \dfrac{1}{e}$.

b) $I = \int_0^{0{,}5} \dfrac{2 \, du}{4(1 + u^2)} = \left[\dfrac{1}{2} \arctan u\right]_0^{0{,}5} \approx 0{,}22$.

c) $I = \left[-x^2 \cdot \cos x\right]_0^{\pi} + \int_0^{\pi} 2x \cos x \, dx = \pi^2 + \left[2x \sin x\right]_0^{\pi}$

$- 2 \int_0^{\pi} \sin x \, dx = \pi^2 + 0 + \left[2 \cos x\right]_0^{\pi} = \pi^2 - 4$.

d) $I = \int_2^e \dfrac{x - 1 + 3}{x - 1} \, dx = \int_2^e dx + 3 \int_2^e \dfrac{1}{x - 1} \, dx = e - 2$

$+ 3 \int_1^{e-1} \dfrac{du}{u} = e - 2 + 3 \cdot \ln (e - 1) \approx 2{,}34$.

e) $I = [\ln(x^4 + 1)]_1^2 = \ln 17 - \ln 2 \approx 2{,}13$.

f) $I = \int\limits_1^2 z\,dz = \left[\dfrac{z^2}{2}\right]_1^2 = 1{,}5$; Substitution: $z = 1 + \ln x$.

g) $I = \int\limits_1^2 2e^z \cdot z \, dz = 2\,[e^z \cdot z]_1^2 - 2\int\limits_1^2 e^z \, dz = 2e^2 \approx 14{,}8$.

Substitution: $z = \sqrt{x}$.

h) $I = \left[x \cdot \arcsin x\right]_0^{0,5} - \tfrac{1}{2} \cdot \int\limits_0^{0,5} \dfrac{2x\,dx}{\sqrt{1 - x^2}}$

$= \dfrac{\pi}{12} + \left[\sqrt{1 - x^2}\right]_0^{0,5} = \dfrac{\pi}{12} + \tfrac{1}{2}\sqrt{3} - 1 \approx 0{,}13$.

58) a) $f: x \to \tfrac{1}{4}(x^2 - 6)^2$;

$F = \int\limits_{-\sqrt{6}}^{+\sqrt{6}} f = 2\left[\dfrac{x^5}{20} - x^3 + 9x\right]_0^{\sqrt{6}} = 2 \cdot 4{,}8\,\sqrt{6} \approx 23{,}5$.

b) $f: x \to x^2(x - 2)^2$;

$F = \int\limits_0^2 f = \left[\dfrac{x^5}{5} - x^4 + \tfrac{4}{3}x^3\right]_0^2 = 8 \cdot \tfrac{2}{15} \approx 1{,}07$.

c) $f - g: x \to \dfrac{x}{12} \cdot (x + 6)(x - 2)$; Gebietseinteilung!

$F = \int\limits_{-6}^0 f - g + \int\limits_0^2 g - f =$

$= \left[\tfrac{1}{9}x^3 - \dfrac{x^2}{2} + \dfrac{x^4}{48}\right]_{-6}^0 + \left[\dfrac{x^2}{2} - \dfrac{x^4}{48} - \dfrac{x^3}{9}\right]_0^2 = 15\tfrac{7}{9} \approx 15{,}78$.

59) Für den Kegelstumpf beispielsweise ergibt sich:

$f: x \to mx + r, \quad m = \dfrac{R - r}{h}$;

$V = \pi \int\limits_0^h f^2 = \pi \int\limits_0^h (m^2 x^2 + 2mrx + r^2)\,dx = \cdots = \dfrac{\pi h}{3}(R^2 + Rr + r^2)$.

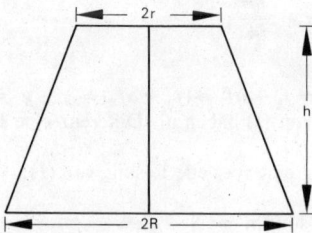

Achsenschnitt des Kegelstumpfes

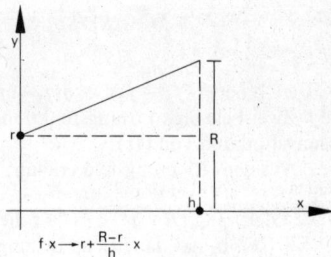

$f \cdot x \to r + \dfrac{R-r}{h} \cdot x$

60) $A = \dfrac{1}{2} \cdot \pi \cdot a^2$

»Rosenblattkurve«, vierteilig; halb so groß wie ihr Umkreis.

Differentialgleichungen

61) a) $f: t \rightarrow m_0 e^{-kt}, \; t \geq 0$.

b) $f(t_1) = m_0 e^{-kt_1}; \; f(t_1 + \tau_{\mathrm{H}}) = m_0 e^{-k(t_1 + \tau_{\mathrm{H}})} = \frac{1}{2} m_0 e^{-kt_1}$.

Also $\quad\quad \ln \frac{1}{2} - k t_1 = -k(t_1 + \tau_{\mathrm{H}}); \quad \tau_{\mathrm{H}} = \ln 2 : k$.

c) $f(10\,\tau_{\mathrm{H}}) = 2^{-10} \cdot m_0 \approx \frac{1}{1000}\, m_0$. $\qquad$ d) $\tau_{\mathrm{H}} \approx 1600$ Jahre.

62) a) $F = -\varrho \dot{s}; \; \varrho = \dfrac{1000 \; \mathrm{kg\,m\,s}}{\mathrm{s}^2\,10\,\mathrm{m}} = 100 \; \dfrac{\mathrm{kg}}{\mathrm{s}}$;

$$m\ddot{s} = -\varrho \dot{s}; \quad \ddot{s} + \frac{\varrho}{m}\, \dot{s} = 0 \quad \text{oder}$$

$$f'' + c \cdot f' = 0.$$

b) $f' = u; \; u' + cu = 0; \; u: t \rightarrow C e^{-ct}, \; t \geq 0$;

$$u(0) = u_0 = 10 \, \frac{\mathrm{m}}{\mathrm{s}}. \text{ Daher } u: t \rightarrow u_0 e^{-ct}, \; t \geq 0.$$

Mit den Zahlenwerten für m und ϱ erhält man die Halbwertszeit:
$\frac{1}{2} = e^{-0,1\,\tau_{\mathrm{H}}}; \; \tau_{\mathrm{H}} \approx 7\,\mathrm{s}$.

c) $s(t) = \int\limits_0^t \dot{s} = \int\limits_0^t u_0 e^{-c\tau} \mathrm{d}\tau = -\dfrac{u_0}{c} e^{-ct} + s_0$.

$$s(0) = 0 = -\frac{u_0}{c} + s_0;$$

$$s: t \rightarrow \frac{u_0}{c} \cdot (1 - e^{-ct}), \quad t \geq 0;$$

$$s_{\mathrm{H}} = \frac{u_0}{c} \cdot \frac{1}{2} = 50 \, \mathrm{m}.$$

63) a) $(x - c)^2 + f^2 = 1$;

b) $f = \pm \sqrt{1 - (x-c)^2}; \quad f' = \dfrac{-2(x-c)}{\pm 2\sqrt{1 - (x-c)^2}} = \mp \dfrac{(x-c)}{f}$;

daraus folgt die angegebene Differentialgleichung.

64) a) $y = 2x_1 x - x_1{}^2 \quad$ oder $\quad y = mx - \dfrac{m^2}{4}$;

b) $f' = m = 2x_1$.

65) a) $\varphi' + a\varphi = (f_1 - f_2)' + a(f_1 - f_2) = f_1' + af_1 - (f_2' + af_2) = g - g = 0$.

b) Zwei beliebige Lösungsfunktionen von (I) haben als Differenz eine Lösungsfunktion von (H).

c) Aus dem Richtungsfeld erkennt man eine spezielle Lösung von (I);
$f_1: x \rightarrow -(x + 1)$.

Die Gleichung (H) $\varphi' = \varphi$ hat die Lösungen $\varphi: x \rightarrow C e^x$.
Nach Teil b) hat daher jede Lösung von (I) die Form
$f: x \rightarrow -(x + 1) + C e^x$.

66) a) $f: x \rightarrow -x + 2 \cdot \ln|x + 2| + C$;
oder $f: x \rightarrow -x + \ln(x + 2)^2 + C$;

b) $f: x \to \dfrac{1}{x + c}$, $x + c \neq 0$; $f_1: x \to 0$;

c) $f: x \to \tan(x + c)$; d) $f: x \to C \cdot x^2$;

e) $f: x \to \dfrac{C}{x}$, $x \neq 0$; f) $x^2 + f^2 = r^2$; $|x| < r$.

g) $f: x \to \dfrac{C}{x + 1} - 1$, $x \neq -1$; h) $f: x \to -\sin x + c_1 x + c_2$;

i) $f: x \to C_1 e^x - 2x + C_2$; j) $f: x \to C_1 e^x + C_2 e^{-x}$.

Folgen und Reihen

67) a) $1, -1, 1, -1, 1, \ldots$; b) $1, 1, 2, 3, 5, 8, \ldots$;

c) $-1, \frac{1}{4}, -\frac{1}{9}, \frac{1}{16}, -\frac{1}{25}, \ldots$; d) $1, \dfrac{2}{\sqrt{2}}, \dfrac{4}{\sqrt{3}}, \dfrac{8}{2}, \dfrac{16}{\sqrt{5}}, \ldots$;

e) $x, \dfrac{x^2}{2}, \dfrac{x^3}{6}, \dfrac{x^4}{24}, \dfrac{x^5}{120}, \ldots$

68) a) $1, -2, 3, -4, 5, -6, 7, \ldots$; $\langle a_n \rangle = \langle n \cdot (-1)^{n+1} \rangle$.

b) $1, -1, \frac{1}{2}, -\frac{1}{2}, \frac{1}{3}, -\frac{1}{3}, \frac{1}{4}, -\frac{1}{4}, \frac{1}{5}, \ldots$;

$\langle a_{2n-1} \rangle = \langle \frac{1}{n} \rangle$, $n \in \mathbb{N}$; $\langle a_{2n} \rangle = \langle -\frac{1}{n} \rangle$, $n \in \mathbb{N}$;

c) $\frac{1}{3}, \frac{4}{6}, \frac{9}{11}, \frac{16}{18}, \frac{25}{27}, \frac{36}{38}, \frac{49}{51}, \ldots$;

$$\left\langle a_n \right\rangle = \left\langle \frac{n^2}{n^2 + 2} \right\rangle;$$

d) $\dfrac{1}{\sqrt{3}}, \dfrac{1}{\sqrt{8}}, \dfrac{1}{\sqrt{15}}, \dfrac{1}{\sqrt{24}}, \dfrac{1}{\sqrt{35}}, \dfrac{1}{\sqrt{48}}, \dfrac{1}{\sqrt{63}}, \ldots$;

$$\left\langle a_n \right\rangle = \left\langle \frac{1}{\sqrt{(n + 1)^2 - 1}} \right\rangle = \left\langle \frac{1}{\sqrt{n^2 + 2n}} \right\rangle;$$

e) $x, \dfrac{x^2}{1!}, \dfrac{x^3}{2!}, \dfrac{x^4}{3!}, \dfrac{x^5}{4!}, \dfrac{x^6}{5!}, \dfrac{x^7}{6!}$;

$$\left\langle a_n \right\rangle = \left\langle \frac{x^n}{(n - 1)!} \right\rangle \text{ (Def : 0 ! = 1).}$$

69) a) Es gibt eine Zahl $\varepsilon > 0$ und unendlich viele Zahlen a_k aus der Folge, so daß $|\alpha - a_k| \geq \varepsilon$.

b) Es gibt eine Zahl $\varepsilon > 0$ und unendlich viele Zahlen a_k, $a_{k'}$ aus der Folge, so daß $|a_k - a_{k'}| \geq \varepsilon$.

70) a) Es gibt eine natürliche Zahl n_0, so daß $a_n = k$ für alle $n > n_0$, $k \in \mathbb{N}$. Die Glieder $a_1, a_2, \ldots, a_{n_0}$ können beliebig gewählt werden.

b) $a_1, \ldots, a_{n_0}$ beliebig; $a_n = +1$, wenn $n > n_0$ bzw.

$a_1, \ldots, a_{n_0}$ beliebig; $a_n = -1$, wenn $n > n_0$.

c) $a_1, \ldots, a_{n_0}$ beliebig; $a_n = k$, wenn $n > n_0$, $k \in \mathbb{N}$.

d) Jede rationale Zahl $\in [0; 1]$.

71) *a)* Richtig. Folgt unmittelbar aus der Grenzwert-Definition für Folgen.

b) Falsch. Die Folge $< 0, 1, 0, 1, 0, 1, \ldots >$ ist divergent, hat aber konvergente Teilfolgen.

c) Richtig. Es sei $a_1 + a_2 + a_3 + \cdots = \alpha$ und

$$b_1 + b_2 + b_3 + \cdots = \beta. \text{ Dann wird}$$

$$|a_1 + b_1 + a_2 + b_2 + \cdots + a_n + b_n - (\alpha + \beta)| \leq$$

$$|a_1 + a_2 + \cdots + a_n - \alpha| + |b_1 + b_2 + \cdots + b_n - \beta| < 2 \cdot \frac{\varepsilon}{2}.$$

72) *a)* $\alpha = \frac{1}{2}$;   *b)* divergente Folge;   *c)* $\alpha = 4$;

d) $\alpha = 0$,   da $\sqrt{n+1} - \sqrt{n} = \dfrac{1}{\sqrt{n+1} + \sqrt{n}}$;

e) $s_n = 1 - \dfrac{1}{n+1}$; $\lim \langle s_n \rangle = s = 1$.

f) Konvergente Reihe, da $\dfrac{1}{n^2} < \dfrac{1}{n(n-1)}$.

g) Divergente Reihe; $\dfrac{1}{3} + \dfrac{1}{6} + \dfrac{1}{9} + \cdots + \dfrac{1}{3n} =$

$$\frac{1}{3}\left(1 + \frac{1}{2} + \frac{1}{3} + \cdots + \frac{1}{n}\right)$$

Kapitel III Analytische Geometrie und lineare Algebra

Warum Geometrie und Algebra? – Geometrische Axiome

Für einen Schüler der Mittelstufe, der über die Oberstufenmathematik noch nichts erfahren hat, dürfte es etwas verwirrend sein, wenn er feststellt, daß Geometrie und Algebra in einem Kapitel zusammengefaßt wird. Inhalte der Geometrie und Algebra wurden ja in der Mittelstufe getrennt behandelt. In der Geometrie wurde konstruiert und wurden geometrische Beweise geführt, wobei Zahlen im Zusammenhang mit Längen, Flächen, Rauminhalten, Winkeln und Teilverhältnissen mehr den Charakter von Hilfsgrößen hatten. In der Algebra dagegen haben sie konstituierenden Charakter unabhängig davon, ob sie unmittelbar verwendet werden oder ob mit algebraischen Symbolen operiert wird. Die Lösungsverfahren für Gleichungen oder Gleichungssysteme – verbunden mit Termumformungen – erfordern beispielsweise ganz andere Operationen als das Hantieren mit Zirkel, Lineal und Winkelmesser.

Daß zwischen der Geometrie und der Algebra jedoch trotzdem ein enger Zusammenhang besteht, hat einen tiefliegenden Grund, auf den allerdings hier nur in einer sehr einschränkenden, mehr beschreibenden Weise eingegangen werden kann. Für den mathematischen Wissenschaftler gibt es nämlich nicht nur die eine Geometrie – die Geometrie unseres Erfahrungsraumes –, sondern mehrere logisch denkbare und in sich widerspruchsfreie Geometrien. Jede Geometrie ist durch ein sogenanntes *Axiomensystem* festgelegt. *Axiome* sind einfachste Relationen zwischen den *geometrischen Grundelementen* Punkte, Geraden, Ebenen. Dabei ist es nicht notwendig, daß man sich unter diesen Grundelementen etwas so Konkretes vorstellt, wie das beim geometrischen Zeichnen etwa der Fall ist. Punkte, Geraden, Ebenen lassen sich in vielen Fällen auch durch andere – nicht zeichnerische – Festlegungen veranschaulichen.

Die durch ein bestimmtes Axiomensystem definierte Geometrie ist genau betrachtet ein in einem Deduktionszusammenhang zum Axiomensystem stehendes logisches Gedankengebilde, das keiner Veranschaulichung bedarf. Zu jeder Geometrie gibt es mehrere *Modelle der Veranschaulichung*.

Euklidische Geometrie und alternative Geometrien

Was die Geometrie unseres Erfahrungsraumes anbelangt, so hat bereits *Euklid* (ca. 3. Jhdt. v. Chr.) ein – wenn auch noch nicht ganz vollständiges – Axiomensystem aufgestellt, aus dem die damals bekannten geometrischen Lehrsätze herleitbar sind. Die letzten entscheidenden Verbesserungen des Euklidschen Systems stammen von dem Göttinger Mathematiker *David Hilbert* (1862–1943). Neben dem Euklid-Hilbert-System gibt es heute noch andere gleichwertige Axiomensysteme für unsere Geometrie des Erfahrungsraumes. Immer handelt es sich um gewisse Gruppen von Axiomen. So hat beispielsweise *Zeitler* (1972) für die ebene (zweidimensionale) Geometrie folgende Einteilung getroffen:

I. *Axiome der Verknüpfung (3)*
II. *Axiome der Anordnung (4)*
III. *Abbildungsaxiome (4)*
IV. *Axiome des Messens (2)*
V. *Parallelaxiom (1)*

Die Zahlen in den Klammern geben die Anzahl der Axiome in der jeweiligen Gruppe an. Es fällt die Sonderstellung der Gruppe V auf, die nur ein Axiom enthält. Exemplarisch werden alle Axiome der beiden Gruppen I und V angegeben. Zum unmittelbaren Verständnis sind die anderen Axiome weniger geeignet. Zusätzliche Informationen müßten gegeben werden.

Axiom I, 1: Durch zwei verschiedene Punkte P und Q gibt es genau eine Gerade.

Axiom I, 2: Auf jeder Gerade liegen mindestens zwei Punkte.

Axiom I, 3: Es gibt drei Punkte, die nicht auf einer Geraden liegen.

Definition: Zwei Geraden g und h, die keinen Punkt gemeinsam haben, heißen zueinander parallel (Zeichen $g \parallel h$).

Axiom V: Zu einer Geraden g und einem Punkt P außerhalb g gibt es genau eine Parallele p.

Zweifelsohne sind diese *Relationen zwischen den geometrischen Grundelementen* nach unserer Raumerfahrung evident. In der Zeichenebene läßt sich dies in bekannter Weise auch anschaulich mit Zirkel und Lineal demonstrieren.

Für die Fortentwicklung der mathematischen Wissenschaft war das *Parallelenaxiom – Axiom V –* von ganz großer Bedeutung. Es hat relativ lange gedauert, bis schlüssig nachgewiesen werden konnte, daß dieses Axiom aus den anderen Axiomen nicht herleitbar ist, womit diese Relation erst als Axiom anerkannt werden konnte. Gleichzeitig wurde aber erkannt, daß man – abgesehen von geringfügigen Veränderungen bei wenigen anderen Axiomen – durch Veränderung des Parallelenaxioms zu völlig anderen Geometrien kommt. Die *Geometrie des Erfahrungsraumes* – Annahme der Gültigkeit des Axioms V – wird danach als die *euklidische Geometrie* bezeichnet. Läßt man keine Parallelen zu, so erhält man die sogenannte *elliptische Geometrie*, und läßt man mehr als eine Parallele zu, so erhält man die sogenannte *hyperbolische Geometrie*. Beide alternativen Geometrien lassen sich durch Modelle veranschaulichen.

Ein Modell der zweidimensionalen hyperbolischen Geometrie

In der (euklidischen) Zeichenebene E (linke Figur) wähle man einen beliebigen Kreis k. Als *hyperbolische Ebene E_h* fassen wir alle Punkte der offenen Kreisscheibe auf. P und Q sind also *hyperbolische Punkte*, K dagegen ist kein solcher Punkt. Als *hyperbolische Geraden* definieren wir die Teilmengen von E_h, die auf einer euklidischen Geraden liegen, also alle Punkte der (euklidisch) offenen Kreissehnen. Daß in diesem Modell die Axiome I, 1–3 erfüllt sind, ist evident. Es läßt sich auch zeigen, daß die Axiome der Axiomengruppen II–IV erfüllt sind. Offensichtlich ist das euklidische Axiom V (rechte Figur) nicht erfüllt, denn zu einer Geraden g und einem Punkt A außerhalb g gibt es *unendlich viele hyperbolische Parallelen.*

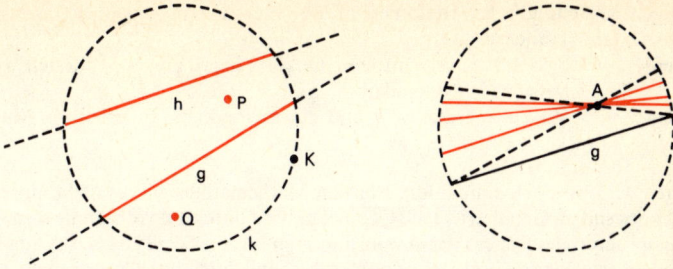

Bei der hyperbolischen Geometrie wird nur das (euklidische) Axiom V verändert.

Axiom V-h: Zu einer Geraden g und einem Punkt A außerhalb g gibt es mindestens zwei verschiedene Geraden, die g nicht schneiden.

Ein Modell der zweidimensionalen elliptischen Geometrie

Unter der *elliptischen Ebene* E_e verstehen wir jetzt die Oberfläche einer beliebigen Kugel. Alle und nur die Punkte dieser im dreidimensionalen euklidischen Raum befindlichen Kugelsphäre sind die *elliptischen Punkte.* Als *elliptische Geraden* definieren wir die Teilmenge von E_e, die aus einem euklidischen Großkreis gebildet wird (linke Figur). Die Mittelpunkte der Großkreise fallen immer

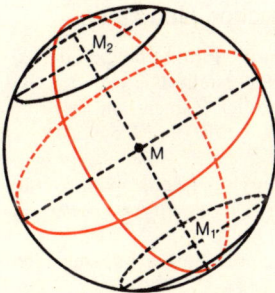

Großkreise und Kleinkreise

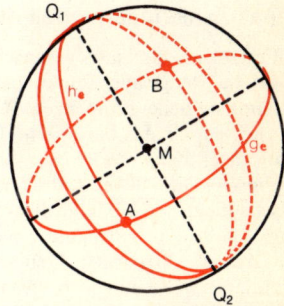

Großkreise als elliptische Geraden

mit dem Mittelpunkt der Kugel zusammen. Ein Schnitt einer Kugelsphäre mit einer Ebene ergibt immer einen Kreis. Wenn der Mittelpunkt dieses Kreises nicht mit dem der Kugel zusammenfällt, erhält man einen Kleinkreis. *Kleinkreise sind keine elliptischen Geraden.* Die Längenkreise und der Äquator beim Globus sind spezielle Großkreise. Die anderen Breitenkreise sind alle Kleinkreise. Wegen des gemeinsamen Mittelpunktes der Großkreise schneiden sich zwei elliptische Geraden immer in zwei Punkten (rechte Figur). Es gibt also *keine elliptischen Parallelen,* und *zwei elliptische Geraden* g_e *und* h_e *schneiden sich stets in zwei Punkten A und B.* Liegen zwei Punkte Q_1 und Q_2 mit M auf einer Geraden, dann gehen durch Q_1 und Q_2 unendlich viele elliptische Geraden. Von den oben angegebenen euklidischen Axiomen ist also neben dem Axiom V noch das Axiom I, 1 zu verändern.

Axiom I, 1-e: Durch zwei verschiedene Punkte A und B gibt es mindestens zwei verschiedene Geraden.

Axiom V-e: Zu einer Geraden g und einem Punkt A außerhalb g gibt es keine Parallele.

Halten wir also noch einmal fest. Für den Mathematiker gibt es nicht nur eine denknotwendige Geometrie. Jede Geometrie wird durch ein vollständiges in sich widerspruchsfreies System von Axiomen bestimmt. Alle Sätze lassen sich aus den Axiomen rein logisch herleiten. Zur Veranschaulichung werden geeignete Modelle herangezogen, bei denen die geometrischen Grundelemente auf mancherlei Art definiert werden.

Was die euklidische Geometrie anbelangt, wollen wir uns zunächst auf den zweidimensionalen Fall beschränken und später auf den dreidimensionalen Fall eingehen.

Für die ebene (zweidimensionale) euklidische Geometrie ist uns aus der Mittelstufe schon ein Modell sehr geläufig. Wir sprechen vom *Modelle der Zeichenebene*. Neben diesem Modell gibt es aber noch ein anderes – ein algebraisches – Modell, das man als *Zahlenpaarmodell* bezeichnet. In der *Tatsache dieser Existenz zweier völlig gleichwertiger Modelle* für die euklidische Geometrie ist der oben erwähnte *Zusammenhang von Geometrie und Algebra* zu sehen.

Das Zahlenpaarmodell der ebenen euklidischen Geometrie

Festzulegen sind also Veranschaulichungen der Begriffe Punkt und Gerade, wobei die Menge aller Punkte die euklidische Ebene E darstellt. Die Geraden sind dann spezielle Teilmengen. $\mathbb{R}$ ist die Menge der reellen Zahlen, und dazu betrachten wir das kartesische Produkt $E = \mathbb{R} \times \mathbb{R}$,   d.h. die Menge aller geordneten Zahlenpaare $(r_1 ; r_2)$ mit $r_1, r_2 \in \mathbb{R}$.

Punkte: Die *Punkte P* unserer Ebene E sind also durch die Zahlenpaare veranschaulicht, und wir wollen dafür die *Schreibweisen* $P = (r_1 ; r_2) = P(r_1 ; r_2)$ *gleichwertig* nebeneinander verwenden.

Geraden: Dazu betrachten wir zunächst die Gesamtheit aller linearen Gleichungen mit den beiden Variablen x und y:

$$Ax + By + 6 = 0 \quad \text{mit} \quad A, B, C \in \mathbb{R} \quad \text{und} \quad A^2 + B^2 \neq 0 .$$

Als *Geraden g* definieren wir die *Erfüllungsmengen* (Lösungsmengen) dieser *linearen Gleichungen*. Da man aus der elementaren Algebra weiß, daß sich die Erfüllungsmenge einer linearen Gleichung nicht ändert, wenn man jeden Koeffizienten mit $k \neq 0$ multipliziert, läßt sich der ganze Sachverhalt in der *Mengenschreibweise* wie folgt darstellen:

$$g = \{(r_1 ; r_2) \mid A r_1 + B r_2 + C = 0\} = \{(r_1 ; r_2) \mid k A r_1 + k B r_2 + k C = 0\}$$

Es besteht also eine Zuordnung von linearen Gleichungen zu Geraden, jedoch ist diese nicht eineindeutig, denn jeder linearen Gleichung entspricht durch deren Erfüllungsmenge genau eine Gerade, aber jeder Geraden entsprechen bei gleicher Erfüllungsmenge unendlich viele lineare Gleichungen. *Geraden werden also durch Klassen von linearen Gleichungen repräsentiert.* Zwei lineare Gleichungen gehören dann und nur dann der *gleichen Klasse* an, wenn sich *entsprechende Koeffizienten nur durch einen gemeinsamen Faktor $k \neq 0$ unterscheiden.* Unter Beachtung dieses Sachverhalts können wir an Stelle der relativ schwerfälligen Mengenschreibweise unter Verwendung des *Identitätssymbols* »≡« eine *einfachere Schreibweise* verwenden: $g \equiv Ax + By + C = 0$, mit $A^2 + B^2 = 0$. Wir denken dabei daran, daß die lineare Gleichung ein beliebiger Repräsentant der Klasse aller linearen Gleichungen der Form $k \cdot Ax + k \cdot By + k \cdot C = 0$ mit $k \neq 0 \wedge k, A, B, C \in \mathbb{R}$ ist. Je nach den speziellen Erfordernissen werden zur Bezeichnung der Koeffizienten und der Konstanten der linearen Gleichungen sowohl große $(A, B, C, ...)$ wie auch kleine $(a, b, c, ...)$ Buchstaben verwendet. In diesem Sinne sprechen wir von *Geradengleichungen*.

In unserem *algebraischen Modell*, dessen Grundelemente völlig »ungeometrisch« definiert wurden, *gelten alle Axiome der ebenen euklidischen Geometrie.* Wir zeigen dies nachfolgend für die obigen exemplarisch angegebenen Axiome. Dieser Nachweis wäre für die anderen – nicht angegebenen – ebenso gut möglich.

Axiom I, 1: Seien $P(r_1; r_2)$ und $Q(s_1; s_2)$ zwei verschiedene Punkte, dann wird durch die folgende Geradengleichung die Gerade g mit den geforderten Eigenschaften repräsentiert.

$$g \equiv (s_2 - r_2)x + (r_1 - s_1)y + (r_2 s_1 - s_2 r_1) = 0.$$

Zunächst kann festgestellt werden, daß nicht beide Koeffizienten der Variablen gleich null sind, wenn P und Q verschiedene Punkte darstellen. Die beiden die Punkte P und Q definierenden Zahlenpaare erfüllen die lineare Gleichung, wie man durch Einsetzen leicht feststellt. Damit ist die *Existenz einer solchen Geraden g* bewiesen. Es könnte aber noch weitere Geraden geben, die P und Q als Punkte enthalten. Angenommen $h \equiv ax + by + c = 0$ wäre eine solche weitere Gerade, dann müßten die beiden Zahlenpaare die Geradengleichung erfüllen:

$$ar_1 + br_2 + c = 0 \wedge as_1 + bs_2 + c = 0.$$

Da wir a, b und c nicht kennen, fassen wir dies als ein Gleichungssystem mit den drei Variablen a, b, c auf. Das System ist im Sinne einer eindeutigen Lösung unterbestimmt, da es nur zwei Gleichungen enthält. Die Lösungsmenge enthält unendlich viele Lösungs-Tripel. Diese sind alle wie folgt bestimmt:

$$a = k(s_2 - r_2), \quad b = k(r_1 - s_1), \quad c = k(r_2 s_1 - s_2 r_1),$$

wobei k jeden reellen Zahlenwert annehmen kann (vgl. lineare Gleichungssysteme).

Der Vergleich der Koeffizienten der Geradengleichungen von g und h ergibt, daß beide Gleichungen der gleichen Klasse angehören, somit die gleiche Erfüllungsmenge haben und damit $g = h$ ist. g ist also die einzige Gerade mit den geforderten Eigenschaften.

Axiom I, 2: Sei $g \equiv ax + by + c = 0$ eine beliebige Gerade.

Wegen $a^2 + b^2 \neq 0$ können nicht beide Koeffizienten a und b gleich null sein, und es sind folgende Fälle möglich:

Fall I: $c \neq 0$, $a \neq 0$ und $b \neq 0$. Die Punkte $A(-\frac{c}{a}; 0)$ und $B(0; -\frac{c}{b})$ sind verschieden und liegen auf g, wie durch Einsetzen leicht zu überprüfen ist.

Fall II: $c \neq 0$, $a \neq 0$ und $b = 0$. Die Punkte $A(-\frac{c}{a};0)$ und $B(-\frac{c}{a};1)$ sind verschieden und liegen auf g.

Fall III: Wie Fall II unter Vertauschung von a und b.

Fall IV: $c = 0$, $a \neq 0$ und $b \neq 0$. Die Punkte $A(0;0)$ und $B(b; -a)$ sind verschieden und liegen auf g.

Fall V: $c = 0$, $a \neq 0$ und $b = 0$. Die Punkte $A(0;1)$ und $B(0;2)$ sind verschieden und liegen auf g.

Fall VI: $c = O$, $a = 0$ und $b \neq 0$. Die Punkte $A(1;0)$ und $B(2;0)$ sind verschieden und liegen auf g. Damit ist allgemein gezeigt, daß auf jeder Geraden mindestens zwei Punkte liegen.

Axiom I,3: $A(0;1)$ und $B(1;0)$ sind zwei verschiedene Punkte. Nach Axiom I,1 bestimmen sie genau eine Gerade g. Man prüft leicht nach, daß diese $g \equiv x + y + 1 = 0$ ist. $C(0;0)$ ist ein weiterer von A und B verschiedener Punkt und C liegt nicht auf g, da das Zahlenpaar $(0;0)$ nicht zur Erfüllungsmenge der angegebenen linearen Gleichung gehört:

Satz 1: Seien $g \equiv a_1 x + b_1 y + c_1 = 0$ und $h \equiv a_2 x + b_2 y + c_2 = 0$ zwei Geraden. g und h sind dann und nur dann zueinander parallel, wenn für die Koeffizienten gilt: $a_1 b_2 - a_2 b_1 = 0$ *(Parallelitätsbedingung)*.

Beweis: Angenommen es sei $g \parallel h$, dann muß die Lösungsmenge des Systems der beiden Geradengleichungen die leere Menge sein. Das übliche Verfahren zur Ermittlung von Lösungen besteht in folgenden algebraischen Operationen:
1) Multiplikation der ersten Gleichung mit b_2 und der zweiten mit b_1 und Subtraktion der beiden Gleichungen voneinander.
2) Multiplikation der ersten Gleichung mit a_2 und der zweiten mit a_1 und Subtraktion der beiden Gleichungen voneinander.

Diese Operationen und nachfolgende Zusammenfassungen führen zu:

$$(a_1 b_2 - a_2 b_1)x + (c_1 b_2 - c_2 b_1) = 0 \quad \text{und} \quad (a_2 b_1 - a_1 b_2)y + (c_1 a_2 - c_2 a_1) = 0.$$

$g \parallel h$ erfordert notwendigerweise, daß in diesen beiden Gleichungen der bis auf das Vorzeichen gleiche Koeffizient von x und y gleich null ist. Wäre dies nicht der Fall, so gäbe es unabhängig von den beiden anderen Termen genau ein Zahlenpaar, das das Gleichungssystem erfüllt. *Die Parallelitätsbedingung ist also eine notwendige Bedingung.*

Jetzt ist noch zu prüfen, ob ihre Erfüllung auch ausreicht, d. h. ob *die Parallelitätsbedingung eine hinreichende Bedingung* ist. Das Gleichungssystem könnte ja im Falle von $a_1 b_2 - a_2 b_1 = 0$ noch Lösungen haben, wenn nämlich zusätzlich noch $c_1 b_2 - c_2 b_1 = 0 \wedge c_1 a_2 - c_2 a_1 = 0$ wäre. In diesem Falle lassen sich aus diesen drei Gleichungen folgende Beziehungen zwischen den Koeffizienten der beiden Geradengleichungen herleiten:

$$a_2 = k \cdot a_1, b_2 = k \cdot b_1, c_2 = k \cdot c_1 \quad \text{mit} \quad k = c_2 : c_1.$$

Dies bedeutet aber, daß in diesem Falle die Geraden g und h identisch sind, da die repräsentierenden Geradengleichungen der gleichen Klasse angehören.

Axiom V: Sei also eine beliebige Gerade $g \equiv ax + by + c = 0$ vorgegeben und dazu ein Punkt $P(r_1; r_2)$. Die Gerade $p \equiv ax + by - (ar_1 + br_2) = 0$ ist zu g parallel und geht durch P. Die Parallelitätsbedingung ist offensichtlich erfüllt, da $ab - ba = 0$ ist. P liegt auch auf p, da das zugehörige Zahlenpaar die Geradengleichung von p erfüllt. Angenommen es gäbe noch eine weitere Parallele zu g durch P. Diese sei $p' \equiv a'x + b'y + c' = 0$. Da P auf p' liegt, erhält man nach Einsetzen und Umformen: $c' = -(a'r_1 + b'r_2)$. Wegen der Parallelitätsbedingung muß $a'b - b'a = 0$ sein. Daraus erhält man $a' = (b':b) \cdot a$. Es ist auch $b' = (b':b) \cdot b$. Nach Einsetzen von a' und b' in $c': c' = -(b':b) \cdot (ar_1 + br_2)$. Folglich gilt für die Koeffizienten der Geradengleichung von $p': a' = k \cdot a, b' = k \cdot b$ und $c' = k \cdot [-(ar_1 + br_2)]$ mit $k = b':b$. Die beiden Geraden p und p' sind also identisch.

Abschließend sei noch einmal hervorgehoben, daß wir bei allen vier Axiomen an keiner Stelle auf Erfahrungen mit dem Modell der Zeichenebene zurückgegriffen haben. Dies wäre auch bei den anderen nicht näher beschriebenen Axiomen nicht notwendig. *Unser algebraisches Modell existiert also unabhängig vom Modell der Zeichenebene.* In ihm haben die *linearen Gleichungen*, indem sie die Geraden – also geometrische Grundelemente – repräsentieren, einen *besonderen Stellenwert.* Deshalb die Bezeichnungsweise *Geometrie und lineare Algebra.*

Analytische Koordinatengeometrie

Einleitung

Als erster hat der französische Mathematiker *René Descartes* (1596–1650) erkannt, daß sich Geometrie und Algebra mit Hilfe eines sogenannten *Koordinatensystems* verbinden lassen. Nach unserer obigen Darstellung über den Aufbau der Geometrie und deren Veranschaulichung durch Modelle können wir nunmehr sagen, daß wir *über ein Koordinatensystem die beiden Modelle* der ebenen euklidischen Geometrie – das Modell der Zeichenebene und das Zahlenpaarmodell – miteinander *in Beziehung setzen.* Damit können geometrische Fragestellungen und Probleme in analytischer Vorgehensweise algebraisch gelöst und gleichzeitig einer zeichnerisch-konstruierenden Kontrolle unterworfen werden. Algebraische Fragestellungen und Probleme können auch zeichnerisch gelöst werden.

Das zweidimensionale kartesische Koordinatensystem und die Grundelemente der ebenen Geometrie

In der Zeichenebene werden zwei senkrecht aufeinanderstehende Zahlengeraden g_1 und g_2 dadurch festgelegt, daß deren Nullpunkte in O zusammenfallen (linke Abbildung). O heißt *Ursprung des Koordinatensystems,* und ihm wird das Zahlenpaar $(0; 0)$ zugeordnet, also $O(0; 0)$. Auf g_1 wird beliebig der *Einheitspunkt* $E_1(1; 0)$ gewählt. Der zweite *Einheitspunkt* $E_2(0; 1)$ auf g_2 wird vereinbarungsgemäß immer so gewählt, daß die Strecken $\overline{OE_1}$ und $\overline{OE_2}$ gleichlang sind und durch eine Drehung um O im *Gegenuhrzeigersinn* zur Deckung gebracht werden können. Die Gerade g_1 heißt *x*-Achse, und die ihren Punkten zugeordneten Zahlen, die beim Zahlenpaar an erster Stelle stehen, heißen *Abszisse.* g_2 heißt *y-Achse,* und die ihren Punkten zugeordneten Zahlen, die bei den Zahlenpaaren an zweiter Stelle stehen, heißen *Ordinate.* Abszisse und Ordinate werden zusammenfassend als *Koordinaten* bezeichnet. Durch die beiden Geraden g_1 und g_2 wird die Ebene noch in vier *Quadranten* I, II, III, IV eingeteilt, die wieder im Gegenuhrzeigersinn gezählt werden.

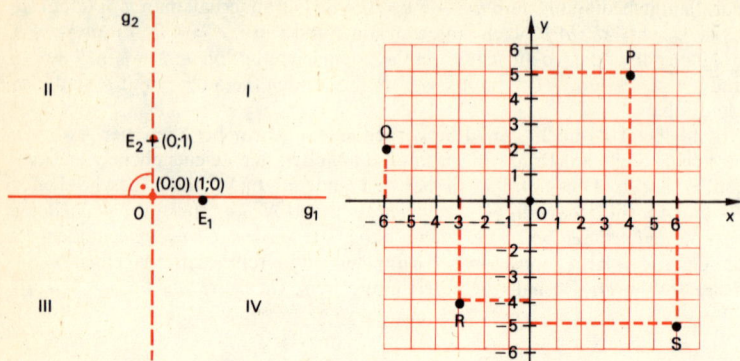

Mit Hilfe des Koordinatensystems erhält man eine *eineindeutige Zuordnung von Punkten* der Zeichenebene *zu den Zahlenpaaren*. In der rechten Abbildung sind in jedem Quadrant je ein Punkt und die zugehörigen Koordinaten veranschaulicht. Es gilt: $P(+4;+5)$, $Q(-6;+2)$, $R(-3;-4)$ und $S(+6;-5)$. *Einfachheitshalber* wird bei der Angabe der Koordinaten das *Pluszeichen nicht mitgeführt*. Hier wurden die Punkte so ausführlich dargestellt, damit für die vier *Quadranten* die *Vorzeichen-Kombinationen* ersichtlich werden: $++$, $-+$, $--$, $+-$. Die *zeichnerische Darstellung der Geraden* zu einer vorgegebenen linearen Gleichung – den *Graphen der linearen Funktion* – erhält man z.B. dadurch, daß man zwei Zahlenpaare der Erfüllungsmenge wählt, die zugehörigen Punkte in das Koordinatensystem einzeichnet und mit dem Lineal eine Gerade durch die Punkte zeichnet. So wurde ja auch schon in der Mittelstufe verfahren.

Nach dieser grundsätzlichen Erörterung ist das Erforderliche bereitgestellt, um ins Detail gehen zu können.

Strecken und Flächen

Länge, Steigung

Definition: Der den Punkten $P_1(x_1;y_1)$ und $P_2(x_2;y_2)$ zugeordnete Term

$$\overline{P_1 P_2} = \sqrt{(x_2 - x_1)^2 + (y_2 - y_1)^2}$$

heißt »*Länge der Strecke* $\overline{P_1 P_2}$«.

Sprechweise: Der Wurzelterm wird auch *Abstandsformel* genannt.

Mit Hilfe der linken Figur erkennen wir die geometrische Grundlage, den Satz des Pythagoras. Jede Gerade und damit auch jede Strecke verläuft bildhaft gesprochen flacher oder steiler in Bezug auf die *x*-Achse. Denken wir uns die Punkte der Geraden im Orientierungssinn der *x*-Achse durchlaufen, so gibt es (außer $g \parallel y$-Achse) zwei Klassen von Geraden, nämlich die *ansteigenden* und die *abfallenden*. Diese qualitativen Aussagen lassen sich mit dem Begriff der *Steigung* quantitativ erfassen. Zur Erfassung aller Geradenrichtungen (rechte Figur) genügen die Winkel $0 \leq \alpha < 180°$, gemessen von der positiven x-Achse im Gegenuhrzeigersinn. Diese Winkel, die die Geraden mit der x-Achse bilden, nennen wir *Richtungswinkel*.

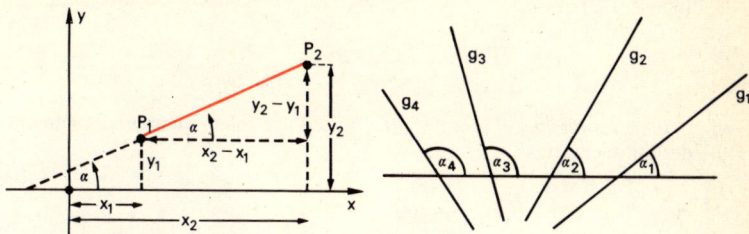

Links *Figur zur Berechnung der Länge einer Strecke;*
rechts *Darstellung von ansteigenden und abfallenden Geraden*

Durch die Einführung des Terms für $\overline{P_1P_2}$ haben wir eine ganz spezielle Eigenschaft der euklidischen Geometrie hervorgehoben. Wir können also Strecken in eindeutiger Weise eine *Längenmaßzahl* zuordnen. Dies steht in ursächlichem Zusammenhang mit der Axiomengruppe IV – Axiome des Messens. Wie wir später beim affinen Punktraum erfahren werden, gibt es auch Geometrien, die ohne Längenmaßzahlen (also nichtmessend) betrieben werden können.
Neben der Länge einer Strecke, die also nur von den beiden begrenzenden Punkten bestimmt ist, wollen wir aber auch die speziellen Punktmengen betrachten, die auf einer Geraden liegen und durch zwei Punkte begrenzt werden.
Abgeschlossene Strecke $[P_1P_2]$ = Menge aller Punkte der durch P_1 und P_2 bestimmten Geraden zwischen P_1 und P_2 einschließlich der beiden Randpunkte P_1 und P_2. Die *offene Strecke* $]P_1P_2[$ ist analog definiert, enthält aber die Randpunkte P_1 und P_2 nicht.

Definition: Unter der *Steigung einer Geraden* mit dem Richtungswinkel α und unter der *Steigung einer Strecke* $[P_1(x_1; y_1) P_2(x_2; y_2)]$ versteht man im Sinne der linken Figur den Term:

$$m = \tan\alpha = \frac{y_2 - y_1}{x_2 - x_1}, \quad \text{mit} \quad x_1 \neq x_2.$$

Bemerkung: Sowohl Längen- wie auch Steigungsformel gelten allgemein, d.h. unabhängig davon, in welchem Quadranten die Punkte jeweils liegen. Man überzeuge sich an Beispielen davon.

Anordnung, Teilverhältnis, Mittelpunkt
Eine weitere Eigenschaft der euklidischen Geometrie ist durch spezielle Anordnungsaxiome der Gruppe II gesichert. Die *Punkte einer Geraden lassen sich anordnen.* Wir vereinbaren $P_1(x_1; y_1) < P_2(x_2; y_2)$ im Falle von $x_1 \neq x_2$ dann und nur dann, wenn $x_1 < x_2$ ist, und im Falle $x_1 = x_2$ dann und nur dann, wenn $y_1 < y_2$ ist. (Sind beide Koordinaten gleich, dann ist ja $P_1 = P_2$.)

Definition »*Teilpunkt*«: Seien [AB] eine Strecke und P ein Punkt der Geraden (A, B) und ferner als Anordnung $A < B$ gewählt. Dann heißt P *innerer Teilpunkt*, wenn $A < P < B$ ist, und sonst *äußerer Teilpunkt*.

Definition »*Teilverhältnis*«: Seien $\overline{AP}$ und $\overline{BP}$ die Längen der Strecken [AP] und [PB], so heißt

$$\tau \begin{cases} = \overline{AP} : \overline{PB} & \text{für } APB; \\ = -(\overline{AP} : \overline{PB}) & \text{für } PAB \text{ oder } ABP. \end{cases}$$

Teilverhältnis des Punktes P in bezug auf AB: Aus der linken Figur erhält man mit Hilfe des Strahlensatzes

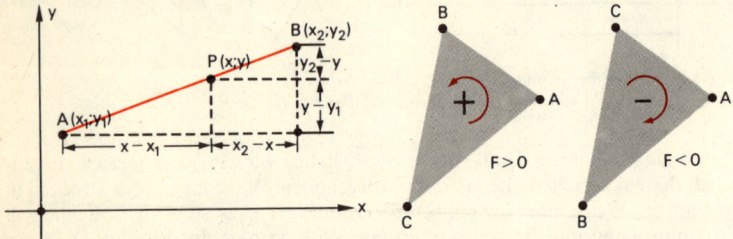

Links *Figur zur Definition des Teilverhältnisses;*
rechts *Beispiele für positive und negative Drehrichtung von Dreiecken*

$$\tau = \overline{AP} : \overline{PB} = \frac{x - x_1}{x_2 - x} = \frac{y - y_1}{y_2 - y}.$$

Die Umformung führt zu den beiden Beziehungen

$$x = \frac{x_1 + \tau \cdot x_2}{1 + \tau}; \quad y = \frac{y_1 + \tau \cdot y_2}{1 + \tau},$$

welche die *Koordinaten des Teilpunktes* $P(x; y)$ in Abhängigkeit von $A(x_1; y_1)$ und $B(x_2; y_2)$ und τ angeben.
Für den *Mittelpunkt* $M(x_m; y_m)$ folgt speziell mit $\tau = +1$

$$x_m = \frac{x_1 + x_2}{2}; \quad y_m = \frac{y_1 + y_2}{2}.$$

Bemerkung: Obwohl die Figur speziell nur den I. Quadranten benutzt, gelten die Beziehungen wieder ganz allgemein.

Flächeninhalt
Für die Menge der Punkte eines Dreiecks – begrenzt durch drei Strecken – wählen wir in Analogie zu den Streckensymbolen folgende Symbolik:
[ABC] = *abgeschlossene Dreiecksfläche*, d.h. alle Punkte im Innern eines Dreiecks einschließlich der Seiten.
]ABC[= *offene Dreiecksfläche*, d.h. alle Punkte im Innern des Dreiecks mit Ausschluß der Seiten.
Ohne Beweis geben wir die *Formel für den Flächeninhalt des Dreiecks* [ABC] an. $A(x_1; y_1)$, $B(x_2; y_2)$ und $C(x_3; y_3)$ seien drei gegebene Punkte. Dann ist:

$$F([ABC]) = \tfrac{1}{2}\left[(x_1y_2 - x_2y_1) + (x_2y_3 - x_3y_2) + (x_3y_1 - x_1y_3)\right].$$

Bei der Anwendung der Formel ist die richtige Reihenfolge der Indizes wichtig! Für den Spezialfall $C = O(0;0)$ erhält man $F([ABO]) = \tfrac{1}{2}(x_1y_2 - x_2y_1)$. Der rechte Term stellt den Ausgangsterm für die allgemeine Formel dar. Man erhält sie durch Addition der beiden Terme, die man durch »*zyklische Vertauschung*« aus dem Spezialfall erhält, d.h. man hat $1 \to 2 \to 3 \to 1$ jeweils zu ersetzen.

Außerdem ist zu beachten, daß man für F positive oder negative Werte erhält, je nachdem, ob das Dreieck positiv oder negativ orientiert ist (Figur S. 210).

Mit Hilfe der *Dreiecksflächenformel* kann man die Fläche beliebiger Vielecke durch Zerlegung in Dreiecke berechnen.

Beispiele und Aufgaben

Alle Berechnungen lassen sich durch entsprechende Zeichnungen kontrollieren! *Beispiel 1:* Gegeben ist das Dreieck $[A(-5;4),\ B(-13;-6),\ C(3;-10)]$. Berechne den Flächeninhalt, den Schwerpunkt und die Länge der Seitenhalbierenden $\overline{CM}$ und die Steigungen von $[AB]$ und $[BC]$.

Lösung:
$$\begin{aligned} F &= \tfrac{1}{2}\left[\{(-5)\cdot(-6) - (-13)\cdot4\} + \{(-13)\cdot(-10) - 3\cdot(-6)\}\right. \\ &\quad\left. + \{3\cdot4 - (-5)\cdot(-10)\}\right] = \\ &= \tfrac{1}{2}(30 + 52 + 130 + 18 + 12 - 50) = 96. \end{aligned}$$

Die Koordinaten des Schwerpunktes S lassen sich leicht allgemein berechnen.

$A(x_1;y_1), B(x_2;y_2)$ und $C(x_3;y_3)$ seien gegeben. Dann ist $M\left(\dfrac{x_1 + x_2}{2}; \dfrac{y_1 + y_2}{2}\right)$ der Mittelpunkt von $[AB]$. Da S $[CM]$ immer im Verhältnis 2:1 teilt, also $\overline{CS}:\overline{SM} = 2:1$ ist, ist $\tau = 2$ und somit

$$x_S = \frac{x_3 + 2\cdot\dfrac{x_1 + x_2}{2}}{1 + 2} = \frac{x_1 + x_2 + x_3}{3} \quad \text{und} \quad y_S = \frac{y_1 + y_2 + y_3}{3}.$$

Im speziellen Fall ist $S(-5;-4)$ und $M(-9;-1)$ und somit

$$\overline{CM} = \sqrt{(3+9)^2 + (-10+1)^2} = \sqrt{144 + 81} = 15.$$

Die Steigungen von $[AB]$ und $[BC]$ betragen:

$$m(A,B) = \frac{-6-4}{-13+5} = \frac{5}{4} \quad \text{und} \quad m(B,C) = \frac{-10+6}{3+13} = -\frac{1}{4}.$$

Beispiel 2: Gegeben ist die Strecke $[AB]$ und ein Teilpunkt P. Berechne den 4. *harmonischen Punkt* Q. (Bemerkung: teilt P $[AB]$ im Verhältnis τ, so Q im Verhältnis $-\tau$).

a) $A(9;1), B(1;5), P(3;4)$;   *b)* $A(-1;0), B(1;0), C(0;0)$.

Lösung: Bestimmung von τ durch Einsetzen in

$$x = \frac{x_1 + \tau\cdot x_2}{1 + \tau} \quad \text{ergibt} \quad 3 = \frac{9 + \tau\cdot1}{1 + \tau} \quad \text{oder} \quad 3 + 3\tau = 9 + \tau$$

oder $\quad 2\tau = 6 \quad$ und somit $\quad \tau = 3 \left(\text{Kontrolle mit } y = \dfrac{y_1 + \tau\cdot y_2}{1 + \tau}\,!\right).$

Berechnung der Koordinaten von Q mit $\tau = -3$:

$$x_Q = \frac{9 - 3 \cdot 1}{1 - 3} = \frac{6}{-2} = -3; \quad y_Q = \frac{1 - 3 \cdot 5}{1 - 3} = \frac{-14}{-2} = 7;$$

somit $Q(-3; 7)$.

b) $\tau = 1$ erkennt man auch ohne Rechnung. Q müßte $\tau = -1$ zugeordnet werden. Dafür sind die Formeln nicht verwendbar, aber $\lim\limits_{\tau \to -1} x = \infty$ bedeutet, daß der 4. harmonische Punkt zum Mittelpunkt einer Strecke stets im Unendlichen liegt.

Aufgabe 1: Gegeben sind die drei Eckpunkte eines Dreiecks mit $A(-4; 0)$; $B(4; -2)$ und $C(0; 5)$. Man berechne die Seitenmitten D von $[BC]$, E von $[AC]$ und F von $[AB]$ und den Schwerpunkt S. Weiterhin die Länge und Steigung der Seitenhalbierenden $[AD]$, $[BE]$ und $[CF]$.

Aufgabe 2: Man berechne den Inhalt des Vierecks $[A(-2; -1)$, $B(4; -2)$, $C(3; 3)$, $D(-1; 2)]$ durch Zerlegung in zwei Dreiecke.

Aufgabe 3: Gegeben ist $A(0; 1,5)$, $B(3; 0)$. Man berechne die beiden Punkte, die AB harmonisch teilen im Verhältnis
a) $\tau = \pm\frac{1}{2}$; *b)* $\tau = \pm 2$.

Aufgabe 4: Gegeben ist das Dreieck $[A(a; 0), B(0; b), C(c; 0)]$. D, E und F seien die Seitenmitten wie in Aufgabe 1. Man zeige, daß $F([ABC]) : F([DEF]) = 4 : 1$ ist.

Geraden und Halbebenen

Spezielle Geradengleichungen

Neben der bisherigen Schreibweise für Geradengleichungen in unserem Zahlenpaarmodell ermöglicht uns die Koordinatengeometrie noch andere Darstellungsformen, die für die Anwendung praktikabler sind. Nachfolgend sind die wichtigsten Formen von solchen Geradengleichungen zusammengestellt.

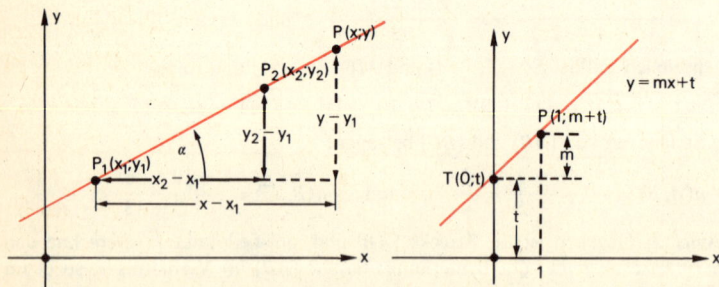

Links *Figur zur Zweipunkteform einer Geradengleichung;*
rechts *Figur zur entwickelten Form einer Geradengleichung*

1) Die *Zweipunkteform*, mit der man die Geradengleichung bestimmt, wenn zwei Punkte $P_1(x_1; y_1)$ und $P_2(x_2; y_2)$ der Geraden gegeben sind:

$$\frac{y - y_1}{x - x_1} = \frac{y_2 - y_1}{x_2 - x_1}; \quad \text{falls} \quad x_1 \neq x_2$$

(Herleitung mit Hilfe des 2. Strahlensatzes aus der linken Figur)

2) Die *Punktrichtungsform*, die man bei Vorgabe eines Punktes $P_1(x_1; y_1)$ und des Richtungswinkels α oder der Steigung m anwendet:

$$\frac{y - y_1}{x - x_1} = m = \tan \alpha; \quad \text{falls} \quad \alpha \neq 90°$$

(Herleitung aus *1)* mit der Definition von *m*!).

3) Die *Achsenabschnittsform*, die man anwendet, wenn die Schnittpunkte $S(s; 0)$ und $T(0; t)$ mit den Koordinatenachsen gegeben sind:

$$\frac{x}{s} + \frac{y}{t} = 1; \quad \text{falls} \quad s \neq 0 \quad \text{und} \quad t \neq 0$$

(Herleitung erfolgt in Beispiel 5 auf S. 219).

4) *Die Formen für achsenparallele Geraden.*

a) Eine *Parallele* im Abstand $a \gtrless 0$ *zur y-Achse* hat die Form

$$x = a.$$

b) Eine *Parallele* im Abstand $b \gtrless 0$ *zur x-Achse* hat die Form

$$y = b.$$

5) Die *entwickelte Form*, auf die alle Geradengleichungen durch Umformungen gebracht werden können, falls $\alpha \neq 90°$ ist;

$$y = mx + t;$$

t heißt Achsenabschnitt und die rechte Figur S. 212 veranschaulicht *m* und *t*.

6) Die *allgemeine* Form, die schon genannt wurde:

$$Ax + By + C = 0 \quad \text{mit} \quad A, B, C \in R \quad \text{und} \quad A^2 + B^2 \neq 0.$$

Hierzu zwei wichtige Operationen mit der allgemeinen Form.

a) *Bestimmung von m und t.* Dies ist nur möglich, wenn $B \neq 0$ ist, denn dann geht die Form *6)* über in

$$y = -\frac{A}{B} x - \frac{C}{B},$$

und der Vergleich ergibt $m = -\dfrac{A}{B}$ und $t = -\dfrac{C}{B}$.

b) *Koeffizientenvergleich:* Gegeben sind die Gleichungen

$$A_1 x + B_1 y + C_1 = 0 \quad \text{und} \quad A_2 x + B_2 y + C_2 = 0$$

oder entwickelt

$$y = -\frac{A_1}{B_1} x - \frac{C_1}{B_1} \quad \text{und} \quad y = -\frac{A_2}{B_2} x - \frac{C_2}{B_2}.$$

Damit die beiden Gleichungen Geradengleichungen ein und derselben Geraden sind, müssen sie in der Steigung *m* und im Achsenabschnitt *t* übereinstimmen, d.h. es muß

$$A_1 : B_1 = A_2 : B_2 \quad \text{und} \quad C_1 : B_1 = C_2 : B_2$$

oder

$$A_1 : B_1 : C_1 = A_2 : B_2 : C_2 \quad \text{sein.}$$

Satz 2:   Die Gleichungen $A_1 x + B_1 y + C_1 = 0$ und $A_2 x + B_2 y + C_2 = 0$ entsprechen dann und nur dann derselben Geraden, wenn $A_1 : B_1 : C_1 = A_2 : B_2 : C_2$ ist.

Schnittpunkt, Parallelität

Wenn wir die Gleichungen für die Geraden g_1 und g_2 in der allgemeinen Form wählen, also

$$g_1 = A_1 x + B_1 y + C_1 = 0 \quad \text{und} \quad g_2 = A_2 x + B_2 y + C_2 = 0,$$

so lautet hier nach Satz 1 die notwendige und hinreichende *Parallelitätsbedingung:* $A_1 B_2 - A_2 B_1 = 0$.
Sie läßt sich auch jetzt anschaulich deuten, denn aus ihr erhält man durch Umformung $A_1 : B_1 = A_2 : B_2$, d.h. die Steigungen der beiden Geraden sind gleich, $m_1 = m_2$.
Im Falle $A_1 B_2 - A_2 B_1 \neq 0$ haben die beiden Geraden stets einen Schnittpunkt $S(x_s; y_s)$, und es ist:

$$x_s = \frac{B_1 C_2 - B_2 C_1}{A_1 B_2 - A_2 B_1} \quad \text{und} \quad y_s = \frac{C_1 A_2 - C_2 A_1}{A_1 B_2 - A_2 B_1}.$$

Die Herleitung dieser *Schnittpunktformeln* ist im Prinzip im Beweis des Satzes 1 enthalten.

Winkel zweier Geraden, Orthogonalität

Wir haben schon beim Richtungswinkel auf die Übereinstimmung mit der Orientierung des Koordinatensystems geachtet. Der Tatsache, daß zwei sich schneidende Geraden zwei Paare gleicher Winkel bilden, werden wir durch die folgende Festlegung gerecht.

Definition   *»positiver Winkel zweier Geraden«:* Der positive Winkel $\sphericalangle(g_1, g_2) = \delta$ zweier Geraden g_1 und g_2 ist der *kleinere Drehwinkel im Gegenuhrzeigersinn um den Schnittpunkt, durch den g_1 mit g_2 zur Deckung gebracht wird.*

Bemerkung: Es ist also $\sphericalangle(g_1, g_2) \neq \sphericalangle(g_2, g_1)$, doch es gilt $\sphericalangle(g_1, g_2) + \sphericalangle(g_2, g_1) = 180°$ (siehe linke Figur).

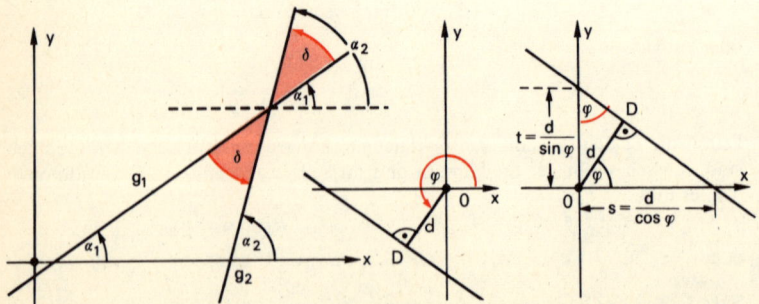

Links *Figur zur Definition des positiven Winkels zweier sich schneidender Geraden;* rechts *Figuren zur Hesseschen Normalenform einer Geraden*

Mit Hilfe der trigonometrischen Beziehung

$$\tan(\alpha_2 - \alpha_1) = \frac{\tan\alpha_2 - \tan\alpha_1}{1 + \tan\alpha_1 \cdot \tan\alpha_2}$$

erhält man, da $\delta = \alpha_2 - \alpha_1$ ist, als Berechnungsformel für α:

$$\tan\delta = \frac{m_2 - m_1}{1 + m_1 \cdot m_2}.$$

Der *Spezialfall* $\delta = 0$ oder $m_2 = m_1$ entspricht *parallelen Geraden*. Damit $\delta = 90°$ sein kann, ist $1 + m_1 \cdot m_2 = 0$ erforderlich. Somit erhält man als *Bedingung der Orthogonalität (orthogonal = senkrecht)*:

$$m_1 \cdot m_2 = -1 \quad \text{oder} \quad m_1 = -\frac{1}{m_2}.$$

Man sagt in diesem Fall, daß die Steigungen von g_1 und g_2 zueinander *negativ reziprok* sind.

Hessesche Normalenform (HNF)

Es gibt eine weitere Möglichkeit, die Lage einer Geraden in der Ebene (mit Ausnahme der durch O gehenden) eindeutig zu bestimmen (rechte Figuren auf S. 214). Dazu dienen die Angabe des (positiven) Abstandes $d = \overline{OD}$ der Ge-4aden von O, die Angabe des (positiven) Winkels φ zwischen x-Achse und Strecke $[OD]$. Die Gleichung der Geraden lautet dann in der HNF:

$$x \cdot \cos\varphi + y \cdot \sin\varphi - d = 0;$$

(Herleitung aus der Achsenabschnittsform mit $s = d : \cos\varphi$ und $t = d : \sin\varphi$ und entsprechender Umformung).

Überführung einer Geradengleichung in die HNF

Die praktische Bedeutung der HNF liegt darin, daß man jede Gleichung auf diese Form bringen kann.

Satz 3:   Sei $Ax + By + C = 0$ die Gleichung einer Geraden g, so entspricht dieser die HNF:

$$\frac{Ax + By + C}{\pm\sqrt{A^2 + B^2}} = 0;$$

wobei im Falle $C < 0$ das Pluszeichen und im Falle $C > 0$ das Minuszeichen zu wählen ist.

Beweis: Damit $Ax + By + C = 0$ und $\cos\varphi \cdot x + \sin\varphi \cdot y - d = 0$ Gleichungen derselben Geraden g sind, muß nach Satz 2 $A : B : C = \cos\varphi : \sin\varphi : (-d)$ sein. Dies ist der Fall bei einem noch zu bestimmenden Faktor $k \neq 0$, wenn *1)* $Ak = \cos\varphi$ *2)* $Bk = \sin\varphi$ und *3)* $Ck = -d$ ist. Quadrieren und addieren von *1)* und *2)* liefert $A^2 k^2 + B^2 k^2 = \cos^2\varphi + \sin^2\varphi = 1$, also $k^2 = \dfrac{1}{A^2 + B^2}$ oder $k = \dfrac{1}{\pm\sqrt{A^2 + B^2}}$ und somit obige Form der HNF. Da stets $d > 0$ ist, gilt die Vorzeichenregel des Satzes.

Im Falle $C = 0$ (linke Figur, S. 216) ist $d = 0$ und deshalb gibt es zwei Winkel φ_1 und φ_2 $(\varphi_2 = \varphi_1 + 180°)$, welche die Lage der Geraden bestimmen. Wegen $\sin\varphi_1 = -\sin\varphi_2$ und $\cos\varphi_1 = -\cos\varphi_2$ sind die beiden Gleichungen

$x \cos \varphi_1 + y \sin \varphi_1 = 0$ und $- x \cos \varphi_2 - y \sin \varphi_2 = 0$ der gleichen Geraden zugeordnet. Deshalb entsprechen sowohl

$$\frac{A x + B y}{+ \sqrt{A^2 + B^2}} = 0 \quad \text{als auch} \quad \frac{A x + B y}{- \sqrt{A^2 + B^2}} = 0$$

dieser Geraden.

Abstand eines Punktes von einer Geraden

Diesen Fall wollen wir etwas ausführlicher betrachten, da der 2. Lösungsweg typisch für eine gewisse Eleganz der Schlußweisen in der analytischen Geometrie ist.

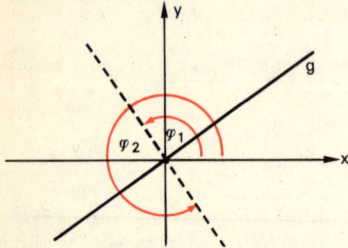

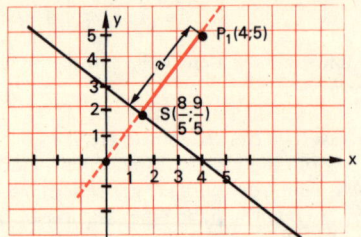

Links *Figur zum Beweis des Satzes 3;*
rechts *Figur zur Bestimmung des Abstands a eines Punktes P von einer Geraden nach dem 1. Lösungsweg*

Beispiel 3: Welchen Abstand a hat der Punkt $P_1(4; 5)$ von der Geraden g mit der Geradengleichung $3x + 4y - 12 = 0$?

1. Lösungsweg (Figur): Die Steigung von g ist $m_g = -\frac{3}{4}$. Jede Senkrechte zu g hat die Steigung $m_s = \frac{4}{3}$. Die Gleichung der Senkrechten s zu g durch P_1 erhält man mit der Punktrichtungsform:

$$\frac{y - 5}{x - 4} = \frac{4}{3}, \quad \text{oder} \quad 4x - 3y - 1 = 0.$$

Wir berechnen den Schnittpunkt $\{S\} = g \cap s$ und erhalten $x_s = \frac{8}{5}$ und $y_s = \frac{9}{5}$.

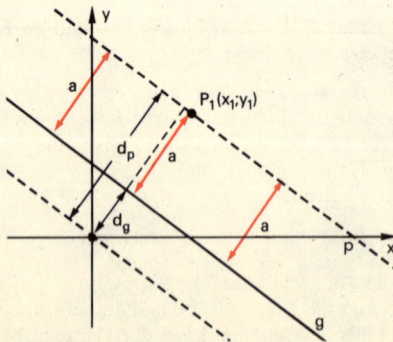

Figur zur Definition der Halbebenen

Den Abstand a erhält man als Länge der Strecke $\overline{SP_1}$:

$a = \sqrt{(4 - \frac{8}{5})^2 + (5 - \frac{9}{5})^2} = 4.$

2. Lösungsweg (Figur): Wir benutzen die Tatsache, daß P_1 auf einer Parallelen p zu g liegt, und die HNF. Auf die HNF gebracht ist

$$g \equiv \tfrac{3}{5}x + \tfrac{4}{5}y - d_g = 0, \quad \text{wobei} \quad d_g = \tfrac{12}{5} \text{ ist.}$$

Nun ist aber $d_p = (d_g + a) = (\tfrac{12}{5} + a)$ und somit $p \equiv \tfrac{3}{5}x + \tfrac{4}{5}y - (\tfrac{12}{5} + a) = 0$. Da aber $P_1 \in p$ ist,

$$\text{gilt} \quad \tfrac{3}{5}x_1 + \tfrac{4}{5}y_1 - (\tfrac{12}{5} + a) = 0$$

und damit $a = \tfrac{3}{5}x_1 + \tfrac{4}{5}y_1 - \tfrac{12}{5} = \tfrac{3}{5} \cdot 4 + \tfrac{4}{5} \cdot 5 - \tfrac{12}{5} = 4$.

Die *Überlegungen* des 2. Lösungsweges sind *allgemeiner Natur* und nicht auf das spezielle Beispiel 3 beschränkt. Für die Formulierung des diesbezüglichen allgemeinen *Satzes 4* benötigt man aber noch den Begriff der Halbebene.

Halbebenen

Denkt man sich in die Zeichenebene E eine Gerade g gezeichnet, so ist im Zusammenhang mit ihrer beiderseitigen Unbegrenztheit anschaulich unmittelbar einzusehen, daß die Gerade g die Gesamtheit aller Punkte von E, die nicht auf g liegen, in zwei Teilmengen – genannt *Halbebenen* – einteilt.

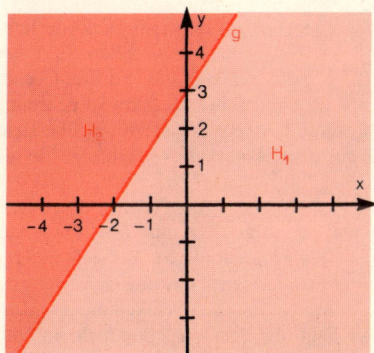

Figur zur Bestimmung des Punktabstandes nach dem 2. Lösungsweg

Definition: Die Erfüllungsmengen der beiden Ungleichungen

$$H_1 \equiv ax + by + c > 0 \quad \text{und} \quad H_2 \equiv ax + by + c < 0$$

heißen die durch g erzeugten *offenen Halbebenen* H_1 und H_2.
H_2 heißt *komplementär* zu H_1 und umgekehrt.

Anmerkungen: Offensichtlich gilt $H_1 \cup H_2 \cup g = E$. $H_1 \cup g$ und $H_2 \cup g$ heißen *abgeschlossene Halbebenen*. (An die Stelle der Zeichen $>$ und $<$ treten dabei die Zeichen $\geq$ und $\leq$.)
Aufgabe 5: Man bestimme die beiden Ungleichungen, die den in der rechten Figur veranschaulichten Halbebenen H_1 und H_2 entsprechen. Prüfen Sie nach,

ob die Punkte $O(0;0)$ und $A(2;3)$ die Ungleichung von H_1 und $B(0;4)$ sowie $C(-3;1)$ die Ungleichung von H_2 erfüllen.

Nunmehr können wir, wie schon oben erwähnt, einen allgemeinen Satz wie folgt formulieren:

Satz 4:   Hat eine Gerade g die HNF $\dfrac{Ax + By + C}{\pm \sqrt{A^2 + B^2}} = 0$, so hat der Punkt

$P_1(x_1; y_1)$ den Abstand

$$a = \frac{Ax_1 + By_1 + C}{\pm \sqrt{A^2 + B^2}} \text{ von } g.$$

Es ist $a = 0$, wenn $P_1 \in g$ ist, $a > 0$, wenn 0 und P_1 in verschiedenen Halbebenen und $a < 0$, wenn 0 und P_1 in derselben Halbebene liegen, die von g erzeugt wird.

Bemerkung: Da im Fall $C = 0$ die HNF nicht eindeutig bestimmt ist und $0 \in g$ ist, kann man hier nur sinnvoll mit dem Betrag von a rechnen

$$|a| = \left| \frac{Ax_1 + By_1}{\pm \sqrt{A^2 + B^2}} \right|.$$

Winkelhalbierende

Hier wird die Tatsache benutzt, daß jeder Punkt einer Winkelhalbierenden von den beiden Schenkeln des Winkels gleichen Abstand hat. Die Vorzeichenabhängigkeit von a macht eine weitere Festsetzung erforderlich.

Definition: Seien g_1 und g_2 zwei sich in S schneidende Geraden und denkt man sich g_1 um S im Gegenuhrzeigersinn so gedreht, daß g_1 mit g_2 zur Deckung kommt, dann heißt der von g_1 überstrichene Teil der Zeichenebene *positiver Winkelraum* (nachfolgende rechte Figur).

Satz 5:   Seien $g_1(x, y)$ und $g_2(x, y)$ die linken Seiten der HNF der Geraden g_1 und g_2 und $\{S\} = g_1 \cap g_2$ mit $S \neq O\,(0; 0)$. Dann ist $g_1\,(x, y) - g_2(x, y) = 0$ die Gleichung der Winkelhalbierenden w_1, die in dem Winkelraum liegt, der den Ursprung enthält. $g_1(x, y) + g_2(x, y) = 0$ ist die Gleichung der anderen Winkelhalbierenden w_2, die also in dem Winkelraum liegt, der den Ursprung nicht enthält.

Bemerkung: Im Falle $S = O(0; 0)$ lassen sich die Winkelräume nicht unterscheiden, man erhält mit $g_1(x, y) \pm g_2(x, y) = 0$ beide Winkelhalbierenden und muß an Hand einer Zeichnung über die Steigung feststellen, welche Gleichung welcher Winkelhalbierenden entspricht.

An Stelle eines allgemeinen Beweises machen wir uns die Zusammenhänge an einem Beispiel (siehe dazu auch die folgende linke Figur) klar.

Beispiel 4: Gegeben seien die beiden Geraden g_1 und g_2 mit der zugehörigen

HNF $g_1 \equiv \dfrac{12x + 5y - 36}{13} = 0$ und $g_2 \equiv \dfrac{3x + 4y - 12}{5} = 0$. Für alle

Punkte $P(\xi; \eta)$ von w_1 gilt: $a_{11} = a_{21}$, denn die beiden Abstände haben nicht nur gleichen Betrag, sondern sie haben im gesamten Winkelraum das gleiche Vorzeichen (entweder beide positiv oder beide negativ). Für die Abstände gilt:

$$a_{11} = \frac{12\xi + 5\eta - 36}{13} \quad \text{und} \quad a_{21} = \frac{3\xi + 4\eta - 12}{5}.$$

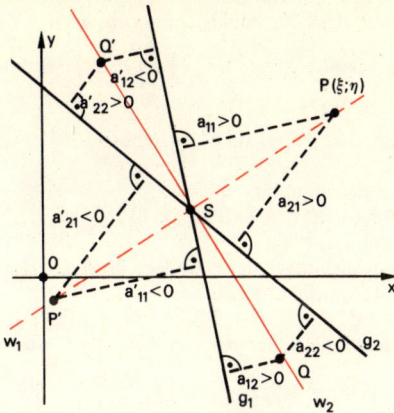

Links *Figur zum Satz 5 und Beispiel 4;*
rechts *Figur zum positiven Winkelraum*

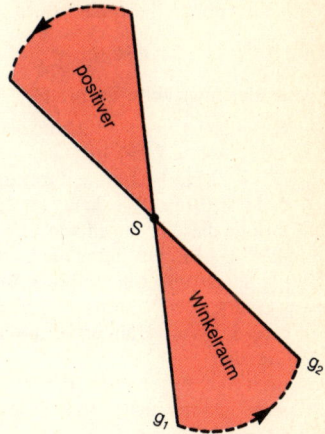

Somit gilt für alle Punkte $P(\xi; \eta)$ auf w_1:

$$\frac{12\xi + 5\eta - 36}{13} = \frac{3\xi + 4\eta - 12}{5};$$

d.h. die Zahlenpaare $(\xi; \eta)$ gehören alle zur Erfüllungsmenge von

$$w_1 \equiv \frac{12x + 5y - 36}{13} - \frac{3x + 4y - 12}{5} = 0.$$

Dies entspricht der Aussage des Satzes 5. Analog erhält man über $a_{12} = -a_{22}$ die Gleichung der anderen Winkelhalbierenden

$$w_2 \equiv \frac{12x + 5y - 36}{13} + \frac{3x + 4y - 12}{5} = 0.$$

Die Umformung auf die allgemeine Form ergibt:

$$w_1 \equiv 21x - 27y - 24 = 0 \quad \text{und} \quad w_2 \equiv 99x + 77y - 336 = 0.$$

Die Berechnung der Steigung ergibt $m_1 = \dfrac{21}{27}$ und $m_2 = -\dfrac{99}{77}$ und damit

$$m_1 \cdot m_2 = -\frac{21 \cdot 99}{27 \cdot 77} = -1, \quad \text{was ja auch sein muß, da stets } w_1 \perp w_2 \text{ ist.}$$

Beispiele und Aufgaben

Beispiel 5: Die Achsenabschnittsform läßt sich aus der Zweipunkteform herleiten. Mit $P_1 = T(0; t)$ und $P_2 = S(s; 0)$ erhält man: $\dfrac{y - t}{x - 0} = \dfrac{0 - t}{s - 0} = -\dfrac{t}{s}$,

oder $y - t = -\dfrac{t}{s}x$ oder $\dfrac{x}{s}t + y = t$.

Division durch t ergibt: $\dfrac{x}{s} + \dfrac{y}{t} = 1$.

Beispiel 6: Eine Gerade geht durch $P(2;4)$ und hat den Richtungswinkel 120°. Wie lautet ihre Gleichung? Hier wendet man die Punktrichtungsform an:

$\tan 120° = -\sqrt{3}$, also $\dfrac{y-4}{x-2} = -\sqrt{3}$, oder $y - 4 = -\sqrt{3}\,x + 2\sqrt{3}$ und somit die entwickelte Form: $y = -\sqrt{3}\,x + (2\sqrt{3} + 4)$.

Die Steigung ist $m = -\sqrt{3}$ und der Achsenabschnitt auf der y-Achse $t = 2\sqrt{3} + 4 \approx 7{,}464$.

Aufgabe 6: Man bestimme die Geradengleichung für:
a) $P_1(1;2)$ $P_2(5;4)$; b) $P_1(-2;3)$ $P_2(4;4{,}5)$; c) $P_1(2,1;0)$ $P_2(1,5;1)$; und bringe diese in die entwickelte Form.

Aufgabe 7: Man bestimme die Geradengleichungen der Geraden, die durch den Nullpunkt $O(0;0)$ gehen und den Richtungswinkel α haben:
a) $\alpha = 30°$; b) $\alpha = 45°$; c) $\alpha = 135°$; d) $\alpha = 90°$.

Aufgabe 8: Wie verändern sich die Geradengleichungen von Aufgabe 7, wenn die Geraden
I) durch $S(2;0)$ gehen II) die y-Achse in $T(0;-2)$ schneiden?

Beispiel 7: Untersuche, ob die 3 Punkte $P_1(-8;-4)$; $P_2(2;2)$ und $P(7;5)$ auf einer Geraden liegen.

1. Lösung: $m(P_1 P_2) = \dfrac{2+4}{2+8} = \dfrac{6}{10}$; $m(P_1 P_3) = \dfrac{5+4}{7+8} = \dfrac{9}{15}$;

da die beiden Steigungen gleich sind, liegen die drei Punkte auf einer Geraden.

2. Lösung: Gleichung der Geraden (P_1, P_2):

$\dfrac{y+4}{+8} = \dfrac{2+4}{2+8} = \dfrac{3}{5}$ oder $y = \dfrac{3}{5}x + \dfrac{4}{5}$.

Wir prüfen nach, ob P_3 auf (P_1, P_2) liegt, dadurch, daß wir nachprüfen, ob $(7;5)$ ein Element der Erfüllungsmenge der Geradengleichung ist:

$5 = \frac{3}{5} \cdot 7 + \frac{4}{5} = \frac{25}{5}$ und bestätigen das Ergebnis des 1. Lösungsweges.

Aufgabe 9: Liegen die Punkte auf einer Geraden?
a) $P_1(1;1)$ $P_2(3;2)$ $P_3(4;2,5)$; b) $Q_1(-6;-3)$ $Q_2(2;2)$ $Q_3(7;5)$.

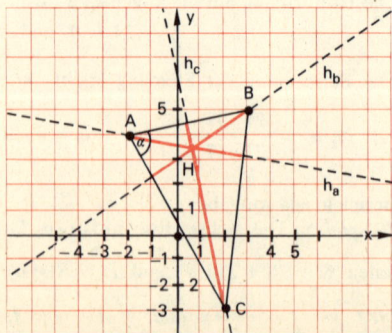

Figur zum Beispiel 8

Beispiel 8: Von einem Dreieck sind die Eckpunkte $A(-2; 4)$; $B(3; 5)$ und $C(2; -3)$ gegeben.

a) Zu berechnen ist der Dreieckswinkel α; *b)* es ist zu beweisen, daß die drei Höhen durch einen Punkt H gehen (siehe Figur auf S. 220).

Lösung zu a: Die Berechnung der Steigungen ergibt $m(A, B) = \frac{1}{5}$ und $m(A, C) = -\frac{7}{4}$, daraus erhält man nach ($g_1 = (A, C)$ und $g_2 = (A, B)$!!)

$$\tan \alpha = \frac{m_2 - m_1}{1 + m_1 \cdot m_2} = \frac{\frac{1}{5} + \frac{7}{4}}{1 - \frac{7}{20}} = 3, \text{ also } \alpha = 71° 34'.$$

Lösungsidee zu b): Aufstellung der Geradengleichungen von h_a, h_b und h_c. Berechnung des Schnittpunktes $\{H\} = h_a \cap h_b$ und Überprüfung, ob $H \in h_c$ gilt.

Durchführung: $m(B, C) = 8$, dann ist die Steigung von h_a negativ reziprok, da $h_a \perp (B, C)$, somit ergibt sich mit $P_1 = A(-2; 4)$ und der Punktrichtungsform:

$$\frac{y - 4}{x + 2} = -\frac{1}{8} \text{ oder } y = -\frac{1}{8}x + \frac{15}{4} (h_a).$$

Analog erhält man die anderen Geradengleichungen

$$y = \frac{4}{7}x + \frac{23}{7} (h_b) \text{ und } y = -5x + 7 (h_c).$$

Die Berechnung des Schnittpunktes ergibt $H(\frac{2}{3}; \frac{11}{3})$. Man prüft leicht nach, daß $H \in h_c$ ist, da die Koordinaten von H die Geradengleichung von h_c erfüllen.

Aufgabe 10: Man bestimme die Winkel β und γ des Dreiecks aus Beispiel 8.

Aufgabe 11: Man untersuche, ob die 3 Geraden mit den folgenden Gleichungen durch einen Punkt gehen:
a) $y = -\frac{1}{4}x$; $y = \frac{1}{2}x - 2$; $y = -\frac{3}{2}x + \frac{7}{2}$;
b) $3x = 4y$; $3x + 4y = 4$; $12x - 2y = 7$.

Aufgabe 12: Man berechne die Innenwinkel des Dreiecks mit den Seiten a, b, c und deren Gleichungen: $y = \frac{1}{2}x$; $y = 3x$; $x + y = 6$ (Orientierung beachten!).

Beispiel 9: Eine Gerade g hat den Abstand $d = 2$ von O und (O, D) bildet mit der x-Achse den Winkel $\varphi = 60°$. Wie lautet die Gleichung der Geraden und welchen Abstand haben die Punkte $P_1(5; 4)$ und $P_2(-2; 1)$ von g?

Lösung: $\sin 60° = \frac{1}{2}\sqrt{3}$; $\cos 60° = \frac{1}{2}$. Gleichung von g in der HNF:

$$\frac{1}{2}x + \frac{1}{2}\sqrt{3}y - 2 = 0.$$

Abstände: $a_1 = \frac{1}{2} \cdot 5 + \frac{1}{2}\sqrt{3} \cdot 4 - 2 = 0,5 + 2\sqrt{3} \approx 3,96$;
$a_2 = \frac{1}{2} \cdot (-2) + \frac{1}{2}\sqrt{3} \cdot 1 - 2 = -3 + \frac{1}{2}\sqrt{3} \approx -2,139$.
Es muß $a_1 > 0$ und $a_2 < 0$ nach Satz 3 sein!

Aufgabe 13: Berechne den Abstand des Punktes $P(-3; 2)$ von folgenden Geraden mit den Gleichungen:
a) $6x - 8y + 25 = 0$;   *b)* $y = \frac{1}{2}(x - 1)$;
c) $2x + 5y = 0$;   *d)* $5y - 4 = 0$;
(vergleiche Beispiel 3, 2. Lösungsweg).

Beispiel 10: Welches sind die Gleichungen der Winkelhalbierenden w_1 und w_2 des Geradenpaares g_1 und g_2 mit
$$g_1 \equiv 7x - 4y - 10 = 0 \text{ und } g_2 \equiv 2x + 8y + 10 = 0$$

Lösung: Die Geradengleichungen müssen auf die HNF gebracht werden. Dann erhält man die Gleichungen der Winkelhalbierenden gemäß Satz 5:

$$g_1 \equiv \frac{7x - 4y - 10}{\sqrt{65}} = 0; \quad g_2 \equiv \frac{2x + 8y + 10}{-\sqrt{68}} = 0;$$

$$w_{1/2} \equiv \frac{7x - 4y - 10}{\sqrt{65}} \pm \frac{2x + 8y + 10}{-\sqrt{68}} = 0.$$

Da im allgemeinen die beiden Wurzeln verschieden sind, erhält man komplizierte Schreibweisen für die Koeffizienten. Für w_1 (+) ergäbe dies:

$$(2\sqrt{65} - 7\sqrt{68})x + (8\sqrt{65} + 4\sqrt{68})y + 10(\sqrt{65} + \sqrt{68}) = 0,$$

man könnte die Koeffizienten natürlich durch Annäherungswerte ersetzen.

Aufgabe 14: Die Seiten eines Dreiecks haben die Gleichungen

$$x + 7y = 0; \quad x - y + 4 = 0 \quad \text{und} \quad 17x + 7y - 112 = 0.$$

Welche Gleichungen haben die Halbierungslinien der Innenwinkel? Man zeige, daß die drei Winkelhalbierenden durch einen Punkt W gehen. Man berechne den Radius ϱ des Inkreises. Anleitung: Man entscheide an Hand einer Figur und Satz 5, welche Kombinationen zur jeweils richtigen Winkelhalbierendengleichung führen (vergleiche Beispiel 8). Man beachte, daß der Inkreis die Seiten tangiert (rechter Winkel!), und zur Vereinfachung der Rechnung, daß $\sqrt{50} = 5 \cdot \sqrt{2}$ und $\sqrt{338} = 13 \cdot \sqrt{2}$ ist.

Kreise

Kreislinien lassen sich zunächst unabhängig von der Koordinatengeometrie als spezielle Teilmengen der Menge aller Punkte der euklidischen Ebene E definieren.

Definition »*Kreislinie*«: Sei $M \in E$ und $r \in \mathbb{R}$ mit $r > 0$, so versteht man unter einer *Kreislinie* die Teilmenge:

$$k(M; r) = \{P \in E \mid \overline{MP} = r\}.$$

Redewendungen: An Stelle von Kreislinie sagen wir kürzer nur Kreis.

Wir haben gesehen, daß im Zahlenpaarmodell die linearen algebraischen Gleichungen die Geraden repräsentieren. Bei der Definition der Kreislinie mußte auf die Abstände von Punkten zurückgegriffen werden. Da die Abstandsformel keine lineare Beziehung ist, treten wir bei der Betrachtung von Kreisen aus dem Bereich der linearen Algebra heraus. Die Erweiterung besteht in der Hinzunahme gewisser *quadratischer Formen*, mit denen man neben Kreisen auch Parabeln, Ellipsen und Hyperbeln erfassen kann. Wir beschränken uns hier auf Kreise, da die typischen Aufgabenstellungen exemplarisch mit diesen schon behandelt werden können.

Redewendung: Wenn nachfolgend von Kreisen gesprochen wird, so ist immer die Kreislinie und nicht etwa die Kreisfläche gemeint.

Kreisgleichungen

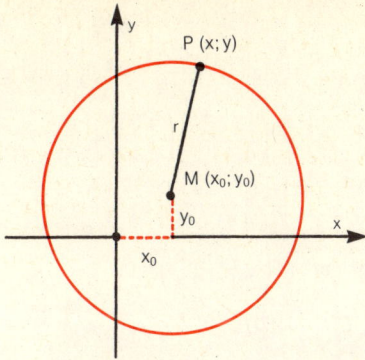

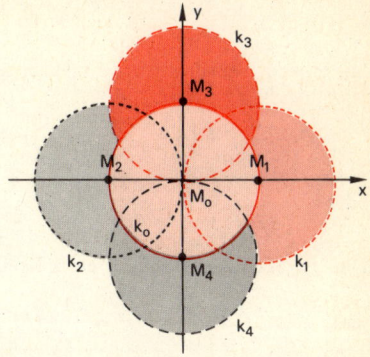

Links *Figur zur Ableitung der Normalgleichung einer Kreislinie;*
rechts *Figur zur Ableitung der Kreisgleichung bei speziellen Lagen des Kreises*

Sei $M(x_0; y_0)$ der Mittelpunkt des Kreises und r der Radius (linke Figur), so
muß nach der Definition für alle $P(x; y) \in k$ gelten:

$$r = \sqrt{(x - x_0)^2 + (y - y_0)^2}$$

oder

$$(x - x_0)^2 + (y - y_0)^2 = r^2.$$

Diese Gleichung nennen wir *Normalgleichung* der Kreislinie $k(M; r)$.
Kreise in speziellen Lagen (siehe rechte Figur).
1) Ursprungsform der Kreisgleichung:

$$k_0 \equiv x^2 + y^2 = r^2.$$

2) Scheitelgleichungen des Kreises: Hier hat eine der Mittelpunktskoordinaten
den Wert r oder $-r$ und die andere den Wert 0, also $M(\pm r; 0)$ oder $M(0; \pm r)$.

$$k_1 \equiv x^2 + y^2 - 2rx = 0; \quad k_2 \quad x^2 + y^2 + 2rx = 0;$$
$$k_3 \equiv x^2 + y^2 - 2ry = 0; \quad k_4 \equiv x^2 + y^2 + 2ry = 0.$$

Wir haben gesehen, daß jede lineare Gleichung (Gleichung 1. Grades) mit zwei
Variablen genau einer Geraden zugeordnet werden kann. Dies gilt aber keineswegs für Kreise und Gleichungen 2. Grades, sondern es gilt vielmehr

Satz 6:   Jede Gleichung der Form
$$A x^2 + A y^2 + B x + C y + D = 0$$
ist die Gleichung eines Kreises, falls $A \neq 0$ und $B^2 + C^2 - 4AD > 0$
ist. Umgekehrt läßt sich jede Kreisgleichung auf diese Form bringen.

Beweis: 1) $(x - x_0)^2 + (y - y_0)^2 = r^2$ ausmultipliziert ergibt:
$x^2 + y^2 - 2x_0 x - 2y_0 y + x_0^2 + y_0^2 - r^2 = 0.$
Es ist $A = 1 \neq 0$ und $B = -2x_0; C = -2y_0$
sowie $D = x_0^2 + y_0^2 - r^2$. Somit ist
$$B^2 + C^2 - 4AD = 4x_0^2 + 4y_0^2 - 4 \cdot 1 \, (x_0^2 + y_0^2 + r^2) = 4 \, r^2 > 0.$$

2) Die Gleichung des Satzes kann man, da $A \neq 0$ ist, durch A dividieren:

$$x^2 + y^2 + \frac{B}{A}x + \frac{C}{A}y + \frac{D}{A} = 0.$$

Mit Hilfe der quadratischen Ergänzungen $\left(\frac{B}{2A}\right)^2$ und $\left(\frac{C}{2A}\right)^2$ erhält man:

$$x^2 + \frac{B}{A}x + \left(\frac{B}{2A}\right)^2 + y^2 + \frac{C}{A}y + \left(\frac{C}{2A}\right)^2 = \left(\frac{B}{2A}\right)^2 + \left(\frac{C}{2A}\right)^2 - \frac{D}{A}$$

oder

$$\left(x + \frac{B}{2A}\right)^2 + \left(y + \frac{C}{2A}\right)^2 = \frac{B^2 + C^2 - 4AD}{4A^2}.$$

Dies ist aber die Gleichung eines Kreises mit $M\left(\frac{-B}{2A}; \frac{-C}{2A}\right)$

und

$$r^2 = \frac{1}{4A^2}(B^2 + C^2 - 4AD) > 0!$$

Kreis und Gerade

Wir wollen eine allgemeine Betrachtung anstellen, uns jedoch auf Kreise mit $M = O\,(0;0)$ beschränken. Der ganz allgemeine Fall mit $M \neq 0$ erfordert die genau gleichen Überlegungen und wird in den folgenden Beispielen behandelt.

Gegeben sei ein Kreis k mit der Gleichung $x^2 + y^2 = r^2$ und eine Gerade g mit der Gleichung $y = mx + t$. Wir fragen jetzt nach dem Durchschnitt $g \cap k$ $= \{(x; y)\,|\,x^2 + y^2 = r^2 \wedge y = mx + t\}$. Um also möglicherweise vorhandene Schnittpunkte von g und k zu bekommen, müssen wir die Lösungsmenge des Gleichungssystems $\begin{aligned} x^2 + y^2 &= r^2 \\ y &= mx + t \end{aligned}$ bestimmen.

Dies geschieht im Falle einer quadratischen und einer linearen Gleichung immer am besten so, daß man die lineare Gleichung zum Einsetzen benutzt:

$$x^2 + (mx + t)^2 = r^2$$

oder

$$(1 + m^2)\,x^2 + 2mt \cdot x + t^2 - r^2 = 0.$$

Diese quadratische Gleichung wird erfüllt durch

$$x_{1,2} = \frac{-mt \pm \sqrt{r^2(1 + m^2) - t^2}}{1 + m^2}.$$

Fallunterscheidung: 1) Ist $r^2(1 + m^2) - t^2 > 0$, so ist $x_{1,2}$ reell und $g \cap k$ $= \{S_1, S_2\}$. Man erhält die beiden Schnittpunkte $S_1(x_1; y_1)$ und $S_2(x_2; y_2)$, indem man *aus der linearen Gleichung* y_1 und y_2 bestimmt. In diesem Fall nennen wir g *Sekante* von k.

2) Ist $r^2(1 + m^2) - t^2 < 0$, so ist $x_{1,2}$ nicht reell und somit ist $g \cap k = \emptyset$. In diesem Fall bezeichnen wir g als *äußere Gerade* von k.

3) Ist $r^2(1 + m^2) - t^2 = 0$, dann ist $g \cap k = \{B\}$, d.h. g und k haben genau einen Punkt B gemeinsam. In diesem Falle heißt g *Tangente* von k im *Berührpunkt* $B(x_1; y_1)$. Für diesen Spezialfall des Kreises in der Ursprungsform gilt für die Koordinaten des Berührpunktes:

$$x_1 = \frac{-mt}{1 + m^2} \quad \text{und} \quad y_1 = \frac{t}{1 + m^2}$$

Tangentengleichungen

Wir betrachten zuerst den Fall eines Ursprungskreises (linke Figur) $k_0 \equiv x^2 + y^2 = r^2$ mit dem Berührpunkt $B(x_1; y_1)$. Da die Steigung der Tangente negativ-reziprok zu der des Radius OB ist, erhält man mit der Punktrichtungsform der Geradengleichung

$$\frac{y - y_1}{x - x_1} = -\frac{x_1}{y_1} \text{ oder umgeformt } x x_1 + y y_1 = x_1^2 + y_1^2.$$

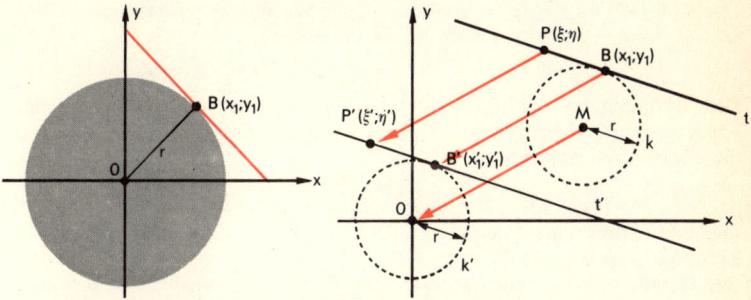

Links *Figur zur Ableitung der Tangentengleichung beim Ursprungskreis;*
rechts *Ableitung der Tangentengleichung bei beliebiger Lage des Kreises*

Wegen $B \in k_0$ ist aber $x_1^2 + y_1^2 = r^2$ und somit erhält man die *Ursprungsform der Tangentengleichung:*

$$x x_1 + y y_1 = r^2.$$

Es sei nun ein beliebiger Kreis $k \equiv (x - x_0)^2 + (y - y_0)^2 = r^2$ gegeben und $B(x_1; y_1)$ wiederum der Berührpunkt der Tangente t an den Kreis k. Wir betrachten jetzt die folgende *Kongruenzabbildung:*

$$x' = x - x_0, \quad y' = y - y_0.$$

Diese Abbildung ist eine sogenannte *Translation*, durch die jeder Punkt P eine geradlinige Verschiebung von der Länge $\sqrt{x_0^2 + y_0^2}$ parallel zu $(M; 0)$ in der Richtung von M nach 0 erfährt (man überprüfe dies an speziellen Punkten für $x_0 = 2$ und $y_0 = -3$). Bei dieser Abbildung (rechte Figur) wird der vorgegebene Kreis auf einen Ursprungskreis mit demselben Radius abgebildet (Kongruenz!). Die Tangente t und der Berührpunkt $B(x_1; y_1)$ werden dabei auf die Tangente t' von k' und auf den Berührpunkt $B'(x_1'; y_1')$ abgebildet. Also gilt 1) $x_1' = x_1 - x_0$ und 2) $y_1' = y_1 - y_0$. Sei nun $P(\xi; \eta)$ ein Punkt von t, dann gilt für den Bildpunkt $P'(\xi': \eta')$ auf t' 3) $\xi' = \xi - x_0$ und 4) $\eta' = \eta - y_0$.
Die Gleichung der Tangente t' lautet $x x_1' + y y_1' = r^2$. Da $P' \in t'$ ist, gilt 5) $\xi' x_1' + \eta' y_1' = r^2$.
Setzt man 1) bis 4) in 5) ein, so erhält man

$$(\xi - x_0)(x_1 - x_0) + (\eta - y_0)(y_1 - y_0) = r^2.$$

Dies bedeutet aber, daß die Zahlenpaare aller Punkte der Tangente t die folgende Gleichung erfüllen:

$$(x - x_0)(x_1 - x_0) + (y - y_0)(y_1 - y_0) = r^2.$$

Dies ist also die *Normalform der Tangentengleichung*. Man erhält daraus die Ursprungsform für $x_0 = y_0 = 0$.

Zwei Kreise in verschiedenen Lagen

Wir wollen jetzt nicht alle möglichen Lagen von Kreisen zueinander diskutieren, sondern Überlegungen anstellen, wie man möglicherweise vorhandene gemeinsame Punkte zweier Kreise bestimmen kann. Das Wesentliche erkennen wir an *Beispiel 11:* Gegeben sind die Kreise k_1 und k_2 mit den Gleichungen $x^2 + y^2 = 25$ und $(x - 3)^2 + (y + 1)^2 = 9$. Welche Lage haben die Kreise zueinander? *Lösung:* Es geht zunächst wieder um die Frage nach

$$k_1 \cap k_2 = \{P(x; y) \mid x^2 + y^2 = 25 \wedge (x - 3)^2 + (y + 1)^2 = 9\}.$$

Das Verfahren zur Bestimmung der Lösungsmenge ist hier wegen der beiden quadratischen Gleichungen anders als im Abschnitt Kreis und Gerade. Wir wollen die Gleichungen bezeichnen
1) $x^2 + y^2 = 25$;
2) $(x - 3)^2 + (y + 1)^2 = 9$ oder $x^2 + y^2 - 6x + 2y = -1$.
Die Subtraktion beider Gleichungen liefert eine lineare Gleichung:
3) $-6x + 2y = -26 \, (\equiv g)$.
Die Gerade g nennt man *Chordale* oder *Potenzgerade* unabhängig davon, ob $k_1 \cap k_2 \neq \emptyset$ oder $k_1 \cap k_2 = \emptyset$ ist. Da *3)* durch Subtraktion aus *1)* und *2)* folgt, ist jedes Zahlenpaar $(x; y)$, das sowohl *1)* als auch *2)* erfüllt, ein Element der Erfüllungsmenge von *3)*, d.h. wenn es überhaupt Punkte $S \in k_1 \cap k_2$ gibt, so müssen diese auf der durch *3)* bestimmten Geraden liegen. Umgekehrt ist es aber möglich, daß es überhaupt keinen Punkt von g gibt, der sowohl auf k_1 als auch auf k_2 liegt, nämlich dann, wenn $k_1 \cap k_2 = \emptyset$ ist (man prüft leicht durch eine Zeichnung nach, daß dies für *1)* $x^2 + y^2 = 1$ und $(x - 3)^2 + y^2 = 1$ und *3)* $-6x + 9 = 0$ der Fall ist). Durch diese Überlegung haben wir aber unser Problem auf den Fall $k \cap g$ zurückgeführt. Wir wählen natürlich k mit der einfachsten Gleichung. In unserem Falle *1)* $x^2 + y^2 = 25$ und *3)* $y = 3x - 13$. Durch Einsetzen erhalten wir wieder eine quadratische Gleichung in der Variablen x:
$x^2 + 9x^2 - 78x + 169 = 25$, oder $10x^2 - 78x + 144 = 0$,

oder $x^2 - \dfrac{78}{10}x + \dfrac{144}{10} = 0$, oder

$$x_{1,2} = \frac{39}{10} \pm \sqrt{\frac{1521 - 1440}{100}} = \frac{39}{10} \pm \sqrt{\frac{81}{100}} = \frac{39}{10} \pm \frac{9}{10};$$

also $x_1 = 4{,}8$ und $x_2 = 3$. Aus der linearen Gleichung erhält man $y_1 = 1{,}4$ und $y_2 = -4$.
Somit ist $k_1 \cap k_2 = \{S_1, S_2\}$ mit $S_1(4{,}8; 1{,}4)$ und $S_2(3; -4)$. Genau wie bei den Fällen von k und g gibt es auch hier die drei verschiedenen Möglichkeiten für den Radikanden in der Lösungsformel der quadratischen Gleichung, die den drei Fällen des Schneidens, Berührens und Meidens entsprechen.

Beispiele und Aufgaben

Beispiel 12: Wie lautet die Gleichung des Kreises k, der durch die Punkte $P_1(-2; 3)$; $P_2(0; -3)$ und $P_3(4; 1)$ geht? Wo liegt der Mittelpunkt, wie groß ist r?

Lösung: Ansatz mit $k \equiv x^2 + y^2 + ax + by + c = 0$ (auf diese Form läßt sich die Gleichung des Satzes 32 bringen). P_1, P_2, P_3 gehören zur Erfüllungsmenge, also erhält man drei Gleichungen zur Bestimmung von a, b und c:

1) $\quad 4 + 9 - 2a + 3b + c = 0;$
2) $\qquad 9 \quad - 3b + c = 0;$
3) $16 + 1 + 4a + \quad b + c = 0;$
1) − 2) ergibt: *4)* $4 - 2a + 6b = 0;$
3) − 2) ergibt: *5)* $8 + 4a + 4b = 0.$

Aus *4)* und *5)* folgt auf dem üblichen Weg $a = -1$, $b = -1$
und aus *2)* $c = -12$.

Die gesuchte Kreisgleichung ist also $x^2 + y^2 - x - y - 12 = 0$.
Die quadratische Ergänzung (analog Beweis des Satzes 6 ergibt

$(x - \frac{1}{2})^2 + (y - \frac{1}{2})^2 = \frac{25}{2};$

also $M(\frac{1}{2}; \frac{1}{2})$ und $r = \frac{5}{2} \sqrt{2}$.

Aufgabe 15: Man bestimme die Gleichung des Kreises k aus Beispiel 12 durch Ansatz mit der Normalgleichung $(x - x_0)^2 + (y - y_0)^2 = r^2$. Anleitung: Die drei quadratischen Bestimmungsgleichungen müssen paarweise subtrahiert werden, was zu zwei linearen Gleichungen für x_0 und y_0 führt; r läßt sich aus einer quadratischen Gleichung durch Einsetzen der Werte x_0 und y_0 ermitteln.

Aufgabe 16: Man bestimme die Gleichung des Inkreises des Dreiecks der Aufgabe 14.

Aufgabe 17: Welche Gleichung hat der Kreis, der die beiden Koordinatenachsen berührt und durch $P_1(4, 5; 1)$ geht? (beachte: 2 Lösungen!).

Aufgabe 18: Man berechne Länge und Mittelpunkt der Sehne, die auf g liegt und von k erzeugt wird.

a) $x^2 + y^2 = 10$, $y = 2x - 5$; *b)* $x^2 + y^2 - 4x = 0$, $x + y = 4$;
(beachte, daß die Beziehungen vom Abschnitt Kreis und Gerade bei *b)* nicht angewandt werden können. Lösungsweg analog!)

Aufgabe 19: Welche Lage haben der Kreis k und die Gerade g
a) $(x - 4)^2 + (y + 1)^2 = 25;$ $\qquad 5x + 4y - 48 = 0;$
b) $x^2 + y^2 + 6y = 0;$ $\qquad 6x + 10y - 5 = 0;$
c) $x^2 + y^2 - 5x = 0;$ $\qquad 48x - 14y - 245 = 0.$
Man vergleiche die Rechnung mit einer Zeichnung im Koordinatensystem.

Beispiel 13: Bestimme die Tangente in $B(-1; y_1 > 0)$ an den Kreis $k \equiv x^2 + 5x + y^2 = 0$.

Lösung: Aus der Kreisgleichung folgt $y^2 = 4$, $y_{1,2} = \pm 2$, also $y_1 = 2$. Die Normalform: $(x + \frac{5}{2})^2 + y^2 = \frac{25}{4}$. Für alle Tangenten an diesen Kreis lautet die Tangentengleichung: $(x + \frac{5}{2})(x_1 + \frac{5}{2}) + yy_1 = \frac{25}{4}$.
Mit $B(-1; 2)$ erhält man $3x + 4y - 5 = 0$ für die gesuchte Tangentengleichung.

Aufgabe 20: Man bestimme die Gleichungen der beiden Tangenten in B_1 und B_2 an den Kreis k und den Winkel, den diese einschließen.
a) $x^2 + y^2 = 10$ $B_1(3; 1)$ $B_2(1; -3);$
b) $(x - 3)^2 + (y - 1)^2 = 2$ $B_1(2; 2)$ $B_2(2,8; -0,4).$

Beispiel 14: Gesucht sind die Gleichungen der Tangenten t_1 und t_2 von dem Punkt $Q(7; -3)$ (im Äußeren) an den Kreis $k \equiv x^2 + y^2 \doteq 29$.

1. Lösungsweg: Jede Gerade durch Q (außer für $\alpha = 90°$) hat die Gleichung

$$\frac{y + 3}{x - 7} = m \quad \text{oder} \quad y = mx - (7m + 3), \quad t = -(7m + 3).$$ Wir betrachten die

Aufgabe als Schnittproblem und verlangen nur eine Lösung. Dann muß $r^2(1 + m^2) - t^2 = 0$ sein. Dies ergibt in unserem Fall $29 (1 + m^2) - (7 m + 3)^2 = 0$ und die Lösungen dieser quadratischen Gleichung ergeben $m_1 = \frac{2}{5}$ und $m_2 = -\frac{5}{2}$. Die beiden Tangenten stehen senkrecht aufeinander und ihre Tangentengleichungen lauten:

$$y = \tfrac{2}{5}x - \tfrac{29}{5} \quad \text{und} \quad y = -\tfrac{5}{2}x + \tfrac{29}{2}.$$

2. Lösungsweg: Eine der Tangenten, sagen wir t_1, hat den noch zu bestimmenden Berührungspunkt $B_1(x_1; \ y_1)$, dann hat die Tangentengleichung die Form $xx_1 + yy_1 = 29$. Da $Q \in t_1$ ist, muß *1)* $7 x_1 - 3 y_1 = 29$ sein. Da aber $B_1 \in k$ ist, muß *2)* $x_1^2 + y_1^2 = 29$ sein. Aus *1)* und *2)* folgt wegen der quadratischen Gleichung *2)* $x_1 = 5$, $y_1 = 2$ und $x_2 = 2$, $y_2 = -5$.

Damit erhalten wir gleichzeitig die Koordinaten des zweiten Punktes. Also ist $B_1(5; 2)$ und $B_2(2; -5)$, und die Tangentengleichungen sind:

$$5x + 2y = 29 \quad \text{und} \quad 2x - 5y = 29.$$

Man prüft leicht nach, daß diese Gleichungen den gleichen Tangenten wie oben entsprechen.

Aufgabe 21: **Vom Punkt $Q(9; 2)$ sind an den Kreis $k \equiv x^2 + y^2 - 4x - 6y - 12 = 0$ die beiden Tangenten zu legen.** (Man beachte im Falle des 1. Lösungsweges, daß die Bedingung für Tangenten, die im Beispiel 14 verwendet wurde, nicht benutzt werden kann. Man kann in diesem Fall aber ebenso zu einer Bedingung für m kommen, wenn man verlangt, daß es nur einen Berührpunkt gibt.)

Beispiel 15: Gegeben ist der Kreis $k \equiv x^2 + y^2 - 6x + 4y = 12$ und die Gerade $g \equiv 3x - 4y + 15 = 0$. Welche Gleichung haben die beiden Tangenten t_1 und t_2 an k, die zu g parallel sind?

Lösung: Es gibt hier drei Lösungswege.

1) Jede Parallele zu g hat die Gleichung $3x - 4y + c = 0$. Jetzt läßt sich dieses Problem auf ein Schnittproblem zurückführen (vergleiche Beispiel 14 und Aufgabe 21).

2) Der Mittelpunkt des Kreises k ist $M(3; -2)$. Die Gleichung des Durchmessers d, der auf g senkrecht steht, ist

$$\frac{y + 2}{x - 3} = -\frac{1}{m_g} = -\frac{4}{3} \quad \text{oder} \quad d \equiv y = -\frac{4}{3}x + 2.$$

Wir können jetzt unser Problem als Schnittproblem $\{B_1, B_2\} = d \cap k$ lösen. Die Durchführung des Lösungsweges analog Aufgabe 18 bzw. 19 ergibt $B_1(0; 2)$ und $B_2(6; -6)$. Wegen der Parallelität erhält man die Tangentengleichungen am einfachsten über die Punktrichtungsform:

$$\frac{y - 2}{x} = \frac{3}{4} \quad \text{und} \quad \frac{y + 6}{x - 6} = \frac{3}{4}$$

oder $\qquad t_1 \equiv y = \dfrac{3}{4}x + 2 \quad \text{und} \quad t_2 \equiv y = \dfrac{3}{4}x - \dfrac{21}{2}.$

3) Dieser Lösungsweg benutzt die Differentialrechnung, da y' die Steigung der Tangente angibt. Explizites Differenzieren der Kreisgleichung ($y = f(x)$ und deshalb bei y^2 Anwendung der Kettenregel) ergibt:

$$2x + 2yy' - 6 + 4y' = 0 \quad \text{oder} \quad y' = -\frac{x - 3}{y + 2}.$$

Für einen Berührpunkt $B_1(x_1; y_1)$ erhält man

a) $-\dfrac{x_1 - 3}{y_1 + 2} = \dfrac{3}{4}$ (Steigung der Tangenten = Steigung von g!). Da aber wiederum $B_1 \in k$ ist, folgt

b) $x_1^2 + y_1^2 - 6x_1 + 4y_1 = 12$.

Die Auflösung dieses Gleichungssystems *a) — b)* führt zu den gleichen Berührpunkten B_1 und B_2 wie oben. Will man an Stelle der Zweipunkteform die Normalform der Tangentengleichung verwenden, so wäre dies hier

$$(x - 3)(x_1 - 3) + (y + 2)(y_1 + 2) = 25.$$

Damit erhält man in Übereinstimmung mit dem 2. Lösungsweg:

$$t_1 \equiv -3x + 4y - 8 = 0 \quad \text{und} \quad t_2 \equiv -3x + 4y + 42 = 0.$$

Aufgabe 22: Man rechne den Lösungsweg 1 des Beispiels 15 durch.

Aufgabe 23: Man lege an den Kreis $k \equiv x^2 + y^2 = 5y$ Tangenten, die senkrecht auf der Geraden $g \equiv 3x - 4y = 0$ stehen.

Aufgabe 24: Welche Lage haben die beiden Kreise k_1 und k_2 zueinander? Man berechne im Falle des Schneidens den Schnittwinkel (= Winkel der Tangenten im Schnittpunkt).

a) $x^2 + y^2 = 25$ und $(x - 3)^2 + (y + 1)^2 = 9$;

b) $x^2 + y^2 + 2x + y - 10 = 0$ und $x^2 + y^2 - 5 = 0$;

c) $x^2 + y^2 + 2x - 4y - 4 = 0$ und $4x^2 + 4y^2 + 12x - 12y - 3 = 0$.

Aufgabe 25: Welche Gleichungen haben die Kreise $k_{1,2}(M; r_{1,2})$ mit $M(2; 1)$, die den Kreis $k_0(M_0; r_0)$ mit $M_0(5; 5)$ und $r_0 = 3$ berühren? Anleitung: Bestimme die Lage von M bezüglich k_0 und beachte, daß B, M, M_0 auf einer Geraden liegen.

Dreidimensionale Koordinatengeometrie – ein Ausblick

Unser Erfahrungsraum ist dreidimensional. Diese Tatsache hat auch im Axiomensystem von Euklid-Hilbert ihren Niederschlag gefunden, indem das vollständige System noch weitere Axiome enthält, welche die dritte Gruppe geometrischer Grundelemente – die Ebene im Raume – berücksichtigen. Wir begnügen uns *mit einem Beispiel* dieser Axiome:

»Durch drei verschiedene Punkte gibt es genau eine Ebene.«

Die Ähnlichkeit dieses Axioms zum Axiom I,1 fällt auf.

Auch für das dreidimensionale Axiomensystem nach Euklid-Hilbert gibt es *zwei gleichwertige Modelle*. Das eine kann man als das *Modell des Zeichenraumes* bezeichnen. Mit ihm arbeiten Konstrukteure und technische Zeichner, die sich bestimmter Methoden der Darstellung räumlicher Gebilde in der zweidimensionalen Zeichenebene bedienen (z. B. Schrägbilddarstellungen oder Mehrtafelprojektionen). Das andere Modell ist das *Zahlentripelmodell*. Bei diesem werden die Punkte durch Zahlentripel $(r_1; r_2; r_3)$ mit $r_1, r_2, r_3 \in \mathbb{R}$ repräsentiert. Der Menge aller Punkte des dreidimensionalen Raumes entspricht also die Produktmenge $\mathbb{R} \times \mathbb{R} \times \mathbb{R}$ ebenso, wie dies beim zweidimensionalen Raum mit der Produktmenge $\mathbb{R} \times \mathbb{R}$ der Fall ist. Auf die beiden anderen Grundelemente – Geraden und Ebenen – kommen wir noch zurück.

Beide Modelle lassen sich auch wieder miteinander in Beziehung setzen, wenn man jetzt ein dreidimensionales Koordinatensystem wählt.

Dreidimensionales Koordinatensystem

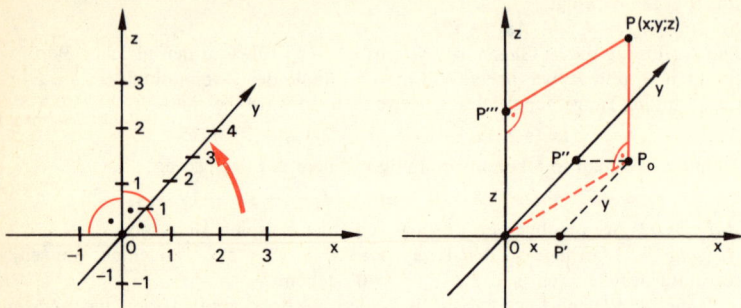

Links *dreidimensionales Koordinatensystem;*
rechts *Zuordnung eines Zahlentripels zu einem Punkt P im Raum*

Die Orientierung der drei Koordinatenachsen, die paarweise aufeinander senkrecht stehen, erfolgt im Drehsinn einer Rechtsschraube (linke Figur), oder anders charakterisiert so, daß für einen Beobachter in einem Punkt der positiven z-Achse die von der x-Achse und y-Achse aufgespannte x-y-Ebene mathematisch positiv (Gegenuhrzeigersinn!) orientiert ist. Jedem Punkt P des Raumes kann so eindeutig ein Zahlentripel $(x; y; z)$ wie folgt zugeordnet werden (rechte Figur): Von P wird das Lot auf die x-y-Ebene und auf die z-Achse gefällt. Die Lotfußpunkte sind P_0 und P'''. P''' ist eineindeutig durch die reelle Zahl $z \in \mathbb{R}$ bestimmt, und P_0 (wie im Zahlenpaarmodell) eineindeutig durch das Zahlenpaar $(x; y) \in \mathbb{R} \times \mathbb{R}$ (über P' und P''). Die drei Zahlen des Zahlentripels $(x; y; z)$ nennen wir wieder Koordinaten des Punktes P und schreiben $P(x; y; z)$.

Für die Vorzeichen der drei Koordinaten gibt es 8 Kombinationsmöglichkeiten und entsprechend eine Einteilung des Raumes in 8 Oktanden:

Oktand	I	II	III	IV	V	VI	VII	VIII
x-Koordinaten	+	−	−	+	+	−	−	+
y-Koordinaten	+	+	−	−	+	+	−	−
z-Koordinaten	+	+	+	+	−	−	−	−

Geraden und Ebenen des Raumes

Die geometrischen Grundelemente des Raumes sind neben den Punkten die Geraden und die Ebenen. Geraden und Ebenen sind wieder spezielle Teilmengen der Menge aller Raumpunkte.

Fundamental sind hier die linearen Gleichungen mit den drei Variablen x, y, z:

$$Ax + By + Cz + D = 0$$

mit $A, B, C, D \in R$ und $A^2 + B^2 + C^2 \neq 0$, und deren Erfüllungsmengen. Die Ebenen des Raumes sind definiert durch:

$$E = \{P(x; y; z) \mid Ax + By + Cz + D = 0\}.$$

Die Geraden lassen sich am einfachsten als Durchschnitt zweier Ebenen (die nicht parallel sind) definieren:

$g = \{P(x; y; z) \mid A_1x + B_1y + C_1z + D_1 = 0 \wedge A_2x + B_2y + C_2z + D_2 = 0$
$\wedge A_1 : B_1 : C_1 \neq A_2 : B_2 : C_2\}.$

Wir begnügen uns mit einigen einfachen Beispielen, wobei wir zeigen, welche linearen Gleichungen den jeweiligen Ebenen oder Geraden zugeordnet werden müssen.

Beispiel 16: x-y-Ebene $E_{xy} \equiv z = 0$; y-z-Ebene $E_{yz} \equiv x = 0$; z-x-Ebene $E_{zx} \equiv y = 0$.

Ebene E_1 parallel zu E_{xy} im Abstand $z_0 : E_1 \equiv z - z_0 = 0$;
Ebene E_2 parallel zu E_{yz} im Abstand $x_0 : E_2 \equiv x - x_0 = 0$;
Ebene E_3 parallel zu E_{zx} im Abstand $y_0 : E_3 \equiv y - y_0 = 0$.

Ebene E_4, welche die z-Achse und die Winkelhalbierende der positiven x-Achse und der positiven y-Achse enthält (linke Figur): $E_4 \equiv x - y = 0$.

Ebene E_5, die durch die drei Punkte $A(4; 0; 0)$, $B(0; 8; 0)$ und $C(0; 0; 3)$ bestimmt ist (rechte Figur): $E_5 \equiv \dfrac{x}{4} + \dfrac{y}{8} + \dfrac{z}{3} = 1$ (Achsenabschnittsform der Ebenengleichung!).

Beispiel 17: Einige Fälle der Zuordnung für Geraden (Figuren S. 232):

x-Achse: $g_x \equiv y = 0 \wedge z = 0$;
y-Achse: $g_y \equiv z = 0 \wedge x = 0$;
z-Achse: $g_z \equiv x = 0 \wedge y = 0$.

g_1 parallel zur x-Achse durch $A(2; 3; 1)$ (linke Figur): $g_1 \equiv y = 3 \wedge z = 1$.
g_2 parallel zur Winkelhalbierenden der positiven x-Achse und positiven y-Achse durch $B(0; 0; 1{,}5)$ (rechte Figur):

$$g_2 \equiv x - y = 0 \wedge z = 1{,}5.$$

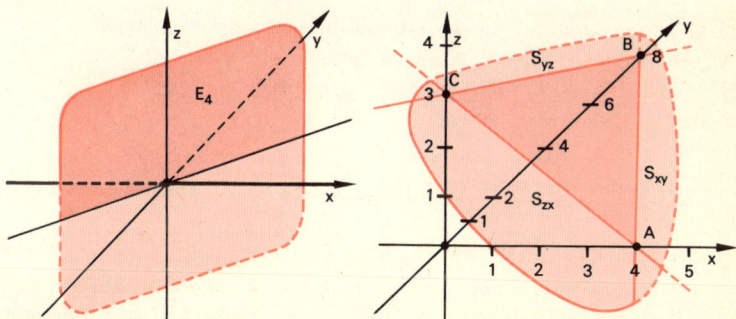

Figuren zum Beispiel 16

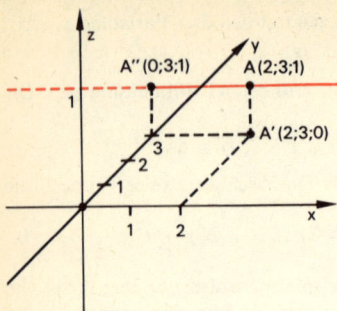

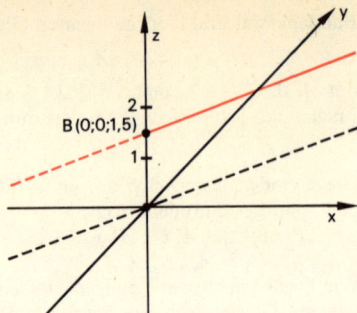

Figuren zum Beispiel 17

Beispiel 18: Die Schnittgeraden einer Ebene mit den Koordinatenebenen nennt man *Spurgeraden*. Die Spurgeraden von E_5 sind bestimmt durch:

$$s_{xy} \equiv z = 0 \wedge \frac{x}{4} + \frac{y}{8} = 1;$$

$$s_{yz} \equiv x = 0 \wedge \frac{y}{8} + \frac{z}{3} = 1;$$

$$s_{zx} \equiv y = 0 \wedge \frac{x}{4} + \frac{z}{3} = 1.$$

Abstandsformel, gekrümmte Flächen, Raumkurven

Zu erwähnen ist noch die Abstandsformel. Hier ist (linke Figur. S. 233)

$$\overline{P_1 P_2} = \sqrt{(x_1 - x_2)^2 + (y_1 - y_2)^2 + (z_1 - z_2)^2}$$

die Länge $\overline{P_1 P_2}$ der Strecke $[P_1 P_2]$. Das Dreieck $[P_1' Q' P_2']$ ist in Q' rechtwinklig, deshalb ist $(\lambda')^2 = (x_2 - x_1)^2 + (y_2 - y_1)^2$. Das Dreieck $P_1 R P_2$ ist in R rechtwinklig, also ist $\lambda^2 = (\lambda')^2 + (z_2 - z_1)^2$ und somit

$$\lambda^2 = (x_2 - x_1)^2 + (y_2 - y_1)^2 + (z_2 - z_1)^2.$$

Beispiel 19: Der Kreislinie der Ebene entspricht die Kugeloberfläche im Raum (rechte Figur S. 233). Im Falle einer Kugeloberfläche K mit dem Radius r ist:

$$K = \{P(x; y; z) \mid x^2 + y^2 + z^2 = r^2\}.$$

Im Gegensatz dazu gilt für die »unendlich lange« Zylinderoberfläche (linke Figur S. 233): $Z = \{P(x; y; z) \mid x^2 + y^2 = r^2\}.$

Bei gleichem Radius ist die Kreislinie k_0 als Durchschnitt zweier Punktmengen des Raumes definierbar. Entweder $k_0 = K \cap E_{xy}$ oder $k_0 = Z \cap E_{xy}$, in beiden Fällen ist $k_0 = \{P(x; y; z) \mid x^2 + y^2 = r^2 \wedge z = 0\}.$

Dagegen gilt für die Kreislinie k_1 als Teil der Kugeloberfläche (rechte Figur S. 233)

$$k_1 = \{P(x; y; z) \mid x^2 + z^2 = r^2 \wedge y = 0\}.$$

Für einen beliebigen Großkreis k der Kugeloberfläche K gilt:

$$k = \{P(x; y; z) \mid x^2 + y^2 + z^2 = r^2 \wedge A x + B y + C z = 0\},$$

da er ja als Durchschnitt von K mit einer Ebene, die durch O geht, aufgefaßt werden kann.

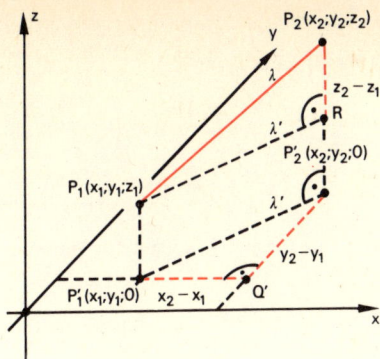

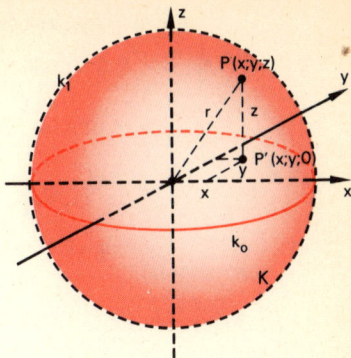

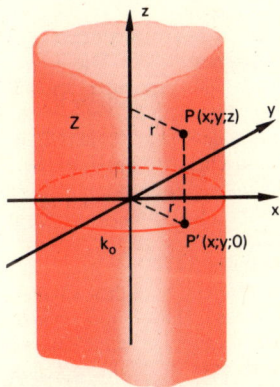

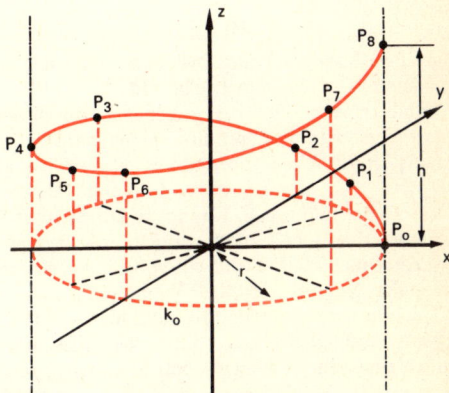

Links *Figur zum Beispiel 19 mit unendlich langer Zylinderoberfläche;*
rechts *Figur zum Beispiel 20*

Beispiel 20: Will man Kurven des Raumes algebraisch erfassen, so eignet sich
dazu weniger gut eine Beschreibung mittels Durchschnittbildung, sondern besser
die Verwendung eines *Parameters* zur Festlegung der Kurvenpunkte im Raum.
Als Beispiel betrachten wir die *Schraubenlinie s* der rechten Figur. Für eine Win-
dung gilt, wobei wir φ als Parameter benutzen:

$$s = \{P(x; y; z) \mid x = r\cos\varphi \wedge y = r\sin\varphi \wedge z = \frac{h}{2\pi}\,\varphi \wedge 0 \le \varphi \le 2\pi\}.$$

Die Projektion der Schraubenlinie auf die Ebene E_{xy} ist der Kreis k_0 aus Beispiel 19. Die gesamte Linie liegt in der Zylinderoberfläche Z des Beispiels 19.

Die in der rechten Figur eingezeichneten Punkte erhält man für die Parameterwerte $\varphi_v = v \cdot \dfrac{\pi}{4}$ $(v = 0, 1, 2 \ldots 8)$. Dies sind dann $P_0(r; 0; 0)$;

$$P_1\left(\frac{r}{2}\sqrt{2}; \frac{r}{2}\sqrt{2}; \frac{h}{8}\right); \; P_2\left(0; r; \frac{h}{4}\right); P_3\left(-\frac{r}{2}\sqrt{2}; \frac{r}{2}\sqrt{2}; \frac{3h}{8}\right); \; P_4\left(-r; 0; \frac{h}{2}\right);$$

$$P_5\left(-\frac{r}{2}\sqrt{2}; -\frac{r}{2}\sqrt{2}; \frac{5h}{8}\right); \; P_6\left(0; -r; \frac{3h}{4}\right); \; P_7\left(\frac{r}{2}\sqrt{2}; -\frac{r}{2}\sqrt{2}; \frac{7h}{8}\right)$$

und $P_8\,(r; 0; h)$. Läßt man die Beschränkung für φ weg, so gilt für die »unendlich lange« Schraubenlinie

$$s = \left\{ P(x; y; z) \mid x = r\cos\varphi \wedge y = r\sin\varphi \wedge z = \frac{h}{2\pi}\varphi \right\}.$$

Vektorielle analytische Geometrie

Einleitung

Zur Begründung der Koordinatengeometrie war es erforderlich aufzuzeigen,
welcher Zusammenhang zwischen Geometrie und Algebra besteht. Die »*Alge-
braisierung*« der Geometrie beruht auf der Tatsache, daß das Zahlenpaarmodell
(Zahlentripelmodell) bei geeigneter Identifizierung der Grundelemente das
Axiomsystem der zweidimensionalen (dreidimensionalen) euklidischen Geometrie erfüllt. Umgekehrt gibt es auch gewisse algebraische Strukturen, die eine
»*Geometrisierung*« gestatten. Zu diesen gehören *Vektorräume über dem Körper
der reellen Zahlen* (vgl. Kapitel I). Die Struktur eines Vektorraums läßt ebenso
eine axiomatische Grundlegung zu, wie dies bezüglich der Geometrie skizziert
wurde. Nachfolgend wird ein vollständiges Axiomensystem für den dreidimensionalen Vektorraum über $\mathbb{R}$ angegeben, das die jetzt algebraischen Grundelemente – Vektoren und reelle Zahlen – miteinander verknüpft. Die Geometrisierung erfolgt dadurch, daß neben diesen beiden »algebraischen Mengen«
noch eine weitere Menge A betrachtet wird, deren Elemente als Punkte bezeichnet werden. Durch drei weitere Axiome werden die Elemente von A mit den Vektoren des Vektorraumes in Beziehung gesetzt. Die auf diese Weise »strukturierte«
Punktmenge heißt *dreidimensionaler affiner Punktraum*, und die Gesamtheit aller
Folgerungen, die man aus diesem kombinierten Axiomensystem ziehen kann,
heißt *affine Geometrie des Raumes*. Sie unterscheidet sich sehr wesentlich von der
euklidischen Geometrie, da in ihr *keine metrischen Begriffe* wie etwa Längenmaßzahl oder Winkelmaßzahl vorkommen. Erst durch die *Hinzunahme metri-
sierender Axiome* erhält man auf diesem Wege wieder die *dreidimensionale
euklidische Geometrie*, und ihre Behandlung erfolgt jetzt *vektoriell*.
Die algebraische Struktur von Vektorräumen wurde bereits im Kapitel I dargestellt und folgende Begriffe wurden dort definiert. *Lineare Unabhängigkeit und
Abhängigkeit von Vektoren, Linearkombination von Vektoren, Dimension eines
Vektorraums, Basis eines Vektorraums.* Darauf wird hier zurückgegriffen. Der
besseren Übersicht wegen werden die den Vektorraum charakterisierenden
Eigenschaften in axiomatischer Form noch einmal aufgeführt.

Der dreidimensionale affine Punktraum

Axiomensystem

$V^3 = \{\vec{v}, \vec{w}, \ldots\}$ sei die Menge der Vektoren und
$\mathbb{R} = \{a, b, \ldots\}$ sei die Menge der reellen Zahlen, dann gelten folgende Axiome:

$I', 0:$ Je zwei Vektoren $\vec{v}, \vec{w}$ ist als *Vektorsumme* $\vec{v} + \vec{w}$ genau ein Element aus V^3 zugeordnet.

Die *Vektoraddition* genügt folgenden Axiomen:

$I', 1:$ Für alle $\vec{v}, \vec{w} \in V^3$ gilt: $\vec{v} + \vec{w} = \vec{w} + \vec{v}$.

$I', 2:$ Für alle $\vec{v}, \vec{w}, \vec{u} \in V^3$ gilt: $\vec{v} + (\vec{w} + \vec{u}) = (\vec{v} + \vec{w}) + \vec{u}$.

$I', 3:$ Es gibt genau einen Nullvektor 0 mit: $\vec{v} + \vec{0} = \vec{v}$, für alle $\vec{v}$.

$I', 4:$ Zu jedem Vektor $\vec{v}$ gibt es genau einen entgegengesetzten Vektor $(-\vec{v})$ mit $\vec{v} + (-\vec{v}) = \vec{0}$.

$II', 0:$ Zwischen den Elementen von V^3 und $\mathbb{R}$ ist eine *skalare Multiplikation* erklärt, die jedem Paar $\vec{v}, a$ mit $\vec{v} \in V^3$ und $a \in \mathbb{R}$ eindeutig den Vektor $a\vec{v} \in V^3$ zuordnet.

Die *skalare Multiplikation* genügt folgenden Axiomen:

$II', 1:$ Für alle $\vec{v} \in V^3$ und alle $a, b \in \mathbb{R}$ gilt:
$(a + b) \cdot \vec{v} = a\vec{v} + b\vec{v}$.

$II', 2:$ Für alle $\vec{v}, \vec{w} \in V^3$ und alle $a \in \mathbb{R}$ gilt:
$a(\vec{v} + \vec{w}) = a\vec{v} + a\vec{w}$.

$II', 3:$ Für alle $\vec{v} \in V^3$ und alle $a, b \in \mathbb{R}$ gilt: $(ab)\,\vec{v} = a(b\vec{v})$.

$II', 4:$ Für alle $\vec{v} \in V^3$ gilt: $1 \cdot \vec{v} = \vec{v}$.

Dreidimensionalität:

$III', 1:$ In V^3 gibt es drei linear unabhängige Vektoren.

$III', 2:$ Vier Vektoren des V^3 sind stets linear abhängig.

Weiterhin sei $A = \{P, Q, \ldots\}$ eine Menge, deren Elemente wir als Punkte bezeichnen, dann gelte noch:

$IV', 0:$ Jedem geordneten Punktepaar $(P; Q)$ mit $P, Q \in A$ ist eindeutig ein Vektor $\overrightarrow{PQ} \in V^3$ zugeordnet, und es gilt:

$IV', 1:$ Zu jedem Punkt $P \in A$ und jedem Vektor $\vec{v} \in V^3$ gibt es *genau einen* Punkt $Q \in A$ mit $\overrightarrow{PQ} = \vec{v}$.

$IV', 2:$ Für alle $P, Q, S \in A$ gilt: $\overrightarrow{PQ} + \overrightarrow{QS} = \overrightarrow{PS}$.

Bemerkungen zum Axiomensystem. 1) Die Axiomengruppe I' besagt, daß die Menge der Vektoren V^3 eine *abelsche* (kommutative) *Gruppe* mit der Addition als Verknüpfung ist.

2) Die Axiomengruppe II' verbindet V^3 mit $\mathbb{R}$ zum *Vektorraum über* $\mathbb{R}$.

3) Die Axiomengruppe III' legt die Dreidimensionalität des affinen Punktraumes fest.

4) Mit Hilfe der Axiomengruppe IV' wird der Vektorraum mit der Geometrie (genauer mit der affinen Geometrie) in Beziehung gesetzt.

Die *Punktmenge A* nennen wir *den durch V^3 über $\mathbb{R}$ erzeugten dreidimensionalen affinen Punktraum.*

Zur Veranschaulichung und als Beweisstützen wollen wir die Punkte unseres Erfahrungsraumes mit denen von A identifizieren. Wir müssen dabei aber darauf achten, daß wir keine metrischen Begriffe wie Längenmaßzahl usw. verwenden. Wie in der linken Figur veranschaulichen wir ein geordnetes Punktepaar $(P; Q)$

durch einen *Pfeil*, dessen Anfangspunkt in *P* und dessen Spitze in *Q* liegt. Wir sagen auch, daß wir den Vektor $\overrightarrow{PQ}$ *»in P antragen«*. Dem Axiom *IV′,2* entspricht dann das *»Vektordreieck«*, wobei auch *P, Q, S* auf einer Geraden liegen können. Wir weisen ausdrücklich darauf hin, daß die *Pfeile nicht mit den Vektoren* zu identifizieren sind, denn das Axiom *IV′, 1* fordert zwar, daß jedem Punktepaar eindeutig ein Vektor zugeordnet wird, aber es wird durch keines der Axiome gefordert, daß auch umgekehrt jedem Vektor genau ein Punktepaar zugeordnet wird.

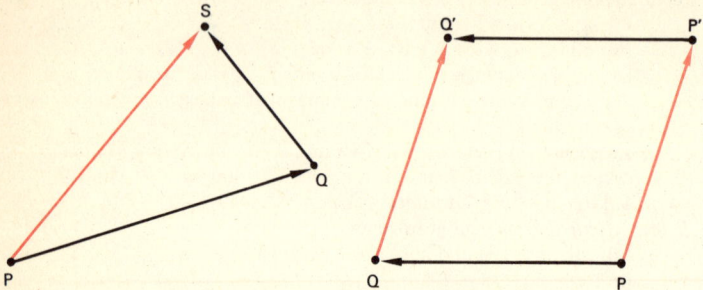

Links *Darstellung eines geordneten Punktepaares durch Pfeile;*
rechts *Figur zum Beweis des Satzes 9*

Drei wichtige Sätze können sofort aus den Axiomen hergeleitet werden.

Satz 7:   Jedem Punktepaar (*P; P*) mit *P ∈ A* ist der Nullvektor $\vec{0}$ zugeordnet und umgekehrt folgt aus $\overrightarrow{PQ} = \vec{0}$ auch *Q = P*.

Beweis: Setzen wir in *IV′,2* für *Q = P*, so gilt $\overrightarrow{PP} + \overrightarrow{PS} = \overrightarrow{PS}$, d.h. aber $\overrightarrow{PP} = \vec{0}$. Da aber nach *IV′, 1* es zu jedem Punkt *P* genau einen Punkt *Q* gibt mit $\overrightarrow{PQ} = \vec{0}$, muß *Q = P* sein.

Satz 8:   Für zwei Punkte *P, Q ∈ A* gilt stets $\overrightarrow{PQ} = -\overrightarrow{QP}$.
Beweis: Setzen wir in *IV′,2* für *S = P*, so ist $\overrightarrow{PQ} + \overrightarrow{QP} = \overrightarrow{PP} = \vec{0}$. Nach *I′,4* ist dann aber $\overrightarrow{QP} = -\overrightarrow{PQ}$ oder $\overrightarrow{PQ} = -\overrightarrow{QP}$.

Satz 9:   Sind *P, Q, P′, Q′ ∈ A* vier verschiedene Punkte, so gilt:
$$\overrightarrow{PQ} = \overrightarrow{P'Q'} \Leftrightarrow \overrightarrow{PP'} = \overrightarrow{QQ'}$$

Bemerkung: Vergleiche obige Bemerkungen zu *IV′, 0*.
Beweis: Nach Axiom *IV′,2* gilt für *P, Q, Q′* (rechte Figur): $\overrightarrow{PQ'} = \overrightarrow{PQ} + \overrightarrow{QQ'}$, und ebenso gilt für *P, P′, Q′*: $\overrightarrow{PQ'} = \overrightarrow{PP'} + \overrightarrow{P'Q'}$. Somit gilt für die Punkte *P, P′, Q, Q′*, da $\overrightarrow{PQ'}$ eindeutig bestimmt ist: $\overrightarrow{PQ} + \overrightarrow{QQ'} = \overrightarrow{PP'} + \overrightarrow{P'Q'}$. Ist nun $\overrightarrow{PP'} = \overrightarrow{QQ'}$, so folgt $\overrightarrow{PQ} = \overrightarrow{P'Q'}$. Ist umgekehrt $\overrightarrow{PQ} = \overrightarrow{P'Q'}$, so folgt $\overrightarrow{PP'} = \overrightarrow{QQ'}$ q.e.d.

Parallelgleiche Punktepaare – Parallelogramm
Wie wir eben gesagt haben, kann der gleiche Vektor zwei verschiedenen Punktepaaren zugeordnet sein. Diese Tatsache führt im Zusammenhang mit Satz 9 zu zwei Begriffen:

Definition »*parallelgleich – Parallelogramm*«: Zwei Punktepaare $(P; Q)$ und $(P'; Q')$ heißen *parallelgleich*, wenn $\overrightarrow{PQ} = \overrightarrow{P'Q'}$ ist (Zeichen ↑↑). Das geordnete Punktequadrupel $(P; Q; P'; Q')$ heißt *Parallelogramm* (rechte Figur S. 236).

Hier gilt das gleiche, wie im Falle der linken Figur bezüglich des Axioms *IV'*, *2*. Die vier Punkte können auch auf einer Geraden liegen, man spricht dann von einem *ausgearteten Parallelogramm*, ja sie können sogar paarweise $(Q = Q'$ und $P = P')$ oder alle $(Q = Q' = P = P')$ zusammenfallen. (Vergleiche dazu auch die Bemerkungen im Anschluß an den Beweis des Satzes 16 im Abschnitt Ortsvektoren.)

Satz 10:   Die Parallelgleichheit ist eine Äquivalenzrelation.

Beweis: 1) Die Relation ↑↑ ist *reflexiv*. Da nämlich stets $\overrightarrow{PQ} = \overrightarrow{PQ}$ ist, gilt $(P; Q)$ ↑↑ $(P; Q)$.
2) Die Relation ist *symmetrisch*. Ist nämlich $(P; Q)$ ↑↑ $(S; T)$ so ist $\overrightarrow{PQ} = \overrightarrow{ST}$ und somit $\overrightarrow{ST} = \overrightarrow{PQ}$ oder $(S; T)$ ↑↑ $(P; Q)$.
3) Die Relation ist *transitiv*. Ist nämlich $(P; Q)$ ↑↑ $(S; T)$ und auch $(S; T)$ ↑↑ $(U; V)$ so gilt $\overrightarrow{PQ} = \overrightarrow{ST} = \overrightarrow{UV}$ und somit $(P; Q)$ ↑↑ $(U; V)$.
Da jede Äquivalenzrelation in einer Menge zu einer Einteilung in elementfremde Äquivalenzklassen führt, kann man die Menge aller geordneten Punktepaare von A einteilen in *Äquivalenzklassen parallelgleicher Punktepaare*.

Satz 11:   Jeder Äquivalenzklasse parallelgleicher Punktepaare von A ist genau ein Vektor $\vec{v} \in V^3$ zugeordnet und umgekehrt.

Beweis: Durch obige Definition wird jedem Punktepaar der gleichen Äquivalenzklasse der gleiche Vektor zugeordnet. Seien k_1 und k_2 zwei verschiedene Klassen, und $\vec{v}_1$ und $\vec{v}_2$ die zugeordneten Vektoren. Dann gibt es $(P_1; Q_1) \in k_1$ mit $P_1Q_1 = \vec{v}_1$ und $(P_2; Q_2) \in k_2$ mit $\overrightarrow{P_2Q_2} = \vec{v}_2$. Wäre nun $\vec{v}_1 = \vec{v}_2$, dann wären $(P_1; Q_1)$ ↑↑ $(P_2; Q_2)$ und somit $k_1 = k_2$.
Der Satz 11, den wir ohne wesentlichen Rückgriff auf unsere Raumanschauung allein aus dem Axiomensystem abgeleitet haben, wird häufig zur Definition des Begriffes Vektor (= Klasse parallelgleicher Pfeile) benutzt. Dabei wird der Begriff der Parallelgleichheit über den Begriff der Parallelverschiebung eines Körpers hergeleitet. Dies ist insofern unexakt, da hierbei neben dem Begriff der Parallelität der der Gleichheit der Länge von Strecken vorausgesetzt wird, während im Bereich der affinen Geometrie der Begriff der Länge gar nicht eingeht.

Basisvektoren, Untervektorräume
Bevor wir erste geometrische Ableitungen aus dem vorgestellten Axiomensystem des affinen Punktraumes vornehmen, ist wegen der besonderen Bedeutung des Begriffes der Basis eines Vektorraumes noch eine *Ergänzung zu dem im Kapitel I über den Vektorraum Dargestellten* erforderlich.
Wir haben bereits festgestellt, daß die Axiomengruppe *III'* die Dreidimensionalität des affinen Punktraumes festlegt. Aus dieser Axiomengruppe läßt sich die Existenz einer dreidimensionalen Basis des V^3 herleiten.

Hilfssatz 1: In V^3 stellt jedes Tripel linear unabhängiger Vektoren eine Basis dar. Alle Vektoren $v \in V^3$ lassen sich eindeutig als Linearkombination von drei Basisvektoren darstellen.

Beweis: Nach Axiom $III',1$ gibt es drei linear unabhängige Vektoren $\vec{e}_1, \vec{e}_2, \vec{e}_3$. Sei $\vec{v} \in V^3$ beliebig, dann sind nach Axiom $III',2$ die vier Vektoren $\vec{v}, \vec{e}_1, \vec{e}_2, \vec{e}_3$ linear abhängig. D.h. die Gleichung $\alpha_1 \cdot \vec{e}_1 + \alpha_2 \cdot \vec{e}_2 + \alpha_3 \cdot \vec{e}_3 + \beta \cdot \vec{v} = \vec{0}$ hat eine Lösung ungleich $(0;0;0;0)$. β kann nicht gleich Null sein, denn sonst wären die drei Vektoren $\vec{e}_1, \vec{e}_2, \vec{e}_3$ linear abhängig. Somit folgt $\vec{v} = x_1 \cdot \vec{e}_1 + x_2 \cdot \vec{e}_2 + x_3 \cdot \vec{e}_3$ mit $x_i = -\alpha_i : \beta$ $(i = 1, 2, 3)$. Angenommen $\vec{v}$ ließe sich noch auf eine andere Art als Linearkombination darstellen, als etwa $\vec{v} = y_1 \cdot \vec{e}_1 + y_2 \cdot \vec{e}_2 + y_3 \cdot \vec{e}_3$, so führt die Differenz dieser beiden Linearkombinationen zu

$$\vec{v} - \vec{v} = \vec{0} = (x_1 - y_1) \cdot \vec{e}_1 + (x_2 - y_2) \cdot \vec{e}_2 + (x_3 - y_3) \cdot \vec{e}_3.$$

Wegen der linearen Unabhängigkeit der drei Vektoren muß dann jedoch $x_i = y_i$ $(i = 1, 2, 3)$ sein. D.h. die Darstellung ist eindeutig.

Definition: Eine Teilmenge $U^n \subset V^3$ $(n = 1, 2)$ heißt *n-dimensionaler Untervektorraum von* V^3, wenn die Menge U^n der Vektoren für sich allein den Axiomengruppen I' und II' genügt und (analog zur Axiomengruppe III') es n linear unabhängige Vektoren von U^n gibt und $n + 1$ Vektoren von U^n stets linear unabhängig sind.
$U^0 = \{\vec{0}\}$ heißt *null-dimensionaler* Untervektorraum.

Es gibt in V^3 *eindimensionale* und *zweidimensionale* Untervektorräume. Seien nämlich $\vec{e}_1, \vec{e}_2, \vec{e}_3$ drei nach Hilfssatz 1 existierende Basisvektoren von V^3, so läßt sich leicht zeigen, daß die folgenden Teilmengen der Definition eines Untervektorraumes genügen:

$U^1 = \{\vec{v} | \vec{v} = x \cdot \vec{e}_i \wedge x \in \mathbb{R}\}$ mit $i = 1, 2, 3$ und
$U^2 = \{\vec{v} | \vec{v} = x_i \cdot \vec{e}_i + x_k \cdot \vec{e}_k \wedge x_i, x_k \in \mathbb{R}\}$ mit $i = 1, 2, 3$
und $k = 1, 2, 3$ aber $i \neq k$.

Ebenen, Geraden und Punkte als affine Unterpunkträume

Im Abschnitt Axiome des Punktraumes haben wir die Punktmenge A als von V^3 über $\mathbb{R}$ erzeugt bezeichnet. Diese Auffassung können wir auf bestimmte Teilmengen von A übertragen.

Definition: Eine Teilmenge $T \subset A$ heißt *affiner Unterpunktraum*, wenn die Teilmenge U der Vektoren, die den Punktepaaren von T zugeordnet ist, ein Untervektorraum von V^3 ist. T heißt *Ebene*, *Gerade* oder *Punkt*, je nachdem, ob U die Dimension 2, 1 oder 0 hat.

Bezeichnungen: Zur Unterscheidung von den Punkten $P, Q, \dots$ von A bezeichnen wir die Ebenen mit $E, F, \dots$ Die Geraden bezeichnen wir wie bisher mit $g, h, \dots$
Sprechweise: Wir sagen, daß T von U erzeugt wird, speziell, daß alle Ebenen von den zweidimensionalen Untervektorräumen und alle Geraden von den eindimensionalen Untervektorräumen erzeugt werden und schließlich alle Punkte vom Nullvektor erzeugt werden.

Satz 12: Sind T und T' zwei affine Unterpunkträume, die von U bzw. U' erzeugt werden, so ist auch der Durchschnitt $T \cap T'$ ein solcher und er wird vom Durchschnitt $U \cap U'$ erzeugt.

Beweis: Sei nämlich $(P; Q)$ ein Punktepaar aus $T \cap T'$, so ist $(P; Q) \in T$ und somit $\vec{PQ} \in U$ und ebenso $(P; Q) \in T'$ und somit $\vec{PQ} \in U'$, also $\vec{PQ} \in U \cap U'$. Der Durchschnitt zweier Untervektorräume ist aber ebenfalls ein Untervektorraum.

Da die Durchschnittbildung dem Assoziativgesetz genügt, ist wegen des Satzes 12 auch der Durchschnitt beliebig vieler affiner Unterpunkträume wieder ein Unterpunktraum. Für die Vereinigungsmenge gilt dies nicht, da die Vereinigungsmenge von Untervektorräumen im allgemeinen kein Untervektorraum ist.

Als Ersatz sozusagen pflegt man von der *Verbindung zweier Unterpunkträume* $T + T'$ zu sprechen und versteht darunter den Durchschnitt aller Unterpunkträume, die sowohl T als auch T' enthalten. Da wir diesen Begriff später nicht weiter benutzen werden, haben wir keine ausdrückliche Definition ausgesprochen. Zur Abrundung dieses Abschnitts wollen wir aber nicht darauf verzichten. So läßt sich zeigen, daß die Geraden als Verbindung zweier verschiedener Punkte, die Ebenen als Verbindung zweier sich schneidender Geraden, und der ganze Raum als Verbindung zweier sich schneidender Ebenen oder zweier *windschiefer Geraden* (d. h. solche, die sich nicht schneiden und nicht parallel sind), aufgefaßt werden können. Man sagt auch, daß die Verbindung $T + T'$ von den beiden Unterpunkträumen T und T' aufgespannt wird. Eine Gerade wird von zwei Punkten aufgespannt, eine Ebene von zwei sich schneidenden Geraden und der ganze Raum von zwei sich schneidenden Ebenen oder von zwei windschiefen Geraden.

Bezüglich der möglichen Durchschnitte $T \cap T'$ müssen wir auch auf Beweise verzichten, die mit dem Begriff der Verbindung und dem sogenannten Dimensionssatz für Untervektorräume geführt werden müßten, über den wir nicht verfügen. Mit diesen Mitteln könnte man ohne Bezug auf die Anschauung beweisen, daß:

1) $E \cap E' = \emptyset$ oder $E \cap E' = E = E'$ oder $E \cap E' = g;$

2) $g \cap E\ \ = \emptyset$ oder $g \cap E = g$ oder $g \cap E = \{P\};$

3) $g \cap g'\ = \emptyset$ oder $g \cap g' = g = g'$ oder $g \cap g' = \{P\}$ ist.

Wie wir noch sehen werden, sind im Falle $g \cap g' = \emptyset$ zwei Fälle möglich, nämlich $g \parallel g'$ oder $g \nparallel g'$ *(windschiefe Geraden)*.

Aus den Axiomen IV' erhalten wir noch den wichtigen

Satz 13: Sei T der durch U erzeugte affine Unterpunktraum, dann erhält man *alle Punkte von T* durch *Antragen aller Vektoren* von einem festen Punkt $A \in T$ aus.

Beweis: Ist $B \in T$ ein weiterer Punkt, so gibt es nach IV', 0 genau einen Vektor $\vec{AB} \in U$. Ist $\vec{v} \in U$, so gibt es nach IV', 1 genau einen Punkt $Q \in T$ mit $\vec{AQ} = \vec{v}$.

Die Abbildung veranschaulicht den Satz 13 im Falle der Ebene, die durch einen

$$X_v \in E \longleftrightarrow \overrightarrow{AX}_v \in U^2; \; (v = 1...5)$$

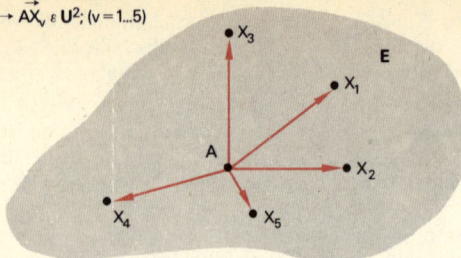

zweidimensionalen Untervektorraum U^2 erzeugt wird. Dieser Satz ermöglicht für Geraden und Ebenen die folgende mengentheoretische Schreibweise:

$$g = \{X \,|\, \overrightarrow{AX} \in U^1\} \quad \text{und} \quad E = \{X \,|\, \overrightarrow{AX} \in U^2\},$$

wobei der Exponent wieder die Dimension des erzeugenden Untervektorraumes angibt. Die entsprechende mögliche Schreibweise für Punkte bringt allerdings nichts ein.

Parallelität affiner Unterpunkträume

Die Diskussion des Durchschnitts $T \cap T'$ hat gezeigt, daß mit dem Begriff der leeren Menge die Parallelität im Raume nicht befriedigend gefaßt werden kann, deshalb folgt die

Definition »*Parallelität affiner Unterpunkträume*«: Zwei affine Unterpunkträume T und T' heißen parallel, wenn von ihren erzeugenden Untervektorräumen U und U' mindestens einer im anderen enthalten ist.

Zur Veranschaulichung dieser Definition betrachten wir die drei möglichen Fälle: $E \parallel E'$, $E \parallel g$, und $g \parallel g'$.

Fall $E \parallel E'$: Es sei $E = \{X \,|\, \overrightarrow{AX} \in U^2\}$ und $E' = \{X' \,|\, \overrightarrow{A'X'} \in U^{2'}\}$. Die nicht weiter bezeichneten Pfeile sollen andeuten, daß man alle Punkte von E bzw. E' gemäß Satz 13 durch Antragen erhält (vergleiche obere Figur auf S. 241).
$E \parallel E'$ bedeutet hier, daß es zu jedem Punktepaar $(A; X)$ aus E genau ein Punktepaar $(A'; X')$ aus E' gibt mit $\overrightarrow{AX} = \overrightarrow{A'X'}$ und umgekehrt, d.h. $U^2 = U^{2'}$.

Fall $E \parallel g$: Es sei $E = \{X \,|\, \overrightarrow{AX} \in U^2\}$ und $g = \{X \,|\, \overrightarrow{BX} \in U^1\}$. $E \parallel g$ bedeutet hier, daß es zwar zu jedem Punktepaar (B,X) aus g genau ein Punktepaar (A,X') aus E mit $\overrightarrow{BX} = \overrightarrow{AX'}$ gibt, aber nicht umgekehrt, da U^1 und U^2 verschiedene Dimensionen haben (linke Figur). Hier ist $U^1 \subset U^2$.

Fall $g \parallel g'$: Es sei $g = \{X \,|\, \overrightarrow{AX} \in U^1\}$ und $g' = \{X' \,|\, \overrightarrow{A'X'} \in U^{1'}\}$. $g \parallel g'$ bedeutet hier wie im 1. Fall, daß $U^1 = U^{1'}$ ist (rechte Figur).
Die Definition läßt sich auch auf Punkte anwenden. Da der Nullvektor zu jedem Untervektorraum gehört, kann man im Sinne der Definition sagen, daß alle Punkte zueinander, zu jeder Geraden und zu jeder Ebenen parallel sind.

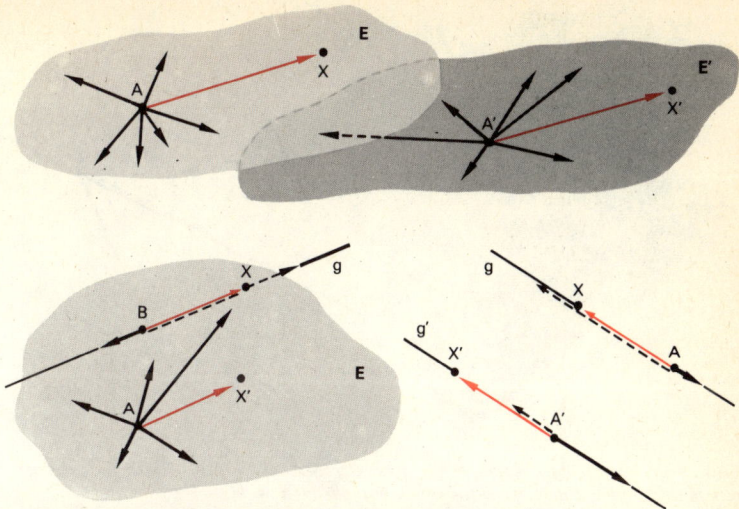

Oben *Figur zur Parallelität affiner Unterpunkträume, wenn* $E \parallel E'$ *ist;*
unten links *Figur zum Fall* $E \parallel g$; rechts *Figur zum Fall* $g \parallel g'$

Satz 14:   Der Durchschnitt paralleler Unterpunkträume ist leer, oder es ist
mindestens einer in dem anderen enthalten.

Beweis: *1)* $E \parallel E'$: Angenommen $E \cap E' \neq \emptyset$, dann existiert ein Punkt A mit
$A \in E \wedge A \in E'$. Sei $B \in E$ ein weiterer Punkt, dann muß es wegen der Identität
der beiden erzeugenden Untervektorräume einen Punkt $B' \in E'$ mit $\overrightarrow{AB} = \overrightarrow{AB'}$
geben. Nach Axiom IV', 1 ist aber dann $B = B'$, d.h. es ist $E \subseteq E'$. Ebenso
folgt $E' \subseteq E$, also $E = E'$.

2) $g \parallel E$: Angenommen $g \cap E \neq \emptyset$, dann sei $A \in g \wedge A \in E$. Zu dem weiteren
Punkt $B \in g$ gibt es wieder einen Punkt $B' \in E$ mit $\overrightarrow{AB} = \overrightarrow{AB'}$ und nach Axiom
IV',1 folgt wieder $B = B'$, also $g \subseteq E$. Aus Dimensionsgründen ist g echt in
E enthalten.

3) $g \parallel g'$: Die Überlegungen entsprechen genau dem Fall *1)*.
Wir können den Inhalt des Satzes auch so fassen:
1) Ist $E \parallel E' \wedge E \cap E' \neq \emptyset$ so ist $E = E'$;
2) Ist $g \parallel E \wedge g \cap E \neq \emptyset$ so ist $g \subset E$;
3) Ist $g \parallel g' \wedge g \cap g' \neq \emptyset$ so ist $g = g'$.

Zur Parallelität von Unterpunkträumen sei noch bemerkt, daß diese Relation
nur zwischen Ebenen oder zwischen Geraden, d.h. zwischen Unterpunkträumen
gleicher Dimension eine Äquivalenzrelation ist. Wie man sich an der linken Figur
leicht klar macht, gilt dies nicht zwischen Geraden und Ebenen. Seien nämlich
$E_1 \parallel E_2 \parallel E_3$ und $g_1 \parallel g_1'$ und $g_2 \parallel g_2'$, so gilt zwar $g_1 \parallel E_3$ und $g_2 \parallel E_3$, aber
nicht $g_1 \parallel g_2$. Da $E_1 \parallel E_2$ ist, muß $g_1 \cap g_2 = \emptyset$ sein. Zwei nicht parallele Geraden
g_1 und g_2 des Raumes mit $g_1 \cap g_2 = \emptyset$ nennt man *windschief*, während für zwei
nichtparallele Geraden als Teilmengen einer Ebene stets $g_1 \cap g_2 \neq \emptyset$ gilt.

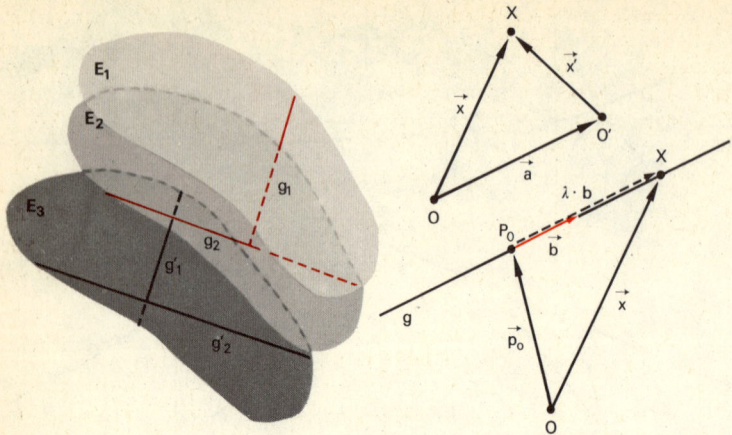

Links *Figur zur Demonstration windschiefer Geraden bei parallelen Unterpunkträumen;*
rechts oben *Figur zum Ortsvektor von X bezüglich 0 bzw. 0';*
darunter *Figur zur Parameterdarstellung einer Geraden*

Ortsvektoren, Parameterdarstellungen von Geraden und Ebenen

Die Zuordnung von Vektoren und Punktepaaren ist, wie wir wissen, nicht umkehrbar eindeutig. Wie wir aber in Satz 13 gesehen haben, bekommt man eine eineindeutige Zuordnung durch Abtragen von einem festen Punkt des betreffenden Unterpunktraumes aus.

Dieses Prinzip des Abtragens von einem Punkt aus können wir auf den gesamten Raum A ausdehnen, indem wir einen Punkt O (Origo) als *Ursprungspunkt von A* auszeichnen. Jedem Punkt $X \in A$ entspricht dann umkehrbar eindeutig genau ein Vektor $\vec{x} = \overrightarrow{OX} \in V^3$, den wir als *Ortsvektor von X bezüglich O* bezeichnen.

Natürlich kann man an Stelle von O einen anderen Punkt O' auszeichnen. Bezeichnet man mit $x' = \overrightarrow{O'X}$ den Ortsvektor von X bezüglich O', so gilt nach Axiom IV', 2: $\vec{x} = \vec{x}' + \vec{a}$ mit $\overrightarrow{OO'} = \vec{a}$, wie man sich an Hand der oberen rechten Figur leicht klar macht.

Da die Wahl des Ursprungspunktes willkürlich ist, wird man im Anwendungsfall darauf achten, daß die Wahl von O möglichst Vereinfachungen in der Vektoralgebra mit sich bringt.

Satz 15: Ist T ein beliebiger Unterpunktraum von A, der von $U \subseteq V^3$ erzeugt wird, und $P_0 \in T$ mit dem Ortsvektor $\vec{p}_0 = \overrightarrow{OP_0}$, so »durchläuft«

$$\vec{x} = \vec{p}_0 + \vec{u} \quad \text{mit} \quad \vec{u} \in U$$

die Menge aller Ortsvektoren der Punkte von T.

Beweis: Wir begnügen uns mit dem Nachweis für eine Ebene, da im Falle der Geraden die Überlegungen analog sind. Es ist $E = \{X \mid \overrightarrow{P_0X} \in U^2\}$, wobei E von U^2 erzeugt wird. Mit $\vec{u} = \overrightarrow{P_0X}$ und $\overrightarrow{OP_0} = \vec{p}_0$ ergibt sich sofort die Behauptung des Satzes.

Parameterdarstellung der Geraden. Jede Gerade wird von einem eindimensionalen Vektorraum U^1 erzeugt (untere Figur). Alle Vektoren von U^1 lassen sich mit einem einzigen Basisvektor $\vec{b}$ darstellen. In diesem Falle ist $\vec{u}$ aus Satz 15 darstellbar durch $\vec{u} = \lambda \vec{b}$, wobei man alle Vektoren aus U^1 erhält, wenn λ alle reellen Zahlen durchläuft. Für die Ortsvektoren einer Geraden g gilt also

$g \equiv \vec{x} = \vec{p}_0 + \lambda \vec{b}$ mit $\lambda \in R$. $\vec{b}$ heißt *Richtungsvektor von g.*

Satz 16: $\vec{b}_1$ sei der Richtungsvektor der Geraden g_1 und $\vec{b}_2$ der von g_2. Die beiden Geraden sind dann und nur dann parallel, wenn die beiden Richtungsvektoren linear abhängig sind, d. h. wenn es eine reelle Zahl α gibt, derart, daß $\vec{b}_1 = \alpha \cdot \vec{b}_2$ ist (Veranschaulichung durch die linke Figur).

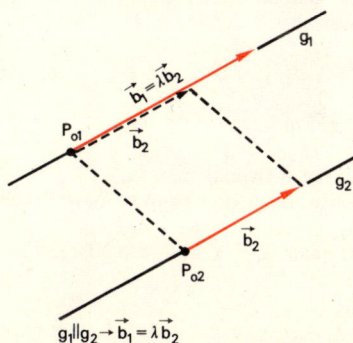

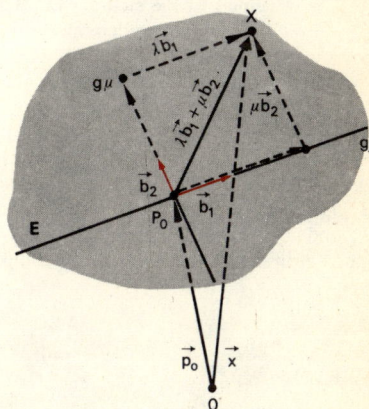

Links *Figur zum Beweis des Satzes 16;*
rechts *Figur der Parameterdarstellung der Ebene*

Beweis: 1) $\vec{b}_1 = \alpha \vec{b}_2$ bedeutet, daß $\vec{b}_1$ im g_2 erzeugenden Vektorraum U_2^1 liegt. Da $\lambda \alpha$ mit λ alle reellen Zahlen durchläuft, erhält man mit $\lambda b_1 = (\lambda \alpha) \vec{b}_2$ alle Vektoren von U_2^1, also gilt $U_1^1 \subseteq U_2^1$ und nach Definition sind g_1 und g_2 parallel.
2) Ist $g_1 \parallel g_2$, so ist $U_1^1 = U_2^1$ und $\vec{b}_1$ und $\vec{b}_2$ sind linear abhängig.

Jetzt wird auch die Definition der Parallelgleichheit und des Parallelogramms verständlich, denn es sind eben die Paare der Vektoren $\vec{PQ}$ und $\vec{P'Q'}$ wegen $\vec{PQ} = \vec{P'Q'}$ linear abhängig und ebenso $\vec{PP'}$ und $\vec{QQ'}$ (vergleiche dazu Satz 9).

Parameterdarstellung der Ebene. Jede Ebene wird von einem zweidimensionalen Vektorraum U^2 erzeugt (rechte Figur). Deshalb lassen sich alle Vektoren $\vec{u} \in U^2$ mit Hilfe zweier Basisvektoren $\vec{b}_1$ und $\vec{b}_2$ darstellen. In diesem Falle ist $\vec{u}$ aus Satz 15 darstellbar durch $\vec{u} = \lambda \vec{b}_1 + \mu \vec{b}_2$, wobei λ und μ unabhängig voneinander alle reelle Zahlen durchlaufen. Für die Ortsvektoren einer Ebene E gilt also:

$$E \equiv \vec{x} = \vec{p}_0 + \lambda \vec{b}_1 + \mu \vec{b}_2 \quad \text{mit} \quad \lambda, \mu \in R.$$

Speziell erhält man für $\lambda = 0$: $\quad g_\mu \equiv \vec{x} = \vec{p}_0 + \mu \vec{b}_2$
und für $\mu = 0$: $\qquad\qquad\qquad g_\lambda \equiv \vec{x} = \vec{p}_0 + \lambda \vec{b}_1$.

Da $g_\mu \cap g_\lambda = \{P_0\}$ ist, spannen die beiden durch P_0 gehenden Geraden die Ebene E auf, deshalb bezeichnen wir ebenfalls $\vec{b}_1$ und $\vec{b}_2$ als *Richtungsvektoren der Ebene E.*
Zwei Ebenen, deren Richtungsvektoren paarweise linear abhängig sind, sind parallel. Die lineare Abhängigkeit der Richtungsvektoren ist aber nicht notwendig. Es gilt vielmehr:

Satz 17: Sei E eine Ebene mit den Richtungsvektoren $\vec{b}_1$ und $\vec{b}_2$ und E' eine Ebene mit den Richtungsvektoren $\vec{b}_1'$ und $\vec{b}_2'$. Die beiden Ebenen sind dann und nur dann parallel, wenn jeder Richtungsvektor der einen Ebene sich als Linearkombination der Richtungsvektoren der anderen darstellen läßt und umgekehrt.

Beweis: 1) $\vec{b}_1 = \alpha_1 \vec{b}_1' + \beta_1 \vec{b}_2' \qquad \vec{b}_2 = \alpha_2 \vec{b}_1' + \beta_2 \vec{b}_2'$. Sei $\vec{u} \in U^2$, dann ist $\vec{u} = \lambda \vec{b}_1 + \mu \vec{b}_2$ und deshalb
$\vec{u} = \lambda (\alpha_1 \vec{b}_1' + \beta_1 \vec{b}_2') + \mu (\alpha_2 \vec{b}_1' + \beta_2 \vec{b}_2') = \gamma \vec{b}_1' + \delta \vec{b}_2'$
mit $\quad \gamma = \lambda \alpha_1 + \mu \alpha_2 \quad$ und $\quad \delta = \lambda \beta_1 + \mu \beta_2$,
d.h. $\vec{u} \in U'^2$, also ist $U^2 \subseteq U'^2$ und somit nach Definition $E \parallel E'$.
2) Ist $E \parallel E'$, dann ist $U^2 = U^{2'}$ und jeder der Vektoren $\vec{b}_1$ und $\vec{b}_2$ ist durch $\vec{b}_1'$ und $\vec{b}_2'$ darstellbar und umgekehrt.
Zur Veranschaulichung wurde in der linken Figur $\vec{b}_1 = \alpha_1 \vec{b}_1' + \beta_1 \vec{b}_2'$ dargestellt.

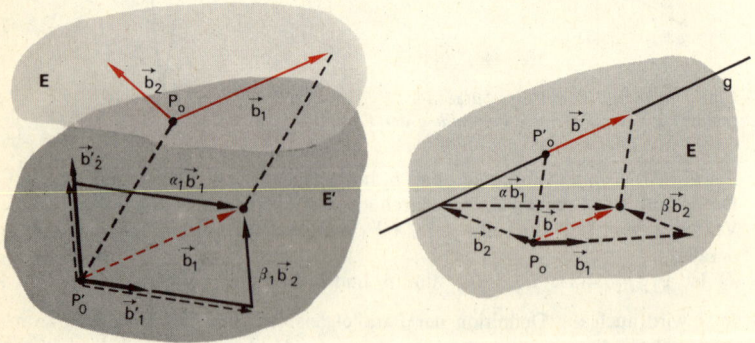

Links *Figur zum Beweis des Satzes 17;* rechts *Figur zum Satz 18*

Da jede Gerade g, die zu E parallel ist, sich in eine Ebene $E' \parallel E$ »einbetten« läßt, können wir ohne weiteren Beweis angeben:

Satz 18: Eine Gerade g und eine Ebene E sind dann und nur dann parallel, wenn sich der Richtungsvektor der Geraden als Linearkombination der Richtungsvektoren der Ebene darstellen läßt (vergleiche rechte Figur).

Teilverhältnis (affin) – affine Koordinaten

Sind A, B, C drei in dieser Reihenfolge gegebene Punkte einer Geraden g, so sind $\overrightarrow{AB}$ und $\overrightarrow{AC}$ Vektoren des g erzeugenden eindimensionalen Untervektorraumes. Falls $A \neq B$ ist, d.h. $\overrightarrow{AB} \neq \vec{0}$, dann gibt es genau eine reelle Zahl $\sigma \in R$ mit $\overrightarrow{AC} = \sigma \cdot \overrightarrow{AB}$.

Definition »*affines Teilverhältnis*«*:* Sind A, B, C drei Punkte einer Geraden g und $A \neq B$, so heißt die durch $\overrightarrow{AC} = \sigma \overrightarrow{AB}$ eindeutig bestimmte Zahl:

$$\sigma = (A, B; C)$$

Teilverhältnis des Punktes C bezüglich A und B.

Bemerkung: Die Reihenfolge des Punktetripels ist sehr wichtig und muß beachtet werden.

Satz 19: Für das Teilverhältnis gelten die drei Beziehungen

1) $(A, B; A) = 0$; *2)* $(A, B; B) = 1$ und

3) $(A, B; C) + (B, A; C) = 1$.

Beweis: 1) und *2)* folgen sofort aus der Definition, da $\overrightarrow{AB} \neq 0$ ist.
3) Sei $(A, B; C) = \sigma_1$ und $(B, A; C) = \sigma_2$, so ist $\overrightarrow{AC} = \sigma_1 \overrightarrow{AB}$ und $\overrightarrow{BC} = \sigma_2 \overrightarrow{BA}$ oder $\overrightarrow{CB} = \sigma_2 \overrightarrow{AB}$. Nach Axiom $IV, 2$ ist $\overrightarrow{AC} + \overrightarrow{CB} = \overrightarrow{AB}$ und somit $\sigma_1 \overrightarrow{AB} + \sigma_2 \overrightarrow{AB} = \overrightarrow{AB}$ oder $(\sigma_1 + \sigma_2)\,\overrightarrow{AB} = \overrightarrow{AB}$. Da $\overrightarrow{AB} \neq 0$ ist, muß $\sigma_1 + \sigma_2 = 1$ sein q.e.d.

Wir wollen die Beziehung *3)* aus Satz 19 näher betrachten. Wir haben ja schon gesagt, daß für den Wert von σ die Reihenfolge entscheidend ist. Die Beziehung *3)* dient sozusagen zum Umrechnen, wenn man A und B vertauscht. Wir fragen jetzt danach, ob es möglicherweise doch einen Punkt C gibt, für den bei der Vertauschung von A und B σ den gleichen Wert behält. Mit den Bezeichnungen beim Beweis des Satzes 19 muß $\sigma_1 = \sigma_2 \wedge \sigma_1 + \sigma_2 = 1$ sein. Für diese Bedingungen gibt es nur eine Lösung, nämlich $\sigma_1 = \sigma_2 = \frac{1}{2}$. Dies führt uns zu folgender

Definition: Der Punkt M heißt *Mittelpunkt von A und B*, wenn $(A, B; M) = (B, A; M)$ ist.

Bemerkung: Der Mittelpunkt von AB ist nach obigen Überlegungen der einzige Punkt mit dieser Eigenschaft.

Satz 20: Die Punkte einer affinen Geraden lassen sich bijektiv auf die Menge der reellen Zahlen abbilden.

Beweis: Seien A und $B \neq A$ zwei feste Punkte von g und X ein beliebiger, ordnen wir dem Punkt X die durch das Teilverhältnis $\sigma(X) = (A, B; X)$ eindeutig bestimmte reelle Zahl $\sigma(X) = x$ zu. Nach Definition sind verschiedenen Punkten X und X' verschiedene reelle Zahlen x und x' zugeordnet. Zu jeder reellen Zahl x gibt es aber nach Axiom IV, 1 zu $\overrightarrow{AB}$ auch einen Punkt X mit $\overrightarrow{AX} = x \cdot \overrightarrow{AB}$.
Aufgrund des Satzes 20 bezeichnet man das Teilverhältnis auch als affine Koordinate des Punktes C bezüglich des Ursprungs A und des Einheitspunktes B. Da eine affine Ebene von zwei affinen Geraden aufgespannt wird, können wir auch die Menge aller Punkte einer affinen Ebene mit Hilfe eines *affinen zweidimensionalen Koordinatensystems* bijektiv auf $\mathbb{R} \times \mathbb{R}$ abbilden.
In der linken Figur seien g_1 und g_2 die zwei die Ebene E aufspannenden Geraden,

die sich in A schneiden. Wählen wir für die Parameterdarstellung der Ebene $O = A$, so ist $\vec{x} = \overrightarrow{AX} = \lambda \overrightarrow{AB_1} + \mu \overrightarrow{AB_2}$ die Darstellung für alle Ortsvektoren $\vec{x}$ der Ebene. λ ist dann die affine Koordinate von X_1 bezüglich A und B_1 auf g_1 und entsprechend μ die affine Koordinate von X_2 bezüglich A und B_2 auf g_2. Dem Punkt X wird das geordnete Zahlenpaar (λ, μ) zugeordnet. Wegen der Eindeutigkeit der Darstellung der Vektoren $\overrightarrow{AX}$ durch die Basisvektoren $\overrightarrow{AB_1}$ und $\overrightarrow{AB_2}$ ist die Zuordnung von X zu (λ, μ) eineindeutig. Jedem Zahlenpaar ist ein Punkt zugeordnet, und jedem Punkt ein Zahlenpaar.

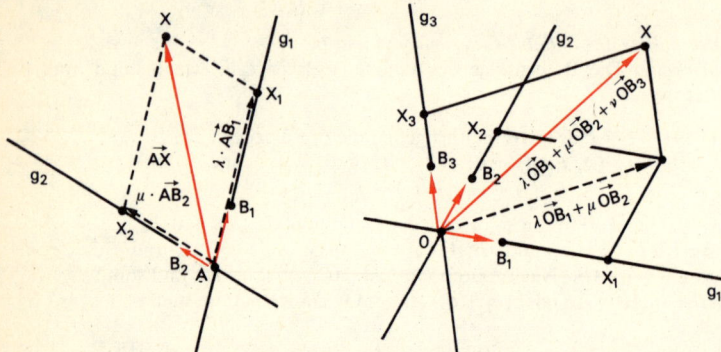

Links *Figur zur bijektiven Abbildung der Menge aller Punkte einer affinen Ebene auf* $\mathbb{R} \times \mathbb{R}$; rechts *Figur zur bijektiven Abbildung der Menge aller Punkte des Raumes auf* $\mathbb{R} \times \mathbb{R} \times \mathbb{R}$

Ebenso kann man mit drei Geraden g_1, g_2 und g_3 (rechte Figur), die sich in einem Punkt O schneiden und die nicht alle drei in einer Ebene liegen, alle Punkte des Raumes A auf $\mathbb{R} \times \mathbb{R} \times \mathbb{R}$ bijektiv mit Hilfe der Ortsvektordarstellung

$$\vec{x} = \overrightarrow{OX} = \lambda \overrightarrow{OB_1} + \mu \overrightarrow{OB_2} + v \overrightarrow{OB_3}$$

abbilden, indem man dem Punkt X das Zahlentripel (λ, μ, v) zuordnet (die drei Vektoren $\overrightarrow{OB_1}$, $\overrightarrow{OB_2}$, $\overrightarrow{OB_3}$ sind nach Voraussetzung linear unabhängig).
Die bijektive Abbildung der Punkte der Ebene (des Raumes) auf $\mathbb{R} \times \mathbb{R}$ ($\mathbb{R} \times \times \mathbb{R} \times \mathbb{R}$) hat eine gewisse Ähnlichkeit mit der im Zahlenpaarmodell vorgenommenen und später auf den dreidimensionalen euklidischen Raum übertragenen. Die wesentlichen Unterschiede bestehen hier darin, daß *keine Normierung* vorliegt, d.h. kein Vergleich (etwa Länge) zwischen den Vektoren $\overrightarrow{AB_1}$ und $\overrightarrow{AB_2}$ ($\overrightarrow{OB_1}$, $\overrightarrow{OB_2}$, $\overrightarrow{OB_3}$) möglich ist, und daß ebensowenig etwas über die Lage von g_1 und g_2 (g_1, g_2, g_3) ausgesagt werden kann, da der Begriff der *Orthogonalität nicht eingeht*.
Abschließend noch ein Vergleich zwischen dem hier definierten (affinen) Teilverhältnis σ und dem in der analytischen Koordinatengeometrie eingeführten Teilverhältnis τ.
Zusammenhang der beiden Teilverhältnisse σ und τ: Eine mögliche andere (allerdings hier nicht strukturgerechte) Definition des Teilverhältnisses wäre mit *2)* $\overrightarrow{AC} = \tau \overrightarrow{CB}$ möglich. Diese Definition entspräche der bereits gegebenen. Neben der Definitionsgleichung *1)* $\overrightarrow{AC} = \sigma \overrightarrow{AB}$ gilt nach Axiom IV', 2:

3) $\overrightarrow{AC} = \overrightarrow{AB} + \overrightarrow{BC}$. Aus *1)* und *3)* folgt:

$$\sigma\overrightarrow{AB} = \overrightarrow{AB} + \overrightarrow{BC} \quad \text{oder} \quad 4) \quad \overrightarrow{BC} = (\sigma - 1)\overrightarrow{AB}.$$

Aus *2)* und *3)* folgt: $\tau\overrightarrow{CB} = \overrightarrow{AB} + \overrightarrow{BC}$ oder $\overrightarrow{AB} = \tau\overrightarrow{CB} - \overrightarrow{BC}$ oder
$\overrightarrow{AB} = (\tau + 1)\overrightarrow{CB} = -(\tau + 1)\overrightarrow{BC}$

$$\text{oder} \quad (\text{für } \tau \neq -1!) \quad 5) \quad \overrightarrow{BC} = -\frac{1}{\tau + 1}\overrightarrow{AB}.$$

Da wir $\overrightarrow{AB}$ als Basis ansehen können, muß wegen der Eindeutigkeit der Darstellung von $\overrightarrow{BC}$ nach *4)* und *5)* $\sigma - 1 = -\dfrac{1}{\tau + 1}$ sein. Die entsprechenden Umformungen ergeben:

$$\sigma = \frac{\tau}{1 + \tau} \quad \text{bzw.} \quad \tau = \frac{\sigma}{1 - \sigma}.$$

Man prüft leicht nach, daß im Falle des Mittelpunktes $\sigma = \frac{1}{2}$ und $\tau = 1$ die beiden Gleichungen erfüllen, d.h. die Mittelpunktsdefinitionen einander entsprechen.

Veranschaulichung der vektoralgebraischen Operationen (Beispiele und Aufgaben)

In unserer bisherigen Erörterung haben wir vom Axiomensystem I'–IV' ausgehend die Begriffe weitgehend ohne Benutzung der Anschauung entwickelt. Für die praktische Handhabe ist es aber erforderlich, daß man sozusagen die Vektoralgebra richtig in die Geometrie übersetzt und umgekehrt. Bei allen Figuren, bei denen hier und auch später Vektorsymbole benutzt werden, wollen wir immer daran denken, *daß die jeweiligen Pfeile nicht mit dem Vektor identisch sind*, den wir dann auch als algebraisches Element benutzen, sondern daß es sich jeweils um einen *Repräsentanten der jeweiligen Äquivalenzklasse* (Satz 11) handelt, welcher der Vektor zugeordnet ist. Ausgangspunkte sind:

1) Das Antragen von Vektoren an Punkte, das dem Axiom IV', 1 entspricht.

2) Die Zuordnung von Vektorsummen und Punktepaaren nach Axiom IV', 2.

3) Der Begriff der Parallelgleichheit und des Parallelogramms.

4) Nach $\vec{v} = \overrightarrow{PQ} = -\overrightarrow{QP} = -(-\vec{v})$ entspricht das Umkehren der Pfeile der Multiplikation mit (-1).

Die Punkte werden nur bezeichnet, wenn dies zum Verständnis erforderlich ist.

Vektoraddition, Vektorsubtraktion, Parameterdarstellung

Die linken Figuren veranschaulichen das Kommutativgesetz und die rechte Figur das sogenannte *Vektorparallelogramm:* Trägt man die beiden Vektoren $\vec{a}$ und $\vec{b}$ von einem gemeinsamen Punkt A aus an, so ist die Vektorsumme $\vec{a} + \vec{b}$ durch einen Pfeil bestimmt, der von A ausgeht und Diagonale des Parallelogramms ist.

Im Falle der linearen Abhängigkeit der beiden Vektoren $\vec{a}$ und $\vec{b}$ artet das Dreieck der linken Figur aus und die Punkte P, Q, P' bzw. Q' liegen auf einer Geraden. Die beiden folgenden Figuren, die man sich nicht nur eben, sondern auch räumlich vorstellen muß, veranschaulichen sogenannte *Vektorketten*, die bei der vektoriellen Behandlung geometrischer Probleme sehr nützlich sind.

$$\vec{b} + \vec{a} = \vec{c} = \vec{a} + \vec{b} \qquad\qquad \vec{c} = \vec{a} + \vec{b}$$

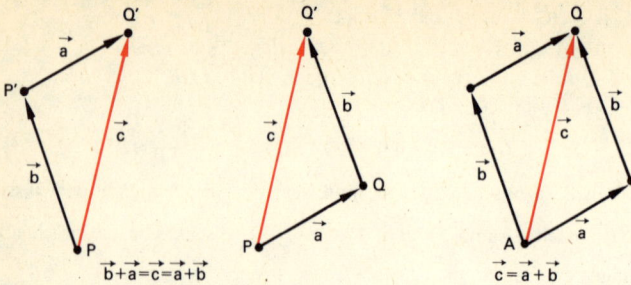

Links *Darstellung des Kommutativgesetzes;*
rechts *Veranschaulichung eines Vektorparallelogramms*

Darstellung von Vektorketten

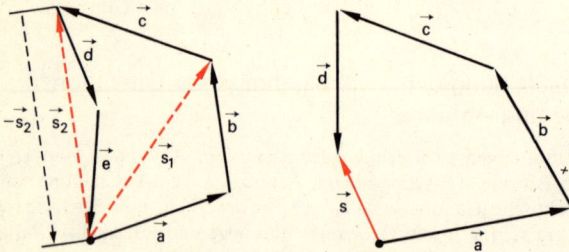

Für die in der linken Figur verwendeten Vektoren gilt

1) $\vec{a} + \vec{b} = \vec{s}_1$;   *2)* $\vec{s}_1 + \vec{c} = \vec{s}_2$;   aber *3)* $\vec{d} + \vec{e} = -\vec{s}_2$.

Addiert man die drei Gleichungen *1)*, *2)* und *3)*, so erhält man $\vec{a} + \vec{b} + \vec{c} + \vec{d} + \vec{e} = \vec{0}$, da $\vec{s}_1$ und $\vec{s}_2$ eliminiert werden. Ist die Summe mehrerer Vektoren gleich dem Nullvektor, so ist die *Vektorkette geschlossen,* d.h. die Spitze des letzten Pfeiles führt zum Ausgangspunkt des ersten Pfeiles zurück. Die vier Vektoren $\vec{a}, \vec{b}, \vec{c}$ und $\vec{d}$ der rechten Figur bilden eine *nichtgeschlossene Vektorkette.* Hier ist $\vec{a} + \vec{b} + \vec{c} + \vec{d} - \vec{s} = \vec{0}$, und somit $\vec{a} + \vec{b} + \vec{c} + \vec{d} = \vec{s} \neq \vec{0}$.

Die beiden folgenden Figuren veranschaulichen zwei Möglichkeiten der Subtraktion von Vektoren.

Die linke Figur entspricht der Zurückführung der Subtraktion auf die Addition

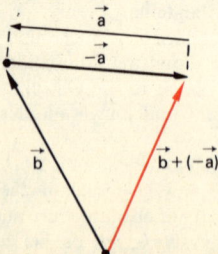

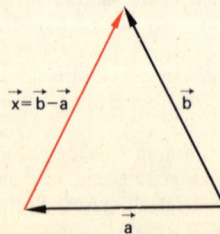

Figuren zur Subtraktion von Vektoren

des entgegengesetzten Vektors $\vec{b} - \vec{a} = \vec{b} + (-\vec{a})$. Die rechte Figur entspricht dem Weg, den man beim Lösen linearer Gleichungen in einer Variablen einschlägt. Es ist $\vec{a} + \vec{x} = \vec{b}$ und somit $\vec{x} = \vec{b} - \vec{a}$.

Aufgabe 26: In der linken Figur sind O, A, B, C die Eckpunkte eines Tetraeders. Man drücke die Vektoren $\vec{u}$, $\vec{v}$ und $\vec{w}$ durch die gegebenen Vektoren $\vec{a}, \vec{b}, \vec{c}$ aus.

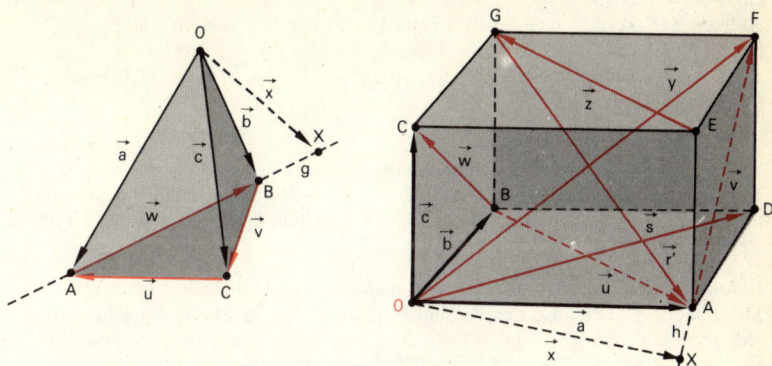

Links *Figur zur Aufgabe 26*; rechts *Figur zur Aufgabe 27*

Aufgabe 27: In der rechten Figur sind O, A, B, C, D, E, F, G die Eckpunkte eines Quaders, der von $\vec{a} = \vec{OA}$, $\vec{b} = \vec{OB}$ und $\vec{c} = \vec{OC}$ aufgespannt wird. Man drücke die Vektoren $\vec{s} = \vec{OD}$, $\vec{y} = \vec{OF}$, $\vec{z} = \vec{EG}$, $\vec{u} = \vec{BA}$, $\vec{v} = \vec{AF}$, $\vec{w} = \vec{BC}$ und $\vec{r} = \vec{GA}$ durch $\vec{a}, \vec{b}$ und $\vec{c}$ aus.

Beispiel 21: Für die Geraden $g = (A; B)$ der linken obigen Figur und $h = (A; F)$ der rechten obigen Figur kann man die Parameterdarstellung mit Hilfe der gegebenen Vektoren $\vec{a}, \vec{b}$ und $\vec{c}$ angeben.

Im Falle der Geraden g ist $\vec{w} = \vec{b} - \vec{a}$ der Richtungsvektor und somit

$$\vec{x} = \vec{x}(\lambda) = \vec{a} + \lambda \vec{w} = \vec{a} + \lambda(\vec{b} - \vec{a}).$$

Es ist $\vec{x}(0) = \vec{a}$ und $\vec{x}(1) = \vec{b}$.

Ebenso erhält man für die Gerade h mit dem Richtungsvektor $\vec{v} = \vec{b} + \vec{c}$

$$\vec{x} = \vec{x}(\lambda) = \vec{a} + \lambda(\vec{b} + \vec{c}).$$

Hier ist $\vec{x}(0) = \vec{a}$ und $\vec{x}(1) = \vec{y} = \vec{a} + \vec{b} + \vec{c}$.

Aufgabe 28: Wie lautet die Parameterdarstellung der Geraden $g_1 = (B; C)$ und $g_2 = (A; C)$ der linken oberen Figur?

Aufgabe 29: Wie lautet die Parameterdarstellung der Geraden $h_1 = (A; B)$, $h_2 = (O; A)$, $h_3 = (O; F)$ und $h_4 = (A; G)$ der rechten oberen Figur? Man bestimme im Falle der Geraden h_4 $\vec{x}(0)$ und $\vec{x}(1)$ und vergleiche mit Aufgabe 27. (Die Darstellung ist im Falle h_4 nicht eindeutig.)

Beispiel 22: Mit Hilfe zweier Richtungsvektoren erhält man die Parameterdarstellung von Ebenen, ähnlich wie im Beispiel 21.

Die Parameterdarstellung der Grundebene (A, B, C) des Tetraeders der linken oberen Figur:

$$\vec{x} = \vec{x}(\lambda, \mu) = \vec{a} + \lambda \vec{w} + \mu(-\vec{u}) = \vec{a} + \lambda(\vec{b} - \vec{a}) + \mu(\vec{c} - \vec{a})$$

Hier ist $\vec{x}(0,0) = \vec{a}$, $\vec{x}(1,0) = \vec{b}$ und $\vec{x}(0,1) = \vec{c}$.

Die Parameterdarstellung der Seitenfläche (B, G, F, D) des Quaders der rechten Figur von S. 249

$$\vec{x} = \vec{x}(\lambda, \mu) = \vec{b} + \lambda\vec{a} + \mu\vec{c}.$$

Aufgabe 30: Wie lautet die Parameterdarstellung der Ebene (O, B, C) des Tetraeders der Figur von S. 249.

Aufgabe 31: Wie lautet die Parameterdarstellung der Ebenen (A, D, E, F), (O, C, D, F) und (A, E, G, B) des Quaders der Figur von S. 249?
Man berechne bei der letzten Ebene $\vec{x}(0,0)$, $\vec{x}(1,0)$, $\vec{x}(0,1)$ und $\vec{x}(1,1)$ und vergleiche mit der Aufgabe 27.

Skalare Multiplikation (Darstellung reeller Zahlen)

Ehe wir die skalare Multiplikation von Vektoren veranschaulichen können, müssen wir noch eine Betrachtung über die Darstellung der reellen Zahlen anstellen.

Exkurs: *Darstellung reeller Zahlen im Dezimal- und im Dualsystem.*
Die übliche Darstellung der reellen Zahlen erfolgt im Dezimalsystem, wobei jede reelle Zahl als Summe von Vielfachen von Zehnerpotenzen unter Benutzung der zehn Ziffern 0, 1, 2, ..., 9 dargestellt wird. *Beispiele:*

$$925{,}387 = 9 \cdot 10^2 + 2 \cdot 10^1 + 5 \cdot 10^0 + 3 \cdot 10^{-1} + 8 \cdot 10^{-2} + 7 \cdot 10^{-3};$$

$$\sqrt{2} = 1{,}4142.. = 1 \cdot 10^0 + 4 \cdot 10^{-1} + 1 \cdot 10^{-2} + 4 \cdot 10^{-3} + 2 \cdot 10^{-4} + \cdots;$$

$$\pi = 3{,}1415.. = 3 \cdot 10^0 + 1 \cdot 10^{-1} + 4 \cdot 10^{-2} + 1 \cdot 10^{-3} + 5 \cdot 10^{-4} + \cdots.$$

Die Wahl der Basis 10 hat bestimmte praktische Vorteile, sie ist jedoch nicht etwa zwingend notwendig. Man kann jede natürliche Zahl n als Basis wählen und benötigt dazu jeweils n verschiedene Ziffern. Beispielsweise ist in der Computertechnik das *Dualsystem* mit der Basis 2 von entscheidender Bedeutung. Wir benützen im folgenden den entsprechenden Satz aus der Theorie der reellen Zahlen als

Hilfssatz 2: Jede reelle Zahl ist im Dualsystem darstellbar und jedes Dualzahlgebilde (endliche oder unendliche Summe von Zweierpotenzen) ist eine reelle Zahl.

An Stelle des Beweises begnügen wir uns mit der Angabe von Beispielen.
1) Vom Dezimal- zum Dualsystem:

$$9{,}75 = 1 \cdot 2^3 + 0 \cdot 2^2 + 0 \cdot 2^1 + 1 \cdot 2^0 + 1 \cdot 2^{-1} + 1 \cdot 2^{-2} = \text{dual } 1001{,}11$$

$$0{,}2 = 2 : 10 = \text{dual } 10 : \text{dual } 1010 = \text{dual } 0{,}00110011\ldots$$

Der im Dezimalsystem übliche Divisionsalgorithmus läßt sich in völliger Analogie auf das Dualsystem übertragen, nur erfordert die Durchführung sehr viel mehr Schritte. So lassen sich auch irrationale Zahlen approximieren, beispielsweise:

$$\pi \approx 3 \qquad = \text{dual } 11{,}0000000\ldots$$

$$\pi \approx 3{,}1 \quad = \text{dual } 11{,}000110011\ldots$$

$$\pi \approx 3{,}14 = \text{dual } 11{,}001000111\ldots$$

2) Vom Dual- zum Dezimalsystem:

$$101{,}01 = 1 \cdot 2^2 + 0 \cdot 2^1 + 1 \cdot 2^0 + 0 \cdot 2^{-1} + 1 \cdot 2^{-2} = \text{dezimal } 5{,}25$$

$$0,101010 \text{ n} \ldots = 2^{-1} + 2^{-3} + 2^{-5} + \text{n} \ldots = \frac{1}{2} \cdot \frac{1}{1 - \frac{1}{4}} = \text{dezimal } 0,666 \ldots$$

Entsprechend lassen sich nichtperiodische unendliche Dualbrüche schrittweise durch Dezimalbrüche approximieren.

3) dezimal $0,999 \ldots$ = dezimal 1 = dual 1 = dual $0,1111 \ldots$

Bezüglich der skalaren Multiplikation kann jetzt geklärt werden, wie man das Produkt $\vec{w} = a\vec{v}$ mit $\vec{w}, \vec{v} \in V^3$ und $a \in \mathbb{R}$ veranschaulichen kann. Dazu greifen wir zunächst auf Satz 19 und die Definition des affinen Teilverhältnisses zurück.

Den Vektor $\vec{w}_1 = \frac{1}{2}\vec{v}$ erhält man durch Antragen an A in derselben Richtung wie der Vektor $\vec{v}$, nur endet die Spitze am Mittelpunkt M_1 von $[AB]$. Entsprechend erhält man den Vektor $\vec{w}_2 = \frac{1}{4}\vec{v} = (\frac{1}{2})^2\vec{v}$ durch Antragen bis zum Mittelpunkt M_2 von $[AM_1]$, usw. Somit steht fest, wie bei Vorgabe des Vektors $\vec{v}$ alle Vektoren $\vec{w}_i = (\frac{1}{2})^i\vec{v}$ zu veranschaulichen sind (vergleiche Figur).

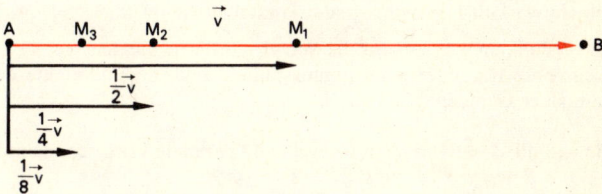

Sei jetzt $a > 0$ eine beliebige, positive reelle Zahl, so können wir uns diese zunächst in die Form $a = n + d$ zerlegt denken, wobei n eine natürliche Zahl und $0 \leq d < 1$ ist. Für den Fall $d = 0$ erhält man für $\vec{w} = a\vec{v}$ eine Veranschaulichung, die als »n-maliges Antragen« bezeichnet werden kann. Ist $d \neq 0$, so können wir uns d nach dem Hilfssatz 2 im Dualsystem dargestellt denken: $a = n + 0, n_1 n_2 n_3 \ldots n_i \ldots$, wobei die n_i jeweils entweder die Dualziffer 0 oder 1 bedeuten. In diesem Fall ist dann $\vec{w} = a\vec{v} = n\vec{v} + \vec{v}_1 + \vec{v}_2 + \vec{v}_3 + \cdots + \vec{v}_i + \cdots$, wobei $\vec{v}_i = \left(\frac{1}{2}\right)^i \vec{v}$ für $n_i = 1$ und $\vec{v}_i = 0$ für $n_i = 0$ ist.

An das »n-malige Antragen« schließt sich noch das »Antragen von Dualbruchteilen« an. Die nachfolgende Figur enthält wie die vorhergehende die zur Konstruktion erforderliche Reihenfolge der Mittelpunkte M_1, M_2 und M_3 für den beispielhaften Fall $\vec{w} = 4,625\vec{v}$, wobei dezimal $0,625$ = dual $0,101$ ist.

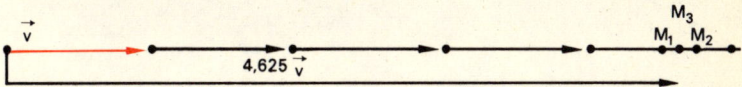

Wenngleich wir, wie schon eingangs betont, keine Längenangaben machen können, sind wir doch in der Lage, zwei linear abhängige Vektoren $\vec{w}$ und $\vec{v}$, für die ja $\vec{w} = a\vec{v}$ oder $\vec{v} = \frac{1}{a}\vec{w}$ gilt, miteinander zu vergleichen. Wir sagen $\vec{w}$ ist das a-fache von $\vec{v}$ oder $\vec{v}$ ist der a-te Teil von $\vec{w}$. Der Fall $a < 0$ kann durch »Richtungsumkehr« auf den Fall $a > 0$ zurückgeführt werden.

Lineare Abhängigkeit von Vektoren

Die diesbezügliche Veranschaulichung verbinden wir mit zwei weiteren geometrischen Begriffen und zwei weiteren Sätzen. Vorab eine Zusammenstellung von Aussagen, die in Verbindung mit der Definition der Untervektorräume und der Axiomengruppe *III'* stehen:

1) Vier Vektoren des V^3 sind stets linear abhängig.
2) Drei Vektoren eines U^2 sind stets linear abhängig.
3) Zwei Vektoren eines U^1 sind stets linear abhängig.
4) Der Nullvektor ist stets linear abhängig.

Definition: Zwei linear abhängige Vektoren heißen *parallel* oder *kollinear*. Sind zwei Vektoren linear unabhängig, dann heißen sie *nicht-kollinear*.

Bemerkung: Ist nämlich $\lambda_1 \vec{a}_1 + \lambda_2 \vec{a}_2 = \vec{0}$, so können wir λ_1 (oder λ_2) $\neq 0$ annehmen. Dann ist aber $\vec{a}_1 = -\dfrac{\lambda_2}{\lambda_1} \vec{a}_2$. Trägt man $\vec{a}_1$ und $\vec{b}_1 = -\dfrac{\lambda_1}{\lambda_2} \vec{a}_2$ von verschiedenen Punkten ab, so sind die von $\vec{a}_1$ und $\vec{b}_1$ erzeugten Geraden parallel (vergleiche Satz 16), oder die Ausgangspunkte und die Endpunkte der Pfeile liegen auf einer Geraden (kollinear!).

Satz 21: Sind $\vec{a} \neq \vec{0}$ und $\vec{b} \neq \vec{0}$ zwei nicht parallele Vektoren, dann folgt aus $\lambda_1 \vec{a} + \lambda_2 \vec{b} = \vec{0}$ stets $\lambda_1 = \lambda_2 = 0$.

Beweis: Nichtparallele Vektoren sind linear unabhängig.
Die linke Figur veranschaulicht eine Menge untereinander linear abhängiger Vektoren. Sie liegen alle parallel zueinander (und zu dritt nicht notwendig in einer Ebene). Der Vektor $\vec{v}$ (rot) ist von allen linear unabhängig.

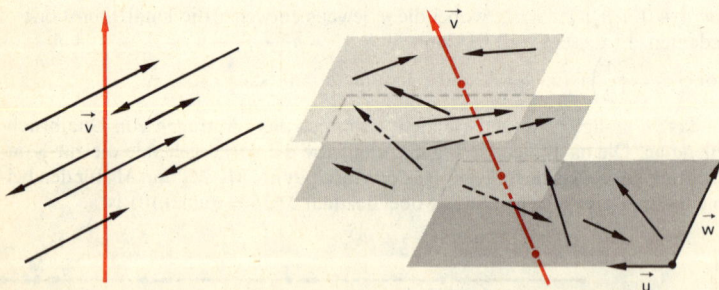

Definition: Drei linear abhängige Vektoren heißen *komplanar*. Sind sie linear unabhängig, so heißen drei Vektoren *nicht-komplanar*.

Bemerkung: Im Falle der Komplanarität gilt $\lambda_1 \vec{a} + \lambda_2 \vec{b} + \lambda_3 \vec{c} = \vec{0}$. Mit $\lambda_1 \neq 0$ erhält man $\vec{a} = -\dfrac{\lambda_2}{\lambda_1} \vec{b} - \dfrac{\lambda_3}{\lambda_1} \vec{c}$. Sind $\vec{b}$ und $\vec{c}$ linear abhängig, dann ist $\vec{b} = \alpha \vec{c}$ und $\vec{a} = \gamma \vec{c} = \delta \vec{b}$, d.h. die Vektoren sind parallel, die Komplanarität artet in die Kollinearität aus. Sind $\vec{b}$ und $\vec{c}$ linear unabhängig, dann kann man beide Vektoren als Richtungsvektoren einer Ebene auffassen, und dann ist $\vec{a}$ ein Vektor, der in der von $\vec{b}$ und $\vec{c}$ aufgespannten Ebene liegt (komplanar!).

Die rechte Figur (S. 252) veranschaulicht eine Menge von Vektoren, die zu dritt linear abhängig sind, sie liegen entweder in einer Ebene oder in zueinander parallelen Ebenen. Der Vektor $\vec{v}$ (rot) bildet mit zwei Vektoren der Menge, die nicht linear abhängig voneinander sind (etwa $\vec{u}$ und $\vec{w}$) ein Tripel von drei linear unabhängigen Vektoren.

Satz 22: Sind $\vec{a} \neq \vec{0}, \vec{b} \neq \vec{0}$ und $\vec{c} \neq \vec{0}$ drei nicht-komplanare Vektoren, so folgt aus $\lambda_1\vec{a} + \lambda_2\vec{b} + \lambda_3\vec{c} = \vec{0}$ stets $\lambda_1 = \lambda_2 = \lambda_3 = 0$.

Beweis: Drei nicht-komplanare Vektoren sind linear unabhängig.

Wir wollen jetzt den Begriff der linearen Abhängigkeit an ausgewählten Beispielen anwenden.

Beispiel 23: Man beweise, daß sich die Diagonalen eines Parallelogramms im Mittelpunkt schneiden.

Lösung: Seien $\vec{a}$ und $\vec{b}$ zwei linear unabhängige Vektoren (linke Figur), die das Parallelogramm durch Antragen in 0 aufspannen, dann gilt $\overrightarrow{AB} = \vec{b} - \vec{a}$ und $\overrightarrow{OC} = \vec{a} + \vec{b}$. Mit Hilfe des Teilverhältnisses erhält man mit den Bezeichnungen in der Figur *1)* $\vec{u} = \sigma_1(\vec{b} - \vec{a})$ und *2)* $\vec{v} = \sigma_2(\vec{a} + \vec{b})$. Das Dreieck $[OAM]$ wird von einer geschlossenen Vektorkette gebildet, deshalb ist *3)* $\vec{a} + \vec{u} + (-\vec{v}) = \vec{0}$ *1)* und *2)* in *3)* eingesetzt ergibt: $\vec{a} + \sigma_1(\vec{b} - \vec{a}) - \sigma_2(\vec{a} + \vec{b}) = \vec{0}$ oder $(1 - \sigma_1 - \sigma_2)\vec{a} + (\sigma_1 - \sigma_2)\vec{b} = \vec{0}$. Da aber nach Voraussetzung $\vec{a}$ und $\vec{b}$ linear unabhängig sind, muß nach Satz 21 $1 - \sigma_1 - \sigma_2 = 0 \wedge \sigma_1 - \sigma_2 = 0$ sein. Diese Bedingungen sind für $\sigma_1 = \sigma_2 = \frac{1}{2}$ erfüllt.

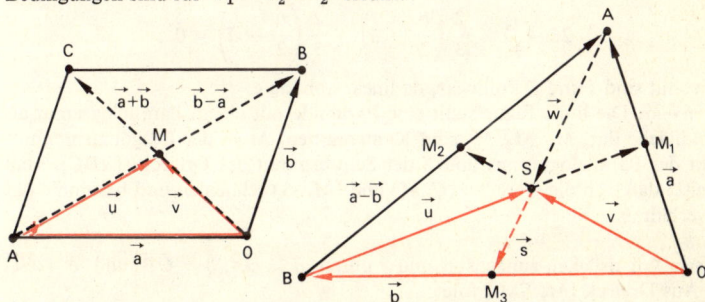

Links *Figur zum Beispiel 23;* rechts *Figur zum Beispiel 24*

Beispiel 24: In welchem Verhältnis teilen sich die Seitenhalbierenden eines Dreiecks? Man zeige, daß alle drei durch einen Punkt gehen.

Lösung: Mit den Teilverhältnissen λ, μ und ν erhält man nach den Beziehungen in der rechten Figur

$$1)\ \vec{u} = \lambda\overrightarrow{BM_1} = \lambda\left(\frac{\vec{a}}{2} - \vec{b}\right); \quad 2)\ \vec{v} = \mu\overrightarrow{OM_2} = \mu\left(\frac{\vec{a}}{2} + \frac{\vec{b}}{2}\right)$$

$$3)\ \vec{w} = \nu\overrightarrow{AM_3} = \nu\left(\frac{\vec{b}}{2} - \vec{a}\right).$$

Aus dem Dreieck $[OSB]$ folgt *4)* $\vec{b} + \vec{u} - \vec{v} = \vec{0}$. *1)* und *2)* in *4)* eingesetzt ergibt:

$$\vec{b} + \lambda\left(\frac{\vec{a}}{2} - \vec{b}\right) - \mu\left(\frac{\vec{a}}{2} + \frac{\vec{b}}{2}\right) = \vec{b} + \lambda\frac{\vec{a}}{2} - \lambda\vec{b} - \mu\frac{\vec{a}}{2} - \mu\frac{\vec{b}}{2} = \vec{0}$$

oder $\left(\dfrac{\lambda}{2} - \dfrac{\mu}{2}\right)\vec{a} + \left(1 - \lambda - \dfrac{\mu}{2}\right)\vec{b} = \vec{0}$.

Wegen der linearen Unabhängigkeit von $\vec{a}$ und $\vec{b}$ muß wieder

$$\frac{\lambda}{2} - \frac{\mu}{2} = 0 \wedge 1 - \lambda - \frac{\mu}{2} = 0$$

sein. Diese Bedingung ist erfüllt für $\lambda = \mu = \frac{2}{3}$. Die Seitenhalbierenden teilen sich im gleichen Verhältnis, und zwar: $\overrightarrow{OS} = \frac{2}{3}\,\overrightarrow{OM_2}$; $\overrightarrow{BS} = \frac{2}{3}\,\overrightarrow{BM_1}$ und $\overrightarrow{AS} = \frac{2}{3}\,\overrightarrow{AM_3}$ (letzteres aus Gründen der Gleichwertigkeit).
Um zu zeigen, daß alle drei Seitenhalbierenden durch einen Punkt S gehen, zeigen wir, daß $\vec{w}$ und $\vec{s}$ kollinear sind.

Dem Dreieck $[OSM_3]$ entnehmen wir: *5)* $\vec{v} + \vec{s} = \dfrac{\vec{b}}{2}$. Wir setzen *2)* mit $\mu = \frac{2}{3}$ ein, und erhalten:

$$\vec{s} = \frac{\vec{b}}{2} - \vec{v} = \frac{\vec{b}}{2} - \frac{2}{3}\left(\frac{\vec{a}}{2} + \frac{\vec{b}}{2}\right) = \frac{\vec{b}}{6} - \frac{\vec{a}}{3} = \frac{1}{3}\left(\frac{\vec{b}}{2} - \vec{a}\right).$$

Wir setzen in *4)* noch $v = \dfrac{2}{3}$ ein und erhalten: $\vec{w} = \dfrac{2}{3}\left(\dfrac{\vec{b}}{2} - \vec{a}\right)$, also ist

$$2\vec{s} - \vec{w} = \frac{2}{3}\left(\frac{\vec{b}}{2} - \vec{a}\right) - \frac{2}{3}\left(\frac{\vec{b}}{2} - \vec{a}\right) = \vec{0}$$

und somit sind $\vec{s}$ und $\vec{w}$ kollinear, da linear abhängig.
Beispiel 25: Die linke Figur stellt eine Pyramide mit einem Parallelogramm als Grundfläche dar. M_1, M_2, M_3 sind Kantenmitten, M ist der Diagonalenschnittpunkt des Parallelogramms und S der Schwerpunkt des Dreiecks $[ADC]$. Man beweise, daß sich die Geraden (C, M) und (M_1, S) schneiden und bestimme das Teilverhältnis.

Lösung: Wir drücken zunächst $\vec{x}$ und $\vec{y}$ durch $\vec{a} = \overrightarrow{OA}$, $\vec{b} = \overrightarrow{OB}$ und $\vec{c} = \overrightarrow{OC}$ aus. Aus Dreieck $[M_1 SM_2]$ folgt:
1) $\vec{x} + \frac{1}{3}\,\overrightarrow{CM_2} - \vec{a} = \vec{0}$. Die Punkte C, M_2, A, O führen zu einer geschlossenen Vektorkette: *2)* $\overrightarrow{CM_2} - \frac{1}{2}\vec{b} - \vec{a} + \vec{c} = \vec{0}$. *2)* in *1)* eingesetzt ergibt:
$$3)\quad \vec{x} = \frac{2}{3}\,\vec{a} - \frac{1}{6}\,\vec{b} + \frac{1}{3}\,\vec{c}.$$
Aus dem Dreieck $[OMC]$ folgt $\vec{y} - \frac{1}{2}(\vec{a} + \vec{b}) + \vec{c} = 0$ also
$$4)\quad \vec{y} = \frac{1}{2}\,\vec{a} + \frac{1}{2}\,\vec{b} - \vec{c}.$$
Angenommen, (C, M) und (M_1, S) schneiden sich in T, dann muß für die Vektorkette $\overrightarrow{M_1T} + \overrightarrow{TM} + \overrightarrow{MM_1} = \vec{0}$ sein, und außerdem $\overrightarrow{M_1T} = \lambda\,\vec{x}$ und $\overrightarrow{TM} = \mu\,\vec{y}$, also: *5)* $\lambda\,\vec{x} + \mu\,\vec{y} - \frac{1}{2}\,\vec{a} = \vec{0}$. *1)* und *4)* in *5)* eingesetzt und geordnet ergibt:
$$\left(\frac{2}{3}\lambda + \frac{1}{2}\mu - \frac{1}{2}\right)\vec{a} + \left(-\frac{1}{6}\lambda + \frac{1}{2}\mu\right)\vec{b} + \left(\frac{1}{3}\lambda - \mu\right)\vec{c} = \vec{0}.$$

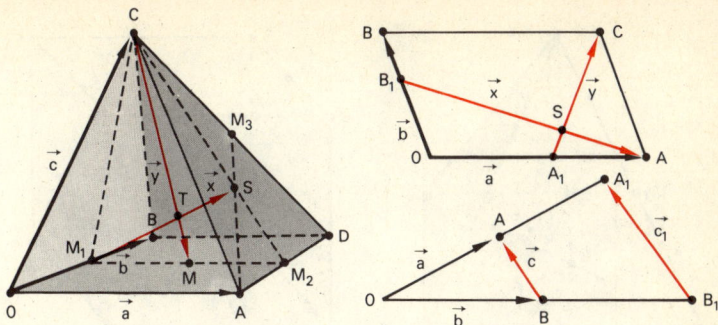

Links *Figur zum Beispiel 25;* rechts oben *Figur zur Aufgabe 32;* darunter *Figur zur Aufgabe 33*

Nach Satz 22 muß wegen der linearen Unabhängigkeit von $\vec{a}$, $\vec{b}$ und $\vec{c}$

$$\tfrac{2}{3}\lambda + \tfrac{1}{2}\mu - \tfrac{1}{2} = 0 \wedge -\tfrac{1}{6}\lambda + \tfrac{1}{2}\mu = 0 \wedge \tfrac{1}{3}\lambda - \mu = 0 \quad \text{sein.}$$

Wenn zwei Zahlen λ und μ existieren, die diesen drei Bedingungen genügen, schneiden sich die beiden Geraden. In der Tat erfüllen $\lambda = \tfrac{3}{5}$ und $\mu = \tfrac{1}{5}$ alle drei Bedingungen und es ist $\overrightarrow{M_1T} = \tfrac{3}{5}\cdot \overrightarrow{M_1S}$ und $\overrightarrow{TM} = \tfrac{1}{5}\cdot CM$ oder $\overrightarrow{CT} = \tfrac{4}{5}\cdot \overrightarrow{CM}$.

Aus diesen drei Beispielen kann man schon erkennen, welchen *Vorteil die vektorielle Behandlung der Geometrie* hat. Einmal ist keine so strenge Unterscheidung von zweidimensionalen und dreidimensionalen Aufgaben erforderlich wie in der Koordinatengeometrie (beispielsweise wird $x^2 + y^2 = r^2$ in der Ebene einem Kreis, im Raum einem Zylinder zugeordnet, und ebenso $2x - y = 0$ in der Ebene einer Geraden und im Raum einer Ebene). Zum anderen können wir die Allgemeinheit des Falles viel leichter behandeln als in der Koordinatengeometrie, da dort die algebraischen Beziehungen viel umfangreicher und schwerfälliger zu handhaben sind. Dies war auch der Grund, weswegen wir dort häufig nur spezielle Zahlenbeispiele behandelten.

Bei den folgenden Aufgaben *verweisen wir auf die speziellen Bezeichnungen in den Figuren, um Mißverständnissen bei der Angabe der Lösungen vorzubeugen.*

Aufgabe 32: Die Vektoren $\vec{a} = \overrightarrow{OA}$ und $\vec{b} = \overrightarrow{OB}$ spannen ein Parallelogramm [$OACB$] (obere rechte Figur) auf. Ferner sei $\overrightarrow{OA_1} = \tfrac{2}{3}\vec{a}$ und $\overrightarrow{OB_1} = \tfrac{1}{2}\cdot\vec{b}$. In welchem Verhältnis schneiden sich die Transversalen $(A_1; C)$ und $(A; B_1)$? Wähle $\overrightarrow{A_1S} = \mu\,\vec{y}$ und $\overrightarrow{SA} = \lambda\,\vec{x}$.

Aufgabe 33: Beweise die Strahlensätze unter Benutzung der Beziehungen der unteren Figur. Das heißt:

1) $\lambda = (O, A; A_1) = (O, B; B_1) = \mu \to \vec{c}\; ||\,\vec{c}_1 \wedge \vec{c}_1 = \lambda\,\vec{c}$;
2) $\vec{c}\,||\,\vec{c}_1 \to \lambda = \mu \wedge \vec{c}_1 = \lambda\vec{c}$.

Aufgabe 34: In der linken Figur (S. 256) wird das Tetraeder [$OABC$] von den Vektoren $\vec{a}, \vec{b}, \vec{c}$ aufgespannt. M_1, M_2, M_3 sind Kantenmitten, S_1 und S_2 Dreiecksschwerpunkte. Man zeige, daß sich die Schwerlinien (B, S_2) und (O, S_1) in S schneiden und im Verhältnis $OS_1 : SS_1 = 4:1$ teilen. Wähle $SS_1 = \lambda\vec{x}$ und $BS = \mu\vec{y}$.

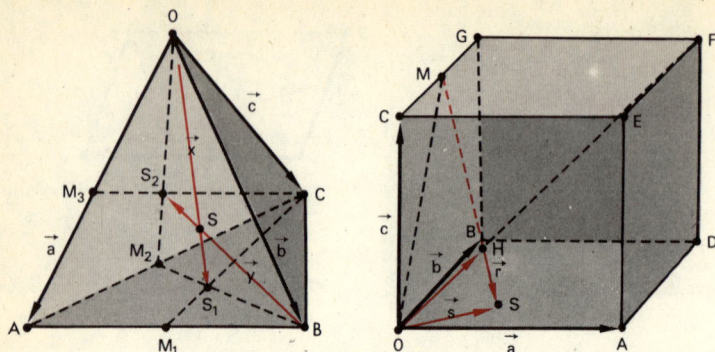

Links *Figur zur Aufgabe 34*; rechts *Figur zur Aufgabe 35*

Aufgabe 35: Die Vektoren $\vec{a}$, $\vec{b}$ und $\vec{c}$ spannen den Spat der rechten Figur $[OABCDEFG]$ auf. M sei der Mittelpunkt der Kante $[CG]$ und H ein Punkt, der die Raumdiagonale $[OF]$ im Verhältnis $\sigma = (O, F; H) = \frac{1}{3}$ teilt. S sei der »Durchstoßpunkt« der Geraden (M, H) durch die Grundfläche $[OABD]$. Berechne die Vektoren $\overrightarrow{OS} = \vec{s}$ und $\overrightarrow{HS} = \vec{r}$. Anleitung: Beachte, daß $\vec{s}$, $\vec{a}$ und b linear abhängig sind und deshalb der Ansatz $\vec{s} = \lambda \vec{a} + \mu \vec{b}$ möglich ist.

Komponentendarstellung von Vektoren

Skalare und vektorielle Komponenten

Nach Hilfssatz 1 existieren drei Vektoren $\vec{e}_1, \vec{e}_2, \vec{e}_3$ (Basisvektoren), mit deren Hilfe man jeden Vektor $\vec{v} \in V^3$ auf genau eine Weise in der Form

$$\vec{v} = x_1 \vec{e}_1 + x_2 \vec{e}_2 + x_3 \vec{e}_3$$

darstellen kann. x_1, x_2, x_3 heißen *skalare Komponenten des Vektors $\vec{v}$ bezüglich der Basis* $(\vec{e}_1, \vec{e}_2, \vec{e}_3)$. Neben dieser Bezeichnungsweise wird auch das Begriffswort *Vektorkoordinaten* verwendet. Außer dieser Basis gibt es noch andere (sogar unendlich viele) und eine »Umrechnung« einer Darstellung in eine andere ist sofort möglich, wenn man weiß, wie sich die einzelnen Basisvektoren der einen Basis durch die der anderen darstellen lassen. Diesen Gedankengang wollen wir nicht weiter verfolgen, sondern vielmehr auf die praktische Seite der Komponentendarstellung eingehen. Dazu benutzt man die sogenannte *Spaltendarstellung*, die sich auf eine feste Basis bezieht. Die *Spalte* hat drei »Zeilen«.

$$\vec{v} = \begin{pmatrix} x_1 \\ x_2 \\ x_3 \end{pmatrix} = x_1 \vec{e}_1 + x_2 \vec{e}_2 + x_3 \vec{e}_3.$$

Bezogen auf die gleiche Basis sind die folgenden drei Sätze wichtig.

Satz 23:   Summe und Differenz von zwei Vektoren $\vec{v}_1$ und $\vec{v}_2$ in der Spaltendarstellung erhält man durch Addition bzw. Subtraktion entsprechender Zeilen.

Beweis: $\vec{v}_1 \pm \vec{v}_2 = (x_{11}\vec{e}_1 + x_{12}\vec{e}_2 + x_{13}\vec{e}_3) \pm (x_{21}\vec{e}_1 + x_{22}\vec{e}_2 + x_{23}\vec{e}_3)$

$$= (x_{11} \pm x_{21})\,\vec{e}_1 + (x_{12} \pm x_{22})\,\vec{e}_2 + (x_{13} \pm x_{23})\,\vec{e}_3$$

$$= \begin{pmatrix} x_{11} \pm x_{21} \\ x_{12} \pm x_{22} \\ x_{13} \pm x_{23} \end{pmatrix}.$$

Satz 24: Das skalare Produkt von $a \in R$ mit $\vec{v} \in V^3$ erhält man in der Spaltendarstellung durch Multiplikation jeder Zeile mit a.

Beweis: $a\vec{v} = a(x_1\vec{e}_1 + x_2\vec{e}_2 + x_3\vec{e}_3) = (ax_1)\vec{e}_1 + (ax_2)\vec{e}_2 + (ax_3)\vec{e}_3$

$$= \begin{pmatrix} ax_1 \\ ax_2 \\ ax_3 \end{pmatrix}.$$

Satz 25: Zwei Vektoren $\vec{v}_1$ und $\vec{v}_2$ sind genau dann parallel (kollinear), wenn alle skalaren Komponenten des einen Vektors aus denen des anderen durch Multiplikation mit derselben reellen Zahl λ hervorgehen.

Beweis: Die Behauptung des Satzes ergibt sich unmittelbar aus Satz 24 und Definition kollinearer Vektoren.

Bei der Behandlung ebener Probleme wird man zweckmäßigerweise zwei der Basisvektoren, sagen wir $\vec{e}_1$ und $\vec{e}_2$, so wählen, daß $\vec{e}_1$ und $\vec{e}_2$ Vektoren des die betreffende Ebene erzeugenden Untervektorraumes sind. Dann lassen sich alle Vektoren in der Form

$$\vec{u} = x_1\vec{e}_1 + x_2\vec{e}_2 + 0 \cdot \vec{e}_3 = \begin{pmatrix} x_1 \\ x_2 \\ 0 \end{pmatrix} = \begin{pmatrix} x_1 \\ x_2 \end{pmatrix}$$

darstellen.

Im ebenen Fall hat unsere Spalte nur zwei Zeilen. Die obigen Sätze gelten auch dafür uneingeschränkt.

Im Gegensatz zu den skalaren Komponenten x_1, x_2, x_3 bezeichnet man $x_1\vec{e}_1 = \vec{v}_1$, $x_2\vec{e}_2 = \vec{v}_2$ und $x_3\vec{e}_3 = \vec{v}_3$ als drei linear unabhängige *vektorielle Komponenten* des Vektors $\vec{v}$, falls alle drei skalaren Komponenten ungleich null sind.

$\vec{v} = \vec{v}_1 + \vec{v}_2 + \vec{v}_3$ heißt dann *Zerlegung eines Vektors in drei linear unabhängige Komponenten.* Dazu denke man sich gemäß der linken Figur von O neben $\vec{v}$ einen weiteren Vektor $\vec{u}$ abgetragen, der von $\vec{v}$ linear unabhängig ist. Dann ist $\vec{v}_3 = \vec{v} - \vec{u}$ eindeutig bestimmt. Also ist $\vec{v} = \vec{u} + \vec{v}_3$, was die Zerlegung von $\vec{v}$ in zwei linear unabhängige Vektoren darstellt. Nun gibt es aber im Raum mindestens drei linear unabhängige Vektoren, neben $\vec{v}$ und $\vec{u}$ sei dies $\vec{v}_2$. Dann ist $\vec{v}_1 = \vec{u} - \vec{v}_2$ eindeutig bestimmt, also $\vec{u} = \vec{v}_1 + \vec{v}_2$ und somit $\vec{v} = \vec{v}_1 + \vec{v}_2 + \vec{v}_3$. Würde man jetzt $\vec{v}_1, \vec{v}_2, \vec{v}_3$ als Basis wählen, so hätte $\vec{v}$ die skalaren Komponenten $x_1 = x_2 = x_3 = 1$.

Beispiele und Aufgaben
Aufgabe 36: Gegeben sind die Vektoren in der Spaltendarstellung:

$$\vec{a} = \begin{pmatrix} 1 \\ 0 \\ 2 \end{pmatrix}, \quad \vec{b} = \begin{pmatrix} 2 \\ -3 \\ 1 \end{pmatrix}, \quad \vec{c} = \begin{pmatrix} 1 \\ -1 \\ 0 \end{pmatrix}, \quad \vec{d} = \begin{pmatrix} -2 \\ 1 \\ -1 \end{pmatrix}.$$

Wie lautet die Spaltendarstellung der Vektoren $\vec{a} + \vec{b}$, $\vec{a} - \vec{c}$, $\vec{a} - \vec{b} + \vec{d}$, $2\vec{c}$, $3\vec{a} + 4\vec{d}$, $\vec{b} - 2\vec{c}$?

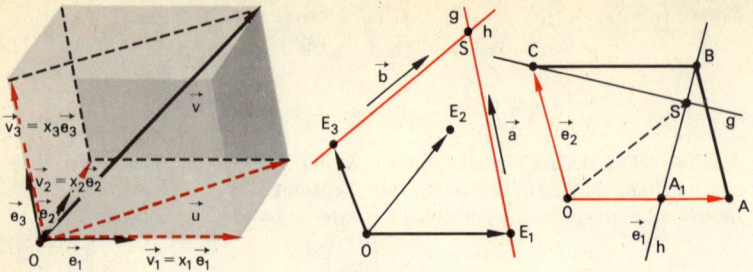

Links *Figur zur Zerlegung eines Vektors in drei linear unabhängige Komponenten; in* der Mitte *Figur zu Beispiel 26;* rechts *Figur zu Beispiel 27*

Aufgabe 37: Welche der Vektoren sind parallel?

$$\vec{a} = \begin{pmatrix} 0 \\ 1 \\ 2 \end{pmatrix}, \quad \vec{b} = \begin{pmatrix} -1 \\ 2 \\ 3 \end{pmatrix}, \quad \vec{c} = \begin{pmatrix} 5 \\ -10 \\ -15 \end{pmatrix}, \quad \vec{d} = \begin{pmatrix} 0 \\ 2 \\ 1 \end{pmatrix}, \quad \vec{e} = \begin{pmatrix} 0 \\ -2 \\ -1 \end{pmatrix}.$$

Beispiel 26: Seien $\overrightarrow{OE_1} = \vec{e}_1$, $\overrightarrow{OE_2} = \vec{e}_2$ und $\overrightarrow{OE_3} = \vec{e}_3$ Basisvektoren und

$$\vec{a} = \begin{pmatrix} -1,5 \\ 2 \\ 3 \end{pmatrix} \quad \text{und} \quad \vec{b} = \begin{pmatrix} 1,5 \\ 6 \\ 3 \end{pmatrix}.$$ Sei g eine Gerade mit dem Richtungsvektor $\vec{a}$,

die durch E_1 geht, und h eine Gerade mit dem Richtungsvektor $\vec{b}$, die durch E_3 geht.

1) Man beweise, daß sich g und h in S schneiden.
2) Welches sind die Spaltendarstellungen von E_1S und $\overrightarrow{E_3S}$?

Lösung: Wenn sich g und h schneiden sollen (mittlere Figur), dann muß eine geschlossene Vektorkette $\overrightarrow{OE_1} + \overrightarrow{E_1S} + (-\overrightarrow{E_3S}) + (-\overrightarrow{OE_3}) = \vec{0}$ existieren. In der Komponentenschreibweise bedeutet dies mit $\alpha\,\vec{a} = \overrightarrow{E_1S}$ und $\beta\,\vec{b} = \overrightarrow{E_3S}$:

$$\begin{pmatrix} 1 \\ 0 \\ 0 \end{pmatrix} + \alpha \begin{pmatrix} -1,5 \\ 2 \\ 3 \end{pmatrix} - \beta \begin{pmatrix} 1,5 \\ 6 \\ 3 \end{pmatrix} - \begin{pmatrix} 0 \\ 0 \\ 1 \end{pmatrix} = \begin{pmatrix} 0 \\ 0 \\ 0 \end{pmatrix}$$

oder
$$\begin{pmatrix} 1 - 1,5\alpha - 1,5\beta - 0 \\ 0 + 2\alpha - 6\beta - 0 \\ 0 + 3\alpha - 3\beta - 1 \end{pmatrix} = \begin{pmatrix} 0 \\ 0 \\ 0 \end{pmatrix}.$$

Somit erhält man für α und β die Bedingung:

$1 - 1,5\alpha - 1,5\beta = 0 \land 2\alpha - 6\beta = 0 \land 3\alpha - 3\beta - 1 = 0$. Diese ist für $\alpha = \frac{1}{2}$ und $\beta = \frac{1}{6}$ erfüllt. Damit ist die Existenz der geschlossenen Vektorkette und damit $g \cap h \neq \emptyset$ gesichert.

2) Es ist $\overrightarrow{E_1S} = \frac{1}{2}\,\vec{a} = \begin{pmatrix} -0,75 \\ 1 \\ 1,5 \end{pmatrix}$, $\quad \overrightarrow{E_3S} = \frac{1}{6}\,\vec{b} = \begin{pmatrix} 0,25 \\ 1 \\ 0,5 \end{pmatrix}.$

Aufgabe 38: In Beispiel 26 sei noch $\vec{c} = 0,75\vec{e}_1 + 1\vec{e}_2 + 3,5\vec{e}_3$ und f eine Gerade, die durch E_2 geht und den Richtungsvektor $\vec{c}$ hat.

1) Man beweise, daß sich die Geraden h und f in einem Punkt T schneiden.
2) Welches sind die Spaltendarstellungen von $\overrightarrow{E_2T}$, $\overrightarrow{E_3T}$ und $\overrightarrow{OT}$?

3) Man zeige, daß g und f windschief sind.

(Anleitung zu 3): Man zeige, daß die Annahme eines Schnittpunktes R und einer entsprechenden geschlossenen Vektorkette zum Widerspruch führt!)

Beispiel 27: Die Basisvektoren $\overrightarrow{OA} = \vec{e}_1$ und $\overrightarrow{OC} = \vec{e}_2$ spannen ein Parallelogramm $[OABC]$ auf. A_1 ist bestimmt durch $\overrightarrow{OA}_1 = \frac{3}{5}\vec{e}_1$. Durch C geht eine Gerade g mit dem Richtungsvektor $\vec{c} = \frac{5}{4}\vec{e}_1 - \frac{1}{3}\vec{e}_2$.

Die Geraden g und $h = (A_1, B)$ schneiden sich in S.

1) Man berechne das Teilverhältnis $(A_1, B; S)$.

2) Welches ist die Spaltendarstellung von $\overrightarrow{OS}$?

Lösung: 1) Vektorkette: $\overrightarrow{OA}_1 + \overrightarrow{A_1B} - \vec{e}_1 - \vec{e}_2 = \vec{0}$, also $\overrightarrow{A_1B} = \vec{e}_1 + \vec{e}_2 - \overrightarrow{OA}_1$
$= \vec{e}_1 + \vec{e}_2 - \frac{3}{5}\vec{e}_1 = \frac{2}{5}\vec{e}_1 + \vec{e}_2 = \begin{pmatrix} 0,4 \\ 1 \end{pmatrix}$. Nach der Definition des Teilverhältnisses
ist $\overrightarrow{A_1S} = \sigma \overrightarrow{A_1B}$ (rechte Figur). Vektorkette: $\overrightarrow{OA}_1 + \overrightarrow{A_1S} + \overrightarrow{SC} + \overrightarrow{CO} = 0$ oder

$$\begin{pmatrix} 0,6 \\ 0 \end{pmatrix} + \sigma \begin{pmatrix} 0,4 \\ 1 \end{pmatrix} + \mu \begin{pmatrix} \frac{5}{4} \\ -\frac{1}{3} \end{pmatrix} - \begin{pmatrix} 0 \\ 1 \end{pmatrix} = \begin{pmatrix} 0 \\ 0 \end{pmatrix}.$$

Bedingung: $0,6 + 0,4\sigma + \frac{5}{4}\mu = 0 \ \wedge \ \sigma - \frac{1}{3}\mu - 1 = 0$;
erfüllt für $\sigma = \frac{63}{83}$ und $\mu = -\frac{60}{83}$. Also $(A_1, B; S) = \frac{63}{83}$.

2) $\overrightarrow{OS} = \begin{pmatrix} 0,6 \\ 0 \end{pmatrix} + \frac{63}{83} \cdot \begin{pmatrix} 0,4 \\ 1 \end{pmatrix} = \begin{pmatrix} \frac{75}{83} \\ \frac{63}{83} \end{pmatrix}$.

Aufgabe 39: Gegeben sind die Basis $\overrightarrow{OE}_1 = \vec{e}_1$ und $\overrightarrow{OE}_2 = \vec{e}_2$ und die Vektoren
$\overrightarrow{OP} = 18\vec{e}_1$ und $\vec{q} = PQ = \begin{pmatrix} -9 \\ -8 \end{pmatrix}$. Welches ist die Spaltendarstellung des Vektors $\lambda\vec{q} = PS$, dessen Endpunkt S auf der von $\vec{e}_2$ erzeugten Geraden $g = (O, E_2)$ liegt?

Die Erweiterung des affinen zum euklidischen Punktraum

Wie wir schon angedeutet haben, führt die Ergänzung des Axiomensystems des affinen Punktraumes durch metrische Axiome zum euklidischen Punktraum.

Schon beim Teilverhältnis haben wir darauf hingewiesen, daß im Bereich der affinen Geometrie nur linear abhängige Vektoren im Sinne des Teilverhältnisses als Vielfache und Teile eines anderen Vektors aufgefaßt werden können. Ein entsprechender Vergleich linear unabhängiger Vektoren ist erst dann möglich, wenn der Begriff der Länge eines Vektors definiert ist, d. h. wenn eine *Normierung* vorliegt. Außerdem muß der Begriff der *Orthogonalität von Vektoren* aus den Axiomen herleitbar sein. Dies wird über den Begriff des *Skalarproduktes zweier Vektoren* geschehen (nicht zu verwechseln mit dem Produkt eines Skalars mit einem Vektor!).

Metrische Axiome – Norm und Skalarprodukt – Betrag von Vektoren

Wir formulieren jetzt die metrischen Axiome:

$V', 0$:   Jedem Vektor $\vec{v} \in V^3$ ist eine nicht-negative reelle Zahl $\vec{v}^2 \in R$, die *Norm des Vektors*, zugeordnet $(\vec{v} \to \vec{v}^2)$

$V', 1$:   Für alle $\vec{v} \in V^3$ und alle $a \in R$ gilt:
$$(a\vec{v})^2 = a^2 \cdot \vec{v}^2.$$

$VI', 0$:   Jedem Paar von Vektoren $\vec{v}, \vec{w} \in V^3$ ist eine reelle Zahl $\vec{v} \cdot \vec{w} \in R$,
das *Skalarprodukt der beiden Vektoren*, zugeordnet $(\vec{v}; \vec{w}) \to \vec{v} \cdot \vec{w}$.

Für alle $\vec{u}, \vec{v}, \vec{w} \in V^3$ und alle $a \in R$ gilt:

$VI', 1$: $\vec{v} \cdot \vec{w} = \vec{w} \cdot \vec{v}$; $VI', 2$: $\vec{u} \cdot (\vec{v} + \vec{w}) = \vec{u} \cdot \vec{v} + \vec{u} \cdot \vec{w}$;

$VI', 3$: $(a\vec{v}) \cdot \vec{w} = a(\vec{v} \cdot \vec{w})$; $VI', 4$: $\vec{v} \cdot \vec{v} = \vec{v}^2$.

Definition »*Betrag (Länge) eines Vektors*«: Ein Vektor $\vec{v}$ hat die *Länge* oder
den *Betrag* $|\vec{v}| = \sqrt{\vec{v}^2}$ ($\vec{v}^2$ = Norm von $\vec{v}$).

Definition »*Einheitsvektor*«: Ein Vektor $\vec{v}$ mit $\vec{v}^2 = 1$ heißt Einheitsvektor.

Bemerkungen zu den Axiomen: 1) An Hand der Definition der Länge eines Vektors ist ersichtlich, daß die Norm eines Vektors dem Quadrat einer Länge entspricht, die in der Satzgruppe des Pythagoras in der zweiten Potenz auftritt.

2) Das Axiom V', 1 bedeutet dann, daß das a-fache eines Vektors auch zur a-fachen Länge führt.

3) Die Axiome VI', 1 und VI', 2 entsprechen, bei parallelen Vektoren, die man von einem Punkt abträgt, dem gewöhnlichen arithmetischen Produkt.

4) Axiom VI', 3 sichert die Verträglichkeit der Skalarproduktbildung mit der skalaren Multiplikation ebenso ab, wie Axiom VI', 2 bezüglich der Vektoraddition.

5) Mit dem Axiom VI', 4 wird das Skalarprodukt mit der Norm in Beziehung gesetzt.

Satz 26:   Für die Norm und den Betrag der Vektoren gilt
1) $\vec{0}^2 = 0$, $|\vec{0}| = 0$ *2)* $(-\vec{v})^2 = \vec{v}^2$, $|-\vec{v}| = |\vec{v}|$.

Beweis: 1) Man setze in V', 1 für $a = 0$; *2)* Man setze in V', 1 für $a = -1$.

Satz 27:   Zu jedem Vektor $\vec{v} \neq 0$ gibt es einen (gleichgerichteten) Einheitsvektor $\vec{v}_0$ und es gilt

$$\vec{v}_0 = \frac{\vec{v}}{\sqrt{\vec{v}^2}} = \frac{\vec{v}}{|\vec{v}|}.$$

Beweis: Sei $\vec{v}^2 = r^2$, dann können wir $r > 0$ annehmen. $\vec{v}_0 = \frac{1}{r}\,\vec{v}$ hat den Betrag 1, denn es ist nach V', 1 $\vec{v}_0^2 = \frac{1}{r^2}\,\vec{v}^2 = \frac{\vec{v}^2}{\vec{v}^2} = 1$. Mit $r = \sqrt{\vec{v}^2} = |\vec{v}|$ folgt die im Satz angegebene Darstellung von v_0.

Satz 28:   Die Normen aller Vektoren und die Skalarprodukte aller Paare von Vektoren sind durch die Normen und die Skalarprodukte der *Basisvektoren* bestimmt.

Beweis: Seien $\vec{e}_1, \vec{e}_2, \vec{e}_3$ drei Basisvektoren und $\vec{v}_1$ und $\vec{v}_2$ zwei beliebige Vektoren, dann ist $\vec{v}_1 = x_{11}\vec{e}_1 + x_{12}\vec{e}_2 + x_{13}\vec{e}_3$ und $\vec{v}_2 = x_{21}\vec{e}_1 + x_{22}\vec{e}_2 + x_{23}\vec{e}_3$ und unter Anwendung der Axiome VI', 1–4:

$\vec{v}_1 \cdot \vec{v}_2 = x_{11}x_{21}\vec{e}_1^2 + x_{12}x_{22}\vec{e}_2^2 + x_{13}x_{23}\vec{e}_2^3 + (x_{11}x_{22} + x_{12}x_{21})\vec{e}_1\vec{e}_2 + (x_{11}x_{23} + x_{13}x_{21})\vec{e}_1\vec{e}_3 + (x_{12}x_{23} + x_{13}x_{22})\vec{e}_2\vec{e}_3$.

Für die Norm eines Vektors $v_1 = x_{11}\vec{e}_1 + x_{12}\vec{e}_2 + x_{13}\vec{e}_3$ gilt speziell:
$$\vec{v}_1^2 = x_{11}^2\vec{e}_1^2 + x_{12}^2\vec{e}_2^2 + x_{13}^2\vec{e}_3^2 + 2x_{11}x_{12}\vec{e}_1\vec{e}_2 + 2x_{11}x_{13}\vec{e}_1\vec{e}_3 + 2x_{12}x_{13}\vec{e}_2\vec{e}_3.$$
Da die x_{ij} ($i = 1, 2, 3; j = 1, 2, 3$) nach Hilfssatz 1 eindeutig bestimmt sind, ist in der Tat $\vec{v}_1 \cdot \vec{v}_2$ und $\vec{v}_1^2$ bestimmt, wenn man die Normen $\vec{e}_1^2, \vec{e}_2^2, \vec{e}_3^2$ und die Skalarprodukte $\vec{e}_1 \cdot \vec{e}_2$, $\vec{e}_2 \cdot \vec{e}_3$, $\vec{e}_1 \cdot \vec{e}_3$ kennt.

Orthogonalität von Vektoren (orthonormierte Basis)

Nach Satz 26 gibt es zu jedem Vektor $\vec{v}$ einen weiteren Vektor mit der gleichen Norm, nämlich $-\vec{v}$. Die beiden Vektoren sind linear abhängig. Es gilt aber auch die weitergehende Aussage des folgenden Satzes.

Satz 29: Es gibt linear unabhängige Vektoren mit gleicher Norm.

Beweis: Seien $\vec{v}$ und $\vec{w}$ linear unabhängig, dann folgt aus $\lambda_1\vec{v} + \lambda_2\vec{w} = \vec{0}$
$\lambda_1 = \lambda_2 = 0$. Betrachte $\vec{w}_1 = \vec{w}_0 \cdot |\vec{v}| = \dfrac{|\vec{v}|}{|\vec{w}|} \cdot \vec{w}$. Dann ist $|\vec{w}_1| = \dfrac{|\vec{v}|}{|\vec{w}|} \cdot |\vec{w}| = |\vec{v}|$.
Angenommen, $\vec{v}$ und $\vec{w}_1$ wären linear abhängig, dann wäre $\vec{w}_1 = \alpha \cdot \vec{v}$ mit $\alpha \neq \vec{0}$
und somit $\dfrac{|\vec{v}|}{|\vec{w}|} \cdot \vec{w} - \alpha \cdot \vec{v} = \vec{0}$; $\lambda_2 = \dfrac{|\vec{v}|}{|\vec{w}|}$ und $\lambda_1 = -\alpha$ ergäbe einen Widerspruch zur linearen Unabhängigkeit von $\vec{v}$ und $\vec{w}$.

Satz 30: Seien $\vec{v}$ und $\vec{w}$ zwei Vektoren mit gleicher Norm,
$\vec{a} = \vec{v} + \vec{w}$ und $\vec{b} = \vec{v} - \vec{w}$, so ist $\vec{a} \cdot \vec{b} = 0$.

Beweis: $\vec{a} \cdot \vec{b} = (\vec{v} + \vec{w})(\vec{v} - \vec{w}) = \vec{v}^2 - \vec{w}^2 - \vec{v} \cdot \vec{w} + \vec{v} \cdot \vec{w} = \vec{v}^2 - \vec{w}^2 = 0$
wegen $\vec{v}^2 = \vec{w}^2$.

Interpretation des Satzes 30: Fall I: $\vec{v}$ und $\vec{w}$ sind linear abhängig: $\vec{v} = \lambda\vec{w}$. Dann ist $\vec{a} = (\lambda + 1)\vec{w}$, $\vec{b} = (\lambda - 1)\vec{w}$ und $\vec{a} \cdot \vec{b} = (\lambda^2 - 1)\vec{w}^2 = 0$. Ist $\vec{w} = 0$, dann ist $\vec{a} = \vec{b} = 0$ und wir haben $\vec{0} \cdot \vec{0} = 0$ in Übereinstimmung mit Satz 26. Ist $\vec{w} \neq 0$, dann muß $\lambda^2 - 1 = 0$ sein, also $\lambda = 1$ oder $\lambda = -1$. $\lambda = 1$ ergibt $\vec{a} = 2\vec{w}$ und $\vec{b} = \vec{0}$, also $\vec{a} \cdot \vec{0} = 0$ und $\lambda = -1$ ergibt $\vec{0} \cdot \vec{b} = 0$.

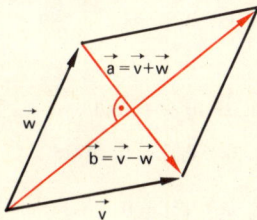

Figur zur Interpretation des Satzes 30

In diesem Falle stimmt die Produktbildung mit der skalarer Größen überein.
Fall II: Im Falle der linearen Unabhängigkeit (siehe Figur) von $\vec{v}$ und $\vec{w}$ spannen die beiden Vektoren eine Raute auf ($|\vec{v}| = |\vec{w}|$!). Aus der Elementargeometrie weiß man, daß in einer Raute die Diagonalen senkrecht stehen; deshalb ist es mit Hilfe des Skalarproduktes möglich, die *Orthogonalität* zu definieren.

Definition »*Orthogonalität von Vektoren*«: Zwei Vektoren $\vec{a} \neq \vec{0}$ und $\vec{b} \neq \vec{0}$ heißen *orthogonal* dann und nur dann, wenn $\vec{a} \cdot \vec{b} = 0$ ist ($\vec{a} \perp \vec{b}$).

Bemerkung: Die Relation $\vec{a} \perp \vec{b}$ ist symmetrisch wegen $\vec{a} \cdot \vec{b} = \vec{b} \cdot \vec{a} = 0$ aber nicht reflexiv und nicht transitiv.

Satz 31:   Ist $\vec{a} \perp \vec{b}$, so ist $\vec{a}$ zu jedem zu $\vec{b}$ parallelen Vektor orthogonal.

Beweis: Sei $\vec{c} \parallel \vec{b}$, dann ist nach Definition $\vec{c} = \lambda \vec{b}$ und somit ist nach Axiom VI′, 3 $\vec{a} \cdot \vec{c} = \vec{a} \cdot (\lambda \vec{b}) = \lambda(\vec{a} \cdot \vec{b}) = \lambda \cdot 0 = 0$.

Satz 32:   Ist $\vec{a} \perp \vec{b} \wedge \vec{a} \perp \vec{c}$, so ist $\vec{a}$ zu allen Linearkombinationen
$\vec{d} = \lambda \vec{b} + \mu \vec{c}$ orthogonal.

Beweis: $\vec{d} \cdot \vec{a} = \lambda \vec{b} \cdot \vec{a} + \mu \vec{c} \cdot \vec{a} = \lambda \cdot 0 + \mu \cdot 0 = 0$.

Den Satz 32 kann man auch folgendermaßen interpretieren. Steht ein Vektor auf zwei Vektoren senkrecht, die eine Ebene aufspannen, so steht er auf allen Vektoren senkrecht, die zu dem die Ebene erzeugenden Untervektorraum gehören.

Definition: Drei Basisvektoren e_1, e_2, e_3 des V^3 nennt man eine *orthonormierte Basis*, wenn alle drei die Norm 1 haben und paarweise orthogonal sind.

Diese speziellen Eigenschaften von Basen lassen sich so fassen:

$$I)\ \vec{e}_1^2 = \vec{e}_2^2 = \vec{e}_3^2 = 1 \quad II)\ \vec{e}_1 \cdot \vec{e}_2 = \vec{e}_1 \cdot \vec{e}_3 = \vec{e}_2 \cdot \vec{e}_3 = 0.$$

Satz 33:   Es gibt orthonormierte Basen in V^3.

Beweis: Zweierlei muß gezeigt werden. Einmal die Existenz von Vektoren mit den Eigenschaften *I)* und *II)* der Definition der orthonormierten Basis und zum anderen die Basiseigenschaft dieser Vektoren.

A) Existenz: Seien $\vec{a}_1$, $\vec{a}_2$, $\vec{a}_3$ drei linear unabhängige Vektoren. Wir wählen

1) $\vec{e}_1 = \dfrac{1}{|\vec{a}_1|} \cdot \vec{a}_1$, dann ist $\vec{e}_1^2 = 1$. Wir wählen weiterhin *2)* $\vec{e}_2 = \dfrac{1}{|\vec{b}|} \cdot \vec{b}$ mit

3) $\vec{b} = \vec{a}_2 - (\vec{a}_2 \cdot \vec{e}_1)\vec{e}_1$, dann ist $\vec{e}_2^2 = 1$ und

$$\vec{e}_2 \cdot \vec{e}_1 = \frac{1}{|\vec{b}|}(\vec{b} \cdot \vec{e}_1) = \frac{1}{|\vec{b}|}[\vec{a}_2 \cdot \vec{e}_1 - (\vec{a}_2 \cdot \vec{e}_1) \cdot \vec{e}_1^2] = 0.$$

Schließlich wählen wir *4)* $\vec{e}_3 = \dfrac{1}{|\vec{c}|} \cdot \vec{c}$ mit

5) $\vec{c} = \vec{a}_3 - (\vec{a}_3 \cdot \vec{e}_1) \cdot \vec{e}_1 - (\vec{a}_3 \cdot \vec{e}_2) \cdot \vec{e}_2$, dann ist $\vec{e}_3^2 = 1$ und

$$\vec{e}_3 \cdot \vec{e}_1 = \frac{1}{|\vec{c}|}[\vec{a}_3 \cdot \vec{e}_1 - (\vec{a}_3 \cdot \vec{e}_1) \cdot \vec{e}_1^2 - (\vec{a}_3 \cdot \vec{e}_2) \cdot (\vec{e}_2 \cdot \vec{e}_1)] = 0 \text{ sowie}$$

$$\vec{e}_3 \cdot \vec{e}_2 = \frac{1}{|\vec{c}|}[\vec{a}_3 \cdot \vec{e}_2 - (\vec{a}_3 \cdot \vec{e}_1) \cdot (\vec{e}_1 \cdot \vec{e}_2) - (\vec{a}_3 \cdot \vec{e}_2) \cdot \vec{e}_2^2] = 0.$$

Die so konstruierten Vektoren erfüllen also die Bedingungen *I)* und *II)*.

B) Basiseigenschaft: Zu zeigen ist, daß sich jeder Vektor von V^3 durch die konstruierten Vektoren $\vec{e}_1$, $\vec{e}_2$ und $\vec{e}_3$ darstellen läßt und daß diese Darstellung eindeutig ist. Nach dem Hilfssatz 1 gilt dies für einen beliebigen Vektor $\vec{v}$ bezüglich der Basisvektoren $\vec{a}_1$, $\vec{a}_2$ und $\vec{a}_3$: $\vec{v} = x_1 \vec{a}_1 + x_2 \vec{a}_2 + x_3 \vec{a}_3$.
Aus *1)* folgt $\vec{a}_1 = |\vec{a}_1| \cdot \vec{e}_1$,
aus *2)* und *3)* folgt $\vec{a}_2 = |\vec{b}| \vec{e}_2 + (\vec{a}_2 \cdot \vec{e}_1) \vec{e}_1$
und aus *4)* und *5)* folgt $\vec{a}_3 = |\vec{c}| \vec{e}_3 + (\vec{a}_3 \cdot \vec{e}_1) \vec{e}_1 + (\vec{a}_3 \cdot \vec{e}_2) \vec{e}_2$.

Somit lassen sich in der Tat alle Vektoren $\vec{v}$ in der Form
$\vec{v} = \alpha_1 \vec{e}_1 + \alpha_2 \vec{e}_2 + \alpha_3 \vec{e}_3$ darstellen,
wobei $\alpha_1 = x_1 \cdot |\vec{a}_1| + x_2(\vec{a}_2 \cdot \vec{e}_1) + x_3(\vec{a}_3 \cdot \vec{e}_1)$, $\alpha_2 = x_2 \cdot |\vec{b}| + x_3(\vec{a}_3 \cdot \vec{e}_2)$ und
$\alpha_3 = x_3 \cdot |\vec{c}|$ ist.
Gäbe es noch eine zweite Darstellung $v = \beta_1 \vec{e}_1 + \beta_2 \vec{e}_2 + \beta_3 \vec{e}_3$, so führt die
Differenz der beiden Darstellungen zu

$$(\alpha_1 - \beta_1)\vec{e}_1 + (\alpha_2 - \beta_2)\vec{e}_2 + (\alpha_3 - \beta_3)\vec{e}_3 = \vec{0}.$$

Multipliziert man diese Gleichung mit $\vec{e}_1$, so folgt $\alpha_1 = \beta_1$, mit $\vec{e}_2$, so folgt $\alpha_2 = \beta_2$
und mit $\vec{e}_3$, so folgt $\alpha_3 = \beta_3$, d.h. die Darstellung ist eindeutig. Damit ist aber der
Satz vollständig bewiesen.

Satz 34: Sei $(\vec{e}_1, \vec{e}_2, \vec{e}_3)$ eine orthonormierte Basis und
$\qquad \vec{v}_1 = x_{11}\vec{e}_1 + x_{12}\vec{e}_2 + x_{13}\vec{e}_3$ und $\vec{v}_2 = x_{21}\vec{e}_1 + x_{22}\vec{e}_2 + x_{23}\vec{e}_3$,
$\qquad$ so lassen sich die Normen und das Skalarprodukt der Vektoren durch
$\qquad$ die skalaren Komponenten wie folgt darstellen:
$\qquad \vec{v}_1^2 = x_{11}^2 + x_{12}^2 + x_{13}^2$; $\quad \vec{v}_2^2 = x_{21}^2 + x_{22}^2 + x_{23}^2$;
$\qquad \vec{v}_1 \cdot \vec{v}_2 = x_{11}x_{21} + x_{12}x_{22} + x_{13}x_{23}$.

Beweis: Man wende auf die Beziehungen beim Beweis des Satzes 28 die in der
Definition ausgesprochenen Eigenschaften einer orthonormierten Basis an.

Winkelmaßzahl zweier Vektoren, Projektion eines Vektors
und Veranschaulichung des Skalarproduktes
Mit Hilfe des Skalarproduktes lassen sich Winkelmaßzahlen von Vektoren und
damit von Geraden (die durch einen Punkt gehen) einführen.

Definition »*Winkelmaßzahl zweier Vektoren*«: Seien $\vec{a} \neq 0$ und $\vec{b} \neq 0$ zwei
$\qquad$ beliebige Vektoren aus V^3, so wird dem Vektorpaar $\vec{a}$, $\vec{b}$ die *Winkel-*
$\qquad$ *maßzahl* $\varphi = \varphi(\vec{a}, \vec{b}) = \varphi(\vec{b}, \vec{a})$ durch die Beziehung
$\qquad \cos\varphi = \dfrac{\vec{a} \cdot \vec{b}}{|\vec{a}| \cdot |\vec{b}|} = \vec{a}_0 \cdot \vec{b}_0$ zugeordnet.

Bemerkung: Wegen der Eindeutigkeit der cos-Funktion im Intervall $0 \leq \varphi \leq \pi$
entspricht jedem Wert von $\cos\varphi$ genau eine Winkelmaßzahl φ und umgekehrt.
Jedem Vektorpaar wird genau eine Zahl φ zugeordnet, aber natürlich nicht umgekehrt.

Satz 35: Die Winkelmaßzahl paralleler Vektoren ist $\varphi = 0$ oder $\varphi = \pi$, die
$\qquad$ Winkelmaßzahl orthogonaler Vektoren ist $\varphi = \dfrac{\pi}{2}$.

Beweis: $\vec{a} \parallel \vec{b}$, dann ist $\vec{a} = \lambda \vec{b}$ und
$$\cos\varphi = \frac{\lambda \vec{b} \cdot \vec{b}}{|\lambda \vec{b}| \cdot |\vec{b}|} = \frac{\lambda \vec{b}^2}{|\lambda| \vec{b}^2} = \frac{\lambda}{|\lambda|} = \begin{cases} +1 \text{ falls } \lambda > 0 \\ -1 \text{ falls } \lambda < 0. \end{cases}$$
Ist dagegen $\vec{a} \perp \vec{b}$, so ist $\vec{a} \cdot \vec{b} = 0$ und damit $\cos\varphi = 0$.

Definition »*Projektion eines Vektors*«: Unter der *Projektion $\vec{a}'$ von $\vec{a}$ auf $\vec{b}$* ver-
$\qquad$ steht man einen Vektor $\vec{a}'$ (siehe linke Figur), der
$\qquad$ 1) parallel zu $\vec{b}$ ($\vec{a}' \parallel \vec{b}$) und
$\qquad$ 2) senkrecht zu $\vec{a} - \vec{a}'$ ist ($\vec{a}' \perp \vec{a} - \vec{a}'$).

Satz 36:   Die Länge der Projektion $\vec{a}'$ ist von der Länge von $\vec{b}$ unabhängig und

es ist $\vec{a}' = \dfrac{\vec{b} \cdot \vec{a}}{\vec{b}^2} \cdot \vec{b}$.

Beweis: $\vec{a}' \parallel \vec{b}$ bedeutet, daß die beiden Vektoren linear abhängig sind, also
$\vec{a}' = \lambda \vec{b}$. $\vec{a}' \perp (\vec{a} - \vec{a}')$ bedeutet $\vec{a}' \cdot (\vec{a} - \vec{a}') = \lambda \vec{b}(\vec{a} - \lambda \vec{b}) = 0$.

1) Ist $\lambda \neq 0$, dann ist $\vec{b} \cdot \vec{a} - \lambda \vec{b}^2 = 0$ und somit $\lambda = \dfrac{\vec{b} \cdot \vec{a}}{\vec{b}^2}$. Also gilt die eine

Behauptung des Satzes $\vec{a}' = \lambda \vec{b} = \dfrac{\vec{b} \cdot \vec{a}}{\vec{b}^2} \cdot \vec{b}$.

Für die Norm von $\vec{a}'$ gilt:

$\vec{a}'^2 = \dfrac{(\vec{b} \cdot \vec{a})^2}{(\vec{b}^2)^2} \cdot \vec{b}^2 = \dfrac{(\vec{b} \cdot \vec{a})^2}{(\vec{b})^2} = \left(\dfrac{\vec{b}}{\sqrt{\vec{b}^2}} \cdot \vec{a} \right)^2 = (\vec{b}_0 \cdot \vec{a})^2$ mit dem

Einheitsvektor $\vec{b}_0 = \dfrac{\vec{b}}{\sqrt{\vec{b}^2}} = \dfrac{\vec{b}}{|\vec{b}|}$ von $\vec{b}$.

2) Ist $\lambda = 0$, dann ist aber auch $\vec{a}' = 0$ und $\vec{a}'^2 = 0$.

Veranschaulichung des Skalarproduktes: Im Falle von $\varphi < \dfrac{\pi}{2}$ ist $\cos\varphi > 0$ und

dann auch $\vec{a} \cdot \vec{b} > 0$ und $\vec{a} \cdot \vec{b}_0 > 0$. Die Länge der Projektion $\vec{a}'$ von $\vec{a}$ auf $\vec{b}$
erhält man aus obiger Norm:

$$|\vec{a}'| = \sqrt{(\vec{b}_0 \cdot \vec{a})^2} = \vec{b}_0 \cdot \vec{a}.$$

Dies ermöglicht die Umformung

$$\cos\varphi = \frac{\vec{a} \cdot \vec{b}}{|\vec{a}| \cdot |\vec{b}|} = \frac{\vec{a} \cdot \vec{b}_0}{|\vec{a}|} = \frac{|\vec{a}'|}{|\vec{a}|}.$$

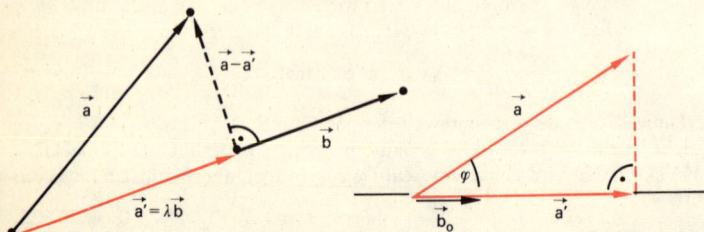

Links *Figur zur Projektion eines Vektors;*
rechts *Figur zur Veranschaulichung des Skalarprodukts*

Hieran erkennt man die übliche elementare Definition der Kosinusfunktion am
rechtwinkligen Dreieck gemäß der rechten Figur.

Im Falle von $\varphi > \dfrac{\pi}{2}$ ist $\cos\varphi < 0$ und damit $\vec{a} \cdot \vec{b} < 0$. Also hat die Projektion

$\vec{a}' = \dfrac{\vec{b} \cdot \vec{a}}{\vec{b}^2} \cdot \vec{b}$ die entgegengesetzte Richtung von $\vec{b}$. Dies entspricht der elementa-

ren Erweiterung der Kosinusfunktion auf stumpfe Winkel mit $\cos\varphi = -\cos\varphi'$
für $\varphi = 180° - \varphi'$.

Wir haben betont von der elementaren Definition der Kosinusfunktion gesprochen. Man könnte nämlich meinen, daß die Einführung des Winkelmaßes mit dem Skalarprodukt doch gewisse metrische Voraussetzungen benutzt. Dies ist nicht der Fall, denn die exakte Definition der Kosinusfunktion erfordert keineswegs eine Definition in der Trigonometrie. Die Kosinusfunktion läßt sich vielmehr auf die e-Funktion zurückführen, worauf hier allerdings nicht eingegangen werden kann.

Normalengleichungen von Geraden und Ebenen, Kreis- und Kugelgleichungen in Vektorform

1) Zweidimensionaler Fall: Wir gehen von der Parameterdarstellung einer Geraden in der ebenen Geometrie aus: $g \equiv \vec{x} = \vec{a} + \lambda \vec{u}$. Unter einem *Normalenvektor* $\vec{n}$ von g verstehen wir einen beliebigen Vektor $\vec{n} \perp \vec{u}$. Dann ist $\vec{x} \cdot \vec{n} = \vec{a} \cdot \vec{n} + 0$, da $\vec{n} \cdot \vec{u} = 0$ ist. Durch Umformung erhält man:
$(\vec{x} - \vec{a}) \cdot \vec{n} = 0$, die sogenannte *Normalengleichung* von g.

Im zweidimensionalen Fall ist ja auch die Lage einer Geraden durch den Ortsvektor $\vec{a}$ des Punktes A der Geraden g und einen Normalenvektor bestimmt. Im Falle der Geraden haben wir die Orthogonalität mit Hilfe des Skalarproduktes benutzt. Eine andere Möglichkeit besteht im Falle eines Kreises in der Benutzung der Norm von Vektoren. Sei nämlich $\vec{m}$ der Ortsvektor des Mittelpunktes M eines Kreises, so werden durch die Vektorgleichung $(\vec{x} - \vec{m})^2 = r^2$ alle Punkte X bestimmt, die auf einem Kreis um M mit dem Radius r liegen *(Vektorform der Kreisgleichung)*.

2) Dreidimensionaler Fall: Geht man hier von der Parameterdarstellung einer Ebene E aus, und ist $\vec{n}$ jetzt ein *Normalenvektor der Ebene E*, so führt die Multiplikation mit $\vec{n}$ auf die gleiche Gleichungsform wie oben, da ja $\vec{n}$ auf beiden Richtungsvektoren der Ebene senkrecht steht. $(\vec{x} - \vec{a}) \cdot \vec{n} = 0$ ist hier die *Normalengleichung der Ebene E*, die durch den Punkt A mit dem Ortsvektor a geht und deren weitere Lage im Raum durch den Normalenvektor $\vec{n}$ bestimmt ist. Die Vektorgleichung $(\vec{x} - \vec{m})^2 = r^2$ bestimmt hier alle Punkte X, die auf einer Kugelsphäre liegen *(Vektorform der Kugelgleichung)*.

Für eine Gerade im Raum gilt: $(\vec{x} - \vec{a}) \cdot \vec{n}_1 = 0 \wedge (\vec{x} - \vec{a}) \cdot \vec{n}_2 = 0$ wobei $\vec{n}_1$ und $\vec{n}_2$ zwei linear unabhängige Normalenvektoren sind.

$(\vec{x} - \vec{m})^2 = r^2 \wedge (\vec{x} - \vec{m}) \cdot \vec{n} = 0$ bestimmt alle Punkte X eines Kreises im Raum.

Beispiele und Aufgaben

Beispiel 28: Man beweise, daß die drei Höhen eines Dreiecks durch einen Punkt gehen.

Lösung: $\vec{p}$, $\vec{q}$ und $\vec{r}$ seien in einem Punkt H angetragene Vektoren, die in den Eckpunkten des Dreiecks enden (linke Figur). Dann lassen sich die Vektoren der Seiten angeben. Es ist $\overrightarrow{AB} = \vec{q} - \vec{p}$, $\overrightarrow{BC} = \vec{r} - \vec{q}$ und $\overrightarrow{CA} = \vec{p} - \vec{r}$. Wir setzen voraus, daß $\vec{p} \perp \overrightarrow{BC}$ und $\vec{q} \perp \overrightarrow{CA}$ ist, also *1)* $\vec{p} \cdot (\vec{r} - \vec{q}) = 0$ und
2) $\vec{q} \cdot (\vec{p} - \vec{r}) = 0$. Der Beweis ist geliefert, wenn wir zeigen können, daß auch $\vec{r} \perp \overrightarrow{AB}$ ist. Die Addition von *1)* und *2)* ergibt in der Tat:
$0 = \vec{p} \cdot \vec{r} - \vec{p} \cdot \vec{q} + \vec{q} \cdot \vec{p} - \vec{q} \cdot \vec{r} = (\vec{p} - \vec{q}) \cdot \vec{r}$.

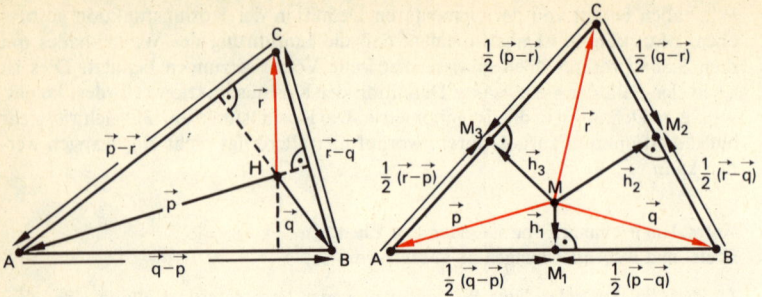

Beispiel 29: Man beweise, daß die drei Mittelsenkrechten eines Dreiecks durch einen Punkt M gehen und daß $\overline{MA} = \overline{MB} = \overline{MC}$ ist.

Lösung: In der rechten Figur sind die Vektoren bereits so angegeben, daß M_1, M_2 und M_3 Mittelpunkte der betreffenden Seiten des Dreiecks sind. Wir setzen voraus, daß $\vec{h}_1 \perp \overline{AB}$ und $\vec{h}_2 \perp \overline{BC}$ ist. Dann haben wir zu zeigen, daß $\vec{h}_3 \perp \overline{CA}$ und $\vec{p}^2 = \vec{q}^2 = \vec{r}^2$ ist. Letzteres können wir sofort zeigen. Wir betrachten die Vektorkette *1)* $\vec{p} + \frac{1}{2}(\vec{q} - \vec{p}) - \vec{h}_1 = 0$ und multiplizieren diese mit dem Vektor $\overline{AB} = \vec{q} - \vec{p}$: $\quad \vec{p}(\vec{q} - \vec{p}) + \frac{1}{2}(\vec{q} - \vec{p})^2 - \vec{h}_1(\vec{q} - \vec{p}) = 0$. Das letzte Glied ist wegen $\vec{h}_1 \perp \overline{AB}$ gleich Null; deshalb ergibt die Vereinfachung $\vec{p}\vec{q} - \vec{p}^2 + \frac{1}{2}\vec{q}^2 - \vec{q} \cdot \vec{p} + \frac{1}{2}\vec{p}^2 = 0$ oder $-\frac{1}{2}\vec{p}^2 + \frac{1}{2}\vec{q}^2 = 0$, d.h. $\vec{p}^2 = \vec{q}^2$. Ebenso zeigt man $\vec{q}^2 = \vec{r}^2$ und damit $\vec{p}^2 = \vec{q}^2 = \vec{r}^2$ oder $|\vec{p}| = |\vec{q}| = |\vec{r}|$, d.h. $\overline{MA} = \overline{MB} = \overline{MC}$. Wir betrachten die Vektorkette *2)* $\vec{p} + \frac{1}{2}(\vec{r} - \vec{p}) - \vec{h}_3 = 0$. Umgeformt ist dies $\vec{h}_3 = \frac{1}{2}(\vec{r} + \vec{p})$. Die Multiplikation mit $(\vec{r} - \vec{p})$ ergibt: $\vec{h}_3 \cdot (\vec{r} - \vec{p}) = \frac{1}{2}(\vec{r} + \vec{p})(\vec{r} - \vec{p}) = \frac{1}{2}(\vec{r}^2 - \vec{p}^2) = 0$, d.h. $\vec{h}_3$ und $\overrightarrow{AC} = (\vec{r} - \vec{p})$ sind orthogonal.

Aufgabe 40: Man führe den Beweis zu Beispiel 28 unter der Voraussetzung, daß $\vec{p} \perp \overline{BC}$ und $\vec{r} \perp \overline{AB}$ ist.

Aufgabe 41: Man führe den Beweis zu Beispiel 29 unter der Voraussetzung, daß $\vec{h}_1 \perp \overline{AB}$ und $\vec{h}_3 \perp \overline{AC}$ ist.

Aufgabe 42: Man zeige, daß die Diagonalen einer Raute Winkelhalbierende sind. Anleitung: Wähle die Bezeichnungen der linken Figur und benutze die Definition der Winkelmaßzahl φ mit der Kosinusfunktion.

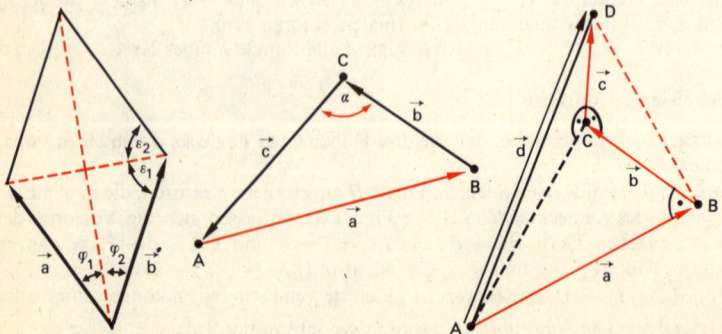

Links *Figur zur Aufgabe 42;* Mitte *Figur zu Beispiel 30;* rechts *Figur zu Beispiel 31*

Beispiel 30: Herleitung des Kosinussatzes (mittlere Figur). Die Vektoren $\vec{a}, \vec{b}$ und $\vec{c}$ spannen das Dreieck $[ABC]$ auf. Vektorkette: $\vec{a} + \vec{b} + \vec{c} = \vec{0}$ oder $\vec{a} = -(\vec{b} + \vec{c})$. Für die Norm von $\vec{a}$ gilt dann

$$\vec{a}^2 = (\vec{b} + \vec{c})^2 = \vec{b}^2 + \vec{c}^2 + 2\vec{b} \cdot \vec{c} = \vec{b}^2 + \vec{c}^2 - 2(-\vec{b} \cdot \vec{c}).$$

Nun ist $\cos \alpha = \dfrac{(-\vec{b}) \cdot \vec{c}}{|-\vec{b}| \cdot |\vec{c}|} = -\dfrac{\vec{b} \cdot \vec{c}}{|b| \cdot |c|}$ oder $-\vec{b} \cdot \vec{c} = |\vec{b}||\vec{c}|\cos \alpha$.

Damit erhält man

$$|\vec{a}|^2 = |\vec{b}|^2 + |\vec{c}|^2 - 2|\vec{b}||\vec{c}|\cos \alpha.$$

Aufgabe 43: Man beweise den Satz des Pythagoras
1) als Spezialfall des Kosinussatzes;
2) direkt mit der Voraussetzung $\vec{b} \perp \vec{c}$.

Beispiel 31: »Räumlicher Satz des Pythagoras«: Die rechte Figur stellt eine Pyramide mit einem in B rechtwinkligen Dreieck als Grundfläche dar und die Kante $\overline{CD}$ ist Höhe der Pyramide. Es besteht die Vektorkette: $\vec{d} = \vec{a} + \vec{b} + \vec{c}$, somit ist $\vec{d}^2 = \vec{a}^2 + \vec{b}^2 + \vec{c}^2 + 2\vec{a} \cdot \vec{b} + 2\vec{b} \cdot \vec{c} + 2\vec{a} \cdot \vec{c}$. Es ist $\vec{a} \cdot \vec{b} = 0$ wegen $\vec{a} \perp \vec{b}$, $\vec{b} \cdot \vec{c} = 0$ wegen $\vec{b} \perp \vec{c}$ und $\vec{a} \cdot \vec{c} = 0$ wegen $\vec{a} \perp \vec{c}$. Folglich gilt

$$|\vec{d}|^2 = |\vec{a}|^2 + |\vec{b}|^2 + |\vec{c}|^2.$$

Aufgabe 44: Man leite den Sinussatz her. Anleitung: Man drücke mit den Bezeichnungen der linken Figur den Höhenvektor durch zwei Vektorketten aus und bilde $\vec{h}^2$.

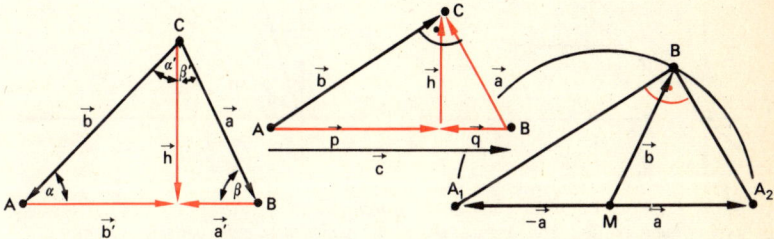

Beispiel 32: Herleitung des Höhensatzes (mittlere Figur). Das Dreieck ist in C rechtwinklig, deshalb ist *1)* $\vec{a} \cdot \vec{b} = 0$. Vektorketten *2)* $\vec{b} = \vec{p} + \vec{h}$ *3)* $\vec{a} = \vec{q} + \vec{h}$ in *1)* eingesetzt ergibt

$$(\vec{p} + \vec{h})(\vec{q} + \vec{h}) = 0 \quad \text{oder} \quad \vec{p} \cdot \vec{q} + \vec{h}^2 = 0,$$

da $\vec{p} \cdot \vec{h} = \vec{q} \cdot \vec{h} = 0$ ist. Nun ist $\varphi(\vec{p}, \vec{q}) = \pi$ also $\cos \varphi = -1$ und somit $\vec{p} \cdot \vec{q} = |\vec{p}| \cdot |\vec{q}|\cos \varphi = -|\vec{p}| \cdot |\vec{q}|$, also $\vec{h}^2 = -\vec{p} \cdot \vec{q} = |\vec{p}| \cdot |\vec{q}|$.

Aufgabe 45: Man leite den Satz des Euklid unter Benutzung der mittleren Figur her.
Anleitung: Stelle die Vektorketten des Gesamtdreiecks und der Teildreiecke auf, benütze $\vec{a} \cdot \vec{b} = 0$ und bilde $\vec{b}^2$ bzw. $\vec{a}^2$.

Aufgabe 46: Man beweise den Satz des Thales unter Benutzung der Bezeichnungen der rechten Figur. Anleitung: Man drücke die Vektoren $\overrightarrow{A_1B}$ und $\overrightarrow{A_2B}$ aus und zeige, unter der Voraussetzung, daß A_1, A_2 und B auf einem Kreis um den Mittelpunkt M liegen, daß $\overrightarrow{A_1B} \perp \overrightarrow{A_2B}$ ist.

Zusammenhang von Koordinatengeometrie und Vektorgeometrie

Koordinatensystem, Ortsvektoren und Spaltendarstellung von Vektoren

Vorgegeben sei ein dreidimensionales Koordinatensystem des euklidischen Raumes mit dem Nullpunkt O und den Einheitspunkten E_1, E_2, E_3 auf den Achsen (linke Figur). Wir wählen jetzt O als Ursprung und können damit allen Punkten des Raumes den Ortsvektor $\vec{p} = \overrightarrow{OP}$ zuordnen. Die nach Axiom IV', 0 eindeutig bestimmten Vektoren $\overrightarrow{OE_1} = \vec{e}_x$, $\overrightarrow{OE_2} = \vec{e}_y$ und $\overrightarrow{OE_3} = \vec{e}_z$ sind linear unabhängig und es gilt $\vec{e}_x \cdot \vec{e}_y = \vec{e}_x \cdot \vec{e}_z = \vec{e}_y \cdot \vec{e}_z = 0$ und $\vec{e}_x^2 = \vec{e}_y^2 = \vec{e}_z^2 = 1$. (e_x, e_y, e_z) ist somit eine orthonormierte Basis und es gilt

$$\vec{p} = x \cdot \vec{e}_x + y \cdot \vec{e}_y + z \cdot \vec{e}_z = \begin{pmatrix} x \\ y \\ z \end{pmatrix}.$$

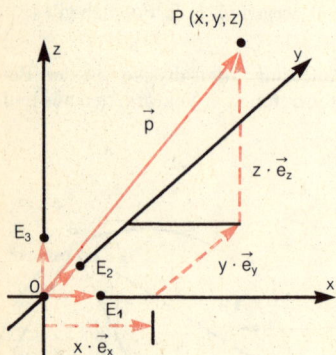

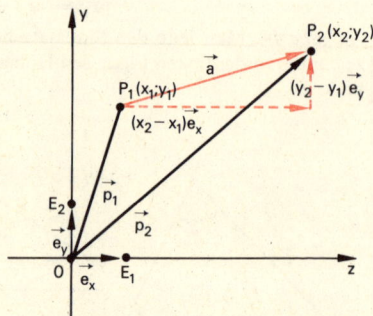

Links *Figur zur Darstellung der Ortsvektoren;*
rechts *Figur zur Beschreibung der skalaren Komponenten eines beliebigen Vektors*

Die Koordinaten des Punktes $P(x; y; z)$ sind also die skalaren Komponenten des Ortsvektors $\vec{p}$. Sei nun (P_1, P_2) ein Punktepaar, dem der Vektor $\vec{a} = \overrightarrow{P_1 P_2}$ zugeordnet ist, dann ist $\vec{a} = \vec{p}_2 - \vec{p}_1$. Mit $P_1(x_1; y_1; z_1)$ und $P_2(x_2; y_2; z_2)$ erhält man

$$\vec{a} = \begin{pmatrix} x_2 \\ y_2 \\ z_2 \end{pmatrix} - \begin{pmatrix} x_1 \\ y_1 \\ z_1 \end{pmatrix} = \begin{pmatrix} x_2 - x_1 \\ y_2 - y_1 \\ z_2 - z_1 \end{pmatrix}.$$

Die skalaren Komponenten eines beliebigen Vektors erhält man also als Koordinaten-Differenzen der Koordinaten des Endpunktes P_2 und des Anfangspunktes P_1 des Punktepaares (P_1, P_2). Entsprechendes gilt für die zweidimensionale Geometrie mit zwei Basisvektoren $\vec{e}_x$ und $\vec{e}_y$. Die rechte Figur veranschaulicht den zweidimensionalen Fall

$$\vec{a} = \vec{p}_2 - \vec{p}_1 = (x_2 - x_1)\,\vec{e}_x + (y_2 - y_1)\,\vec{e}_y = \begin{pmatrix} x_2 - x_1 \\ y_2 - y_1 \end{pmatrix}$$

Vektorielle Herleitung von Gleichungen der Koordinaten-geometrie (Beispiele und Aufgaben)

Wir begnügen uns mit einigen Beispielen und Aufgaben.

Beispiel 33: Zweipunkteform der Geradengleichung. Parameterdarstellung von g:

$$\vec{x} = \vec{p}_1 + \lambda(\vec{p}_2 - \vec{p}_1) \quad \text{oder} \quad \begin{pmatrix} x \\ y \end{pmatrix} = \begin{pmatrix} x_1 \\ y_1 \end{pmatrix} + \lambda \begin{pmatrix} x_2 - x_1 \\ y_2 - y_1 \end{pmatrix} = \begin{pmatrix} x_1 + \lambda(x_2 - x_1) \\ y_1 + \lambda(y_2 - y_1) \end{pmatrix}.$$

Daraus folgt

$$x = x_1 + \lambda(x_2 - x_1) \quad \text{und} \quad y = y_1 + \lambda(y_2 - y_1).$$

Löst man beide Gleichungen nach λ auf und setzt gleich, dann erhält man

$$\lambda = \frac{x - x_1}{x_2 - x_1} = \frac{y - y_1}{y_2 - y_1}, \quad \text{oder} \quad \frac{y - y_1}{x - x_1} = \frac{y_2 - y_1}{x_2 - x_1}.$$

Beispiel 34: Länge einer Strecke $\overline{P_1 P_2}$. Für die Norm von $\vec{p}_2 - \vec{p}_1$ erhält man nach Satz 34 im zweidimensionalen Fall $(\vec{p}_2 - \vec{p}_1)^2 = (x_2 - x_1)^2 + (y_2 - y_1)^2$ und damit

$$\overline{P_1 P_2} = |\vec{p}_2 - \vec{p}_1| = \sqrt{(x_2 - x_1)^2 + (y_2 - y_1)^2},$$

im dreidimensionalen Fall kommt noch das Glied $(z_2 - z_1)^2$ dazu.

Aufgabe 47: Man leite vektoriell die Achsenabschnittsform *1)* einer Geraden der x-y-Ebene *2)* einer Ebene des Raumes her.

Aufgabe 48: Man leite *1)* die Kreisgleichung der x-y-Ebene und *2)* die Kugelgleichung des Raumes her.

Weitere Beispiele und Aufgaben der Raumgeometrie

In diesem letzten Abschnitt wollen wir den Abschnitt Analytische Koordinatengeometrie durch weitere Beispiele und Aufgaben ergänzen, wobei wir die vektorielle Behandlung der Geometrie weiter erläutern wollen.

Beispiel 35: Man bestimme den (kürzesten) Abstand der beiden windschiefen Geraden g_1 und g_2 (linke Figur) mit: $g_1 \equiv \vec{x} = \vec{p}_1 + \lambda\vec{v}_1$, $g_2 \equiv \vec{x} = \vec{p}_2 + \mu\vec{v}_2$ und

$$\vec{p}_1 = \begin{pmatrix} 0 \\ 2 \\ 0 \end{pmatrix}, \ \vec{v}_1 = \begin{pmatrix} 3 \\ -2 \\ 1 \end{pmatrix}, \ \vec{p}_2 = \begin{pmatrix} 0 \\ 0 \\ 6 \end{pmatrix}, \ \vec{v}_2 = \begin{pmatrix} 1 \\ 4 \\ -3 \end{pmatrix}.$$

Lösung: Da $Q_1 \in g_1$ und $Q_2 \in g_2$ ist, gelten die Vektorgleichungen $\vec{q}_1 = \vec{p}_1 + \lambda\vec{v}_1$ und $\vec{q}_2 = \vec{p}_2 + \mu\vec{v}_2$. Deshalb ist

1) $\vec{a} = \vec{q}_2 - \vec{q}_1 = (\vec{p}_2 - \vec{p}_1) + \mu\vec{v}_2 - \lambda\vec{v}_1$. Im Falle des kürzesten Abstands muß aber $(Q_1, Q_2) \perp g_1$ und $(Q_1, Q_2) \perp g_2$ sein, d.h. $\vec{a} \cdot \vec{v}_1 = 0$ und $\vec{a} \cdot \vec{v}_2 = 0$.

Die Multiplikation von *1)* mit $\vec{v}_1$ und danach mit $\vec{v}_2$ liefert:

2) $0 = (\vec{p}_2 - \vec{p}_1)\vec{v}_1 + \mu\vec{v}_1\vec{v}_2 - \lambda\vec{v}_1^2$;

3) $0 = (\vec{p}_2 - \vec{p}_1)\vec{v}_2 + \mu\vec{v}_2^2 - \lambda\vec{v}_1\vec{v}_2$.

Die Ausrechnung der Skalarprodukte ergibt nach Satz 60

$$(\vec{p}_2 - \vec{p}_1) \cdot \vec{v}_1 = \begin{pmatrix} 0 \\ -2 \\ 6 \end{pmatrix} \cdot \begin{pmatrix} 3 \\ -2 \\ 1 \end{pmatrix} = 0 \cdot 3 + (-2)(-2) + 6 \cdot 1 = 10;$$

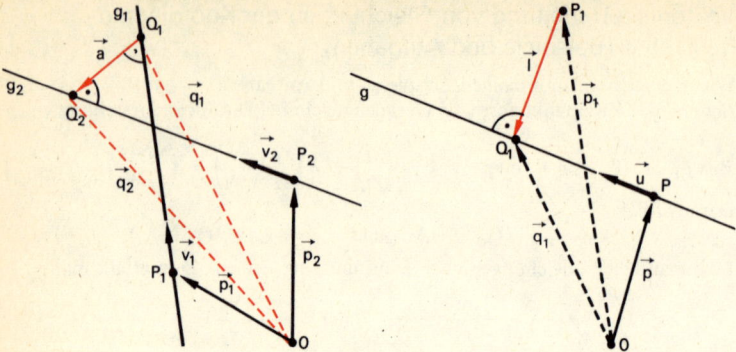

$$(\vec{p}_2 - \vec{p}_1) \cdot \vec{v}_2 = \begin{pmatrix} 0 \\ -2 \\ 6 \end{pmatrix} \cdot \begin{pmatrix} 1 \\ 4 \\ -3 \end{pmatrix} = -26; \quad \vec{v}_1 \cdot \vec{v}_2 = -8; \quad \vec{v}_1^2 = 14; \quad \vec{v}_2^2 = 26.$$

Damit erhält man die zwei Bestimmungsgleichungen für μ und λ:

2) $0 = 10 - 8\mu - 14\lambda$ und *3)* $0 = -26 + 26\mu + 8\lambda$.

2) und *3)* werden gemeinsam erfüllt von $\lambda = \frac{13}{75}$ und $\mu = \frac{71}{75}$.
Damit erhält man

1) $\vec{a} = \begin{pmatrix} 0 \\ -2 \\ 6 \end{pmatrix} + \frac{71}{75}\begin{pmatrix} 1 \\ 4 \\ -3 \end{pmatrix} - \frac{13}{75}\begin{pmatrix} 3 \\ -2 \\ 1 \end{pmatrix} = \frac{1}{75}\begin{pmatrix} 32 \\ 160 \\ 224 \end{pmatrix} = \frac{32}{75}\begin{pmatrix} 1 \\ 5 \\ 7 \end{pmatrix}.$

Somit ist $|\vec{a}| = \sqrt{\vec{a}^2} = \frac{32}{75}\sqrt{1 + 25 + 49} = \frac{32}{75}\sqrt{75} \approx 3{,}70.$

Aufgabe 49: Gegeben ist die Gerade $g \equiv \vec{x} = \vec{p} + \lambda\,\vec{u}$ mit

$\vec{p} = \begin{pmatrix} 9 \\ 0 \\ 0 \end{pmatrix}$ und $\vec{u} = \begin{pmatrix} -1 \\ 3 \\ 2 \end{pmatrix}$.   Von $P_1(0; 0; 6)$ wird das Lot auf die Gerade g

gefällt. Welche Koordinaten hat der Lotfußpunkt Q_1? Anleitung: Figur rechts,
Vektorkette und $\vec{l} \cdot \vec{u} = 0$.

Beispiel 36: Man bestimme die Schnittgerade $g = E \cap E'$ mit

$E \equiv \vec{x} = \begin{pmatrix} 0 \\ 0 \\ 4 \end{pmatrix} + \lambda\begin{pmatrix} 4 \\ 0 \\ -6 \end{pmatrix} + \mu\begin{pmatrix} 0 \\ 3 \\ -1 \end{pmatrix}; \quad E' \equiv \vec{x} = \begin{pmatrix} 0 \\ 0 \\ 6 \end{pmatrix} + \lambda'\begin{pmatrix} 2 \\ 0 \\ -5 \end{pmatrix} + \mu'\begin{pmatrix} 0 \\ 1 \\ -1 \end{pmatrix}.$

Lösung: Gesucht sind alle Ortsvektoren, die sowohl durch die eine als auch die
andere Gleichung dargestellt werden; also muß sein

$$\begin{pmatrix} 0 + 4\lambda + 0 \\ 0 + 0 + 3\mu \\ 4 - 6\lambda - \mu \end{pmatrix} = \begin{pmatrix} 0 + 2\lambda' + 0 \\ 0 + 0 + \mu' \\ 6 - 5\lambda' - \mu' \end{pmatrix}.$$

Dies bedeutet, daß die vier Parameter die folgenden drei Gleichungen erfüllen
müssen:

1) $\quad 4\lambda - 2\lambda' \qquad\qquad = 0;$

2) $\qquad\qquad 3\mu - \mu' = 0;$

3) $-6\lambda + 5\lambda' \quad - \mu + \mu' = 2;$

2) + 3) führt zu *4)* $-6\lambda + 5\lambda' + 2\mu = 2$. Aus *1)* folgt
5) $\lambda' = 2\lambda$. *5)* in *4)* eingesetzt ergibt
6) $-6\lambda + 10\lambda + 2\mu = 2$ oder $4\lambda + 2\mu = 2$ oder
7) $\mu = 1 - 2\lambda$. Aus *2)* folgt mit *7)*: $3(1 - 2\lambda) - \mu' = 0$ oder $\mu' = 3 - 6\lambda$
Die Bedingungen *1), 2)* und *3)* sind erfüllt, wenn λ beliebig und $\lambda' = 2\lambda$ *(5)*;
$\mu = 1 - 2\lambda$ *(7)* und $\mu' = 3 - 6\lambda$ ist.
Somit ergibt sich über die Darstellung von *E* für die Schnittgerade

$$g \equiv \vec{x} = \begin{pmatrix} 0 \\ 0 \\ 4 \end{pmatrix} + \lambda \begin{pmatrix} 4 \\ 0 \\ -6 \end{pmatrix} + (1 - 2\lambda) \begin{pmatrix} 0 \\ 3 \\ -1 \end{pmatrix} = \begin{pmatrix} 0 \\ 3 \\ 3 \end{pmatrix} + \lambda \begin{pmatrix} 4 \\ -6 \\ -4 \end{pmatrix}.$$

Man prüft leicht nach, daß man diese Darstellung auch bekommt, wenn man von der Darstellung von *E'* ausgeht.

Aufgabe 50: Bestimme den Schnittpunkt $\{S\} = g \cap E$, mit

$$E \equiv \vec{x} = \begin{pmatrix} 5 \\ 0 \\ 5 \end{pmatrix} + \lambda \begin{pmatrix} -3 \\ 2 \\ 6 \end{pmatrix} + \mu \begin{pmatrix} 1 \\ 4 \\ 0 \end{pmatrix}, \qquad g \equiv \vec{x} = \begin{pmatrix} 5 \\ -5 \\ 5 \end{pmatrix} + \lambda' \begin{pmatrix} 1 \\ 1 \\ 0 \end{pmatrix}.$$

Anleitung: Ähnliche Überlegungen wie beim Beispiel 36 führen hier zu drei Bedingungen für λ, μ und λ'. Die Parameterwerte lassen sich hier im Gegensatz zu Beispiel 36 eindeutig bestimmen.

Beispiel 37: Gegeben ist die Ebene $E \equiv \vec{x} = \vec{p} + \lambda\vec{u} + \mu\vec{v}$ und die Gerade $g \equiv \vec{x} = \mu\vec{w}$ mit

$$\vec{p} = \begin{pmatrix} 1 \\ 1 \\ 0 \end{pmatrix}; \qquad \vec{u} = \begin{pmatrix} 4 \\ 3 \\ 2 \end{pmatrix}; \qquad \vec{v} = \begin{pmatrix} 0 \\ -3 \\ -1 \end{pmatrix}; \qquad \vec{w} = \begin{pmatrix} -2 \\ 2 \\ 1 \end{pmatrix}.$$

Welchen Winkel schließt *g* mit *E* ein?
Lösung: Wir bestimmen zuerst einen Normalenvektor $\vec{n}$ der Ebene. Sei

$\varphi_1 = \varphi(\vec{n}, \vec{w})$, dann ist der gesuchte Winkel $\varphi = \dfrac{\pi}{2} - \varphi_1$ falls $\varphi_1 < \dfrac{\pi}{2}$ und

$\varphi = \varphi_1 - \dfrac{\pi}{2}$ falls $\varphi_1 > \dfrac{\pi}{2}$. Ist $\varphi_1 = \dfrac{\pi}{2}$, so ist $\vec{w}$ parallel zu der Ebene *E*.

Für $\vec{n}$ gilt $\vec{u} \cdot \vec{n} = 0 \wedge \vec{v} \cdot \vec{n} = 0$. Mit den skalaren Komponenten n_1, n_2, n_3 von $\vec{n}$ erhält man deshalb $4n_1 + 3n_2 + 2n_3 = 0 \wedge -3n_2 - n_3 = 0$. Eine der drei Komponenten kann man frei wählen, etwa $n_3 = 3$, dann muß $n_2 = -1$ sein und deshalb

$$4n_1 - 3 + 6 = 0; \quad 4n_1 = -3; \quad n_1 = -\tfrac{3}{4};$$

$$\cos\varphi_1 = \frac{\vec{n} \cdot \vec{w}}{|\vec{n}| \cdot |\vec{w}|} = \frac{(-\tfrac{3}{4}) \cdot (-2) + (-1) \cdot 2 + 3 \cdot 1}{\sqrt{(\tfrac{3}{4})^2 + 1^2 + 3^2} \, \sqrt{2^2 + 2^2 + 1^2}} = \frac{\tfrac{5}{2}}{\tfrac{13}{4} \cdot 3} = \frac{10}{39};$$

$\cos\varphi_1 \approx 0,2564$, $\varphi_1 \approx 75°36'$
Der gesuchte Winkel zwischen *g* und *E* ist somit $\varphi \approx 14°24'$

Aufgabe 51: Gegeben sind die Ebenen $E \equiv \vec{x} = \lambda\vec{u} + \mu\vec{v}$ und die Geraden $g \equiv \vec{x} = \vec{a} + \sigma\vec{w}$ und $h \equiv \vec{x} = \vec{b} + \tau\vec{t}$ mit

$$\vec{u} = \begin{pmatrix} 6 \\ -5 \\ 7 \end{pmatrix}, \qquad \vec{v} = \begin{pmatrix} -12 \\ 10 \\ 3 \end{pmatrix}, \qquad \vec{w} = \begin{pmatrix} 2 \\ -2 \\ 1 \end{pmatrix}, \qquad \vec{t} = \begin{pmatrix} 0 \\ 0 \\ 1 \end{pmatrix}$$

($\vec{a}$ und $\vec{b}$ beliebig.)
Welchen Winkel schließen *g* und *h*, *g* und *E*, *h* und *E* ein?

Systeme linearer Gleichungen

Vorbemerkungen: In den vorhergehenden Abschnitten wurde bei einigen Beweisen, Beispielen und Aufgaben bereits mit linearen Gleichungssystemen operiert.
Dies beschränkte sich auf wenige Gleichungen und wenige Variable. Lineare
Gleichungssysteme treten nicht nur bei der algebraischen Behandlung der Geometrie auf. Sie lassen sich beispielsweise auch nutzbringend in den Naturwissenschaften, in der Technik und bei ökonomischen Problemen anwenden. Wie nachfolgend aufgezeigt werden wird, bestehen gewisse Möglichkeiten geometrischer
Veranschaulichung und Zusammenhänge von Gleichungssystemen mit Vektorräumen. Dies ist der Grund, weswegen die Systeme linearer Gleichungen als Be-
standteil des Bereiches »Geometrie und Algebra« aufgefaßt werden können

Lösungsverfahren und geometrische Veranschaulichung

Grundbegriffe linearer Gleichungssysteme

Definition: Unter der *Normalform einer linearen Gleichung* versteht man eine
algebraische Gleichung in der Form $a_1 x_1 + a_2 x_2 + \cdots + a_n x_n = c$.
Die x_i heißen *Gleichungsvariable*, die a_i heißen *Koeffizienten*
($i = 1, 2, ..., n$) und c heißt *Konstante*.

Ohne es nachfolgend immer besonders hervorheben zu müssen, setzen wir still-
schweigend voraus, daß die a_i und c *reelle Zahlen* sind.

Definition: Unter einer *Lösung einer linearen Gleichung* verstehen wir ein n-Tupel
reeller Zahlen $(r_1; r_2; ...; r_n)$, die – für die Variablen x_i in die Gleichung eingesetzt – diese erfüllen. Die Menge aller dieser Lösungen
heißt *Lösungsmenge der linearen Gleichung.*

Definition: Unter einem *(m,n)-System* verstehen wir ein System von m linearen
Gleichungen in Normalform mit n Gleichungsvariablen.

Zu dieser Definition ist anzumerken, daß n die *Höchstzahl* verschiedener Glei-
chungsvariablen ist und in den einzelnen linearen Gleichungen nicht immer alle
n Variablen enthalten sein müssen.
Beispiel 38: An Stelle der Symbole x_i ($i = 1, 2, ..., n$) werden üblicherweise auch
Symbole wie $x, y, z, u, v, w, ...$ *zur Bezeichnung der Gleichungsvariablen* gewählt,
wenn Verwechslungen mit den Koeffizienten und den Konstanten ausgeschlos-
sen werden können. Das hat den Vorteil, daß man sich die Indizes ersparen kann.
Wo immer dies bei Beispielen und Aufgaben möglich ist, werden wir dieser
Schreibweise den Vorzug geben.

(3,3)-System	(3,2)-System	(2,3)-System
$2x - 5y + 3z = 2$	$x + y = -1$	$u - v - w = -3$
$x + y + z = 0$	$x - 2y = 2$	$2u + 5v \quad = 3$
$3x \quad - 2z = 1$	$4x - 2y = 2$	

Definition: Unter der *Lösungsmenge L eines (m,n)-Systems* versteht man den Durchschnitt der *m* Lösungsmengen der *m* linearen Gleichungen.

Definition: Zwei lineare Gleichungssysteme heißen *äquivalent*, wenn sie dieselbe Lösungsmenge besitzen.

Beispiel 39: Äquivalente Systeme sind

a) $\quad 3x + 4y = 10 \qquad\qquad 5x = 10 \qquad\qquad x = 2$
$\quad\;\; 2x - 4y = \;\; 0 \qquad\quad x - 2y = \;\; 0 \qquad\qquad y = 1$

b) $\quad 2x - 3y = \;\; 0 \qquad\qquad\quad y = \;\; 2 \qquad\qquad x = 3$
$\quad\;\; 2x - \;\; y = \;\; 4 \qquad\quad x - \;\; y = \;\; 1 \qquad\qquad y = 2$

c) $\quad\;\; x - 2y = 1 \qquad\quad x - 2y = 1 \qquad 0 \cdot x + 0 \cdot y = 1$
$\quad\;\; 2x - 4y = 0 \qquad\quad x - 2y = 0 \qquad\quad x - 2y = 0$

d) $\quad 2x - \;\; y = \;\; 3 \qquad\qquad\qquad\qquad 2x - y = 3$
$\quad\;\; 4x - 2y = \;\; 6 \qquad\qquad\qquad\qquad 2x - y = 3$

Im Falle *a)* enthält die Lösungsmenge *L* für alle drei (2,2)-Systeme als einziges Element das Zahlenpaar (2;1). Der Fall *b)* entspricht mit dem Zahlenpaar (3;2) dem Fall *a)*. Im Falle *c)* ist $L = \emptyset$, da beide Gleichungen keine gemeinsamen Lösungen haben. Im Fall *d)* ist *L* eine unendliche Menge.

Definition: Unter einer *elementaren Umformung* eines linearen Gleichungs- systems verstehen wir die Ersetzung des Systems durch ein System, das sich von dem gegebenen nur dadurch unterscheidet, daß
(1) eine der Gleichungen des gegebenen Systems durch die mit einer von 0 verschiedenen Zahl multiplizierte Gleichung ersetzt wird oder
(2) eine der Gleichungen des gegebenen Systems durch die Summe dieser Gleichung mit einer anderen des gegebenen Systems er- setzt wird oder
(3) die Reihenfolge der Gleichungen des gegebenen Systems ver- tauscht wird.

Bemerkung: Durch diese Umformungen bleibt ein in der Normalform gegebenes System in Normalform:
Ist

(S1) $\qquad\qquad\qquad a_1 x + b_1 y = c_1$
$\qquad\qquad\qquad\qquad a_2 x + b_2 y = c_2 \quad$ das gegebene System, so

wird es durch zweimaliges Anwenden von *(1)* übergeführt in

(S2) $\qquad\qquad\qquad (\lambda a_1)x + (\lambda b_1)y = \lambda c_1$
$\qquad\qquad\qquad\qquad (\mu a_2)x + (\mu b_2)y = \mu c_2$

(dabei dürfen für λ und μ nur von 0 verschiedene Zahlen eingesetzt werden).

Durch *(2)* wird es beispielsweise übergeführt in

(S3)
$$(a_1 + a_2)x + (b_1 + b_2)y = c_1 + c_2$$
$$a_2 x + b_2 y = c_2$$

durch *(1)*, *(2)* und *(3)* beispielsweise in

(S4)
$$(\lambda a_1 + \mu a_2)x + (\lambda b_1 + \mu b_2)y = (\lambda c_1 + \mu c_2)$$
$$\lambda a_1 x + \lambda b_1 y = \lambda c_1$$

Satz 37:   Elementare Umformungen sind *Äquivalenzumformungen* des linearen Gleichungssystems, d. h. durch die Umformungen *(1)*, *(2)* und *(3)* ändert sich die Lösungsmenge nicht.

Beweis: Wir beschränken uns zunächst auf $(m,2)$-Systeme mit den Variablen x und y.

Bezüglich der elementaren Umformung *(1)* betrachten wir eine beliebige Gleichung G_i, das ist die Gleichung der i-ten Zeile:

vor der Umformung   nach der Umformung *(1)*

G_i: $a_i x + b_i y = c_i$ G_i': $(a_i\lambda)x + (b_i\lambda)y = c_i\lambda$,   mit $\lambda \neq 0$.

Sei $(u;v)$ eine Lösung von G_i, denn ist $a_i u + b_i v = c_i$. Daraus folgt $\lambda(a_i u + b_i v) = \lambda c_i$ oder $(a_i\lambda)u + b_i\lambda)v = c_i\lambda$, d. h. $(u;v)$ ist auch Lösung von G_i'. Ist $(s;t)$ eine Lösung von G_i', so kann man analog (Division durch λ) zeigen, daß $(s;t)$ auch eine Lösung von G_i ist. Damit ist die Identität der Lösungsmengen von G_i und G_i' nachgewiesen. Da die anderen $m-1$ Gleichungen bei Anwendung der elementaren Umformung *(1)* keine Veränderung erfahren, hat sich insgesamt die Lösungsmenge nicht verändert.

Bezüglich der elementaren Umformung *(2)* muß jetzt gezeigt werden, daß sich der Durchschnitt der Lösungsmengen dabei nicht ändert, da die Ersetzung der ursprünglichen Gleichung durch eine i.a. nicht äquivalente Gleichung erfolgt. Nun betrachten wir neben einer beliebigen Gleichung G_i noch eine beliebige andere Gleichung G_j und das von diesen beiden Gleichungen gebildete Teilsystem *(S1)*.

(S1)
$$a_i x + b_i y = c_i \quad (\text{i-te Gleichung})$$
$$a_j x + b_j y = c_j \quad (\text{j-te Gleichung})$$

Bei Anwendung der elementaren Umformung *(2)* erhält man für das bisherige Teilsystem *(S1)* das neue Teilsystem *(S2)*:

(S2)
$$(a_i + a_j)x + (b_i + b_j)y = c_i + c_j$$
$$a_j x + \qquad b_j y = c_j$$

Ist $(u;v)$ ein Element der Lösungsmenge des Teilsystems *(S1)*, so ist

$$a_i u + b_i v = c_i \quad \text{und}$$
$$a_j u + b_j v = c_j$$

Dann ist aber

$$(a_i + a_j)u + (b_i + b_j)v = a_i u + a_j u + b_i v + b_j v =$$
$$(a_i u + b_i v) + (a_j u + b_j v) = c_i + c_j$$

Also gilt

$$(a_i + a_j)u + (b_i + b_j)v = c_i + c_j,$$

und das bedeutet: $(u;v)$ ist Element der Lösungsmenge von

$$(a_i + a_j)x + (b_i + b_j)y = c_i + c_j.$$

Das Zahlenpaar $(u;v)$ erfüllt also auch beide Gleichungen des Systems *(S2)*, d.h., die Lösungsmenge des Systems *(S1)* ist in der des Systems *(S2)* enthalten. Daß auch das Umgekehrte gilt, erkennt man daran, daß sich die elementaren Umformungen rückgängig machen lassen:

(S2)
$$(a_i + a_j)x + (b_i + b_j)y = c_i + c_j$$
$$a_j x + b_j y = c_j$$

ist äquivalent,

(S3)
$$(a_i + a_j)x + (b_i + b_j)y = c_i + c_j$$
$$-a_j x - b_j y = -c_j$$

und durch Addition erhält man

(S4)
$$a_i x + b_i y = c_i$$
$$-a_j x - b_j y = -c_j.$$

Multipliziert man jetzt die zweite Gleichung noch einmal mit -1, so erhält man wieder das ursprüngliche System *(S1)*.

Es ist leicht einzusehen, daß die Beschränkung auf $(m,2)$-Systeme die Gültigkeit des Satzes 37 nicht einschränkt. Wir haben lediglich auf diese Weise die Schreibarbeit erheblich reduziert:

Der Beweis bezüglich der elementaren Umformung *(3)* ist trivial, da die Bildung des Durchschnitts nicht von der Reihenfolge abhängt.

Geometrische Interpretation der elementaren Umformungen

An Hand eines $(2,2)$-Systems bzw. eines $(3,3)$-Systems wollen wir im zweidimensionalen bzw. dreidimensionalen Koordinatensystem veranschaulichen, was die elementaren Umformungen bewirken.

Abkürzende Bezeichnungen: Da hier und später immer wieder elementare Umformungen vorgenommen werden, wollen wir die einzelnen Gleichungen eines beliebigen (m,n)-Systems mit $G_1, G_2, \ldots, G_n$ abkürzend bezeichnen. Damit können wir auch leicht die elementaren Umformungen, die vorgenommen werden müssen, beschreiben. So bedeutet dann beispielsweise $G_i' = \lambda G_i$, daß die Gleichung G_i mit λ multipliziert und durch G_i' ersetzt wurde (elementare Umformung *(1)*). Sinngemäß entspricht $G_i' = G_i + G_j$ der elementaren Umformung *(2)* und $G_i' = G_j \wedge G_j' = G_i$ der elementaren Umformung *(3)*.

Auch mehrfache elementare Umformungen lassen sich so abkürzend beschreiben. Z.B. $G_i' = \lambda G_i + \mu G_j$, d.h. die Gleichung G_i wurde durch eine *Linearkombination der beiden Gleichungen* G_i und G_j ($\lambda \neq 0$ und $\mu \neq 0$) ersetzt.

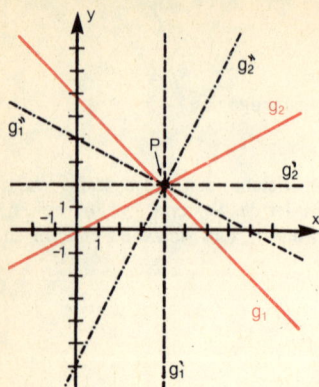

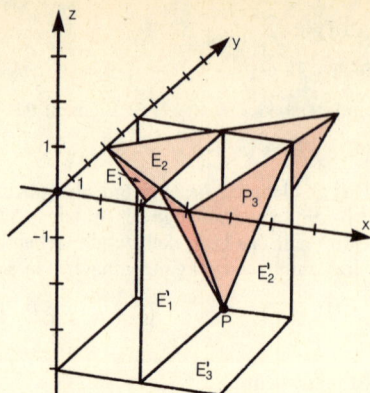

Links: *Geometrische Veranschaulichung eines (2,2)-Systems;* rechts: *Geometrische Veranschaulichung eines (3,3)-Systems*

Die linke Abbildung stellt eine Veranschaulichung für das folgende (2,2)-System dar:

G_1: $x +\ \ y = 6$, dargestellt durch die Gerade g_1.

G_2: $x - 2y = 0$, dargestellt durch die Gerade g_2.

Der übliche erste Schritt zur Lösung des Systems führt zu:

G_1: $x + y = 6$, dargestellt durch die Gerade g_1.

$G_2' = \frac{1}{3} G_1 - \frac{1}{3} G_2$: $y = 2$, dargestellt durch die Gerade g_2'.

Der übliche nächste Schritt führt zu:

$G_1' = G_1 - G_2'$: $x = 4$, dargestellt durch g_1'.

G_2': $y = 2$, dargestellt durch g_2'.

Bei einer ungeschickten Verfahrensweise könnte man auch auf ein weiteres äquivalentes (2,2)-System kommen, z. B. auf:

$G_1'' = G_1 + G_2'$: $x + 2y = 8$, dargestellt durch die Gerade g_1''.

$G_2'' = G_1 + G_2$: $2x -\ \ y = 6$, dargestellt durch die Gerade g_2''.

An Hand der Abbildung erkennt man also, daß im Falle eines (2,2)-Systems der Anwendung elementarer Umformungen ein Austausch von Geraden entspricht, wobei alle diesbezüglich möglichen Geraden durch den Punkt P gehen, der dem lösenden Zahlenpaar (4; 2) entspricht. Voraussetzung ist allerdings für ein solches System, daß es eine eindeutige Lösung besitzt, was – wie wir später sehen werden – nicht notwendig der Fall sein muß. Hier sei nur vermerkt, daß bei einem System, dessen Veranschaulichung zu zwei parallelen Geraden führt, die Lösungsmenge leer ist. Bei Anwendung elementarer Umformungen erhält man dann bei der Veranschaulichung Geraden, die zu den vorgegebenen parallel sind.

Die rechte Abbildung stellt eine Veranschaulichung für das folgende (3,3)-System dar:

G_1: $x + y + \quad z = \quad 3$, dargestellt durch die Ebene E_1.

G_2: $x - y \qquad = -3$, dargestellt durch die Ebene E_2.

G_3: $7x - y - 3z = 21$, dargestellt durch die Ebene E_3.

Nach der Durchführung einer Reihe von geeigneten elementaren Umformungen kann man das folgende äquivalente Gleichungssystem erhalten, das die hier wiederum eindeutige Lösung dieses (3,3)-Systems darstellt:

G_1': $x \quad = \quad 2$, dargestellt durch die Ebene E_1'.

G_2': $y = \quad 5$, dargestellt durch die Ebene E_2'.

G_3': $z = -4$, dargestellt durch die Ebene E_3'.

Auch hier erkennen wir, daß die elementaren Umformungen in der geometrischen Veranschaulichung zum Austausch von Ebenen führen, die alle durch den Punkt P gehen, der dem lösenden Zahlentripel $(2; 5; -4)$ entspricht.

Das Gaußsche Eliminationsverfahren

Der berühmte deutsche Mathematiker *Karl Friedrich Gauß (1777–1855)* hat als erster einen *systematischen Weg* aufgezeigt, der bei geeigneter Wahl von elementaren Umformungen zu den Lösungsmengen beliebiger (m,n)-Systeme führt. Wir zeigen dies beispielhaft bei dem nachfolgenden (4,4)-System.

Beispiel 40:

G_1: $\qquad\qquad x_1 + 3x_2 - \quad x_3 - 2x_4 = 1$

G_2: $\qquad\qquad 2x_1 \qquad + 2x_3 + 3x_4 = 3$

G_3: $\qquad\qquad -x_1 - \quad x_2 + 3x_3 \qquad = 5$

G_4: $\qquad\qquad\qquad 5x_2 \qquad\qquad - 2x_4 = 2$

Wir lassen G_1 und G_4 stehen und *eliminieren* aus G_2 und G_3 *die Variable* x_1 mit Hilfe von G_1:

$G_1' = G_1$: $\qquad\qquad x_1 + 3x_2 - \quad x_3 - 2x_4 = 1$

$G_2' = G_2 + (-2)G_1$: $\qquad\quad -6x_2 + 4x_3 + 7x_4 = 1$

$G_3' = G_3 + G_1$: $\qquad\qquad\quad 2x_2 + 2x_3 - 2x_4 = 6$

$G_4' = G_4$: $\qquad\qquad\qquad 5x_2 \qquad\qquad - 2x_4 = 2$

Jetzt dividieren wir G_3' durch 2 und *eliminieren* aus den übrigen Gleichungen die *Variable* x_2 mit Hilfe von G_3':

$G_1'' = G_1' + (-\frac{3}{2})G_3'$: $\qquad x_1 \qquad - 4x_3 + \quad x_4 = -8$

$G_2'' = G_2' + 3G_3'$: $\qquad\qquad\qquad 10x_3 + \quad x_4 = 19$

$G_3'' = \frac{1}{2}G_3'$: $\qquad\qquad\quad x_2 + \quad x_3 - \quad x_4 = 3$

$G_4'' = G_4' + (-\frac{5}{2})G_3'$: $\qquad\qquad - 5x_3 + 3x_4 = -13$

Da x_4 in G_2'' den Koeffizienten 1 hat, lassen wir G_2'' stehen und *eliminieren* x_4 aus den übrigen Gleichungen mit Hilfe von G_2'':

$$G_1''' = G_1'' + (-1) G_2'': \qquad x_1 \qquad - 14 x_3 \qquad = -27$$
$$G_2''' = G_2'': \qquad\qquad\qquad\qquad 10 x_3 + \quad x_4 = 19$$
$$G_3''' = G_3'' + G_2'': \qquad\qquad x_2 + 11 x_3 \qquad = 22$$
$$G_4''' = G_4'' + (-3) G_2'': \qquad\qquad - 35 x_3 \qquad = -70$$

Jetzt dividieren wir G_4''' durch -35 und *eliminieren* x_3 aus den übrigen Gleichungen:

$$G_1'''' = G_1''' + (-\tfrac{14}{35}) G_4''': \qquad x_1 \qquad\qquad\qquad = 1$$
$$G_2'''' = G_2''' + \tfrac{10}{35} G_4''': \qquad\qquad\qquad\qquad x_4 = -1$$
$$G_3'''' = G_3''' + \tfrac{11}{35} G_4''': \qquad\qquad x_2 \qquad\qquad = 0$$
$$G_4'''' = (-\tfrac{1}{35}) G_4''': \qquad\qquad\qquad\qquad x_3 \qquad = 2$$

Mit diesen vier letzten elementaren Umformungen ist der *Lösungsprozeß beendet*. Unser (4,4)-System hat wieder eine eindeutige Lösung, nämlich das Quadrupel $(1;0;2;-1)$.

Aufgabe 52: Man prüfe durch Einsetzen des Lösungsquadrupels nach, ob die ersten vier Gleichungssysteme des Beispiels 40 auch wirklich von diesem Quadrupel erfüllt werden.

Wir haben bei der Lösung des (4,4)-Systems des Beispiels 40 in vier Schritten die Lösung erhalten. Die *Anzahl der Schritte hängt* offensichtlich *mit der Anzahl der Variablen zusammen*. Bei der richtigen Wahl der elementaren Umformungen wird bei jedem Schritt eine weitere Variable aus jeweils drei Gleichungen eliminiert.

Aufgabe 53: Führen Sie für das (3,3)-System, für das wir oben eine Veranschaulichung durch Ebenen durchgeführt haben, das Gaußsche Eliminationsverfahren in drei Schritten durch.

Für die praktische Handhabe läßt sich das Gaußsche Eliminationsverfahren noch etwas vereinfachen, da die Rechnungen nur mit den Koeffizienten und den Konstanten durchgeführt werden. Variable und Gleichheitszeichen brauchen in dem nachfolgenden *Berechnungsschema* nicht jedesmal angeschrieben zu werden. Allerdings muß an allen Stellen, an denen eine Variable fehlt, der Koeffizient Null angeschrieben und müssen auch die Koeffizienten vom Wert 1 mitgeschrieben werden. Wir stellen das Berechnungsschema für das Beispiel 40 vor (gegenüber):

Das Berechnungsschema besteht in unserem Falle aus 6 *Blöcken* B_1 bis B_6. Der Block B_1 enthält mit genau vier Zeilen und fünf Spalten die zu den darüberstehenden Variablen zuzuordnenden Koeffizienten und Konstanten (fünfte Spalte). In einer Zusatzspalte vor den Koeffizienten stehen die Abkürzungen für die Gleichungen und in gewissen Fällen auch noch die angewandte elementare Umformung vom Typ (1). Dies führt in den Blöcken B_2 bis B_5 zu »*Zusatzzeilen*«, die im Berechnungsschema rot unterlegt sind. Diese Zusatzzeilen erleichtern die Anwendung der elementaren Umformung vom Typ (2), indem die zu addierenden Koeffizienten und Konstanten direkt untereinanderstehen. Für die beiden Blöcke B_2 und B_3 wird im Berechnungsschema beispielhaft festgehalten, in wel-

		x_1	x_2	x_3	x_4		
B_1	G_1	1	3	−1	−2	·	1
	G_2	2	0	2	3	·	3
	G_3	−1	−1	3	0	·	5
	G_4	0	5	0	−2	·	2
B_2	G_1	1	3	−1	−2	·	1
	G_2	2	0	2	3	·	3
	$(-2)G_1$	−2	−6	2	4	·	−2
	G_3	−1	−1	3	0	·	5
	G_1	1	3	−1	−2	·	1
	G_4	0	5	0	−2	·	2
B_3	G_1'	1	3	−1	−2	·	1
	$-\frac{3}{2}G_3'$	0	−3	−3	3	·	−9
	G_2'	0	−6	4	7	·	1
	$3G_3'$	0	6	6	−6	·	18
	G_3'	0	2	2	−2	·	6
	$\frac{1}{2}G_3'$	0	1	1	−1	·	3
	G_4'	0	5	0	−2	·	2
	$-\frac{5}{2}G_3'$	0	−5	−5	5	·	−15
B_4	G_1''	1	0	−4	1	·	−8
	$-G_2''$	0	0	−10	−1	·	−19
	G_2''	0	0	10	1	·	19
	G_3''	0	1	1	−1	·	3
	G_2''	0	0	10	1	·	19
	G_4''	0	0	−5	3	·	−13
	$-3G_2''$	0	0	−30	−3	·	−57
B_5	G_1'''	1	0	−14	0	·	−27
	$-\frac{14}{35}G_4'''$	0	0	14	0	·	28
	G_2'''	0	0	10	1	·	19
	$+\frac{10}{35}G_4'''$	0	0	−10	0	·	−20
	G_3'''	0	1	11	0	·	22
	$+\frac{11}{35}G_4'''$	0	0	−11	0	·	−22
	G_4'''	0	0	−35	0	·	−70
	$-\frac{1}{35}G_4''$	0	0	1	0	·	2
B_6	G_1''''	1	0	0	0	·	1
	G_2''''	0	0	0	1	·	−1
	G_3''''	0	1	0	0	·	0
	G_4''''	0	0	1	0	·	2

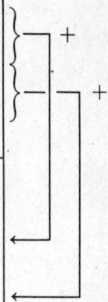

cher »Normalzeile« von Block B_3 das Ergebnis der Addition der jeweiligen »Normalzeile« und der gewählten »Zusatzzeile« des Blocks B_2 steht. Der Block B_6 hat dann wieder nur vier Zeilen, da hier das Verfahren abgeschlossen ist.

Das Gaußsche Eliminationsverfahren kann in einem sogenannten *»Flußdiagramm«* dargestellt werden, wobei für die erforderlichen Schritte *»Befehle«* erteilt und *»Ja-Nein-Entscheidungen«* verlangt werden.

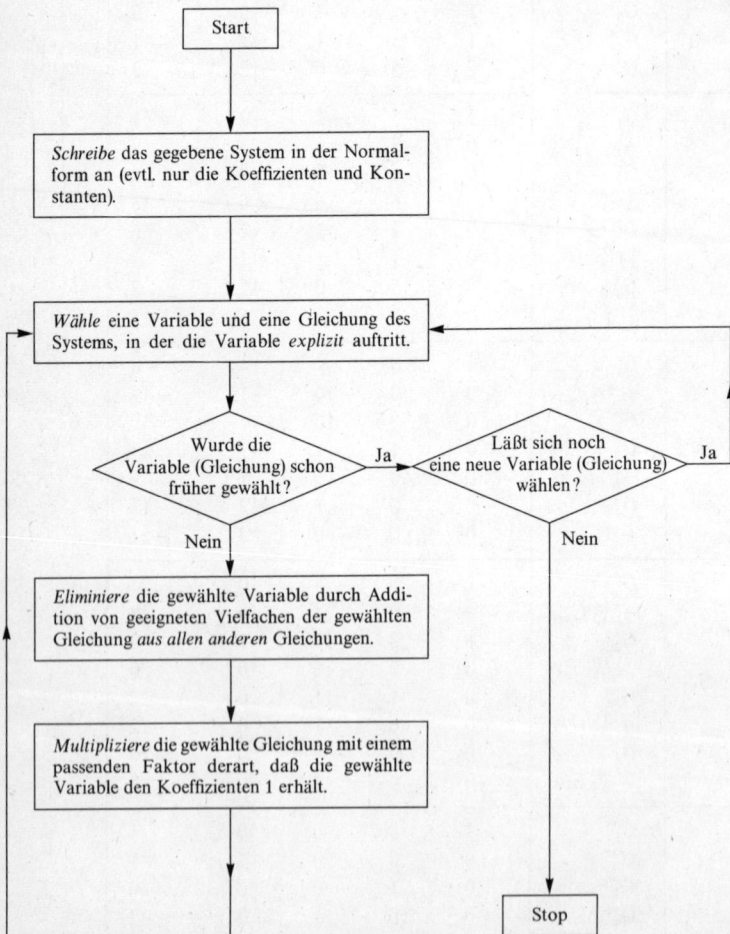

Start

Schreibe das gegebene System in der Normalform an (evtl. nur die Koeffizienten und Konstanten).

Wähle eine Variable und eine Gleichung des Systems, in der die Variable *explizit* auftritt.

Wurde die Variable (Gleichung) schon früher gewählt?

Ja

Läßt sich noch eine neue Variable (Gleichung) wählen?

Ja

Nein

Nein

Eliminiere die gewählte Variable durch Addition von geeigneten Vielfachen der gewählten Gleichung *aus allen anderen* Gleichungen.

Multipliziere die gewählte Gleichung mit einem passenden Faktor derart, daß die gewählte Variable den Koeffizienten 1 erhält.

Stop

Aufgabe 54: Lösen Sie die beiden folgenden Gleichungssysteme:

a)
$$\begin{aligned}
x_1 + x_2 + x_3 + x_4 &= 0 \\
3x_1 + 4x_2 + 5x_3 + 3x_4 &= -1 \\
2x_2 - x_3 - x_4 &= 17 \\
2x_1 \quad\quad + 4x_3 - 2x_4 &= 0
\end{aligned}$$

b)
$$\begin{aligned}
1{,}25x_1 + 3{,}7x_2 + 16x_3 &= 6{,}8 \\
3{,}7\ x_1 - 5{,}2x_2 + 25x_3 &= 24{,}6 \\
0{,}6\ x_1 + 1{,}3x_2 - 3x_3 &= 5{,}4
\end{aligned}$$

Linear abhängige und linear unabhängige Gleichungen

Wir beginnen unsere Betrachtung mit der Anwendung des Gaußschen Eliminationsverfahrens auf das folgende (4,4)-System, wobei wir schrittweise die einzelnen äquivalenten Systeme angeben.
Beispiel 41:

(S1)
$$\begin{aligned}
G_1: &\quad 10y - 5z + 3\ u = 10 \\
G_2: &\quad -5x \quad\quad + 10z - 22\ u = 0 \\
G_3: &\quad -5x + 20y \quad\quad - 16\ u = 20 \\
G_4: &\quad -3x + 44y - 16z \quad\quad = 44
\end{aligned}$$

(S2)
$$\begin{aligned}
G_1': &\quad 10y - 5z + 3\ u = 10 \\
G_2': &\quad x \quad - 2z + 4{,}4u = 0 \\
G_3': &\quad 20y - 10z + 6\ u = 20 \\
G_4': &\quad 220y - 110z + 66\ u = 220
\end{aligned}$$

(S3)
$$\begin{aligned}
G_1'': &\quad y - 0{,}5z + 0{,}3u = 1 \\
G_2'': &\quad x \quad - 2\ z + 4{,}4u = 0 \\
G_3'': &\quad 0 = 0 \\
G_4'': &\quad 0 = 0
\end{aligned}$$

Überraschend bricht hier das Verfahren bereits nach dem zweiten Schritt ab, und es bleiben dann auch nur noch zwei »echte« lineare Gleichungen übrig. Weiterhin ist es nicht möglich, durch weitere elementare Umformungen die vier Variablen so zu isolieren, wie dies in den bisherigen Beispielen mit eindeutigen Lösungen möglich war. In unserem jetzigen Fall gibt es keine eindeutige Lösung. Man prüft leicht nach, daß z. B. die Quadrupel $(0; 1; 0; 0)$ und $(-20; 0; 1; 5)$ alle drei Gleichungssysteme erfüllen. Die Lösungsmenge dieses Gleichungssystems ist eine unendliche Menge von Quadrupeln, denn für jede beliebige Wahl von Werten für die beiden Variablen z und u erhält man eindeutig bestimmte Werte für die Variablen x und y. Mit Hilfe von *Lösungsparametern* σ und τ läßt sich die Lösungsmenge L dieses Gleichungssystems wie folgt angeben:

$$L = \{(2\sigma - 4{,}4\tau;\ 1 + 0{,}5\sigma - 0{,}3\tau;\ \sigma;\ \tau)\,|\,\sigma, \tau \in \mathbb{R}\}$$

Obige Quadrupel erhält man für $\sigma = \tau = 0$ und für $\sigma = 1$ und $\tau = 5$.
Was ist aber der ursächliche Unterschied des Systems (S1) gegenüber den bisher betrachteten Fällen? Beim Übergang vom System (S2) zum System (S3) wurde y isoliert, wobei jeweils ein geeignetes Vielfaches von G_1' von den anderen Gleichungen subtrahiert wurde. Dieses Vielfache war aber dann jeweils identisch mit der Gleichung G_3' bzw. G_4', so daß sich die Gleichungen jeweils auf 0 reduzierten.

Diese spezielle Eigenschaft muß aber bereits implizit im System (S1) vorhanden sein. In der Tat zeigt sich, daß die vier Gleichungen des Systems in einer bestimmten *Abhängigkeit* voneinander stehen. Und zwar ist:

$$G_3 = 2 \cdot G_1 + G_2 \quad \text{und} \quad G_4 = \tfrac{22}{5} \cdot G_1 + \tfrac{3}{5} \cdot G_2.$$

Aufgabe 55: Zeigen Sie, daß sich die beiden Gleichungen G_1 und G_2 aus dem Beispiel 41 ebenfalls durch die beiden Gleichungen G_3 und G_4 darstellen lassen.

Diese mögliche Eigenschaft in Gleichungssystemen führt zur

Definition: Läßt sich eine lineare Gleichung G als Linearkombination von anderen Gleichungen darstellen:

$$G = \lambda_1 G_1 + \lambda_2 G_2 + \cdots + \lambda_r G_r,$$

so heißt G *linear abhängig* von $G_1, G_2, \ldots, G_r$.

Satz 38: Ist G eine von $G_1, G_2, \ldots, G_r$ linear abhängige Gleichung, so ist jede gemeinsame Lösung aller $G_1, \ldots, G_r$ auch Lösung von G.

Beweis: Wir führen zunächst den Beweis für $r = 2$. Seien also folgende Gleichungen vorgegeben:

$$G_1: \ a_1 x + b_1 y = c_1, \qquad G_2: \ a_2 x + b_2 y = c_2 \quad \text{und} \quad G: \ ax + by = c.$$

Wegen der linearen Abhängigkeit gilt $\quad G = \lambda G_1 + \mu G_2.$ Dann lassen sich die Koeffizienten und die Konstante von G mit λ und μ darstellen:

$$a = \lambda a_1 + \mu a_2, \quad b = \lambda b_1 + \mu b_2 \quad \text{und} \quad c = \lambda c_1 + \mu c_2.$$

Sei $(u; v)$ eine gemeinsame Lösung von G_1 und G_2, dann gilt:
$a_1 u + b_1 v = c_1 \quad \text{und} \quad a_2 u + b_2 v = c_2.$ Daraus folgt:
$au + bv = (\lambda a_1 + \mu a_2)u + (\lambda b_1 + \mu b_2)v = \lambda a_1 u + \mu a_2 u + \lambda b_1 v + \mu b_2 v = \lambda(a_1 u + b_1 v) + \mu(a_2 u + b_2 v) = \lambda c_1 + \mu c_2 = c.$
Somit erfüllt also das Zahlenpaar $(u; v)$ auch die Gleichung G. Für $r > 2$ ist die Beweisführung völlig analog, jedoch der Schreibaufwand erheblich größer, da an Stelle der hier auftretenden Gleichungspaare jeweils mit r Gleichungen zu operieren wäre. Darauf wird verzichtet.

Satz 39: Ist $G = \lambda_1 G_1 + \lambda_2 G_2 + \cdots + \lambda_r G_r$, und gilt für einen Koeffizienten $\lambda_k \neq 0$, so ist auch die Gleichung G_k linear von G und den Gleichungen $G_1, \ldots, G_{k-1}, G_{k+1}, \ldots, G_k$ abhängig.

Beweis: Zur Abkürzung setzen wir $G'_k = G + (-\lambda_k) G_k = \lambda_1 G_1 + \cdots + \lambda_{k-1} G_{k-1} + \lambda_{k+1} G_{k+1} + \cdots + \lambda_r G_r$ und

$$\mu_i = -\frac{\lambda_i}{\lambda_k} \quad (i = 1, 2, \ldots, r \text{ und } k \text{ fest}).$$

Dann bilden wir die Gleichung

$G_k = \dfrac{1}{\lambda_k}(G + (-1)G'_k) =$
$\dfrac{1}{\lambda_k} G + \mu_1 G_1 + \cdots + \mu_{k-1} G_{k-1} + \mu_{k+1} G_{k+1} + \cdots + \mu_r G_r.$

Damit ist die Behauptung bewiesen.

Die *praktische Bedeutung der linearen Abhängigkeit* geht aus den beiden nachfolgenden Sätzen hervor.

Satz 40: Hängt eine der Gleichungen eines Systems linear von den anderen Gleichungen des Systems ab, so ist das System der übrigen Gleichungen zu dem ursprünglichen System äquivalent. Man darf diese Gleichung also streichen.

Beweis: Sei (S1) das System der Gleichungen $G, G_1, G_2, \ldots, G_r$ und G von den anderen r Gleichungen linear unabhängig. Weiterhin sei (S2) das System der Gleichungen $G_1, \ldots, G_r$ (d.h. G wurde hier gestrichen). Jede Lösung von (S1) ist eine Lösung von (S2), da sie jede Gleichung von (S1) erfüllt. Umgekehrt ist wegen der linearen Abhängigkeit nach Satz 38 auch jede Lösung von (S2) Lösung von G und damit von (S1), $q \cdot e \cdot d$.

Betrachten wir jetzt noch einmal das Gleichungssystem des Beispiels 41. Nach Satz 40 und der Feststellung der linearen Abhängigkeit der Gleichungen G_3 und G_4 von G_1 und G_2 (vgl. die Anmerkungen vor Aufgabe 55) kann man in (S1) die Gleichungen G_3 und G_4 streichen. Dividiert man die verbleibende Gleichung G_1 durch 10 und Gleichung G_2 durch (-5), so erhält man in der Tat das äquivalente Gleichungssystem (S3).

Satz 41: Ist G von den Gleichungen $G_1, \ldots, G_r$ eines linearen Systems linear abhängig, also $G = \lambda_1 G_1 + \cdots + \lambda_r G_r$, und ist dabei $\lambda_k \neq 0$, so kann die Gleichung G_k des Systems durch G ersetzt werden, ohne daß die Lösungsmenge sich ändert.

Beweis: Zunächst ist festzustellen, daß durch die Hinzunahme von G zum Gleichungssystem $G_1, \ldots, G_r$ sich die Lösungsmenge nach Satz 38 nicht ändert. Nach Satz 39 ist aber G_k von den Gleichungen $G, G_1, \ldots, G_{k-1}, G_{k+1}, \ldots, G_r$ linear abhängig. Folglich kann nach Satz 40 G_k gestrichen werden, ohne daß sich die Lösungsmenge ändert. $q \cdot e \cdot d$.

Die *Gleichung G_0*: $0 \cdot x_1 + 0 \cdot x_2 + \cdots + 0 \cdot x_n = 0$
ist von jeder beliebigen Menge von Gleichungen *linear abhängig*.

Beweis: $G_0 = 0 \cdot G_1 + \cdots + 0 \cdot G_r$ gilt immer.

Anmerkung: Da also die Gleichung G_0 stets gestrichen werden kann, reduziert sich in manchen Fällen die Anzahl der Gleichungen bei der Durchführung des Gaußschen Eliminationsverfahrens. Aus diesem Grund können auch zwei (m, n)-Systeme bei gleichem n und verschiedenem m äquivalent sein.

Im Gegensatz zum Beispiel 41 ist keine der Gleichungen des Beispiels 40 von den anderen linear abhängig. Bei einem solchen System kann keine Gleichung gestrichen werden.

Definition: Die Gleichungen $G_1, G_2, \ldots, G_r$ heißen *linear unabhängig*, wenn keine von ihnen von den übrigen linear abhängt.

Satz 43: Sind die Gleichungen $G_1, \ldots, G_r$ mit n Variablen linear unabhängig, so folgt aus

$$\lambda_1 G_1 + \cdots + \lambda_r G_r = G_0$$

für alle Koeffizienten $\lambda_k = 0$.

Beweis: Wegen der linearen Abhängigkeit von G_0 ändert sich die Lösungsmenge nicht, wenn man G_0 dem System $G_1, \ldots, G_r$ hinzufügt. Nach Satz 42 läßt sich aber G_0 als Linearkombination $G_0 = \lambda_1 G_1 + \cdots + \lambda_r G_r$ darstellen. Angenommen, es gäbe ein $\lambda_k \neq 0$,, dann ließe sich nach Satz 39 G_k als Linearkombination $G_k = \mu_1 G_1 + \cdots + \mu_{k-1} G_{k-1} + \mu_{k+1} G_{k+1} + \cdots + \mu_r G_r + \mu_0 G_0$ darstellen. Da beim letzten Glied $\mu_0 G_0$ alle Koeffizienten und die Konstante gleich null sind, kann man es streichen, ohne daß sich die Linearkombination ändert. Falls es also ein $\lambda_k \neq 0$ gäbe, dann wären die Gleichungen $G_1, \ldots, G_r$ nicht linear unabhängig, und das wäre ein Widerspruch.

Mit diesem Satz sind wir in der Lage, eine symmetrische Definition zu formulieren, die beide Begriffe gleichartig erfaßt und den vorhergehenden Definitionen gleichwertig ist.

Zusatz-Definition: Gegeben seien $G_1, \ldots, G_r$ und betrachtet wird

$$\lambda_1 G_1 + \lambda_2 G_2 + \cdots + \lambda_r G_r = 0$$

Gibt es eine derartige Gleichung, in der mindestens ein Koeffizient $\lambda_k \neq 0$ ist, dann heißen die *Gleichungen $G_1, \ldots, G_r$ linear abhängig*. Gibt es keine solche Gleichung, dann heißen die $G_1, \ldots, G_r$ *linear unabhängig*.

Der Begriff der linearen Unabhängigkeit wird uns weiter unten noch im Zusammenhang mit der Beschaffenheit der Lösungsmengen nützlich erscheinen. Zuvor müssen wir aber unseren Erfahrungsbereich über konkrete lineare Gleichungssysteme um einen noch nicht behandelten Fall erweitern.

Beispiel 42:

$$
\begin{aligned}
x_1 - 3x_2 + x_3 - x_4 &= 2 \\
x_2 - x_3 + 2x_4 &= 1 \\
x_1 - 2x_2 \qquad\ + x_4 &= 0
\end{aligned}
$$

(S1)

Das eingeführte *Berechnungsschema* kann man bei ausreichender Übung noch weiter *vereinfachen*, indem man die Spalte mit den Gleichungssymbolen wegläßt, dafür aber mit einem Pfeil in dem jeweiligen Block angibt, mit welcher Gleichung man operiert. Die Hilfszellen des Schemas werden jedoch zur höheren Rechensicherheit noch mitgeführt (rot unterlegt).

→	1	−3	1	−1	.	2
	0	1	−1	2	.	1
	1	−2	0	1	.	0
	−1	3	−1	1	.	−2
	1	−3	1	−1	.	2
	0	3	−3	6	.	3
→	0	1	−1	2	.	1
	0	1	−1	2	.	−2
	0	−1	1	−2	.	−1
	1	0	−2	5	.	5
	0	1	−1	2	.	1
	0	0	0	0	.	−3

Hier müssen wir wieder aufhören. Das gegebene System (S1) ist also äquivalent zu dem System

$$x_1 \qquad\quad - 2x_3 + 5x_4 = 5$$
(S2) $$\qquad\quad x_2 - x_3 + 2x_4 = 1$$
$$0 \cdot x_1 + 0 \cdot x_2 + 0 \cdot x_3 + 0 \cdot x_4 = -3$$

Die Lösungsmenge der letzten Gleichung $(0 = -3)$ ist leer. Damit ist aber auch der Durchschnitt der Lösungsmengen aller drei Gleichungen leer, d.h. das vorgegebene *System ist unlösbar*. Damit haben wir eine vollständige Übersicht über die *drei Hauptfälle*, die bei linearen Gleichungssystemen vorkommen können. (m, n)-Systeme linearer Gleichungen können:

a) genau ein Lösungs-n-Tupel haben, dann sprechen wir von einer *eindeutigen Lösung;*

b) mehr als ein Lösungs-n-Tupel haben, dann gibt es gleich *unendlich viele Lösungs-n-Tupel;*

c) unlösbar sein.

Welche Bedingungen dann jeweils im Ausgangssystem erfüllt sein müssen, werden wir später noch diskutieren. Hier sei lediglich vermerkt, daß der Fall *b)* noch weitere Unterfälle enthält.

Das Gauß-Verfahren und die lineare Unabhängigkeit von Gleichungen

Kommen wir jetzt also wieder auf das Gauß-Verfahren zurück. Wir haben schon erkannt, daß jeder Schritt des Verfahrens zu Gleichungssystemen führt, die zum gegebenen äquivalent sind. Der wesentliche Vorteil des Verfahrens liegt aber in der Beschaffenheit des Systems, das man nach dem letzten Schritt erhält.

Satz 44: Das im letzten Schritt des Gauß-Verfahrens entstehende System besteht – wenn man allgemeingültige Gleichungen streicht – aus linear unabhängigen Gleichungen.

Beweis: Vor dem eigentlichen Beweis noch eine Vorüberlegung. Im Beispiel 42 trat zum ersten Mal eine Gleichung vom Typ $0 = c$ auf, mit $c \neq 0$. Wegen der mit diesem Gleichungstyp verbundenen Widersprüchlichkeit ist das dortige Gleichungssystem nicht lösbar. Das Auftreten solcher Widersprüchlichkeiten ist dem Ausgangssystem nicht immer leicht anzusehen. Man erkennt es möglicherweise erst im letzten Schritt des Gauß-Verfahrens. Dabei können sogar mehrere Gleichungen dieses Typs entstehen. Jedes Teilsystem, das nur aus solchen Gleichungen besteht, läßt sich durch elementare Umformungen auf eines zurückführen, in dem dann nur noch eine solche Gleichung vorkommt und alle anderen Gleichungen vom Typ G_0 (allgemeingültige Gleichungen) sind, die man wegen der linearen Abhängigkeit streichen kann. Wir können ohne Einschränkung der Allgemeinheit also davon ausgehen, daß höchstens eine solche Gleichung auftritt, und wir bezeichnen diese mit G.

Und nun zum eigentlichen Beweis. Alle Gleichungen vom Typ G_0 werden also als gestrichen angenommen. Bei der Durchführung des Verfahrens wurden eine Reihe von Variablen und passende Gleichungen ausgewählt und die betreffenden Variablen in allen anderen Gleichungen eliminiert. Die Anzahl der *gewählten Variablen* und gleichzeitig der *gewählten Gleichungen* sei r. Nach dem letzten Schritt gibt es also r Gleichungen, bei denen die gewählten Variablen nur noch genau einmal in einer bestimmten Gleichung auftreten. Die übrigen $n-r$ Variablen, die auch noch vorkommen, sind jetzt nicht von Interesse. Im Falle der Unlösbarkeit kommt noch die Gleichung $\bar{G}$ dazu. Die Gleichungen mit den gewählten Variablen seien $G_1, \ldots, G_r$. Wir betrachten eine beliebige Linearkombination $G = \lambda_1 G_1 + \lambda_2 G_2 + \cdots + \lambda_r G_r + \lambda \bar{G}$. Wäre jetzt $G = G_0$ und wenigstens einer der Koeffizienten von Null verschieden, so wären die Gleichungen $G_1 \cdot G_2, \ldots, G_r, \bar{G}$ linear abhängig. Wenn aber etwa $\lambda_k \neq 0$ wäre, so müßte die Gleichung G die gewählte Variable der Gleichung G_k mit dem Koeffizient λ_k enthalten und G könnte nicht G_0 sein, also muß $\lambda_k = 0$ für alle $k = 1, \ldots, r$ sein. Wäre jetzt $\lambda \neq 0$, so enthielte G eine von Null verschiedene Konstante auf der rechten Seite der Gleichung, könnte also wieder nicht G_0 sein. Daher muß auch $\lambda = 0$ sein, und die Gleichungen $G_1, \ldots, G_r \, G$ sind in der Tat linear unabhängig, $q \cdot e \cdot d$.

Im Fall der Lösbarkeit bleiben am Ende des Gauß-Verfahrens r Gleichungen mit r gewählten und $n-r$ nicht gewählten Variablen übrig. Wie wir aber schon am Beispiel 41 erkennen können, kann man für diese $n-r$ nicht gewählten Variablen beliebige Zahlen aus $\mathbb{R}$ einsetzen und die entsprechenden Werte der gewählten Variablen unmittelbar bestimmen.
Damit kommen wir zu folgender Vermutung:
Sei (S) ein lösbares Gleichungssystem mit n Variablen und r linear unabhängigen Gleichungen, dann besitzt die Lösungsmenge
a) im Falle $r = n$ genau ein Lösungs-n-Tupel (eindeutige Lösung).
b) im Falle $r < n$ unendlich viele Lösungs-n-Tupel, bei denen $n-r$ Komponenten mit Hilfe von $n-r$ Parameter (mit der Grundmenge $\mathbb{R}$) willkürlich gewählt werden können und die r übrigen Komponenten sich dann aus den r Gleichungen durch Terme ausdrücken lassen, die diese Parameter enthalten.
Da ein (m, n)-System nicht mehr als n Variable hat, kann das System *unabhängig von m* nach dem letzten Schritt des Gauß-Verfahrens nicht mehr als $n + 1$ linear unabhängige Gleichungen besitzen; $n + 1$ auch nur im Falle der Unlösbarkeit.

Weitere geometrische Veranschaulichungen, Beispiele und Aufgaben
Geometrische Veranschaulichungen sind natürlich *nur für Gleichungssysteme mit zwei oder drei Variablen möglich*. Wir haben bereits eine erste Einsicht im Zusammenhang mit den elementaren Umformungen gewonnen. Charakteristisch für die beiden dort betrachteten Fälle war die Eindeutigkeit der Lösungen. Dies hatte zur Folge, daß alle Geraden bzw. Ebenen, die den jeweiligen Gleichungen entsprechen, durch genau einen ausgezeichneten Punkt der Ebene bzw. des Raumes gehen. Dieser Punkt ist durch das Lösungszahlenpaar bzw. das Lösungszahlentripel bestimmt.
Zu betrachten sind jetzt noch die Fälle von Gleichungssystemen mit unendlichen Lösungsmengen und solche, die keine Lösung besitzen.
Beispiel 43: Wir betrachten die beiden äquivalenten Systeme

$$\begin{array}{ccc} x - 2y = 1 & & x - 2y = 1 \\ & \text{bzw.} & \\ 2x - 4y = 2 & & 0 \;\;\; = 0 \end{array}$$

Das vorgegebene (2,2)-System reduziert sich durch zielgerechte elementare Umformung auf ein (1,2)-System, denn die Gleichung G_0 kann gestrichen werden.

Die linke Abbildung veranschaulicht diesen Fall mit der unendlichen Lösungs-
menge $L = \{(1 + 2\sigma; \sigma) | \sigma \in \mathbb{R}\}$. Die beiden Gleichungen des Ausgangs-
systems unterscheiden sich in ihren Koeffizienten nur durch den gemeinsamen
Faktor $k = 2$ und entsprechen deshalb ein und derselben Geraden g. Jedem
durch σ bestimmten Lösungszahlenpaar entspricht genau ein Punkt dieser
Geraden g.

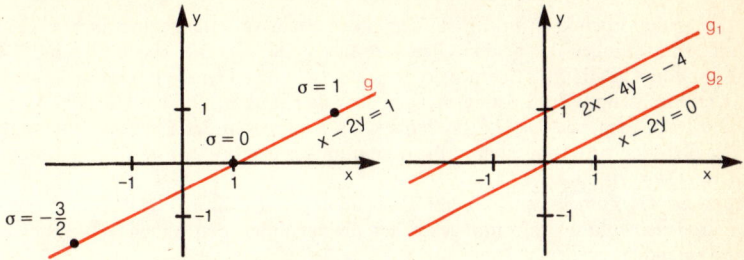

Beispiel 44: (rechte Figur) Die beiden nachfolgenden (2,2)-Systeme gehen durch
elementare Umformungen auseinander hervor.

$$\begin{array}{ll} 2x - 4y = -4 & \quad\quad 0 \;\;= -4 \\ \;\;x - 2y = \;\;\;0 \end{array} \quad\text{bzw.}\quad \begin{array}{l} \\ x - 2y = \;\;\;0 \end{array}$$

Die beiden äquivalenten Systeme sind also unlösbar. Die beiden den Gleichungen
des Ausgangssystems zugeordneten Geraden g_1 und g_2 sind zueinander parallel.
Die Lösungsmenge ist deshalb leer.
Dieser Fall eines unlösbaren (2,2)-Systems unterscheidet sich von den Fällen mit
nichtleeren Lösungsmengen besonders dadurch, daß sich hier im Gegensatz zu
dort bei dem Übergang vom Ausgangssystem zum Endsystem nicht alle Gleichungen geometrisch veranschaulichen lassen.

Beispiel 45: Als dreidimensionales Analogon zum Beispiel 43 können die beiden
äquivalenten (3,3)- und (1,3)-Systeme angesehen werden:

$$\begin{array}{rl} x - 2y + \;\;z = \;\;\;1 & \quad\quad x - 2y + z = 1 \\ 2x - 4y + 2z = \;\;\;2 & \quad\quad\quad\quad 0 = 0 \\ -x + 2y - \;\;z = -1 & \quad\quad\quad\quad 0 = 0 \end{array} \quad\text{bzw.}$$

Da in der dreidimensionalen Koordinatengeometrie alle linearen Gleichungen,
deren Koeffizienten sich nur durch einen gemeinsamen Faktor $k \neq 0$ unterscheiden, der gleichen Klasse von Gleichungen angehören, die genau einer
Ebene E des Raumes zugeordnet sind, führt die Veranschaulichung zu einer
einzigen Ebene im dreidimensionalen Koordinatensystem (die Figur dazu können wir uns ersparen). Alle Punkte der Ebene E sind »Lösungspunkte« des
(3,3)-Systems, und deren Koordinaten-Tripel entsprechen den Lösungstripeln.
Wegen der Zweidimensionalität der Ebene – unserer veranschaulichten Lösungsmenge – benötigt man im Gegensatz zum Beispiel 43 zwei Lösungspara-
meter σ und τ. Die Lösungsmenge ist hier mit $L = \{(1 + 2\sigma - \tau; \sigma; \tau) | \sigma, \tau \in \mathbb{R}\}$
bestimmt.

Beispiel 46: Neben dem im Beispiel 45 betrachteten Fall einer zweidimensionalen Lösungsmenge gibt es bei $(m, 3)$-Systemen auch solche mit einer eindimensionalen Lösungsmannigfaltigkeit. Diese liegt bei folgenden äquivalenten Gleichungssystemen vor:

$$\begin{array}{llll}
x - y + z = 0 & \quad G_1: & x - y & = 0 \\
x - y - z = 0 & \quad G_2: & z & = 0
\end{array}$$

Die beiden Ebenen E_1 und E_2 in der linken Figur sind die geometrischen Veranschaulichungen der beiden Gleichungen G_1 und G_2. Die Ebenen E_1 und E_2 haben die Gerade g als Schnittgerade gemeinsam. Die Gerade g veranschaulicht den Durchschnitt der Lösungsmengen der Gleichung G_1 und der Gleichung G_2. Die Lösungsmenge des $(2,3)$-Systems kann jetzt wegen der Eindimensionalität der Geraden g mit nur einem Lösungsparameter beschrieben werden:
$L = \{(\sigma; \sigma; 0) \,|\, \sigma \in \mathbb{R}\}$.

Beispiel 47: Zum Beispiel 44 gibt es ebenfalls ein dreidimensionales Analogon. Durch elementare Umformungen gehen die nachfolgenden beiden $(3,3)$-Systeme auseinander hervor.

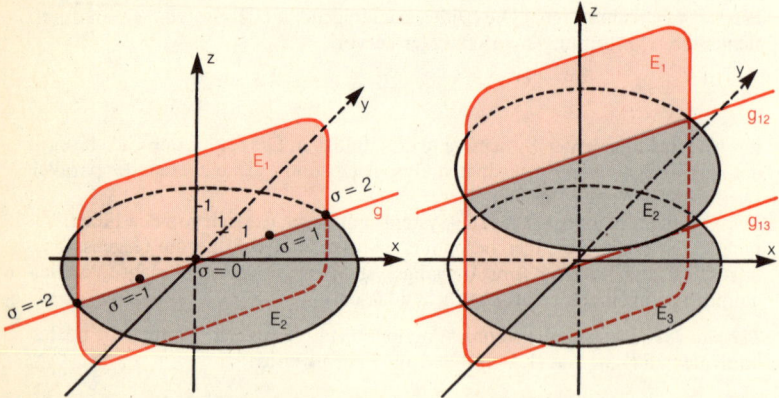

$$\begin{array}{lrcl}
G_1: & 2x - 4y + 6z = & 0 \\
G_2: & x - 2y + 3z = & 1 \\
G_3: & x - 2y + 3z = & -1
\end{array}
\qquad \text{bzw.} \qquad
\begin{array}{rcl}
x - 2y + 3z = & 0 \\
0 = & 1 \\
0 = & -1
\end{array}$$

Die beiden äquivalenten Systeme sind also auch hier unlösbar. Die drei Ebenen E_1, E_2 und E_3, die den drei Gleichungen $G1$, G_2 und G_3 entsprechen, sind paarweise zueinander parallel. Um sich diesen Tatbestand klarzumachen, sei auf folgendes verwiesen. Setzt man der Reihe nach in den drei Gleichungen x, dann y und schließlich z gleich null, so erhält man Geradengleichungen im y-z-Koordinatensystem, dann im x-z-Koordinatensystem und schließlich im x-y-Koordinatensystem. Das gibt dann im jeweiligen Koordinatensystem jeweils drei paarweise zueinander parallele Geraden, da die Parallelitätsbedingung nach Satz 1 erfüllt ist. Da die »*Spurgeraden*« in allen drei Koordinatenebenen parallel sind,

sind auch die Ebenen parallel. Diese Parallelität bedingt also die Unlösbarkeit des betrachteten Systems.

Beispiel 48: Neben diesem Fall der Unlösbarkeit gibt es noch einen weiteren, für den es kein zweidimensionales Analogon gibt. Dazu betrachten wir die nachfolgenden drei äquivalenten (3,3)-Systeme und die Veranschaulichung der Gleichungen G_1, G_2 und G_3 in der rechten nebenstehenden Figur.

$$\begin{array}{lll}
x - y + z = 0 & G_1: \quad x - y \quad\;\; = 0 & x - y \quad\;\; = \quad 0 \\
x - y + z = 4 \quad \text{bzw.} & G_2: \qquad\qquad z = 2 \quad \text{bzw.} & \qquad\quad z = \quad 2 \\
x - y - z = 0 & G_3: \qquad\qquad z = 0 & \qquad\quad 0 = -2
\end{array}$$

Die beiden Gleichungen G_2 und G_3 entsprechenden Ebenen E_2 und E_3 sind parallel zueinander. Die der Gleichung G_1 entsprechende Ebene E_1 schneidet die Ebene E_2 und die Ebene E_3, aber die beiden Schnittgeraden g_{12} und g_{13} schneiden sich nicht, denn sie sind parallel zueinander. Deshalb ist dieses Gleichungssystem unlösbar.

Aufgabe 56: Das folgende Gleichungssystem besitzt eine unendliche Lösungsmenge. Wenden Sie das Gauß-Verfahren so an, daß x und y isoliert auftreten. Sie erhalten dann zwei linear unabhängige Gleichungen und können mit zwei Lösungsparametern für z und u die Lösungsmenge bestimmen.

$$\begin{array}{ll}
x + 2y - z + 3u = 6 & x + 6y + z + 7u = 10 \\
\quad\;\; 2y + z + 2u = 2 & 3x + 4y - 4z + 7u = 16 \\
2x + 10y + z + 12u = 18 &
\end{array}$$

Aufgabe 57: Stellen Sie fest, welche der drei folgenden Gleichungssysteme lösbar sind und bestimmen Sie die Lösungsmengen:

$$\begin{array}{lll}
a) \quad 2x - 3y + z = 12 & b) \quad 2x - 3y + 4z = 19 & c) \quad x + y + z = 9 \\
\quad\; -x + 5y - 2z = -11 & \quad\;\; 4x - 4y + 3z = 22 & \quad\;\; x + 2y + 4z = 15 \\
\quad\;\; 3x - 8y + 5z = 39 & \quad\;\; 6x - 7y + 7z = 10 & \quad\;\; x + 3y + 9z = 23
\end{array}$$

Aufgabe 58: Lösen Sie das (5,5)-System:

$$\begin{array}{ll}
x_1 + x_2 + x_3 - x_4 - x_5 = 6 & x_1 - x_2 - x_3 + x_4 + x_5 = 2 \\
x_1 + x_2 + x_3 - x_4 + x_5 = 4 & -x_1 + x_2 - x_3 + x_4 - x_5 = 10 \\
x_1 - x_2 + x_3 + x_4 + x_5 = 8 &
\end{array}$$

Aufgabe 59: Lösen Sie die beiden nichtlinearen Gleichungssysteme, indem Sie zunächst für die Kehrwerte der Variablen neue Variablen wählen (Substitutionsmethode: $u = 1 : x$, $v = 1 : y$ und $w = 1 : z$) und damit lineare Gleichungssysteme in den neuen Variablen erhalten. Nach Lösung dieser linearen Gleichungssysteme ist eine Umrechnung erforderlich. Überprüfen Sie die erhaltenen Zahlentripel, ob sie alle drei Gleichungen erfüllen.

$$\begin{array}{ll}
a) \quad \dfrac{6}{x} + \dfrac{4}{y} + \dfrac{5}{z} = 4 & b) \quad \dfrac{4}{x} - \dfrac{3}{y} = 1 \\[2mm]
\quad\;\; \dfrac{3}{x} + \dfrac{8}{y} + \dfrac{5}{z} = 4 & \quad\;\; \dfrac{2}{x} + \dfrac{3}{z} = 4 \\[2mm]
\quad\;\; \dfrac{9}{x} + \dfrac{12}{y} - \dfrac{10}{z} = 4 & \quad\;\; \dfrac{3}{y} - \dfrac{1}{z} = 0
\end{array}$$

Aufgabe 60: Die beiden Gleichungssysteme lassen sich durch algebraische Umformungen der Gleichungen auf den Typ der Gleichungssysteme der Aufgabe 59 zurückführen. Welches sind ihre Lösungen?

$$a) \quad \frac{xy}{4y - 3x} = 20 \qquad b) \quad \frac{xy}{x + y} = \frac{1}{5}$$

$$\frac{xz}{2x - 3z} = 15 \qquad \frac{xz}{x + z} = \frac{1}{6}$$

$$\frac{yz}{4y - 5z} = 12 \qquad \frac{yz}{y + z} = \frac{1}{7}$$

(Anleitung: Bilden Sie zunächst die Kehrwerte beider Gleichungsseiten!)

Vektorielle Behandlung der Systeme linearer Gleichungen

Spaltendarstellung *m*-dimensionaler Vektoren

Bei der vektoriellen analytischen Geometrie hatten wir uns auf einen dreidimensionalen Vektorraum beschränkt. Dies haben wir vornehmlich aus Gründen der Anschauung getan. Nun eignet sich aber die Struktur der Vektorräume auch zur Behandlung linearer Gleichungssysteme, man muß dazu jedoch Vektorräume mit Dimensionen $m > 3$ betrachten. Natürlich ist dann eine Veranschaulichung, wie wir sie im Vorhergehenden mehrfach getätigt haben, nicht mehr möglich. Zweckmäßigerweise benutzt man bei der vektoriellen Behandlung linearer Gleichungssysteme die Spaltendarstellung von Vektoren, die uns für den Fall $m = 3$ schon geläufig ist (vgl. den Abschnitt »Zusammenhang von Koordinatengeometrie und Vektorgeometrie«). Wir wollen für den Fall $m > 3$ den notwendigen Formalismus erklären.

1) Spaltendarstellung m-dimensionaler Vektoren und deren Addition und Subtraktion:

$$\vec{a} = \begin{pmatrix} a_1 \\ a_2 \\ \vdots \\ a_m \end{pmatrix}, \qquad \vec{b} = \begin{pmatrix} b_1 \\ b_2 \\ \vdots \\ b_m \end{pmatrix} \qquad \vec{a} \pm \vec{b} = \begin{pmatrix} a_1 \pm b_1 \\ a_2 \pm b_2 \\ \vdots \\ a_m \pm b_m \end{pmatrix}$$

2) Linearkombinationen in Spaltendarstellung:

$$\lambda_1 \vec{a}_1 + \lambda_2 \vec{a}_2 + \cdots + \lambda_n \vec{a}_n = \begin{pmatrix} \lambda_1 a_{11} + \lambda_2 a_{12} + \cdots \lambda_n a_{1n} \\ \lambda_1 b_{21} + \lambda_2 a_{22} + \cdots \lambda_n a_{2n} \\ \vdots \quad \vdots \quad \vdots \quad \vdots \vdots \vdots \\ \lambda_1 a_{m1} + \lambda_2 a_{m2} + \cdots \lambda_n a_{mn} \end{pmatrix}$$

(*m, n*)-Systeme linearer Gleichungen in vektorieller Schreibweise

Ganz allgemein kann jedes (*m, n*)-System wie folgt dargestellt werden:

$$a_{11}x_1 + a_{12}x_2 + \cdots + a_{1n}x_n = c_1$$
$$a_{21}x_1 + a_{22}x_2 + \cdots + a_{2n}x_n = c_2$$
$$\dots\dots\dots\dots\dots\dots\dots\dots\dots\dots\dots\dots\dots\dots\dots\dots$$
$$\dots\dots\dots\dots\dots\dots\dots\dots\dots\dots\dots\dots\dots\dots\dots\dots$$
$$a_{m1}x_1 + a_{m2}x_2 + \cdots + a_{mn}x_n = c_m$$

Variable x_j ($j = 1, 2, \ldots, n$), Konstanten c_i ($i = 1, 2, \ldots, m$) und Koeffizienten a_{ij} ($i = 1, 2, \ldots, m$ und $j = 1, 2, \ldots, n$).

Wir betrachten jetzt die untereinander stehenden geordneten m-Tupel von *Koeffizienten* und *Konstanten* und definieren als

$$\text{\textit{Koeffizientenvektoren}} \quad \vec{a}_k = \begin{pmatrix} a_{1k} \\ a_{2k} \\ \vdots \\ a_{mk} \end{pmatrix} \qquad \text{\textit{Konstantenvektor}} \quad \vec{c} = \begin{pmatrix} c_1 \\ c_2 \\ \vdots \\ c_m \end{pmatrix}$$

Mit diesen Festlegungen können wir jedes (m, n)-System wesentlich kürzer in der Form einer äquivalenten Vektorgleichung schreiben:

$$x_1 \vec{a}_1 + x_2 \vec{a}_2 + \cdots + x_n \vec{a}_n = \vec{c}.$$

Mit dieser Schreibweise können wir ein *Lösbarkeitskriterium* formulieren.

Satz 45: Ein lineares Gleichungssystem ist genau dann lösbar, wenn der Konstantenvektor $\vec{c}$ linear von den Koeffizientenvektoren $\vec{a}_1, \vec{a}_2, \ldots, \vec{a}_n$ abhängig ist.

Bemerkungen: Dieser Satz braucht nicht noch eigens bewiesen zu werden, denn er stellt inhaltlich nur eine Zusammenfassung der vorausgegangenen Überlegungen dar. Was die Bedeutung dieses Satzes anbelangt, muß hervorgehoben werden, daß er keinen Hinweis darüber gibt, wie man zu einer Lösung kommt. Nach wie vor muß auf dem Wege über das Gauß-Verfahren entschieden werden, ob $\vec{c}$ linear von den Koeffizientenvektoren abhängt. Damit ist aber der Satz nicht wertlos, denn sein *Nutzen liegt in der einfachen Sprech- und Schreibweise*, die uns insbesondere bei Beweisen zugute kommt.

Homogene und inhomogene Gleichungssysteme

Eine unmittelbare Folgerung aus dem Satz 45 kann sofort gezogen werden. Ist nämlich $\vec{c} = \vec{0}$, dann besitzt jedes derartige Gleichungssystem zumindest die *triviale Lösung* $(0; 0; \ldots; 0)$, denn $\vec{0}$ ist ja von jeder beliebigen Teilmenge von Vektoren linear abhängig.

Definition: Ist bei einem Gleichungssystem der Konstantenvektor
$\vec{c} = \vec{0}$, so heißt das System homogen,
$\vec{c} \neq \vec{0}$, so heißt das System inhomogen.

Mit dieser Definition läßt sich obige Folgerung als Satz festhalten.

Satz 46: Ein homogenes Gleichungssystem ist stets lösbar. Es besitzt zumindest die Lösung $(0; 0; \ldots; 0)$.

Das Beispiel 46 enthält ein homogenes Gleichungssystem, das neben der trivialen Lösung noch weitere nicht triviale Lösungen besitzt.

Aufgabe 61: Zeigen Sie durch Anwendung des Gauß-Verfahrens, daß das homogene (4,4)-System nur die triviale Lösung hat.

$$x +\ y + z +\ \ u = 0 \qquad\qquad -x + y - z - u = 0$$
$$x + 2y - z + 3u = 0 \qquad\qquad\ x \qquad\ + u = 0$$

Neben dem genannten Lösbarkeitskriterium können wir mit der vektoriellen Schreib- und Sprechweise auch Aussagen über die *Eindeutigkeit von Lösungen* machen.

Satz 47: Sind die Koeffizientenvektoren $\vec{a}_1, \vec{a}_2, ..., \vec{a}_n$ eines linearen Gleichungssystems linear unabhängig, so gibt es *höchstens* eine Lösung des Systems.

Beweis (indirekt): Wären $(x_1^*, x_2^*, ..., x_n^*)$ und $(y_1^*, y_2^*, ..., y_n^*)$ zwei verschiedene Lösungs-n-tupel, so wäre

$$x_1^* \vec{a}_1 + x_2^* \vec{a}_2 + \cdots + x_n^* \vec{a}_n = \vec{c} \quad \text{und}$$
$$y_1^* \vec{a}_1 + y_2^* \vec{a}_2 + \cdots + y_n^* \vec{a}_n = \vec{c}.$$

Durch Subtraktion der beiden Gleichungen folgt dann

$$(*) \qquad (x_1^* - y_1^*)\vec{a}_1 + (x_2^* - y_2^*)\vec{a}_2 + \cdots + (x_n^* - y_n^*)\vec{a}_n = \vec{0}.$$

Die beiden n-Tupel $(x_1^*, x_2^*, ..., x_n^*)$ und $(y_1^*, y_2^*, ..., y_n^*)$ sind aber nur dann verschieden, wenn mindestens einmal $x_k^* \neq y_k^*$, also $x_k^* - y_k^* \neq 0$ ist. Das heißt aber: mindestens ein Koeffizient der Linearkombination auf der linken Seite der Gleichung (*) ist von Null verschieden. Damit wären aber die Vektoren $\vec{a}_1, \vec{a}_2, ..., \vec{a}_n$ linear abhängig im Widerspruch zur Voraussetzung des Satzes.

Man beachte, daß der Satz 47 auch für inhomogene Systeme gilt und zunächst nichts darüber aussagt, ob es überhaupt eine Lösung gibt. Diese Frage wird durch den Satz 45 entschieden. Aus den Sätzen 46 und 47 zusammen folgt unmittelbar:

Satz 48: Sind die Koeffizientenvektoren $\vec{a}_1, \vec{a}_2, ..., \vec{a}_n$ eines *homogenen* linearen Gleichungssystems linear unabhängig, so hat das System genau eine Lösung, nämlich die triviale: $(0, 0, ..., 0)$ und umgekehrt.

Beweis: Zu beweisen ist nur noch die Umkehrung. Das homogene System habe also nur die triviale Lösung. Dann gilt:

$$\lambda_1 \vec{a}_1 + \lambda_2 \vec{a}_2 + \cdots + \lambda_n \vec{a}_n = \vec{0} \wedge \lambda_1 = \lambda_2 = \cdots = \lambda_n = 0,$$

also sind die Koeffizientenvektoren linear unabhängig.

Homogene Gleichungssysteme und lineare Unabhängigkeit von Vektoren

Der Satz 48 beinhaltet eine symmetrische Aussage bezüglich der Eindeutigkeit der Lösung eines homogenen Gleichungssystems und der linearen Unabhängigkeit der Koeffizientenvektoren. Einerseits folgt aus deren Unabhängigkeit die Eindeutigkeit der Lösung, und andererseits folgt aus der alleinigen Existenz der trivialen Lösung die lineare Unabhängigkeit der Koeffizientenvektoren. Aus diesem Grunde kann für Vektoren in Spaltendarstellung über die Auflösung eines homogenen linearen Gleichungssystems entschieden werden, ob diese linear unabhängig oder linear abhängig sind.

Beispiel 49: Es ist zu überprüfen, ob die folgenden vier Vektoren linear abhängig sind.

$$\vec{b}_1 = \begin{pmatrix} 1 \\ 1 \\ 2 \\ 0 \\ 0 \end{pmatrix}, \quad \vec{b}_2 = \begin{pmatrix} 0 \\ 0 \\ 1 \\ 1 \\ 0 \end{pmatrix}, \quad \vec{b}_3 = \begin{pmatrix} 2 \\ 2 \\ 0 \\ 0 \\ 0 \end{pmatrix}, \quad \vec{b}_4 = \begin{pmatrix} 0 \\ 1 \\ 0 \\ 1 \\ 0 \end{pmatrix}.$$

Die Frage nach der linearen Abhängigkeit kann nach Satz 48 äquivalent umformuliert werden:
Besitzt die Gleichung

$$x_1 \vec{b}_1 + x_2 \vec{b}_2 + x_3 \vec{b}_3 + x_4 \vec{b}_4 = \vec{0}$$

nichttriviale Lösungen?
Ausgeschrieben heißt die Gleichung:

$$x_1 \begin{pmatrix} 1 \\ 1 \\ 2 \\ 0 \\ 0 \end{pmatrix} + x_2 \begin{pmatrix} 0 \\ 0 \\ 1 \\ 1 \\ 0 \end{pmatrix} + x_3 \begin{pmatrix} 2 \\ 2 \\ 0 \\ 0 \\ 0 \end{pmatrix} + x_4 \begin{pmatrix} 0 \\ 1 \\ 0 \\ 1 \\ 0 \end{pmatrix} = \begin{pmatrix} 0 \\ 0 \\ 0 \\ 0 \\ 0 \end{pmatrix}$$

Faßt man jetzt die Linearkombination auf der linken Seite zu einem Vektor zusammen, so erhält man

$$\begin{pmatrix} x_1 \cdot 1 + x_2 \cdot 0 + x_3 \cdot 2 + x_4 \cdot 0 \\ x_1 \cdot 1 + x_2 \cdot 0 + x_3 \cdot 2 + x_4 \cdot 1 \\ x_1 \cdot 2 + x_2 \cdot 1 + x_3 \cdot 0 + x_4 \cdot 0 \\ x_1 \cdot 0 + x_2 \cdot 1 + x_3 \cdot 0 + x_4 \cdot 1 \\ x_1 \cdot 0 + x_2 \cdot 0 + x_3 \cdot 0 + x_4 \cdot 0 \end{pmatrix} = \begin{pmatrix} 0 \\ 0 \\ 0 \\ 0 \\ 0 \end{pmatrix}$$

Da zwei n-Tupel genau dann gleich sind, wenn ihre entsprechenden Komponenten übereinstimmen, ist diese Gleichung äquivalent zu dem folgenden (5,4)-System:

$$1 \cdot x_1 + 0 \cdot x_2 + 2 \cdot x_3 + 0 \cdot x_4 = 0$$
$$1 \cdot x_1 + 0 \cdot x_2 + 2 \cdot x_3 + 1 \cdot x_4 = 0$$
$$2 \cdot x_1 + 1 \cdot x_2 + 0 \cdot x_3 + 0 \cdot x_4 = 0$$
$$0 \cdot x_1 + 1 \cdot x_2 + 0 \cdot x_3 + 1 \cdot x_4 = 0$$
$$0 \cdot x_1 + 0 \cdot x_2 + 0 \cdot x_3 + 0 \cdot x_4 = 0$$

Das System ist selbstverständlich lösbar, man braucht nur für alle x_k Null einzusetzen und hat sicher eine Lösung, nämlich die *triviale* Lösung. Es kommt aber jetzt darauf an, ob das die *einzige* Lösung ist. Wenn ja, sind die Vektoren linear unabhängig, wenn nein, sind sie linear abhängig.

Die Anwendung des Gauß-Verfahrens auf dieses Gleichungssystem, bei dem man die letzte Gleichung vorweg streichen kann, führt im letzten Schritt zu vier linear unabhängigen Gleichungen, und damit gibt es neben der trivialen Lösung keine weiteren Lösungen. Die vier Vektoren $\vec{b}_1, \vec{b}_2, \vec{b}_3$ und $\vec{b}_4$ sind also linear unabhängig.

Aufgabe 62: Prüfen Sie, ob die vier folgenden Vektoren linear unabhängig sind.

$$\vec{a}_1 = \begin{pmatrix} 1 \\ 0 \\ 1 \\ 0 \\ 0 \end{pmatrix} \quad \vec{a}_2 = \begin{pmatrix} 0 \\ 2 \\ 0 \\ 2 \\ 1 \end{pmatrix} \quad \vec{a}_3 = \begin{pmatrix} 1 \\ 1 \\ 0 \\ 1 \\ 0 \end{pmatrix} \quad \vec{a}_4 = \begin{pmatrix} 1 \\ 0 \\ 3 \\ 0 \\ 1 \end{pmatrix}$$

Anleitung: Wählen Sie die Variablenbezeichnungen x, y, z und u. Stellen Sie mit Hilfe der Vektorgleichungen wie im Beispiel 49 das entsprechende homogene Gleichungssystem auf und führen Sie das Gauß-Verfahren durch.

Die Struktur der Lösungsmenge linearer Gleichungssysteme

Lösungsvektoren

Jedes Element der (nicht leeren) Lösungsmenge eines (m, n)-Systems ist ein n-Tupel $(x_1^*, x_2^*, \ldots, x_n^*)$. Für die Zeilenschreibweise von n-Tupeln gelten die gleichen Rechengesetze wie für die Spaltenschreibweise von n-Tupeln (vgl. den Abschnitt »Spaltendarstellung m-dimensionaler Vektoren«). Deshalb kann man auch ein Lösungs-n-Tupel eines linearen Gleichungssystems $(x_1^*, x_2^*, \ldots, x_n^*) = \vec{x}^*$ einen (n-dimensionalen) *Lösungsvektor* des Systems nennen.

Die *Zeilenschreibweise für Lösungsvektoren* dient der besseren *Unterscheidung von den Koeffizienten- und Konstantenvektoren*. Gegenüber der *Schreibweise für Punkt-Koordinaten* machen wir zur Hervorhebung der Auffassung als Vektoren noch eine *weitere Unterscheidung*, die darin besteht, daß die Vektorkomponenten *nur durch Beistriche* getrennt werden. Die Zweckmäßigkeit des Begriffs des Lösungsvektors erkennt man am Inhalt der drei nachfolgenden Sätze.

Satz 49:　Ist $\vec{y}^*$ ein Lösungsvektor eines homogenen Systems, so ist auch $\lambda \vec{y}^*$ (mit beliebigem $\lambda \in \mathbb{R}$) ein Lösungsvektor.

Beweis: Sei $\vec{y}^* = (y_1^*, \ldots, y_n^*)$, so ist, falls

$$y_1^* \vec{a}_1 + y_2^* \vec{a}_2 + \cdots + y_n^* \vec{a}_n = \vec{0}$$

richtig ist, auch

$$\lambda y_1^* \vec{a}_1 + \lambda y_2^* \vec{a}_2 + \cdots + \lambda y_n^* \vec{a}_n =$$
$$\lambda (y_1^* \vec{a}_1 + y_2^* \vec{a}_2 + \cdots + y_n^* \vec{a}_n) = \lambda \vec{0} = \vec{0} \quad \text{richtig.}$$

Satz 50: Sind $\vec{x}^*$ und $\vec{y}^*$ Lösungsvektoren eines homogenen Systems, so ist auch $\vec{x}^* + \vec{y}^*$ Lösungsvektor.

Beweis: Sei $\vec{x}^* = (x_1^*, \ldots, x_n^*)$ und $\vec{y}^* = (y_1^*, \ldots, y_n^*)$, so ist,

falls $$x_1^* \vec{a}_1 + \cdots + x_n^* \vec{a}_n = \vec{0}$$
und $$y_1^* \vec{a}_1 + \cdots + y_n^* \vec{a}_n = \vec{0} \quad \text{richtig ist,}$$
auch $$(x_1^* + y_1^*)\vec{a}_1 + \cdots + (x_n^* + y_n^*)\vec{a}_n =$$
$$x_1^* \vec{a}_1 + \cdots + x_n^* \vec{a}_n + y_1^* \vec{a}_1 + \cdots + y_n^* \vec{a}_n = \vec{0} + \vec{0} = \vec{0} \quad \text{richtig.}$$

Aus den beiden Sätzen 49 und 50 folgt unmittelbar:

Satz 51: Sind $\vec{x}_1^*, \ldots, \vec{x}_r^*$ Lösungsvektoren eines homogenen Systems, so ist auch jede Linearkombination

$$\lambda_1 \vec{x}_1^* + \lambda_2 \vec{x}_2^* + \cdots + \lambda_r \vec{x}_r^* \quad (\lambda_1, \ldots, \lambda_r \in \mathbb{R})$$

ein Lösungsvektor des homogenen Systems.

Im Zusammenhang mit dem Satz 51 sagt man auch, daß die Lösungsmenge L bezüglich der Bildung von Linearkombinationen der Lösungsvektoren *abgeschlossen* sei.

Für die Fälle $n = 2$ und $n = 3$ lassen sich die Inhalte der drei Sätze *geometrisch veranschaulichen*. Existiert ein Lösungsvektor $\vec{y}^* \neq \vec{0}$, so besagt der Satz 49, daß bei der geometrischen Darstellung der Lösungsmenge, neben dem Nullpunkt des Koordinatensystems und den durch $\vec{y}^*$ (als Ortsvektor aufgefaßt) bestimmten Punkt auch die ganze Gerade, die durch die beiden Punkte geht, zur Lösungsmenge gehört. Für den Fall, daß $\vec{x}_1^*$ und $\vec{x}_2^*$ zwei linear unabhängige Lösungsvektoren sind, so besagt der Satz 51, daß dann auch alle Punkte der durch 0 gehenden und von den beiden Lösungsvektoren aufgespannten Ebene des Raumes die Lösungsmenge veranschaulichen.

Beispiel 50: Das zur Lösung der Aufgabe 62 heranzuziehende homogene Gleichungssystem besitzt die Lösungsmenge $L = \{(-3\sigma; -\sigma; 2\sigma; \sigma) | \sigma \in \mathbb{R}\}$ (Parameter σ). Zwei spezielle Lösungsvektoren sind z.B. $\vec{x}_1^* = (3, 1, -2, -1)$ und $\vec{x}_2^* = (-6, -2, 4, 2)$. Offensichtlich ist $\vec{x}_2^* = -2 \cdot \vec{x}_1^*$. Die Gesamtheit aller Lösungsvektoren erhält man ebenfalls mit einem Parameter τ : $\vec{y}^*(\tau) = \tau \cdot \vec{x}_1^*$ oder $\vec{y}^*(\tau) = -\frac{1}{2} \tau \cdot \vec{x}_2^*$. Dabei ist $\tau = -\sigma$.

Beispiel 51: $\vec{x}^* = (1, 2, -1, -1)$ und $\vec{y}^* = (2, 1, 0, -1)$
sind zwei Lösungsvektoren des homogenen (4,4)-Systems:

$$x_1 - 4x_2 - 5x_3 - 2x_4 = 0 \qquad 3x_1 - x_2 - 4x_3 + 5x_4 = 0$$
$$-2x_1 + 3x_2 + 5x_3 - x_4 = 0 \qquad -x_1 + x_2 + 2x_3 - x_4 = 0$$

Daher müssen auch die Linearkombinationen von $\vec{x}^*$ und $\vec{y}^*$ Lösungsvektoren sein. Prüfen Sie dies durch Einsetzen in das Gleichungssystem für folgende Linearkombinationen nach:

$$\vec{x}^* + \vec{y}^* = (3, 3, -1, -2), \qquad 2\vec{x}^* - \vec{y}^* = (0, 3, -2, -1).$$

Aufgabe 63: Das Gleichungssystem des Beispiels 51 hat die Lösungsmenge $L = \{(\sigma - 2\tau; -\sigma - \tau; \sigma; \tau) | \sigma, \tau \in \mathbb{R}\}$.
Welche Parameterwerte muß man für σ und τ wählen, damit man die Lösungsvektoren $\vec{x}^*, \vec{y}^*, \vec{x}^* + \vec{y}^*, 2\vec{x}^* - \vec{y}^*$ aus Beispiel 51 erhält?

**Beschreibung der Lösungsmenge homogener Gleichungssysteme
mit Hilfe von Untervektorräumen**

Der Begriff des Vektorraums wird als algebraische Struktur bereits im Kapitel I beschrieben. Wir haben darüber hinaus im Abschnitt »Vektorielle analytische Geometrie« ein vollständiges Axiomensystem (Axiomengruppen I', II' und III') für einen dreidimensionalen Vektorraum angegeben. Die Beschränkung auf den Fall $n = 3$ ist dabei nur im Zusammenhang mit der Dreidimensionalität unseres Erfahrungsraumes zu sehen und ist durch eine Verallgemeinerung der Axiomengruppe III' leicht aufzuheben, indem wir für den *n-dimensionalen Vektorraum V^n* als Maximalzahl genau n linear unabhängige Vektoren (an Stelle von nur 3) voraussetzen. An die Stelle des dort bewiesenen Hilfssatzes 1 tritt nun, ohne daß es eines weiteren Beweises bedarf:

Hilfssatz 1*: In V^n stellt jede Menge von n linear unabhängigen Vektoren eine Basis dar.

Ebenfalls erweiterungsfähig ist der dort eingeführte Begriff des Untervektorraums, wobei wir jetzt mit der oben bereits erwähnten Eigenschaft »abgeschlossen« die Definition vereinfachen können.

Definition: Eine *Menge U von Vektoren* des V^n heißt *abgeschlossen*, wenn jede Linearkombination von Vektoren aus U wieder zu U gehört.

Bemerkung: Diese Eigenschaft der Abgeschlossenheit bedeutet nicht mehr und nicht weniger, als daß die Teilmenge U für sich selbst den Axiomengruppen I' und II' für Vektorräume genügt.

Definition: Eine abgeschlossene Teilmenge U^d von V^n ($d \leq n$) heißt *d-dimensionaler Untervektorraum* von V^n, wenn U^d d linear unabhängige Vektoren enthält und jeweils $d + 1$ Vektoren von U^d linear abhängig sind.

Bemerkung: Im Falle $d = n$ ist $U^n = V^n$. Der Vektorraum V^n wird als *unechter Untervektorraum* bezeichnet. $U^0 = \{\vec{0}\}$ heißt *0-dimensionaler Untervektorraum* von V^n.

Da dies bisher noch nicht geschehen ist, wollen wir jetzt nachweisen, daß *die Menge aller reellen n-Tupel einen Vektorraum darstellt.* Dabei ist es völlig belanglos, ob wir von der Spalten- oder Zeilendarstellung ausgehen. Jedes n-Tupel können wir also im Sinne unserer bisherigen Verwendung auch als Koeffizienten- oder Konstantenvektor oder als Lösungsvektor auffassen, da die entsprechenden Vektoroperationen völlig analog sind.

Die Eigenschaft der Abgeschlossenheit ist für beide Darstellungsweisen durch die Definition der Operationen mit Spaltenvektoren oder durch die Sätze 49 bis 51 im Falle der Zeilenvektoren (als Lösungsvektoren) nachgewiesen. Bleibt nur noch zu zeigen, daß es n linear unabhängige Vektoren gibt und $n + 1$ Vektoren linear abhängig sind.

Dazu betrachten wir ohne Einschränkung der Allgemeinheit die n-Tupel in

Spaltenschreibweise und wählen folgende n Spaltenvektoren (mit jeweils n Zeilen!):

$$\vec{e}_1 = \begin{pmatrix} 1 \\ 0 \\ \vdots \\ 0 \\ 0 \end{pmatrix}, \quad \vec{e}_2 = \begin{pmatrix} 0 \\ 1 \\ \vdots \\ 0 \\ 0 \end{pmatrix}, \quad \ldots, \quad \vec{e}_{n-1} = \begin{pmatrix} 0 \\ 0 \\ \vdots \\ 1 \\ 0 \end{pmatrix}, \quad \vec{e}_n = \begin{pmatrix} 0 \\ 0 \\ \vdots \\ 0 \\ 1 \end{pmatrix}$$

Um Mißverständnisse zu vermeiden, sei noch angemerkt, daß jeder Vektor genau eine 1 und $n-1$ Nullen enthält. Die Werte 1 stehen alle in verschiedenen Zeilen.

Die Vektoren $e_1, e_2, \ldots, e_n$ sind linear unabhängig und stellen damit eine Basis des V^n dar. Diese spezielle Basis heißt *Kronecker-Basis*. Zum Beweis der linearen Unabhängigkeit wird auf das Verfahren verwiesen, das im Beispiel 49 aufgezeigt wurde. Wir müssen in unserem Falle nicht noch zusätzliche Schreibarbeit aufbringen, denn das zugeordnete homogene Gleichungssystem (die $\vec{e}_i$ als Koeffizientenvektoren aufgefaßt, $i = 1, \ldots, n$) ist ein (n, n)-System, das sich bereits im Zustand der Endform befindet, die man erhält, wenn man das Gauß-Verfahren anwendet. Alle n Variablen $x_1, x_2, \ldots, x_n$ sind beim Übergang von den Vektoren zum Gleichungssystem bereits isoliert. Dieses Endsystem ist eindeutig durch die triviale Lösung $(0, 0, \ldots, 0)$ lösbar, und deshalb sind nach Satz 48 die *Kronecker-Vektoren linear unabhängig*.

Sei nun $\vec{v}$ ein weiterer Spaltenvektor. Zur Überprüfung auf lineare Unabhängigkeit der Vektoren $\vec{e}_1, \vec{e}_2, \ldots, \vec{e}_n, \vec{v}$ ist dann die Aufstellung eines $(n, n+1)$-Systems nötig. Die jetzt zusätzliche Variable x_{n+1} läßt sich aber bei n Gleichungen wegen der Beschaffenheit der Kronecker-Vektoren nicht mehr isolieren. Sie kann mit Hilfe eines Parameters beliebig gewählt werden. Die Lösung ist also nicht eindeutig, und damit sind $n+1$ Spaltenvektoren stets linear abhängig, denn $\vec{v}$ wurde beliebig gewählt.

Da die *Kronecker-Basis* von so fundamentaler Bedeutung für den Vektorraum aller reellen n-Tupel ist, geben wir sie noch zusätzlich *in Zeilenschreibweise* wieder:

$e_1 = (1, 0, \ldots, 0, 0), \quad e_2 = (0, 1, \ldots, 0, 0), \quad \ldots$
$\ldots e_{n-1} = (0, 0, \ldots, 1, 0), \quad e_n = (0, 0, \ldots, 0, 1).$

Satz 52: Die Menge der Lösungsvektoren eines homogenen (m, n)-Systems linearer Gleichungen ist ein Untervektorraum U^d der Dimension $d \leq n$ des Vektorraums V^n (der Zeilenvektoren mit n Komponenten).

Beweis: Die Menge der Lösungsvektoren ist zunächst eine abgeschlossene Menge von Vektoren des V^n. Das folgt aus den Sätzen 49 bis 51. Jetzt ist nur noch zu zeigen, daß diese Menge von Lösungsvektoren jeweils eine Basis von d Vektoren besitzt, denn dann gibt es in ihr d linear unabhängige Vektoren, und $d+1$ ihrer Vektoren sind linear abhängig. Um dies zu zeigen, gehen wir schrittweise vor.

Besitzt das (m, n)-System nur die triviale Lösung, dann ist die Lösungsmenge $\{\vec{0}\}$ der 0-dimensionale Untervektorraum U^0. Ist das (m, n)-System aber nicht trivial lösbar, so existiert mindestens ein Lösungsfaktor $\vec{x}_1^* \neq \vec{0}$, und nach Satz 49 ist auch jedes Vielfache $\lambda \vec{x}_1^*$ ein Lösungsvektor. Jetzt gibt es zwei Fälle. Entweder lassen sich alle Lösungsvektoren als Vielfache von $\vec{x}_1^*$ darstellen oder dies ist nicht der Fall. Im ersten Fall ist $\{\vec{x}_1^*\}$ eine Basis und die Lösungsmenge ein eindimensionaler Untervektorraum U^1. Im zweiten Fall gibt es also mindestens einen Lösungsvektor $\vec{x}_2^*$, der sich nicht als Vielfaches von $\vec{x}_1^*$ darstellen läßt, dann sind jedoch $\vec{x}_1^*$ und $\vec{x}_2^*$ zwei linear unabhängige Lösungsvektoren. Nach Satz 51 ist dann aber auch jede Linearkombination der Form $\lambda_1 \vec{x}_1^* + \lambda_2 \vec{x}_2^*$ ein Lösungsvektor. Wiederum sind zwei Fälle zu unterscheiden. Entweder lassen sich alle Lösungsvektoren als eine solche Linearkombination der beiden Lösungsvektoren $\vec{x}_1^*$ und $\vec{x}_2^*$ darstellen oder nicht. Im ersten Fall ist dann wieder $\{\vec{x}_1^*, \vec{x}_2^*\}$ eine Basis und die Lösungsmenge ein zweidimensionaler Vektorraum U^2. Im zweiten Fall gibt es mindestens einen weiteren Lösungsvektor $\vec{x}_3^*$, der von den beiden Lösungsvektoren $\vec{x}_1^*$ und $\vec{x}_2^*$ linear unabhängig ist, usw.

Fährt man in dieser Weise fort, so muß der Prozeß nach einer gewissen Anzahl von Schritten abbrechen, denn in V^n gibt es höchstens n linear unabhängige Vektoren. D.h., es gibt in jedem Fall einer nicht-trivialen Lösungsmenge eine bestimmte Anzahl s von linear unabhängigen Lösungsvektoren, die eine Basis für die Menge aller Lösungsvektoren darstellen, wodurch diese Menge sich als ein Untervektorraum U^s, mit $s \leq n$, erweist. Der Extremfall $s = n$ liegt dann vor, wenn alle Koeffizienten des (m, n)-Systems gleich 0 sind. Damit ist der Satz vollständig bewiesen.

Unter Beschränkung auf $n \leq 3$ sind wieder *geometrische Veranschaulichungen der Menge der Lösungsvektoren* möglich. Was homogene $(m, 2)$-Systeme angeht, können wir auf Abbildungen verzichten, denn die Fälle sind sehr einfach. Die Lösungsmenge U^0 wird durch den Ursprung eines zweidimensionalen Koordinatensystems dargestellt. Die Lösungsmenge U^1 mit dem Basisvektor $\vec{x}_1^*$ wird durch alle Ortsvektoren repräsentiert, die auf der durch $\vec{x}_1^*$ bestimmten Geraden liegen. Schließlich wird der Extremfall $U^2 = V^2$ durch die Gesamtheit aller Ortsvektoren eines zweidimensionalen Koordinatensystems dargestellt.

Zur Veranschaulichung der möglichen Lösungsmengen von homogenen $(m, 3)$-Systemen kann auf ein dreidimensionales Koordinaten-System und den diesbezüglichen Ortsvektoren zurückgegriffen werden. Der Fall U^0 wird wieder durch den Ursprung und der Extremfall $U^3 = V^3$ durch die Gesamtheit aller Ortsvektoren dargestellt. Für die beiden anderen Fälle gehen wir von zwei konkreten Beispielen aus.

Beispiel 52: Wir betrachten das folgende $(2, 3)$-System:

$$
\begin{array}{ll}
x + y - 3z = 0 & \\
x - y + z = 0 &
\end{array}
\quad \text{ist äquivalent} \quad
\begin{array}{ll}
x - z = 0 \\
 y - 2z = 0
\end{array}
$$

$\vec{v} = (1, 2, 1)$ ist ein Lösungsvektor. Da z frei wählbar ist und sich dann x und y eindeutig bei Vorgabe des Parameterwertes σ für z bestimmen lassen, erhält man die Gesamtheit aller Lösungsvektoren durch die Darstellung $(\sigma, 2\sigma, \sigma)$. Alle Lösungsvektoren lassen sich also durch $\vec{v}$ darstellen und haben die Form $\sigma \cdot \vec{v}$. $\vec{v}$ ist also eine Basis, und die Lösungsvektoren stellen einen eindimensionalen

Untervektorraum U^1 dar. Die Veranschaulichung erfolgt durch die linke Figur. Alle Lösungsvektoren gehen von 0 aus und liegen auf der von $\vec{v}$ »erzeugten« Geraden g.

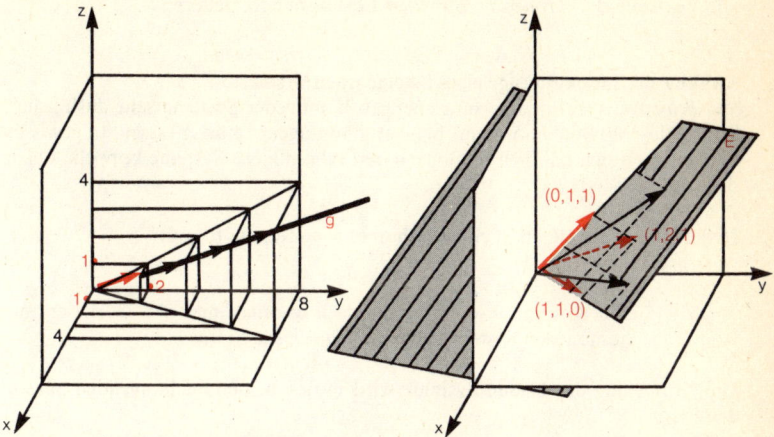

Beispiel 53: Wir betrachten das folgende (3,3)-System:

$$
\begin{array}{lll}
x - y + z = 0 & & x - y + z = 0 \\
2x - 2y + 2z = 0 & \text{ist äquivalent} & 0 = 0 \\
3x - 3y + 3z = 0 & & 0 = 0
\end{array}
$$

$\vec{v} = (1,1,0)$ und $\vec{w} = (0,1,1)$ sind zwei linear unabhängige Lösungsvektoren. Diese beiden Vektoren »spannen« die in der rechten Abbildung dargestellte Ebene E im dreidimensionalen Koordinatensystem auf. Eingezeichnet ist auch der Ortsvektor $\vec{v} + \vec{w} = (1,2,1)$, der wegen der linearen Abhängigkeit von $\vec{v}$ und $\vec{w}$ ebenfalls in der Ebene E liegt.

Die Gesamtheit aller Lösungsvektoren ist jetzt mit den beiden Parametern σ und τ darstellbar durch $(\sigma - \tau, \sigma, \tau)$, und wegen der Basiseigenschaft von $\vec{v}$ und $\vec{w}$ gilt: $(\sigma - \tau, \sigma, \tau) = \lambda_1 \vec{v} + \lambda_2 \vec{w}$ mit $\lambda_1 = \sigma - \tau$ und $\lambda_2 = \tau$. Der zweidimensionale Vektorraum U^2 der Lösungsvektoren unseres homogenen Gleichungssystems wird also durch die Gesamtheit aller Ortsvektoren dargestellt, die in der Ebene E liegen, die *durch die Basisvektoren $\vec{v}$ und $\vec{w}$ aufgespannt wird.*

Aufgabe 64: Suchen Sie eine Basis für die Lösungsmenge des Systems

$$
\begin{array}{ll}
x_1 \phantom{{}+ x_2} + 2x_3 - x_4 = 0 & -x_1 + x_2 + 2x_3 - 3x_4 = 0 \\
2x_1 - x_2 \phantom{{}+ 2x_3} + 2x_4 = 0 & 3x_1 - x_2 + 2x_3 + 3x_4 = 0
\end{array}
$$

Aufgabe 65: a) Was läßt sich über das homogene System

$$
x_1 \vec{a}_1 + x_2 \vec{a}_2 + \cdots + x_n \vec{a}_n = \vec{0}
$$

aussagen, wenn man weiß, daß $(1, 0, \ldots, 0)$ zur Lösungsmenge gehört?

b) Was läßt sich über das homogene System

$$x_1 \vec{a}_1 + x_2 \vec{a}_2 + \cdots + x_n \vec{a}_n = \vec{0}$$

sagen, wenn man weiß, daß $(1, 0, 0, \ldots, 0)$, $(0, 1, 0, 0, \ldots, 0)$, $\ldots$, $(0, 0, 0, \ldots, 1)$, also alle Vektoren der *Kronecker-Basis* zur Lösungsmenge gehören?

Struktur der Lösungsmenge eines inhomogenen Systems

Wir haben uns mit den Lösungsmengen homogener Systeme sehr ausführlich befaßt, deshalb können wir uns bei den inhomogenen kürzer fassen. In gewisser Weise lassen sich nämlich homogene und inhomogene Systeme koppeln. Dazu dient uns folgende

Definition: Ersetzt man in einem inhomogenen System $(\vec{c} \neq 0)$

$$x_1 \vec{a}_1 + x_2 \vec{a}_2 + \cdots + x_n \vec{a}_n = \vec{c}$$

den Konstantenvektor $\vec{c}$ durch $\vec{0}$, so erhält man das zu diesem inhomogenen System *zugehörige homogene System*.

Die Koppelung der beiden Systeme wird in den beiden nachfolgenden Sätzen deutlich.

Satz 53: Die Differenz $\vec{z}^*$ zweier Lösungsvektoren $\vec{x}^*$ und $\vec{y}^*$ des inhomogenen Systems ist stets eine Lösung des zugehörigen homogenen Systems.

Beweis: Wenn $\vec{x}^* = (x_1^*, x_2^*, \ldots, x_n^*)$ und $\vec{y}^* = (y_1^*, y_2^*, \ldots, y_n^*)$ Lösungsvektoren des Systems

$$x_1 \vec{a}_1 + x_2 \vec{a}_2 + \cdots + x_n \vec{a}_n = \vec{c}$$

sind, so muß gelten:

$$x_1^* \vec{a}_1 + x_2^* \vec{a}_2 + \cdots + x_n^* \vec{a}_n = \vec{c}$$
$$y_1^* \vec{a}_1 + y_2^* \vec{a}_2 + \cdots + y_n^* \vec{a}_n = \vec{c}.$$

Daraus folgt aber, wenn man $\vec{z}^* = \vec{x}^* - \vec{y}^*$ setzt:

$$z_1^* \vec{a}_1 + \cdots + \qquad\quad z_n^* \vec{a}_n =$$
$$(x_1^* - y_1^*)\vec{a}_1 + \cdots + (x_n^* - y_n^*)\vec{a}_n =$$
$$(x_1^* \vec{a}_1 + \cdots + x_n^* \vec{a}_n) - (y_1^* \vec{a}_1 + \cdots + y_n^* \vec{a}_n) =$$
$$\vec{c} \qquad - \qquad \vec{c} \qquad = \vec{0}$$

Also ist $\vec{z}^*$ ein Lösungsvektor des zugehörigen homogenen Gleichungssystems. Dieser Satz läßt sich auch umkehren:

Satz 54: Ist $\vec{x}_p^*$ ein spezieller *(partikulärer)* Lösungsvektor eines inhomogenen Gleichungssystems und L_h die Menge der Lösungsvektoren des zugehörigen homogenen Systems, so ist die Menge L_i der Lösungsvektoren des inhomogenen Systems gleich der Menge:
$$\{\vec{x}_p^* + \vec{x}_h^* \mid \vec{x}_h^* \in L_h\}.$$

Der *Inhalt des Satzes 54* läßt sich auch *folgendermaßen aussprechen:*

a) Ist $\vec{x}_p^*$ ein *partikulärer Lösungsvektor* des inhomogenen Systems, so läßt sich jeder Lösungsvektor des inhomogenen Systems als Summe von $\vec{x}_p^*$ und einem geeigneten Lösungsvektor des zugehörigen homogenen Systems darstellen.

b) Jede Summe aus $\vec{x}_p^*$ und einem beliebigen Lösungsvektor des zugehörigen homogenen Systems ist aber auch Lösungsvektor des inhomogenen Systems.

Beweis: a) Sei also $\vec{y}^*$ ein beliebiger Lösungsvektor des inhomogenen Systems, so ist nach Satz 53 $\vec{y}^* - \vec{x}_p^* = \vec{z}^*$ eine Lösung des zugehörigen homogenen Systems und deshalb $\vec{y}^* = \vec{x}_p^* + \vec{z}^*$.

b) Sei $\vec{v}^*$ ein beliebiger Lösungsvektor des zugehörigen homogenen Systems und $\vec{w}^* = \vec{x}_p^* + \vec{v}^*$ der zu betrachtende Summenvektor, dann gilt folgendes:

$$w_1\vec{a}_1 + w_2\vec{a}_2 + \cdots + w_n\vec{a}_n =$$
$$(x_{p1} + v_1)\vec{a}_1 + (x_{p2} + v_2)\vec{a}_2 + \cdots + (x_{pn} + v_n)\vec{a}_n =$$
$$(x_{p1}\vec{a}_1 + x_{p2}\vec{a}_2 + \cdots + x_{pn}\vec{a}_n) + (v_1\vec{a}_1 + v_2\vec{a}_2 + \cdots + v_n\vec{a}_n) =$$
$$\vec{c} \qquad + \qquad 0 \qquad = \vec{c},$$

was zu beweisen war.

Beispiel 54: Wir betrachten das folgende inhomogene (4,3)-System:

$$
\begin{array}{ll}
x - 2y + z = 1 & \qquad x - \frac{5}{7}z = \frac{9}{7} \\
2x + 3y - 4z = 3 & \qquad y - \frac{6}{7}z = \frac{1}{7} \\
4x - y - 2z = 5 \quad \text{ist äquivalent} & \qquad 0 = 0 \\
3x + 8y - 9z = 5 & \qquad 0 = 0
\end{array}
$$

Für die frei wählbare Variable z setzen wir den Parameter σ und erhalten damit die Lösungsmenge $L_i = \{(\frac{9}{7} + \frac{5}{7}\sigma, \frac{1}{7} + \frac{6}{7}\sigma, \sigma) \,|\, \sigma \in \mathbb{R}\}$.

Mit $\sigma = 0$ erhält man den partikulären Lösungsvektor $\vec{v}_p = (\frac{9}{7}, \frac{1}{7}, 0)$.

Der Vektor $\vec{w} = (\frac{5}{7}, \frac{6}{7}, 1)$ ist eine Basis der Lösungsmenge L_h des zugehörigen homogenen Systems, und es ist $L_h = \{(\frac{5}{7}\sigma, \frac{6}{7}\sigma, \sigma) \,|\, \sigma \in \mathbb{R}\}$.

Die Summen
$\lambda \cdot \vec{w} + \vec{v}_p = \lambda(\frac{5}{7}, \frac{6}{7}, 1) + (\frac{9}{7}, \frac{1}{7}, 0) = (\frac{5}{7}\lambda + \frac{9}{7}, \frac{6}{7}\lambda + \frac{1}{7}, \lambda)$, mit $\lambda \in \mathbb{R}$,
liefern uns offensichtlich jeden Lösungsvektor des inhomogenen Systems.

Das ist aber nicht die einzige mögliche Darstellung der Lösungsmenge nach Satz 54. Wählt man z. B. für $\sigma = 1$, so erhält man eine andere partikuläre Lösung $\vec{u}_p = (2, 1, 1)$, und der Lösungsvektor $\vec{w}' = 7 \cdot \vec{w} = (5, 6, 7)$ ist ebenfalls eine Basis von L_h.

Die Summen
$\mu \cdot \vec{w}' + \vec{u}_p = \mu(5, 6, 7) + (2, 1, 1) = (5\mu + 2, 6\mu + 1, 7\mu + 1)$, mit $\mu \in \mathbb{R}$
liefern uns ebenfalls vollständig die Menge aller Lösungsvektoren des inhomogenen Systems.

Aufgabe 66: Stellen Sie für das nachfolgende Gleichungssystem eine dem Beispiel 54 entsprechende Betrachtung an.

$$
\begin{array}{ll}
2x - y - z = 1 & \qquad 2x + y - 2z - u = 0 \\
2y - z - u = -1 & \qquad -4y + 2z + 2u = 2
\end{array}
$$

Für $n \leq 3$ lassen sich natürlich auch die Lösungsmengen inhomogener Gleichungssysteme veranschaulichen.

Beispiel 55: Wir betrachten das inhomogene $(2,3)$-System:

$$\begin{aligned} x + y - 3z &= 1 \\ x - y + z &= 1 \end{aligned} \quad \text{ist äquivalent} \quad \begin{aligned} x \quad - \quad z &= 1 \\ y - 2z &= 0 \end{aligned}$$

Das zugehörige homogene System wurde im Beispiel 52 behandelt. Dessen vollständige Lösungsmenge ist durch den eindimensionalen Vektorraum U^1 mit dem Basisvektor $\vec{v} = (1, 2, 1)$ bestimmt. Eine partikuläre Lösung unseres inhomogenen Systems ist durch $\vec{w}_p = (1, 0, 0)$ gegeben. Mithin läßt sich die Gesamtheit aller Lösungsvektoren des inhomogenen Systems wie folgt darstellen: $\vec{l} = \vec{w}_p + \sigma \cdot \vec{v} = (1 + \sigma, 2\sigma, \sigma)$, mit $\sigma \in \mathbb{R}$

Die linke Abbildung zeigt schematisch, wie sich die geometrische Veranschaulichung gegenüber dem Beispiel 52 verändert. Wegen der Summierung von partikulärer Lösung des inhomogenen Systems und allgemeiner Lösung des homogenen Systems kommt es zu einer Parallelverschiebung der Geraden, welche die Lösungsmannigfaltigkeit veranschaulicht. Alle Lösungsvektoren gehen als Ortsvektoren von 0 aus und enden auf der Geraden g_i, während sie im Falle des zugehörigen homogenen Systems auf g_h enden und damit ganz in g_h liegen.

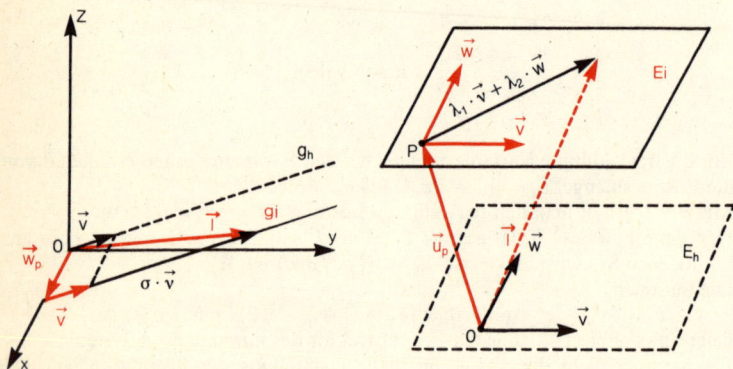

Beispiel 56: Wir betrachten das inhomogene $(3,3)$-System:

$$\begin{aligned} x - y + z &= 1 \\ 2x - 2y + 2z &= 2 \\ 3x - 3y + 3z &= 3 \end{aligned} \quad \text{ist äquivalent} \quad \begin{aligned} x - y + z &= 1 \\ 0 &= 0 \\ 0 &= 0 \end{aligned}$$

Das zugehörige homogene System wurde im Beispiel 53 behandelt. Dessen vollständige Lösungsmenge ist durch den zweidimensionalen Vektorraum U^2 mit den beiden Basisvektoren $\vec{v} = (1, 1, 0)$ und $\vec{w} = (0, 1, 1)$ bestimmt. Eine partikuläre Lösung unseres inhomogenen Systems ist durch $\vec{u}_p = (1, 0, 0)$ gegeben. Mithin läßt sich die Gesamtheit aller Lösungsvektoren des inhomogenen Systems wie folgt darstellen:

$$\vec{l} = \vec{u}_p + \lambda_1 \vec{v} + \lambda_2 \vec{w} = (1 + \lambda_1, \lambda_1 + \lambda_2, \lambda_2), \text{ mit } \lambda_1, \lambda_3 \in \mathbb{R}$$

Die rechte Abbildung ist noch stärker schematisiert, da jetzt die Koordinatenachsen weggelassen wurden. Das Wesentliche kann aber deutlich gemacht werden. Die Hinzunahme des partikulären Lösungsvektors hat hier wieder eine Parallelverschiebung gegenüber dem homogenen Fall zur Folge. Alle Lösungsvektoren gehen als Ortsvektoren von 0 aus und enden auf der Ebene E_i, während sie im Falle des zugehörigen homogenen Systems auf E_h enden und damit ganz in E_h liegen.

Zusammenfassung und Ergänzung

1) Lineare Gleichungssysteme werden dadurch gelöst, daß man sie durch *elementare Umformungen (Äquivalenzumformungen)* in ein äquivalentes Gleichungssystem überführt, bei dem die maximal mögliche Zahl von Gleichungsvariablen isoliert wird. Für die praktische Rechnung hat sich das *Gaußsche Eliminationsverfahren* als besonders ökonomisch erwiesen.

2) Die *lineare Abhängigkeit der Gleichungen* des Systems spielt hinsichtlich der Frage nach der Lösbarkeit und der *Struktur der Lösungsmenge* eine wichtige Rolle. Das Gauß-Verfahren führt (spätestens) nach dem letzten Schritt, wenn man in zulässiger Weise die Gleichungen der Form $0 = 0$ streicht, stets auf linear unabhängige Gleichungen.

3) Bleiben nach dem letzten Schritt des Gauß-Verfahrens weniger Gleichungen übrig, als das System Gleichungsvariable besitzt, und ist das System lösbar, so erhält man alle Lösungen des Systems, wenn man für die *nicht-isolierbaren Variablen* voneinander unabhängige *Parameter* einführt.

4) Für die allgemeine Betrachtung erweist sich die Einführung von *Koeffizienten-, Konstanten- und Lösungsvektoren* als sehr nützlich, da sich der Schreibaufwand wesentlich verringert und die Sprechweise vereinfacht. (In konkreten Fällen muß allerdings meistens auf das Gauß-Verfahren zurückgegriffen werden.)

5) Das *allgemeine Lösungskriterium* lautet: Ein System ist genau dann lösbar, wenn der Konstantenvektor linear von den Koeffizientenvektoren abhängt. Insbesondere ist ein homogenes System stets (zumindest *trivial*) lösbar.

6) Die *Lösungsmenge eines homogenen Gleichungssystems* mit n Gleichungsvariablen ist ein d-dimensionaler *Untervektorraum* U^d des Vektorraums V^n der Zeilenvektoren mit n reellen Komponenten. Die Lösungsmenge besitzt deshalb eine Basis von d Lösungsvektoren, und jede Lösung kann als Linearkombination dieser Basisvektoren dargestellt werden.

7) Die *Lösungsmenge eines inhomogenen Systems* erhält man, indem man zu einer *partikulären Lösung* des inhomogenen Systems alle Lösungsvektoren des zugehörigen homogenen Systems addiert.

In diesen sieben Punkten haben wir alles das zusammengefaßt, was wir auch, soweit dies erforderlich war, mit Beweisen untermauert haben. In der Gleichungslehre werden aber noch weitere Begriffe definiert und weitere Aussagen gemacht, die wir nachfolgend angeben. *Aus Gründen des beschränkten Buchumfanges muß jedoch auf weitere Beweise verzichtet werden.*

Satz 55: In jedem linearen Gleichungssystem ist die *maximale Anzahl linear unabhängiger Gleichungen* und die *maximale Anzahl linear unabhängiger Spaltenvektoren* (alle Koeffizientenvektoren mit Einschluß des Konstantenvektors) gleich.

Definition: Die durch den Satz 55 charakterisierte maximale Zahl *r heißt Rang* des linearen Gleichungssystems.

Satz 56:   Der Rang zweier linearer Gleichungssysteme, die durch elementare Umformungen ineinander übergeführt werden können, ist gleich.

Satz 57:   Ein inhomogenes lineares Gleichungssystem ist dann und nur dann lösbar, wenn sein Rang gleich dem Rang des zugehörigen homogenen Systems ist.

Definition: Unter der *Dimension d der Lösungsmenge* eines linearen Gleichungssystems versteht man die Dimension des Untervektorraums U^d, der die Lösungsmenge des zugehörigen homogenen Systems darstellt. (Mit anderen Worten: *d* ist die Maximalzahl linear unabhängiger Lösungsvektoren des zugehörigen homogenen Systems.)

Satz 58:   Die *Dimension d* der Lösungsmenge ist *gleich der Anzahl der frei wählbaren Variablen*, die sich nach dem letzten Schritt des Gauß-Verfahrens ergeben.

Satz 59:   Für ein *lösbares* lineares Gleichungssystem mit *n* Gleichungsvariablen gilt: $r + d = n$.

Im Abschnitt »Das Gauß-Verfahren und die lineare Unabhängigkeit von Gleichungen« hatten wir gewisse Vermutungen angestellt. Sie finden im Zusammenhang mit den hier ergänzend angegebenen Sätzen ihre Bestätigung.
Aufgabe 67: Bestimmen Sie für die Gleichungssysteme der Beispiele 40, 41, 43, 45 und 46 sowie der Aufgabe 56 den Rang *r*, die Dimension *d* der Lösungsmenge und prüfen Sie nach, ob der in Satz 59 formulierte Zusammenhang besteht.

Beispiele praktischer Anwendung von linearen Gleichungssystemen

Nachfolgend soll an einigen charakteristischen Fällen beispielhaft aufgezeigt werden, wie technische und wirtschaftliche Probleme durch die Aufstellung linearer Gleichungssysteme mathematisiert und dadurch gelöst werden können.

Anwendung in der Elektrotechnik

Die Abbildung zeigt ein Netzwerk mit vier Gleichspannungsquellen, deren Spannungen betragen: $U_1 = 50$ V (Volt), $U_2 = 20$ V, $U_3 = 10$ V und $U_4 = 20$ V. Bekannt sind auch die Widerstände mit $R_1 = R_2 = R_5 = R_6 = 10$ Ohm, $R_3 = 20$ Ohm und $R_4 = 40$ Ohm. Zu bestimmen sind die zunächst noch unbekannten Stromstärken I_1, I_2 und I_3 und der Potentialabfall *U* zwischen *A* und *B*.

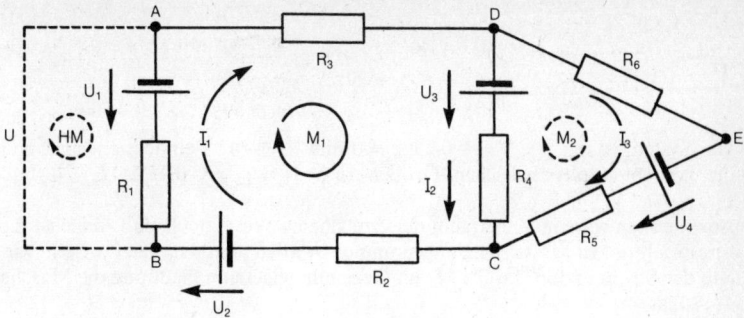

Physikalische Grundlagen sind die Sätze von Kirchhoff:

1) Knotenregel: An jedem Verzweigungspunkt (Knotenpunkt) mehrerer Leitungen ist die Summe der auf ihn zufließenden Stromstärken gleich der Summe der von ihm abfließenden.

2) Maschenregel: In jedem beliebigen aus einem Leiternetz herausgegriffenen in sich geschlossenen Stromkreis (Masche) ist die Summe der Spannungen U_i der darin befindlichen Spannungsquellen gleich der Summe Teilspannungen $R_j I_j$:

$$\sum_{i=1}^{n} U_i = \sum_{j=1}^{m} R_j I_j.$$

A, B und E sind »unechte« Knoten. Man überzeugt sich leicht, daß die beiden übrigen Knoten C und D zu identischen Gleichungen führen: $I_1 = I_2 + I_3$
Für die Masche M_1 gilt: $\quad -U_1 + U_2 + U_3 = R_1 I_1 + R_2 I_1 + R_3 I_1 + R_4 I_2$.
Für die Masche M_2 gilt: $\quad -U_3 + U_4 = -R_4 I_2 + R_5 I_3 + R_6 I_3$.
Für die Hilfsmasche *HM* mit der gedachten Teilspannung U gilt:
$U_1 = -U - R_1 I_1$.
Das elektrotechnische Problem wird also auf das folgende inhomogene lineare Gleichungssystem zurückgeführt:

$$
\begin{aligned}
I_1 - \quad I_2 - \quad\quad\quad I_3 \quad &= 0 \\
(R_1 + R_2 + R_3) \cdot I_1 + R_4 \cdot I_2 + \quad\quad &= U_2 + U_3 - U_1 \\
- R_4 \cdot I_2 + (R_5 + R_6) \cdot I_3 \quad &= U_4 - U_3 \\
- R_1 \cdot I_1 \quad\quad\quad\quad\quad\quad - U \quad &= U_1
\end{aligned}
$$

In diesen vier Gleichungen sind I_1, I_2, I_3 und U die Gleichungsvariablen. Es handelt sich also um ein (4,4)-System.

In unserem Falle handelt es sich um ein *physikalisches Gleichungssystem*, bei dem die einzelnen Größen jeweils durch eine Maßzahl und eine Einheit anzugeben sind. Wir können zu einem *reinen Zahlensystem* übergehen, wenn wir nur die gegebenen Maßzahlen verwenden und vier neue Variable durch die Festlegung $I_1 = x$ A (Ampere), $I_2 = y$ A, $I_3 = z$ A und $U = u$ V verwenden. Dann ergibt sich folgendes System:

$$
\begin{aligned}
x - \quad y - \quad z \quad\quad &= \quad 0 \\
40\,x + 40\,y \quad\quad\quad &= -20 \\
- 40\,y + 20\,z \quad &= \quad 10 \\
-10\,x \quad\quad\quad\quad - u &= \quad 50
\end{aligned}
$$

Das System ist mit $x = y = -0{,}25$, $z = 0$ und $u = -47{,}5$ eindeutig lösbar, und die gesuchten physikalischen Größen sind $I_1 = I_2 = -0{,}25$ A, $I_3 = 0$ und $U = -47{,}5$ V.

Anzumerken wäre in Anbetracht der errechneten Werte noch, daß zunächst die Stromrichtungen willkürlich angenommen werden mußten. Jetzt wissen wir, daß der Strom in der Masche M_1 im Gegenuhrzeigersinn fließt und die Masche M_2 sogar stromlos ist.

Anwendung bei chemischen Reaktionen

In einer chemischen Fabrik soll aus Kalzium und Phosphorsäure Kalziumphosphat und Wasserstoff hergestellt werden. Also:

$$
Ca + H_3PO_4 \rightarrow Ca_3P_2O_8 + H_2
$$

Dazu muß man wissen, in welchen Anteilen die beteiligten Substanzen bei einer Gleichgewichtsreaktion auftreten.

Gesucht sind also Zahlen r, s, t und u derart, daß

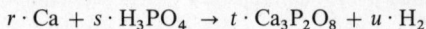

$$
r \cdot Ca + s \cdot H_3PO_4 \rightarrow t \cdot Ca_3P_2O_8 + u \cdot H_2
$$

im Gleichgewicht ist. Dies ist aber dann der Fall, wenn $r = 3t \,\wedge\, 3s = 2u \,\wedge\, s = 2t \,\wedge\, 4s = 8t$ ist. Damit ist das chemische Problem wieder auf ein mathematisches zurückgeführt worden, indem das folgende homogene lineare Gleichungssystem zu lösen ist:

$$
\begin{aligned}
r \quad\quad - 3t \quad\quad &= 0 \\
3s \quad\quad - 2u &= 0 \\
s - 2t \quad\quad &= 0 \\
(4s - 8t \quad\quad &= 0)
\end{aligned}
$$

Die vierte Gleichung kann gestrichen werden, da sie von der dritten Gleichung linear abhängig ist. Eine mögliche Endform nach Anwendung des Gaußverfahrens ist dann:

$$
\begin{aligned}
r \quad\quad - 3t &= 0 \\
s \quad - 2t &= 0 \\
u - 3t &= 0
\end{aligned}
$$

Dieses System hat eine eindimensionale Lösungsmenge und eine spezielle Lösung ist:

$r = 3$, $s = 2$, $t = 1$, $u = 3$.

Alle möglichen Lösungsquadrupel sind durch $L = \{(3\sigma, 2\sigma, \sigma, 3\sigma)\,|\,\sigma \in \mathbb{R}\}$ gegeben. Der Chemiker interessiert sich aber nur für die *»kleinste ganzzahlige«* Lösung, und das ist die angegebene spezielle Lösung. Damit wäre das Problem gelöst.

Anwendung der Kronecker-Basis bei chemischen Reaktionen

Das dargestellte Beispiel aus der Chemie eignet sich auch für eine vektorielle Behandlung im Vektorraum V^4. Die an der chemischen Reaktion beteiligten Elemente lassen sich nämlich wie folgt den Vektoren der Kronecker-Basis des V^4 zuordnen:

$$Ca: \begin{pmatrix} 1 \\ 0 \\ 0 \\ 0 \end{pmatrix}, \quad H: \begin{pmatrix} 0 \\ 1 \\ 0 \\ 0 \end{pmatrix}, \quad P: \begin{pmatrix} 0 \\ 0 \\ 1 \\ 0 \end{pmatrix}, \quad O: \begin{pmatrix} 0 \\ 0 \\ 0 \\ 1 \end{pmatrix}.$$

Dann entspricht H_3PO_4 z. B.: $\begin{pmatrix} 0 \\ 3 \\ 1 \\ 4 \end{pmatrix}$.

Die Gleichgewichtsforderung bedeutet dann die folgende lineare Abhängigkeit zwischen den Vektoren, die den an der Reaktion beteiligten Verbindungen entsprechen:

$$r \cdot \begin{pmatrix} 1 \\ 0 \\ 0 \\ 0 \end{pmatrix} + s \cdot \begin{pmatrix} 0 \\ 3 \\ 1 \\ 4 \end{pmatrix} = t \cdot \begin{pmatrix} 3 \\ 0 \\ 2 \\ 8 \end{pmatrix} + u \cdot \begin{pmatrix} 0 \\ 2 \\ 0 \\ 0 \end{pmatrix}.$$

Diese Vektorgleichung ist obigem Gleichungssystem äquivalent. Daß man dort die vierte Gleichung streichen konnte, läßt bei der vektoriellen Behandlung die Möglichkeit einer Untersuchung in einem dreidimensionalen Unterraum von V^4 zu. Basisvektoren kann man nämlich auch solchen Verbindungen zuordnen, die bei der Reaktion unverändert bleiben *(Radikale)*.

Das einzige Radikal, das in unserem Falle vorkommt, ist PO_4. Als Basis des $U^3 \subset V^4$ kann dann gewählt werden:

$$Ca: \begin{pmatrix} 1 \\ 0 \\ 0 \\ 0 \end{pmatrix} \text{ oder } \begin{pmatrix} 1 \\ 0 \\ 0 \end{pmatrix}, \quad H: \begin{pmatrix} 0 \\ 1 \\ 0 \\ 0 \end{pmatrix} \text{ oder } \begin{pmatrix} 0 \\ 1 \\ 0 \end{pmatrix}, \quad PO_4: \begin{pmatrix} 0 \\ 0 \\ 1 \\ 0 \end{pmatrix} \text{ oder } \begin{pmatrix} 0 \\ 0 \\ 1 \end{pmatrix}$$

Die Möglichkeit des Übergangs zu Tripeln an Stelle von Quadrupeln besteht darin, daß der vierte Vektor der Kronecker-Basis von V^4 nicht benötigt wird. Die Gleichgewichtsforderung für obige chemische Reaktion führt jetzt zu:

$$\bar{r} \cdot \begin{pmatrix} 1 \\ 0 \\ 0 \end{pmatrix} + \bar{s} \cdot \begin{pmatrix} 0 \\ 3 \\ 1 \end{pmatrix} = \bar{t} \cdot \begin{pmatrix} 3 \\ 0 \\ 2 \end{pmatrix} + \bar{u} \cdot \begin{pmatrix} 0 \\ 2 \\ 0 \end{pmatrix}.$$

Dieser Vektorgleichung entspricht das Gleichungssystem:

$$\bar{r} - 3 \cdot \bar{t} = 0, \quad 3 \cdot \bar{s} - 2 \cdot \bar{u} = 0, \quad \bar{s} - 2 \cdot \bar{t} = 0.$$

Die »kleinste ganzzahlige« Lösung ist hier: $\bar{r} = 3$, $\bar{s} = 2$, $\bar{t} = 1$, $\bar{u} = 3$. Sie ist, wie zu erwarten war, mit obiger Lösung identisch.

Anwendung auf ein chemisches Mischungsproblem unter ökonomischer Zielsetzung

Ein metallurgischer Betrieb beabsichtigt, eine neue harte und relativ leichte Metallegierung auf den Markt zu bringen. Es wird gefordert, daß diese Legierung genau 2% Chrom und genau 4% Titan enthält, während der Rest (als Basissubstanz) aus Aluminium bestehen soll. Da der Beschaffungsmarkt reines Chrom und Titan nur zu sehr ungünstigen Preisen anbietet, sieht sich der Betrieb gezwungen, auf preisgünstigere chrom- und titanhaltige Aluminiumlegierungen anderer Art zurückzugreifen und daraus die neue Legierung durch Mischung in entsprechenden Anteilen der beschaffbaren herzustellen. Die prozentualen Anteile an Chrom und an Titan (p % = 0,0 p) gehen aus der nachfolgenden Tabelle hervor, ebenfalls die relativen Preise, gemessen an dem Tonnenpreis der ersten Legierung.

Legierung	1	2	3	4
prozentualer Chromgehalt	0,04	0,00	0,03	0,01
prozentualer Titangehalt	0,03	0,04	0,01	0,06
rel. Beschaffungspreis	1,00	0,95	0,90	1,10
rel. Bezugsmenge	x	y	z	u

Das chemotechnische Mischungsproblem besteht darin, die auf eine bestimmte Mengeneinheit (etwa 1 Tonne) bezogenen relativen Bezugsmengen (Mengenanteile) der vier Legierungen zu ermitteln. Das ökonomische Problem besteht darin, darüber hinaus eine kostenminimale Mischung zu finden.

Das erste Problem führt auf das folgende inhomogene lineare Gleichungssystem:

$$0,04 x + \qquad + 0,03 z + 0,01 u = 0,02 \quad (2\% \text{ Chrom}),$$
$$0,03 x + 0,04 y + 0,01 z + 0,06 u = 0,04 \quad (4\% \text{ Titan}),$$
$$x + \quad y + \quad z + \quad u = 1 \quad (\text{rel. Bezugsmengen}).$$

Die beiden ersten Gleichungen lassen sich vereinfachen:

$$4x \qquad + 3z + u = 2 \qquad\qquad y \qquad - x = -\tfrac{1}{9}$$
$$3x + 4y + z + 6u = 4 \quad \text{äquivalent zu} \quad z \quad + x = \tfrac{4}{9}$$
$$x + \quad y + \quad z + \quad u = 1 \qquad\qquad u + x = \tfrac{6}{9}.$$

Für die frei wählbare Variable x setzen wir den Parameter σ und erhalten mit $\sigma \cdot (1, 1, -1, -1) \wedge \sigma \in \mathbb{R}$ alle Lösungen des zugehörigen homogenen Gleichungssystems. $(0, -\tfrac{1}{9}, \tfrac{4}{9}, \tfrac{6}{9})$ ist eine partikuläre Lösung und damit ist die Lösungsmenge:

$$L = \{(0, -\tfrac{1}{9}, \tfrac{4}{9}, \tfrac{6}{9}) + \sigma(1, 1, -1, -1) \,|\, \sigma \in \mathbb{R}\}$$

Da es keine negativen Mengen gibt, kommen von L nur die Lösungen in Frage, die den »*Nicht-Negativitätsbedingungen*« $x \geq 0, y \geq 0, z \geq 0, u \geq 0$ genügen.

Geometrisch bedeutet dies, daß aus der »*Lösungsgeraden*«, die durch L bestimmt ist, eine Strecke mit den Randpunkten $(\frac{1}{9}, 0, \frac{3}{9}, \frac{5}{9})$ und $(\frac{4}{9}, \frac{3}{9}, 0, \frac{2}{9})$ ausgeschnitten wird. Diese »*Strecke im vierdimensionalen Punktraum*« ist durch das Parameterintervall $\frac{1}{9} \le \sigma \le \frac{4}{9}$ bestimmt. Für jeden Wert von σ innerhalb dieses Intervalls erhält man für die relativen Bezugsmengen je ein Lösungsquadrupel, das unser Mischungsproblem löst.

Die Lösung unseres zweiten Problems besteht darin, daß aus dieser unendlichen Mannigfaltigkeit von Lösungen die ökonomisch günstigste ausgewählt wird. Dazu stellen wir die *Kostenfunktion* auf:

$$K(x, y, z, u) = 1 \cdot x + 0{,}95 \cdot y + 0{,}9 \cdot z + 1{,}10 \cdot u \to \text{Min.}$$

Da wegen der einengenden Bedingungen des Mischungsproblems nur die dort ermittelten Quadrupel berücksichtigt werden dürfen, folgt:

$$K(x, y, z, u) = K(\sigma) = 1 \cdot \sigma + 0{,}95 \cdot (\sigma - \tfrac{1}{9}) + 0{,}9 \cdot (\tfrac{4}{9} - \sigma) + 1{,}1 \cdot (\tfrac{6}{9} - \sigma).$$

Das gesamte ökonomische Mischungsproblem reduziert sich damit auf folgendes algebraisches Problem:

$$K(\sigma) = \tfrac{1}{9} \cdot 9{,}25 - 0{,}05\,\sigma \to \text{Min} \ \wedge \ \tfrac{1}{9} \le \sigma \le \tfrac{4}{9}.$$

Wegen der Linearität der Kostenfunktion liegen alle Kostenwerte, die in Frage kommen, in dem Kostenintervall, das durch $\sigma = \frac{1}{9}$ und $\sigma = \frac{4}{9}$ begrenzt wird, also $9{,}20 \cdot \frac{1}{9} \ge K(\sigma) \ge 9{,}05 \cdot \frac{1}{9}$. Somit ist die kostengünstigste Mischung durch $\sigma = \frac{4}{9}$ bestimmt und die relativen Bezugsmengen für die vier Legierungen sind in der Reihenfolge der Tabelle: $\frac{4}{9}, \frac{3}{9}, 0, \frac{2}{9}$. Die Legierung 3 wird also gar nicht benötigt.

Kompliziertere Beispiele solcher Art lassen sich nach dieser Methode dann nicht mehr so einfach lösen, wenn die Lösungsmenge des Gleichungssystems nicht wie hier eindimensional, sondern mehrdimensional ist. Bei solchen Problemen wendet man die sogenannte »*lineare Optimierung*« an, auf die im nachfolgenden Unterkapitel eingegangen wird.

Anwendung auf ein Ernährungsproblem

Durch den Kauf von 3 Lebensmitteln L_1, L_2 und L_3 soll der Bedarf an den Vitaminen A, B und C gedeckt werden. Die nachfolgende Tabelle zeigt die Zusammenhänge:

Lebensmittel	L_1	L_2	L_3	Bedarf
Vitamin A	1	2	3	11
Vitamin B	3	3	0	9
Vitamin C	4	5	3	20

(Alle Werte in Einheiten)

Die Fragestellung ist ähnlich der des vorherigen Beispiels. Welche in kg gemessenen Mengen der drei Lebensmittel decken den Bedarf an Vitaminen? Wieder erhalten wir ein inhomogenes lineares Gleichungssystem:

$$x + 2y + 3z = 11 \qquad\qquad x \quad - 3z = -5$$
$$3x + 3y \quad\;\; = 9 \quad \text{äquivalent zu} \quad y + 3z = \quad 8$$
$$4x + 5y + 3z = 20 \qquad\qquad\qquad 0 = \quad 0$$

Mit dem Parameter σ erhält man die Lösungsmenge

$$L = \{(-5, 8, 0) + \sigma(3, -3, 1) \,|\, \sigma \in \mathbb{R}\}.$$

Das Problem ist also nicht eindeutig lösbar. Wieder sind die »Nicht-Negativitätsbedingungen« $x \geq 0$, $y \geq 0$, $z \geq 0$ zu berücksichtigen, wodurch L auf die durch $\frac{5}{3} \leq \sigma \leq \frac{8}{3}$ bestimmte Teilmenge $\bar{L}$ eingeschränkt wird. Eine einfache praktikable Lösung ist durch $(1, 2, 2)$ gegeben, wobei $\sigma = 2$ ist.

Anwendung auf ein volkswirtschaftliches Problem

Ausgegangen wird von der Vorstellung, daß *eine Volkswirtschaft aus einer gewissen Anzahl interagierender Sektoren (Wirtschaftszweige) besteht.* Jeder Sektor produziert ein einziges Gut; um diesen Produktionsprozeß durchzuführen, benötigt er die Produkte anderer Sektoren (»Input«), Arbeit und eventuell Inputs von außerhalb des Systems, in der sich der Sektor befindet. Jeder Sektor muß so viel produzieren, daß er den Bedarf der anderen Sektoren und die Nachfrage von außerhalb des Systems (privater Konsum, Nachfrage der öffentlichen Hand, Außenhandel) befriedigen kann. Bei bekannten technischen Produktionsbedingungen ergibt sich beispielsweise die Notwendigkeit der Ermittlung von numerischen Daten über die Rückwirkungen von Änderungen der externen Nachfrage auf die verschiedenen Sektoren.

Wir wollen ein *einfaches Modell einer Volkswirtschaft* betrachten, indem wir nur zwei produzierende Sektoren (Landwirtschaft und Nicht-Landwirtschaft) annehmen. Dazu kommen die Konsumenten. Die Ausbringung der Landwirtschaft wird mit x_1 bezeichnet, die der Nicht-Landwirtschaft mit x_2. Ihre Verteilungen auf die beiden Sektoren und die Konsumenten wird in der folgenden *gesamtwirtschaftlichen Input-Output-Tabelle* angegeben:

	Land-wirtschaft	Nicht-Land-wirtschaft	Konsum, öffentl. Hand, Außenhandel
Landwirtschaft	$x_{11} = 1$	$x_{12} = 3$	$b_1 = 6$
Nicht-Landwirtschaft	$x_{21} = 2$	$x_{22} = 8$	$b_2 = 14$

Die Zeilen der Tabelle geben die Output-Verwendung (Input für den eigenen Sektor = Eigenverwendung, Input des anderen Sektors und Output nach außerhalb des Systems). Die Spalten der Tabelle zeigen den Input-Ursprung auf. Durch Summation der Zeilen erhält man

$$x_1 = x_{11} + x_{12} + b_1 = 10 \quad \text{als Output der Landwirtschaft und}$$
$$x_2 = x_{21} + x_{22} + b_2 = 24 \quad \text{als Output der Nicht-Landwirtschaft.}$$

Der Quotient

$$a_{12} = \frac{x_{12}}{x_2} = \frac{\text{Lieferung der Lw. an die N.-Lw.}}{\text{Gesamtoutput der N.-Lw.}} = \frac{3}{24}$$

gibt an, wieviel Mengeneinheiten (ME) des Gutes 1 benötigt werden, um 1 ME des Gutes 2 zu erzeugen. Entsprechend ist

$$a_{11} = \frac{x_{11}}{x_1} = \frac{1}{10}, \quad a_{21} = \frac{x_{21}}{x_1} = \frac{2}{10} \quad \text{und} \quad a_{22} = \frac{x_{22}}{x_2} = \frac{8}{24}.$$

Die Koeffizienten a_{ij} ($i = 1, 2$ und $j = 1, 2$) werden als *technische Koeffizienten* bezeichnet. Mit Hilfe dieser technischen Koeffizienten lassen sich obige »Output-Gleichungen« auf die folgende Form bringen:

$$x_1 = \frac{1}{10} x_1 + \frac{3}{24} x_2 + b_1 \quad \text{und} \quad x_2 = \frac{2}{10} x_1 + \frac{8}{24} x_2 + b_2.$$

Erfahrungsgemäß können die Werte der technischen Koeffizienten über längere Zeiträume als konstant angesehen werden. Dadurch ist es möglich, für ein oder zwei nachfolgende Wirtschaftsperioden festzustellen, welche gesamtwirtschaftliche Produktion (x_1, x_2) bei einer Veränderung des Bedarfs erforderlich ist. Nehmen wir z. B. an, daß wegen eines umfangreichen Außenhandelsvertrages in der nächsten Wirtschaftsperiode eine Produktionssteigerung zur Befriedigung des externen Bedarfs von 6 auf 11,5 ME des Gutes 1 und eine Steigerung von 14 auf 23 ME des Gutes 2 erforderlich sei. Dann gilt:

$$\frac{9}{10} x_1 - \frac{1}{8} x_2 = 11,5, \quad -\frac{1}{5} x_1 + \frac{2}{3} x_2 = 23.$$

Das inhomogene lineare Gleichungssystem wird hier eindeutig durch $x_1 = 18\frac{1}{3}$ und $x_2 = 40$ gelöst.
Der Output der Landwirtschaft muß dann gegenüber dem Vorjahr um $8\frac{1}{3}$ ME und der der Nicht-Landwirtschaft um 16 ME gesteigert werden.
Nehmen wir für einen zweiten Fall an, daß nur wegen des zu erwartenden höheren Konsums landwirtschaftlicher Produkte (mit $b_1 = 7$ statt 6 und $b_2 = 14$ bleibt) die gesamtwirtschaftliche Produktion für die nächste Wirtschaftsperiode zu berechnen ist, so ist das folgende System zu lösen:

$$\frac{9}{10} x_1 - \frac{1}{8} x_2 = 7, \quad -\frac{1}{5} x_1 + \frac{2}{3} x_2 = 14$$

Dieses System wird durch $x_1 = 11,16$ und $x_2 = 24,35$ gelöst.
Bereits an diesem einfachen Beispiel ist also zu erkennen, welche *Verflechtung* zwischen den einzelnen Sektoren einer Volkswirtschaft besteht. Damit wird auch verständlich, daß im Hinblick auf eine *Realisierung von festgelegten Plänen* in einer Volkswirtschaft *Ausfälle* bei nur einem Sektor bereits *Auswirkungen auf das ganze Gefüge* haben können.
Die *realen Volkswirtschaften* enthalten natürlich *sehr viel mehr Sektoren*, als in unserem einfachen Modell angenommen. Die betreffenden technischen Koeffizienten lassen sich bei Erfassung der entsprechenden Daten für ein Wirtschaftsjahr im Prinzip ebenso berechnen, wie dies bei unserem Modell der Fall ist. Ihre

Anzahl nimmt jedoch mit dem Quadrat der Anzahl der Sektoren zu. Im Falle von n Sektoren erhält man n^2 technische Koeffizienten und ein inhomogenes (n, n)-System, aus dem sich bei Kenntnis der Konstanten $b_1, b_2, ..., b_n$ die gesamtwirtschaftliche Produktion $(x_1, x_2, ..., x_n)$ berechnen läßt. Derartige *»Großsysteme linearer Gleichungen«* lassen sich unter Zugrundelegung des Gaußschen Algorithmus mit Hilfe von EDV in relativ kurzer Zeit bei noch so vielen Variablen berechnen.

Systeme linearer Ungleichungen und lineares Optimieren

Lineare Ungleichungssysteme

Was die nachfolgenden Erörterungen über lineare Ungleichungssysteme anbelangt, kann hier nicht eine allgemeine Theorie entwickelt werden. In Vorbereitung auf das lineare Optimieren geht es in erster Linie darum, aufzuzeigen, worin die *wesentlichen Unterschiede* im Vergleich zu den linearen Gleichungssystemen bestehen. Wir werden auch sehen, daß in einem gewissen Sinne lineare Ungleichungssysteme auf lineare Gleichungssysteme unter Hinzunahme einer Nebenbedingung zurückgeführt werden können.

Vergleich von Lösungsmengen linearer Gleichungen und Ungleichungen
Formal betrachtet kann man aus einer beliebigen linearen Gleichung durch Ersetzen des Gleichheitszeichens durch Ungleichheitszeichen (verschiedener Richtung) oder durch das *»kombinierte« Ungleichheits-Gleichheitszeichen* genau vier voneinander zu unterscheidende lineare Ungleichungen erhalten. Beispielsweise aus der linearen Gleichung

$G:\quad 3x - 4y = 1 \qquad$ die folgenden vier linearen Ungleichungen:

$U_1:\quad 3x - 4y < 1$
$U_2:\quad 3x - 4y > 1$
$U_3:\quad 3x - 4y \le 1$
$U_4:\quad 3x - 4y \ge 1$

Wir wissen bereits aus der analytischen Koordinatengeometrie, daß die Lösungsmenge der Gleichung G ihre Veranschaulichung durch eine Gerade g im zweidimensionalen Koordinatensystem erfährt. Die Lösungsmengen der vier Ungleichungen werden dagegen durch Halbebenen veranschaulicht, wobei die von U_1 und U_2 zwei komplementäre offene Halbebenen sind. Die Halbebenen, die U_3 und U_4 zugeordnet sind, sind natürlich ebenfalls komplementär, jedoch abgeschlossen, da die Gerade g dazugehört.
Entsprechendes in einer Dimension höher ist der Fall, wenn man von einer linearen Gleichung mit drei Gleichungsvariablen auf diese Weise zu einer linearen Ungleichung mit drei Gleichungsvariablen übergeht. Beispielsweise wird die Lösungsmenge der linearen Gleichung $3x - 4y + z = 1$ im dreidimensionalen Koordinatensystem durch eine Ebene E veranschaulicht, während die der linearen Ungleichung $3x - 4y + z < 1$ durch einen *»Halbraum«* dargestellt wird, der durch die Ebene E begrenzt wird. Ganz analog zum zweidimensionalen Fall wird die Lösungsmenge der linearen Ungleichung $3x - 4y + z \ge 1$ durch den *»komplementären Halbraum«* – diesmal mit Einschluß der Ebene E – dargestellt.

Geht man auf die beschriebene Weise von einer linearen Gleichung mit n Gleichungsvariablen zu einer linearen Ungleichung über, so nimmt stets die Dimension der zugehörigen Lösungsmengen von $n-1$ um 1 auf n zu. Da die Dimension der Lösungsmenge verschiedener linearer Gleichungen mit der gleichen Anzahl von Gleichungsvariablen aber stets gleich ist, können wir den folgenden Satz aussprechen:

Satz 60: Die Lösungsmenge einer linearen Gleichung mit n Gleichungsvariablen hat die Dimension $n-1$.

Die Lösungsmenge einer linearen Ungleichung mit ebenfalls n Gleichungsvariablen hat die Dimension n.

Darstellung der Lösungsmenge einer linearen Ungleichung mit Hilfe einer »Schlupfvariablen«

Die Lösungsmenge der linearen Gleichung $3x - 4y = 1$ (G) läßt sich bekanntlich mit Hilfe eines Parameters σ in der Form $L = \{(\frac{1}{3}(1 + 4\sigma), \sigma) \mid \sigma \in \mathbb{R}\}$ vollständig angeben.

Da nach Satz 60 die Lösungsmenge der linearen Ungleichung $3x - 4y < 1$ (U_1) die Dimension 2 hat, müssen 2 Parameter σ und τ benutzt werden. Nur ist nicht sofort ersichtlich, wie man damit zur Darstellung der Lösungsmenge kommen kann.

Bei der Ungleichung U_1 sind offensichtlich nur die Zahlenpaare $(\bar{x}, \bar{y})$ Lösung, für die der Term $3\bar{x} - 4\bar{y}$ einen Wert hat, der stets kleiner als 1 ist. Mit anderen Worten: Bei jeder Lösung fehlt diesem Term ein positiver Betrag u, der zu dem Term addiert den Wert 1 ergäbe. Diesen Betrag wollen wir »*Schlupf*« nennen. Wir geben ein paar Lösungen und den *zugehörigen Schlupf* an:

Lösung von U_1: $(0,0)$, $(0,1)$, $(-1,0)$, $(4,3)$, $(-3,-2)$,
zugeh. Schlupf: 1, 5, 4, 1, 2.

Diesen Zusammenhang zwischen Lösungen und dem zugehörigen Schlupf kann man algebraisieren, denn es gilt allgemein: $3x - 4y + u = 1 \wedge u > 0$. Mit Hilfe der sogenannten »*Schlupfvariablen*« erhalten wir an Stelle der linearen Ungleichung U_1 unter der Beachtung der Bedingung $u > 0$ eine lineare Gleichung mit den drei Gleichungsvariablen x, y und u.

Jede Lösung $(\bar{x}, \bar{y}, \bar{u})$ der Gleichung, für die $\bar{u} > 0$ ist, liefert uns über deren beiden ersten Komponenten eine Lösung $(\bar{x}, \bar{y})$ der Ungleichung. Somit läßt sich die Lösungsmenge der Ungleichung U_1 angeben:

$$L = \{(\tfrac{1}{3} + \tfrac{4}{3}\sigma - \tfrac{1}{3}\tau, \sigma) \mid \sigma, \tau \in \mathbb{R} \wedge \tau > 0\}.$$

Aufgabe 68: Bestimmen Sie die Parameterwerte von σ und τ, die für die angegebene Lösungsmenge L zu obigen Lösungen und Werten der Schlupfvariablen führen.

Die Überlegungen, die wir hier für den einfachen Fall einer linearen Ungleichung mit zwei Gleichungsvariablen angestellt haben, gelten uneingeschränkt auch für Ungleichungen mit n Gleichungsvariablen. Enthält die Ungleichung noch das *kombinierte Gleichheits-Ungleichheitszeichen*, so überträgt sich das auf die *Nebenbedingung mit* $u \geq 0$ (z. B. bei U_3).

Um einen allgemeinen Satz formulieren zu können, ist es zweckmäßig, eine *ein-*

heitliche Schreibweise für Ungleichungen einzuführen. Ohne Änderung der Lösungsmenge kann durch die *Multiplikation* beider Seiten der Ungleichung *mit* − *1* das *Ungleichheitszeichen umgekehrt* werden. Deshalb lassen sich alle Ungleichungen *»gleichgerichtet«* darstellen. Weiterhin ändert sich die Lösungsmenge nicht, wenn man beiderseits den gleichen linearen Term (also nicht etwa $1:x$) addiert oder subtrahiert. Der Term darf natürlich auch keine Variablen enthalten, die nicht schon in der Ungleichung enthalten sind.

Aufgabe 69: Prüfen Sie nach, ob die oben für U_1 angegebenen fünf Lösungen auch die folgenden Ungleichungen erfüllen:
a) $4y - 3x > -1$, *b)* $x - 4y < 1 - 2x$ *c)* $4y > 3x - 1$
Mithin lassen sich alle Ungleichungen gleichgerichtet so darstellen, daß *auf der rechten Seite nur eine 0* steht.

Definition: Sei $a_1 x_1 + a_2 x_2 + \cdots + a_n x_n - c < 0$ eine beliebige lineare Ungleichung, so erhält man durch Hinzunahme der *Schlupfvariablen u* die der linearen Ungleichung *zugeordnete lineare Gleichung*
$a_1 x_1 + a_2 x_2 + \cdots + a_n x_n + u = c$.

Satz 61: Jede Lösung $(\bar{x}_1, \bar{x}_2, \ldots, \bar{x}_n, \bar{u})$ der *zugeordneten linearen Gleichung mit* $\bar{u} > 0$ stellt mit ihren *ersten n Komponenten* eine Lösung $(\bar{x}_1, \bar{x}_2, \ldots, \bar{x}_n)$ der linearen Ungleichung dar. Alle und nur solche Lösungen führen zur vollständigen Lösungsmenge der linearen Ungleichung.

Beweis: Aus $a_1 \bar{x}_1 + a_2 \bar{x}_2 + \cdots + a_n \bar{x}_n + \bar{u} = c$ folgt wegen $\bar{u} > 0$ unmittelbar $a_1 \bar{x}_1 + a_2 \bar{x}_2 + \cdots + a_n \bar{x}_n < c$ und damit nach beiderseitiger Subtraktion von c: $a_1 \bar{x}_1 + a_2 \bar{x}_2 + \cdots + a_n \bar{x}_n - c < 0$.
Andererseits ist bei einer beliebigen Lösung der linearen Ungleichung der Term der linken Seite negativ und seine Ergänzung zum Wert 0 nur durch einen »positiven Schlupf« $\bar{u}$ möglich, so daß damit $a_1 \bar{x}_1 + a_2 \bar{x}_2 + \cdots + a_n \bar{x}_n - c + \bar{u} = 0$ und schließlich $a_1 \bar{x}_1 + a_2 \bar{x}_2 + \cdots + a_n \bar{x}_n + \bar{u} = c$ folgt.
Bemerkung: Ohne weiteres kann der *Begriff der Zuordnung*, wie er durch die obige Definition ausgesprochen wurde, auch für Ungleichungen übernommen werden, die das kombinierte Ungleichheits-Gleichheitszeichen enthalten. Was den Satz 61 betrifft, kommen dann zur Lösungsmenge noch alle Lösungen mit $u = 0$ dazu. Die Bedingung $u \geq 0$ nennt man dann *»Nicht-Negativitätsbedingung«*.

Lösungsmengen linearer Ungleichungssysteme
Hat man ein System von linearen Ungleichungen vorliegen, so besitzt jede dieser Ungleichungen eine bestimmte Lösungsmenge, und die *Lösungsmenge des Systems* ist natürlich wieder wie bei den linearen Gleichungssystemen der *Durchschnitt der Lösungsmengen der einzelnen Ungleichungen*.

Definition: Es sei ein (m, n)-System linearer Ungleichungen mit m Ungleichungen und n Gleichungsvariablen vorliegend und weiterhin jeder Ungleichung $U_1, U_2, \ldots, U_m$ mit Hilfe der m Schlupfvariablen $u_1, u_2, \ldots,$

u_m eine entsprechende lineare Gleichung $G_1, G_2, ..., G_m$ zugeordnet, dann heißt das System $(G_1, G_2, ..., G_m)$ das dem System $(U_1, U_2, ..., U_m)$ *zugeordnete lineare Gleichungssystem.*

Satz 62: Die Lösungsmenge eines (m, n)-Systems linearer Ungleichungen erhält man aus dem zugeordneten $(m, n + m)$-System linearer Gleichungen, indem man dieses löst und aus allen Lösungs-$(n + m)$-Tupeln dieses Systems, die den *Nicht-Negativitätsbedingungen* $u_1 \geq 0$, $u_2 \geq 0, ..., u_n \geq 0$ genügen, *die n-Tupel abtrennt.*

An Stelle eines allgemeinen Beweises begnügen wir uns mit einigen Beispielen und Aufgaben.

Beispiel 57: Zu lösen ist das folgende Ungleichungssystem:

$$0,5x + 0,5y - 1 \leq 0, \quad 0,5x - 0,5y \leq 0.$$

Mit Hilfe der beiden Schlupfvariablen u und v erhält man das zugeordnete lineare Gleichungssystem:

$$0,5x + 0,5y + u = 1, \quad 0,5x + 0,5y + v = 0.$$

Nach Isolierung der Variablen x und y erhält man als äquivalentes System:

$$x + u + v = 1, \quad y + u - v = 1.$$

Hierbei sind u und v die frei wählbaren Variablen, und mit den beiden Parametern σ und τ kann man die Lösungsmenge L_z des zugeordneten Gleichungssystems wie folgt angeben:

$$L_z = \{(1 - \sigma - \tau, 1 - \sigma + \tau, \sigma, \tau) | \sigma, \tau \in \mathbb{R}\}.$$

Damit ergibt sich für die Lösungsmenge L des Ungleichungssystems:

$$L = \{(1 - \sigma - \tau, 1 - \sigma + \tau) | \sigma, \tau \in \mathbb{R} \wedge \sigma \geq 0 \wedge \tau \geq 0\}.$$

Die Nicht-Negativitätsbedingungen $u \geq 0$, $v \geq 0$ werden durch $\sigma \geq 0$ und $\tau \geq 0$ erfüllt. Man rechnet leicht nach, daß folgende Parameterwerte die entsprechenden Zahlenpaare ergeben, die ihrerseits in die Ungleichungen eingesetzt diese erfüllen:

$\sigma = \tau = 0 : (1, 1), \quad \sigma = \tau = 1 : (-1, 1), \quad \sigma = 0, \tau = 1 : (0, 2)$ und $\sigma = 1, \tau = 0 : (0, 0)$.

Aufgabe 70: Lösen Sie das folgende Ungleichungssystem: $x - y - 2 \leq 0$, $x + y \leq 0$. Prüfen Sie für die gleichen Parameterwerte wie im Beispiel nach, ob die zugehörigen Zahlenpaare auch wirklich die Ungleichungen lösen.

Beispiel 58: Wir wollen in entsprechender Weise das *»gemischte Ungleichungssystem«* zu lösen versuchen:

$3x - 2y \geq 6$		$-3x + 2y + 6 \leq 0$
$y \geq 3$	ist äquivalent zu	$- y + 3 \leq 0$
$x + y \leq 0$		$x + y \leq 0$

Das zugeordnete lineare Gleichungssystem hat jetzt die drei Schlupfvariablen u, v und w:

$$\begin{aligned} -3x + 2y + u & = -6 \\ -y + v & = -3 \\ x + y + w &= 0, \end{aligned}$$

und dieses ist äquivalent zu

$$\begin{aligned} u + 5v + 3w &= -21 \\ y - v &= +3 \\ x + v + w &= -3. \end{aligned}$$

Dieses System – aufgelöst nach x, y (und u) – unterscheidet sich sehr wesentlich von dem entsprechenden System des Beispiels 57. Hier kommen nämlich die drei Schlupfvariablen in der ersten Gleichung allein vor. *Das lineare System ist zwar lösbar, aber das Ungleichungssystem ist nicht lösbar*, denn unter allen Quintupeln gibt es kein einziges, das allen drei Nicht-Negativitätsbedingungen $u \geq 0, v \geq 0$ und $w \geq 0$ gleichzeitig genügt. Dies geht bereits aus der ersten Gleichung der Endform des linearen Systems hervor. Jedes Lösungsquintupel dieser Gleichung muß in der dritten, vierten oder fünften Komponente mindestens einen negativen Wert haben, da die Konstante negativ ist.

Aufgabe 71: Lösen Sie das folgende Ungleichungssystem in der Mischform:

$$x - y - z + 1 \geq 0, \quad x - y + z - 1 \leq 0, \quad x + y - z \leq 1.$$

Bezeichnen Sie dabei in der Reihenfolge der Gleichungen die Schlupfvariablen mit u, v und w und die erforderlichen Parameter mit σ, τ und μ. Bestimmen Sie für folgende Parameterkombinationen die betreffenden Lösungstripel, und prüfen Sie für diese am vorgegebenen Ungleichungssystem nach, ob alle drei Ungleichungen tatsächlich erfüllt werden.
Parameterkombinationen: $\sigma = \tau = \mu = 0; \quad \sigma = \tau = \mu = 1;$
$\sigma = 0, \tau = 1, \mu = 0; \quad \sigma = 1, \mu = 0, \tau = 1.$
Das nachfolgende Beispiel wird zeigen, daß es nicht immer so schematisch möglich ist, die Lösungsmenge eines Ungleichungssystems zu bestimmen. Dadurch wird verständlich, warum wir auf eine allgemeine Theorie hier verzichtet haben.
Beispiel 59: Zu lösen ist das Ungleichungssystem

$$\begin{aligned} x - y - z - 1 &\leq 0 & x - y - z + u & = 1 \\ -x + y + z - 1 &\leq 0, \quad \text{zugeordnet ist:} & -x + y + z + v & = 1 \\ x + y - z - 1 &\leq 0 & x + y - z + w &= 1. \end{aligned}$$

Führt man für das lineare Gleichungssystem den Gaußschen Algorithmus durch, so stellt man fest, daß sich die drei originären Variablen hier nicht isolieren lassen. Eine mögliche Endform ist daher:

$$\begin{aligned} x - z - 0{,}5v + 0{,}5w &= 0 \\ y + 0{,}5v + 0{,}5w &= 0 \\ u + \phantom{0{,}5}v \phantom{+0{,}5w} &= 2 \end{aligned}$$

Ähnlich wie im Beispiel 58 treten hier in der dritten Gleichung wiederum nur

Schlupfvariable auf. Diesmal ist dies aber kein Grund, um auf Unlösbarkeit zu erkennen, denn diese Gleichung steht nicht im Widerspruch zu den Nicht-Negativitätsbedingungen. Da sich aber hier die Variable z nicht isolieren läßt, tritt z neben v und w als freie Variable auf, was die Darstellung der Lösungsmenge etwas komplizierter macht. Die Lösungsmenge L_z des linearen Gleichungssystems ist:

$$L_z = \{(\sigma + 0,5\tau - 0,5\mu, -0,5\tau - 0,5\mu, \sigma, 2 - \tau, \tau, \mu) | \sigma, \tau, \mu \in \mathbb{R}\}.$$

Damit folgt für die Lösungsmenge L des Ungleichungssystems unter Beachtung der Nicht-Negativitätsbedingung:

$$L = \{(\sigma + 0,5\tau - 0,5\mu, -0,5\tau - 0,5\mu, \sigma) | \sigma, \tau, \mu \in \mathbb{R} \wedge 2 \geq \tau \geq 0 \wedge \mu \geq 0\}.$$

Im Gegensatz zum Beispiel 58 kann ein Parameter uneingeschränkt jeden reellen Wert annehmen, und einer ist auf ein Intervall reeller Zahlen beschränkt.
Aufgabe 72: Beweisen Sie, daß das folgende System linearer Ungleichungen unlösbar ist:

$$x + y \leq 1, \quad x - y \geq -1, \quad y \geq 2, \quad x + z \leq 0.$$

Wählen Sie dazu die vier Schlupfvariablen u, v, w und s.

Geometrische Veranschaulichung von Lösungsmengen linearer Ungleichungssysteme uhd die Nichtanwendbarkeit elementarer Umformungen

Wir haben schon erwähnt, daß sich die Lösungsmenge einer linearen Ungleichung im Falle von nur zwei Gleichungsvariablen durch eine Halbebene des zweidimensionalen Koordinatensystems und im Falle von drei Gleichungsvariablen durch einen Halbraum des dreidimensionalen Koordinatensystems veranschaulichen lassen.
Beispiel 60: In der Figur (S. 318) sind durch unterschiedliche Farbunterlegungen die drei Halbebenen dargestellt, die den drei Ungleichungen des folgenden Systems entsprechen:

$$H_1 \equiv 3x - 2y - 6 \geq 0; \quad H_2 \equiv y - 3 \geq 0; \quad H_3 \equiv x + y \leq 0$$

Je zwei der Halbebenen haben zwar einen nichtleeren Durchschnitt, aber der Durchschnitt aller drei Halbebenen ist leer. Damit ist das vorgegebene System unlösbar.
Ersetzen wir die dritte Ungleichung durch die, welche der komplementären Halbebene H_4 zu H_3 entspricht, also durch $H_4 \equiv x + y \geq 0$, so ist der Durchschnitt $H_1 \cap H_2 \cap H_4$ nicht leer, und das so durch Austausch der dritten Ungleichung gewonnene Ungleichungssystem ist jetzt lösbar. In der Figur ist ein Teil des Gebietes erkennbar (rechts oben), in dem sich alle »Lösungspunkte« $P(\bar{x}; \bar{y})$ unseres neuen Ungleichungssystems befinden.
Aufgabe 73: Geben Sie unter Heranziehung des Beispiels 60 durch eine entsprechende Veränderung der Ungleichungen ein Ungleichungssystem an, das als veranschaulichte Lösungsmenge das abgeschlossene Dreieck (weiße Farbe) besitzt. Wie ist dieses Ungleichungssystem zu verändern, damit die Seiten des Dreiecks nicht zur Lösungsmenge gehören (offenes Dreieck)?
Natürlich führt die Veranschaulichung bei drei Gleichungsvariablen zu drei-

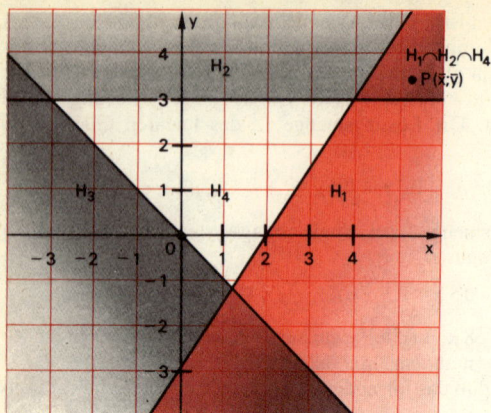

Figur zum Beispiel 60

dimensionalen Lösungsgebilden. Wir werden darauf beim Beispiel 65 im Abschnitt »lineares Optimieren« zurückkommen.

Zur Schulung der Raumvorstellung sei folgende Aufgabe gedacht:

Aufgabe 74: Im dreidimensionalen Koordinatensystem sei ein Quader mit den Eckpunkten $A(0;0;0)$, $B(5;0;0)$, $C(5;3;0)$, $D(0;3;0)$, $E(0;0;2)$, $F(5;0;2)$, $G(5;3;2)$, $H(0;3;2)$ gegeben. Wie lauten die Gleichungen der Ebenen, die die 6 Seitenflächen des Quaders enthalten? Stellen Sie ein System linearer Ungleichungen derart auf, daß der gegebene Quader einschließlich seiner Seitenflächen die Lösungsmenge des Systems veranschaulicht.

Es scheint eine naheliegende Idee zu sein, den besprochenen Gaußschen Algorithmus auf lineare Ungleichungssysteme anzuwenden. Mit dem Ziel einer Gewinnung der Lösungsmenge ist dies aber ein völlig verfehltes Verfahren. Dies hängt damit zusammen, daß die Anwendung elementarer Umformungen auf lineare Ungleichungssysteme nicht zu äquivalenten Systemen führt, sondern in der Regel die Lösungsmenge verändert. Wir hatten zwar bereits festgestellt, daß die Multiplikation einer linearen Ungleichung mit -1 die Lösungsmenge nicht verändert. Jedoch mußte dabei das Ungleichheitszeichen umgekehrt werden, und darin besteht schon ein gewisser Unterschied zu den linearen Gleichungen. Deutlicher wird das noch, wenn man mit Hilfe von Linearkombinationen von Ungleichungen von einem System zu einem anderen übergeht.

Beispiel 61: Wir betrachten zwei Ungleichungssysteme.

Ungleichungssystem 1:   Ungleichungssystem 2:

$x_1 + x_2 \leq 6$ $x_1 \leq 4$

$x_1 - x_2 \leq 2$ $x_2 \leq 2$

Formal betrachtet erhält man das System 2 aus dem System 1, wenn man die beiden Gleichungen addiert und subtrahiert und schließlich noch jeweils die Ergebnisse durch 2 dividiert. Ebenso kann das System 2 in das System 1 durch bloßes Addieren und Subtrahieren übergeführt werden. *Formal* lassen sich also die beiden Systeme *durch elementare Umformungen ineinander überführen.* Aus

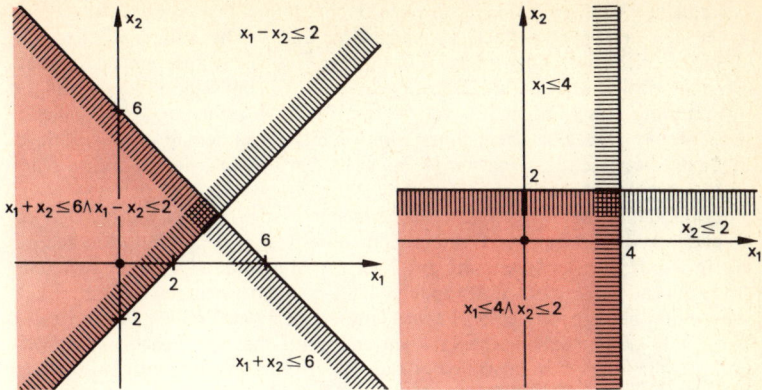

Links *Figur zum Ungleichungssystem 1;* rechts *Figur zum Ungleichungssystem 2*

den beiden Figuren zu diesem Beispiel geht jedoch eindeutig hervor, daß *die Lösungsmengen der beiden Ungleichungssysteme verschieden sind.* Dieses eine Beispiel genügt bereits, um die *Unzulässigkeit der Anwendung elementarer Umformungen zur Gewinnung von Lösungen linearer Ungleichsysteme* aufzuzeigen.

Lineares Optimieren

Einleitung

Die Art und Weise der Behandlung und Darstellung mathematischer Sachverhalte, wie sie in den bisherigen Abschnitten dieses Kapitels erfolgte, kann man als typisch für jenen Hauptzweig der Mathematik ansehen, der meist als *»reine Mathematik«* bezeichnet wird. Besser wäre noch die Bezeichnung *»theoretische Mathematik«.* Bis auf jenen Teilabschnitt, in dem wir spezielle Anwendungsmöglichkeiten für lineare Gleichungssysteme aufgezeigt haben, ging es jeweils um *»reine mathematische Fragestellungen«* ohne Rücksicht auf außermathematische *»Nützlichkeit«* der behandelten Inhalte. So gesehen steht die *»reine Mathematik«* der Philosophie eigentlich näher als den Naturwissenschaften, die sich der Mathematik als ein taugliches Hilfsmittel der Naturbeschreibung bedienen.

In diesem Jahrhundert hat sich eine gewisse Stellenwertverschiebung ergeben, und man kann sagen, daß die sogenannte *»angewandte Mathematik«* oder *»praktische Mathematik«* ganz erheblich an Bedeutung und inhaltlichem Umfang zugenommen hat. Dies hängt damit zusammen, daß die *Mathematik eine Expansion in viele neuzeitliche Bereiche erfahren hat,* die früher kaum als für mathematische Methoden zugänglich angesehen wurden. Dazu gehören beispielsweise Volks- und Betriebswirtschaftslehre, Unternehmens- und Verfahrensforschung, Medizin, Psychologie, Soziologie und sogar Linguistik. Natürlich kann im Rahmen dieses Buches nicht aufgezeigt werden, in welch unterschiedlicher Weise sich das Eindringen der Mathematik in diese geistigen Bereiche des menschlichen Lebens vollzogen hat und welche mathematischen Methoden dort Verwendung finden. Ein mit der Geometrie zusammenhängendes Beispiel werden wir jetzt aufzeigen. Das Gebiet, in dem sich in diesem Fall die Anwendung von Mathematik vollzieht, wird als *»Verfahrensforschung«* oder *»Operations Research«* bezeichnet. Ein wichtiges mathematisches Verfahren stellt diesbezüglich das sogenannte *»lineare Optimieren«*, auch *»lineare Optimierung«* genannt, dar.

Die Auswahl dieses mathematischen Teilbereichs angewandter Mathematik erfolgt neben dem Bezug zur Geometrie auch deswegen, weil er zu jenen gehört, die in wechselseitiger Beziehung zwischen der Mathematik auf der einen Seite und Anwendungsgebiet auf der anderen Seite erst in der neueren Zeit entwickelt wurde und heute noch keine 50 Jahre lang existiert. Im Vergleich dazu ist die, wie wir ja gezeigt haben, ebenfalls anwendbare Lehre von den linearen Gleichungssystem mit dem zentralen »Gauß-Algorithmus« relativ alt. Das lineare Optimieren ist aus der modernen Wirtschaftspraxis und Produktion nicht mehr wegzudenken. Bemerkenswert ist, daß eine Veröffentlichung des russischen Mathematikers *L. v. Kantorowicz* aus dem Jahre 1939 nicht nur außerhalb, sondern sogar innerhalb von Rußland fast zwei Jahrzehnte unbekannt blieb, während in den USA im 2. Weltkrieg die lineare Optimierung im Hinblick auf die Notwendigkeit der Lösung militärischer Organisationsprobleme entwickelt wurde. Der eigentliche Durchbruch erfolgte allerdings erst einige Jahre nach Kriegsende. 1947 veröffentlichte *G. B. Dantzig* den sogenannten *Simplexalgorithmus* des linearen Optimierens, auf den wir noch näher eingehen werden. Dieser Algorithmus erwies sich im Zusammenhang mit der Benutzung von Computern als eine sehr nützliche Methode, die auf *Produktions-, Transport-, Mischungs- und Ernährungsprobleme sowie Organisationsprobleme jeglicher Art* angewendet werden kann. Sogar die Gewinnchancen beim Schachspiel und vielen Kartenspielen lassen sich im Rahmen der *Spieltheorie* durch lineares Optimieren berechnen.

Charakterisierung der Problemstellung

Die wesentliche Struktur der Probleme läßt sich in unserem Falle bereits an einfachen Beispielen darstellen, weswegen auf eine abstrakte Fassung der Probleme verzichtet wird.

Wir gehen vom folgenden konkreten Fall aus, bei dem es sich um ein *Produktionsproblem* handelt.

Beispiel 62: Eine Firma stellt Fernsehgeräte (F) und Rundfunkapparate (R) her. Bei der derzeitigen Marktlage kann sie je Gerät mit folgenden Teilgewinnen rechnen: F ... DM 120,− und R ... DM 90,−.

Bei der Monatsproduktion muß einiges beachtet werden:

a) Die Gehäuseabteilung kann insgesamt höchstens 1000 Gehäuse beider Erzeugnisse herstellen.

b) Die F-Montageabteilung kann höchstens 600 Geräte montieren.

c) Die R-Montageabteilung kann höchstens 800 Geräte montieren.

d) Die Abteilung für elektrische Installation kann höchstens 800 F oder höchstens 1200 R fertigstellen.

e) Wegen abgeschlossener Lieferverträge darf die Anzahl von R um höchstens 600 über der von F liegen.

Wie viele Fernseh- und Rundfunkgeräte müssen hergestellt werden, so daß einerseits den einschränkenden Bedingungen Rechnung getragen wird und andererseits die *Produktion optimal,* d.h. der Gewinn maximal ist?

Jeder, der nähere Einsicht in Produktionsbetriebe hat, wird möglicherweise einwenden, daß ein solches Beispiel viel zu einfach ist. Dies muß bestätigt werden. Für das Verständnis der Methode aber ist dies, wie wir im weiteren sehen werden, nicht hinderlich, sondern eher förderlich.

Das Produktionsproblem übersetzen wir unter Benutzung von Variablen in ein algebraisches Problem wie folgt:

Anzahl von F: x_1, Anzahl von R: x_2, Gewinn: Z.

Zielfunktion: $\quad Z = 120\, x_1 \;+\; 90\, x_2 \to$ Maximum $\qquad$ Lösungsmenge:

Einschränkende	a)		x_1	$+$	x_2	$\leq$	1000	La

Einschränkende a) $\quad x_1 + x_2 \leq 1000 \qquad La$

Bedingungen: b) $\quad x_1 \qquad\quad \leq 600 \qquad Lb$

c) $\qquad\quad x_2 \leq 800 \qquad Lc$

d) $\quad \dfrac{x_1}{800} + \dfrac{x_2}{1200} \leq 1 \qquad Ld$

e) $\quad x_2 - x_1 \leq 600 \qquad Le$

Nicht-Neg.Bed. $\quad x_1 \geq 0,\; x_2 \geq 0.$

Gesucht ist die Menge aller Zahlenpaare $(x_1, x_2) \in R \times R$, *die die drei Bedingungen erfüllen:*

1) $(x_1, x_2) \in La \cap Lb \cap Lc \cap Ld \cap Le;$

2) $x_1 \geq 0,\; x_2 \geq 0;$

3) $Z = f(x_1, x_2) \to$ Max.

Die einschränkenden Bedingungen bezeichnet man als *Restriktionsgleichungen,* die mit den *Nicht-Negativitäts-Bedingungen* (N.-N.-Bed.) ein Ungleichungssystem für die Variablen x_1 und x_2 darstellen. Eine erste Lösungsidee könnte darin bestehen, daß man versucht, die Menge aller Zahlenpaare zu bestimmen, die das Ungleichsystem erfüllen und dann das oder die Zahlenpaare bestimmt, für die nach Einsetzen in die Zielfunktion Z maximal wird. Bei der Erforschung der mathematischen Struktur dieser Probleme wurde jedoch alsbald herausgefunden, daß es einen ökonomischeren Weg gibt, den oder die Maximalwerte der Zielfunktion zu finden, da nur ganz bestimmte Zahlenpaare (x_1, x_2), die den Bedingungen 1) und 2) genügen, für Maximalwerte (oder Minimalwerte) von Z in Frage kommen.

Es gibt drei wichtige Lösungswege für derartige Probleme. Das *graphische Verfahren,* das im wesentlichen, jedenfalls was seine Praktikabilität anbelangt, auf zwei Variable beschränkt ist. Die *Eckpunkt-Berechnungsmethode,* die relativ unökonomisch ist, und schließlich jene analytisch-algebraische Methode, die Dantzig zum *numerischen Verfahren (Simplexalgorithmus)* des linearen Optimierens entwickelt hat.

Graphisches Verfahren

Bei diesem Verfahren nutzen wir die Möglichkeiten der Koordinatengeometrie
aus. Wir wissen, daß im Zahlenpaarmodell die Erfüllungsmenge einer linearen
Ungleichung in zwei Variablen einer Halbebene entspricht. In der Figur sind
die Geraden a, b, c, d und e eingezeichnet, die den jeweiligen einschränkenden
Bedingungen entsprechend die Halbebenen erzeugen, und mit der Schraffur ist
angedeutet, um welche der jeweils zwei möglichen Halbebenen es sich handelt.
Nehmen wir noch die beiden durch die N.-N.-Bed. bestimmten Halbebenen
($x_1 \geq 0$, $x_2 \geq 0$) dazu, dann bildet der Durchschnitt aller 7 Halbebenen den sogenannten *zulässigen Bereich*. Die und nur die Zahlenpaare (x_1, x_2), deren entsprechende Punkte im zulässigen Bereich liegen, erfüllen die Bedingungen *1)*
und *2)*; siehe Problemstellung. Somit bleibt nur noch die Bestimmung der
Zahlenpaare übrig, die der Bedingung 3) genügen. Die *Eckpunkte* des zulässigen
Bereiches sind in der Figur mit den zugehörigen Koordinaten angegeben. Sie
spielen, wie wir noch sehen werden, eine besondere Rolle.

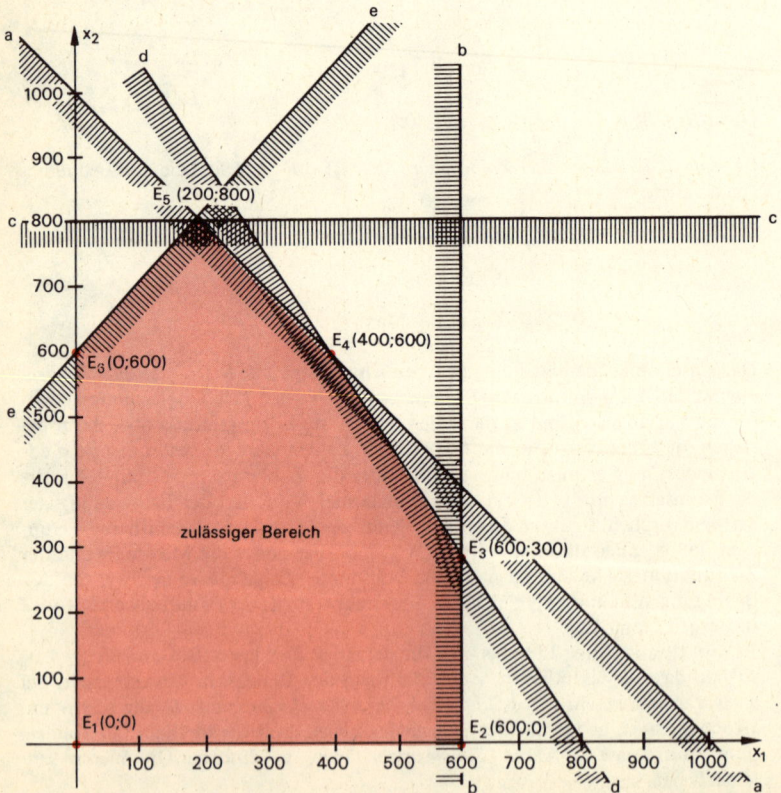

Sei nun ein beliebiger fester *Zielwert* Z_1 angenommen, dann ist die Gleichung $Z_1 = 120x_1 + 90x_2$, die wir auch in der Form $120x_1 + 90x_2 - Z_1 = 0$ schreiben können, eine lineare Gleichung in zwei Variablen. In der linken Figur ist die Gerade g_1 eingezeichnet, die durch die Zielgleichung für $Z_1 = 36000$ bestimmt ist. Die Gerade g_2 ist durch die Zielgleichung mit dem Zielwert $Z_2 = 72000$ bestimmt. Da die Koeffizienten der Variablen in den beiden linearen Gleichungen

$$120x_1 + 90x_2 - 36000 = 0 \quad \text{und} \quad 120x_1 + 90x_2 - 72000 = 0$$

übereinstimmen, sind die beiden Geraden g_1 und g_2 parallel. Kennt man also eine solche Gerade mit festem Zielwert, so weiß man, daß jede zu dieser parallele Gerade einem anderen Zielwert entspricht. In unserem Beispiel nimmt der Abstand der Geraden vom Nullpunkt proportional dem Zielwert zu, denn nach der Hesseschen Normalenform ist $d = Z : \sqrt{120^2 + 90^2}$ der Abstand der Geraden vom Nullpunkt. In der rechten Figur ist eine Menge solcher Geraden eingezeichnet und der zugehörige Zielwert vermerkt. Offensichtlich gibt es nur ein Zahlenpaar mit dem Zielwert 0, nämlich 0 (0; 0) und ebenso nur eines mit dem Zielwert 102000, nämlich E_4 (400; 600).Während es für die dazwischenliegenden Zielwerte jeweils unendlich viele Zahlenpaare gibt, die zu dem gleichen Zielwert führen, gibt es keine *zulässigen Zahlenpaare* mit einem Zielwert, der größer als 102000 ist. Somit ist unser spezielles Produktionsproblem auf graphischem Wege gelöst:

Die Produktion ist optimal, wenn monatlich 400 Fernsehgeräte und 600 Rundfunkapparate hergestellt werden.

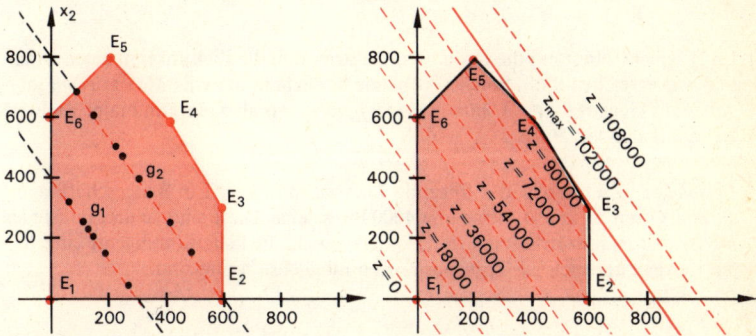

Figuren zur Eckpunktmethode

Wir stellen die einzelnen Lösungsschritte noch einmal zusammen:
1) Übersetzung des Optimierungsproblems in ein algebraisches Problem.
2) Bestimmung des zulässigen Bereichs in der x_1-x_2-Ebene.
3) Zeichnung einer beliebigen Geraden mit einem beliebigen Zielwert.
4) Konstruktion einer Parallelen zu dieser Geraden, die mindestens einen und höchstens 2 Eckpunkte mit dem zulässigen Bereich gemeinsam hat.

Ist der *zulässige Bereich nicht leer*, so ist das *Problem stets lösbar*. Bei unveränderlichem zulässigen Bereich hängt es von den Koeffizienten der Zielgleichung ab, ob die Lösung eindeutig oder mehrdeutig ist. In der linken Figur sind die Geraden g_1, g_2, g_3, g_{max} eingezeichnet, die der Zielfunktion $Z = 90x_1 + 60x_2$ entsprechen. Alle Zahlenpaare, die den Punkten der Strecke $[E_3 E_4]$ zugeordnet sind, ergeben den gleichen optimalen Zielwert: $Z_{max} = 72000$. Im Falle der Zielfunktion $Z = 50x_1 + 100x_2$ dagegen ist $Z_{max} = 90000$ wie im Beispiel 62 wieder durch genau einen Eckpunkt bestimmt (zugehörige Geraden h_1, h_2, h_3, h_{max}).

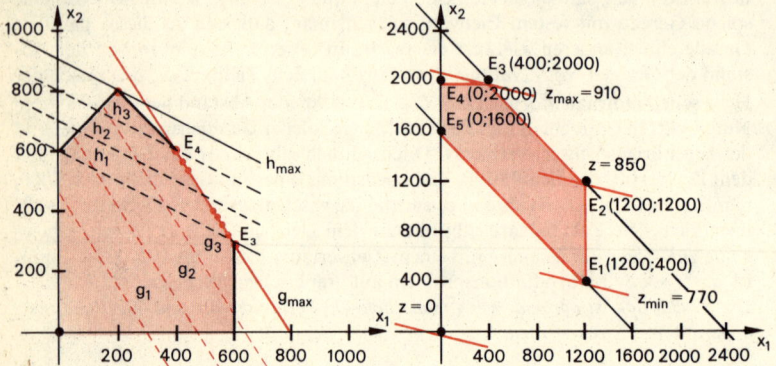

Im Beispiel 62 bestand die Optimierung darin, daß die Zielfunktion einen Maximalwert erreichen muß. Solche Probleme bezeichnet man als *Maximierungsaufgaben* im Gegensatz zu *Minimierungsaufgaben*, wo also ein minimaler Zielwert zu bestimmen ist. Dazu

Beispiel 63: Zu lösen ist das folgende *Transportproblem:* Ein Baugeschäft lagert an zwei Orten A_1 und A_2 insgesamt 4000 Bimssteine. Diese sind zu drei Baustellen B_1, B_2 und B_3 hinzutransportieren, so daß sowohl die Lieferkontingente eingehalten werden, als auch die Transportkosten möglichst gering sind.

Baustelle	Transportkosten in DM je Stein		Kontingent
	A_1	A_2	
B_1	0,225	0,15	1200
B_2	0,25	0,10	2000
B_3	0,30	0,25	800
Lagerbestand	2400	1600	4000

Dieses Transportproblem ist etwas komplizierter als das vorhergehende Produktionsproblem, deshalb ist auch der Übersetzungsvorgang in das algebraische Problem etwas komplizierter:

Transport von – nach	Anzahl der Steine	Transportkosten
$A_1 - B_1$	x_1	$0{,}225\,x_1$
$A_1 - B_2$	x_2	$0{,}25\,x_2$
$A_1 - B_3$	$2400 - x_1 - x_2$	$-\,0{,}3\,x_1 \; -\,0{,}3\,x_2 \;+\,720$
$A_2 - B_1$	$1200 - x_1$	$-\,0{,}15\,x_1 \qquad\qquad +\,180$
$A_2 - B_2$	$2000 - x_2$	$-\,0{,}1\,x_2 \;+\,200$
$A_2 - B_3$	$x_1 \;+ x_2 - 1600$ $= 800 - (2400 - x_1 - x_2)$	$0{,}25\,x_1 + 0{,}25\,x_2 - 400$

$$0{,}025\,x_1 + 0{,}1\,x_2 + 700 = Z$$

Da die Anzahl der Steine nicht negativ sein kann, erhalten wir somit das folgende Optimierungssystem:

Zielfunktion: $\quad Z = 0{,}025\,x_1 + 0{,}1\,x_2 + 700 \to$ Minimum;

Restriktionsgleichungen
$$\begin{cases} x_1 + & x_2 \le 2400; \\ x_1 + & \le 1200; \\ & x_2 \le 2000; \\ x_1 + & x_2 \ge 1600; \end{cases}$$

N.-N.-Bed. $\quad x_1 \ge 0, \; x_2 \ge 0.$

Im Gegensatz zum System des Beispiels 62 haben wir bei den Restriktionsgleichungen »verschieden-gerichtete« Ungleichungen. Der zulässige Bereich wird hier von der x_1-Achse nicht begrenzt (rechte Figur), deshalb existiert ein von Null verschiedener minimaler Zielwert. Die Transportkosten von DM 770 sind minimal und sie werden bei folgenden Transportmengen erreicht:

Baustelle	Transportmengen		Kontingent
	A_1	A_2	
B_1	1200	0	1200
B_2	400	1600	2000
B_3	800	0	800
Bestand	2400	1600	4000

Die Grenzen des graphischen Verfahrens sind offensichtlich: Enthalten die Restriktionsgleichungen mehr als zwei Variable, so kann graphisch nicht so einfach verfahren werden. Im Falle von drei Variablen wäre ein dreidimensionales Koordinatensystem zu wählen. Der zulässige Bereich ist jetzt der *Durchschnitt von Halbräumen*, die durch Ebenen bestimmt werden. An die Stelle der geradlinig begrenzten Fläche des zweidimensionalen Falles (sogenanntes *zweidimensionales Polyeder*) tritt im dreidimensionalen Fall, falls der Durchschnitt der Halbräume nicht leer ist und nicht in einen Punkt oder eine Strecke oder eine Fläche ausartet, ein von Ebenen begrenzter Körper *(dreidimensionales Polyeder)*. An die Stelle der parallelen »Zielgeraden« tritt hier eine Schar paralleler »Zielebenen«. Mit den Mitteln der sogenannten »darstellenden Geometrie« lassen sich Aufgaben mit drei Variablen noch graphisch lösen, nur können wir hier nicht darauf eingehen, wie dies geschieht. Im nächsten Teilabschnitt ist für den dreidimensionalen Fall das entsprechende Polyeder dargestellt. Das graphische

Verfahren hat somit keinen besonderen praktischen Wert. Für die noch zu behandelnden Verfahren stellt es aber eine nützliche Ausgangsbasis dar, auf die zurückgeblendet werden kann.

Aufgabe 75: Zu lösen ist das folgende *Mischungsproblem*: Zur Herstellung eines bestimmten Kunststeines wird ein Rohmaterial mit den Bestandteilen B_1, B_2 und B_3 benötigt, das zwei Steinbrüche S_1 und S_2 mit verschiedenen Anteilen und zu verschiedenen Preisen anbieten. Die Tabelle gibt die Zusammenhänge an. Welche Mengen müssen von den beiden Steinbrüchen bezogen werden, damit die Rohmaterialkosten möglichst gering sind?

Bestandteil	Menge der Bestandteile je t		Mindestbedarf in t
	S_1	S_2	
B_1	0,2	0,1	1,4
B_2	0,1	0,1	1,0
B_3	0,0	0,1	0,3
Preis in DM je t	6,—	8,—	

Anleitung: Der Steinbruch S_1 liefere x_1 t und S_2 liefere x_2 t.

Aufgabe 76: Zu lösen ist das folgende *Organisationsproblem*: Ein Bürohaus mit einer Bodenfläche von 1500 m² soll mit Teppichboden belegt werden. Mindestens 400 m² sollen mit dem Teppichboden A und der Rest mit den Teppichböden B und C belegt werden. Für Reinigungskosten stehen jährlich 7500.— DM zur Verfügung. Die Tabelle gibt die Zusammenhänge an. Wie ist die Auswahl zu treffen, damit die Anschaffungskosten unter den gegebenen Bedingungen möglichst gering sind?

Teppichboden	Lieferungs- und Verlegungskosten je m²	Reinigungskosten je m² im Jahr
A	60,—	4,—
B	30,—	6,—
C	20,—	7,—

Anleitung: Wählen Sie zunächst die drei Variablen x_1, x_2 und x_3 für die Teppichsorten A, B und C. Dann eliminieren Sie aus allen aufgestellten Beziehungen x_3 mit $x_3 = 1500 - x_1 - x_2$, wobei dann wegen $x_3 \geq 0$ noch zusätzlich $x_1 + x_2 \leq 1500$ zu berücksichtigen ist.

Eckpunkt-Berechnungsmethode

Entwicklung der Methode an zwei speziellen Beispielen. Aus den bisher behandelten Beispielen dürfte klar hervorgehen, daß die Eckpunkte des zulässigen Bereichs für die Bestimmung des Optimalen Zielwertes von entscheidender Bedeutung sind. Dies legt folgende Lösungsidee nahe:

I) Man bestimme alle Ecken des betreffenden Polyeders, das durch die Restriktionsgleichungen bestimmt ist.

II) Man berechne mit Hilfe der durch die Polyederecken bestimmten Zahlenpaare (Zahlentripel) die zugehörigen Zielwerte und wähle den optimalen Zielwert aus.

Während zum zweiten Lösungsschritt nichts mehr zu bemerken ist, ist noch zu klären, wie man zu den *Polyederecken* kommt. Da das *Polyeder* der Durchschnitt von Halbebenen (Halbräumen) ist, sind die Ecken Schnittpunkte von je zwei Geraden (je drei Ebenen). Da ohne Zeichnung nicht ohne weiteres zu entscheiden ist, welche Geradenkombinationen (Ebenenkombinationen) zu Polyederecken führen, bestimmt man alle in Frage kommenden Schnittpunkte dadurch, daß man alle Kombinationen von Geraden (Ebenen) zur Bestimmung heranzieht. Durch Überprüfung am jeweiligen Restriktionssystem bleiben dann nur noch die zulässigen Zahlenpaare (Zahlentripel) übrig, die den Polyederecken entsprechen. Danach kann gemäß II verfahren werden.

Beispiel 64: Wir wenden unsere Überlegungen zunächst an dem zweidimensionalen Fall des Beispiels 63 an, das wir ja schon graphisch gelöst haben. Die zugehörige Zielgleichung ist:

$$Z = 0{,}025\, x_1 + 0{,}1\, x_2 + 700.$$

Z soll dabei minimal werden. Das zugehörige Restriktionssystem und die N.-N.-Bedingungen führen zu folgenden 6 Geradengleichungen:

a) $x_1 + x_2 = 2400$; d) $x_1 + x_2 = 1600$;
b) $x_1 \quad = 1200$; e) $x_1 \quad = \quad 0$;
c) $\quad x_2 = 2000$; f) $\quad x_2 = \quad 0$.

Geraden-Kombination	Koordinaten der Schnittpunkte x_1	x_2	Zum Polyeder gehörig?	Polyederecke nach Figur S. 324	Zielwert
a, b	1200	1200	ja	E_2	850
a, c	400	2000	ja	E_3	910
a, d	–	–	–	–	–
a, e	0	2400	nein	–	–
a, f	2400	0	nein	–	–
b, c	1200	2000	nein	–	–
b, d	1200	400	ja	E_1	770
b, e	–	–	–	–	–
b, f	1200	0	nein	–	–
c, d	– 400	2000	nein	–	–
c, e	0	2000	ja	E_4	900
c, f	–	–	–	–	–
d, e	0	1600	ja	E_5	860
d, f	1600	0	nein	–	–
e, f	0	0	nein	–	–

Aus der letzten Spalte entnimmt man, daß 770 der kleinste Wert ist. Übereinstimmend mit der graphischen Lösung erhält man auf diesem Wege eine eindeutige Lösung. Würde bei diesem Verfahren der optimale Zielwert zweimal auftreten, dann ist die Lösung nicht eindeutig (Zielgerade parallel zu einer Seite des Polyeders!) und alle Punkte, die auf der durch die beiden Eckpunkte begrenzten Strecke liegen, ergeben den gleichen Wert.

Beispiel 65: Wir wollen nun mit der Eckpunkt-Berechnungsmethode das folgende Maximierungssystem mit drei Variablen lösen:

$$Z = 3x_1 + x_2 + 2x_3 \rightarrow \text{Max.};$$
$$x_1 \quad + \quad x_3 \leq 5;$$
$$x_2 + \quad x_3 \leq 4;$$
$$x_1 \geq 0, \quad x_2 \geq 0, \quad x_3 \geq 0.$$

Lösung: Zur Veranschaulichung wird in der Figur das dreidimensionale Polyeder dargestellt. Es ist der Durchschnitt von 5 Halbräumen, die durch die N.-N.-Bedingungen und die zwei Ungleichungen des Restriktionssystems bestimmt sind.

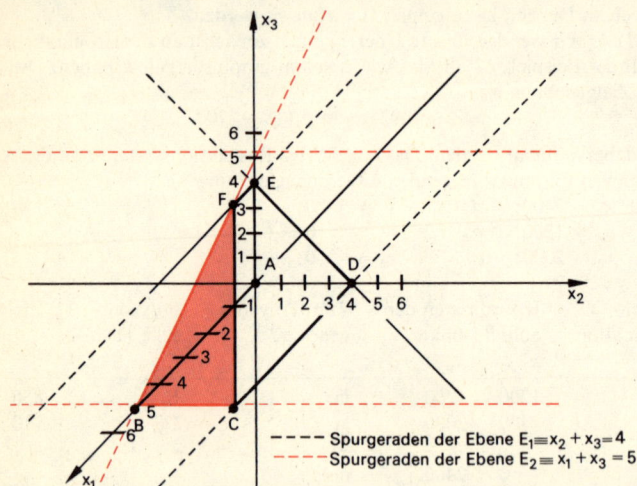

– – – – Spurgeraden der Ebene $E_1 \equiv x_2 + x_3 = 4$
– – – – Spurgeraden der Ebene $E_2 \equiv x_1 + x_3 = 5$

Die Ecken sind jetzt zu suchen unter den Schnittpunkten jeweils dreier Ebenen. Diese Ebenen haben die folgenden Gleichungen:

a) $x_1 + x_3 = 5$; *c)* $x_1 = 0$, *d)* $x_2 = 0$ und *e)* $x_3 = 0$.
b) $x_2 + x_3 = 4$;

Ebenen-Kombination	Koordinaten der Schnittpunkte			Zum Polyeder gehörig?	Polyederecke nach obiger Figur	Zielwert
	x_1	x_2	x_3			
a, b, c	0	–1	5	nein	–	–
a, b, d	1	0	4	ja	F	11
a, b, e	5	4	0	ja	C	19
a, c, d	0	0	5	nein	–	–
a, c, e	–	–	–	–	–	–
a, d, e	5	0	0	ja	B	15
b, c, d	0	0	4	ja	E	8
b, c, e	0	4	0	ja	D	4
b, d, e	–	–	–	–	–	–
c, d, e	0	0	0	ja	A	0

Den maximalen Zielwert $Z_{max} = 19$ erhält man also für $x_1 = 5$, $x_2 = 4$ und $x_3 = 0$.

Aufgabe 77: Man löse die Aufgabe des Beispiels 52 mit der Eckpunkt-Berechnungsmethode.

Aufgabe 78: Man löse die Aufgabe 85 nach der Eckpunkt-Berechnungsmethode.
Aufgabe 79: Man löse die Aufgabe 86 nach der Eckpunkt-Berechnungsmethode.

Lineares Optimieren und *n*-dimensionale Geometrie

Allgemeiner Fall – n-dimensionale Geometrie. Sowohl bei der graphischen Methode wie auch bei der eben dargestellten Eckpunkt-Berechnungsmethode haben wir uns der Hilfsmittel der zwei- und drei-dimensionalen Koordinatengeometrie bedient. Während wir im ersten Falle erkannt haben, daß die Behandlung von Problemen mit drei Variablen sehr viel schwieriger ist als solcher von zweien, kann dies nicht auch bei der zweiten Methode gesagt werden. Prinzipiell besteht kein Unterschied. Vielmehr wird bei der Eckpunkt-Berechnungsmethode die Anzahl der Ungleichungen im Restriktionssystem eine erhebliche Rolle spielen, da mit dieser Anzahl die Zahl der Kombinationsmöglichkeiten wächst. Daß sich diese Methode auch auf Systeme mit mehr als drei Variablen ausdehnen läßt (vom Rechenaufwand abgesehen keine Schwierigkeit!), hat einen tiefer liegenden Grund und hängt damit zusammen, *daß man die Koordinatengeometrie formal auf mehr als drei Dimensionen erweitern kann.* Einige wichtige Überlegungen sollen jetzt hierzu noch angestellt werden.

In der zwei- bzw. dreidimensionalen Koordinatengeometrie wird die Menge der Punkte mit der Menge $\mathbb{R} \times \mathbb{R}$ bzw. $\mathbb{R} \times \mathbb{R} \times \mathbb{R}$ identifiziert und die Geraden bzw. Ebenen als Erfüllungsmengen linearer Gleichungen mit zwei bzw. drei Variablen. Ohne Rücksicht auf Veranschaulichung definieren wir *formal* die Menge $\mathbb{R} \times \mathbb{R} \times \ldots \times \mathbb{R}$ (*n* Faktoren) als Menge der Punkte des *n-dimensionalen Punktraumes.* Jeder Punkt dieses *n*-dimensionalen Punktraumes ist eindeutig durch ein geordnetes Zahlen-*n*-Tupel $(r_1; r_2; \ldots, r_n)$ mit $r_v \in \mathbb{R}$ $(v = 1, 2, \ldots, n)$ bestimmt. Von besonderer Bedeutung sind wieder die linearen Gleichungen mit *n* Variablen der Form

$$a_1 x_1 + a_2 x_2 + \cdots + a_n x_n + a_{n+1} = 0,$$
$$\text{mit} \quad a_v \in \mathbb{R} \, (v = 1, 2, \ldots, n),$$

wobei mindestens einer der Koeffizienten a_v von Null verschieden sein muß. Die Erfüllungsmenge einer solchen linearen Gleichung heißt *Hyperebene des n-dimensionalen Punktraumes.* Man kann leicht zeigen, daß die Dimension dieser Teilmenge von Punkten genau *n*-1 ist. Die Hyperebenen des dreidimensionalen Punktraumes sind also die »normalen« Ebenen, die des zweidimensionalen Punktraumes sind die Geraden und schließlich die des eindimensionalen Punktraumes die Punkte selbst. Analog zum zwei- bzw. dreidimensionalen Fall, bei dem Schnittpunkte mit Hilfe zweier Geradengleichungen bzw. dreier Ebenengleichungen bestimmt werden können, benötigt man im *n*-dimensionalen Fall zu einer Schnittpunktsbestimmung *n Hyperebenengleichungen.* Dabei treten mit zunehmender Dimension auch mehr Ausnahmefälle auf, so daß nicht jede Kombination von *n* Hyperebenengleichungen zu einem Schnittpunkt führen muß, was wir ja auch schon an den beiden behandelten Beispielen erfahren haben.

Ein Restriktionssystem mit *n* Variablen bestimmt ein *n-dimensionales Polyeder*, welches als *Durchschnitt einer bestimmten Anzahl von durch Hyperebenen erzeugten Halbräumen* aufzufassen ist. Dieses Polyeder, das wieder den zulässigen Bereich der für das Optimierungsproblem in Frage kommenden Zahlen-*n*-Tupel darstellt, besitzt die bemerkenswerte Eigenschaft der *Konvexität*. Die Figur veranschaulicht für den zweidimensionalen Fall diesen Begriff. Während ein Zylinder im dreidimensionalen Fall ein konvexer Körper ist, ist ein Hohlzylinder ein nicht-konvexer Körper. Ganz allgemein bezeichnen wir eine *Punktmenge (beliebiger Dimension) als konvex*, wenn mit zwei Punkten, die zu ihr gehören, auch alle Punkte der geradlinigen Verbindungsstrecke zu der Menge gehören. Während die Vereinigungsmenge konvexer Punktmengen im allgemeinen nicht wieder eine konvexe Punktmenge ist, ist der Durchschnitt beliebig vieler kon-

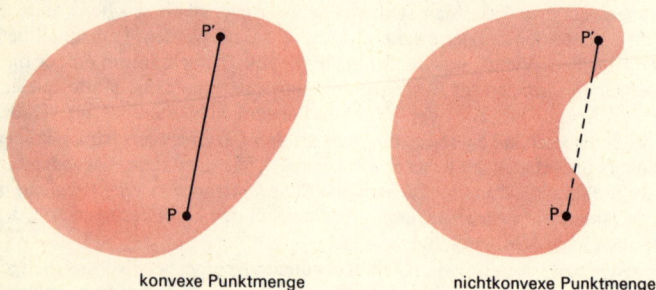

konvexe Punktmenge   nichtkonvexe Punktmenge

Figuren zur Veranschaulichung der Konvexität

vexer Punktmengen wieder eine konvexe Punktmenge. Da jeder durch eine Hyperebene bestimmte Halbraum konvex ist, ist es auch das durch das Restriktionssystem bestimmte Polyeder. Diese allgemeine Eigenschaft verbürgt, daß das Eckpunkt-Berechnungsverfahren auf beliebig viele Dimensionen angewandt werden kann. Hinsichtlich einer praktischen Nutzung des Verfahrens muß allerdings gesagt werden, daß es in gewisser Weise unökonomisch ist, denn es müssen sehr viel mehr Schnittpunkte berechnet werden, als für die Zielfunktion Werten-*n*-Tupel in Frage kommen. Überdies ist beispielsweise für die Berechnung eines 20-Tupels aus einem System von 20 linearen Gleichungen bereits ein enorm hoher Rechenaufwand erforderlich. Alle diese Fakten führten schließlich zu dem wichtigsten Verfahren des linearen Optimierens, zum *Simplexalgorithmus* von *Dantzig*. Im Rahmen der von uns kurz diskutierten Erweiterung der Koordinatengeometrie auf *n* Dimensionen sollte das noch vorzustellende Verfahren eigentlich *Polyederalgorithmus* genannt werden.

Sowohl der Begriff des *Polyeders* als auch der des *Simplex* entstammen der *Topologie*. Die Simplexe sind sozusagen jeweils auf eine bestimmte Dimension bezogen die einfachsten Polyeder. So ist die Strecke der Simplex des eindimensionalen Punktraumes, das Dreieck ist der Simplex des zweidimensionalen Punktraumes und das Tetraeder ist der Simplex des dreidimensionalen Punktraumes.

Eine allgemeine Charakterisierung könnte wie folgt sein: Der n-dimensionale Simplex ist eine konvexe Punktmenge des n-dimensionalen Punktraumes, die durch genau $n + 1$ Punkte bestimmt ist, von denen jeweils nur n Punkte in einer Hyperebene liegen. Der n-dimensionale Simplex wird durch $(n - 1)$-dimensionale Hyperebenen begrenzt.

Wegen dieses Zusammenhanges der beiden Begriffe Polyeder und Simplex und der Bedeutung der Polyeder bezüglich der Restriktionssysteme (einschließlich der N.-N.-Bed.) dürfte jetzt die Bezeichnung Simplexalgorithmus verständlich sein.

Abschließend sei noch erwähnt, daß im Rahmen des linearen Optimierens bei weitem nicht alles zur Diskussion steht, was man unter n-dimensionaler Geometrie versteht. Neben der n-dimensionalen Koordinatengeometrie ist auf formaler Basis ebenso eine n-dimensionale Vektorgeometrie definierbar und im Zusammenhang mit dem entsprechenden Skalarprodukt auch die Einführung einer *Längenmaßfunktion für den n-dimensionalen Raum* mit der Beziehung

$$\overline{PP'} = \sqrt{\sum_{\nu = 1}^{\nu = n} (x_\nu - x'_\nu)^2} \text{ möglich.}$$

Das Prinzipielle des Simplexalgorithmus aufgezeigt an einem einfachen Beispiel

Aufgrund unserer vorhergehenden Betrachtung linearer Ungleichungssysteme sind wir in der Lage, beispielhaft aufzuzeigen, wie durch den Simplexalgorithmus Schritt für Schritt der Zielwert verbessert und nach einer endlichen Zahl von Schritten das Problem gelöst wird.

Wir gehen bei dieser Darstellung von einem konkreten *Maximierungssystem* aus, das wir in der sogenannten *Normalform* angeben:

Beispiel 66:

$$\begin{array}{llll} Z - & x_1 - 3x_2 = 0 & \text{Zielgleichung } (\to \text{Max.}) & \\ & x_1 \leq 10 & & \\ & x_2 \leq 8 & \left.\right\} \text{ Restrikt.- Gl.} = \text{System } R & \left.\right\} \text{ System } S. \\ & 4x_1 + 5x_2 \leq 60 & & \end{array}$$

$x_1 \geq 0, \ x_2 \geq 0$ N.-N.-Bed.

Wie bereits diskutiert wurde, ist der Gaußsche Algorithmus auf das System R nicht anwendbar. Dies führte zur Einführung von sogenannten *Schlupfvariablen*, mit deren Hilfe das System R in ein System R' von Gleichungen übergeführt wird. Mit den drei Schlupfvariablen u_1, u_2 und u_3 erhält man:

$$\begin{array}{llll} Z - & x_1 - 3x_2 & = 0 & \text{Zielgleichung} & \\ & x_1 + u_1 & = 10 & & \\ & x_2 + u_2 & = 8 & \left.\right\} \text{ System } R' & \left.\right\} \text{ System } S' \\ & 4x_1 + 5x_2 + u_3 & = 60 & & \end{array}$$

$x_1 \geq 0, \ x_2 \geq 0, \ u_1 \geq 0, \ u_2 \geq 0, \ u_3 \geq 0$ N.-N.-Bed.

Die beiden Systeme R und R' sind natürlich nicht äquivalent, denn sie stimmen ja schon in der Anzahl der Variablen nicht überein. Die Lösungsmenge von R ist eine Menge von geordneten Zahlenpaaren und die von R' eine Menge von geordneten Zahlenquintupeln (bei S Zahlentripel, bei S' Zahlensextupel).

Dennoch besteht zwischen den Systemen ein *wichtiger Zusammenhang:*

1) Ist $(x_1; x_2; u_1; u_2; u_3)$ eine Lösung von R' mit nicht-negativen Komponenten, so ist $(x_1; x_2)$ ein *zulässiges Zahlenpaar.*

2) Führt man Äquivalenzumformungen des Systems S' durch, so ändert sich ja die Lösungsmenge nicht, auch wenn andere Gleichungen an die Stelle der bisherigen treten. Dies bedeutet für die Zielgleichung, daß man über eine Lösung von R', die zu zulässigen Zahlenpaaren führt, auch mit den dann in der Zielgleichung auftretenden Werten der Schlupfvariablen Z berechnen kann.

Das System R' und damit das System S' enthält mehr Variable als Gleichungen. In einem solchen Fall kann man immer so viele Variable isolieren, wie es Gleichungen gibt.

Wir wählen jetzt zunächst x_1 und x_2 als freie Variable und erhalten durch Umstellung:

$$\left.\begin{aligned} Z &= x_1 + 3x_2; \\ u_1 &= 10 - x_1; \\ u_2 &= 8 \qquad - x_2; \\ u_3 &= 60 - 4x_1 - 5x_2; \end{aligned}\right\} \text{ System } S'.$$

Mit Hilfe der beiden *Lösungsparameter* σ und τ, die voneinander unabhängig und beliebig reell gewählt werden können, erhält man alle Lösungen des Systems S' mit:

$$Z = \sigma + 3\tau, \quad x_1 = \sigma, \quad x_2 = \tau, \quad u_1 = 10 - \sigma, \quad u_2 = 8 - \tau,$$
$$u_3 = 60 - 4\sigma - 5\tau.$$

1. Zielwert: Für $\sigma = \tau = 0$ erhält man eine spezielle Lösung von S', nämlich $(0; 0; 0; 10; 8; 60)$ und damit neben dem zulässigen Zahlenpaar $(0; 0)$ den zulässigen Zielwert $Z_1 = 0$. Man erkennt an der obigen Parameterdarstellung der Lösungen von S', daß es noch andere zulässige Lösungen gibt, für die Z einen größeren Wert annimmt (z.B. $\sigma = \tau = 3$).

2. Zielwert: Wir setzen willkürlich $\sigma = 0$ und schränken damit auf eine Lösungsteilmenge von S' ein. Wir suchen dann den günstigsten Wert von τ. Für $\sigma = 0$ erhalten wir:

$$Z = 3\tau, \quad x_1 = 0, \quad x_2 = \tau, \quad u_1 = 10, \quad u_2 = 8 - \tau, \quad u_3 = 60 - 5\tau.$$

Wegen der N.-N.-Bed. muß $\tau = \text{Min} (8; 60 : 5) = 8$ sein. Damit erhalten wir eine weitere spezielle Lösung von S', nämlich $(24; 0; 8; 10; 0; 20)$ und damit ein weiteres zulässiges Zahlenpaar $(0; 8)$ und den zugehörigen verbesserten Zielwert $Z_2 = 24$.

3. Zielwert: Wie man leicht nachprüft, führt die Setzung $\tau = 0$ zu keiner Verbesserung des Zielwertes. Vergleicht man die beiden speziellen Lösungen, die zu den beiden Zielwerten Z_1 und Z_2 führen, so erkennt man, daß, bezogen auf das Teilsystem R' (d.h. ohne Berücksichtigung der Variablen Z) neben drei von Null verschiedenen Werten jeweils zwei Werte gleich Null sind. Im ersten Fall sind es die Werte der beiden freien Variablen und im zweiten Fall die Werte der Variablen x_1 und u_2. Wegen der Invarianz der Lösungsmenge von S' muß aber bei Wahl dieser zwei Variablen als freie Variable mit $x_1 = 0$ und $u_2 = 0$ ebenso die Lösung $(24; 0; 8; 10; 0; 20)$ resultieren. Deshalb isolieren wir an Stelle von u_2 die Variable x_2. Die entsprechenden Äquivalenzumformungen führen zu dem zu S' äquivalenten System S'':

$$\left.\begin{aligned} Z &= 24 + x_1 - 3u_2; \\ u_1 &= 10 - x_1; \\ x_2 &= 8 \qquad - u_2; \\ u_3 &= 20 - 4x_1 + 5u_2; \end{aligned}\right\} \text{ System } S''.$$

Wir bezeichnen jetzt die Lösungsparameter mit λ und μ und erhalten eine andere aber gleichwertige Darstellung aller Lösungen, wenn wiederum λ und μ unabhängig voneinander alle reellen Zahlen durchlaufen:

$Z = 24 + \lambda - 3\mu$, $x_1 = \lambda$, $x_2 = 8 - \mu$, $u_1 = 10 - \lambda$, $u_2 = \mu$,
$u_3 = 20 - 4\lambda + 5\mu$.

Man prüft leicht nach, daß $\lambda = 0$ und $\mu = 8$ die erste und $\lambda = 0$ und $\mu = 0$ die zweite Lösung darstellen. Dies lediglich zur Verifikation des oben Gesagten. Wir wollen unseren Zielwert weiter verbessern. Wegen der N.-N.-Bedingung muß $\mu \geq 0$ sein. Aus der Darstellung der möglichen Lösungswerte für Z erkennt man aber, daß ein größerer Wert von Z als 24 nur zu erreichen ist, wenn man $\mu = 0$ und λ möglichst groß wählt. Wir betrachten wieder eine Lösungsteilmenge (für $\mu = 0$):

$Z = 24 + \lambda$, $x_1 = \lambda$, $x_2 = 8$, $u_1 = 10 - \lambda$, $u_2 = 0$, $u_3 = 20 - 4\lambda$.

Die Beachtung der N.-N.-Bed. ergibt $\lambda = \text{Min}(10; 20 : 4) = 5$. Damit erhalten wir eine dritte geeignete Lösung, nämlich (29; 5; 8; 5; 0; 0) mit dem zulässigen Zahlenpaar (5; 8) und dem verbesserten Zielwert $Z_3 = 29$.

Dies ist aber schon der gesuchte Maximalwert, denn im nächsten Schritt müßte das System S'' so umgeformt werden, daß u_2 und u_3 freie Variable werden. Die Zielgleichung nimmt dann die Form $Z = 29 - \frac{17}{4}u_2 - \frac{1}{4}u_3$ an. Für nichtnegative Werte der beiden freien Variablen ist eine weitere Verbesserung des Zielwertes also nicht möglich. Das Verfahren ist damit abgeschlossen.

Wir stellen noch einmal die in den einzelnen Schritten erhaltenen wichtigen Werte zusammen und vergleichen mit dem in der Figur dargestellten zulässigen Bereich.

Zielwert	zulässiges Zahlenpaar	Eckpunkt des zulässigen Bereiches
$Z_1 = 0$;	$x_1 = 0$, $x_2 = 0$;	$E_1(0; 0)$;
$Z_2 = 24$;	$x_1 = 0$, $x_2 = 8$;	$E_2(0; 8)$;
$Z_3 = 29$;	$x_1 = 5$, $x_2 = 8$;	$E_3(5; 8)$.

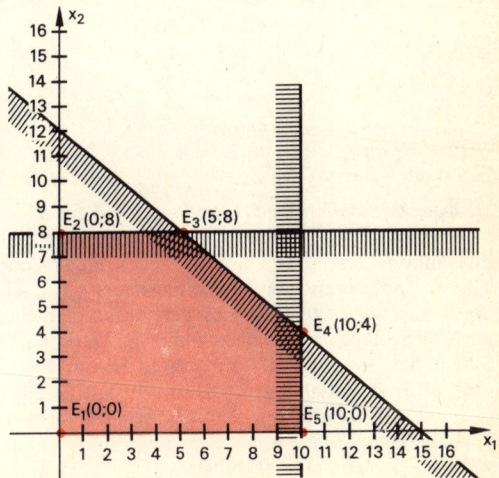

Figur zum Beispiel 66
und zur Aufgabe 80

Das Verfahren funktioniert offensichtlich so, daß der Reihe nach die Koordinaten der Eckpunkte des zulässigen Bereiches als zulässige Zahlenpaare ausgewählt werden, bis der *Maximalwert* erreicht ist.

Aufgabe 80: Man überprüfe das Ergebnis graphisch und zeige, daß bei Anwendung des algebraischen Verfahrens die Eckpunkte E_1, E_5, E_4 und E_3 in dieser Reihenfolge durchlaufen werden, wenn man mit den oben gewählten Bezeichnungen zur Bestimmung des 2. Zielwertes nicht σ, sondern $\tau = 0$ setzt (in diesem Falle benötigt man einen Schritt mehr!).

Allgemeines Berechnungsschema und Flußdiagramm zur Anwendung des Simplexalgorithmus

Wir haben bereits bei der Behandlung linearer Gleichungssysteme ein Berechnungsschema und das zugehörige Flußdiagramm zur Durchführung des Gaußverfahrens eingeführt. Ähnliches ist beim Simplexverfahren möglich. Das diesbezügliche Berechnungsschema ist aber umfangreicher und das Flußdiagramm komplizierter, jedoch alles in allem noch überschaubar und praktizierbar.

Das im letzten Abschnitt durchgeführte Verfahren läßt sich auf Maximierungssysteme mit beliebig vielen Variablen und Restriktionsgleichungen anwenden, *wenn die Koeffizienten bestimmte Bedingungen erfüllen.*

Naturgemäß nimmt dann die Anzahl der Verbesserungsschritte zu. Bei Verwendung von Computern spielt dies aber keine wesentliche Rolle. Im folgenden stellen wir ein Berechnungsschema, ein Flußdiagramm und die numerische Behandlung des Beispiels 62 vor.

Erklärung der erforderlichen Begriffe:

1) Unter einem *Maximierungssystem in Normalform* versteht man ein Mischsystem von Gleichungen und Ungleichungen von folgender Form und mit folgenden Eigenschaften:

Zielgleichung	$Z + a_{01}x_1 + a_{02}x_2 + \cdots + a_{0n}x_n = 0;$
Restriktionsgl.	$\begin{cases} a_{11}x_1 + a_{12}x_2 + \cdots + a_{1n}x_n \leq b_1; \\ a_{21}x_1 + a_{22}x_2 + \cdots + a_{2n}x_n \leq b_2; \end{cases}$
(Einschr. Bed.)	$\begin{cases} \cdots\cdots\cdots\cdots\cdots\cdots\cdots\cdots \\ \cdots\cdots\cdots\cdots\cdots\cdots\cdots\cdots \\ a_{m1}x_1 + a_{m2}x_2 + \cdots + a_{mn}x_n \leq b_m; \end{cases}$
Nicht-Neg.-Bed.	$x_1 \geq 0, \quad x_2 \geq 0, \ldots x_n \geq 0;$
Konstanten-Bed.	$b_1 \geq 0, \quad b_2 \geq 0, \ldots b_m \geq 0.$

2) Äquivalenzumformungen eines Blocks in den nächsten erfolgen wie beim Gaußschen Algorithmus dadurch, daß man mit geeigneten Zahlen alle Zahlen einer Zeile multipliziert und zu anderen Zeilen addiert (oder von ihnen subtrahiert).

3) Bei der algebraischen Behandlung haben wir gesehen, daß zu den n Variablen des Restriktionssystems gemäß der Anzahl der einschränkenden Bedingungen noch m Schlupfvariable hinzukommen. Das zum Gleichungssystem erweiterte System hat insgesamt $m + n$ Variable. Davon können stets n in beliebiger Auswahl als freie Variable gewählt werden. Die jeweils restlichen m Variablen, die nicht mit den Schlupfvariablen identisch sein müssen, heißen *Basisvariable.*

4) Eine *Spalte heißt normiert,* wenn sie in genau einer Zeile den Wert 1 und in allen anderen den Wert 0 enthält.

Muster für das Berechnungsschema zum Simplexalgorithmus

		A				B			C	Q
Zeile	BV	$x_1\ x_2\ x_3 \cdots x_n$	u_1	u_2	u_3	$\cdots$	u_m			
0	Z_1		0	0	0	$\cdots$	0			
1	u_1		1	0	0	$\cdots$	0			
2	u_2		0	1	0	$\cdots$	0			
3	u_3		0	0	1	$\cdots$	0			
$\vdots$										
m	u_m		0	0	0	$\cdots$	1			
0	Z_2									
1										
2										
3										
$\vdots$										
m										
0	Z_3									

B_1 (Block 1: Zeilen 0 bis m), B_2 (Block 2), B_3

B_3

Z_1, Z_2, Z_3	Werte der Zielfunktion, die laufend verbessert werden
n	Anzahl der Variablen in der Zielfunktion und den einschränkenden Bedingungen
m	Anzahl der einschränkenden Bedingungen
B_1, B_2, B_3	Berechnungsblöcke
$x_1, x_2, \cdots x_n$	Variablen des Problems
$u_1, u_2, \cdots u_m$	Schlupfvariable
BV	Spalte der Basisvariablen, die sich von Block zu Block ändern
A	Gesamtheit der Variablen-Spalten
B	Gesamtheit der Schlupfvariablen-Spalten
C	Spalte der Konstanten, die auf der rechten Seite des Maximierungsproblems in der Normalform auftreten
Q	Quotienten-Spalte

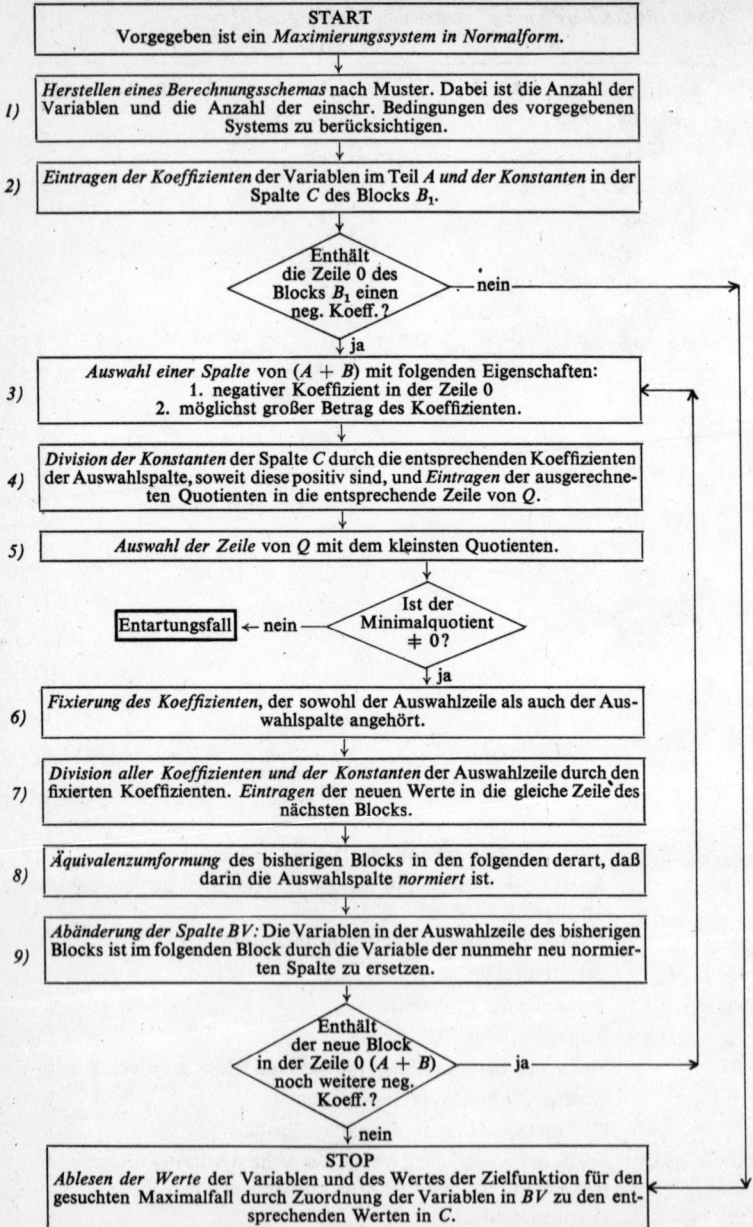

START
Vorgegeben ist ein *Maximierungssystem in Normalform.*

1) *Herstellen eines Berechnungsschemas* nach Muster. Dabei ist die Anzahl der Variablen und die Anzahl der einschr. Bedingungen des vorgegebenen Systems zu berücksichtigen.

2) *Eintragen der Koeffizienten* der Variablen im Teil *A* und *der Konstanten* in der Spalte *C* des Blocks B_1.

Enthält die Zeile 0 des Blocks B_1 einen neg. Koeff.? —— nein ——→

↓ ja

3) *Auswahl einer Spalte* von $(A + B)$ mit folgenden Eigenschaften:
1. negativer Koeffizient in der Zeile 0
2. möglichst großer Betrag des Koeffizienten.

4) *Division der Konstanten* der Spalte *C* durch die entsprechenden Koeffizienten der Auswahlspalte, soweit diese positiv sind, und *Eintragen* der ausgerechneten Quotienten in die entsprechende Zeile von *Q.*

5) *Auswahl der Zeile* von *Q* mit dem kleinsten Quotienten.

| Entartungsfall | ← nein — Ist der Minimalquotient $\neq 0$?

↓ ja

6) *Fixierung des Koeffizienten*, der sowohl der Auswahlzeile als auch der Auswahlspalte angehört.

7) *Division aller Koeffizienten und der Konstanten* der Auswahlzeile durch den fixierten Koeffizienten. *Eintragen* der neuen Werte in die gleiche Zeile des nächsten Blocks.

8) *Äquivalenzumformung* des bisherigen Blocks in den folgenden derart, daß darin die Auswahlspalte *normiert* ist.

9) *Abänderung der Spalte BV:* Die Variablen in der Auswahlzeile des bisherigen Blocks ist im folgenden Block durch die Variable der nunmehr neu normierten Spalte zu ersetzen.

Enthält der neue Block in der Zeile 0 $(A + B)$ noch weitere neg. Koeff.? —— ja ——→

↓ nein

STOP
Ablesen der Werte der Variablen und des Wertes der Zielfunktion für den gesuchten Maximalfall durch Zuordnung der Variablen in *BV* zu den entsprechenden Werten in *C.*

Anwendung des Simplexalgorithmus auf das spezielle Produktionsproblem

			A			B			C	Q
Zeile	BV	x_1	x_2	u_1	u_2	u_3	u_4	u_5		
0	Z_1	-120	-90	0	0	0	0	0	0	
1	u_1	1	1	1	0	0	0	0	1000	: 1 = 1000
2 ←	u_2	☐1	0	0	1	0	0	0	600	: 1 = 600
B_1 3	u_3	0	1	0	0	1	0	0	800	: ———
4	u_4	3	2	0	0	0	1	0	2400	: 3 = 800
5	u_5	-1	1	0	0	0	0	1	600	: ———
0	Z_2	0	-90	0	120	0	0	0	72000	
1	u_1	0	1	1	-1	0	0	0	400	: 1 = 400
2 →	x_1	1	0	0	1	0	0	0	600	: ———
B_2 3	u_3	0	1	0	0	1	0	0	800	: 1 = 800
4 ←	u_4	0	☐2	0	-3	0	1	0	600	: 2 = 300
5	u_5	0	1	0	1	0	0	1	1200	: 1 = 1200
0	Z_3	0	0	0	-15	0	45	0	99000	
1 ←	u_1	0	0	1	☐0,5	0	$-0,5$	0	100	: 0,5 = 200
2	x_1	1	0	0	1	0	0	0	600	: 1 = 600
B_3 3	u_3	0	0	0	1,5	1	$-0,5$	0	500	: 1,5 = 333,3
4 →	x_2	0	1	0	$-1,5$	0	0,5	0	300	: ———
5	u_5	0	0	0	2,5	0	$-0,5$	1	900	: 2,5 = 360
0	Z_4	0	0	30	0	0	30	0	102000	
1 →	u_2	0	0	2	1	0	-1	0	200	
2	x_1	1	0	-2	0	0	1	0	400	
B_4 3	u_3	0	0	-3	0	1	1	0	200	
4	x_2	0	1	3	0	0	-1	0	600	
5	u_5	0	0	5	0	0	2	1	400	

← bedeutet, daß die betreffende Variable als Basisvariable ausscheidet;
→ bedeutet, daß die betreffende Variable als Basisvariable hinzukommt.

Das Verfahren ist abgeschlossen, da im Block B_4 in der Zeile 0 keine negativen Koeffizienten mehr vorkommen.
Durch Zuordnung der Werte der beiden Spalten BV und C erhält man den *maximalen Zielwert* $Z_4 = 102000$, der für $x_1 = 400$ und $x_2 = 600$ erreicht wird.

Erläuterungen zum Übergang von einem Berechnungsblock zum nächsten:

$B_1 - B_2$: Zeile 2 kann von B_1 nach B_2 übernommen werden, da der fixierte Koeffizient schon den Wert 1 hat. Zeile 1 von B_2 erhält man durch Subtraktion der Auswahlzeile von B_1 von der Zeile 1 von B_1. Zeile 3 kann beibehalten werden, da der Koeffizient in der 1. Spalte den Wert 0 hat. Zeile 4 von B_2 erhält man, indem man das 3fache der Auswahlzeile von der Zeile 4 von B_1 subtrahiert. Zeile 5 von B_2 erhält man schließlich, indem man die Auswahlzeile zur Zeile 5 von B_1 addiert.

$B_2 - B_3$: Da jetzt der fixierte Koeffizient den Wert 2 hat, erhält man die Zeile 4 von B_3 durch Division der Zeile 4 von B_2 durch 2. Die anderen Zeilen des Blocks B_3 erhält man durch analoge Operationen wie oben.

$B_3 - B_4$: Hier ist zu beachten, daß der fixierte Koeffizient den Wert 0,5 hat. Folglich erhält man die Zeile 1 von B_4 durch Multiplikation der Zeile 1 von B_3 mit 2. Die anderen Zeilen des letzten Blocks erhält man wieder durch analoge Operationen wie oben.

Aufgabe 81: Man wende den Simplexalgorithmus auf das Beispiel 65 an und vergleiche die berechneten Zwischenwerte mit den Ecken und Zielwerten in der Tabelle zu diesem Beispiel.

Aufgabe 82: Man wende den Simplexalgorithmus auf das algebraisch behandelte Beispiel 66 an und vergleiche die Zwischenwerte mit den dort allmählich verbesserten Zielwerten.

Aufgabe 83: Ein Erzeuger gefragter Badezusatzmittel will aus drei Grundsubstanzen A, B und C eine Mischung herstellen, hat aber nur beschränkte Mengen zur Verfügung: Von A und B je 100 kg und von C 50 kg. Die Preise der Grundsubstanzen betragen für A 15 DM/kg, für B 12 DM/kg und für C 10 DM/kg. Die Mischung will er zu DM 14 je kg auf den Markt bringen. Damit sie aber die gewünschten Eigenschaften hat, müssen mindestens 25% der Substanz A und dürfen höchstens 50% der Substanz C in ihr enthalten sein. Welche Mengen von jeder Substanz muß die Mischung enthalten, damit der Gesamterlös maximal ist?

Aufgabe 84: Ein Bauer hat sich auf die Aufzucht von Schlachtvieh (Kälber, Schweine und Schafe) spezialisiert. In seinen Stallungen kann er höchstens 250 Tiere unterbringen. Wegen des unterschiedlichen Arbeitsaufwandes hinsichtlich der Versorgung und Pflege der Tiere kann er höchstens 200 Kälber und höchstens 100 Schweine halten. Die Tabelle gibt die augenblicklichen durchschnittlichen Aufzuchtkosten und die durchschnittlichen Verkaufspreise an.

	Aufzuchtkosten DM je Tier	Verkaufspreis DM je Tier
Kalb	60,—	180,—
Schwein	100,—	260,—
Schaf	20,—	60,—

Wie viele Tiere von jeder Art sollte er halten, damit er seinen Betrieb maximal ausnützt?

Abschließende Bemerkungen zum linearen Optimieren

Naturgemäß kann in einem Buch wie diesem ein mathematischer Bereich wie das lineare Optimieren nicht erschöpfend dargestellt werden, dazu würde man den Umfang eines Buches allein benötigen. Worum es hier ging, wurde schon eingangs gesagt, es sollte an einem Beispiel aufgezeigt werden, daß die Geometrie und lineare Algebra nicht nur mathematikinterne Bedeutung haben, sondern daß sie sehr wohl in modernen Bereichen des menschlichen Lebens auch eine praktische Anwendung erfahren können. Sowohl beim graphischen Verfahren als auch bei der Eckpunkt-Berechnungsmethode ist es nicht erforderlich, daß die Optimierungsaufgaben auf einen so speziellen Typus wie den der *Maximierungsaufgabe in der Normalform* eingeschränkt werden. Unsere bisherige Darstellung könnte den Eindruck erwecken, als könnte man mit dem Simplexalgorithmus zwar Systeme mit vielen Variablen und vielen einschränkenden Bedingungen sehr viel ökonomischer lösen (besonders durch Einsatz von Computern), daß man sich aber auf den genannten Typus beschränken muß, bei dem, wenn man Pech hat, sogar wegen des Entartungsfalles gewisse Aufgaben nicht lösbar sind. Dazu muß einiges ergänzend bemerkt werden. Es gibt spezielle Methoden, mit denen man den Fall der Entartung beherrscht, wir müssen allerdings hier auf eine Darstellung verzichten. Weiterhin ist es möglich, mit Hilfe des sogenannten *Dualitätssatzes Minimierungssysteme* auf Maximierungssysteme zurückzuführen. Schließlich ist es auch möglich, Maximierungssysteme, die nicht der Normalform entsprechen ($b_\nu < 0$), auf Probleme in der Normalform zurückzuführen. Damit dürfte verständlich sein, warum man den dargestellten Simplexalgorithmus als die wichtigste numerische Methode des linearen Optimierens bezeichnet.

Lösungen der Aufgaben

Analytische Koordinatengeometrie

1) $D(2; 1,5)$, $E(-2; 2,5)$, $F(0; -1)$, $S(0; 1)$ $\quad s_a = \overline{AD} = \sqrt{38,25} \approx 6,185$; $s_b = \overline{BE} = 7,5$; $s_c = \overline{CF} = 6$, $m(AD) = \frac{1}{4}$; $\quad m(BE) = -\frac{3}{4}$; $m(CF)$ nicht definiert, da $\alpha = 90°$.

2) $F = 20$.

3) a) $P(1; 1)$ $Q(-3; 3)$ b) $P(2; \frac{1}{2})$ $Q(6; -\frac{3}{2})$

4) $D\left(\dfrac{c}{2}; \dfrac{b}{2}\right)$; $E\left(\dfrac{a+c}{2}; 0\right)$; $F\left(\dfrac{a}{2}; \dfrac{b}{2}\right)$

$F([ABC]) = \frac{1}{2}(ab - bc)$

$F([DEF]) = \frac{1}{2}\left(\dfrac{a}{2} \cdot \dfrac{b}{2} - \dfrac{c}{2} \cdot \dfrac{b}{2}\right) = \frac{1}{4} \cdot \frac{1}{2}(ab - bc)$.

5) $g \equiv 3x - 2y + 6 = 0$, $H_1 \equiv 3x - 2y + 6 > 0$, $H_2 \equiv 3x - 2y + 6 < 0$, $H_1 \cup g \equiv 3x - 2y + 6 \geq 0$, $H_2 \cup g \equiv 3x - 2y + 6 \leq 0$.

6) a) $y = \frac{1}{2}x + \frac{3}{2}$, b) $y = \frac{1}{4}x + 3,5$,
   c) $y = -\frac{5}{3}x + 3,5$.

7) a) $y = \frac{1}{3}\sqrt{3}x$; b) $y = x$; c) $y = -x$
   d) $x = 0$.

8) I *a)* $y = \frac{1}{3}\sqrt{3}\,x - \frac{2}{3}\sqrt{3}$; *b)* $y = x - 2$;

   c) $y = -x + 2$; *d)* $x = 2$;

  II *a)* $y = \frac{1}{3}\sqrt{3}\,x - 2$; *b)* $y = x - 2$;

   c) $y = -x - 2$; *d)* $x = 0$.

9) a) ja *b)* nein.

10) $\beta \approx 71°34'$; $\gamma \approx 36°52'$.

11) a) nein, drei Schnittpunkte $P(\frac{8}{3}; -\frac{2}{3})$, $Q(\frac{11}{4}; -\frac{5}{8})$, $R(\frac{14}{5}; -\frac{7}{10})$.

   b) ja $S(\frac{2}{3}; \frac{1}{2})$.

12) $\tan \delta_1 = 1$; $\delta_1 = 45°$; $\tan \delta_2 = 3$; $\delta_2 \approx 71°34'$; $\tan \delta_3 = 2$; $\delta_3 \approx 63°26'$.

13) a) $0{,}9$, *b)* $-1{,}6 \cdot \sqrt{5} \approx -3{,}58$,

   c) $\pm \dfrac{4}{\sqrt{29}} \approx \pm 0{,}74$, *d)* $1{,}2$.

14) Gleichungen der Winkelhalbierenden:

$$x - 3y + 5 = 0;\ \ 5x - y - 10 = 0;\ \ 7x + 9y - 40 = 0,$$

$W(2{,}5; 2{,}5)$, $\varrho = 2\sqrt{2} \approx 2{,}828$.

15) Siehe Beispiel 12.

16) $(x - 2{,}5)^2 + (y - 2{,}5)^2 = 8$.

17) $(x - r)^2 + (y - r)^2 = r^2$ mit $r_1 = 8{,}5$ und $r_2 = 2{,}5$.

18) a) $S_1(3; 1)$, $S_2(1; -3)$, $M(2; -1)$, $\overline{S_1 S_2} = 2\sqrt{5}$

   b) $S_1(4; 0)$, $S_2(2; 2)$, $M(3; 1)$, $\overline{S_1 S_2} = 2\sqrt{2}$.

19) a) Schneiden sich knapp! $P_1(8; 2)$ $P_2(7\frac{33}{41}; 2\frac{10}{41})$. *b)* Meiden sich knapp.
   c) Berühren sich in $B(4{,}9; -0{,}7)$.

20) a) $3x + y - 10 = 0$; $x - 3y - 10 = 0$ $\delta = 90°$;
   b) $y = -\frac{1}{7}x$; $y = x$ $\delta \approx 53°10'$.

21) $y = -\frac{4}{3}x + 14$; $y = \frac{3}{4}x - \frac{19}{4}$.

22) Siehe Beispiel 15.

23) $B_1(2; 4)$ $B_2(-2; 1)$ $4x + 3y - 20 = 0$; $4x + 3y + 5 = 0$.

24) a) Schneiden sich in $S_1(4{,}8; 1{,}4)$ und $S_2(3; -4)$ $\delta \approx 36°52'$.
   b) Berührung in $B(2; 1)$, $\delta = 0°$.
   c) Meiden sich knapp.

25) Gerade $(M, M_0) \equiv 4x - 3y - 5 = 0$, $B_1(6{,}8; 7{,}4)$ $B_2(3, 2; 2{,}6)$, $r_1 = 8$,
 $r_2 = 2$.

Vektorielle analytische Geometrie

26) $\vec{u} = \vec{a} - \vec{c}$, $\vec{v} = \vec{c} - \vec{b}$, $\vec{w} = \vec{b} - \vec{a}$.

27) $\vec{s} = \vec{a} + \vec{b}$, $\vec{y} = \vec{a} + \vec{b} + \vec{c}$, $\vec{z} = \vec{b} - \vec{a}$; $\vec{u} = \vec{a} - \vec{b}$, $\vec{v} = \vec{b} + \vec{c}$,
 $\vec{w} = \vec{c} - \vec{b}$; $\vec{r} = \vec{u} + (-\vec{c}) = \vec{a} - \vec{b} - \vec{c}$.

28) $g_1 \equiv \vec{x} = \vec{b} + \lambda(\vec{c} - \vec{b})$, $g_2 \equiv \vec{x} = \vec{c} + \lambda(\vec{a} - \vec{c})$

29) $h_1 \equiv \vec{x} = \vec{b} + \lambda(\vec{a} - \vec{b})$, $h_2 \equiv \vec{x} = \lambda\vec{a}$; $\quad h_3 \equiv \vec{x} = \lambda(\vec{a} + \vec{b} + \vec{c})$;
$h_4 \equiv \vec{x} = \vec{a} + \lambda(-\vec{r}) = \vec{a} + \lambda(\vec{b} + \vec{c} - \vec{a})$; $\quad (\vec{x}(0) = \vec{a}, \ \vec{x}(1) = \vec{b} + \vec{c} = \vec{v})$.
Oder: $\vec{x} = \vec{b} + \vec{c} + \mu\vec{r}$ mit $\vec{x}(0) = \vec{v}$ und $\vec{x}(1) = \vec{a}$.

30) $\vec{x} = \lambda\vec{b} + \lambda\vec{c}$.

31) $\vec{x} = \vec{a} + \lambda\vec{b} + \mu\vec{c}$, $\quad \vec{x} = \lambda(\vec{a} + \vec{b}) + \mu\vec{c}$, $\quad \vec{x} = \vec{a} + \lambda(-\vec{u}) + \mu\vec{c}$
$= \vec{a} + \lambda(\vec{b} - \vec{a}) + \mu\vec{c}$, $\vec{x}(0;0) = \vec{a}$, $\vec{x}(1;0) = \vec{b}$, $\vec{x}(1;1) = \vec{b} + \vec{c}$,
$\vec{x}(0;1) = \vec{a} + \vec{c}$ (vgl. Bemerkung zu Aufgabe 29).

32) $\vec{x} = \vec{a} - \frac{1}{2}\vec{b}$, $\vec{y} = \frac{1}{2}\vec{a} + \vec{b}$. Die Vektorkette $\overrightarrow{A_1S} + \overrightarrow{SA} - \frac{1}{3}\vec{a} = \vec{0}$ führt
zu $(\frac{1}{3}\mu + \lambda - \frac{1}{3})\vec{a} + (\mu - \frac{1}{2}\lambda)\vec{b} = \vec{0}$ und $\lambda = \frac{2}{7}$ sowie $\mu = \frac{1}{7}$.

33) Vektorkette $\overrightarrow{OB_1} + \overrightarrow{B_1A_1} + \overrightarrow{A_1O} = \vec{0}$ oder $\mu\vec{b} + \vec{c}_1 - \lambda\vec{a} = \vec{0}$ oder
$\vec{c}_1 = \lambda\vec{a} - \mu\vec{b}$ und $\vec{c} = \vec{a} - \vec{b}$.
1) $\lambda = \mu$, $\vec{c}_1 = \lambda(\vec{a} - \vec{b}) = \lambda\vec{c}$ d.h. $\vec{c}_1 \| \vec{c}$;
2) $\vec{c}_1 \| \vec{c}$, $\vec{c}_1 = \alpha\vec{c}$, $\vec{c}_1 - \alpha\vec{c} = \vec{0}$;
$\lambda\vec{a} - \mu\vec{b} - \alpha(\vec{a} - \vec{b}) = \vec{0}$, $(\lambda - \alpha)\vec{a} + (\alpha - \mu)\vec{b} = \vec{0}$;
$\Rightarrow \lambda = \alpha$ und $\mu = \alpha$ oder $\lambda = \mu = \alpha \Rightarrow \vec{c}_1 = \lambda\vec{c}$.

34) $\vec{x} = \frac{1}{3}\vec{a} + \frac{1}{3}\vec{b} + \frac{1}{3}\vec{c}$; $\quad \vec{y} = \frac{1}{3}\vec{a} + \frac{1}{3}\vec{c} - \vec{b}$
Vektorkette:

$$\lambda\vec{x} + \frac{2}{3}\overrightarrow{M_2B} + \mu\vec{y} = \vec{0}$$

muß sein, falls sich die Schwerlinien schneiden sollen. Dies führt zu
$(\frac{1}{3}\lambda - \frac{1}{3} + \frac{1}{3}\mu)\vec{a} + (\frac{1}{3}\lambda + \frac{2}{3} - \mu)\vec{b} + (\frac{1}{3}\lambda - \frac{1}{3} + \frac{1}{3}\mu)\vec{c} = \vec{0}$
und wegen des Satzes 22 zu $\lambda = \frac{1}{4}$ und $\mu = \frac{3}{4}$.

35) $\overrightarrow{OM} = \vec{c} + \frac{1}{2}\vec{b}$; $\quad \overrightarrow{OH} = \frac{1}{3}\vec{a} + \frac{1}{3}\vec{b} + \frac{1}{3}\vec{c}$; $\quad \overrightarrow{MH} = \frac{1}{3}\vec{a} - \frac{1}{6}\vec{b} - \frac{2}{3}\vec{c}$;
geschlossene Kette:
$\overrightarrow{OH} + \vec{r} - \vec{s} = \vec{0}$, $\vec{r} = v \cdot \overrightarrow{MH}$ ergibt mit $\vec{s} = \lambda\vec{a} + \mu\vec{b}$ und der Kette:
$$\left(\frac{1}{3} + \frac{v}{3} - \lambda\right)\vec{a} + \left(\frac{1}{3} - \frac{v}{6} - \mu\right)\vec{b} + \left(\frac{1}{3} - \frac{2v}{3}\right)\vec{c} = \vec{0},$$
d.h. $1 + v - 3\lambda = 0 \wedge 2 - v - 6\mu = 0 \wedge 1 - 2v = 0$
oder $v = \frac{1}{2}$; $\lambda = \frac{1}{2}$, $\mu = \frac{1}{4}$.
Somit ist $\vec{s} = \frac{1}{2}\vec{a} + \frac{1}{4}\vec{b}$ und $\vec{r} = \frac{1}{6}\vec{a} - \frac{1}{12}\vec{b} - \frac{1}{3}\vec{c}$.

36)

$$\vec{a} + \vec{b} = \begin{pmatrix} 3 \\ -3 \\ 3 \end{pmatrix}; \quad \vec{a} - \vec{c} = \begin{pmatrix} 0 \\ 1 \\ 2 \end{pmatrix}; \quad \vec{a} - \vec{b} + \vec{d} = \begin{pmatrix} -3 \\ 4 \\ 0 \end{pmatrix}; \quad 2\vec{c} = \begin{pmatrix} 2 \\ -2 \\ 0 \end{pmatrix};$$

$$3\vec{a} + 4\vec{d} = \begin{pmatrix} -5 \\ 4 \\ 2 \end{pmatrix} \quad \vec{b} - 2\vec{c} = \begin{pmatrix} 0 \\ -1 \\ 1 \end{pmatrix}.$$

37) $\vec{b} \| \vec{c}$, $\vec{d} \| \vec{e}$.

38) 1) Vektorkette $\overrightarrow{OE_2} + \gamma\vec{c} - \beta\vec{b} - \overrightarrow{OE_3} = \vec{0}$ führt zu der Bedingung:
$0 + 0,75\gamma - 1,5\beta = 0 \wedge 1 + \gamma - 6\beta = 0 \wedge 3,5\gamma - 3\beta - 1 = 0$.
Diese wird erfüllt von $\beta = \frac{1}{4}$ und $\gamma = \frac{1}{2}$.

2) $\overrightarrow{E_2T} = \gamma\vec{c} = \begin{pmatrix} 0,375 \\ 0,5 \\ 1,75 \end{pmatrix} \quad \overrightarrow{E_3T} = \beta\vec{b} = \begin{pmatrix} 0,375 \\ 1,5 \\ 0,75 \end{pmatrix}$

$$\overrightarrow{OT} = \overrightarrow{OE_2} + \overrightarrow{E_2 T} = \begin{pmatrix} 0,375 \\ 1,5 \\ 1,75 \end{pmatrix}.$$

3) Vektorkette $\overrightarrow{OE_1} + \alpha \vec{a} - \gamma \vec{c} - \overrightarrow{OE_2} = \vec{0}$ führt zu der Bedingung:
$1 - 1,5\alpha - 0,75\gamma = 0 \wedge -1 + 2\alpha - \gamma = 0 \wedge 3\alpha - 3,5\gamma = 0$.
Diese Bedingung ist nicht erfüllbar, denn $\alpha = 0,875$ und $\gamma = 0,75$ erfüllen
zwar die beiden letzten Gleichungen, aber nicht die erste!

39) Vektorkette $\overrightarrow{OP} + \overrightarrow{PS} + \overrightarrow{SO} = \vec{0}$,
Bedingung: $18 - \lambda \cdot 9 = 0 \wedge -8\lambda + \mu = 0$ (mit $\mu \vec{e}_2 = \overrightarrow{SO}$):
$$\overrightarrow{PS} = \begin{pmatrix} -18 \\ -16 \end{pmatrix}$$

40) Vergleiche Beispiel 28.

41) Vergleiche Beispiel 29.

42) $\cos\varphi_1 = \dfrac{\vec{a}^2 + \vec{a}\vec{b}}{|\vec{a}| \cdot |\vec{a} + \vec{b}|} = \dfrac{\vec{b}\vec{a} + \vec{b}^2}{|\vec{b}| \cdot |\vec{a} + \vec{b}|} = \cos\varphi_2$ da $\vec{a}^2 = \vec{b}^2$;

$\cos\varepsilon_1 = \dfrac{-\vec{b}\vec{a} + \vec{b}^2}{|-\vec{b}| \cdot |\vec{a} \doteq \vec{b}|} = \dfrac{\vec{a}^2 - \vec{a}\vec{b}}{|\vec{a}| \cdot |\vec{a} - \vec{b}|} = \cos\varepsilon_2$

da auch $|-\vec{b}| = |\vec{a}|$.

43) 1) $\alpha = 90°$, $\cos\alpha = 0 \Rightarrow |\vec{a}|^2 = |\vec{b}|^2 + |\vec{c}|^2$;
2) $\vec{a}^2 = \vec{b}^2 + \vec{c}^2 - 2\vec{b}\vec{c} = \vec{b}^2 + \vec{c}^2$ da $\vec{b} \cdot \vec{c} = 0$.

44) $\vec{h}^2 = \vec{h} \cdot (\vec{b} + \vec{b}') = \vec{h}(\vec{a} + \vec{a}') \Rightarrow \vec{h}\vec{b} = \vec{h}\vec{a} \Rightarrow$
$|\vec{h}| \cdot |\vec{b}| \cos\alpha' = |\vec{h}| |\vec{a}| \cos\beta' \Rightarrow |\vec{a}| : |\vec{b}| = \sin\alpha : \sin\beta$.

45) 1) $\vec{b} = \vec{a} + \vec{c} \Rightarrow \vec{b}^2 = \vec{a} \cdot \vec{b} + \vec{c} \cdot \vec{b} = \vec{c}\vec{b}$;
2) $\vec{b} = \vec{p} + \vec{h} \Rightarrow \vec{b} \cdot \vec{c} = \vec{p} \cdot \vec{c}$;
3) folglich ist $\vec{b}^2 = \vec{b}\vec{c} = \vec{p}\vec{c}$ und da $\varphi(\vec{p}, \vec{c}) = 0$ ist, ist $\vec{p} \cdot \vec{c} = |\vec{p}| |\vec{c}|$,
also: $|b|^2 = |\vec{p}| |\vec{c}|$.
Ebenso zeigt man $|\vec{a}|^2 = |\vec{q}| |\vec{c}|$ mit dem einzigen Unterschied, daß
$|\vec{q}| \cdot |\vec{c}| = -\vec{p} \cdot \vec{c}$ ist.

46) $\overrightarrow{A_1 B} = \vec{a} + \vec{b}$, $\overrightarrow{A_2 B} = -\vec{a} + \vec{b}$;
$(\vec{a} + \vec{b})(-\vec{a} + \vec{b}) = -\vec{a}^2 + \vec{b}^2 = 0$ da $|\vec{a}| = |\vec{b}|$.

Zusammenhang von Koordinatengeometrie und Vektorgeometrie

47) 1) $\vec{p}_1 = \begin{pmatrix} s \\ 0 \end{pmatrix}$, $\vec{p}_2 = \begin{pmatrix} 0 \\ t \end{pmatrix}$; $\vec{x} = \begin{pmatrix} x \\ y \end{pmatrix} = \begin{pmatrix} s \\ 0 \end{pmatrix} + \lambda \begin{pmatrix} -s \\ t \end{pmatrix} = \begin{pmatrix} s - \lambda s \\ \lambda t \end{pmatrix}$,

d.h. $x = s - \lambda s$, $y = \lambda t$: $\lambda = \dfrac{y}{t} \Rightarrow x = s - \dfrac{y}{t} \cdot s$ oder $\dfrac{x}{s} + \dfrac{y}{t} = 1$.

2) $\vec{p}_1 = \begin{pmatrix} s \\ 0 \\ 0 \end{pmatrix}$, $\vec{p}_2 = \begin{pmatrix} 0 \\ t \\ 0 \end{pmatrix}$, $\vec{p}_3 = \begin{pmatrix} 0 \\ 0 \\ u \end{pmatrix}$, $\vec{x} = \vec{p}_1 + \lambda(\vec{p}_2 - \vec{p}_1) + \mu(\vec{p}_3 - \vec{p}_1)$.

$$\begin{pmatrix} x \\ y \\ z \end{pmatrix} = \begin{pmatrix} s \\ 0 \\ 0 \end{pmatrix} + \lambda \begin{pmatrix} -s \\ t \\ 0 \end{pmatrix} + \mu \begin{pmatrix} -s \\ 0 \\ u \end{pmatrix};$$

also $\begin{array}{l} x = s - \lambda s - \mu s \\ y = \lambda t, \ \lambda = \dfrac{y}{t} \\ z = \mu u, \ \mu = \dfrac{z}{u} \end{array} \Bigg\} \Rightarrow x = s - \left(\dfrac{y}{t}\right) \cdot s - \left(\dfrac{z}{u}\right) \cdot s$

oder $\dfrac{x}{s} + \dfrac{y}{t} + \dfrac{z}{u} = 1$.

48) 1) $\vec{m} = \begin{pmatrix} x_0 \\ y_0 \end{pmatrix}$; $\vec{x} - \vec{m} = \begin{pmatrix} x - x_0 \\ y - y_0 \end{pmatrix}$ und $(\vec{x} - \vec{m})^2 = r^2$ führt nach

Satz 34 sofort zu

$(x - x_0)^2 + (y - y_0)^2 = r^2$.

2) $\vec{m} = \begin{pmatrix} x_0 \\ y_0 \\ z_0 \end{pmatrix}$ und analog *1)*.

49) $\vec{l} = \vec{q}_1 - \vec{p}_1 = \vec{p} + \lambda \vec{u} - \vec{p}_1 = \vec{p} - \vec{p}_1 + \lambda \vec{u}$.

$\vec{0} = \vec{l} \cdot \vec{u} = (\vec{p} - \vec{p}_1)\vec{u} + \lambda \vec{u}^2$ führt zu $0 = -21 + 14\lambda$, also $\lambda = \tfrac{3}{2}$ und damit

$\vec{l} = \begin{pmatrix} 9 \\ 0 \\ -6 \end{pmatrix} + \tfrac{3}{2} \begin{pmatrix} -1 \\ 3 \\ 2 \end{pmatrix} = \begin{pmatrix} 7,5 \\ 4,5 \\ -3 \end{pmatrix}$ und $\vec{q}_1 = \vec{p}_1 + \vec{l} = \begin{pmatrix} 7,5 \\ 4,5 \\ 3 \end{pmatrix}$.

50) $\lambda = 0$, $\mu = -\tfrac{5}{3} = \lambda'$, $S(\tfrac{10}{3}; -\tfrac{20}{3}; 5)$

51) Jeder Normalenvektor läßt sich auf die Form

$\vec{n} = \nu \begin{pmatrix} 5 \\ 6 \\ 0 \end{pmatrix}$ mit $\nu \neq 0$ bringen, speziell $n_1 = \begin{pmatrix} 5 \\ 6 \\ 0 \end{pmatrix}$ mit $\nu = 1$.

$\alpha = \sphericalangle(g, h): \cos\alpha = \dfrac{2 \cdot 0 + (-2) \cdot 0 + 1 \cdot 1}{3 \cdot 1} = \tfrac{1}{3}; \ \alpha \approx 70°28'$;

$\beta = \sphericalangle(g, E): \cos\beta_1 = \dfrac{5 \cdot 2 + 6 \cdot (-2) + 0 \cdot 1}{\sqrt{61} \cdot \sqrt{9}} = \dfrac{-2}{3 \cdot \sqrt{61}}$;

$\beta_1 \approx 180° - 85°6' = 94°54'$; $\beta \approx 4°54'$

$\gamma = \sphericalangle(h, E): \cos\gamma_1 = \dfrac{5 \cdot 0 + 6 \cdot 0 + 0 \cdot 1}{\sqrt{61} \cdot \sqrt{1}} = 0$; $\gamma_1 = 90°$; $\gamma = 0°$.

h liegt also parallel zu E. Den Richtungsvektor $\vec{t}$ der Geraden h erhält man deshalb auch aus der Parameterdarstellung der Ebene für $\lambda = \tfrac{2}{17}$ und $\mu = \tfrac{1}{17}$.

Systeme linearer Gleichungen

52) Keine Angaben erforderlich.

53) Lösungstripel $(2, 5, -4)$.

54) a) Lösungsquadrupel $(2, 5, -3, -4)$, b) Lösungstripel $(8, 0, -0, 2)$.

55) $G_1 = \tfrac{5}{16} \cdot G_4 - \tfrac{3}{16} \cdot G_3$, $G_2 = \tfrac{11}{8} \cdot G_3 - \tfrac{5}{8} \cdot G_4$

57) $x = 4 + 2\sigma - \tau$, $y = 1 - 0,5\sigma - \tau$, $z = \sigma$, $u = \tau$.

57) *a)* Lösungstripel $(5, 2, 8)$, *b)* unlösbar, da z. B. in der Endform $0 \cdot z = -31$, *c)* Lösungstripel $(5, 3, 1)$.

58) Lösungsquintupel $(4, 7, 3, 9, -1)$.

59) *a)* Lösungstripel $(3, 4, 5)$, *b)* Lösungstripel $(2, 3, 1)$.

60) *a)* Lösungstripel $(5, 4, 3)$, *b)* Lösungstripel $(\frac{1}{2}, \frac{1}{3}, \frac{1}{4})$.

61) Keine weitere Angabe erforderlich.

62) Wenn man x, y, z isoliert, so bleiben nur noch drei linear unabhängige Gleichungen übrig. Wenn man u als freie Variable wählt, hat das Gleichungssystem die Lösungsmenge $L = \{(-3\sigma, -\sigma, 2\sigma, \sigma | \sigma \in \mathbb{R}\}$.
Man überprüft leicht, daß das Lösungsquadrupel $(3, 1, -2, -1)$ die Linearkombination $3 \cdot \vec{a}_1 + 1 \cdot \vec{a}_2 - 2 \cdot \vec{a}_3 - 1 \cdot \vec{a}_4 = \vec{o}$ ergibt, d.h. die Vektoren sind linear abhängig.

63) Man erhält die Lösungsvektoren: $\vec{x}^*$ mit $\sigma = \tau = -1$, $\vec{y}^*$ mit $\sigma = 0$ und $\tau = -1$, $\vec{x}^* + \vec{y}^*$ mit $\sigma = -1$ und $\tau = -2$, $2\vec{x}^* - \vec{y}^*$ mit $\sigma = -2$ und $\tau = -1$.

64) Lösungsmenge: $L = \{(-2\sigma + \tau, -4\sigma + 4\tau, \sigma, \tau) | \sigma, \tau \in \mathbb{R}\}$
Daraus erhält man z. B. $(1, 4, 0, 1)$, $(-2, -4, 1, 0)$ als Basis. Wegen der auftretenden 0 an verschiedener Stelle erkennt man sofort die lineare Unabhängigkeit der beiden Vektoren. Eine andere Basis ist $(-1, 0, 1, 1)$, $(0, 4, 1, 2)$.

65) *a)* Durch Einsetzen folgt: $1 \cdot \vec{a}_1 + 0 \cdot \vec{a}_2 + \cdots + 0 \cdot \vec{a}_n = \vec{0}$. Also muß $\vec{a}_1 = \vec{0}$ sein, d.h. die Variable x_1 tritt im Gleichungssystem nicht explizit auf.
b) Die Überlegung von *a)* kann man analog auf die zweite, dritte, …, m-te Gleichung übertragen. Also ist $\vec{a}_1 = \vec{a}_2 = \cdots = \vec{a}_n = \vec{0}$, d.h. keine der n Variablen tritt explizit auf.

66) Nach Anwendung des Gaußverfahrens erhält man:
$$x \quad\quad -0{,}75z - 0{,}25u = \quad 0{,}25, \quad 0 = 0,$$
$$y \quad -0{,}5 \;\; z - 0{,}5 \;\; u = -0{,}5 \;\;, \quad 0 = 0.$$
Mit den freien Variablen z und u erhält man die Lösungsmenge des inhomogenen Systems:
$$L_i = \{0{,}25 + 0{,}75\sigma + 0{,}25\tau, 0{,}5\sigma + 0{,}5\tau - 0{,}5, \sigma, \tau | \sigma, \tau \in \mathbb{R}\}$$
Ein partikulärer Lösungsvektor ist: $(0{,}25, -0{,}5, 0, 0) = \vec{v}_p$.
Die Lösungsmenge des homogenen Systems ist:
$$L_h = \{0{,}75\sigma + 0{,}25\tau, 0{,}5\sigma + 0{,}5\tau, \sigma, \tau | \sigma, \tau \in \mathbb{R}\}$$
Zwei Basisvektoren von L_h sind z. B.
$\vec{w}_1 = (0{,}25, 0{,}5, 0, 1)$ und $\vec{w}_2 = (0{,}75, 0{,}5, 1, 0)$.
Mit der Summe: $\vec{v}_p + \lambda_1 \vec{w}_1 + \lambda_2 \vec{w}_2 =$
$(0{,}25 + 0{,}25\lambda_1 + 0{,}75\lambda_2, -0{,}5 + 0{,}5\lambda_1 + 0{,}5\lambda_2, \lambda_2, \lambda_1)$,
mit $\lambda_1, \lambda_2 \in \mathbb{R}$, erhält man alle Lösungsvektoren des inhomogenen Systems. Man vergleiche mit L_i, indem man $\lambda_1 = \tau$ und $\lambda_2 = \sigma$ setzt.

67)

	r	d	n		r	d	n
Beispiel 40	4	0	4	Beispiel 45	1	2	3
Beispiel 41	2	2	4	Beispiel 46	2	1	3
Beispiel 43	1	1	2	Aufgabe 56	2	2	4

Systeme linearer Ungleichungen und lineares Optimieren

68) $\sigma = 0$, $\tau = 1$; $\sigma = 1$, $\tau = 5$; $\sigma = 0$, $\tau = 4$; $\sigma = 3$, $\tau = 1$; $\sigma = -2$, $\tau = 2$.

69) Alle fünf Zahlenpaare erfüllen die drei Ungleichungen.

70) $L = \{(1 - \frac{1}{2}\sigma - \frac{1}{2}\tau, \frac{1}{2}\sigma - \frac{1}{2}\tau - 1, \sigma, \tau) \,|\, \sigma, \tau \in \mathbb{R} \,\wedge\, \sigma \geq 0 \wedge \tau \geq 0\}$
   Zahlenpaare: $(1, -1)$, $(0, -1)$, $(\frac{1}{2}, -\frac{3}{2})$, $(\frac{1}{2}, -\frac{1}{2})$.
   Sie erfüllen alle das Ungleichungssystem.

71) $L = \{(1 - \frac{1}{2}\tau - \frac{1}{2}\mu, 1 - \frac{1}{2}\sigma - \frac{1}{2}\mu, 1 - \frac{1}{2}\sigma - \frac{1}{2}\tau) \,|\, \sigma, \tau, \mu \in \mathbb{R} \,\wedge\, \sigma \geq 0 \wedge \tau \geq 0$
   $\wedge \mu \geq 0\}$
   Zahlentripel: $(1, 1, 1)$, $(0, 0, 0)$, $(\frac{1}{2}, 1, \frac{1}{2})$, $(\frac{1}{2}, \frac{1}{2}, 0)$. Sie erfüllen alle das Ungleichungssystem.

72) Wählt man für die vier Ungleichungen in der angegebenen Reihenfolge die Schlupfvariablen u, v, w und s, verwendet man dann zunächst die erste Gleichung zur Elimination von x und danach die zweite Gleichung zur Elimination von y, so nimmt bereits nach dem zweiten Schritt die dritte Gleichung die Form $u + v + 2w = -2$ an. Zu deren Erfüllung müßte mindestens eine der Schlupfvariablen negativ sein, was wegen der Nicht-Negativitätsbedingung nicht erlaubt ist. Also ist das System nicht lösbar.

73) Gesuchtes Ungleichungssystem: $3x - 2y - 6 \leq 0$, $y - 3 \leq 0$, $x + y \geq 0$.
   Das Ungleichungssystem für das offene Dreieck enthält an Stelle der Gleichheits-Ungleichheitszeichen gleichgerichtet Ungleichheitszeichen.

74) $x \geq 0$, $y \geq 0$, $z \geq 0$, $x \leq 5$, $y \leq 3$, $z \leq 2$.

Lineares Optimieren

75) Liefermenge des Steinbruches $S_1 : x_1$ Tonnen, Liefermenge des Steinbruches $S_2 : x_2$ Tonnen.
   Minimierungssystem:
$$Z = 6x_1 + 8x_2 \to \text{Min};$$
$$\left.\begin{array}{r} 0{,}2x_1 + 0{,}1x_2 \geq 1{,}4; \\ 0{,}1x_1 + 0\,1x_2 \geq 1{,}0; \\ 0{,}1x_2 \geq 0{,}3; \\ x_1 \geq 0; \; x_2 \geq 0. \end{array}\right\} \text{oder} \left\{\begin{array}{r} 2x_1 + x_2 \geq 14; \\ x_1 + x_2 \geq 10; \\ x_2 \geq 3; \\ x_1 \geq 0; \; x_2 \geq 0. \end{array}\right.$$

Der zulässige Bereich ist offen und hat folgende Ecken:
$E_1(0; 14)$, $E_2(4; 6)$ und $E_3(7; 3)$. Die Rohmaterialkosten sind minimal, wenn von S_1 7 Tonnen und von S_2 3 Tonnen bezogen werden. Sie betragen dann 66,– DM.

76) Minimierungssystem:
$$Z = 40x_1 + 10x_2 + 30000 \to \text{Min};$$
$$\begin{array}{r} x_1 + x_2 \leq 1500; \\ x_1 \geq 400; \\ 3x_1 + x_2 \geq 3000; \\ x_1 \geq 0; \; x_2 \geq 0. \end{array}$$

Der zulässige Bereich ist ein Dreieck mit den Ecken $E_1(1000; 0)$ $E_2(1500; 0)$ und $E_3(750; 750)$. Die Anschaffungskosten sind minimal, wenn lediglich Teppichboden A und B zu je 750 m² verwendet wird. Sie betragen dann 67500,– DM.

77) Vergleiche die Lösung des Beispiels 62.

78) Vergleiche die Lösung der Aufgabe 75.

79) Vergleiche die Lösung der Aufgabe 76.

80) Man verwende die Abbildung auf S. 333 und überlege sich den Verlauf der Zielgeraden.

81) Vergleiche die Lösung des Beispiels 65.

82) Vergleiche mit den Zwischenwerten des Beispiels 66.

83) Substanz A x_1 kg, Substanz B x_2 kg und Substanz C x_3 kg.

Ansatz: $Z = (14 - 15) \cdot x_1 + (14 - 12) \cdot x_2 + (14 - 10) \cdot x_3 \rightarrow$ Max;
$x_1 \leq 100$, $x_2 \leq 100$, $x_3 \leq 50$, $x_1 \geq 0{,}25 \cdot (x_1 + x_2 + x_3)$;
$x_3 \leq 0{,}50(x_1 + x_2 + x_3)$.

Maximierungssystem in der Normalform:

$$
\begin{aligned}
Z + \quad x_1 - 2x_2 - 4x_3 &= \quad 0; \\
x_1 \qquad\qquad\qquad &\leq 100; \\
x_2 \quad \cdot \qquad\quad &\leq 100; \\
x_3 &\leq \quad 50; \\
- 3\,x_1 + \quad x_2 + \quad x_3 &\leq \quad 0; \\
- \quad x_1 - \quad x_2 + \quad x_3 &\leq \quad 0; \\
x_1 \geq 0, \quad x_2 \geq 0, \quad x_3 \geq \quad 0. &
\end{aligned}
$$

Einführung von 5 Schlupfvariablen im Schema erforderlich!
1. fixierter Koeff. in B_1: Zeile 5, Spalte x_3, Wert = 1 $\rightarrow Z_1 = 0$,
2. fixierter Koeff. in B_2: Zeile 4, Spalte x_2, Wert = 2 $\rightarrow Z_2 = 0$,
3. fixierter Koeff. in B_3: Zeile 3, Spalte x_1, Wert = 2 $\rightarrow Z_3 = 0$,
4. fixierter Koeff. in B_4: Zeile 2, Spalte u_5, Wert = 0,75 $\rightarrow Z_4 = 225$,
letzter Block B_5: $Z_5 = Z_{\text{max}} = 350$;
maximales Wertetripel: $x_1 = 50$, $x_2 = 100$, $x_3 = 50$.
Der Gesamterlös ist maximal, wenn von der Substanz A 50 kg, von der Substanz B 100 kg und von der Substanz C 50 kg verwendet werden. Er beträgt dann 350,— DM.

84) Anzahl der Kälber x_1, Anzahl der Schweine x_2 und Anzahl der Schafe x_3.

Maximierungssystem in der Normalform:

$$
\begin{aligned}
Z - 120x_1 - 160x_2 - 40x_3 &= \quad 0 \qquad (Z \rightarrow \text{Max}); \\
x_1 + \quad x_2 + \quad x_3 &\leq 250; \\
x_1 \qquad\qquad\qquad &\leq 200; \\
x_2 \qquad &\leq 100; \\
x_1 \geq 0, \quad x_2 \geq 0, \quad x_3 \geq 0. &
\end{aligned}
$$

Einführung von 3 Schlupfvariablen erforderlich!
1. fixierter Koeff. in B_1: Zeile 3, Spalte x_2, Wert = 1 $\rightarrow Z_1 = 0$;
2. fixierter Koeff. in B_2: Zeile 1, Spalte x_1, Wert = 1 $\rightarrow Z_2 = 16000$;
letzter Block B_3: $Z_3 = Z_{\text{max}} = 34000$;
maximales Wertetripel: $x_1 = 150$; $x_2 = 100$, $x_3 = 0$.
Die maximale Betriebsnutzung liegt vor, wenn der Bauer 150 Kälber und 100 Schweine, aber keine Schafe hält. Dann beträgt der Gewinn 34000,— DM.

Kapitel IV Stochastik

Zufall, Ereignis und Häufigkeit

Einleitung

Im Jahre 1651 wandte sich Chevalier de Méré, ein Literat am Hofe Ludwigs XIV., an Blaise Pascal (1623–1662) mit einigen Fragen mathematischen Inhalts. Bei Hofe pflegte man neben anderen Zerstreuungen auch das Würfelspiel, und der Chevalier und seine Mitspieler waren darauf angewiesen, der oft hohen Einsätze wegen ihre Gewinnchancen genau einzuschätzen. So wurden etwa Wetten darauf abgeschlossen, mit vier Würfen eines Würfels mindestens eine »Sechs« zu werfen.

▶ *Übung:* Werfen Sie einen Würfel viermal hintereinander und stellen Sie fest, ob mindestens eine »Sechs« dabei war. Führen Sie diesen Versuch 20mal nacheinander durch. Wie oft ging der Versuch positiv aus?

Ein anderes Spiel, auf das damals Wetten abgeschlossen wurden, bestand darin, in 24 Würfen mit jeweils zwei Würfeln mindestens eine »Doppelsechs« (Sechserpasch) zu erzielen. Weil hier sechsmal so viele Würfe wie oben zur Verfügung standen, dafür aber unter den sechs Kombinationen der ersten »Sechs« mit einer zweiten Augenzahl – nämlich

$$(6;1), \ (6;2), \ (6;3), \ (6;4), \ (6;5), \ (6;6) \ -$$

nur die letzte günstig ist, glaubte man, bei diesem Spiel die gleichen Gewinnchancen zu haben wie beim ersten Spiel mit nur einem Würfel.

▶ *Übung:* Werfen Sie zwei Würfel 24mal hintereinander, und stellen Sie fest, ob mindestens eine Doppelsechs dabei war. Führen Sie diesen Versuch 20mal nacheinander durch. Wie oft ging der Versuch positiv aus?

In der Praxis schienen sich die Gewinnchancen für beide Wetten jedoch nicht als gleich zu erweisen. Dies veranlaßte den Chevalier zu folgender Frage an Pascal:

Was ist wahrscheinlicher: Bei 4 Würfen mit einem Würfel mindestens eine »Sechs« zu werfen oder bei 24 Würfen mit zwei Würfeln mindestens eine »Doppelsechs« zu werfen?

Wir wollen die Frage von de Méré durch Überlegung entscheiden und dabei die grundlegenden Begriffe dieses Themenbereichs kennenlernen.

Zufallsversuche und Ergebnismenge

Das Werfen eines gewöhnlichen Spielwürfels ist ein *Zufallsversuch* oder *Zufallsexperiment*. Dieser Versuch besitzt nämlich mehrere mögliche Ergebnisse, und zwar die Augenzahlen

$$1, \ 2, \ 3, \ 4, \ 5, \ 6.$$

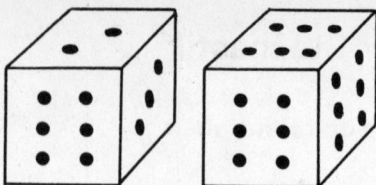

Figur 1

Dagegen ist das Werfen eines Würfels, dessen Seiten alle mit »6« markiert sind, kein Zufallsversuch, sondern ein *deterministisches* (vorherbestimmtes) Experiment.

► *Übung:* Entscheiden Sie, welche der folgenden Versuche Zufallsexperimente sind. Geben Sie die möglichen Ergebnisse zu jedem Versuch an.
a) Werfen einer Münze, b) frühmorgens nach dem Wetter schauen, c) den Kaltwasserhahn aufdrehen, d) die Mitschüler nach ihrer Körpergröße fragen, e) die Gewichtskraft auf eine Kugel der Masse $m = 100$ g an einem bestimmten Ort mit einer Federwaage messen.

Definition 1: Wir fassen alle möglichen Ergebnisse eines Zufallsexperiments in der *Ergebnismenge* Ω zusammen.

Wo dies möglich ist, kann man die Elemente von Ω numerieren:

$$\Omega = \{\omega_1; \omega_2; \omega_3; \ldots\}.$$

Bezüglich des Merkmals »Augenzahl« besitzt das Werfen eines Würfels die Ergebnismenge $\Omega = \{1; 2; 3; 4; 5; 6\}$, und dies scheint auch die einzig natürliche Ergebnismenge zu sein. Die Durchführung eines Zufallsversuchs erzwingt jedoch nicht nur eine einzige mögliche Ergebnismenge. So hat der Zufallsversuch »nächste Bundestagswahl« eine ganz bestimmte Ergebnismenge Ω_1, wenn man nach der Anzahl der Stimmen für die Partei XYZ fragt. Er hat aber eine andere Ergebnismenge Ω_2, wenn man nach dem prozentualen Anteil dieser Partei fragt, denn die Ergebnisse sind jetzt Prozentzahlen und keine natürlichen Zahlen. Schließlich besitzt der Versuch eine weitere Ergebnismenge Ω_3 hinsichtlich der Sitzverteilung im Bundestag. Wir stellen Ω_1, Ω_2 und Ω_3 einander gegenüber:

$\Omega_1 = \{0; 1; 2; 3; \ldots; w\}$, $w =$ Anzahl der Wahlberechtigten
$\Omega_2 = \{x \in \mathbb{R} \,|\, 0 \le x \le 100\}$
$\Omega_3 = \{0; 1; 2; 3; \ldots; 496\}$

► *Übung:* Schreiben Sie auf, welche Elemente jeweils zur Ergebnismenge des Zufallsexperiments »Zweimaliges Werfen eines Spielwürfels« gehören, wenn man sich a) für die *Summe*, b) für das *Produkt* der beiden Augenzahlen interessiert.

Zusammenfassung: Zu jedem Zufallsversuch kann man eine *Ergebnismenge* Ω angeben. Ω ist abhängig von dem *Merkmal*, für das man sich bei dem Versuch interessiert.

Ereignisse

Jemand bietet mir folgendes Spiel an: Für 1 DM Einsatz erhalte ich 2 DM Gewinn, wenn beim Wurf eines Spielwürfels eine Primzahl auftaucht. Jetzt interessieren mich nicht mehr die einzelnen Ergebnisse, sondern die Teilmenge $P = \{2; 3; 5\}$ aller Primzahlen aus Ω. Jedes Ergebnis von P führt zum Gewinn. In diesem Fall sagt man auch, das *Ereignis P* sei eingetreten. Das Ereignis $\bar{P} = \{1; 4; 6\}$ bedeutet Verlust. Wir werden häufig mehrere Ergebnisse aus Ω unter bestimmten Gesichtspunkten zu einer Teilmenge zusammenfassen.

Definition 2: Jede Teilmenge einer Ergebnismenge Ω heißt *Ereignis*.

Beispiel 1: Das Ereignis »gerade Augenzahl« beim Werfen eines Würfels ist die Menge $\{2; 4; 6\}$. Das Ereignis »Pasch« beim Werfen zweier Würfel hat 6 Elemente, nämlich $(1; 1), (2; 2), (3; 3), (4; 4), (5; 5), (6; 6)$.
Es sei G das Ergebnis: »Augenzahl > 6« beim Werfen eines Würfels. Offensichtlich ist $G = \{\}$. Für das Ereignis H: »Augenzahl < 7« beim Werfen eines Würfels gilt $H = \{1; 2; 3; 4; 5; 6\} = \Omega$. Auch die Ergebnisse $\omega_1, ..., \omega_n$ können wir in den von ihnen gebildeten einelementigen Teilmengen $\{\omega_1\}, \{\omega_2\}, ..., \{\omega_n\}$ als Ereignisse deuten. Sie werden gelegentlich als *Elementarereignisse* bezeichnet.
Wie viele verschiedene Ereignisse besitzt ein Zufallsexperiment, dessen Ergebnismenge Ω aus n Elementen besteht?
Die gesuchte Zahl ist aufgrund der Definition gleich der Anzahl $A(n)$ aller Teilmengen einer Menge aus n Elementen.
Wir beweisen den

Satz 1: Für die *Anzahl $A(n)$ aller Teilmengen einer n-elementigen Menge M* gilt:

$$A(n) = 2^n \quad (n \geq 0)$$

Beweis: Für $n = 0$ besitzt M kein Element, also ist $M = \{\}$ und daher $A(0) = 1 = 2^0$ (die leere Menge hat nur sich selbst als Teilmenge). Für $n = 1$ besitzt M ein Element, das wir mit a bezeichnen wollen. $M = \{a\}$, und daher $A(1) = 2 = 2^1$, denn $\{\}$ und $\{a\}$ sind die einzigen Teilmengen von M. Für $n = 0$ und $n = 1$ stimmt daher die zu beweisende Behauptung.

Im folgenden sei M eine Menge mit n Elementen, wobei $n \geq 2$. Wir greifen ein *bestimmtes* Element $a \in M$ heraus. Die restlichen $n - 1$ Elemente ohne a bilden eine Menge M' mit $A(n - 1)$ Teilmengen. Es sei T eine solche Teilmenge. T liefert folgendermaßen *zwei* Teilmengen von M: erstens gehört T selbst auch als Teilmenge zu M, und zweitens erhält man durch Hinzunahme von a zu T eine weitere Teilmenge von M. Dabei kann keine Teilmenge von M durch zwei verschiedene Teilmengen T_1 und T_2 von M' erzeugt werden *(warum?)*, und es wird auch tatsächlich jede Teilmenge von M auf die beschriebene Weise erzeugt *(warum?)*.

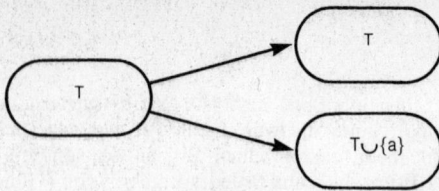

Figur 2   Teilmenge von M' ──────▶ Zwei Teilmengen von M

Daher gilt für alle $n \in \mathbb{N}$, $n \geq 1$

$$A(n) = 2 \cdot A(n-1)$$

In Worten: Die Anzahl aller Teilmengen verdoppelt sich bei Hinzunahme eines weiteren Elements. Daher können wir aus $A(0) = 1$ und $A(1) = 2$ weiter berechnen:

$$A(2) = 2 \cdot A(1) = 2^2, \; A(3) = 2 \cdot A(2) = 2^3, \; A(4) = 2^4, \ldots,$$

und allgemein gilt für $A(n-1) = 2^{n-1}$:
$A(n) = 2 \cdot 2^{n-1} = 2^n$, was zu zeigen war.

▶ *Übung:* Versuchen Sie, die beiden *(Warum?)*-Fragen im vorstehenden Beweis zu beantworten. Veranschaulichen Sie sich den Sachverhalt wenn nötig am Beispiel $M = \{1; 2; 3\}$, $a = 3$, $M' = \{1; 2\}$.

Der diesem Beweis zugrunde liegende Gedanke der »vollständigen Induktion« wird im Kapitel 3 ausführlich dargestellt.

Beispiel 2: Peter und Paul spielen fünf Partien Dame gegeneinander und notieren die Ergebnisse. $(1; 0; 1; 1; 0)$ soll etwa bedeuten, daß Peter das 1., 3. und 4. Spiel, Paul dagegen das 2. und 5. Spiel gewonnen hat.

a) Wieviel verschiedene Möglichkeiten für den Verlauf der 5 Partien gibt es?

b) Wieviel verschiedene Möglichkeiten gibt es für mindestens 4 Erfolge von Peter?

c) Wieviel verschiedene Möglichkeiten gibt es für höchstens 4 Niederlagen von Paul?

Zu a): Jeder Spielverlauf läßt sich umkehrbar eindeutig der Teilmenge derjenigen Spiele zuordnen, die Peter gewonnen hat. Im Beispiel $(1; 0; 1; 1; 0)$ wäre dies die Teilmenge $\{1; 3; 4\}$. Daher gibt es genauso viele verschiedene Spielverläufe, wie es Teilmengen einer Menge von 5 Elementen gibt, nämlich $2^5 = 32$. Die Ergebnismenge Ω dieses Zufallsversuchs besteht daher aus allen 32 Teilmengen von $\{1; 2; 3; 4; 5\}$.

Zu b): Das Ergebnis $E = $»Mindestens 4 Erfolge von Peter« ist die Teilmenge *von* Ω, die alle Teilmengen *von* $\{1; 2; 3; 4; 5\}$ mit mindestens 4 Elementen enthält. Dies sind nur die Mengen $\{1; 2; 3; 4\}$, $\{1; 2; 3; 5\}$, $\{1; 2; 4; 5\}$, $\{1; 3; 4; 5\}$, $\{2; 3; 4; 5\}$ und $\{1; 2; 3; 4; 5\}$. Daher hat das Ergebnis E 6 Elemente.

Zu c): Es sei $F = $»Höchstens 4 Niederlagen von Paul«. Wir suchen die Anzahl der Elemente von F. Dazu müßten wir unter allen 32 Teilmengen von Ω diejenigen auszählen, die höchstens 4 Elemente haben. Dies ist umständlich. Wir betrachten statt dessen das *Gegenereignis* $\bar{F} = \Omega \setminus F$.

Seine Elemente sind leichter zu zählen, denn es ist doch $\bar{F} = $»Mindestens fünf Niederlagen von Paul«. Da wir nur fünf Spiele haben, besteht F aus genau einem Element, nämlich der zu $(1;1;1;1;1)$ gehörigen Teilmenge $\{1;2;3;4;5\}$. Somit ist die Anzahl der Elemente von F gleich $32 - 1 = 31$.

Das in $c)$ verwendete Motiv taucht häufig auf, wenn sich die Anzahl der Elemente in einem Ereignis E schlecht zählen läßt. Man geht zum Gegenereignis $\bar{E}$ über, bestimmt dessen Elementezahl und subtrahiert diese von der Anzahl der Elemente in Ω.

Definition 3: Es sei E ein Ereignis aus Ω. Dann heißt das Ereignis
$\bar{E} = \Omega \setminus E$
Gegenereignis von E.

► *Übung: a)* Es sei $\bar{E}$ das Gegenereignis von E. Wie heißt das Gegenereignis von $\bar{E}$?
b) Begründen Sie, daß $\bar{\Omega} = \{\,\}$ und $\bar{\{\,\}} = \Omega$.

Das Ereignisse nichts weiter sind als Teilmengen einer Ergebnismenge Ω, sind die bekannten Verknüpfungen von Mengen, wie etwa Vereinigung und Durchschnitt, auch hier sinnvoll und liefern neue Ereignisse. Wir heben besonders $\{\,\}$ als *unmögliches* Ereignis sowie Ω als *sicheres* Ereignis hervor.
Beispiel 3: Wir werfen einen Spielwürfel zweimal hintereinander. Die möglichen Ergebnisse können wir als Paare von Zahlen der Menge $\{1;2;3;4;5;6\}$ notieren. So bedeutet etwa $(5;3)$, daß im ersten Wurf 5 und im zweiten Wurf 3 erschienen ist. Insgesamt gibt es 36 mögliche Ergebnisse; Ω besitzt daher 36 Elemente der Form $(m;n)$ mit $m,n \in \mathbb{N}$ und $1 \le m, n \le 6$.
Wir betrachten nun folgende Ereignisse:
$A : = $»Die erste Augenzahl ist gerade.«
$B : = $»Die erste Augenzahl ist eine Primzahl.«
$C : = $»Die zweite Augenzahl ist größer als 3.«
$D : = $»Die zweite Augenzahl ist nicht kleiner als die erste Augenzahl.«
$E : = $»Die Summe der Augenzahlen ist 7.«
$F : = $»Das Produkt der Augenzahlen ist eine Quadratzahl.«
A enthält 18 Elemente, nämlich $(2;1), (4;1), (6;1), (2;2), (4;2), \ldots, (4;6), (6;6)$.
B enthält ebenfalls 18 Elemente (welche?).
► *Übung:* Schreiben Sie die Elemente von C und D auf. Kontrolle: C besitzt 18, D besitzt 21 Elemente.

Die Ergebnisse E und F geben wir in aufzählender Form an:
$E = \{(1;6), (2;5), (3;4), (4;3), (5;2), (6;1)\},$
$F = \{(1;1), (2;2), (3;3), (4;4), (5;5), (6;6), (1;4), (4;1)\}.$
Was versteht man unter dem Ereignis $A \cap E$? Offenbar gehören dazu alle Ergebnisse, die in der Schnittmenge von A und E, also *sowohl* in A *als auch* in E liegen. Dies sind $(2;5), (4;3)$ und $(6;1)$. Für diese Paare gilt: Die erste Augenzahl ist gerade, *und* die Summe der Augenzahlen ist 7.
Analog erhält man das Ereignis $E \cup F$, zu dem alle Paare gehören, deren Summe gleich 7 *oder* deren Produkt eine Quadratzahl ist. Es ist

$E \cup F = \{(1;1), (1;4), (1;6), (2;2), (2;5), (3;3), (3;4)$

$\qquad\quad (4;1), (4;3), (4;4), (5;2), (5;5), (6;1), (6;6)\}$

▶ *Übung:* a) Bestimmen Sie die Ereignisse $B \cap C$, $D \cup (E \cap F)$, $\bar{C}$, $\bar{A} \cap \bar{D}$, $F \setminus A$.

b) Entscheiden Sie, ob folgende Aussagen richtig sind:
$F \subset D$, $E \subset \bar{F}$, $(A \cap C) \nsubseteq (B \cap D)$, $(\bar{B} \setminus A) \cap D = \bar{B} \setminus A$.

Kontrolle: Bei a) haben die Mengen (in anderer Reihenfolge) die Elementezahl 4, 6, 9, 18, 21; bei b) muß dreimal »ja« und einmal »nein« gesagt werden.

Relative Häufigkeiten

Kehren wir noch einmal zu dem Werfen eines Würfels zurück. Wenn jemand beim »Mensch ärgere dich nicht« auf eine »Sechs« wartet, macht er schmerzhaft die (nicht nur subjektiv durch die Wartesituation bedingte) Erfahrung, daß das Ereignis »Sechs« sehr viel seltener eintritt als sein Gegenereignis »keine Sechs«. Die folgende Tabelle zeigt das Würfelprotokoll eines Spielers beim »Mensch ärgere dich nicht«.

56315 21451 15253 65236 62635 63314 51224 35145 31164 63464 31154 54363

Durch Auszählen kann man angeben, wie oft die einzelnen Ergebnisse eintreffen. Die Tabelle zeigt das Resultat:

Ergebnis	1	2	3	4	5	6
Anzahl	11	6	12	9	12	10

Die Anzahlen in der Tabelle nennen wir auch *absolute Häufigkeiten*. Bei der hier protokollierten Würfelfolge trat »Sechs« mit der absoluten Häufigkeit 10 auf.

▶ *Übung:* Welches sind in unserem Beispiel die absoluten Häufigkeiten der Ereignisse: »Zwei«, »Drei oder Fünf«, »(Gerade Zahl) und (nicht Quadratzahl)«, »Nicht größer als Drei und nicht kleiner als Zwei«?

An einem regnerischen Nachmittag spielen Peter und Paul 7 Partien, Max und Moritz dagegen 13 Partien »Mensch ärgere dich nicht«. Paul gewinnt 4, Moritz 7 Partien. Wer ist erfolgreicher?

Die *absoluten* Häufigkeiten 4 und 7 sprechen für Moritz. Allerdings müssen wir sie mit der *Gesamtzahl* der jeweils gespielten Partien vergleichen. So hat Paul den Anteil $\frac{4}{7}$ aller Partien, Moritz dagegen $\frac{7}{13}$ seiner Partien gewonnen. Wegen $\frac{4}{7} \approx 0{,}571$ und $\frac{7}{13} \approx 0{,}538$ ist Paul erfolgreicher, denn er hat *relativ* besser abgeschnitten.

Wir werden daher Häufigkeiten von Ereignissen stets auf die Gesamtzahl der Versuche beziehen. Dies führt zu folgender

Definition 4: Unter insgesamt n Versuchen werde ein Ereignis A genau a-mal gezählt. Dann heißt

$\qquad h_a = a$ *absolute* Häufigkeit   und

$\qquad h_r = \frac{a}{n}$ *relative* Häufigkeit von A.

Relative Häufigkeiten werden oft auch in Prozent angegeben. Die Erfolgsquote von Paul betrug daher etwa 57% gegenüber 54% von Moritz.

Beispiel 4: Die folgende Tabelle gibt für 1979 die Eheschließungen in Frankfurt am Main nach Monaten aufgeschlüsselt wieder:

Monat	Jan.	Feb.	März	April	Mai	Juni	Juli	Aug.	Sept.	Okt.	Nov.	Dez.	Insgesamt
h_a	138	184	290	262	365	338	303	341	313	291	282	289	3396
h_r (in %)	4,1	5,4	8,5	7,7	10,7	10,0	8,9	10,0	9,2	8,6	8,3	8,5	100,0

Wir stellen einige wichtige Eigenschaften relativer Häufigkeiten zusammen: Mit $h_r(A)$ bezeichnen wir die relative Häufigkeit des Ereignisses A.

$$0 \le h_r(A) \le 1 \quad \text{für alle } A \subset \Omega \tag{1}$$

$$\Omega = \{\omega_1; \omega_2; \omega_3; \ldots; \omega_k\} \Rightarrow h_r(\omega_1) + h_r(\omega_2) + \cdots + h_r(\omega_k) = 1 \tag{2}$$

$$h_r(A) = h_r(\omega_1) + h_r(\omega_2) + \cdots + h_r(\omega_m), \quad \text{wenn } A = \{\omega_1; \ldots; \omega_m\} \tag{3}$$

(1) besagt, daß relative Häufigkeiten *nicht negativ* und *nicht größer als 1* sind. Dies folgt daraus, daß jede absolute Häufigkeit h_a kleiner ist als die Gesamtzahl aller Versuche.

(2) besagt, daß die *Summe* der relativen Häufigkeiten aller Elementarereignisse bei einer Versuchsreihe *stets* 1 beträgt. Dies folgt daraus, daß die Summe der absoluten Häufigkeiten gleich der Gesamtzahl aller Versuche ist.

(3) besagt, daß die relative Häufigkeit eines *Ergebnisses* gleich der Summe der relativen Häufigkeiten der *zum Ergebnis gehörenden Ereignisse* ist. Dies folgt daraus, daß die absolute Häufigkeit von A gleich der Summe

$h_a(\omega_1) + h_a(\omega_2) + \cdots + h_a(\omega_m)$ ist.

Wenn wir die Summe der relativen Häufigkeiten im Beispiel oben bilden, erhalten wir nicht 100%, sondern 99,9%. Dies liegt an der Häufung von *Rundungsfehlern*.

▶ *Übung:* Welcher Anteil (= relative Häufigkeit) der Eheschließungen in dem obigen Beispiel entfiel auf das Frühjahr?

Beispiel 5: Ein Imker schätzt die Stärke seines Bienenvolkes folgendermaßen: Er markiert 525 Arbeiterinnen und fängt nach einiger Zeit (gute Durchmischung) 600 wieder ein. Darunter findet er 15 markierte Bienen. Aus wieviel Arbeiterinnen wird sein Volk etwa bestehen?

Er kann nach guter Durchmischung davon ausgehen, daß die relative Häufigkeit $h_r = \frac{15}{600} = \frac{1}{40}$ auch etwa den Anteil der markierten Bienen an der Gesamtzahl n wiedergibt. Also gilt $\frac{1}{40} = \frac{525}{n}$, $n = 21\,000$. Daher wird sein Volk aus etwa 21 000 Bienen bestehen.

Relative Häufigkeiten lassen sich anschaulich durch *Kreis-* oder *Blockdiagramme* darstellen. Im folgenden Beispiel trägt die Ordinate des Blockdiagramms zwei Skalen: für die relative und für die absolute Häufigkeit.

Beispiel 6: Von dem gesamten jährlichen Stromverbrauch einer Stadt entfallen auf Haushalte und Kleinbetriebe 1098 MWh, auf Industrie und Großverbrauch 1362 MWh sowie auf die Straßenbahn und Straßenbeleuchtung 111 MWh. Die Figur 3 zeigt die Darstellung dieser Werte im Blockdiagramm und daneben im Kreisdiagramm.

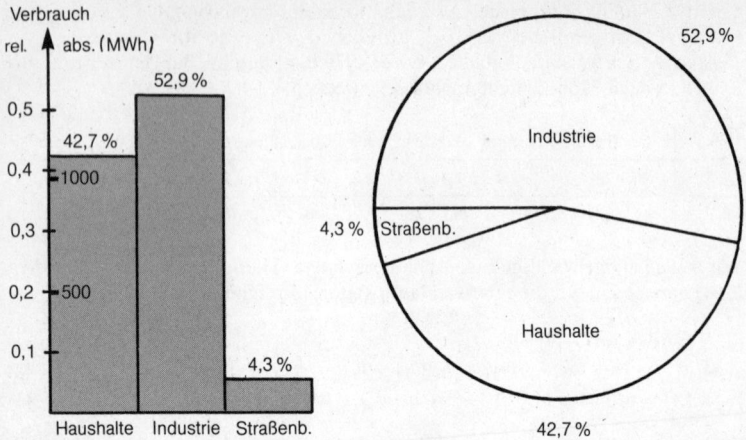

Figur 3

Aufgaben

1) Schreiben Sie alle Ergebnisse auf, die beim Werfen zweier Würfel auftreten können. Verwenden Sie z. B. die Schreibweise (1; 5) für das Ergebnis »erster Würfel zeigt 1 und zweiter Würfel zeigt 5«.

2) Wie viele Möglichkeiten gibt es, beim Werfen zweier Würfel
   a) einen Pasch (gleiche Augenzahl)
   b) mindestens eine »Eins«
   c) keine »Vier«
   unter den Augenzahlen zu haben?

3) Bei einem Würfelspiel werfen zwei Spieler abwechselnd zwei Würfel und addieren die Augenzahlen. Das Ergebnis (2; 5) würde so die Augensumme 7 liefern. Spieler *A* würfelt (3; 5). Spieler *B* hat gewonnen, wenn seine Augensumme höher ist als die von Spieler *A*. Wie viele Ergebnisse führen zum Erfolg von *B*?

4) Geben Sie die Ergebnismenge des Versuchs »Ziehen einer Karte aus einem Spiel mit 32 Blatt« bezüglich des Merkmals
   a) Wert, *b)* Farbe an.

5) a) Welche möglichen Ergebnisse hat der Versuch »Werfen zweier verschiedener Münzen«? Die Seiten jeder der Münzen sollen mit »Wappen« bzw. »Zahl« bezeichnet sein.
   b) Welche möglichen Ergebnisse hat derselbe Zufallsversuch hinsichtlich des Merkmals »Anzahl der Wappen«?

6) Wie viele Ereignisse lassen sich aus $\Omega = \{$Suppe, Fisch, Pudding$\}$ bilden? Schreiben Sie die Ereignisse auf.

7) Es sei Ω die Menge aller Augensummen, die beim gleichzeitigen Werfen dreier Würfel auftreten können. Aus welchen Elementen besteht das Ereignis »ungerade Augensumme«?

8) In einer Urne liegen 100 gleichartige Kugeln, die von 0 bis 99 numeriert sind. Eine Kugel wird zufällig gezogen und ihre Nummer notiert.
  a) Wie viele Elemente enthält der Ergebnisraum Ω?
  b) Wie viele Elemente enthalten die folgenden Ereignisse:
  $A:$ ω ist Quadratzahl,
  $B:$ ω ist durch 5 teilbar,
  $C:$ die Einerziffer von ω ist ungerade,
  $D:$ die Summe der Ziffern von ω ist größer als 15.

9) A, B, C, D seien die in Aufgabe 8 definierten Ereignisse. Wie viele Elemente hat das Ereignis
  a) $\bar{A}$, *b)* $C \cup D$, *c)* $A \cap B$, *d)* $\bar{C} \cap (A \cup D)$?

10) Bei dem Glücksspiel »Schere–Stein–Papier« zeigen zwei Spieler gleichzeitig mit einer Hand einen der drei Begriffe. Die Gewinnregel »Schere schneidet Papier, Papier wickelt Stein ein, Stein zerschlägt Schere« ordnet jedes Ergebnis (Hand des 1. Spielers; Hand des 2. Spielers) einem der Ereignisse $A:$ »1. Spieler gewinnt«, $B:$ »2. Spieler gewinnt«, $C:$ »unentschieden« zu. Geben Sie die Elemente der Ereignisse A, B und C an.

11) Bei der letzten Mathematikarbeit ergab sich folgender Notenspiegel:

Note	1	2	3	4	5	6
Schüler	3	5	9	8	4	1

Bestimmen Sie die relativen Häufigkeiten h_r der Notenstufen in ganzen Prozentzahlen.

12) Ein dezimales Laplace-Rad (vgl. Fig. 7) lieferte 144 Zufallsziffern z mit folgenden absoluten Häufigkeiten:

z	0	1	2	3	4	5	6	7	8	9
$h_a(z)$	14	18	8	18	17	13	10	14	20	12

Berechnen Sie die relativen Häufigkeiten folgender Ereignisse:
  a) $z < 3$, *b)* $4 \le z \le 7$, *c)* $z > 7$, *d)* z ist durch 3 teilbar.

13) Beweisen Sie, daß für beliebige Ereignisse $A \subset \Omega$, $B \subset \Omega$ gilt:
  $h_r(A \cup B) = h_r(A) + h_r(B) - h_r(A \cap B)$.

14) Eine Umfrage unter 2400 Abiturienten hat ergeben, daß 127 von ihnen Physik, 189 Chemie und 352 Biologie studieren wollen. Wie viele Studienplätze sind in diesen Fächern bereitzustellen, wenn mit insgesamt 72000 Abiturienten zu rechnen ist?

15) Stellen Sie die relativen Häufigkeiten aus Aufgabe 11 durch ein Kreis- und ein Blockdiagramm dar.

Wahrscheinlichkeiten

Die *Geburt eines Kindes* ist hinsichtlich seines Geschlechts ein *Zufallsversuch*. In der nachfolgenden Tabelle ist für den Zeitraum 1972–1979 das Geschlecht der in Frankfurt am Main lebend geborenen Kinder angegeben.

Jahr	1972	1973	1974	1975	1976	1977	1978	1979
männlich	3126	2829	2864	2805	2752	2743	2666	2722
weiblich	2903	2602	2636	2610	2599	2615	2607	2570

Für jedes Jahr erkennt man einen leichten Knabenüberschuß. Die relativen Knabenhäufigkeiten sind für jedes Jahr in der nachfolgenden Figur 4 angegeben und durch eine Linie verbunden.

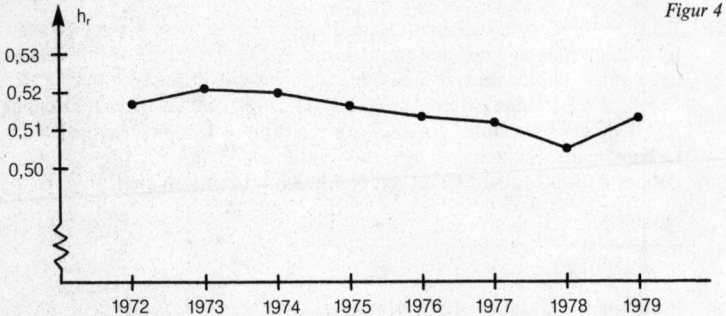

Figur 4

Auch für die folgenden Jahre ist mit Zufallsschwankungen zu rechnen; es ist keinesfalls ausgeschlossen, daß einzelne Zacken auch einmal unter 0,5 oder gar über 0,55 ragen können. Wir wollen in einem zweiten Bild (Figur 5) die relative Häufigkeit für Knabengeburten *kumulativ* verfolgen, d.h. wir zählen die Geburten nach dem Jahr 1972 immer weiter zusammen, so daß schließlich der unten eingetragene Wert für 1979 auf dem gesamten Zeitraum 1972–1979 beruht. Die alten Werte aus der oberen Figur sind zum Vergleich als Punkte neben der neuen durchzogenen Linie eingezeichnet.

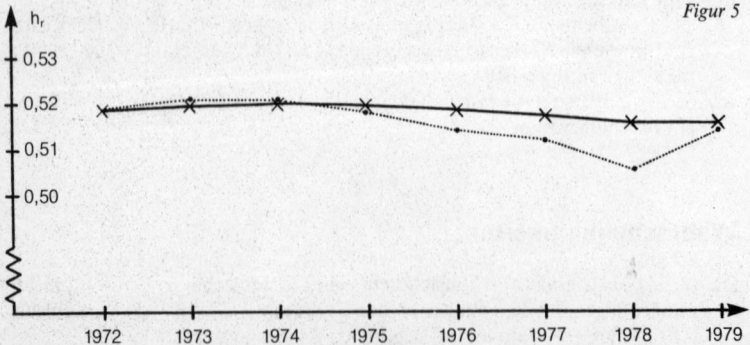

Figur 5

Beim Vergleich beider Figuren fällt uns auf, daß die kumulierte Häufigkeit von den Schwankungen der relativen Jahreshäufigkeit mit zunehmender Jahreszahl *immer schwächer* beeinflußt wird. Dies sieht man besonders in den Jahren 1978 und 1979.

Wir können uns diesen Sachverhalt plausibel machen, indem wir bedenken, daß bei sehr vielen beobachteten Geburten mögliche Schwankungen, die sich nur auf 5000 Geburten stützen, am Gesamtbild nicht viel ändern können. Je mehr Ereignisse man schon berücksichtigt hat, desto weniger wirken sich neu beobachtete Ergebnisse aus. Letzten Endes scheinen die relativen Häufigkeiten für hinreichend lange Beobachtungsreihen gegen einen festen Wert zu streben.

Wir formulieren diese bei allen oft wiederholten identischen Zufallsversuchen beobachtete Tatsache allgemein als

---

Empirisches Gesetz der großen Zahl:
Jedem Ergebnis ω eines Zufallsversuchs läßt sich eine Zahl p zuordnen, so daß der Unterschied $\left| h_r(\omega) - p \right|$ *fast immer beliebig klein* wird, wenn man den Zufallsversuch nur *hinreichend oft* wiederholt.

Diese Zahl p ist die beste Vorhersage für $h_r(\omega)$. Wir bezeichnen sie in der folgenden

Definition 1: Die Zahl p heißt *Wahrscheinlichkeit* von ω. Wir schreiben auch $p = P(\omega)$.

Bei manchen Zufallsversuchen kann man den Wert von p nur näherungsweise durch das *Experiment* bestimmen. Dies gilt z. B. für die Wahrscheinlichkeit einer Knabengeburt oder die Wahrscheinlichkeit, mit der ein Reißnagel auf seine flache Seite fällt.

▶ *Übung:* Werfen Sie einen Reißnagel 100mal auf eine harte Unterlage und bestimmen Sie die relative Häufigkeit des Ereignisses ⟟ als Schätzwert für $p(⟟)$.

Häufig läßt sich die Wahrscheinlichkeit eines Ergebnisses jedoch aus *physikalischen* oder *geometrischen* Eigenschaften des Zufallsgeräts angeben. Dazu einige wichtige *Beispiele:*

1) Ein *Münzenwurf* besitzt zwei mögliche Ergebnisse, $\Omega = \{\text{Kopf}; \text{Zahl}\}$. Identifizieren wir »Zahl« mit 1 und »Kopf« bzw. »Wappen« mit 0, so erhalten wir $\Omega = \{0; 1\}$. Wenn das Material der Münze homogen und ihre Form symmetrisch ist, wollen wir von einer *guten* bzw. *fairen* Münze sprechen. In diesem Fall gilt offensichtlich $P(1) = \frac{1}{2}$, $P(0) = \frac{1}{2}$, da wir nicht erwarten, daß eine Seite einer fairen Münze bevorzugt nach oben fällt. Eine solche Münze kann auch durch das in Figur 6a abgebildete *Glücksrad* ersetzt werden, dessen Pfeil nach Drehung mit jeweils der Wahrscheinlichkeit $\frac{1}{2}$ das Ergebnis 0 oder 1 liefert.

2) Die Ergebnismenge eines *Würfels* ist $\Omega = \{1; 2; 3; 4; 5; 6\}$. Bei einem fairen Würfel ist das Auftreten jeder der 6 Seiten aus Symmetriegründen gleichwahrscheinlich. Daher gilt $P(1) = P(2) = P(3) = P(4) = P(5) = P(6) = \frac{1}{6}$. Das in Figur 6b abgebildete Glücksrad simuliert einen fairen Würfel.

3) Das in Figur 6c dargestellte Glücksrad besitzt zwei Ergebnisse 0 und 1. Der mit 0 bezeichnete Sektor hat den Innenwinkel 120°. Dann ist der andere Sektor doppelt so groß und es gilt $P(1) = \frac{2}{3}$, $P(0) = \frac{1}{3}$.

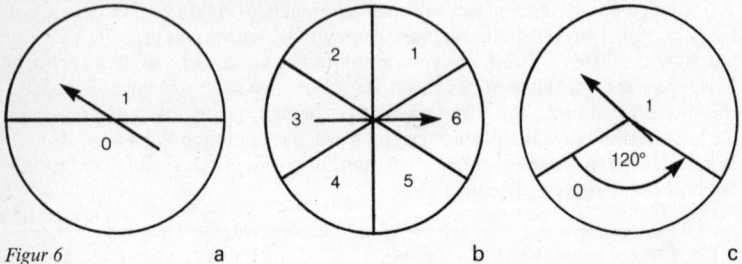

Figur 6   a   b   c

4) Ein Skatspieler nimmt sein Blatt auf. Mit welcher Wahrscheinlichkeit ist die erste Karte ein Bube? Wenn der Geber gut gemischt hat, besitzt jede der 32 Karten die gleiche Wahrscheinlichkeit, als erste auf einem Stapel zu liegen. Ein bestimmter, etwa der Kreuzbube, liegt daher mit der Wahrscheinlichkeit $\frac{1}{32}$ an einer bestimmten Stelle. Das Ereignis »Bube« besteht allerdings aus 4 Ergebnissen (Kreuz, Pik, Herz, Karo) und besitzt daher die Wahrscheinlichkeit $\frac{4}{32} = \frac{1}{8}$.

Zufallsgeräte wie Münzen, Würfel, Glücksräder sind von Natur aus mit physikalischen und geometrischen Eigenschaften wie Masse, Oberfläche, Schwerpunkt u. a. ausgestattet. Nicht anders verhält es sich mit der Eigenschaft: »Wahrscheinlichkeit eines bestimmten Ereignisses«, die dem Zufallsgerät ebenso wie die anderen Eigenschaften innewohnt.

Genauso wie der ideale homogene Würfel von der Dichte ϱ und der Kantenlänge l das Volumen $V = l^3$ und die Masse $m = \varrho \cdot V$ besitzt, so besitzt bei seiner Verwendung als Zufallsgerät jede Seitenfläche die Wahrscheinlichkeit $\frac{1}{6}$, oben zu liegen.

Auch Zufallsexperimente ohne physikalische Zufallsgeräte, wie Befragungen, Wahlen, Gedankenversuche besitzen ihnen von Natur aus innewohnende Wahrscheinlichkeiten.

Eine besondere Rolle spielen Zufallsversuche, bei denen *alle Ergebnisse gleichwahrscheinlich* sind. Diese hatten wir in den Beispielen *1)*, *2)* und *4)* kennengelernt. Wir geben solchen Zufallsversuchen einen besonderen Namen.

Definition 2: Ein Zufallsversuch, bei dem alle Ergebnisse die gleiche Wahrscheinlichkeit haben, heißt *Laplace-Versuch* (P.S. de Laplace, 1749–1827). Bei einem Laplace-Versuch mit n möglichen Ergebnissen hat jedes Ergebnis die Wahrscheinlichkeit $\frac{1}{n}$.

Beispiel 5: In dem Glücksrad der nebenstehenden Figur 7 hat jede der 10 Ziffern die gleiche Wahrscheinlichkeit $\frac{1}{10}$, wir sprechen daher von einem *Laplace-Rad*. Jede Drehung des Glücksrades liefert daher eine *Zufallsziffer*. Die Wahrscheinlichkeit, daß eine Zufallsziffer gerade ist, beträgt $\frac{1}{2}$, da es 5 gerade und 5 ungerade Ziffern gibt.

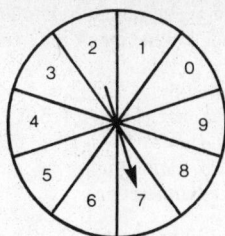

Figur 7

► *Übung:* Mit welcher Wahrscheinlichkeit ist eine mit dem Glücksrad der Figur 7 erzeugte Zufallsziffer

a) durch 3 teilbar, *b)* durch 4 teilbar, *c)* eine Primzahl?

Wir fassen die bisherigen Kenntnisse über Wahrscheinlichkeiten zusammen: Es sei Ω eine endliche Ergebnismenge, $\Omega = \{\omega_1; \omega_2; \ldots; \omega_n\}$. Man kann nun jedem $\omega_i \in \Omega$ eine *Wahrscheinlichkeit* $p_i = P(\omega_i)$ zuordnen, wobei man in Anlehnung an die Eigenschaften relativer Häufigkeiten nur beachten muß, daß

(1) $p_i \geq 0$ für alle $i, 1 \leq i \leq n$,

(2) $p_1 + p_2 + \cdots + p_n = 1$.

Wir betrachten eine Situation, in der sich die Auswahl der Wahrscheinlichkeiten p_i unmittelbar aus der gegebenen Information ergibt.

Beispiel 6: Von insgesamt 819 000 ausländischen Gästen, die 1979 in Frankfurt am Main ankamen, stammten 279 000 aus Europa, 217 000 aus Nordamerika, 57 000 aus Süd- und Mittelamerika, 63 000 aus Japan und der Rest aus dem sonstigen Ausland. Mit welcher Wahrscheinlichkeit kam ein zufällig an einem Tag des Jahres 1979 im Verkehrsbüro eintreffender Gast aus Japan?

Durch die Angaben ist jedem Herkunftsbereich H eine Wahrscheinlichkeit $P(H)$ zugeordnet. Da wir die Information über alle ausländischen Gäste besitzen, können wir $P(H) = h_r(H)$ setzen. Dann sind die Bedingungen *(1)* und *(2)* sicher erfüllt. Die folgende Wertetafel zeigt zu jedem Herkunftsbereich die Wahrscheinlichkeit, z. B. ist für Europa (E) die Wahrscheinlichkeit $P(E) = \frac{279\,000}{819\,000} = \frac{31}{91}$.

Ergebnis	E	NA	SA	J	R
Wahrscheinlichkeit	$\frac{31}{91}$	$\frac{31}{117}$	$\frac{19}{273}$	$\frac{1}{13}$	$\frac{29}{117}$

Die Wahrscheinlichkeit $P(J)$, daß der nächste eintreffende Gast aus Japan kommt, beträgt daher $\frac{1}{13}$.

Wir können uns die Wertetafel von einer *Funktion* gesteuert denken, welche bestimmt, wie sich die Wahrscheinlichkeiten auf die Elemente von Ω verteilen.

Definition 3: Eine Funktion $P: \Omega \to \mathbb{R}$, die jedem Ergebnis $\omega \in \Omega$ eine Wahrscheinlichkeit $P(\omega)$ zuordnet, heißt *Wahrscheinlichkeitsverteilung* oder *Wahrscheinlichkeitsfunktion*.

Da P nur die Eigenschaften *(1)* und *(2)* haben muß, gibt es verschiedene mögliche Wahrscheinlichkeitsverteilungen für eine Ergebnismenge. Darauf kommen wir weiter unten zurück.

Wir wollen uns zunächst überlegen, ob die Eigenschaften von P auch dazu taugen, einem *Ereignis*, d.h. einer Teilmenge $A \subset \Omega$ eine Wahrscheinlichkeit $P(A)$ zuzuordnen.

Betrachten wir etwa im Beispiel 6 das Ereignis $A = $ »Der nächste Gast kommt aus Amerika«. Offensichtlich ist $A = \{NA; SA\}$. Aus der Gesamtzahl der Gäste entnimmt man, daß $P(A) = \frac{217000 + 57000}{819000} = \frac{274}{819}$. Man sieht aber auch, daß $P(A) = P(NA) + P(SA)$. Man kann analog zu diesem Beispiel Wahrscheinlichkeiten von Ereignissen so definieren:

Definition 4: Es sei P eine Wahrscheinlichkeitsfunktion auf einer Ergebnismenge Ω. Dann gilt für jedes $A \subset \Omega$:
$$A = \{\omega_1; \omega_2; \ldots; \omega_k\} \Rightarrow P(A) = P(\omega_1) + P(\omega_2) + \cdots + P(\omega_k).$$

Definition 5: Ein Paar $(\Omega; P)$, bestehend aus einer Ergebnismenge Ω und einer Wahrscheinlichkeitsverteilung P auf Ω, heißt *Wahrscheinlichkeitsraum*.

Durch die Definition 4 ist jedem Element der Potenzmenge von Ω eine Wahrscheinlichkeit zugeordnet. Solange Ω eine endliche oder abzählbar unendliche Menge ist, reicht diese Grundlage aus. Erst für stetige Wahrscheinlichkeitsräume muß man Wahrscheinlichkeiten anders definieren. Dies ist z.B. durch den Mathematiker A.N. Kolmogorow (*1903) geschehen. Aus seinem Axiomensystem, auf das wir hier nicht eingehen können, hat sich eine umfassende Theorie der Wahrscheinlichkeitsrechnung entwickelt.

Aus der Definition 4 ergeben sich grundlegende Eigenschaften für Wahrscheinlichkeiten von Ereignissen. Aus *(1)* folgt unmittelbar

Satz 1: $P(A) \geq 0$ für alle $A \subset \Omega$.

Ebenso direkt folgt aus *(2)*

Satz 2: $P(\Omega) = 1$.

Indem man die Elemente zweier disjunkter Teilmengen zusammenfaßt, ergibt sich

Satz 3: $A \cap B = \{\} \Rightarrow P(A \cup B) = P(A) + P(B)$.

Aus diesen Eigenschaften lassen sich weitere folgern. Wir formulieren

Satz 4:   Für alle $A \subset \Omega$ gilt $P(A) + P(\bar{A}) = 1$.

Dieser Satz erinnert uns an die entsprechende Eigenschaft der relativen Häufigkeiten von Ereignis A und Gegenereignis $\bar{A}$.

Beweis: Es gilt $A \cap \bar{A} = \{\}$. Dann folgt aus Satz 3
$P(A \cup \bar{A}) = P(A) + P(\bar{A})$. Andererseits ist $A \cup \bar{A} = \Omega$, und so gilt
$P(A \cup \bar{A}) = P(\Omega) = P(A) + P(\bar{A})$, wzzw.

▶ *Übung:* Beweisen Sie, daß $P(\{\}) = 0$.
Hinweis: Wählen Sie in Satz 1 für A speziell $\{\}$, bestimmen Sie in diesem Fall $\bar{A}$ und verwenden Sie Satz 2.

Diese und alle weiteren beweisbaren Sätze liefern jedoch niemals eine Aussage darüber, *welche* Wahrscheinlichkeitsfunktion einem gewissen Zufallsversuch zugrunde liegt. So gibt es z. B. folgende Wahrscheinlichkeitsverteilungen für einen Würfel:

A	1	2	3	4	5	6
$P_1(A)$	$\frac{1}{6}$	$\frac{1}{6}$	$\frac{1}{6}$	$\frac{1}{6}$	$\frac{1}{6}$	$\frac{1}{6}$
$P_2(A)$	$\frac{3}{20}$	$\frac{3}{20}$	$\frac{1}{5}$	$\frac{1}{5}$	$\frac{3}{20}$	$\frac{3}{20}$
$P_3(A)$	0	0	0	0	0	1

P_1 ist die Laplace-Verteilung; ein Würfel mit P_2 ist leicht unsymmetrisch, während ein Würfel, dessen Seiten alle mit »Sechs« markiert sind, P_3 liefert. Für P_1, P_2, P_3 gelten jeweils die Eigenschaften der Wahrscheinlichkeitsfunktion, und ob ein bestimmter Würfel z. B. durch P_1 oder P_2 gesteuert wird, kann möglicherweise das Experiment, nicht aber eine mathematische Theorie entscheiden. Die Definition von P ist in dieser Hinsicht bewußt *unvollständig*.

Bei Laplace-Versuchen ist es leicht, die Wahrscheinlichkeit für ein Ereignis A zu berechnen. Sei $\Omega = \{\omega_1; \ldots; \omega_n\}$ und P die zugehörige Laplace-Verteilung (sie heißt auch *Gleichverteilung*). Dann ist $P(\{\omega_i\}) = P(\omega_i) = \frac{1}{n}$, $i = 1, 2, \ldots, n$. Das Ereignis A möge genau die Ergebnisse $\omega_1, \ldots, w_k$ enthalten. Dann gilt nach Definition 4, daß $P(A) = P(\omega_1) + P(\omega_2) + \cdots + P(\omega_k) = k \cdot \frac{1}{n} = \frac{k}{n}$. Wenn wir das Eintreffen eines der Ergebnisse von A als »günstigen Fall« bezeichnen, können wir allgemein formulieren:

Satz 5: Sei P die Gleichverteilung auf einer Ergebnismenge
$\Omega = \{\omega_1; \ldots; \omega_n\}$ mit n Elementen. Dann gilt für jedes Ereignis
$A = \{\omega_1; \omega_2; \ldots; \omega_k\}$, $A \subset \Omega$, mit k Elementen:
$P(A) = \frac{k}{n}$.
In Worten: Für die Laplace-Verteilung gilt

$$P(A) = \frac{\text{Anzahl der günstigen Fälle}}{\text{Anzahl der möglichen Fälle}}$$

Beispiel 7: Ein Skatblatt wird gemischt und eine Karte ausgeteilt. Mit welcher Wahrscheinlichkeit $P(K)$ hat diese Karte die Farbe Kreuz?
Erste Lösung: Die Anzahl der möglichen Fälle ist 32; von den 32 Karten haben 8 die Farbe Kreuz. Daher gibt es 8 günstige Fälle, und es ist $P(K) = \frac{8}{32} = \frac{1}{4}$.
Zweite Lösung: Wir wählen die gröbere, aber hier ausreichende Ergebnismenge $\Omega = \{\text{Kreuz; Pik; Herz; Karo}\}$. Da alle 4 Farben gleich häufig vorkommen, ist P auch hier die Gleichverteilung. Einer der vier möglichen Fälle ist günstig; so erhält man unmittelbar $P(K) = \frac{1}{4}$.
Beispiel 8: An dieser Stelle wollen wir noch einmal die Frage des Chevalier de Méré aufgreifen. Er hatte durch lange Erfahrung die Beobachtung gemacht, daß die relative Häufigkeit $h_r(66)$ eines Sechserpaschs unter 24 Würfen mit 2 Würfeln in der Regel geringer war als die relative Häufigkeit $h_r(6)$ einer Sechs unter 4 Würfen eines Würfels. Daraus hat er in intuitiver Anwendung des empirischen Gesetzes der großen Zahl geschlossen, daß auch die entsprechenden Wahrscheinlichkeiten $P(66)$ und $P(6)$ verschieden sein müßten. Seine Überlegung führte jedoch auf die Behauptung $P(66) = P(6)$, und in dieser Situation

wandte er sich an Pascal. Wir werden bald $P(66)$ und $P(6)$ direkt berechnen, doch müssen wir dazu noch einige Vorbereitungen treffen.

Vorläufig halten wir fest, daß die Wahrscheinlichkeit für eine 6 bei einem Wurf $\frac{1}{6}$ und für einen Sechserpasch bei 2 Würfen $\frac{1}{36}$ beträgt.

Aufgaben

16) 5 Personen werfen jeweil 100mal einen Reißnagel. Die folgende Tabelle zeigt die Häufigkeiten der Ergebnisse »Kopf« und »Spitze«.

	1	2	3	4	5
Kopf	55	68	61	66	63
Spitze	45	32	39	34	37

Mit welcher Wahrscheinlichkeit würde man aufgrund dieser Ergebnisse das Eintreten von »Kopf« erwarten?

17) In einem Kino sind 120 Besucher. Die Platzanweiserin hat folgende Merkmale festgestellt:

	männlich	weiblich
jugendlich	56	32
erwachsen	16	16

Die Besucher verlassen das Kino in zufälliger Reihenfolge. Wie groß ist die Wahrscheinlichkeit, daß die erste herauskommende Person

a) weiblich ist, *b)* erwachsen ist, *c)* ein männlicher Jugendlicher ist?

18) Wie groß sind jeweils die Wahrscheinlichkeiten, eine weiße Kugel zu ziehen?

Figur 8

19) Aus einem Skatspiel soll eine Karte zufällig gezogen werden. Mit welcher Wahrscheinlichkeit zieht man

a) eine Herz-Karte, *b)* eine Sieben, *c)* eine schwarze Karte, *d)* ein Bild (Bube, Dame, König), *e)* eine rote Zahl (ohne As)?

20) Es sei $\Omega = \{1; 2; \ldots; n\}$. Dem Ergebnis $k \in \Omega$ wird die Wahrscheinlichkeit $k \cdot p$ zugeordnet. Berechnen Sie p.

21) Eine Urne enthält 900 Kugeln mit den Nummern 100 bis 999. Mit welcher Wahrscheinlichkeit gilt für die Nummer X einer gezogenen Kugel:

a) X ist durch 10 teilbar, *b)* X hat die Quersumme 26,

c) keine der Ziffern von X ist kleiner als 8?

22) Von den 36 Zahlen $1, 2, 3, \ldots, 36$ eines Roulette-Rads sind 18 rot und 18 schwarz. Die roten Zahlen sind:

$R = \{1; 3; 5; 7; 9; 12; 14; 16; 18; 19; 21; 23; 25; 27; 30; 32; 34; 36\}$.

Die 37. Zahl 0 ist grün gefärbt. Die Wahrscheinlichkeit, daß die Kugel in ein bestimmtes der Felder rollt, beträgt (hoffentlich) $\frac{1}{37}$.

a) Ein Roulette-Spieler setzt gleichzeitig auf »gerade« und »rot«. Mit welcher Wahrscheinlichkeit verliert er beide Einsätze?

b) Ein anderer Spieler setzt gleichzeitig auf »schwarz« und »Zahlen von 1 bis 18«. Mit welcher Wahrscheinlichkeit gewinnt wenigstens einer seiner Einsätze?

23) Beweisen Sie, daß für alle $A \subset \Omega$, $B \subset \Omega$ gilt:
$P(A) = P(A \cap B) + P(A \cap \bar{B})$.

24) Es sei $A \cap B = \{\}$. Beweisen Sie, daß dann gilt:
$P(A) \le P(\bar{B})$.

25) Die paarweise disjunkten Teilmengen A_1, A_2, A_3, A_4 bilden eine Zerlegung von Ω, d.h. $A_1 \cup A_2 \cup A_3 \cup A_4 = \Omega$. Für die Wahrscheinlichkeitsverteilung P gelte $P(A_1) = P(A_2)$, $P(A_3) = P(A_4) = 2 \cdot P(A_1)$.

a) Bestimmen Sie $P(A_i)$ $(i = 1, 2, 3, 4)$.

b) Berechnen Sie $P(A_2 \cup A_4)$.

Kombinatorik

Mit welcher Wahrscheinlichkeit bringt mein Lotto-Tip am Samstag mindestens fünf Richtige? Die Antwort auf diese Frage ist im Prinzip ganz einfach, denn alle Auswahlen der 6 Glückszahlen und der Zusatzzahl sind gleich wahrscheinlich. Es handelt sich daher um einen Laplace-Versuch, und so ist die Wahrscheinlichkeit für jede Ziehung gleich $\frac{1}{n}$, wobei n die Anzahl aller möglichen verschiedenen Ziehungsergebnisse ist. Daher müssen wir nur noch die Anzahl a aller für mich günstigen Ziehungen zählen, und $\frac{a}{n}$ ist die gesuchte Wahrscheinlichkeit.

Da der Teufel hier nicht im Prinzip steckt, finden wir ihn im Detail des Zählens.

▶ *Übung:* Versuchen Sie zu zählen, bei wie vielen verschiedenen Ziehungen der Auswahlwette 6 aus 49 ein bestimmter Tip von 6 Zahlen mindestens fünf Richtige liefert. Zur Vereinfachung soll keine Zusatzzahl gezogen werden, so daß nur die Ergebnisse »6 Richtige« und »5 Richtige« zu berücksichtigen sind.

Haben Sie die Anzahl 259 herausbekommen? Sie besteht aus der einen Möglichkeit, welche 6 Richtige liefert, und 258 Möglichkeiten für 5 Richtige. Wieso 258? Bei 5 Richtigen ist eine der 6 getippten Zahlen nicht gezogen worden. Jede der 6 kann die Verfehlte sein. Jede Verfehlte kann aber bei der Ziehung durch jede der 43 nicht Getippten ersetzt werden. Daher entspricht jeder Ziehung, die zu 5 Richtigen führt, umkehrbar eindeutig ein Zahlenpaar $(m; n)$, wobei m für die getippte, aber nicht gezogene Zahl steht und n die an ihrer Stelle gezogene, aber nicht getippte Zahl bedeutet. Es gibt aber insgesamt $6 \cdot 43 = 258$ verschiedene solcher Zahlenpaare.

Unser einführendes Beispiel zeigt, daß das Zählen manchmal eine Kunst ist. Diese Kunst heißt *Kombinatorik*. Insbesonders bei sehr vielen Möglichkeiten kann die Anzahlbestimmung durch Überlegung erleichtert werden. Dies wird vorteilhaft sein, wenn wir bei Laplace-Versuchen mit großer Grundmenge Wahrscheinlichkeiten aus der Anzahl der günstigen und der möglichen Fälle bestimmen. In der Kombinatorik wird das *Abzählen endlicher Mengen* systematisiert.

Die vollständige Induktion

Die Tabelle enthält in der 1. Zeile die ungeraden natürlichen Zahlen bis 19, wie sie etwa als Hausnummern auf einer Straßenseite vorkommen können. Haben Sie schon einmal bei einem Spaziergang längs dieser Hausnummern die *Summe* der Zahlen gebildet?

1	3	5	7	9	11	13	15	17	19	...
1	4	9	16			...				...

Sie beginnt natürlich mit 1, dann folgt $1 + 3 = 4$, danach $1 + 3 + 5 = 9$, dann $1 + 3 + 5 + 7 = 16$. Diese Zahlen sind in der 2. Zeile eingetragen.

▶ *Übung:* Vervollständigen Sie die 2. Zeile der Tabelle! Welche Eigenschaften hat die so entstehende Folge?

Die Zahlen der 2. Zeile kommen uns bekannt vor, es sind die ersten *Quadratzahlen*. Und aufgrund der Tabelle sind wir geneigt, folgende Vermutung auszusprechen:

Satz 1:   Für alle $n \in \mathbb{N}$ gilt:
Die Summe der ersten n ungeraden Zahlen ist gleich der n-ten Quadratzahl.

Wenn wir die Aussage hinter dem Doppelpunkt mit $A(n)$ bezeichnen, lautet $A(n)$ in symbolischer Schreibweise:

$$1 + 3 + 5 + \cdots + (2n - 1) = n^2,$$

da der Term $(2n - 1)$ beim Einsetzen von 1, 2, 3, 4, ... nacheinander die ungeraden Zahlen 1, 3, 5, 7, ... liefert. Wie läßt sich $A(n)$ für alle $n \in \mathbb{N}$ *beweisen?* Offenbar liefert jede noch so lange Tabelle *keine Sicherheit* für die Zahlen jenseits von ihr. Die Vermutung muß mit einer Begründung, die für *jedes beliebige* $n \in \mathbb{N}$ gilt, belegt werden.

Hier hilft eine ungewöhnliche Idee: Wir werden beweisen, daß die Gültigkeit von $A(n)$ für eine *bestimmte* natürliche Zahl n in jedem Fall die Gültigkeit der Aussage für die *nächstgrößere* Zahl $n + 1$ zur Folge hat. Damit ist $A(n)$ nicht etwa für alle $n \in \mathbb{N}$ bewiesen, sondern nur ihre »Vererblichkeit« von einer Zahl auf ihren Nachfolger.

Wir versuchen daher zunächst zu beweisen:

Wenn $A(n)$ für irgendeine natürliche Zahl n gilt (d.h. also, daß $1 + 3 + 5 + \cdots + (2n - 1) = n^2$), *dann* gilt auch $A(n + 1)$, d.h. daß $1 + 3 + 5 + \cdots + (2n - 1) + (2(n + 1) - 1) = (n + 1)^2$.

(Auf der linken Seite der Gleichung stehen jetzt $n + 1$ ungerade Zahlen; dafür wurde rechts n^2 durch $(n + 1)^2$ ersetzt.) Die Aussage $A(n + 1)$ gilt aber tatsächlich immer wenn $A(n)$ gilt, denn es ist

$$1 + 3 + 5 + \cdots + (2n - 1) + (2(n + 1) - 1) \overset{(*)}{=}$$
$$n^2 + (2n + 1) = (n + 1)^2$$

Dabei wurde an der Stelle (*) die Annahme $A(n)$ verwendet, denn für $1 + 3 + 5 + \cdots + (2n - 1)$ wurde n^2 eingesetzt.

Damit ist die *Vererblichkeit* von $A(n)$ bewiesen, d.h. folgender Sachverhalt:

(1) Für alle $n \in \mathbb{N}$ gilt: $A(n) \Rightarrow A(n + 1)$

Dies ist noch nicht der Inhalt von Satz 1, aber wir sind nun rasch fertig. Denn der Tabelle entnehmen wir, daß die Aussage z. B. für $n = 1$ richtig ist, d. h. $A(1)$ ist wahr. Aus (1) – der Vererblichkeit – folgt dann, daß auch $A(2)$ wahr ist, aus $A(2)$ folgt mit (1), daß $A(3)$ wahr ist, und so weiter *ohne Ende*. Wir formulieren diese Überlegung als

---

Prinzip der vollständigen Induktion: Es sei $A(n)$ eine von $n \in \mathbb{N}$ abhängige Aussage. Aus der Gültigkeit der Aussagen

(i) $A(1)$ und

(ii) $A(n) \Rightarrow A(n + 1)$ für alle $n \in \mathbb{N}$

folgt, daß $A(n)$ für alle $n \in \mathbb{N}$ gültig ist.

Man bezeichnet *(i)* auch als »Induktionsverankerung« und *(ii)* als »Induktionsschritt« bzw. als »Schritt von n auf $n + 1$«. Modellhaft erkennen wir die Funktion des Beweisprinzips der vollständigen Induktion an folgendem Gedankenexperiment.

In einer unendlich langen Reihe seien Dominosteine hintereinander aufgestellt und mit $1, 2, 3, \ldots$ durchnumeriert. Wenn die Abstände zwischen zwei aufeinanderfolgenden Steinen nicht zu groß sind, läßt sich für die Reihe folgende Eigenschaft feststellen:

(ii*) *Wenn* irgendein Stein fällt, so fällt auch sein Nachfolger. Diese (physikalisch realisierbare) Eigenschaft entspricht der Vererblichkeit *(ii)*. Aber sie sagt nicht, *ob* einmal die ganze Reihe umkippt. Erst wenn wir noch zusätzlich erfahren:

(i*) Der erste Stein fällt,

können wir sagen, daß alle Steine fallen, da ja nun wegen *(ii*)* auch der zweite, dritte, ... Stein fallen müssen. Umgekehrt reicht *(i*)* alleine auch nicht für eine allgemeine Aussage, denn *(ii*)* könnte für den ersten Stein nicht gültig sein, und dann würde der zweite und somit alle weiteren Steine nicht umfallen.

Das Modell zeigt auch, daß die Verankerung nicht unbedingt für $n = 1$ geleistet werden muß. So würde aus der Gültigkeit von *(ii*)* und der Aussage

(i**) Der vierte Stein fällt

eben folgen, daß von dem vierten Stein ab alle Steine fallen, d. h. $A(n)$ wäre für alle $n \geq 4$ gültig.

Beispiel 1: Für alle $n \in \mathbb{N}$ gilt $1 + 2 + 3 + \cdots + n = \dfrac{n(n + 1)}{2}$

Wir beweisen diese wichtige Formel mit vollständiger Induktion. Die Gleichung sei mit $A(n)$ bezeichnet.

(i) Es gilt $A(1)$, da (linke Seite) $1 = \dfrac{1 \cdot 2}{2}$ (rechte Seite).

▶ *Übung:* Überzeugen Sie sich durch Einsetzen in die Formel, daß $A(2)$ und $A(3)$ richtig sind.

(ii) Wir nehmen an, daß $A(n)$ wahr ist und wollen zeigen, daß dann auch $A(n + 1)$ wahr ist. $A(n + 1)$ lautet $1 + 2 + 3 + \cdots + n + (n + 1)$

$= \dfrac{(n + 1) \cdot \big((n + 1) + 1\big)}{2}$. Dies ist in der Tat richtig, denn

$1 + 2 + 3 + \cdots + n + (n + 1) = \dfrac{n(n+1)}{2} + (n + 1)$ (weil $A(n)$ gelten soll)

$= \dfrac{n(n+1) + 2(n+1)}{2} = \dfrac{n^2 + n + 2n + 2}{2} = \dfrac{(n+1)(n+2)}{2}$

$= \dfrac{(n+1)((n+1)+1)}{2}$, was zu zeigen war. Aus *(i)* und *(ii)* folgt die Gültigkeit
von $A(n)$ für alle $n \in \mathbb{N}$.

Beispiel 2: Für welche $n \in \mathbb{N}$ gilt $2^n > n^2$?
Wegen $2^1 > 1^2$ ist die Aussage, die wieder mit $A(n)$ bezeichnet werden soll,
richtig. Daher kann $A(1)$ zur Verankerung dienen.
Nun nehmen wir an, daß $A(n)$ für irgendein n gültig ist, und versuchen daraus
die Gültigkeit von $A(n + 1)$ abzuleiten.
Wir nehmen an $(A(n))$, daß $2^n > n^2$ gilt, und wollen unter dieser Voraussetzung
beweisen, daß $(A(n + 1))$ dann $2^{n+1} > (n + 1)^2$ gilt.
Nun gilt: $2^{n+1} = 2 \cdot 2^n \overset{(*)}{>} 2 \cdot n^2 = n^2 + n^2 = (n + 1)^2 + (n^2 - 2n - 1) =$
$= (n + 1)^2 + (n - 1)^2 - 2$.
Dabei wurde bei (*) die Annahme verwendet. Der letzte Term zeigt, daß $A(n + 1)$
bewiesen ist, wenn wir nur sicher sein können, daß $(n - 1)^2 - 2 \geq 0$ ist. Dies
ist jedoch nur für $n \geq 3$ der Fall (warum?).
Daher gilt die Vererblichkeit $A(n) \Rightarrow A(n + 1)$ nur für alle $n \geq 3$, $n \in \mathbb{N}$.
Daher nützt jetzt die Verankerung $A(1)$ nichts mehr, denn aus der Gültigkeit
von $A(1)$ folgt nicht die von $A(2)$. Wir müssen daher, mit $n = 3$ beginnend, eine
neue Verankerung suchen.
$A(3): 2^3 > 3^2$ ist falsch, $A(4): 2^4 > 4^2$ ist falsch, $A(5): 2^5 > 5^2$ ist wahr.
Also gilt auch $A(6)$, damit $A(7)$, ... usw. und $A(n)$ ist (außer für $n = 1$) wahr für
alle $n \geq 5$, $n \in \mathbb{N}$.

Die Summen- und Produktregel der Kombinatorik

In den folgenden Abschnitten geht es um das Zählen der Elemente von endlichen
Mengen. Wir verwenden stets die Schreibweise $|M|$ für die *Anzahl der Elemente
der Menge M*.
Beispiel 3: Im Garten von Herrn Zwergel stehen 18 weiße, 37 gelbe, 25 rote und
11 violette Tulpen. Wie groß könnte ein von ihm gepflückter Tulpenstrauß sein,
der weder rote noch violette Tulpen enthalten soll?
Dies ist offenbar eine primitive Zählaufgabe. Der Strauß kann maximal
$18 + 37 = 55$ Blumen enthalten. Man addiert die Anzahlen der in Frage kommenden Mengen. Wir formulieren diese Selbstverständlichkeit als

---

Summenregel: Sei $\Omega = A_1 \cup A_2 \cup A_3 \cup \ldots \cup A_n$ eine Zerlegung von Ω in
disjunkte Teilmengen. Dann ist $|\Omega| = |A_1| + |A_2| + \ldots + |A_n|$.

▶ *Übung:* Wie groß könnte ein Blumenstrauß von Herrn Zwergel höchstens
sein, der a) nur gelbe oder rote, b) keine weißen Tulpen enthält?

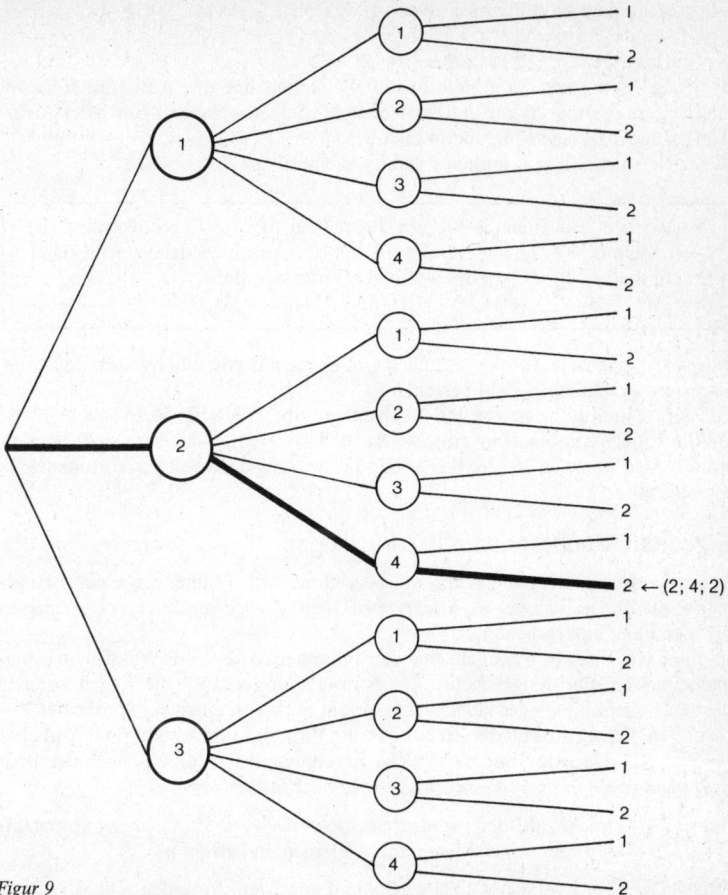

Figur 9

Beispiel 4: Die Käufer der Automarke »Donnerblitz 1500« können unter verschiedenen Modellen wählen. Es gibt drei Motorausführungen, vier Farbstufen sowie zwei Ausstattungsklassen, und zwar in allen Kombinationen. Zwischen wieviel verschiedenen Modellen muß ein unentschlossener Käufer wählen?

Wir illustrieren die Situation an Figur 9. Der Käufer muß 3 Entscheidungen treffen. In der *ersten Stufe* kann er unter drei Möglichkeiten wählen. Dies ist durch die drei *Pfade* links ausgedrückt.

Jeder Pfad kann in der 2. *Stufe* auf vier verschiedene Arten fortgesetzt werden. Dies liefert für den Käufer insgesamt $3 \cdot 4 = 12$ mögliche Motor-Farbe-Kombinationen. Zu jeder dieser Kombinationen gibt es in der 3. *Stufe* zwei Ausstattungsversionen, so daß auf der rechten Seite der Figur insgesamt $3 \cdot 4 \cdot 2 = 24$ Pfade enden. Jeder dieser Pfade entspricht genau einer Kombination und umgekehrt.

Wir können jede Kombination durch ein Tripel $(a_1; a_2; a_3)$ beschreiben, wobei
$a_1 \in M_1 = \{1; 2; 3\}$, $a_2 \in M_2 = \{1; 2; 3; 4\}$, $a_3 \in M_3 = \{1; 2\}$.
Der stark ausgezogene Pfad gehört zu $(2; 4; 2)$.

▶ *Übung:* Wie viele Kombinationsmöglichkeiten hat der Autokäufer, wenn eine weitere Motorversion und zu jedem Modell wahlweise Kunstleder- oder Stoffbezüge ins Programm genommen wird?

Dieses Beispiel läßt sich mühelos verallgemeinern zur

Produktregel: In einem *n-stufigen Prozeß* sei M_k die Ergebnismenge der k-ten Stufe ($k = 1, 2, ..., n$). Dann gilt für die Anzahl A der verschiedenen Ergebnisse $(a_1; a_2; ...; a_n)$ des n-stufigen Prozesses, daß
$$A = |M_1 \times M_2 \times ... \times M_n| = |M_1| \cdot |M_2| \cdot |M_3| \cdot ... \cdot |M_n|$$

Beispiel 5: Wie viele Autokennzeichen gibt es, die aus zwei Buchstaben und einer höchstens dreiziffrigen Zahl bestehen?

Für den ersten und den zweiten Buchstaben gibt es jeweils 26 Möglichkeiten; für die Ziffernkombination gibt es $10 \cdot 10 \cdot 10 - 1$ Möglichkeiten (000 ist verboten). Also kann es $26 \cdot 26 \cdot 999 = 675\,324$ verschiedene solcher Autokennzeichen geben.

Geordnete Stichproben mit Zurücklegen

In der Wahrscheinlichkeitsrechnung bezeichnen wir Teilmengen einer Grundmenge als *Ereignisse* oder als *Stichproben*. Beim *Ziehen von Stichproben* müssen wir vier Fälle unterscheiden.

In einer Urne liegen n Kugeln mit den Nummern $1, 2, ..., n$. Wenn man s-mal nacheinander eine Kugel zieht, ihre Nummer notiert und die Kugel vor der nächsten Ziehung wieder zurücklegt, spricht man von einer *Stichprobe mit Zurücklegen*. Das Protokoll der Ziehung ist ein Wort der Länge s aus dem Alphabet $\{1; 2; ...; n\}$. Da jede Stufe n mögliche Ergebnisse liefert, gibt es nach der Produktregel $n \cdot n \cdot ... \cdot n = n^s$ verschiedene solcher Stichproben.

Satz 2:   Die Anzahl der *geordneten Stichproben mit Zurücklegen* vom Umfang s aus einer Menge mit n Elementen beträgt n^s.

Beispiel 6: Eine Laplace-Münze wird s-mal geworfen. Ihr entspricht eine Urne mit den Kugeln 0 und 1. Daher ist $n = 2$ und es gibt 2^s verschiedene Ergebnisse dieses Versuchs. Jedes dieser Ergebnisse hat die gleiche Wahrscheinlichkeit $\frac{1}{2^s}$.

▶ *Übung:* Schreiben Sie für $s = 3$ alle 8 verschiedenen Ergebnisse für die Laplace-Münze auf. Jedes Ergebnis liefert ein s-Tupel mit Wiederholungen.

Beispiel 7: Bei der Elfer-Wette im deutschen Toto-Block ist auf dem Tipzettel für jedes der 11 Spiele eine 1, 2 oder 0 anzukreuzen.

a) Wie viele verschiedene Möglichkeiten gibt es, einen Tipzettel auszufüllen?

b) Auf wie viele Arten kann man den Tipschein vollständig falsch ausfüllen?

Es handelt sich um einen 11stufigen Versuch, der eine geordnete Stichprobe mit Zurücklegen über der Menge $\{0; 1; 2\}$ liefert. Daher gibt es $3^{11} = 177\,141$ verschiedene Tipreihen. Bei jedem Spiel hat man 2 Möglichkeiten für einen falschen Tip. Daher gibt es $2^{11} = 2048$ Möglichkeiten, völlig danebenzutippen.

Geordnete Stichproben ohne Zurücklegen

In einer Urne liegen n Kugeln mit den Nummern $1, 2, \ldots, n$. Wenn man s-mal nacheinander ($1 \le s \le n$) eine Kugel zieht, ihre Nummer notiert, und die Kugel *nicht* wieder in die Urne zurücklegt, spricht man von einer *Stichprobe ohne Zurücklegen*. Das Protokoll der Ziehung ist ein Wort der Länge s, bei dessen Konstruktion das Alphabet in jedem Schritt um eine weitere bereits gezogene Zahl verringert wird. Bei der ersten Stufe hat man n Möglichkeiten, bei der zweiten nur noch $n-1$ Möglichkeiten, usw., so daß es nach der Produktregel $n \cdot (n-1) \cdot (n-2) \cdot \ldots \cdot (n-s+1)$ verschiedene solcher Stichproben gibt.

Satz 3: Die Anzahl der *geordneten Stichproben ohne Zurücklegen* vom Umfang s ($1 \le s \le n$) aus einer Menge mit n Elementen beträgt $n \cdot (n-1) \cdot \ldots \cdot (n-s+1)$.

Jede solche Stichprobe liefert ein s-Tupel ohne Wiederholungen. Für $s = 3$ und $n = 4$ wären $(2; 4; 1)$, $(1; 2; 4)$ und $(3; 1; 4)$ verschiedene mögliche, $(4; 2; 2)$ jedoch ein verbotenes Tupel.

Beispiel 8: Die Fußball-Bundesliga umfaßt 18 Vereine. Wie viele Möglichkeiten für die ersten 3 Plätze können sich am Schluß der Saison ergeben?

Bei der Zuordnung der Vereine auf die ersten 3 Plätze der Tabelle handelt es sich um eine geordnete Stichprobe ohne Zurücklegen, denn kein Verein kann mehr als einmal vorkommen. Mit $s = 3$ und $n = 18$ erhalten wir $18 \cdot 17 \cdot 16 = 4896$ verschiedene Tabellenspitzen.

Ein besonders wichtiger Spezialfall ergibt sich für $s = n$. Dann hat man *alle* Elemente der Grundmenge geordnet. Ein solches Ergebnis heißt Anordnung oder *Permutation* der Menge.

Satz 4: Es gibt $n \cdot (n-1) \cdot (n-2) \cdot \ldots \cdot 2 \cdot 1$ verschiedene Permutationen einer Menge mit n Elementen.

Diese Anzahl ergibt sich unmittelbar aus Satz 3. Wir bezeichnen sie mit $n!$ (*lies: n Fakultät*). Somit gilt $n! = 1 \cdot 2 \cdot 3 \cdot \ldots \cdot (n-1) \cdot n$. Zusätzlich definiert man $0! = 1$.

▶ *Übung:* Bestätigen Sie die folgende Tabelle für $n \ge 1$:

n	0	1	2	3	4	5	6	7	
$n!$	1	1	2	6	24	120	720	5040	...

Beispiel 2: Wir knüpfen an Beispiel 1 die Frage an, wie viele mögliche Schlußtabellen die Bundesliga aus 18 Vereinen haben kann. Dies ist die Anzahl aller Permutationen einer Menge mit 18 Elementen, also $18! = 6\,402\,373\,705\,728\,000 \approx 6{,}4 \cdot 10^{15}$.

Beispiel 3: 6 verschiedene Spielkarten werden gemischt. Ein Hellseher behauptet, die Reihenfolge der Karten nach dem Mischen zu kennen. Mit welcher Wahrscheinlichkeit würde ein Laie zufällig die richtige Anordnung raten?

Es gibt $6! = 720$ verschiedene Permutationen der Karten, die nach dem Mischen alle gleich wahrscheinlich sind. Die Wahrscheinlichkeit, mit der eine zufällig vorhergesagte Permutation eintrifft, beträgt daher $\frac{1}{720}$.

Ungeordnete Stichproben ohne Zurücklegen; s-Teilmengen

In einer Urne liegen n Kugeln mit den Nummern $1, 2, ..., n$. Wir ziehen *auf einmal* s Kugeln $(1 \leq s \leq n)$. Dies bedeutet die Auswahl einer Teilmenge mit s Elementen, ohne daß noch irgendeine Reihenfolge der s Elemente berücksichtigt wird. Eine *Teilmenge* ist somit eine *ungeordnete Stichprobe ohne Zurücklegen*. Daher bezeichnen alle s-Tupel ohne Wiederholungen, die aus denselben Objekten bestehen, dieselbe Teilmenge. Für $s = 3$ und $n = 4$ würden $(2;4;1)$ und $(1;2;4)$ nicht unterschieden werden, da sie bei der Ziehung auf einen Griff dieselbe Teilmenge $\{1;2;4\}$ liefern würden.

Wie viele Teilmengen mit s Elementen von einer Menge mit n Elementen gibt es?

Wir bezeichnen die gesuchte Anzahl mit dem Symbol $\binom{n}{s}$ (lies: »n über s« oder »s aus n«).

Jede Teilmenge mit s Elementen läßt sich auf $s!$ verschiedene Arten anordnen und liefert daher $s!$ verschiedene geordnete Stichproben ohne Zurücklegen. Für die entsprechenden Anzahlen gilt daher unter Verwendung von Satz 3

$$\binom{n}{s} \cdot s! = n \cdot (n-1) \cdot ... \cdot (n-s+1).$$

Damit haben wir

Satz 5:   Die Anzahl der *ungeordneten Stichproben ohne Zurücklegen* vom Umfang s $(1 \leq s \leq n)$ aus einer Menge mit n Elementen beträgt

$$\binom{n}{s} = \frac{n \cdot (n-1) \cdot ... \cdot (n-s+1)}{s!}$$

Es gibt $\binom{n}{s}$ *verschiedene Teilmengen* mit s Elementen einer Menge mit n Elementen.

Wir können auch $\binom{n}{0}$ angeben: da nur die leere Menge 0 Elemente hat, ist $\binom{n}{0} = 1$.

Wie kann man die Zahlen $\binom{n}{s}$ praktisch und schnell berechnen?

▶ *Übung:* Überzeugen Sie sich, daß der Term

$\dfrac{n \cdot (n-1) \cdot (n-2) \cdot ... \cdot (n-s+1)}{s!}$ im Zähler und Nenner gleich viele Faktoren hat.

Es ist $\binom{n}{s} = \dfrac{n \cdot (n-1) \cdot (n-2) \cdot ... \cdot (n-s+1)}{s \cdot (s-1) \cdot (s-2) \cdot ... \cdot (s-s+1)}$. Da $s - s + 1 = 1$, steht im Nenner $s!$, und der Zähler enthält wie der Nenner s Faktoren. Daher kann man $\binom{n}{s}$ leicht ausschreiben und kürzen. Man fängt mit n im Zähler und s im Nenner an und hört auf, wenn im Nenner der Faktor 1 auftaucht.

Beispiel 4: Wie viele mögliche Ausspielergebnisse gibt es – ohne Zusatzzahl – beim Mittwochslotto (7 aus 38)?

Jede Teilmenge von 7 Elementen aus $\{1; 2; \ldots; 38\}$ ist ein Ergebnis. Die gesuchte Zahl ist daher $\binom{38}{7} = \dfrac{38 \cdot 37 \cdot 36 \cdot 35 \cdot 34 \cdot 33 \cdot 32}{7 \cdot 6 \cdot 5 \cdot 4 \cdot 3 \cdot 2 \cdot 1} = $ (kürzen!) $12\,620\,256$.

Beispiel 5: Eine Nahrungsmittelfirma liefert 6 Sorten Joghurt an. Petra ißt zum Frühstück 2 Sorten, Sabine aber 4 Sorten Joghurt. Wer hat mehr Kombinationsmöglichkeiten?

In der Sprache der Kombinatorik lautet die Frage: Welche Zahl ist größer, $\binom{6}{2}$ oder $\binom{6}{4}$?

$\binom{6}{2} = \dfrac{6 \cdot 5}{2 \cdot 1} = 15$, $\binom{6}{4} = \dfrac{6 \cdot 5 \cdot 4 \cdot 3}{4 \cdot 3 \cdot 2 \cdot 1} = 15$. In der Tat gibt es hier genauso viele Teilmengen mit 4 Elementen wie solche mit 2 Elementen. Dieses Beispiel läßt sich verallgemeinern: jede Auswahl von s Elementen ist auch gleichzeitig eine Auswahl der $n - s$ zurückbleibenden Elemente. Daher entspricht jede Teilmenge mit s Elementen einer Teilmenge mit $n - s$ Elementen, und umgekehrt.

Satz 6: $\qquad \binom{n}{s} = \binom{n}{n - s}$

Daher kann man $\binom{n}{n - s}$ anstelle von $\binom{n}{s}$ berechnen, falls $s > \dfrac{n}{2}$ ist, zum Beispiel: $\binom{20}{15} = \binom{20}{20 - 15} = \dfrac{20 \cdot 19 \cdot 18 \cdot 17 \cdot 16}{5 \cdot 4 \cdot 3 \cdot 2 \cdot 1} = 15\,504$.

Beispiel 6: Aus einer Klasse mit 20 Schülern soll ein Vergnügungsausschuß von 5 Schülern gewählt werden. Natürlich gibt es $\binom{20}{5} = 15\,504$ mögliche Besetzungen des Ausschusses. Wir zählen jetzt einmal unter Berücksichtigung des Klassensprechers.

Fall a) Der Klassensprecher ist im Vergnügungsausschuß. In diesem Fall gibt es $\binom{19}{4}$ mögliche Besetzungen des Ausschusses, da noch 4 weitere Plätze an 19 Schüler zu vergeben sind.

Fall b) Der Klassensprecher ist nicht im Vergnügungsausschuß. Dann gibt es $\binom{19}{5}$ mögliche Besetzungen des Ausschusses, da 5 Plätze an 19 Schüler zu vergeben sind.

Da stets entweder Fall a) oder Fall b) eintritt, haben wir *die gleiche Anzahl zweimal bestimmt.* In der Tat ist $\binom{19}{4} + \binom{19}{5} = 3876 + 11\,628 = 15\,504 = \binom{20}{5}$.

Das Beispiel läßt sich mühelos verallgemeinern zu

Satz 7: $\qquad \binom{n - 1}{s - 1} + \binom{n - 1}{s} = \binom{n}{s}$

Neben Satz 5 bietet insbesondere Satz 7 eine Möglichkeit, kleine $\binom{n}{s}$ rasch zu berechnen. Dazu ordnen wir die Zahlen in Abhängigkeit von n. In der n. Zeile notieren wir die $n+1$ Werte $\binom{n}{0}$, $\binom{n}{1}$, $\binom{n}{2}$, ..., $\binom{n}{n}$. Wir beginnen mit der 0. Zeile. Rechts stehen die ausgerechneten Werte.

Figur 10   PASCALSCHES DREIECK

$$
\begin{array}{ccccccccccc}
& & & & & \binom{0}{0} & & & & & \\
& & & & \binom{1}{0} & & \binom{1}{1} & & & & \\
& & & \binom{2}{0} & & \binom{2}{1} & & \binom{2}{2} & & & \\
& & \binom{3}{0} & & \binom{3}{1} & & \binom{3}{2} & & \binom{3}{3} & & \\
& \binom{4}{0} & & \binom{4}{1} & & \binom{4}{2} & & \binom{4}{3} & & \binom{4}{4} & \\
\binom{5}{0} & & \binom{5}{1} & & \binom{5}{2} & & \binom{5}{3} & & \binom{5}{4} & & \binom{5}{5}
\end{array}
$$

$$
\begin{array}{ccccccccccc}
& & & & & 1 & & & & & \\
& & & & 1 & & 1 & & & & \\
& & & 1 & & 2 & & 1 & & & \\
& & 1 & & 3 & & 3 & & 1 & & \\
& 1 & & 4 & & 6 & & 4 & & 1 & \\
1 & & 5 & & 10 & & 10 & & 5 & & 1
\end{array}
$$

In Figur 10 bedeutet Satz 7, daß jede Zahl gleich der Summe der beiden *schräg über ihr* stehenden Zahlen ist. Da außerdem $\binom{n}{0} = \binom{n}{n} = 1$ in jeder Zeile direkt eingetragen werden können, ist jede Zeile bestimmt. Im linken Teil ist die Summe $\binom{4}{2} = \binom{3}{1} + \binom{3}{2}$ durch Striche dargestellt. Das entstehende, nach unten offene Gebilde heißt *Pascal-Dreieck*.

▶ *Übung:* Setzen Sie das Pascal-Dreieck aus Figur 10 für $n = 5$ und $n = 6$ fort.

Die Zahlen des Pascal-Dreiecks haben neben der Bedeutung für die Kombinatorik viele interessante Eigenschaften. Wir wollen stellvertretend einen dieser Zusammenhänge untersuchen. Dazu bilden wir die *Summen der Zeilen* des Pascal-Dreiecks. Wir erhalten nacheinander

$1, 1 + 1 = 2, 1 + 2 + 1 = 4, 1 + 3 + 3 + 1 = 8, 1 + 4 + 6 + 4 + 1 = 16,$ usw.

Allgemein gilt

$$\binom{n}{0} + \binom{n}{1} + \binom{n}{2} + \cdots + \binom{n}{n} = 2^n \quad (*) \qquad \text{für alle } n \in \mathbb{N}_0.$$

Dieses überraschende Ergebnis haben wir bereits bewiesen! Denn die Summanden auf der linken Seite von (*) bezeichnen doch der Reihe nach die Anzahlen der Teilmengen mit $0, 1, 2, ..., n$ Elementen aus einer Menge von n Elementen. Damit sind aber alle Teilmengen gezählt, deren Anzahl, wie wir auf S. 349 gesehen haben, 2^n beträgt.

Beispiel 7: Eine Summe aus zwei Summanden hat die Form $a + b$. Sie wurde früher als *Binom* bezeichnet. Mit Hilfe der *binomischen Formel* kann man Potenzen dieser Summe ausrechnen. Ordnen nach Potenzen von a liefert

$$
\begin{aligned}
(a + b)^1 &= 1 \cdot a + 1 \cdot b, \\
(a + b)^2 &= 1 \cdot a^2 + 2 \cdot ab + 1 \cdot b^2, \\
(a + b)^3 &= 1 \cdot a^3 + 3 \cdot a^2 b + 3 \cdot ab^2 + 1 \cdot b^3, \\
(a + b)^4 &= 1 \cdot a^4 + 4 \cdot a^3 b + 6 \cdot a^2 b^2 + 4 \cdot ab^3 + 1 \cdot b^4 \qquad \text{usw.}
\end{aligned}
$$

Es fällt auf, daß die Koeffizienten der so geordneten Potenzen gleich den Zahlen einer Reihe des Pascal-Dreiecks sind. Daher bezeichnet man $\binom{n}{s}$ auch als *Binomialkoeffizient.*

Satz 8: Für alle $n \in \mathbb{N}$ gilt

$$(a + b)^n = \binom{n}{0} \cdot a^n \cdot b^0 + \binom{n}{1} a^{n-1} \cdot b^1 + \binom{n}{2} a^{n-2} b^2 + \cdots +$$

$$+ \binom{n}{k} a^{n-k} b^k + \cdots + \binom{n}{n-1} a^1 b^{n-1} + \binom{n}{n} a^0 b^n$$

Zum Beweis von Satz 8 überlegen wir uns, wie oft der Summand $a^{n-k} \cdot b^k$ ($0 \le k \le n$) entstehen kann. Er wird gebildet, indem von den n Faktoren $(a + b)$ genau k Klammern die Zahl b und die übrigen $n - k$ Klammern die Zahl a liefern. Da beim Ausmultiplizieren von $(a + b)^n$ alle Kombinationen der Zahlen a und b in den Klammern auftreten, liefert jede Teilmenge von k Klammern einen Summanden $a^{n-k} \cdot b^k$ und umgekehrt, da man gerade aus den zu einer solchen Teilmenge gehörenden Klammern die Faktoren b auswählen kann. Die Anzahl dieser Teilmengen ist aber gleich $\binom{n}{k}$, dem entsprechenden Binomial-koeffizienten.

Zur Veranschaulichung betrachten wir den Fall $n = 3$:

$$(a + b)^3 = (a + b) \cdot (a + b) \cdot (a + b)$$
$$= 1 \cdot a^3 \longleftarrow \qquad (\underline{a} + b) \cdot (\underline{a} + b) \cdot (\underline{a} + b)$$

$$+ 3 \cdot a^2 b \longleftarrow \begin{cases} (\underline{a} + b) \cdot (\underline{a} + b) \cdot (a + \underline{b}) \\ (\underline{a} + b) \cdot (a + \underline{b}) \cdot (\underline{a} + b) \\ (a + \underline{b}) \cdot (\underline{a} + b) \cdot (\underline{a} + b) \end{cases}$$

$$+ 3 \cdot a b^2 \longleftarrow \begin{cases} (\underline{a} + b) \cdot (a + \underline{b}) \cdot (a + \underline{b}) \\ (a + \underline{b}) \cdot (\underline{a} + b) \cdot (a + \underline{b}) \\ (a + \underline{b}) \cdot (a + \underline{b}) \cdot (\underline{a} + b) \end{cases}$$

$$+ 1 \cdot b^3 \longleftarrow \qquad (a + \underline{b}) \cdot (a + \underline{b}) \cdot (a + \underline{b})$$

▶ *Übung:* Beweisen Sie, daß $\binom{n}{0} - \binom{n}{1} + \binom{n}{2} - \binom{n}{3} + \cdots + (-1)^n \binom{n}{n} = 0$, wobei die Vorzeichen der Summanden stets wechseln sollen.
Hinweis: Schreiben Sie Satz 8 für die speziellen Werte $a = 1$ und $b = -1$ hin!

Aufgaben

26) Beweisen Sie mit Hilfe der vollständigen Induktion:

   a) $1^2 + 2^2 + 3^2 + \cdots + n^2 = \dfrac{n(n + 1)(2n + 1)}{6}$ für alle $n \in \mathbb{N}$

   b) $2 + 4 + 6 + \cdots + 2n = n^2 + n$ für alle $n \in \mathbb{N}$

   c) $(1 + x)^n \ge 1 + n \cdot x$ für $x \ge -1$ und alle $n \in \mathbb{N}$ *(Bernoullische Unglei-chung).*

27) Beweisen Sie mit vollständiger Induktion, daß für alle $n \in \mathbb{N}$ gilt: $(x - y)$ ist Teiler von $(x^n - y^n)$.

28) Beweisen Sie mit vollständiger Induktion, daß für alle ungeraden $n \in \mathbb{N}$ gilt: $(x + y)$ ist Teiler von $(x^n + y^n)$.

29) *(Eulerscher Polyedersatz).* Es sei e die Anzahl der Ecken, k die Anzahl der Kanten und f die Anzahl der Seitenflächen eines konvexen Polyeders. Dann gilt

$$e + f = k + 2.$$

Beweisen Sie diese Aussage mit vollständiger Induktion nach k.

30) Beweisen Sie die Produktregel mit vollständiger Induktion nach der Anzahl der Stufen.

31) Herr Schön hat 6 Mäntel, 5 Hüte und 8 Paar Schuhe.
a) Auf wie viele verschiedene Arten kann er sich kleiden, wenn er von jeder Sorte ein Stück tragen muß?
b) Auf wie viele Arten kann er sich kleiden, wenn das Tragen von Mantel bzw. Hut freiwillig ist?

32) Wie viele fünfstellige Zahlen mit lauter ungeraden Ziffern gibt es?

33) Ein Kind bekommt von Verwandten 8 verschiedene Süßigkeiten. Auf wie viele verschiedene Arten kann es sie auf die Hosentasche, die Schublade und den Mund verteilen?

34) 6 Sportler kämpfen um Gold, Silber und Bronze. Auf wie viele verschiedene Arten kann die Preisverteilung erfolgen?

35) Auf wie viele Arten kann ein Arzt nacheinander 7 Patienten besuchen?

36) Frau Grün hat in ihrem Blumenfenster 4 Kakteen, 3 Alpenveilchen und 5 Azaleen. Sie stellt gleichartige Pflanzen stets nebeneinander. Auf wie viele verschiedene Arten kann sie ihr Blumenfenster gestalten?

37) Auf wieviel Arten kann man aus 10 Personen einen Dreierausschuß wählen?

38) Berechnen Sie *a)* $\binom{15}{4}$, *b)* $\binom{14}{3}$, *c)* $\binom{15}{11}$, *d)* $\binom{30}{1}$, *e)* $\binom{1983}{0}$.

39) Wie viele Ausspielergebnisse beim Mittwochslotto 7 aus 38 liefern einem vorher abgegebenen Tip k Richtige ($k = 0, 1, 2, ..., 7$)?

40) Berechnen Sie *a)* $\binom{12}{2}$, *b)* $\binom{12}{3}$, *c)* $\binom{13}{3}$,

d) $\binom{12}{0} + \binom{12}{1} + \cdots + \binom{12}{11} + \binom{12}{12}$.

41) An der 3. Runde des Fußball-Europapokals nehmen 5 deutsche Vereine teil. Am Abend der Rückspiele hört ein Fan im Radio nur noch, daß 3 Vereine weitergekommen sind. Wie viele Möglichkeiten schwirren danach durch seinen Kopf?

42) Auf wie viele unterscheidbare Arten lassen sich die Buchstaben des Wortes MISSISSIPPI anordnen?

43) Beweisen Sie, daß

$$\binom{n}{0} + 2\binom{n}{1} + 4\binom{n}{2} + \cdots + 2^k\binom{n}{k} + \cdots + 2^n\binom{n}{n} = 3^n \text{ ist für alle } n \in \mathbb{N}.$$

44) Auf wie viele Arten kann man aus 22 Schülern 2 Mannschaften zu je 11 Schülern bilden?

45) Beweisen Sie durch Zählen auf zwei verschiedene Arten, daß

$$\binom{n}{0}^2 + \binom{n}{1}^2 + \cdots + \binom{n}{n}^2 = \binom{2n}{n}.$$

Mehrstufige Zufallsprozesse

Die Pfadregeln

Während wir im Kapitel »Wahrscheinlichkeiten« die Zufallsgeräte immer nur einmal bedienten und somit »einstufige« Zufallsprozesse betrachteten, haben wir in der Kombinatorik beim Entnehmen von Stichproben auch schon mehrstufige Prozesse betrachtet. Dies geschah unter dem Aspekt, die Anzahl der verschiedenen Ergebnisse zu bestimmen. Wir werden nun mehrstufige Zufallsprozesse daraufhin untersuchen, mit welcher Wahrscheinlichkeit ihre möglichen Ergebnisse eintreffen.

Beispiel 1: In einem Spielautomaten drehen sich drei Scheiben, die mit der jeweiligen Wahrscheinlichkeit $\frac{4}{9}$, $\frac{1}{3}$ und $\frac{1}{3}$ auf dem Symbol $\boxed{\triangle}$ stehenbleiben (vgl. Figur 11). Das Erscheinen von $\boxed{\triangle\,\triangle\,\triangle}$ bedeutet den Hauptgewinn. Mit welcher Wahrscheinlichkeit trifft der Hauptgewinn ein?

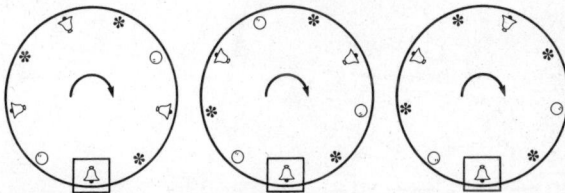

Figur 11

Wir erinnern uns an die *Produktregel der Kombinatorik.* Nach ihr gibt es *insgesamt* $9 \cdot 9 \cdot 9 = 729$ verschiedene Stellungen der 3 Räder. Davon sind $4 \cdot 3 \cdot 3 = 36$ *günstig* für den Hauptgewinn. Somit tritt der Hauptgewinn mit einer Wahrscheinlichkeit von $\frac{36}{729} = \frac{4}{81}$ ein. Die Verwendung der Produktregel legt ihre Übertragung von Anzahlen auf Wahrscheinlichkeiten nahe. Dabei wird dem Ereignis $\boxed{\triangle}$ beim linken Glücksrad nicht die *Anzahl* 4 seiner Felder, sondern die *Wahrscheinlichkeit* $\frac{4}{9}$ für sein Eintreten zugeordnet. Entsprechend verfahren wir bei den Glücksrädern der 2. und 3. Stufe. Die Gegenüberstellung durch die *Bäume* der Figur 12 spricht für sich. Der linke Baum enthält die Anzahlen der in einem Pfad zusammengefaßten Ereignisse, der rechte Baum ihre Wahrscheinlichkeiten.

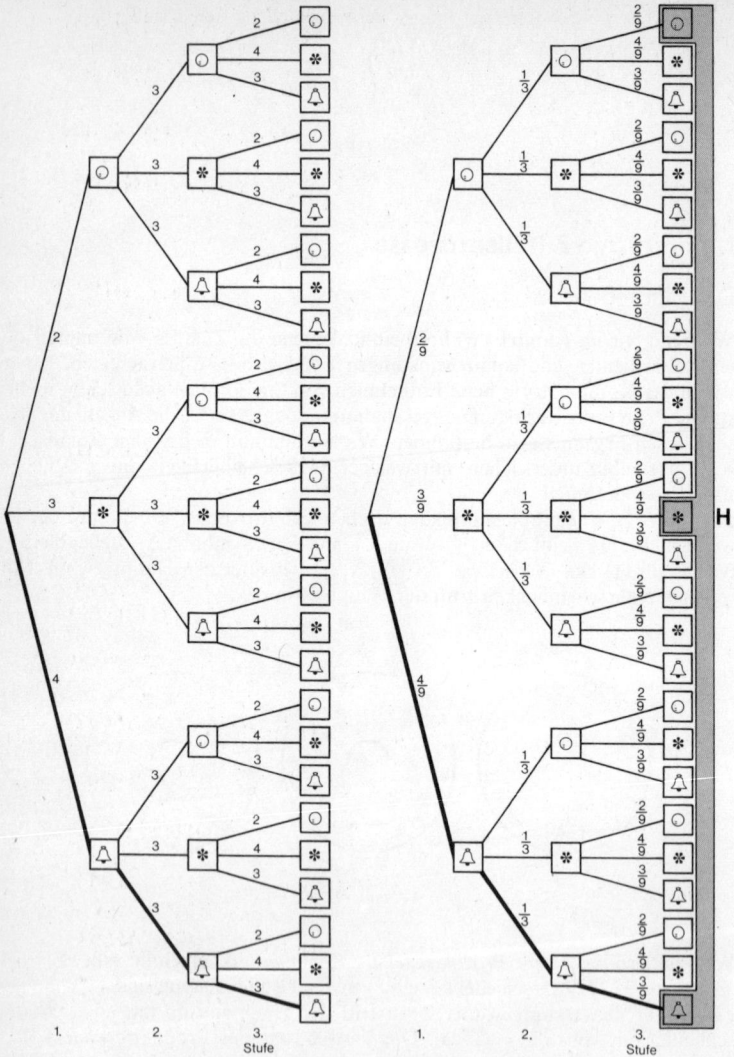

Figur 12

Nach der Produktregel der Kombinatorik erhält man durch Multiplikation der Pfadzahlen $4 \cdot 3 \cdot 3$ des stark ausgezogenen Pfades die Anzahl 36 aller Stellungen der Form ⬜⬜⬜. Genauso erhält man im rechten Baumdiagramm durch Multiplikation der Einzelwahrscheinlichkeiten $\frac{4}{9} \cdot \frac{3}{9} \cdot \frac{3}{9}$ die Wahrscheinlichkeit $\frac{4}{81}$ des stark ausgezogenen Pfades. Da dieser Pfad mit dem Ereignis $\boxed{\triangle}\,\boxed{\triangle}\,\boxed{\triangle}$ identifiziert werden kann, beträgt dessen Wahrscheinlichkeit $\frac{4}{81}$. Wie formulieren diese Tatsache allgemein als

> *1. Pfadregel:* Die Wahrscheinlichkeit eines Pfades ist gleich dem Produkt seiner Einzelwahrscheinlichkeiten.

In dieser prägnanten Formulierung bedeuten die Einzelwahrscheinlichkeiten die Wahrscheinlichkeiten der einzelnen Stufen. Wenn man daher einen mehrstufigen Zufallsprozeß in einem Baumdiagramm darstellt, kann man die Wahrscheinlichkeiten der einzelnen Ergebnisse sehr einfach bestimmen.

▶ *Übung:* Zeigen Sie, daß bei diesem Spielautomaten die Wahrscheinlichkeit für einen Hauptgewinn auf $\frac{4}{243}$ zurückgeht, falls bei einer Spielplanänderung der Hauptgewinn nur aus $\boxed{\bigcirc}\,\boxed{\bigcirc}\,\boxed{\bigcirc}$ besteht. Bestimmen Sie auch die Wahrscheinlichkeit von $\boxed{*}\,\boxed{*}\,\boxed{*}$.

Beispiel 2: Nach einer Änderung des Spielplans tritt der Hauptgewinn (*H*) genau dann ein, wenn alle drei Räder auf demselben Symbol stehenbleiben. Wie groß ist die Wahrscheinlichkeit $P(H)$ in diesem Fall?

Das Ergebnis *H* besteht jetzt aus den Ergebnissen $\boxed{a}\,\boxed{a}\,\boxed{a}$, wobei *a jedes der drei Symbole* sein kann. Aus der Definition für die Wahrscheinlichkeit eines Ereignisses als Summe der Wahrscheinlichkeiten seiner Ergebnisse folgt:

$$P(H) = P(\boxed{\bigcirc}\,\boxed{\bigcirc}\,\boxed{\bigcirc}) + P(\boxed{*}\,\boxed{*}\,\boxed{*}) + P(\boxed{\triangle}\,\boxed{\triangle}\,\boxed{\triangle}) = \frac{4}{243} + \frac{4}{81} + \frac{4}{81} = \frac{28}{243}.$$

In Figur 12 ist *H* rechts schraffiert dargestellt; $P(H)$ erhält man durch Addition der Wahrscheinlichkeiten aller Pfade, die zu den Ereignissen von *H* führen. Auch diese Tatsache formulieren wir allgemein als

> *2. Pfadregel:* Die Wahrscheinlichkeit eines Ereignisses ist gleich der Summe der Wahrscheinlichkeiten aller Pfade, die zum Ereignis führen.

Beispiel 3: Ein Laplace-Würfel wird viermal geworfen. Wie groß ist die Wahrscheinlichkeit, lauter gerade Augenzahlen zu werfen?

Bei der Lösung benötigen wir nur die 1. Pfadregel. Wir zeichnen nicht den ganzen Baum des vierstufigen Zufallsversuchs, sondern nur den Pfad, dessen Wahrscheinlichkeit uns interessiert (Figur 13). *G* bedeutet gerade Augenzahl.

Für die gesuchte Wahrscheinlichkeit *P* gilt $P = \left(\frac{1}{2}\right)^4 = \frac{1}{16}$.

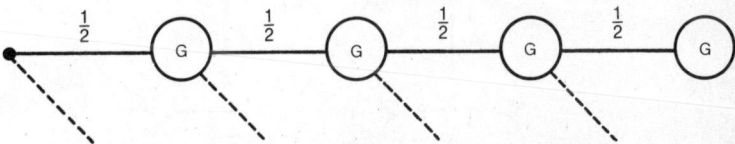

Figur 13

▶ *Übung:* Mit welcher Wahrscheinlichkeit taucht bei drei Würfen eines Laplace-Würfels hintereinander keine Sechs auf?

Beispiel 4: Wie groß ist die Wahrscheinlichkeit, daß unter den fünf Kindern einer Familie mindestens ein Mädchen ist? (Die Wahrscheinlichkeit für eine Knabengeburt sei $p = 0,515$.)

Wegen der unübersichtlichen Anzahl der Möglichkeiten, unter fünf Kindern mindestens ein Mädchen (Ereignis M) zu haben, betrachten wir das Gegenereignis $\bar{M}$: Alle Kinder sind Knaben. Dann ist $P(M) + P(\bar{M}) = 1$, und daher $P(M) = 1 - P(\bar{M}) = 1 - (0,515)^5 \approx 1 - 0,036 = 0,964$. Die gesuchte Wahrscheinlichkeit beträgt etwa 96,4%.

Es ist bei Mehrstufenprozessen gelegentlich zweckmäßig, die Wahrscheinlichkeit für ein Ereignis der Art »... mindestens ...« über die *Wahrscheinlichkeit des Gegenereignisses* zu bestimmen.

Beispiel 5: Wir sind jetzt in der Lage, die Frage des Chevalier de Méré an Pascal endgültig zu klären. Pascal gab in seiner Antwort die richtigen Werte der Wahrscheinlichkeiten $P(6)$ und $P(66)$ an, wobei das Ereignis »6« mindestens eine Sechs in 4 Würfen eines, und »66« mindestens einen Sechserpasch in 24 Würfen zweier fairer Würfel bedeuten soll. Anwendung der in Beispiel 4 beschriebenen Strategie liefert

$$P(6) = 1 - P(\bar{6}) = 1 - \left(\frac{5}{6}\right)^4 = 1 - \frac{625}{1296} = \frac{671}{1296} \approx 0,5177, \quad \text{während}$$

$$P(66) = 1 - P(\overline{66}) = 1 - \left(\frac{35}{36}\right)^{24} \approx 0,4914.$$

Der Unterschied ist gering, aber einem so fleißigen Spieler wie dem Chevalier fiel doch auf, daß der Sechserpasch etwas benachteiligt zu sein schien.

Beispiel 6: Eine Verpackung wird mit zwei Farben bedruckt. Der erste Druckvorgang hat eine Versagerquote von 2‰, der zweite von 3‰. Mit welcher Wahrscheinlichkeit ist eine zufällig entnommene Verpackung a) unbedruckt, b) mit nur einer Farbe bedruckt?

Die unbedruckte Packung entspricht dem Pfad NEIN – NEIN, dessen Wahrscheinlichkeit $0,002 \cdot 0,003 = 0,000006$ ist (Figur 14).

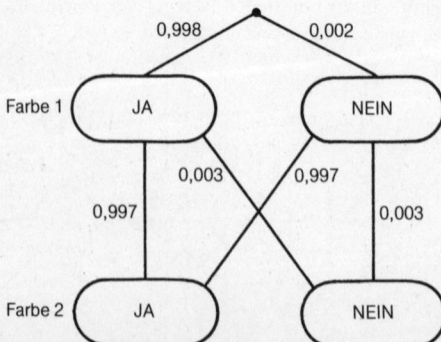

Figur 14

Das Ereignis »nur eine Farbe« besitzt zwei Pfade, nämlich JA – NEIN bzw. NEIN – JA. Daher tritt es mit der Wahrscheinlichkeit
$0,998 \cdot 0,003 + 0,002 \cdot 0,997 = 0,004988 \approx 5\%_0$ auf.

Unabhängige Ereignisse

In einer Urne (Figur 15) befinden sich 3 schwarze (s) und zwei weiße (w) Kugeln.

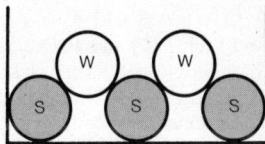

Figur 15

Zwei Kugeln werden nacheinander gezogen, und zwar *a)* mit Zurücklegen und *b)* ohne Zurücklegen.
Figur 16 zeigt die Baumdiagramme zu *a)* und *b)*.

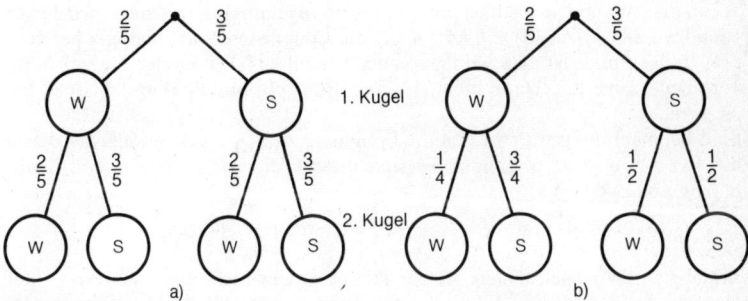

Figur 16

▶ *Übung:* Überzeugen Sie sich von der Richtigkeit der in Figur 16 eingetragenen Wahrscheinlichkeiten. Beachten Sie, daß in *b)* bei der 2. Stufe nur noch 4 Kugeln vorhanden sind.
Wir stellen fest, daß bei *a)* die 2. Stufe wegen des Zurücklegens identisch mit der 1. Stufe ist. Daher wird der Ausgang der 2. Stufe vom Ergebnis der 1. Stufe *nicht beeinflußt*. Anders ist es dagegen im Fall *b)*, wo die zuerst gezogene Kugel nicht zurückgelegt wird. Hier *beeinflußt* der Ausgang der 1. Stufe die Wahrscheinlichkeiten der 2. Stufe. Wir sprechen bei *a)* von *unabhängigen*, bei *b)* von *abhängigen* Zufallsversuchen. Diese Begriffsbildung läßt sich auf Ereignisse übertragen. Dazu betrachten wir folgendes Beispiel:
Es sei $E = $»erste gezogene Kugel ist weiß« und $F = $»zweite gezogene Kugel ist weiß«.

Weil $E = \{ww; ws\}$ und $F = \{ww; sw\}$ ist, gilt

a) mit Zurücklegen, daß

$$P(E) = \tfrac{2}{5} \cdot \tfrac{2}{5} + \tfrac{2}{5} \cdot \tfrac{3}{5} = \tfrac{2}{5}, \quad P(F) = \tfrac{2}{5} \cdot \tfrac{2}{5} + \tfrac{3}{5} \cdot \tfrac{2}{5} = \tfrac{2}{5} \quad \text{bzw.}$$

b) ohne Zurücklegen, daß

$$P(E) = \tfrac{2}{5} \cdot \tfrac{1}{4} + \tfrac{2}{5} \cdot \tfrac{3}{4} = \tfrac{2}{5}, \quad P(F) = \tfrac{2}{5} \cdot \tfrac{1}{4} + \tfrac{3}{5} \cdot \tfrac{1}{2} = \tfrac{2}{5} \quad \text{(vgl. Figur 16).}$$

Für das Ereignis $E \cap F = \{ww\}$ gilt jeweils

a) mit Zurücklegen, daß $\quad P(E \cap F) = \tfrac{2}{5} \cdot \tfrac{2}{5} = \tfrac{4}{25} \quad$ bzw.

b) ohne Zurücklegen, daß $\quad P(E \cap F) = \tfrac{2}{5} \cdot \tfrac{1}{4} = \tfrac{1}{10}.$

Durch Vergleich von $P(E \cap F)$ mit $P(E)$ und $P(F)$ erkennen wir, daß im Fall *a)* $P(E \cap F) = P(E) \cdot P(F)$ gilt, während dies in *b)* nicht der Fall ist. Der Unterschied zwischen *a)* und *b)* besteht in der Unabhängigkeit bzw. Abhängigkeit der Zufallsversuche. Die sich daraus ergebende Produkteigenschaft der Wahrscheinlichkeiten läßt sich dazu verwenden, auch für Ereignisse den Begriff »Unabhängigkeit« zu definieren.

Definition 1: Zwei Ereignisse A und B heißen *unabhängig*, wenn

$$P(A \cap B) = P(A) \cdot P(B) \tag{1}$$

Andernfalls heißen A und B *abhängig*.

Wenn man Wahrscheinlichkeiten durch relative Häufigkeiten schätzt, wird man auch im Falle $h_r(A \cap B) \approx h_r(A) \cdot h_r(B)$ die Ereignisse als unabhängig bezeichnen. In der Praxis ist man häufig von der Unabhängigkeit zweier Ereignisse im vorhinein überzeugt. Dann dient (1) dazu, $P(A \cap B)$ aus $P(A)$ und $P(B)$ zu berechnen.

Sind bei mehrstufigen Prozessen die Ereignisse $A_1, A_2, \ldots, A_n$ jeweils *nur* durch die 1., 2., …, n. Stufe beeinflußt, so sind diese Ereignisse in jedem Fall unabhängig und es gilt

$$P(A_1 \cap A_2 \cap \ldots \cap A_n) = P(A_1) \cdot P(A_2) \cdot \ldots \cdot P(A_n).$$

Beispiel 7: Wir betrachten einen fairen Spielwürfel und definieren auf $\Omega = \{1; 2; 3; 4; 5; 6\}$ folgende Ereignisse: $A = \{1; 2; 3\}$, $B = \{1; 4\}$, $C = \{1; 2; 3; 4\}$. Welche der Ereignisse sind abhängig, welche unabhängig? Zunächst bestimmen wir alle benötigten Wahrscheinlichkeiten.

$P(A) = \tfrac{1}{2}$, $P(B) = \tfrac{1}{3}$, $P(C) = \tfrac{2}{3}$. $A \cap B = \{1\}$, $A \cap C = \{1; 2; 3\}$, $B \cap C = \{1; 4\}$
$\Rightarrow P(A \cap B) = \tfrac{1}{6}$, $P(A \cap C) = \tfrac{1}{2}$, $P(B \cap C) = \tfrac{1}{3}$. Nun stellen wir fest:
$P(A \cap B) = \tfrac{1}{6} = P(A) \cdot P(B)$, $P(A \cap C) = \tfrac{1}{2} \neq P(A) \cdot P(C) = \tfrac{1}{3}$,
$P(B \cap C) = \tfrac{1}{3} \neq P(B) \cdot P(C) = \tfrac{2}{9}$.

Also sind nur A und B unabhängig. Die anderen Ereignisse sind abhängig. Dies leuchtet ein: Jemand will eine Wette auf B abschließen. Er weiß, daß $P(B) = \tfrac{1}{3}$ ist. Nun erfährt er, daß A eingetreten ist. Haben sich die Chancen verbessert? Nein, denn auch in A ist die Wahrscheinlichkeit für B wie vorher $\tfrac{1}{3}$, da $1 \in B$, $2 \notin B$, $3 \notin B$. Anders ist es beispielsweise, wenn man auf B wettet und erfährt, daß C eingetreten ist. Jetzt hat sich die Wahrscheinlichkeit für B auf $\tfrac{1}{2}$ erhöht, da $1 \in B$ und $4 \in B$, $2 \notin B$ und $4 \notin B$. Diese Überlegung wird im Kapitel über bedingte Wahrscheinlichkeiten verallgemeinert.

Beispiel 8: Aus Erfahrung weiß man, daß unter den Teilnehmern am *Bundeswettbewerb Mathematik* der Erfolg in der 1. Runde unabhängig von der Schulnote in Musik ist. So haben im Wettbewerbsjahr 1975 die Ereignisse $E = $ »Erfolg in der 1. Runde« und $N = $ »Note 1 oder 2 in Musik« etwa die relativen Häufigkeiten $h_r(E) = \frac{4}{7}$ bzw. $h_r(N) = \frac{11}{16}$. Welcher Prozentsatz der Teilnehmer ist erfolgreich und hat eine 1 bzw. 2 in Musik?

Wegen der annähernden Unabhängigkeit von E und N gilt

$$h_r(E \cap N) = h_r(E) \cdot h_r(N) = \frac{4}{7} \cdot \frac{11}{16} = \frac{11}{28} \approx 39,3\%.$$

▶ *Übung:* Berechnen Sie $h_r(E)$, $h_r(N)$ und $h_r(E \cap N)$ aus der Tabelle

	E	$\bar{E}$	Summe
N	232	164	396
$\bar{N}$	95	80	175
Summe	327	244	571

und vergleichen Sie diese mit den Näherungswerten aus Beispiel 8.

Eine Tabelle wie die obenstehende heißt *Vierfeldertafel.* Wir werden später untersuchen, wie man entscheiden kann, ob die Merkmale bei Vier- und Mehrfeldertafeln mit hinreichender Sicherheit als unabhängig angesehen werden können.

Aufgaben

46) Ein Würfel wird zweimal geworfen. Mit welcher Wahrscheinlichkeit erhält man zwei verschiedene Zahlen?

47) Eine Münze wird viermal geworfen. Mit welcher Wahrscheinlichkeit taucht jedesmal »0« auf?

48) Ein Würfel wird fünfmal geworfen. Mit welcher Wahrscheinlichkeit tauchen nur Fünfer oder Sechser auf?

49) Von 10 natürlichen Zahlen sind 5 gerade und 5 ungerade. Zwei Zahlen werden zufällig ohne Zurücklegen gezogen und multipliziert. Mit welcher Wahrscheinlichkeit ist ihr Produkt ungerade?

50) Zwei Jäger schießen gleichzeitig auf dasselbe Ziel. Ihre Trefferwahrscheinlichkeiten betragen 0,3 und 0,7. Mit welcher Wahrscheinlichkeit wird das Ziel mindestens einmal getroffen?

51) In einer Urne liegen 4 weiße und 5 schwarze Kugeln. Es werden 3 Kugeln ohne Zurücklegen gezogen. Mit welcher Wahrscheinlichkeit ist mindestens eine gezogene Kugel weiß?

52) Die Wahrscheinlichkeit, daß eine Ölbohrung fündig wird, sei $\frac{1}{20}$.
a) Mit welcher Wahrscheinlichkeit haben 20 Bohrungen mindestens einen Erfolg?
b) Bei wieviel Bohrungen mindestens ist die Erfolgswahrscheinlichkeit größer als $\frac{1}{2}$?

53) Eine Losbude bietet an: Jedes 2. Los gewinnt. Wieviel Lose muß ein Jahrmarktbesucher kaufen, um mit 99 % Sicherheit mindestens einen Gewinn zu haben?

54) Der Chevalier de Méré stellte Pascal noch eine weitere Frage:
Eine Münze wird wiederholt geworfen; bei »Wappen« erhält Spieler *A* einen Punkt, und bei »Zahl« erhält *B* einen Punkt. Wer zuerst 5 Punkte erreicht, hat gewonnen und bekommt den gesamten Einsatz. Wie ist der Einsatz gerecht aufzuteilen, wenn das Spiel beim Stand von 4:3 für *A* abgebrochen wird – im Verhältnis 4:3, oder im umgekehrten Verhältnis 2:1 der fehlenden Spiele?
Pascal antwortete, daß die »gerechte« Aufteilung dem Verhältnis der Gewinnwahrscheinlichkeiten für *A* und *B* entsprechen müsse. Mit Wahrscheinlichkeit $\frac{1}{2}$ gewinnt *A* im *nächsten Wurf;* andernfalls steht es 4:4. Dann gewinnt *A* oder *B* mit gleicher Wahrscheinlichkeit im *übernächsten Wurf.* Somit ist $P(A \text{ gewinnt}) = \frac{1}{2} + \frac{1}{2} \cdot \frac{1}{2} = \frac{3}{4}$, $P(B \text{ gewinnt}) = \frac{1}{4}$, und der Einsatz muß im Verhältnis 3:1 aufgeteilt werden.
Wie ist der Einsatz beim Abbruch bei *a)* 4:2, *b)* 3:2 aufzuteilen?

55) Es seien *A* und *B* Ereignisse in einem *Laplace-Raum* (d.h. alle Ergebnisse sind gleichwahrscheinlich). Beweisen Sie folgende Äquivalenz: *A* und *B* sind *unabhängig*

$$\Leftrightarrow \frac{|A \cap B|}{|\Omega|} = \frac{|A|}{|\Omega|} \cdot \frac{|B|}{|\Omega|} \Leftrightarrow \frac{|A \cap B|}{|B|} = \frac{|A|}{|\Omega|}$$

56) Füllen Sie die leeren Felder der Tabelle aus unter der Annahme, daß Schwimmfähigkeit und Geschlecht voneinander unabhängig sind

	Schwimmer	Nichtschwimmer	Summe
Mädchen			26
Jungen			
Summe	39		78

57) Beim zweimaligen Werfen eines Laplace-Würfels seien die Ereignisse *A*: Augensumme gerade, *B*: Augenprodukt ungerade, *C*: Augenzahlen verschieden, definiert. Sind *A* und *B* bzw. *A* und *C* bzw. *B* und *C* unabhängig?

58) Ein Flugzeug hat an jeder Tragfläche einen Motor. Jeder Motor fällt unabhängig von dem anderen während eines 6-Stunden-Flugs mit der Wahrscheinlichkeit $p = \frac{1}{1000}$ aus. Wie groß ist die Wahrscheinlichkeit, daß bei einem solchen Flug
a) beide Motoren ausfallen?
b) genau ein Motor ausfällt?

59) Der Motor einer betagten Klapperkiste springt genau dann an, wenn sowohl die Batterie als auch die Zündanlage als auch die Kraftstoffzufuhr funktionieren. Diese drei Bereiche fallen unabhängig voneinander aus, und zwar die Batterie durchschnittlich 5mal, die Zündanlage durchschnittlich 4mal und die Kraftstoffzufuhr durchschnittlich 2mal in 200 Tagen. An wie vielen von 200 Tagen muß der Besitzer des Autos zu Fuß gehen?

60) Eine Untersuchung der Augenfarbe bei 1000 Vater-Sohn-Paaren brachte folgendes Ergebnis:

Sohn

		helläugig	dunkeläugig	Summe
Vater	helläugig	471	151	622
	dunkeläugig	148	230	378
	Summe	619	381	1000

Ist die Helläugigkeit von Vater und Sohn unabhängig?

61) Eine Untersuchung der Hauptblutgruppen in Abhängigkeit vom Geschlecht brachte folgendes Ergebnis:

Blutgruppe:	0	A	B	AB	Summe
männlich	817	723	176	92	1808
weiblich	862	765	191	106	1924
Summe	1679	1488	367	198	3732

Kann man aufgrund dieser Daten annehmen, daß Blutgruppe und Geschlecht unabhängig sind?

Bedingte Wahrscheinlichkeiten

Definition und Eigenschaften

Die Rennpferde Anna, Berta und Carla gelten mit 40% bzw. 30% bzw. 10% Siegeschancen als Favoriten des nächsten Rennens: Die Wahrscheinlichkeit eines Überraschungserfolges durch einen Außenseiter wird also mit 20% angenommen. Jemand setzt auf das Ereignis $E: = $»Anna oder Berta gewinnt.« Seine Siegeschance beträgt $P(E) = 0,7$.

Der Jockey von Anna ist bestochen, er wird also nicht siegen. Wie groß ist jetzt die Wahrscheinlichkeit für das Eintreffen von E?

Während die ursprünglichen Wahrscheinlichkeiten $P(A) = 0,4$, $P(B) = 0,3$, $P(C) = 0,1$, $P(\ddot{U}) = 0,2$, $P(E) = P(A) + P(B) = 0,7$ auf dem vollständigen Ereignisraum Ω aller möglichen Siegerpferde definiert waren, veranlaßt uns die *zusätzliche Information* über den Jockey von Anna, den Ereignisraum *abzuändern*. Unter der *Bedingung* (dem Ereignis) $\bar{A}: = $»Anna gewinnt nicht« gibt es nur noch die Möglichkeiten B, C, $\ddot{U}$, deren Wahrscheinlichkeiten sich natürlich wiederum wie $0,3:0,1:0,2$ verhalten sollen. Daher erhalten wir folgende Verteilung:

B	C	$\ddot{U}$
$\frac{1}{2}$	$\frac{1}{6}$	$\frac{1}{3}$

in der $P(B/\bar{A}) = \dfrac{0,3}{0,3 + 0,1 + 0,2}$, $P(C/\bar{A}) = \dfrac{0,1}{0,3 + 0,1 + 0,2}$,

$P(\ddot{U}/\bar{A}) = \dfrac{0,2}{0,3 + 0,1 + 0,2}$ die Wahrscheinlichkeiten für B, C und $\ddot{U}$ *unter der Bedingung* $\bar{A}$ sind. Da die Wahrscheinlichkeiten für die Ereignisse davon abhängen, welche Ereignisse (Bedingungen) vorausgesetzt sind, bezeichnen wir mit $P(E/\bar{A})$ die bedingte Wahrscheinlichkeit für E unter der Bedingung $\bar{A}$. In unserem Beispiel erkennen wir, daß $P(E/\bar{A}) = \dfrac{P(E \cap \bar{A})}{P(\bar{A})} = \dfrac{P(B)}{P(\bar{A})} = \dfrac{1}{2}$ ist. Dies ist die neue Wahrscheinlichkeit von E, falls Anna nicht siegen wird.

Unser Beispiel führt uns zu folgender

Definition 1: Der Quotient $P(A/B) = \dfrac{P(A \cap B)}{P(B)}$ (1)

heißt *bedingte* Wahrscheinlichkeit von A unter der Bedingung B (kurz: *Wahrscheinlichkeit von A bezüglich B*).

▶ *Übung:* Bestimmen Sie $P(E/\bar{B})$, $P(E/\bar{C})$, $P(E/\bar{\ddot{U}})$ mit den Zahlen aus dem Beispiel, wobei mit $\bar{B}$, $\bar{C}$, $\bar{\ddot{U}}$ jeweils das Nicht-Eintreffen von B, C, $\ddot{U}$ bezeichnet sei.

Selbstverständlich ist $P(A/B)$ nur dann definiert, wenn $P(B) \neq 0$. $P(A)$ ist auf Ω definiert, während $P(A/B)$ auf $B \subset \Omega$ definiert ist. Man könnte daher $P(A)$ auch als $P(A/\Omega)$ schreiben.

Beispiel 1: (Vierfeldertafel)

	B	$\bar{B}$	
A	16	2	18
$\bar{A}$	184	298	482
	200	300	500

Unter 500 zufällig ausgewählten Personen kommen die Merkmale A = farbenblind, B = männlich, mit den oben angegebenen Häufigkeiten vor.

Mit welcher Wahrscheinlichkeit ist eine weibliche Person nicht farbenblind bzw. eine farbenblinde Person männlich?

Die gesuchten Wahrscheinlichkeiten sind $P(\bar{A}/\bar{B})$ bzw. $P(B/A)$. Die Daten in der Tafel liefern:

$$P(\bar{A}/\bar{B}) = \frac{P(\bar{A} \cap \bar{B})}{P(\bar{B})} = \frac{298/500}{300/500} = \frac{298}{300} = 1 - \frac{1}{150} = 0,99\overline{3}$$

$$P(B/A) = \frac{P(B \cap A)}{P(A)} = \frac{16/500}{18/500} = \frac{16}{18} = 0,\overline{8}$$

Beispiel 2: Eine Sprinkleranlage wird über einen Rauchmelder gesteuert, der bei einem Brand mit 98 %iger Sicherheit anspricht. Allerdings kann die Anlage auch durch andere Einflüsse (Zigarettenqualm, techn. Störungen) ausgelöst werden.

Dies geschieht pro Tag mit der Wahrscheinlichkeit 0,001. Die Wahrscheinlichkeit für einen Brand pro Tag betrage 0,0005.
Die Sprinkleranlage ist eben angegangen. Mit welcher Wahrscheinlichkeit brennt es wirklich?
Mit den Bezeichnungen F = Feuer, A = Alarm erhalten wir

$$P(F/A) = \frac{P(F \cap A)}{P(A)} = \frac{\dfrac{1}{2000} \cdot \dfrac{98}{100}}{\dfrac{1}{2000} \cdot \dfrac{98}{100} + \dfrac{1999}{2000} \cdot \dfrac{1}{1000}} = \frac{980}{2979} \approx \frac{1}{3}.$$

Wir haben bedingte Wahrscheinlichkeiten bei der Berechnung von *Pfadwahrscheinlichkeiten* bereits kennengelernt, ohne sie so bezeichnet zu haben. Dazu betrachten wir den Ausgang des oben besprochenen Pferderennens als zweistufigen Versuch. Dabei wird in der ersten Stufe Ω auf die Bedingung reduziert (hier auf $\bar{A}$), und in der zweiten Stufe aus $\bar{A}$ das Erfolgsereignis ausgewählt. Die Wahrscheinlichkeiten der 2. Stufe sind bedingte Wahrscheinlichkeiten. Der in Figur 17 stark ausgezogene Pfad über $\bar{A}$ nach E gehört offensichtlich zu dem

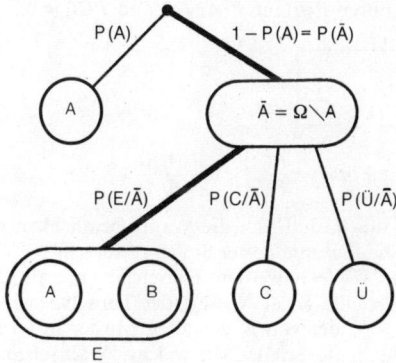

Figur 17

Ereignis $E \cap \bar{A}$. Die Pfadregel liefert $P(E \cap \bar{A}) = P(\bar{A}) \cdot P(E/\bar{A})$. Division durch $P(\bar{A})$ zeigt, daß diese Gleichung äquivalent ist zu

$$P(E/\bar{A}) = \frac{P(E \cap \bar{A})}{P(\bar{A})}.$$

Aus der Gleichung (1) folgt für beliebige Ereignisse A und B mit $P(B) \neq 0$

$$\boxed{P(A \cap B) = P(B) \cdot P(A/B)} \tag{2}$$

Man kann (2) auf drei und mehr Ereignisse verallgemeinern. Ohne Beweis teilen wir mit:

$$P(A_1 \cap A_2 \cap A_3 \cap \dots \cap A_n) = P(A_1) \cdot P(A_2/A_1) \cdot P(A_3/A_2 \cap A1) \cdot \dots$$
$$\dots \cdot P(A_n/A_{n-1} \cap \dots \cap A_1)$$

Dies entspricht der Pfadwahrscheinlichkeit für einen n-stufigen Zufallsversuch.

Beispiel 3: In einem Leistungskurs Mathematik befinden sich 16 Schüler, und zwar 10 Jungen und 6 Mädchen. Es sollen zufällig zwei Schüler bestimmt werden, um einen Satz Mathematikbücher aus der Bibliothek zu holen. Mit welcher Wahrscheinlichkeit sind beide Schüler Jungen?

Es sei $B(A)$ das Ereignis: Der erste (zweite) Schüler ist ein Junge. Dann ist $P(A \cap B)$ die gesuchte Wahrscheinlichkeit. Nach (2) gilt:

$$P(A \cap B) = P(B) \cdot P(A/B) = \frac{10}{16} \cdot \frac{9}{15} = \frac{3}{8}.$$

► *Übung:* Zeigen Sie, daß die Wahrscheinlichkeit $P(\bar{A} \cap \bar{B})$, daß beide Schüler Mädchen sind, $\frac{1}{8}$ beträgt. Wie groß ist die Wahrscheinlichkeit, daß ein Junge und ein Mädchen die Bücher holen?

Wir wollen nun einen Zusammenhang zwischen $P(A/B)$ und $P(B/A)$ herleiten. Weil $A \cap B = B \cap A$, ist natürlich $P(A \cap B) = P(B \cap A)$. Setzen wir auf beiden Seiten die rechte Seite von (2) ein, erhalten wir

$$P(B) \cdot P(A/B) = P(A) \cdot P(B/A) \tag{3}$$

und nach Division durch $P(B)$ für $P(A) \neq 0$ und $P(B) \neq 0$

$$\boxed{P(A/B) = \frac{P(A)}{P(B)} \cdot P(B/A)} \tag{4}$$

bzw. die äquivalente Form: $\quad \dfrac{P(A)}{P(B)} = \dfrac{P(A/B)}{P(B/A)} \tag{4'}$

(3) bedeutet anschaulich, daß sich die Wahrscheinlichkeit eines Pfades *nicht ändert*, wenn man die *Reihenfolge* der Stufen *vertauscht*.

Beispiel 4: In einer Töpferei werden Tonschalen bemalt. 25% aller Schalen bemalt die neueingestellte Kraft N. 92% der Tonschalen haben keine Fehler. In der Regel sind 84% der von N gemalten Muster in Ordnung. Ein Kunde reklamiert eine fehlerhafte Schale. Mit welcher Wahrscheinlichkeit wurde sie von N bemalt?

Es bedeute A: Die Schale ist von N bemalt. Es bedeute B: Das Muster hat einen Fehler. Dann gilt nach (4) für die gesuchte Wahrscheinlichkeit:

$$P(A/B) = \frac{0{,}25}{0{,}08} \cdot 0{,}16 = \frac{1}{2}.$$

Jedes zweite fehlerhafte Muster stammt aus der Hand von N.

Totale Wahrscheinlichkeit

In einer Bevölkerung sind 35% jünger als 25 Jahre, 45% zwischen 25 und 50 Jahre, und 20% älter als 50 Jahre. Von der ersten Gruppe sind $\frac{3}{14}$, von der zweiten Gruppe die Hälfte und von der dritten Gruppe $\frac{2}{5}$ Raucher. Wie groß ist der Anteil der Raucher an der Gesamtbevölkerung?

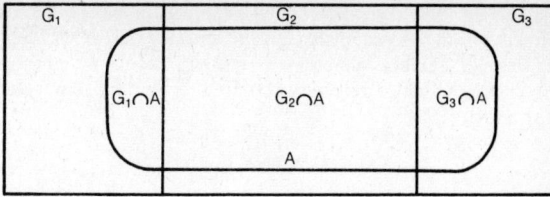

Figur 18

Figur 18 zeigt die Situation anschaulich: Die drei Gruppen bilden eine *Zerlegung* $G_1 \cup G_2 \cup G_3 = \Omega$ der Grundmenge.

Auch das Ereignis A: Eine Person ist Raucher, wird dadurch zerlegt in $A = (G_1 \cap A) \cup (G_2 \cap A) \cup (G_3 \cap A)$. Weil die Teilmengen der Zerlegung disjunkt sind, gilt $P(A) = P(G_1 \cap A) + P(G_2 \cap A) + P(G_3 \cap A)$. Einsetzen von (2) liefert

$$P(A) = P(G_1) \cdot P(A/G_1) + P(G_2) \cdot P(A/G_2) + P(G_3) \cdot P(A/G_3)$$

Diese Wahrscheinlichkeiten sind im Text aufgeführt. Wir rechnen aus:

$$P(A) = \frac{35}{100} \cdot \frac{3}{14} + \frac{45}{100} \cdot \frac{1}{2} + \frac{20}{100} \cdot \frac{2}{5} = \frac{15 + 45 + 16}{200} = 0,38.$$

Diesen Wert bezeichnen wir als *totale Wahrscheinlichkeit* dafür, daß eine zufällig aus der Gesamtbevölkerung herausgegriffene Person raucht.

Das Beispiel läßt sich ohne Schwierigkeiten verallgemeinern zu dem

---

Satz von der totalen Wahrscheinlichkeit:
Die Ereignisse $G_1, G_2, \ldots, G_n$ bilden eine Zerlegung von Ω. Dann gilt für ein beliebiges Ereignis $A \subset \Omega$:
$$P(A) = P(G_1) \cdot P(A/G_1) + P(G_2) \cdot P(A/G_2) + \cdots + P(G_n) \cdot P(A/G_n) \qquad (5)$$
$P(A)$ heißt *totale Wahrscheinlichkeit* von A.

Figur 19 zeigt, daß die totale Wahrscheinlichkeit für ein Ereignis A gleich der Summe der einzelnen Pfadwahrscheinlichkeiten nach A ist. In dieser Inter-

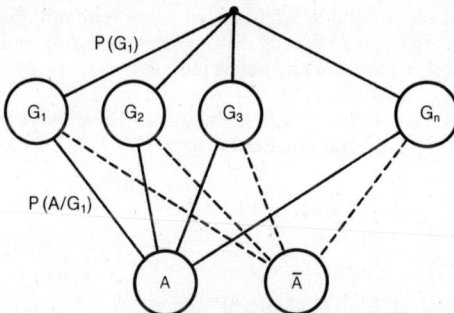

Figur 19

pretation ist uns der Satz von der totalen Wahrscheinlichkeit bereits geläufig. Wir kombinieren nun unsere bisherigen Resultate dieses Kapitels zu einer berühmten Formel. Dabei gehen wir wieder aus von einer Zerlegung $G_1 \cup G_2 \cup \cdots \cup G_n = \Omega$ des Ereignisraums und betrachten ein beliebiges Ereignis $A \subset \Omega$. Nach (1) ist

$$P(G_k/A) = \frac{P(G_k \cap A)}{P(A)}.$$

Wir ersetzen den Zähler nach (2) und den Nenner nach (5) und erhalten die

---

Formel von Bayes (Th. Bayes, 1702–1761)

$$P(G_k/A) = \frac{P(G_k) \cdot P(A/G_k)}{P(G_1) \cdot P(A/G_1) + P(G_2) \cdot P(A/G_2) + \cdots + P(G_n) \cdot P(A/G_n)}$$

Mit dieser Formel haben wir die Möglichkeit, aus der Kenntnis über ein Ereignis A zu berechnen, mit welcher Wahrscheinlichkeit ihm eine von *mehreren möglichen Ursachen* G_k zugrunde liegt. Üblicherweise berechnen wir ja unbekannte Wahrscheinlichkeiten voraus; hier ist es gerade umgekehrt.

Beispiel 5: Herr Hild ist am Samstagnachmittag mit Wahrscheinlichkeit $p_1 = 0,5$ zu Hause (H), mit Wahrscheinlichkeit $p_2 = 0,4$ auf dem Fußballplatz (F) und mit Wahrscheinlichkeit $p_3 = 0,1$ in der Kneipe (K). An den jeweiligen Orten trifft er Herrn Wild mit den Wahrscheinlichkeiten $q_1 = 0,1$, $q_2 = 0,75$ und $q_3 = 0,5$. Am Samstagabend erzählt Herr Hild einem anderen Bekannten, daß er heute Herrn Wild getroffen hat (W). Mit welcher Wahrscheinlichkeit geschah dies in der Kneipe?

Die uns interessierenden Ereignisse sind im Text mit Großbuchstaben H, F, K und W bezeichnet. Wir müssen $P(K/W)$ bestimmen und verwenden dazu die Formel von Bayes:

$$P(K/W) = \frac{P(K) \cdot P(W/K)}{P(H) \cdot P(W/H) + P(F) \cdot P(W/F) + P(K) \cdot P(W/K)}$$

$$= \frac{0,1 \cdot 0,5}{0,5 \cdot 0,1 + 0,4 \cdot 0,75 + 0,1 \cdot 0,5} = \frac{0,05}{0,40} = 0,125$$

Mit der Wahrscheinlichkeit von 12,5 % trafen sich die Herren in der Kneipe.

Beispiel 6: Einer unter 1000 Würfeln ist auf jeder Seite mit »Sechs« markiert, die übrigen 999 sind Laplace-Würfel. Ein aus diesem Vorrat zufällig ausgewählter Würfel wird 6mal geworfen und liefert jedesmal »Sechs«. Mit welcher Wahrscheinlichkeit ist er trotzdem gut?

Es sei S das Ereignis »10mal Sechs« und L das Ereignis »Laplace-Würfel«. Dann suchen wir $P(L/S)$ und erhalten

$$P(L/S) = \frac{P(L) \cdot P(S/L)}{P(L) \cdot P(S/L) + P(\overline{L}) \cdot P(S/\overline{L})} = \frac{0,999 \cdot \left(\frac{1}{6}\right)^6}{0,999 \cdot \left(\frac{1}{6}\right)^6 + 0,001 \cdot 1} \approx 0,021$$

Der Würfel ist nur mit 2,1 % Wahrscheinlichkeit gut.

► *Übung:* Wie groß ist die gesuchte Wahrscheinlichkeit in Beispiel 6, wenn der unfaire Würfel nur auf drei Seiten mit »Sechs« markiert ist?

Aufgaben

62) Berechnen Sie die Wahrscheinlichkeit, daß beim Werfen eines fairen Würfels eine »2« erscheint, unter der Bedingung, daß die geworfene Augenzahl *a)* eine Primzahl ist, *b)* eine Quadratzahl ist.

63) Aus einem gut gemischten französischen Kartenspiel (32 Blatt) werden Karten ohne Zurücklegen gezogen. Berechnen Sie die Wahrscheinlichkeiten der Ereignisse
   a) beim 1. Zug wird ein Bube gezogen,
   b) in zwei aufeinanderfolgenden Zügen ist die 2. gezogene Karte ein Bube,
   c) in drei aufeinanderfolgenden Zügen ist die 3. gezogene Karte ein Bube.

64) In einem Korb befinden sich 12 gute und 4 faule Eier. Es werden nacheinander zufällig drei Eier entnommen und aufgeschlagen. Mit welcher Wahrscheinlichkeit sind alle drei Eier faul?

65) Auf 6 Kärtchen wird je einer der sechs Buchstaben ANANAS geschrieben. Von den gut gemischten Kärtchen werden 4 ohne Zurücklegen nacheinander gezogen und nebeneinandergelegt. Mit welcher Wahrscheinlichkeit entsteht das Wort ANNA?

66) Beim Skatspiel hat Herr X nach dem Austeilen 3 Buben auf der Hand und hofft, daß der vierte Bube im Skat liegt.
   a) Mit welcher Wahrscheinlichkeit geht die Hoffnung in Erfüllung?
   b) Herr X sieht nun (zufällig), daß sein Nachbar Y keinen Buben in der Hand hat. Welche Chancen rechnet er sich jetzt aus?

67) Beweisen Sie, daß für alle Ereignisse $A, B \subset \Omega$ gilt: $P(A/B) + P(\bar{A}/B) = 1$.

68) Beim zweimaligen Würfeln ist die Augensumme *a)* 6, *b)* 7 entstanden. Mit welcher Wahrscheinlichkeit war der erste Wurf eine 3?

69) In einer Bevölkerung sind durchschnittlich 0,1 % aller Personen an Tuberkulose erkrankt. Ein Tbc-Test zeigt eine vorliegende Erkrankung in 95 % aller Fälle an, reagiert aber auch bei 4 % der Gesunden positiv. Welcher Anteil der Bevölkerung reagiert bei dem Test positiv?

70) Unter dem 1977 im Frankfurter Schlachthof aufgetriebenen Vieh sind 39 % Rinder, 1 % Kälber, 56 % Schweine und 4 % Schafe. Ohne Direktzufuhr kommen von den Rindern 28 %, von den Kälbern 9 %, von den Schweinen 52 % und von den Schafen 1 % aus Hessen. Welcher Anteil am gesamten Vieh kommt aus Hessen?

71) Urne 1 enthält 5 weiße und 7 schwarze, Urne 2 enthält 4 weiße und 11 schwarze, und Urne 3 enthält 6 weiße und 4 schwarze Kugeln. Jemand wählt blind eine der Urnen und zieht mit einem Griff zwei Kugeln – beide sind schwarz. Mit welcher Wahrscheinlichkeit stammen sie aus Urne 3?

72) Die in einem Werk hergestellten Fernsehgeräte werden vor der Auslieferung durch einen von drei Kontrolleuren geprüft. Der erste prüft 45 %, der zweite 30 % und der dritte 25 % aller Geräte. Der erste entdeckt vorhandene

Mängel mit der Wahrscheinlichkeit 0,9, der zweite mit 0,8, der dritte mit 0,7. Mit welcher Wahrscheinlichkeit hat ein defektes verkauftes Gerät den ersten Kontrolleur passiert?

Zufallsvariable

Wahrscheinlichkeitsverteilungen

Ein Spieler darf aus der in Figur 20 abgebildeten Urne verdeckt zwei Kugeln mit einem Griff ziehen. Ist das Produkt P der gezogenen Augenzahlen ungerade, so muß er P DM bezahlen; ist P gerade, so erhält er P DM als Gewinn.

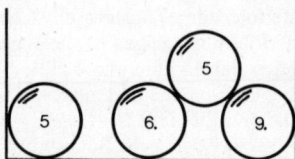

Figur 20

Dieser zweistufige Zufallsversuch hat 4 mögliche Ergebnisse, die wir als Teilmengen angeben können:

$$\Omega = \{\{5;5\};\{5;6\};\{5;9\};\{6;9\}\}.$$

▶ *Übung:* Bestätigen Sie die in Tabelle 1 angegebene Wahrscheinlichkeitsverteilung für die Ziehung der zwei Kugeln.

Tabelle 1

ω	$\{5;5\}$	$\{5;6\}$	$\{5;9\}$	$\{6;9\}$
$P(\omega)$	$\frac{1}{6}$	$\frac{1}{3}$	$\frac{1}{3}$	$\frac{1}{6}$

Den Spieler interessieren jedoch nicht die Ergebnisse, sondern er wird das Produkt der gezogenen Zahlen betrachten. Damit ordnet er jedem Ergebnis ω folgendermaßen einen Wert $Z(\omega)$ zu:

Tabelle 2

ω	$\{5;5\}$	$\{5;6\}$	$\{5;9\}$	$\{6;9\}$
$Z(\omega)$	-25	30	-45	54

Diese Zuordnung stellt eine Funktion $Z\colon \Omega \to \mathbb{R}$ dar. In der Stochastik hat sich für solche Funktionen eine besondere Bezeichnung eingebürgert.

Definition 1: Eine Funktion $Z\colon \Omega \to \mathbb{R}$ heißt *Zufallsvariable* bzw. Zufallsgröße auf Ω.

Beispiel 1: Eine Laplace-Münze wird dreimal hintereinander geworfen. Auf der Menge Ω aller Tripel aus Einsen und Nullen definieren wir die Zufallsvariable Z = Anzahl der Einsen. Tabelle 3 zeigt die Wertetafel von Z.

Tabelle 3

ω	000	001	010	100	011	101	110	111
$Z(\omega)$	0	1	1	1	2	2	2	3

Obwohl $|\Omega| = 8$ ist, nimmt Z nur 4 verschiedene Werte an. Zu jedem festen Wert a der Zufallsvariablen Z gehört das Ereignis $A = \{\omega \in \Omega \, | \, Z(\omega) = a\}$, das gerade aus den Elementen besteht, auf denen Z den Wert a annimmt. Hier wäre z.B. für $a = 1$, $A = \{001; 010; 100\}$. Wir führen für $\{\omega \in \Omega \, | \, Z(\omega) = a\}$ die Abkürzung $Z = a$ und gleichzeitig für $\{\omega \in \Omega \, | \, Z(\omega) \leq a\}$ die Abkürzung $Z \leq a$ ein. Analog kann man andere Kurzformen deuten.

► *Übung*: Aus welchen Ergebnissen besteht das Ereignis *a)* $Z \leq 1$, *b)* $Z > 2$, *c)* $Z \neq 0$, wobei Z die Zufallsvariable aus Beispiel 1 ist?

Wir betrachten nochmals Tabelle 1 auf S. 390 in der Einführung. Jedem Ergebnis ω ist eine Wahrscheinlichkeit $P(\omega)$ zugeordnet. Damit ist aber auch jedem Wert $Z(\omega) = a$ der Zufallsvariablen Z eine Wahrscheinlichkeit $P(Z = a)$ zugeordnet. Durch Zusammenfassung von Tabelle 1 auf S. 390 und Tabelle 2 auf S. 390 erhalten wir

Tabelle 4

ω	$\{5; 5\}$	$\{5; 6\}$	$\{5; 9\}$	$\{6; 9\}$
$Z(\omega)$	-25	30	-45	54
$P(Z = a)$	$\frac{1}{6}$	$\frac{1}{3}$	$\frac{1}{3}$	$\frac{1}{6}$

Hier werden die Elemente der Wertemenge $\mathbb{W}(Z)$ der Funktion Z zu Variablen einer zweiten Funktion P, die wir – wie die Wahrscheinlichkeitsverteilung auf Ω – auch mit dem Buchstaben P bezeichnen wollen.

Definition 2: Eine Funktion $P \colon \mathbb{W}(Z) \to [0; 1]$, die jedem Wert a einer Zufallsvariablen Z seine Wahrscheinlichkeit $P(Z = a)$ zuordnet, heißt *Wahrscheinlichkeitsverteilung* von Z.
Die *summierte Wahrscheinlichkeitsverteilung* $a \to P(Z \leq a)$ bezeichnet man auch als *Verteilungsfunktion*.

Beispiel 2: Wir bestimmen die Wahrscheinlichkeitsverteilung P der Zufallsvariablen Z aus Beispiel 1, und ebenso die zugehörige Verteilungsfunktion. Die folgende Tabelle 5 zeigt in Erweiterung von Tabelle 3 oben die gesuchten Werte.

Tabelle 5

ω	000	001, 010, 100	011, 101, 110	111
$Z(\omega)$	0	1	2	3
$P(Z = a)$	$\frac{1}{8}$	$\frac{3}{8}$	$\frac{3}{8}$	$\frac{1}{8}$
$P(Z \leq a)$	$\frac{1}{8}$	$\frac{1}{2}$	$\frac{7}{8}$	1

Wir können die Wahrscheinlichkeitsverteilung und Verteilungsfunktion von Zufallsvariablen durch *Histogramme* darstellen. Ein *Histogramm* ist ein Blockdiagramm, in dem der Flächeninhalt eines jeden Blocks über dem Wert a von Z die Maßzahl $P(Z = a)$ besitzt. Wählt man die Abstände der Werte von Z *äquidistant* (Breite 1), so geben die *Höhen* der Blöcke die *Wahrscheinlichkeiten* der zu ihnen gehörenden Werte von Z an. Die Figur 21 zeigt die Histogramme von $P(Z = a)$ und $P(Z \leq a)$.

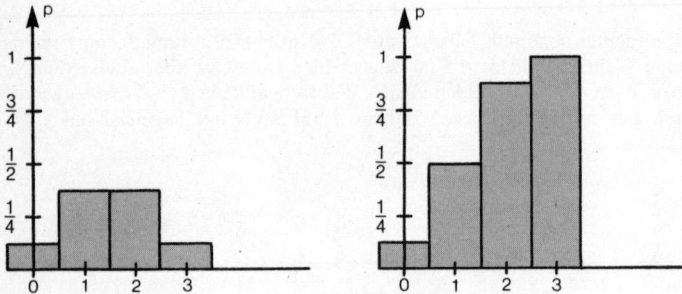

Figur 21

Erwartungswert, Varianz und Standarbabweichung

Wir betrachten noch einmal das zu Beginn dieses Abschnitts vorgestellte Spiel. Würden Sie ein solches Spiel mit der Hoffnung auf Gewinn annehmen? Um dies zu entscheiden, müßten Sie Ihre *Gewinnerwartung* abschätzen und am besten durch eine Zahl ausdrücken können. Dazu betrachten wir in Tabelle 4 auf S. 391 die Wahrscheinlichkeiten unter dem Aspekt des Gesetzes der großen Zahl. Wenn man sehr viele dieser Spiele durchführt, so muß man in rund $\frac{1}{6}$ aller Fälle 25 DM bezahlen, in $\frac{1}{3}$ aller Fälle erhält man 30 DM, in einem weiteren Drittel muß man 45 DM zahlen und im letzten Sechstel der Fälle erhält man 54 DM. Würde man etwa 6000 Personen für ein solches Spiel finanziell ausrüsten, so müßte man im Mittel 1000 Personen je 25 DM mitgeben, 2000 Spieler würden je 30 DM erwirtschaften, 2000 weiteren Spielern müßte man 45 DM Verlust ersetzen und die restlichen 1000 würden je 54 DM einspielen. Die Gesamtbilanz (in DM) wäre daher $1000 \cdot (-25) + 2000 \cdot 30 + 2000 \cdot (-45) + 1000 \cdot 54 = -1000$. Auf *einen* Spieler bezogen müßte man mit einem mittleren Verlust von $\frac{1000}{6000} = \frac{1}{6}$ rechnen. Dabei ersetzt man die Häufigkeiten durch die entsprechenden Wahrscheinlichkeiten. Auf diese Weise kann man für jede Zufallsvariable einen sog. Erwartungswert definieren.

Definition 3: Eine Zufallsvariable Z habe die Werte $z_1, z_2, ..., z_n$. Die Zahl
$$E(Z) = z_1 \cdot P(Z = z_1) + z_2 \cdot P(Z = z_2) + \cdots + z_n \cdot P(Z = z_n)$$ heißt
Erwartungswert von Z.

Beispiel 3: Wir berechnen den Erwartungswert der in Tabelle 5 auf S. 392 dargestellten Zufallsvariablen Z.

$$E(Z) = \frac{1}{8} \cdot 0 + \frac{3}{8} \cdot 1 + \frac{3}{8} \cdot 2 + \frac{1}{8} \cdot 3 = \frac{12}{8} = 1,5$$

Im Mittel ist mit 1,5 Einsen zu rechnen. Der Erwartungswert muß nicht unter den Werten seiner Zufallsvariablen vorkommen. Er gibt den *im Mittel zu erwartenden Wert von Z* bei jeder Wiederholung des Zufallsversuchs aus. Daher schreiben wir auch $E(Z) = \mu$.
Wahrscheinlichkeitsverteilungen von Zufallsvariablen können sich trotz gleichen Erwartungswerts stark unterscheiden.

Beispiel 4: Zwei Firmen A und B stellen Radachsen für Eisenbahnwaggons her und bewerben sich um einen Auftrag. Eine Prüfung ergibt für die Spurbreite der Radachsen (in mm) folgende Verteilungen:

a_i	1425	1430	1435	1440	1445	
						Firma A
$P(A = a_i)$	0,1	0,2	0,4	0,2	0,1	
b_i	1425	1430	1435	1440	1445	
						Firma B
$P(B = b_i)$	0,05	0,1	0,7	0,1	0,05	

Welche Firma wird den Auftrag erhalten, wenn die gewünschte Spurbreite 1435 mm beträgt?
Stellt man die Histogramme der Verteilungen dar (Figur 22), erkennt man, daß A und B symmetrisch mit $\mu = E(A) = E(B) = 1435$ sind; aber B ist stärker auf den Wert μ konzentriert, während bei A mit größeren Abweichungen zu rechnen ist. Daher wird Firma B den Zuschlag erhalten.

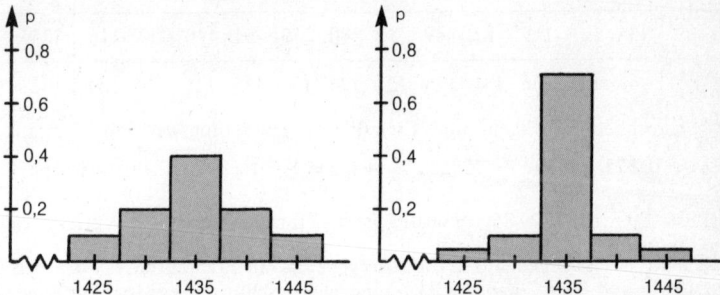

Figur 22

Wir suchen nach einer Zahl, mit der sich die Stärke der Abweichung messen läßt. Dabei sollen Abweichungen nach oben und unten gleichermaßen berücksichtigt und größere Abweichungen stärker gewichtet werden als kleinere. Diese Eigenschaften erfüllt die folgende Größe:

Definition 4: Eine Zufallsvariable Z habe die Werte $z_1, z_2, ..., z_n$ und den Erwartungswert μ. Die Zahl $V(Z) = (z_1 - \mu)^2 \cdot P(Z = z_1) + (z_2 - \mu)^2 \cdot P(Z = z_2) + \cdots + (z_n - \mu)^2 \cdot P(Z = z_n)$ heißt *Varianz* von Z.
Die Zahl $\sigma(Z) = \sqrt{V(Z)}$ heißt *Standardabweichung* von Z.

Gelegentlich wird σ auch als *Streuung* von Z bezeichnet. Haben die Werte von Z eine Einheit, z. B. kg, so wird σ auch in kg angegeben. $V(Z)$ müßte man in kg^2 angeben.

Beispiel 5: Wir berechnen die Varianz und Standardabweichung für die Zufallsvariablen A und B aus Beispiel 4.
$$V(A) = (1425 - 1435)^2 \cdot 0{,}1 + (1430 - 1435)^2 \cdot 0{,}2 + (1435 - 1435)^2 \cdot 0{,}4 +$$
$$+ (1440 - 1435)^2 \cdot 0{,}2 + (1445 - 1435)^2 \cdot 0{,}1$$
$$= 100 \cdot 0{,}1 + 25 \cdot 0{,}2 + 25 \cdot 0{,}2 + 100 \cdot 0{,}1 = 30.$$
$\sigma(A) = \sqrt{30} \approx 5{,}48.$
$V(B) = 100 \cdot 0{,}05 + 25 \cdot 0{,}1 + 25 \cdot 0{,}1 + 100 \cdot 0{,}05 = 15,$
$\sigma(B) = \sqrt{15} \approx 3{,}87.$

▶ *Übung:* Bestätigen Sie durch Rechnung, daß für einen Laplace-Würfel $\mu = 3{,}5$ und $\sigma \approx 1{,}7$ ist.
Erwartungswert und Varianz lassen sich nicht nur bei Zufallsvariablen, sondern auch bei Häufigkeitsverteilungen berechnen.

Beispiel 6: In Tabelle 6 ist der Stromverbrauch von Frankfurt a. M. für das Jahr 1979 getrennt nach Eigenbezug (E) und Fremdbezug (F) dargestellt. Die Zahlen sind in 1000 MWh angegeben.

Tabelle 6

Monat	J	F	M	A	M	J	J	A	S	O	N	D	Insges.
e_i	138	121	119	87	89	80	80	79	91	116	117	116	1233
f_i	147	127	136	131	128	123	124	132	115	121	138	129	1551

Wir berechnen für Eigen- und Fremdbezug Erwartungswert und Varianz.
$E(E) = 102{,}75, \qquad E(F) = 129{,}25, \qquad V(E) = \frac{1}{12} \cdot \sum_{i=1}^{12} (e_i - 102{,}75)^2 = 380{,}6875,$

$V(F) = \frac{1}{12} \cdot \sum_{i=1}^{12} (f_i - 129{,}25)^2 \approx 66{,}02.$ Beim Fremdbezug ist die Varianz viel geringer. Dies ist einleuchtend, da Lieferverträge mit Fremdfirmen in der Regel langfristig und über konstante Lieferungen abgeschlossen werden. Die Eigenproduktion an Strom dient vorwiegend zur Deckung der im Winter höheren Nachfrage und schwankt daher wesentlich stärker.

Verknüpfungen von Zufallsvariablen

Wir betrachten die zwei Glücksräder in Figur 23.

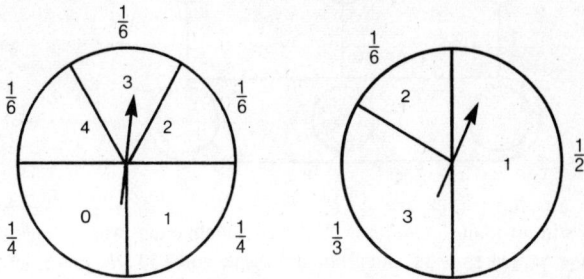

Figur 23

Die Augenzahl des linken Glücksrades sei mit X, die des rechten mit Y bezeichnet. Tabelle 7 zeigt die Verteilungen von X und Y.

Tabelle 7

x_i	0	1	2	3	4		y_i	1	2	3
$P(X = x_i)$	$\frac{1}{4}$	$\frac{1}{4}$	$\frac{1}{6}$	$\frac{1}{6}$	$\frac{1}{6}$		$P(Y = y_i)$	$\frac{1}{2}$	$\frac{1}{6}$	$\frac{1}{3}$

Beispiel 7: Jemand bietet Ihnen zwei Spiele zur Auswahl an: Entweder dürfen Sie gegen einen Einsatz von 3,50 DM beide Glücksräder drehen und die *Summe der Augenzahlen* in DM als Gewinn behalten, oder Sie dürfen gegen einen Einsatz von 3,50 DM beide Glücksräder drehen und das *Produkt der Augenzahlen* in DM als Gewinn behalten. Welches Spiel würden Sie wählen?
Wenn wir die Augenzahlen X und Y als Zufallsvariable betrachten, sind *Augensumme* $X + Y$ und *Produkt* $X \cdot Y$ ebenfalls Zufallsvariable.
Tabelle 8 zeigt die Verteilung von $S = X + Y$, Tabelle 9, S. 396, die von $T = X \cdot Y$.

Tabelle 8

s_i	1	2	3	4	5	6	7
$P(S = s_i)$	$\frac{1}{8}$	$\frac{1}{6}$	$\frac{5}{24}$	$\frac{7}{36}$	$\frac{1}{6}$	$\frac{1}{12}$	$\frac{1}{18}$

Wie kommt die Verteilung von S zustande? Zum Beispiel betrachten wir $P(S = 4)$. Die Figur 24 zeigt die drei möglichen Pfade zum Ereignis $S = 4$.

Figur 24

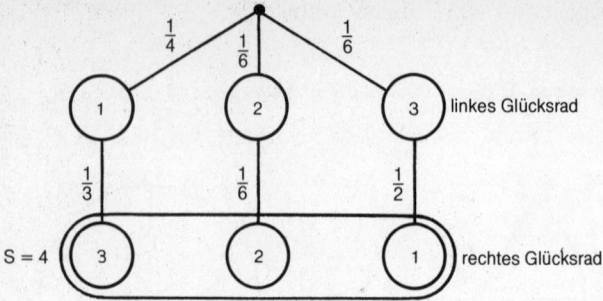

Wir lesen ab, daß $P(S = 4) = \frac{1}{4} \cdot \frac{1}{3} + \frac{1}{6} \cdot \frac{1}{6} + \frac{1}{6} \cdot \frac{1}{2} = \frac{1}{12} + \frac{1}{36} + \frac{1}{12} = \frac{7}{36}$ ist. Analog bestimmt man die anderen Wahrscheinlichkeiten. Aus Tabelle 8 ergibt sich: $E(S) = \frac{43}{12}$. Da $\frac{43}{12} > 3\frac{1}{2}$, ist bei einem Einsatz von 3,50 DM das Spiel *günstig*. Der Gewinn pro Spiel beträgt im Durchschnitt
$\left(\frac{43}{12} - 3\frac{1}{2}\right)$ DM $= \frac{1}{12}$ DM $= 8\frac{1}{3}$ Pf.
Nun untersuchen wir die Zufallsvariable $T = X \cdot Y$. Die folgende Tabelle 9 zeigt ihre Verteilung.

Tabelle 9

t_i	0	1	2	3	4	6	8	9	12
$P(T = t_i)$	$\frac{1}{4}$	$\frac{1}{8}$	$\frac{1}{8}$	$\frac{1}{6}$	$\frac{1}{9}$	$\frac{1}{12}$	$\frac{1}{36}$	$\frac{1}{18}$	$\frac{1}{18}$

▶ *Übung:* Überprüfen Sie die Wahrscheinlichkeitsverteilung von T!
Aus der Tabelle oben ergibt sich: $E(T) = \frac{77}{24}$. Da $\frac{77}{24} - 3\frac{1}{2} = -\frac{7}{24}$, beträgt hier der durchschnittliche Verlust pro Spiel $\frac{7}{24}$ DM $= 29\frac{1}{6}$ Pf. Daher wird man lieber das Spiel um die Augensumme wählen.
Wir entnehmen Tabelle 7 auf S.395, daß $E(X) = 1\frac{3}{4}$ und $E(Y) = 1\frac{5}{6}$. Ein Vergleich zeigt, daß $E(X) + E(Y) = E(X + Y) = E(S)$ ist. Mit etwas Rechenaufwand läßt sich für beliebige Zufallsvariable der folgende Satz beweisen:

Satz 1: Haben die Zufallsvariablen $X_1, X_2, \ldots, X_n$ die Erwartungswerte $E(X_1), E(X_2), \ldots, E(X_n)$, so gilt für die Zufallsvariable $X_1 + X_2 + \cdots + X_n$:
$$E(X_1 + X_2 + \cdots + X_n) = E(X_1) + E(X_2) + \cdots + E(X_n)$$

Nun ist in Beispiel 7 auch $E(T) = E(X \cdot Y) = E(X) \cdot E(Y)$, so daß wir vermuten könnten, daß eine zu Satz 1 analoge Eigenschaft der Erwartungswerte auch für das Produkt von Zufallsvariablen gelten mag.
Beispiel 8: Eine Laplace-Münze werde zweimal hintereinander geworfen. Für die Summe S und das Produkt T der Ergebnisse 0 bzw. 1 gelten die Verteilungen der folgenden Tabelle:

s_i	0	1	2		t_i	0	1
$P(S = s_i)$	$\frac{1}{4}$	$\frac{1}{2}$	$\frac{1}{4}$		$P(T = t_i)$	$\frac{3}{4}$	$\frac{1}{4}$

Wir sehen, daß $E(S) = 1$ und $E(T) = \frac{1}{4}$ ist. Die Zufallsvariable $S \cdot T$ kann die Werte 0, 1 und 2 annehmen. Allerdings sind nicht alle Kombinationen der s_i und t_i möglich, da z. B. $S = 0$ und $T = 1$ unvereinbar sind. Daher hängen S und T so voneinander ab, daß wir sie durch Sektoren auf dem Glücksrad der Figur 25 darstellen können.

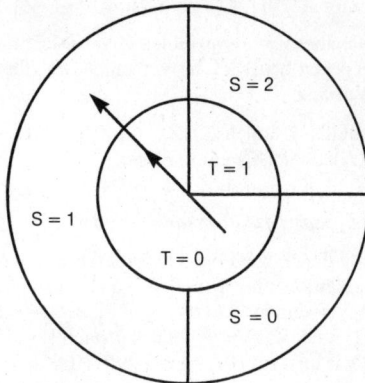

Figur 25

Der Figur 25 entnehmen wir folgende Verteilung für $S \cdot T$:

0	1	2
$\frac{3}{4}$	0	$\frac{1}{4}$

Daraus folgt $E(S \cdot T) = \frac{1}{2}$, und $E(S \cdot T) \neq E(S) \cdot E(T)$.
Beispiel 8 illustriert den folgenden

Satz 2:   Für die Zufallsvariablen $Z_1, Z_2, \ldots, Z_n$ mit den Erwartungswerten $E(Z_1), E(Z_2), \ldots, E(Z_n)$ gilt *nur dann*

$$E(Z_1 \cdot Z_2 \cdot \ldots \cdot Z_n) = E(Z_1) \cdot E(Z_2) \cdot \ldots \cdot E(Z_n),$$

wenn die Z_i *paarweise unabhängig* sind.

In Satz 2 verwenden wir den Begriff »unabhängig« für Zufallsvariable in Anlehnung an Beispiel 8, wo wir gesehen haben, daß $P(S = 0$ und $T = 1) = 0$ ist, obwohl $P(S = 0) = \frac{1}{4}$ und $P(T = 1) = \frac{1}{4}$. In diesem Fall gilt ebenso wie bei abhängigen Ereignissen nicht die Multiplikativität der Wahrscheinlichkeiten. Daher kann man definieren:

Definition 5:   Zwei Zufallsvariable X und Y heißen *unabhängig*, wenn für alle x_i und y_i gilt, daß

$$P(X = x_i \quad \text{und} \quad Y = y_i) = P(X = x_i) \cdot P(Y = y_i).$$

Ohne Beweis seien noch einige wichtige Eigenschaften von Erwartungswert bzw. Varianz von Zufallsvariablen angeführt.

Satz 3:   Für alle $a, b \in \mathbb{R}$ gilt: $E(a \cdot Z + b) = a \cdot E(Z) + b$

Dabei liefert jeder Wert z_i von Z den Wert $a \cdot z_i + b$ der so definierten Zufallsvariablen $a \cdot Z + b$.

Satz 4:   Für alle $a, b \in \mathbb{R}$ gilt: $V(a \cdot Z + b) = a^2 \cdot V(Z)$

Werden also die Werte einer Zufallsvariablen Z ver-a-facht, so ver-a^2-facht sich die Varianz von Z. Dagegen bedeutet die Verschiebung aller Werte von Z um b keine Änderung der Varianz.

Satz 5:   Für die Zufallsvariablen $Z_1, Z_2, ..., Z_n$ mit den Varianzen
$V(Z_1), V(Z_2), ..., V(Z_n)$ gilt *nur dann*
$$V(Z_1 + Z_2 + \cdots + Z_n) = V(Z_1) + V(Z_2) + \cdots + V(Z_n),$$
wenn die Z_i *paarweise unabhängig* sind.

Zur Veranschaulichung der Sätze 3 bis 5 betrachten wir noch einmal die unabhängigen Zufallsvariablen X und Y aus Beispiel 7. Zunächst ist $E(X) = 1\frac{3}{4}$ und $E(Y) = 1\frac{5}{6}$. Wir berechnen $V(X) = \left(\frac{-7}{4}\right)^2 \cdot \frac{1}{4} + \left(\frac{-3}{4}\right)^2 \cdot \frac{1}{4} + \left(\frac{1}{4}\right)^2 \cdot \frac{1}{6} + \left(\frac{5}{4}\right)^2 \cdot \frac{1}{6}$ $+ \left(\frac{9}{4}\right)^2 \cdot \frac{1}{6} = \frac{97}{48} \approx 2{,}021$ und $V(Y) = \frac{29}{36} = 0{,}80\overline{5}$ nach Definition 4.
In der Tat berechnen wir aus Tabelle 8 auf S. 395: $V(X + Y) = V(S)$

$= \left(1 - \frac{43}{12}\right)^2 \cdot \frac{1}{8} + \left(2 - \frac{43}{12}\right)^2 \cdot \frac{1}{6} + \left(3 - \frac{43}{12}\right)^2 \cdot \frac{5}{24} + \left(4 - \frac{43}{12}\right)^2 \cdot \frac{7}{36}$
$+ \left(5 - \frac{43}{12}\right)^2 \cdot \frac{1}{6} + \left(6 - \frac{43}{12}\right)^2 \cdot \frac{1}{12} + \left(7 - \frac{43}{12}\right)^2 \cdot \frac{1}{18} = \frac{407}{144} \approx 2{,}826$
$= V(X) + V(Y)$, in Übereinstimmung mit Satz 5.

Wählen wir nun z. B. $a = 6$ und $b = -2$, so entsteht aus Y die Zufallsvariable $Z = 6 \cdot Y - 2$ mit folgender Verteilung:

$z_i = 6y_i - 2$	4	10	16
$P(Z = z_i)$	$\frac{1}{2}$	$\frac{1}{6}$	$\frac{1}{3}$

Wir entnehmen der Verteilung, daß $E(Z) = 9 = 6 \cdot E(Y) - 2$, in Übereinstimmung mit Satz 3. Weiter ist $V(Z) = 5^2 \cdot \frac{1}{2} + 1^2 \cdot \frac{1}{6} + 7^2 \cdot \frac{1}{3} = 29 = 6^2 \cdot V(Y)$, in Übereinstimmung mit Satz 4.

Die Tschebyschew-Ungleichung

Während wir den Erwartungswert einer Zufallsvariablen anschaulich als mittleren Wert pro Versuch deuten können, fehlt uns eine ebenso anschauliche Deutung für die Standardabweichung. Zwar gibt σ beim Vergleich zweier Verteilungen Aufschluß darüber, welche der Zufallsvariablen stärker um ihren Mittelwert gestreut ist, doch vermögen wir bis jetzt dem Zahlenwert von σ für eine bestimmte Verteilung nur wenig Aussagekraft abzugewinnen.
Da der Wert von σ durch die Größe der Abweichungen vom Mittelwert μ beeinflußt wird, besteht möglicherweise ein Zusammenhang zwischen σ und der Wahrscheinlichkeit, mit der »große« Abweichungen von μ zu erwarten sind.

Gegeben sei daher eine beliebig verteilte Zufallsvariable Z mit dem Wertebereich $\{z_1; z_2; \ldots; z_n\}$, dem Erwartungswert $E(Z) = \mu$, der Varianz $V(Z) = \sigma^2$ und der Standardabweichung $\sigma = \sqrt{V(Z)}$. Ferner sei eine Zahl $c \in \mathbb{R}_0^+$ vorgegeben. Wir fragen nach der Wahrscheinlichkeit $P(|Z - \mu| \geq c)$, daß eine *Abweichung um mindestens c* vom Mittelwert vorkommen kann. Das Ereignis $A = (|Z - \mu| \geq c)$ entspricht den beiden schraffierten Flächen in der Figur 26.

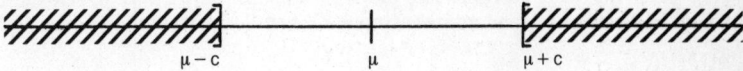

$$\mu - c \qquad\qquad \mu \qquad\qquad \mu + c$$

Figur 26

Wenn die Verteilung von Z vorgegeben ist, kann man $P(|Z - \mu| \geq c)$ natürlich direkt angeben.

Beispiel 9: In Tabelle 9 auf S. 396 ist die Verteilung einer Zufallsvariablen T mit $\mu = 3\frac{5}{24}$ angegeben. Das Ereignis $|T - \mu| \geq 3$ besteht aus den Werten 0, 8, 9, 12, und daher ist $P(|T - 3\frac{5}{24}| \geq 3) = P(T = 0) + P(T = 8) + P(T = 9) + P(T = 12) = \frac{1}{4} + \frac{1}{36} + \frac{1}{18} + \frac{1}{18} = \frac{7}{18}$.

► *Übung:* Bestätigen Sie für die Zufallsvariable T aus Tabelle 9 S. 396, daß $P(|T - \mu| \geq 4) = \frac{5}{36}$, $P(|T - \mu| \geq 6) = \frac{1}{18}$.

Wir sind aber auch in der Lage, für $P(|Z - \mu| \geq c)$ eine Abschätzung anzugeben, die für *alle* Zufallsvariablen Z gültig ist. Dazu gehen wir aus von der Varianz $V(Z) = \sigma^2$.

$$\sigma^2 = (z_1 - \mu)^2 \cdot P(Z = z_1) + (z_2 - \mu)^2 \cdot P(Z = z_2) + \cdots + (z_n - \mu)^2 \cdot P(Z = z_n)$$
$$= \sum_{z_i \in Z} (z_i - \mu)^2 \cdot P(Z = z_i).$$

Wir lassen nun alle Summanden weg, für die $|z_i - \mu| < c$ ist, für die z_i also nicht zum Ereignis $A = (|Z - \mu| \geq c)$ gehört, dessen Wahrscheinlichkeit wir suchen. Durch dieses Weglassen verkleinert sich der Wert der Summe oder er bleibt gleich. Daher gilt

$$\sigma^2 \geq \sum_{z_i \in A} (z_i - \mu)^2 \cdot P(Z = z_i)$$

Für alle $z_i \in A$ ist $|z_i - \mu| \geq c$ und daher $(z_i - \mu)^2 \geq c^2$. Daher können wir weiter abschätzen $\sigma^2 \geq \sum_{z_i \in A} c^2 \cdot P(Z = z_i) = c^2 \cdot \sum_{z_i \in A} P(Z = z_i)$. Die letzte Summe der Wahrscheinlichkeiten $P(Z = z_i)$ erfaßt genau alle $z_i \in A$. Daher gilt weiter $\sigma^2 \geq c^2 \cdot P(A) = c^2 \cdot P(|Z - \mu| \geq c)$, und damit haben wir das gewünschte Ergebnis.

Satz 6: Für jede Zufallsvariable Z und für alle $c \in \mathbb{R}_0^+$ gilt:

$$P(|Z - \mu| \geq c) \leq \frac{\sigma^2}{c^2}$$

(Ungleichung von Tschebyschew [P.L. Tschebyschew, 1821–94]*).*

Gibt man insbesondere die Abweichung c vom Mittelwert in *Vielfachen der Standardabweichung* σ an, so geht mit $c = t \cdot \sigma$ Satz 6 über in

$$P(|Z - \mu| \geq t \cdot \sigma) \leq \frac{\sigma^2}{t^2 \sigma^2}, \text{ und wir erhalten}$$

Satz 7: $P(|Z - \mu| \geq t \cdot \sigma) \leq \dfrac{1}{t^2}$

Satz 7 liefert die folgende Tabelle für die Wahrscheinlichkeiten von Abweichungen um Vielfache der Standardabweichung, die hier ihre Bedeutung zeigt.

Tabelle 10

Abweichung $c = t \cdot \sigma$	$P(|Z - \mu| \geq c)$
2σ	$\leq 25\%$
3σ	$\leq 11\%$
4σ	$\leq 6\%$
5σ	$\leq 4\%$
10σ	$\leq 1\%$

Größere Abweichungen als 10σ kommen daher bei jeder Verteilung höchstens mit einer Wahrscheinlichkeit von 1% vor. Bei den meisten Verteilungen kann man die Abschätzung in der Tschebyschew-Ungleichung noch verschärfen.

▶ *Übung:* Begründen Sie anhand der Tschebyschew-Ungleichung die Richtigkeit der Ungleichung:

$$P(|Z - \mu| < c) > 1 - \frac{\sigma^2}{c^2}$$

Beispiel 10: Für eine Zufallsvariable Z ist $E(Z) = 80$ und $V(Z) = 25$. Mit welcher Wahrscheinlichkeit liegt ein beobachteter Wert von Z zwischen 60 und 100?

Hier ist $\mu = 80$, $\sigma = 5$ und $c = 20 = 4\sigma$. Daher entnehmen wir Tabelle 10 oben, daß die gesuchte Wahrscheinlichkeit $P(|Z - \mu| < c)$ größer als 94% ist.

Aufgaben

73) In einer Urne liegen 4 Kugeln mit den Augenzahlen 2, 3, 5, 8. Es werden zwei Kugeln mit einem Griff gezogen. Die Zufallsvariable S ordnet jedem gezogenen Paar die Augensumme s zu. Geben Sie die Wahrscheinlichkeitsverteilung von S an.

74) Ein defekter Münzfernsprecher nimmt nur 40% der eingeworfenen Groschen an. Die Zufallsvariable Z bezeichne die Anzahl der akzeptierten unter 4 Groschen. Berechnen Sie $P(Z \leq i)$ für $i = 0, 1, 2, 3, 4$.

75) Eine Laplace-Münze wird so lange geworfen, bis eine der Seiten zum dritten Mal erschienen ist. Es sei X die Anzahl der Würfe. Bestimmen Sie die Verteilung von X und $E(X)$.

76) Bei einem Preisausschreiben sind folgende Gewinne ausgesetzt: $1 \times 10\,000$ DM, 3×5000 DM, 10×1000 DM, 100×200 DM. An der Verlosung nehmen 75000 Einsender teil. Wie groß ist der Erwartungswert des Gewinns?

77) In einer Urne befinden sich 5 gleichartige Kugeln mit den Aufschriften 0, 0, 2, 3, 4. Ein Spieler darf eine bestimmte Anzahl von Kugeln zufällig ziehen. Das Produkt der Augenzahlen ist sein Gewinn. Bei welcher Anzahl gezogener Kugeln kann er maximalen Gewinn erwarten?

78) Die Wahrscheinlichkeitsverteilung von Z habe die Form

z_i	1	2	3	4
$P(Z = z_i)$	$3k$	$6k$	$2k^2$	$8k^2$

a) Berechnen Sie k.

b) Bestimmen Sie $P(Z \leq 3)$ und $P(1 < Z < 4)$.

c) Wie groß ist $E(Z)$?

79) Richard wettet um 2 DM, daß er bei zufälligem Ziehen aus einem Skatblatt (32 Karten) eine Kreuzkarte erwischt. Wieviel muß Walter dagegen setzen, damit das Spiel fair ist? (Ein Spiel ist fair, wenn für jeden Spieler der Erwartungswert seines Gewinns gleich ist.)

80) Berechnen Sie Erwartungswert, Varianz und Standardabweichung der Augenzahl beim Drehen eines dezimalen Laplace-Rads.

81) Auf der Menge Ω aller Permutationen von $\{1; 2; 3; 4\}$ definieren wir die Zufallsvariable $F =$ Anzahl der Fixpunkte (z.B. ist $F(1324) = 2$, $F(4321) = 0$, $F(1234) = 4$). Bestimmen Sie $E(F)$, $V(F)$ und σ.

82) Die Tabelle gibt die Zusammenstöße fahrender Fahrzeuge mit Sachschaden über 1000 DM auf den Straßen Frankfurts in den Monaten des Jahres 1979 wieder.

Monat	J	F	M	A	M	J	J	A	S	O	N	D
Unfälle	331	298	382	421	490	411	377	362	425	438	446	452

Bestimmen Sie mit einem Taschenrechner Erwartungswert und Standardabweichung.

83) Beweisen Sie folgende für die praktische Rechnung wichtige Formel zur Bestimmung der Varianz einer Zufallsvariablen Z:

$$V(Z) = E\big((Z - \mu)^2\big) = E(Z^2) - \big(E(Z)\big)^2.$$

84) Berechnen Sie mit der Formel aus Aufgabe 83 die Varianz der Zufallsvariablen Y:

y_i	1	3	5	7	9
$P(Y = y_i)$	$\dfrac{9}{25}$	$\dfrac{7}{25}$	$\dfrac{5}{25}$	$\dfrac{3}{25}$	$\dfrac{1}{25}$

85) Welchen Erwartungswert hat die Quersumme einer durch dreimaliges Drehen eines dezimalen Laplace-Rades erzeugten (höchstens) dreiziffrigen Zahl?

86) Bestimmen Sie den Erwartungswert von:

a) $Z =$ Anzahl der Sechsen beim n-maligen Würfeln,

b) $Z =$ Anzahl der Wappen beim n-maligen Werfen einer Münze,

c) $Z =$ Anzahl der Treffer beim n-maligen Schießen mit der jeweiligen Erfolgswahrscheinlichkeit p.

87) Für eine Zufallsvariable Z wurde der Erwartungswert 17 und die Varianz 4 ermittelt. Bestimmen Sie $a, b \in \mathbb{R}$ so, daß die Zufallsvariable $a \cdot Z + b$ den Erwartungswert 0 und die Varianz 1 hat.

88) Es sei S die Augensumme beim Werfen zweier Laplace-Würfel. Berechnen Sie *a)* $E(S)$, *b)* $V(S)$, *c)* $P(|S - 7| \le 1)$. *d)* Welche Abschätzung für $P(|S - 7| \le 1)$ liefert die Tschebyschew-Ungleichung?

89) Für eine Zufallsvariable Z mit $E(Z) = 8$ und $V(Z) = 8$ schätze man ab:
a) die Wahrscheinlichkeit $P(|Z - 8| \ge 6)$,
b) $\{c \in \mathbb{R}^+ \,|\, P(|Z - 8| < c) > \frac{1}{2}\}$.

90) Berechnen Sie für die Zufallsvariable S aus Aufgabe 88 den Wert von $P(|S - \mu| \le 2\sigma)$, und vergleichen Sie diesen Wert mit seiner Tschebyschew-Abschätzung.

91) Zeigen Sie anhand der Verteilung

z_i	$-t$	0	t
$P(Z = z_i)$	$\dfrac{1}{2t^2}$	$1 - \dfrac{1}{t^2}$	$\dfrac{1}{2t^2}$

daß die Tschebyschew-Ungleichung nicht weiter verschärft werden kann.

92) Schätzen Sie die Wahrscheinlichkeit ab, daß bei 600 Würfen eines Würfels die Anzahl A der Sechsen um mindestens 20 vom Erwartungswert 100 abweicht. Hinweis: Bestimmen Sie $E(A)$ analog zu Aufgabe 86a). Verwenden Sie $V(A) = \frac{250}{3}$.

Die Binomialverteilung

Bernoulli-Ketten

Bei vielen Zufallsversuchen ist nur wichtig, ob ein bestimmtes Ereignis eintritt oder nicht. Beispiele dafür sind: Treffer oder Niete, Funktion oder Defekt, weiß oder schwarz, Ja oder Nein, Zahl oder Wappen, links oder rechts, Erfolg oder Fehlschlag, 1 oder 0. Solche Zufallsversuche können stets durch eine Drehung eines Glücksrads vom Typ der Figur 27 simuliert werden, das den Ergebnisraum $\{0; 1\}$ besitzt.

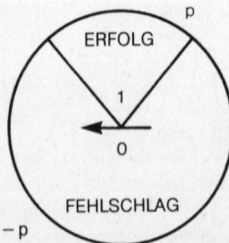

Figur 27

Definition 1: Wir bezeichnen Zufallsversuche mit genau 2 möglichen Ergebnissen als *Bernoulli-Versuche* (J. Bernoulli, 1654–1705) mit der *Erfolgswahrscheinlichkeit p.*

Zu jedem Bernoulli-Versuch gehört daher eine nach der Tabelle unten verteilte Zufallsvariable B (Bernoulli-Variable). Offensichtlich ist $p + q = 1$.

b_i	0	1
$P(B = b_i)$	q	p

▶ *Übung:* Bestätigen Sie, daß $E(B) = p$ und $V(B) = p \cdot q$ ist.
Hinweis: Beachten Sie bei der Berechnung von $V(B)$, daß $q = 1 - p$ ist.
Häufig hat man es mit Zufallsexperimenten zu tun, die aus n unabhängigen Durchführungen ein und desselben Bernoulli-Versuchs bestehen ($n \in \mathbb{N}$). Beispiele: n Jäger zielen gleichzeitig auf Beute, n Geräte werden auf Versagen getestet, n Kugeln werden aus einer Urne mit weißen und schwarzen Kugeln zufällig gezogen, zu n Fragen eines Multiple-Choice-Tests wird jeweils eine von 5 Antworten wahllos angekreuzt, ein Geldstück wird n-mal geworfen, in einem Irrgarten wird ein Zufallsweg beschritten, ein Spiel mit der Erfolgswahrscheinlichkeit p wird n-mal wiederholt oder von n Personen gleichzeitig gespielt, das Glücksrad der Figur 27 wird n-mal gedreht.

Definition 2: Ein n-stufiger Zufallsprozeß aus lauter gleichen, unabhängigen Bernoulli-Versuchen heißt *Bernoulli-Kette* der Länge n.

Beispiel 1: Das Glücksrad in Figur 27 auf S. 402 werde sechsmal gedreht. Diese Bernoulli-Kette der Länge 6 hat insgesamt 2^6 mögliche Ergebnisse, z.B. $\omega_1 = 001010$. Aus den Pfadregeln folgt, daß für dieses spezielle Ergebnis $P(\omega_1) = q \cdot q \cdot p \cdot q \cdot p \cdot q = p^2 \cdot q^4$ ist. Genau die gleiche Wahrscheinlichkeit besitzt auch $\omega_2 = 110000$, während $\omega_3 = 000000$ mit der Wahrscheinlichkeit $P(\omega_3) = q^6$ eintritt, die für $p \neq q$ verschieden von $P(\omega_1)$ ist.

Die Binomial-Verteilung

Häufig interessiert man sich nicht so sehr für die einzelnen Ergebnisse, sondern nur für die *Anzahl der Erfolge.* Im Beispiel 1 würden ω_1 und ω_2 zum Ereignis »2 Erfolge«, und ω_3 zum Ereignis »0 Erfolge« gehören. Um die Wahrscheinlichkeit für k Erfolge ($0 \leq k \leq n$) berechnen zu können, definieren wir auf jeder Bernoulli-Kette die Anzahl der Erfolge als Zufallsvariable S. Wir formulieren dies als

Satz 1: Die Bernoulli-Variablen $B_1, B_2, \ldots, B_n$ mit der gemeinsamen Erfolgswahrscheinlichkeit p seien den n Stufen einer Bernoulli-Kette zugeordnet. Dann gibt die Zufallsvariable

$$S = B_1 + B_2 + \cdots + B_n$$

die *Anzahl der Erfolge in der Bernoulli-Kette* an.

Dies ist einleuchtend, da bei einem Erfolg in der i-ten Stufe $B_i = 1$ ist, ansonsten ist $B_i = 0$. Für das Ergebnis ω_2 aus Beispiel 1 wäre $S = 2$, wobei $B_1 = B_2 = 1$ und $B_3 = B_4 = B_5 = B_6 = 0$ zur Summe beigetragen haben.

Mit den Sätzen aus dem vorigen Kapitel bestimmen wir leicht den Erwartungswert und die Varianz von S.

$$E(S) = E(B_1) + E(B_2) + \cdots + E(B_n) = p + p + \cdots + p = n \cdot p.$$
$$V(S) = V(B_1) + V(B_2) + \cdots + V(B_n) = pq + pq + \cdots + pq = n \cdot p \cdot q.$$

Hier haben wir die Unabhängigkeit der B_i verwendet. Zusammengefaßt ergibt sich der wichtige

Satz 2:   Es sei S die Anzahl der Erfolge in einer Bernoulli-Kette der Länge n. Dann ist

$$E(S) = n \cdot p, \quad V(S) = n \cdot p \cdot q.$$

Beispiel 2: Ein Schütze mit der Treffsicherheit $p = 80\%$ begibt sich auf dem Jahrmarkt an eine Schießbude, um 25 Schuß abzugeben. Wie groß ist seine erwartete Trefferzahl und ihre Standardabweichung?

Mit $n = 25$ erhalten wir $E(S) = 25 \cdot 0{,}8 = 20$ als erwartete Trefferzahl und $\sigma = \sqrt{V(S)} = \sqrt{25 \cdot 0{,}8 \cdot 0{,}2} = \sqrt{4} = 2$ als Standardabweichung.

Um die Wahrscheinlichkeit $P(S = k)$ für eine Anzahl k von Erfolgen angeben zu können, bestimmen wir die Verteilung von S. Zum Ereignis $S = k$ gehört jedes Ergebnis, das aus k Einsen und $n - k$ Nullen besteht, z. B. $\omega = \underbrace{111\ldots}_{k}\underbrace{100\ldots 0}_{n-k}$.

Aus der Kombinatorik wissen wir, daß es genau $\binom{n}{k}$ verschiedene solcher Ergebnisse gibt, von denen jedes die gleiche Wahrscheinlichkeit $P(\omega) = p^k \cdot q^{n-k}$ hat. Somit gilt

Satz 3:   Für die Verteilung der Anzahl k der Erfolge in einer Bernoulli-Kette der Länge n gilt

$$P(S = k) = \binom{n}{k} \cdot p^k \cdot q^{n-k} \quad (0 \leq k \leq n)$$

(Formel von Bernoulli).

Die Verteilung von S hängt von n und p ab. In den Wahrscheinlichkeiten tauchen die Binomialkoeffizienten $\binom{n}{k}$ auf. Dies hat zu folgender Bezeichnung geführt.

Definition 3:   Eine Zufallsvariable S mit dem Wertebereich $\{0; 1; 2; \ldots; n\}$ und der zugehörigen Wahrscheinlichkeitsverteilung

$$k \to P(S = k) = \binom{n}{k} \cdot p^k \cdot q^{n-k} \quad (0 \leq p \leq 1, \ q = 1 - p, \\ k \in \mathbb{N}_0, \ k \leq n)$$

heißt *Binomialverteilung* mit den Parametern n und p. In diesem Fall bezeichnen wir $P(S = k)$ mit $B(n; p; k)$.

Beispiel 3: Von 100 Personen einer Bevölkerung leiden im Durchschnitt 3 an einer seltenen Krankheit namens Arbeitswut. Wie groß ist die Wahrscheinlichkeit, daß sich unter 5 zufällig ausgewählten Personen genau ein Arbeitswütiger befindet?

Hier wird der Bernoulli-Versuch »Auswahl eines Arbeitswütigen« mit der Erfolgswahrscheinlichkeit $p = 3\%$ fünfmal wiederholt. Daher haben wir $B(5; 0,03; 1)$ zu bestimmen. Nach Satz 3 gilt

$$B(5; 0,03; 1) = \binom{5}{1} \cdot 0,03^1 \cdot 0,97^4 \approx 0,1328.$$

Mit etwa 13% Wahrscheinlichkeit befindet sich unter 5 Personen genau ein Arbeitswütiger.

Die Figur 28 zeigt in einigen Histogrammen die Abhängigkeit der Binomialverteilung von n und p.

Figur 28

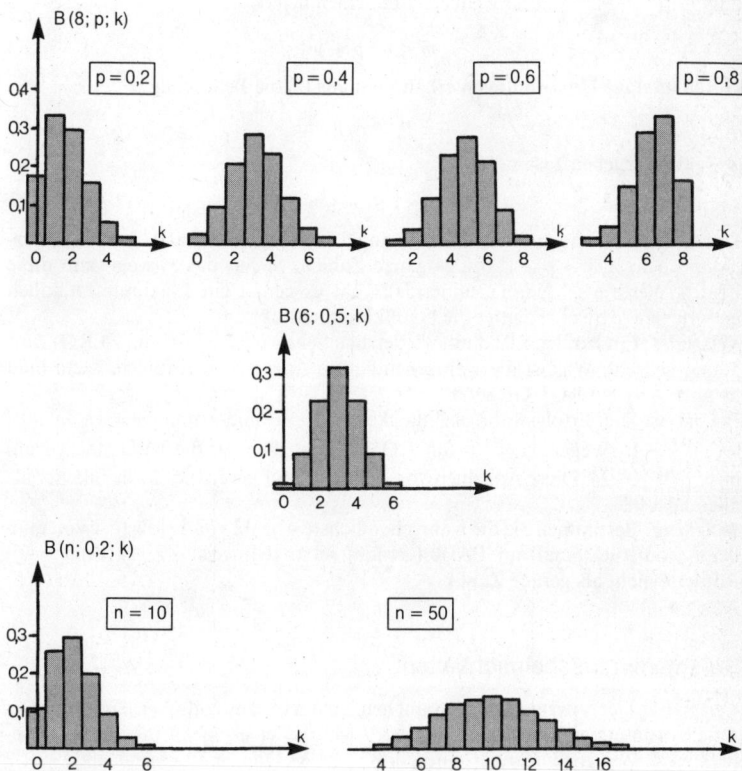

▶ *Übung:* Begründen Sie, daß das Histogramm von $B(n; p; k)$ nur für $p = q = \frac{1}{2}$ symmetrisch ist.

Die wahrscheinlichste Anzahl von Erfolgen

Die Histogramme in Figur 28 haben stets genau ein oder zwei Maxima, d.h. für jedes $B(n; p; k)$ gibt es ein oder zwei m mit maximaler Wahrscheinlichkeit $B(n; p; m)$. Wir bestimmen diese Werte m aus den Bedingungen

$$B(n; p; m - 1) \leq B(n; p; m) \quad \text{und} \tag{1}$$

$$B(n; p; m + 1) \leq B(n; p; m), \tag{2}$$

die für das Maximum einer Treppenfunktion gelten.

Aus (1) folgt $\binom{n}{m} \cdot p^m \cdot q^{n-m} \geq \binom{n}{m-1} \cdot p^{m-1} \cdot q^{n-m+1}$. Unter Verwendung von

$\binom{n}{m} = \dfrac{n!}{m!(n-m)!}$ bzw. $\binom{n}{m-1} = \dfrac{n!}{(m-1)!(n-m+1)!}$ folgt durch Kürzen,

daß $\dfrac{p}{m} \geq \dfrac{1-p}{n-m+1}$, und weiteres Umformen liefert

$$m \leq n \cdot p + p \tag{3}$$

Durch analoge Umformungen erhält man aus (2) die Bedingung

$$m \geq n \cdot p + p - 1 \tag{4}$$

(3) und (4) ergeben zusammen

$$n \cdot p + p - 1 \leq m \leq n \cdot p + p \tag{5}$$

Daher liegt m in einem Intervall der Länge 1. Sind $n \cdot p + p$ und (damit zwangsläufig auch) $n \cdot p + p - 1$ beides ganze Zahlen, so hat das Histogramm diese beiden Werte als Maxima, andernfalls hat es genau ein Maximum, nämlich $m = [n \cdot p + p]$ ($[x]$ bedeutet die Gaußklammerfunktion.).

Beispiel 4: Ein Roulette-Rad mit 37 gleichen Sektoren (1 bis 36 und ZERO) wird 50mal gedreht. Was ist die wahrscheinlichste Anzahl von Erfolgen, wenn man *a)* auf 17, *b)* auf ROUGE setzt?

Bei *a)* ist die Erfolgswahrscheinlichkeit $p = \frac{1}{37}$ und somit $m = [n \cdot p + p]$ $= \left[\frac{51}{37}\right] = 1$. Wegen $p = \frac{18}{37}$ für ROUGE ist bei *b)* die gesuchte Anzahl $m = \left[\frac{918}{37}\right] = 24$. Diese Anzahlen von Erfolgen sind jeweils wahrscheinlicher als alle anderen.

▶ *Übung:* Bestimmen Sie die wahrscheinlichste Anzahl von Erfolgen, wenn man beim Roulette 36mal auf PAIR (gerade) setzt. (Hinweis: ZERO zählt beim Roulette nicht als gerade Zahl.)

Summenwahrscheinlichkeiten

Beispiel 5: Der Vorstand des Kaninchenzüchtervereins soll über eine neue Geschäftsordnung entscheiden. Jedes der 9 Mitglieder erscheint mit Wahrscheinlichkeit $\frac{3}{4}$. Wie groß ist die Chance, daß $\frac{2}{3}$ der Mitglieder anwesend sind?

Zu dem Ereignis A: »$\frac{2}{3}$ der Vorstandsmitglieder sind anwesend« gehört nicht nur die Zahl 6, sondern ebenso natürlich auch die Zahlen 7, 8 und 9 anwesender Mitglieder. Daher ist

$$P(A) = P(S \geq 6) = B(9; \tfrac{3}{4}; 6) + B(9; \tfrac{3}{4}; 7) + B(9; \tfrac{3}{4}; 8) + B(9; \tfrac{3}{4}; 9) =$$

$$= \sum_{i=6}^{9} \binom{9}{i} \cdot \left(\frac{3}{4}\right)^i \cdot \left(\frac{1}{4}\right)^{9-i} = \frac{218\,700}{4^9} \approx 0{,}834.$$

Die Wahrscheinlichkeit, daß $\tfrac{2}{3}$ der Mitglieder anwesend sind, beträgt somit rund 83,4%.

Wenn Z eine binomialverteilte Zufallsvariable mit Erwartungswert μ ist, so lassen sich die Wahrscheinlichkeiten der Ereignisse $Z > k$, $Z \leq k$, $|Z - \mu| < k$, usw. für $0 \leq k \leq n$ als Summen angeben. Beispielsweise gilt:

$$P(Z > k) = \sum_{i=k+1}^{n} \binom{n}{i} p^i q^{n-i}, \quad P(Z \leq k) = \sum_{i=0}^{k} \binom{n}{i} p^i q^{n-i} = 1 - P(Z > k).$$

Gelegentlich benötigt man die Werte der Funktion, die jedem k die Wahrscheinlichkeit $P(Z \leq k)$ zuordnet. Wir wiederholen die Definition 2 aus Abschnitt »Zufallsvariable« als

Definition 4: Es sei Z eine Zufallsvariable. Die Funktion

$$F : k \rightarrow P(Z \leq k)$$

heißt *Verteilungsfunktion* von Z.

Die Figur 29 zeigt links die Verteilungsfunktion eines Laplace-Würfels und rechts die Verteilungsfunktion zu $Z = B(6; \tfrac{1}{2}; k)$ (vgl. Figur 28). Verteilungsfunktionen von Zufallsvariablen mit endlicher Wertemenge sind stets monoton wachsende Treppenfunktionen.

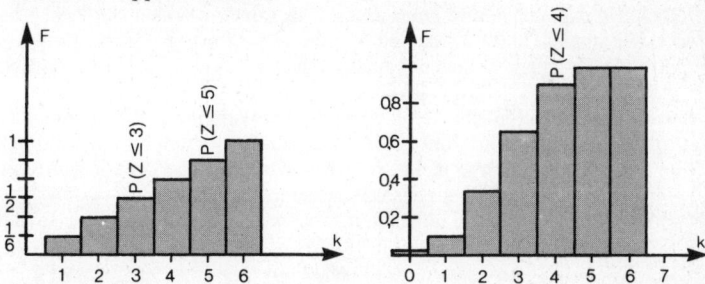

Figur 29

Die Berechnung der Verteilungsfunktion einer Binomialverteilung wird schwierig, wenn viele Summanden auszuwerten sind. In den beiden folgenden Kapiteln werden wichtige Näherungen für $B(n; p; k)$ vorgestellt.

Wir schließen dieses Kapitel mit der Anwendung der Tschebyschew-Ungleichung für den Fall der Binomialverteilung. Die Ungleichung lautet (vgl. Abschnitt »Zufallsvariable«)

$$P(|Z - \mu| \geq c) \leq \frac{\sigma^2}{c^2}. \tag{6}$$

Sei nun $Z = S$ speziell eine binomialverteilte Zufallsvariable. Dann ist $\mu = n \cdot p$ und $\sigma^2 = n \cdot p \cdot q$. Wir setzen außerdem $c = n \cdot \varepsilon$. Dann geht (6) über in

$$P(|S - n \cdot p| \geq n \cdot \varepsilon) \leq \frac{n \cdot p \cdot q}{n^2 \varepsilon^2} = \frac{p \cdot q}{n \cdot \varepsilon^2}$$

Die Ungleichung $|S - n \cdot p| \geq n \cdot \varepsilon$ geht nach Division durch n über in $\left|\dfrac{S}{n} - p\right| \geq \varepsilon$. Dabei ist $\dfrac{S}{n}$ die relative Trefferhäufigkeit h_r pro Stufe. Mit der Abkürzung $h_r = \dfrac{S}{n}$ erhalten wir aus (7)

$$P(|h_r - p| \geq \varepsilon) \leq \frac{pq}{n \cdot \varepsilon^2} \tag{8}$$

Schließlich folgt aus $q = 1 - p$ noch, daß $pq = p(1 - p) = \frac{1}{4} - (\frac{1}{4} - p + p^2) = \frac{1}{4} - (\frac{1}{2} - p)^2 \leq \frac{1}{4}$. Damit liefert (8) schließlich

Satz 4:   Es sei p die Erfolgswahrscheinlichkeit und h_r die relative Treffer-
häufigkeit bei einer Bernoulli-Kette der Länge n. Dann gilt für alle
$\varepsilon > 0$

$$P(|h_r - p| > \varepsilon) \leq \frac{1}{4n\varepsilon^2}$$

(Bernoullisches Gesetz der großen Zahl)

Diese Aussage hat theoretische Bedeutung. Wegen $P(|h_r - p| \leq \varepsilon) = 1 - \dfrac{1}{4n\varepsilon^2}$ folgt, daß für hinreichend großes n bei jeder vorgegebenen Schranke ε die Wahr-scheinlichkeit, daß sich h_r und p um weniger als ε unterscheiden, der Zahl 1 be-liebig nahekommt. Damit ist das empirische Gesetz der großen Zahlen (vgl. Abschnitt »Wahrscheinlichkeiten«) auch mathematisch bestätigt. Dies ist nicht nur für die Binomialverteilung möglich.

Beispiel 6: Eine Partei möchte 2 Wochen vor der Wahl ihren Wähleranteil auf 1% genau bestimmen. Ein Umfrage-Institut befragt eine Stichprobe von 6000 zufällig ausgewählten Bürgern. Mit welcher Wahrscheinlichkeit liegt der er-mittelte Schätzwert h_r innerhalb der gewünschten Genauigkeit?

Wir verwenden Satz 4. p ist unbekannt, aber ε und n sind gegeben, so daß

$$P(|h_r - p| \leq 0{,}01) > 1 - \frac{1}{4n\varepsilon^2} = 1 - \frac{1}{4 \cdot 6000 \cdot 10^{-4}} = 0{,}58\overline{3}.$$

Diese Wahrscheinlichkeit ist allerdings nicht berauschend. Man müßte mehr Bürger befragen oder die Genauigkeit herabsetzen. Für $\varepsilon = 5\%$ und $n = 8000$ erhält man beispielsweise

$$P(|h_r - p| \leq 0{,}05) > 1 - \frac{1}{4 \cdot 8000 \cdot 25 \cdot 10^{-4}} = 0{,}9875 \approx 99\% \text{ Sicherheit.}$$

Aufgaben

93) Berechnen Sie nach der Formel von Bernoulli für $n = 4$ und $p = \frac{1}{3}$ die Wahrscheinlichkeiten *a)* $P(Z = 3)$, *b)* $P(Z = 4)$, *c)* $P(Z < 3)$.

94) Wie groß ist die Wahrscheinlichkeit, daß beim dreimaligen Werfen eines Laplace-Würfels *a)* keine, *b)* genau eine, *c)* mindestens eine Sechs auftritt?

95) Zwei Spieler A und B spielen 5 Spiele, wobei kein Spiel unentschieden endet. Sieger ist, wer die meisten Spiele gewonnen hat. Mit welcher Wahrscheinlichkeit ist B Sieger, wenn er in jedem Einzelspiel die Gewinnwahrscheinlichkeit 0,4 hat?

96) Bestimmen Sie Erwartungswert und Varianz der Anzahl von »Wappen« bei 100 Würfen einer Laplace-Münze.

97) Eine Zufallsvariable B ist binomialverteilt mit dem Erwartungswert 6 und der Varianz 4.
   a) Bestimmen Sie n und p.
   b) Wie groß ist $P(B \geq 1)$?

98) Bei einer Klassenarbeit wurden 15 Fragen mit je 5 möglichen Antworten gegeben, von denen jeweils nur eine richtig war. Ein Schüler erklärte danach, er habe kein einziges Kreuz richtig gesetzt. Wie groß ist die Wahrscheinlichkeit, daß so etwas durch Zufall geschieht?

99) Eine Operation verläuft durchschnittlich in 9 von 10 Fällen erfolgreich. An einem Tag werden 10 solcher Operationen durchgeführt. Wie groß ist die Wahrscheinlichkeit, daß höchstens eine davon mißlingt?

100) Robert spielt gegen einen gleichwertigen Gegner Schach. Ist es für ihn wahrscheinlicher, 3 von 4 oder 5 von 8 Partien zu gewinnen?

101) Ein Schütze mit der Trefferwahrscheinlichkeit $\frac{3}{4}$ schießt *a)* 10mal, *b)* 20mal. Bestimmen Sie jeweils die wahrscheinlichste Anzahl von Treffern.

102) *a)* Beweisen Sie, daß für die Binomialverteilung folgende Rekursionsformel gilt:

$$B(n; p; k + 1) = \frac{n - k}{k + 1} \frac{p}{1 - p} B(n; p; k)$$

   b) Berechnen Sie unter Benutzung dieser Formel $B(500; \frac{1}{365}; k)$ für $k = 0, 1$.

103) Berechnen Sie unter Verwendung des Resultats der Aufgabe 102b) die Wahrscheinlichkeit, daß unter 500 Personen mindestens zwei am 1. Januar Geburtstag haben. Dabei sollen die Geburtstage gleichmäßig über das Jahr verteilt sein.

104) In einem Karton Bleistifte hat erfahrungsgemäß jeder zehnte eine gebrochene Mine. Mit welcher Wahrscheinlichkeit befinden sich in einem Karton mit 150 Bleistiften *a)* wenigstens 13 und höchstens 17, *b)* weniger als 10 oder mehr als 20 defekte Stifte?

105) Während der Auszählung einer Wahl wird aufgrund der neuesten Hochrechnung bekanntgegeben: mit $99,9\%$ Wahrscheinlichkeit liegt der Stimmenanteil der Partei P zwischen 5% und 7%. Auf wie vielen ausgezählten Stimmen beruht diese Hochrechnung?

Die Poisson-Verteilung

Die Poisson-Näherung

Die Werte $B(n;p;k) = \binom{n}{k} p^k q^{n-k}$ sind für große n nur schlecht zu berechnen; insbesondere, wenn p sehr klein oder sehr groß ist. Für diesen Fall läßt sich jedoch eine Näherungsformel angeben, die wir zunächst in einem Beispiel herleiten wollen.

Aus Erfahrung sei bekannt, daß eine Webmaschine durchschnittlich 2 Webfehler auf 10 m Stoff produziert. Wir fragen nach der Wahrscheinlichkeit dafür, daß 1 Meter dieses Stoffes genau k Webfehler ($k = 0, 1, 2, 3, \ldots$) enthält. Wenn wir die Breite 1 m willkürlich in 1000 Intervalle zerlegen, ist es sehr unwahrscheinlich, daß sich in einem solchen Intervall der Breite 1 mm mehr als ein Webfehler befindet. Daher können wir in guter Näherung die Tätigkeit der Webmaschine

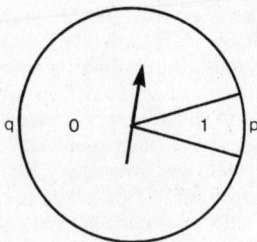

Figur 30

mit 1000 Drehungen des *Glücksrades* in Figur 30 vergleichen, das mit der Wahrscheinlichkeit

$$p = \frac{2}{10\,\text{m}} \cdot \frac{1\,\text{m}}{1000} = \frac{1}{5000}$$

eine »1« (Intervall mit Fehler) und mit der Wahrscheinlichkeit $q = 1 - p$ eine »0« (fehlerloses Intervall) produziert.

Die Wahrscheinlichkeit, unter den 1000 Intervallen genau k fehlerhafte zu treffen, ergibt sich dann aus der Binomialverteilung. Sie ist z. B. für $k = 2$:

$$B\left(1000; \frac{1}{5000}; 2\right) = \binom{1000}{2}\left(\frac{1}{5000}\right)^2 \left(1 - \frac{1}{5000}\right)^{998} \approx 0{,}01636.$$

Wenn wir der Hypothese (H), daß in einem Intervall höchstens ein Webfehler auftritt, mehr Berechtigung verleihen wollen, müssen wir die Intervallbreite verkleinern (und damit die Anzahl der Intervalle vergrößern). Falls der Stoff 3 Schußfäden pro Millimeter besitzt, und jeder Schußfaden entweder fehlerhaft (»1«) oder nicht (»0«) ist, beträgt die Wahrscheinlichkeit für genau k Webfehler pro Meter

$$B\left(3000; \frac{1}{15\,000}; k\right) = \binom{3000}{k}\left(\frac{1}{15\,000}\right)^k \left(1 - \frac{1}{15\,000}\right)^{3000-k}.$$

Speziell gilt:

$$B\left(3000; \frac{1}{15000}; 0\right) \approx 0{,}81873, \quad B\left(3000; \frac{1}{15000}; 1\right) \approx 0{,}16376,$$

$$B\left(3000; \frac{1}{15000}; 2\right) \approx 0{,}01637, \quad B\left(3000; \frac{1}{15000}; 3\right) \approx 0{,}00109, \ldots$$

Bei konstantem Erwartungswert $\lambda = n \cdot p$ für die Anzahl der Fehler pro Meter (in unserem Beispiel war $\lambda = \frac{2}{10} = 0{,}2$) scheinen die Werte von $B(n; p; k)$ für $n \to \infty$ einem Grenzwert zuzustreben. In diesem Fall kann die Hypothese (H) natürlich angenommen werden. Diesen Grenzwert kann man dann umgekehrt als um so besseren Näherungswert für $B(n; p; k)$ benutzen, je größer n und je kleiner p ist. Da man auch q als Erfolgswahrscheinlichkeit deuten kann, taugt die Näherung ebenso für große Werte von p.

Wir überzeugen uns zunächst davon, daß $\lim\limits_{n \to \infty} B(n; p; k)$ bei festen $\lambda = n \cdot p$ tatsächlich existiert. Umformen liefert

$$B(n; p; k) = \binom{n}{k} p^k (1-p)^{n-k} = \frac{n!}{k!(n-k)!} \left(\frac{\lambda}{n}\right)^k \left(1 - \frac{\lambda}{n}\right)^{n-k}$$

$$= \frac{\lambda^k}{k!} \cdot \frac{n(n-1)(n-2)\ldots(n-k+1)}{n^k} \left(1 - \frac{\lambda}{n}\right)^n \left(1 - \frac{\lambda}{n}\right)^{-k}$$

$$= \frac{\lambda^k}{k!} \cdot 1 \cdot \left(1 - \frac{1}{n}\right)\left(1 - \frac{2}{n}\right) \cdot \ldots \cdot \left(1 - \frac{k-1}{n}\right)\left(1 - \frac{\lambda}{n}\right)^n \left(1 - \frac{\lambda}{n}\right)^{-k}$$

Nun existieren in der Tat folgende Grenzwerte:

$$\lim_{n \to \infty}\left(1 - \frac{1}{n}\right) = \lim_{n \to \infty}\left(1 - \frac{2}{n}\right) = \cdots = \lim_{n \to \infty}\left(1 - \frac{k-1}{n}\right) = 1,$$

$$\lim_{n \to \infty}\left(1 - \frac{\lambda}{n}\right)^{-k} = 1, \quad \lim_{n \to \infty}\left(1 - \frac{\lambda}{n}\right)^n = e^{-\lambda},$$

und daher gilt nach den Grenzwertsätzen, daß

$$\lim_{n \to \infty} B\left(n; \frac{\lambda}{n}; k\right) = \frac{\lambda^k}{k!} e^{-\lambda}.$$

Somit erhalten wir die

Näherungsformel von Poisson (S. D. Poisson, 1781–1840):
Für große Werte von n und kleine p gilt, falls $\lambda = n \cdot p$ nicht zu groß ist,

$$B(n; p; k) \approx \frac{\lambda^k}{k!} e^{-\lambda} \quad (k = 0, 1, 2, 3, \ldots).$$

Wir testen die Güte dieser Näherung an unserem Beispiel für $n = 1000$ und $\lambda = 0,2$:

Tabelle 11

k	0	1	2	3	...
$B(n;p;k)$	0,81871	0,16378	0,01636	0,00109	
$\dfrac{\lambda^k}{k!} e^{-\lambda}$	0,81873	0,16375	0,01637	0,00109	

Die Übereinstimmung für $n = 3000$ (siehe S. 411 oben) ist noch eindrucksvoller. Für die weiteren Betrachtungen führen wir die Abkürzung ein:

$$P(\lambda;k) = \frac{\lambda^k}{k!} e^{-\lambda} \quad (k \in \mathbb{N}_0, \, \lambda \in \mathbb{R}^+)$$

Die Werte der Poisson-Näherung für die Binomialverteilung lassen sich (etwa mit einem TR) sehr schnell rekursiv berechnen. Für die Quotienten zweier aufeinanderfolgender Werte $P(\lambda;k)$ und $P(\lambda;k+1)$ gilt nämlich

$$\frac{P(\lambda;k+1)}{P(\lambda;k)} = \frac{\dfrac{\lambda^{k+1}}{(k+1)!} e^{-\lambda}}{\dfrac{\lambda^k}{k!} e^{-\lambda}} = \frac{\lambda}{k+1}, \quad \text{also}$$

Satz 1: $\quad P(\lambda;k+1) = \dfrac{\lambda}{k+1} \, P(\lambda;k), \quad k = 0,1,2,3,\ldots$

Startet man mit $P(\lambda;0) = e^{-\lambda}$, so braucht man jeweils nur nacheinander mit $\dfrac{\lambda}{k+1}$ zu multiplizieren *(λ abspeichern!)* und erhält sofort alle Werte der Poisson-Näherung.

▶ *Übung:* Überprüfen Sie die Werte in der 3. Zeile von Tabelle 11 oben.

Beispiel 1: Ein Fabrik versichert, daß höchstens 0,5% der von ihr produzierten Nägel ohne Köpfe das Werk verlassen. Wie groß ist die Wahrscheinlichkeit, in einem Karton mit 200 Nägeln keinen (einen; zwei) defekten Nagel zu finden? Hier ist $n = 200$, $p = 0,005$, $\lambda = n \cdot p = 1$. Die gesuchten Wahrscheinlichkeiten sind unter Verwendung der Poisson-Näherung

$$P(1;0) = \frac{1}{e} \approx 0,368, \quad P(1;1) = \frac{1}{e} \approx 0,368, \quad P(1;2) = \frac{1}{2e} \approx 0,184.$$

Beispiel 2: Ein Buch mit 360 Seiten enthält 40 Druckfehler. Wie groß ist die Wahrscheinlichkeit, daß Seite 24 mehr als einen Druckfehler enthält? Hier ist $\lambda = \frac{40}{360} = \frac{1}{9}$. Die gesuchte Wahrscheinlichkeit ist

$$P(\lambda;k>1) = 1 - P(\lambda;0) - P(\lambda;1) = 1 - e^{-\lambda}(1+\lambda) \approx 0,0057 = 5,7\%_0.$$

Beispiel 3: Beim Mittwochslotto 7 aus 38 gibt es $z = \binom{38}{7}$ verschiedene Möglichkeiten, eine Tipreihe auszufüllen.

a) Wie groß ist die Wahrscheinlichkeit, daß sich unter $n = 3155064$ unabhängig ausgefüllten Tipreihen höchstens ein Siebener befindet?

b) Wie viele unabhängige Tipreihen müssen ausgefüllt werden, damit am kommenden Mittwoch mit Wahrscheinlichkeit $\frac{1}{2}$ wenigstens ein Siebener dabei ist?

a) Es ist $n = \frac{1}{4} z$, $p = \frac{1}{z}$, $\lambda = \frac{1}{4}$. Daher beträgt die gesuchte Wahrscheinlichkeit $P(\lambda; 0) + P(\lambda; 1) = e^{-\lambda}(\lambda + 1) \approx 0,9735$.

b) Die Bedingung lautet

$$1 - P(\lambda; 0) > 0{,}5 \Leftrightarrow e^{-\lambda} < 0{,}5 \Leftrightarrow \lambda > \ln 2 \Leftrightarrow n > \binom{38}{7} \ln 2 = 8\,747\,694{,}9.$$

Daher müssen mindestens $8\,747\,695$ Tipreihen ausgefüllt werden.

Die Poisson-Verteilung

Man kann nun – losgelöst von der ursprünglichen Anwendung als Näherung für die Binomialverteilung – die Funktion

$$k \to P(\lambda; k)$$

als Verteilung auffassen. Dabei wird jeder Zahl $k \in \mathbb{N}_0$ eine Zahl $P(\lambda; k) \in \mathbb{R}^+$ zugeordnet. In der Tat gilt

$$\sum_{k=0}^{\infty} P(\lambda; k) = \sum_{k=0}^{\infty} \frac{\lambda^k}{k!} e^{-\lambda} = e^{-\lambda}\left(1 + \frac{\lambda}{1!} + \frac{\lambda^2}{2!} + \cdots\right) = e^{-\lambda} \cdot e^{\lambda} = 1.$$

Daher können wir die Zahlen $P(\lambda; k)$ als *Wahrscheinlichkeiten* deuten, wobei die Zufallsvariable K den Wertebereich $\mathbb{N}_0$ besitzt. Hier begegnet uns zum ersten Mal eine Zufallsvariable, die unendlich viele Werte annehmen kann.

Satz 2: Die Wahrscheinlichkeitsverteilung

$$k \to \frac{\lambda^k}{k!} e^{-\lambda} \quad (k \in \mathbb{N}_0, \lambda \in \mathbb{R}^+)$$

einer Zufallsvariablen K mit den Werten $0, 1, 2, 3, \ldots$ heißt *Poisson-Verteilung* mit dem Parameter λ.
Dabei gilt für alle $k \in \mathbb{N}_0$
$P(K = k) = P(\lambda; k)$.

Wir bestimmen Erwartungswert und Varianz der Poisson-Verteilung.

$$E(K) = \sum_{k=0}^{\infty} k \cdot P(K = k) = \sum_{k=0}^{\infty} k \cdot \frac{\lambda^k}{k!} e^{-\lambda} = \lambda \cdot e^{-\lambda} \sum_{k=1}^{\infty} \frac{\lambda^{k-1}}{(k-1)!}$$
$$= \lambda \cdot e^{-\lambda} \cdot e^{\lambda} = \lambda.$$

$$V(K) = E(K^2) - [E(K)]^2 = \sum_{k=0}^{\infty} k^2 \cdot P(K = k) - \lambda^2 =$$
$$= \sum_{k=1}^{\infty} k(k-1) \cdot \frac{\lambda^k}{k!} e^{-\lambda} + \sum_{k=1}^{\infty} k \cdot \frac{\lambda^k}{k!} e^{-\lambda} - \lambda^2$$
$$= \lambda^2 \cdot \sum_{k=0}^{\infty} \frac{\lambda^k}{k!} e^{-\lambda} + \lambda - \lambda^2 = \lambda^2 + \lambda - \lambda^2 = \lambda$$

Satz 3:   Für eine Poisson-verteilte Zufallsvariable K gilt

$$E(K) = \lambda = n \cdot p, \quad V(K) = \lambda = n \cdot p.$$

Aufgrund des Zusammenhangs mit der Binomialverteilung überrascht uns dieses Ergebnis nicht, da ein Vergleich liefert, daß

$E(X) = E(K)$ und $\lim_{q \to 1} V(X) = \lim_{q \to 1} n \cdot p \cdot q = V(K)$

ist, falls X binomialverteilt ist.

Die Poisson-Verteilung begegnet uns in der Umwelt immer dann, wenn viele unabhängige zufällige Ereignisse mit geringer Einzelwahrscheinlichkeit zusammentreffen. So sind z. B. folgende Anzahlen Poisson-verteilt:

– Anzahl der Kunden pro Minute am Schalter einer Sparkasse,
– Anzahl der lokalen Kriege pro Jahr auf der Erde,
– Zerfallsrate radioaktiver Substanzen mit großer Halbwertszeit,
– Anzahl der sichtbaren Sterne in einem kleinen Raumstück der Himmelskugel,
– Anzahl der Schüler einer Schule, die an einem Tag Geburtstag haben.

Umgekehrt kann man reale Prozesse durch Vergleich mit der Poisson-Verteilung daraufhin untersuchen, ob ihnen unabhängige Zufallsmechanismen zugrunde liegen.

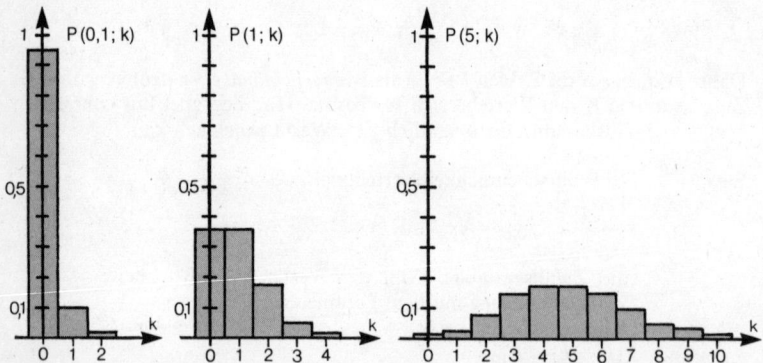

Figur 31

Die Bilder in der Figur 31 zeigen von links nach rechts Blockdiagramme der Poisson-Verteilung für $\lambda = 0,1$, $\lambda = 1$ bzw. $\lambda = 5$.

Die Poisson-Verteilung besitzt gegenüber allen bisher von uns studierten Verteilungen (z. B. der Binomialverteilung) nicht mehr endlich, sondern abzählbar unendlich viele Werte. $P(\lambda; k)$ ist für alle natürlichen Zahlen k definiert. Zufallsvariable mit höchstens abzählbar unendlich vielen Werten bezeichnet man als *diskret;* im Gegensatz dazu werden wir im nächsten Kapitel *stetige* Zufallsvariable kennenlernen.

Aufgaben

106) Berechnen Sie Näherungswerte für a) $B(50; 0,1; 5)$, b) $B(200; 0,01; 4)$, c) $B(144; 0,95; 140)$.

107) Geben Sie ohne weitere Rechnung einen Näherungswert für
$$\frac{B(2000; 0,017; 341)}{B(2000; 0,017; 340)} \text{ an.}$$

108) Wie groß ist die Wahrscheinlichkeit, daß bei 30 Würfen eines fairen Würfels kein einziges Mal die »Sechs« erscheint?

109) Während einer Stunde passieren im Mittel 25 Kunden die Kasse eines kleinen Ladens. Wie groß ist die Wahrscheinlichkeit, daß in der nächsten Minute a) 3 Kunden, b) mindestens 3 Kunden an der Kasse eintreffen?

110) Der Pförtner einer Klinik erhält durchschnittlich 12 Anrufe pro Stunde. Er entfernt sich für 2 Minuten. Mit welcher Wahrscheinlichkeit kam in dieser Zeit kein Anruf?

111) Berechnen Sie a) $P(1; 1)$, b) $P(0,09; 2)$, c) $P(7; 0)$.

112) Die Anzahl k der im Laufe eines Jahres pro Kavallerie-Regiment durch Hufschlag getöteten preußischen Soldaten wird durch folgende Tabelle wiedergegeben, die einer Untersuchung über 20 Jahre an 10 Regimenten entspringt:

k	0	1	2	3	4	5
$h(k)$	109	65	22	3	1	0

Sind die Häufigkeiten $h(k)$ hinreichend gut Poisson-verteilt?
Hinweis: Bestimmen Sie zunächst λ, indem Sie aus $h(k)$ relative Häufigkeiten bilden.

113) Ein Hotel weiß aus Erfahrung, daß von 100 Buchungen im Mittel 2 ohne Absage nicht eingehalten werden. Daher nimmt es für seine 79 Zimmer maximal 80 Bestellungen an. Mit welcher Wahrscheinlichkeit kommt der Empfangschef an einem der überbuchten Tage in Verlegenheit?

Die Normalverteilung

Stetige Verteilungen

Eine Zufallsvariable X war bisher nur auf endlichen, bzw. im Fall der Poisson-Verteilung auf abzählbar unendlichen Mengen definiert und ordnet jedem Element ω ihrer Definitionsmenge eine reelle Zahl $X(\omega)$ zu. Daher konnte auch die Wahrscheinlichkeitsverteilung $k \rightarrow P(X = k)$ nur auf höchstens abzählbar vielen Zahlen k_i definiert sein.

Es gibt jedoch Zufallsprozesse, auf denen man Zufallsvariable mit *überabzählbar unendlich* vielen Werten definieren muß. So könnte etwa als Geburtsgewicht $G(N)$ eines Neugeborenen in kg jede reelle Zahl aus einem durch biologische Bedingungen begrenzten Intervall vorkommen. Analog dazu kann beim Drehen des Glücksrads in der Figur 32 der Zeiger auf jedem Winkel α zwischen $0°$ und

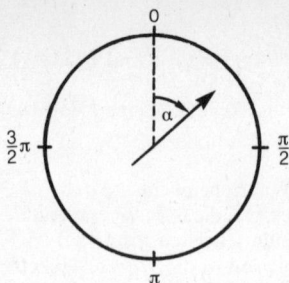

Figur 32

360° stehenbleiben. Die Zufallsvariable L soll jedem α sein Bogenmaß $L(\alpha)$ zuordnen. Dann kann sie jeden reellen Wert aus $[0; 2\pi[$ annehmen.

Wenn eine Zufallsvariable Z wie in den beiden Beispielen alle Werte in einem bestimmten Intervall $[a; b]$ annehmen kann, heißt Z *stetige* Zufallsvariable. Bei stetigen Zufallsvariablen ist die Frage nach der Wahrscheinlichkeit $P(Z = a)$ für das Eintreffen eines bestimmten Wertes a sinnlos. Dies sehen wir am besten am Glücksrad der Figur 32, bei dem ja keine Zeigerstellung gegenüber einer anderen bevorzugt ist. Wenn wir nun dem Eintreffen eines Wertes l von L, z. B. $l = \pi$, eine Wahrscheinlichkeit p so zuschreiben würden, daß $p > 0$ ist, dann müßten wir dieselbe Eintreffwahrscheinlichkeit p auch allen anderen Punkten auf dem Rand des Glücksrads zuordnen, und wir könnten eine Auswahl von endlich vielen Randpunkten treffen, unter denen mit Wahrscheinlichkeit 1 der bei der nächsten Drehung getroffene sein müßte. Für $p = \frac{1}{1000}$ würden 1000 Punkte mit den Bogenlängen $l_1, l_2, ..., l_{1000}$ reichen, weil $P(L \in \{l_1; l_2; ...; l_{1000}\}) = P(L = l_1) +$ $+ P(L = l_2) + ... + P(L = l_{1000}) = 1000 \cdot p = 1$ wäre. Daher kann es bei stetigen Zufallsvariablen auch keine Laplace-Verteilung geben.

Andererseits ist es durchaus sinnvoll, gewissen *Teilmengen* des Wertebereichs von Z Wahrscheinlichkeiten zuzuordnen. So leuchtet etwa ein, daß in der Figur 32 oben $P(Z \geq \pi) = \frac{1}{2}$, da das Intervall $[0; \pi[$ genauso lang ist wie das Intervall $[\pi; 2\pi[$. Ebenso wäre hier $P(Z \leq \frac{\pi}{2}) = \frac{1}{4}$, sowie $P(\frac{\pi}{2} \leq Z \leq \frac{3}{2}\pi) = \frac{1}{2}$. Dabei ist natürlich immer vorausgesetzt, daß keine Drehwinkel des Glücksrads vor anderen bevorzugt sind.

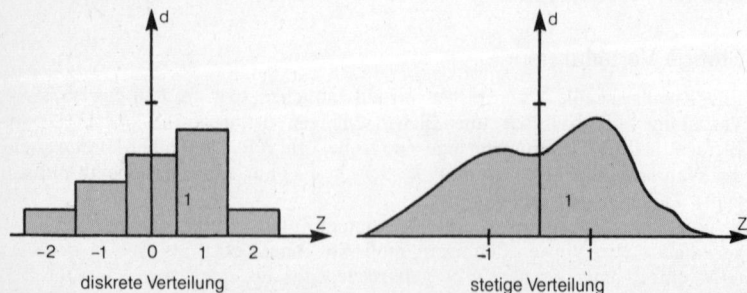

diskrete Verteilung   stetige Verteilung

Figur 33

► *Übung:* Wie groß wären bei dem hier beschriebenen Glücksrad die Wahrscheinlichkeiten folgender Ereignisse:
a) $Z \leq \frac{\pi}{3}$, b) $Z > \frac{5}{4}\pi$, c) $\frac{\pi}{3} < Z < \frac{5}{4}\pi$?

Wir kennen bereits die Darstellung diskreter Wahrscheinlichkeitsverteilungen durch *Histogramme*, in der die Fläche jeder Säule die Wahrscheinlichkeit des jeweiligen Werts der Zufallsvariablen angibt. Die Gesamtfläche der Treppenfigur – das Integral über die stückweise konstante Funktion d – beträgt somit 1. Außerdem läßt sich die Wahrscheinlichkeit für das Ereignis $Z \leq a$ als Flächeninhalt aller Säulen über den Werten $\leq a$ deuten.

Wenn es nun für eine stetige Wahrscheinlichkeitsverteilung Z auch möglich ist, eine Funktion $d(Z)$ so anzugeben, daß (vgl. Figur 33)

$$\int_{-\infty}^{+\infty} d(Z)\,dZ = 1, \tag{1}$$

$$\text{sowie} \quad P(Z \leq a) = \int_{-\infty}^{a} d(Z)\,dZ \tag{2}$$

für alle $a \in Z$, dann heißt eine solche Funktion d *Dichtefunktion* oder *Wahrscheinlichkeitsdichte*. Für das Glücksrad aus der Figur 32 läßt sich eine geeignete Funktion d leicht angeben:

$$d(Z) = \begin{cases} \dfrac{1}{2\pi} \text{ für } 0 \leq Z \leq 2\pi \\ 0 \;\; \text{sonst} \end{cases}$$

In der Tat ist $\displaystyle\int_{-\infty}^{+\infty} \frac{1}{2\pi}\,dZ = \frac{1}{2\pi} \int_{0}^{2\pi} dZ = \frac{1}{2\pi}\,2\pi = 1$, sowie

$P(Z \leq a) = \displaystyle\int_{0}^{a} \frac{1}{2\pi}\,dZ = \frac{a}{2\pi}$, falls $0 \leq a \leq 2\pi$; $P(Z \leq a) = 0$ für $a < 0$;

$P(Z \leq a) = 1$ für $a \geq 2\pi$. (vgl. Figur 34).

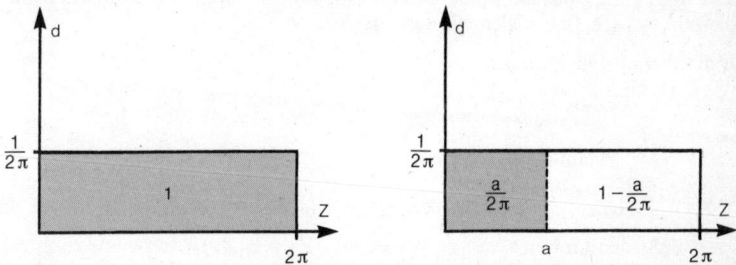

Figur 34

Beispiel 1: Professor Ungewiß sucht ein wichtiges Buch. Die Wahrscheinlichkeit $P(Z \le x)$, daß er es innerhalb von x Minuten findet, unterliegt der Dichtefunktion

$$d(Z) = \begin{cases} \dfrac{1}{(Z+1)^2} & \text{für } Z \ge 0 \\[2mm] 0 & \text{für } Z < 0 \end{cases}$$

Mit welcher Wahrscheinlichkeit hat er es a) innerhalb von $2\frac{1}{2}$ Minuten gefunden, b) nach $3\frac{1}{3}$ Minuten noch nicht gefunden?
Zunächst zeigen wir, daß $d(Z)$ tatsächlich eine Wahrscheinlichkeitsdichte ist.

$$\int\limits_{-\infty}^{+\infty} d(Z)\,dZ = \int\limits_{0}^{\infty} \frac{1}{(Z+1)^2}\,dZ = \left[-\frac{1}{Z+1} \right]_0^\infty = 1$$

Zur Lösung von a) bestimmen wir

$$P(Z \le 2\tfrac{1}{2}) = \int\limits_{0}^{2\frac{1}{2}} \frac{1}{(Z+1)^2}\,dZ = \left[-\frac{1}{Z+1} \right]_0^{2\frac{1}{2}} = -\frac{1}{3\frac{1}{2}} + 1 = \frac{5}{7}.$$

Die Antwort zu b) liefert

$$P(Z > 3\tfrac{1}{3}) = 1 - P(Z \le 3\tfrac{1}{3}) = 1 - \int\limits_{0}^{3\frac{1}{3}} \frac{1}{(Z+1)^2}\,dZ = 1 - \left[-\frac{1}{Z+1} \right]_0^{3\frac{1}{3}} =$$

$$= 1 + \frac{3}{13} - 1 = \frac{3}{13}.$$

▶ *Übung:* Zeigen Sie, daß Professor Ungewiß das Buch mit Wahrscheinlichkeit $\frac{1}{2}$ in dem Zeitintervall $\frac{1}{5}$ min. bis 2 min. nach Beginn der Suche findet.
Hinweis: Beachten Sie, daß $P(\frac{1}{5} \le Z \le 2) = \int\limits_{\frac{1}{5}}^{2} d(Z)\,dZ$.

Die Normalverteilung

Häufig sind stetige Zufallsvariablen so verteilt, daß ihre Dichtefunktion ein Maximum besitzt, annähernd symmetrisch ist, zu den Rändern hin stark abfällt und insgesamt glockenförmige Gestalt hat. Eine wichtige Dichtefunktion mit diesen Eigenschaften stellen wir nun vor.

Definition 1: Die Funktion

$$\varphi: Z \to \varphi(Z) = \frac{1}{\sqrt{2\pi}}\, e^{-\frac{Z^2}{2}}$$

heißt *normale Dichte*.

Die Eigenschaft $\int\limits_{-\infty}^{+\infty} \varphi(Z)\,dZ = 1$ können wir hier nicht beweisen. Die Figur 35 zeigt links den Graphen von φ. Wegen $\varphi(-Z) = \varphi(Z)$ ist er symmetrisch zur y-Achse. Eine stetige Zufallsvariable mit der Dichte φ heißt auch *standardnormalverteilt* bzw. $N(0;1)$-*verteilt*.

Wie bei jeder Wahrscheinlichkeitsdichte gilt

$$P(Z \le x) = \int_{-\infty}^{x} \varphi(Z)\,dZ$$

Dieses Integral mit der unteren Grenze $-\infty$ ist durch die schraffierte Fläche in der Figur 35 dargestellt. Wir betrachten $P(Z \le x)$ als Funktion von x.

Definition 2: Die Funktion

$$\phi: x \to \phi(x) = \int_{-\infty}^{x} \varphi(Z)\,dZ$$

heißt *Standard-Normalverteilung* bzw. *Gauß-Verteilung* (C. F. Gauß, 1777–1855).

Die Aussagen: »X ist $N(0; 1)$-verteilt« und »X ist standard-normal-verteilt« sind gleichwertig.

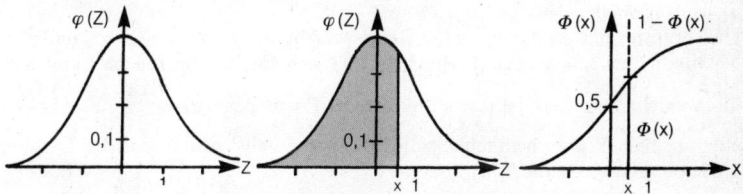

Figur 35

Die Figur 35 zeigt rechts den Graphen von ϕ. Wegen der Symmetrie von φ hat ϕ folgende wichtige Eigenschaften:

Satz 1: $\phi(0) = \frac{1}{2}$

$\phi(-Z) = 1 - \phi(Z)$

Man kann keinen geschlossenen Term für ϕ angeben, aber wichtige Funktionswerte der Normalverteilung sind tabelliert. Die folgende Tabelle gibt eine grobe Wertetafel von ϕ.

Tabelle 12: Besondere Werte der Standard-Normalverteilung.

X	$\phi(X)$	X	$\phi(X)$	X	$\phi(X)$	X	$\phi(X)$
0,0	0,50000	1,0	0,84134	2,0	0,97725	3,0	0,99865
0,2	0,57926	1,2	0,88493	2,2	0,98610	3,2	0,99931
0,4	0,65542	1,4	0,91924	2,4	0,99180	3,4	0,99966
0,6	0,72575	1,6	0,94520	2,6	0,99534	3,6	0,99984
0,8	0,78814	1,8	0,96407	2,8	0,99744	3,8	0,99993

Beispiel 2: Wie groß ist a) $\phi(1{,}2)$, b) $\phi(-1{,}2)$?
Der Tabelle entnehmen wir $\phi(1{,}2) = 0{,}88493$. Wegen $\phi(-1{,}2) = 1 - \phi(1{,}2)$ gilt $\phi(-1{,}2) = 0{,}11507$. D. h. daß für eine standard-normalverteilte Zufallsvariable Z das Ereignis $Z \le -1{,}2$ etwa mit Wahrscheinlichkeit 11,5 % eintritt, während die Wahrscheinlichkeit dafür, daß $Z \le 1{,}2$ ist, etwa 88,5 % beträgt.

▶ *Übung:* Zeigen Sie, daß a mindestens 1,8 sein muß, damit das Ereignis $Z \le a$ für eine standard-normalverteilte Zufallsvariable Z mit Wahrscheinlichkeit

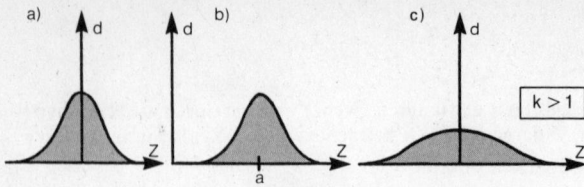

Figur 36

96,4 % eintritt. Wie groß muß a für ein solches Z sein, damit $Z > a$ mit 96,4 % Wahrscheinlichkeit eintritt?

Aus der normalen Dichtefunktion φ (Figur 36a) lassen sich durch einfache geometrische Transformationen weitere Dichtefunktionen erzeugen. Dies wird bei späteren Anwendungen von φ wichtig sein.

a) Verschiebung

Die Transformation $z = x - a$ $(a \in \mathbb{R})$ verschiebt die Funktion φ so, daß ihr Maximum bei $x = a$ liegt (Figur 36b). Da sich hierbei die Fläche unter der Kurve nicht verändert, ist jede Funktion der Form $\varphi(x - a) = \dfrac{1}{\sqrt{2\pi}} e^{-\frac{1}{2}(x-a)^2}$

eine normale Wahrscheinlichkeitsdichte. Eine Zufallsvariable mit der Dichtefunktion $\varphi(x - a)$ heißt *$N(a; 1)$-verteilt.*

b) Streckung bzw. Stauchung

Die Transformation $z = \frac{1}{k} \cdot x$ $(k \in \mathbb{R}^+)$ streckt die Funktion φ in x-Richtung um den Faktor k. Hierbei wird jedoch die Fläche unter der Kurve ebenfalls auf das k-fache vergrößert (bzw. für $k < 1$ verkleinert), so daß

$$\varphi\left(\frac{1}{k} \cdot x\right) = \frac{1}{\sqrt{2\pi}} e^{-\frac{1}{2} \cdot \left(\frac{x}{k}\right)^2}$$

keine Wahrscheinlichkeitsdichte ist. Multiplikation der Funktion $\varphi\left(\frac{1}{k} \cdot x\right)$ mit $\frac{1}{k}$ verkleinert die Fläche jedoch wieder auf den ursprünglichen Wert 1 (Figur 36c).

Daher ist jede Funktion der Form

$$\frac{1}{k} \cdot \varphi\left(\frac{1}{k} \cdot x\right) = \frac{1}{k \cdot \sqrt{2\pi}} e^{-\frac{1}{2}\left(\frac{x}{k}\right)^2}$$

eine normale Wahrscheinlichkeitsdichte.

Eine Zufallsvariable mit der Dichtefunktion $\dfrac{1}{k} \cdot \varphi\left(\dfrac{1}{k} x\right)$ heißt *$N(0; k)$-verteilt.*

c) Durch Kombination dieser beiden Transformationen $\left(z = \dfrac{x-a}{k}\right)$ erhalten wir das wichtige Ergebnis, daß jede Funktion der Form

$$d_n(x) = \frac{1}{k} \cdot \varphi\left(\frac{1}{k}(x - a)\right) = \frac{1}{k\sqrt{2\pi}} e^{-\frac{1}{2}\left(\frac{x-a}{k}\right)^2}$$

eine normale Wahrscheinlichkeitsdichte ist. Eine zugehörige Zufallsvariable heißt *N(a;k)-verteilt.* Für eine *N(a;k)*-verteilte Zufallsvariable *X* gilt dann offenbar $P(X \le a) = P\left(Z \le \dfrac{a-a}{k} = 0\right) = \phi(0) = 0,5$, und z. B.

$$P(X \le 2k + a) = \phi\left(Z \le \frac{(2k+a)-a}{k}\right) = \phi(2) = 0,97725 \text{ (vgl. Tab. 12, S.419).}$$

Man kann daher jederzeit mit Hilfe der Transformation $z = \dfrac{x-a}{k}$ die Wahrscheinlichkeiten $P(X \le x)$ als Werte der Gaußschen Verteilungsfunktion angeben.

Satz 2: Alle normalverteilten Zufallsvariablen $N(a; k)$ lassen sich auf die Standard-Normalverteilung $N(0; 1)$ zurückführen.

► *Übung:* Es sei *X* eine *N(a; k)*-verteilte Zufallsvariable mit den Parametern $a = 2$ und $k = 5$. Zeigen Sie, daß $P(X \le 7) = 0,84134$ und $P(X > 0) = 0,34458$.

Hinweis: Verwenden Sie die Transformation $z = \dfrac{x-a}{k}$ und die Tabelle 12, S. 419.

Binomialverteilung und Normalverteilung

Die Binomialverteilung $B(n; p; k) = \binom{n}{k} p^k (1-p)^{n-k}$ hängt von den Parametern *n* und *p* ab. Daher kann man Zufallsgrößen, die binomialverteilt sind, bei verschiedenen Werten von *n* und *p* nicht gut vergleichen. Dies gilt auch für andere Verteilungen, wie das folgende Beispiel zeigt.

Beispiel 3: In einem Handballklub spielen die beiden rivalisierenden Stürmer Flott und Schnell. Ihre Trefferausbeute in den letzten 5 Spielen zeigt die folgende Tabelle.

	Spiel	1	2	3	4	5
Treffer von {	Flott	4	9	4	2	11
	Schnell	6	4	5	4	6

In einem wichtigen Pokalspiel schießen Flott und Schnell beide nur je drei Tore. Wer war weiter von seiner gewohnten Leistung entfernt?

Die mittlere Torausbeute pro Spiel beträgt für Flott $\mu(F) = \frac{30}{5} = 6$ und für Schnell $\mu(S) = \frac{25}{5} = 5$. Daher ist die Abweichung nach unten mit $3 - 6 = -3$ bei Flott stärker, während sie für Schnell den Wert $3 - 5 = -2$ hat. Man muß jedoch berücksichtigen, daß die Streuung der Torausbeute bei Flott größer ist; daher sind bei ihm größere Abweichungen persönlichkeitsbedingt nicht so ungewöhnlich wie bei Schnell. Somit wird erst das *Verhältnis* der Abweichung der beobachteten Werte $x(F) = 3$ und $x(S) = 3$ *zur jeweiligen Standardabweichung* $\sigma(F)$ bzw. $\sigma(S)$ eine Aussage über die Tagesform erlauben.

Es ist (vgl. S. 394) $\sigma(F) = \sqrt{11,6} \approx 3,4$ und $\sigma(S) = \sqrt{0,8} \approx 0,9$. Damit ergibt sich $\dfrac{x(F) - \mu(F)}{\sigma(F)} = \dfrac{-3}{\sqrt{11,6}} \approx -0,88$ und $\dfrac{x(S) - \mu(S)}{\sigma(S)} = \dfrac{-2}{\sqrt{0,8}} \approx -2,24$. Daher betrug die Abweichung der Trefferquote nach unten für Flott weniger als $1\,\sigma$, während sie für Schnell größer als $2\,\sigma$ ist. Eine solche Abweichung ist mit viel geringerer Wahrscheinlichkeit auf Zufall zurückzuführen. Daher war Schnell weiter von seiner gewohnten Leistung entfernt als Flott.

Man kann auf diese Weise jede Zufallsgröße Z so umrechnen, daß anstelle eines Wertes $z = Z(\omega)$ seine Abweichung vom Erwartungswert $E(Z)$, dividiert durch die Standardabweichung $\sigma(Z)$ angegeben wird. Damit wird Z eine neue Zufallsvariable U mit $U(\omega) = \dfrac{z - E(Z)}{\sigma(Z)}$ zugeordnet.

Definition 3:   Es sei Z eine Zufallsvariable auf Ω mit dem Erwartungswert $E(Z)$ und der Standardabweichung $\sigma(Z)$. Die durch $U(\omega) = \dfrac{Z(\omega) - E(Z)}{\sigma(Z)}$ für jedes $\omega \in \Omega$ definierte Zufallsvariable U heißt *die zu Z gehörige standardisierte Zufallsvariable.*

Beispiel 4: Wir wollen die zu Z gehörige standardisierte Zufallsvariable U für den Fall bestimmen, daß Z die Augensumme bei zwei Würfen eines Laplace-Würfels ist. Wegen $E(Z) = 7$ und $\sigma(Z) = \sqrt{V(Z)} = \sqrt{\dfrac{35}{6}} \approx 2{,}415$ gilt $U(\omega) \approx \approx \dfrac{Z(\omega) - 7}{2{,}415}$. Die Tabelle zeigt die zueinander gehörenden Werte von Z und U (gerundet):

Z	2	3	4	5	6	7	8	9	10	11	12
U	$-2{,}07$	$-1{,}66$	$-1{,}24$	$-0{,}83$	$-0{,}41$	0	0,41	0,83	1,24	1,66	2,07

Satz 3:   Für eine standardisierte Zufallsvariable U gilt stets $E(U) = 0$ und $\sigma(U) = 1$.

Beim Beweis benutzen wir nur die Eigenschaften von $E(X)$ und $V(X)$.

$$E(U) = E\left(\frac{Z - E(Z)}{\sigma}\right) = \frac{1}{\sigma}\left(E(Z) - E(E(Z))\right) = \frac{1}{\sigma}\left(E(Z) - E(Z)\right) = 0.$$

$$V(U) = E(U^2) - (E(U))^2 = E\left(\left(\frac{Z - E(Z)}{\sigma}\right)^2\right) - 0 = \frac{1}{\sigma^2} \cdot E(Z - E(Z))^2 =$$

$$= \frac{1}{\sigma^2} \cdot V(Z) = \frac{1}{\sigma^2}\sigma^2 = 1.$$

Wir wenden uns nun wieder speziell binomialverteilten Zufallsvariablen $Z = B(n; p; k)$ zu. Mit Hilfe von $\mu = E(Z) = n \cdot p$ und $\sigma = \sqrt{n \cdot p \cdot q}$ kann man jedes Z in die zugehörige standardisierte Binomialverteilung U transformieren. In der folgenden Figur werden bei festem $p = \frac{1}{4}$ für verschiedene n die Histogramme von Z und U einander gegenübergestellt. Dabei ist jeweils $U = \dfrac{Z - \mu}{\sigma}$.

Die Figur 37 zeigt eine bemerkenswerte Tatsache: Während die Treppenfiguren von Z für wachsendes n immer flacher werden und nach rechts wandern, nähern sich die Diagramme von U mit wachsendem n einer zur d-Achse symmetrischen Grenzkurve. Diese erinnert uns an den Graphen der normalen Dichte φ. In der Tat gilt der folgende Zusammenhang, dessen Beweis wir hier nicht anführen können:

B (n; 0,25; k)

$$u = \frac{B - \mu}{\sigma}$$

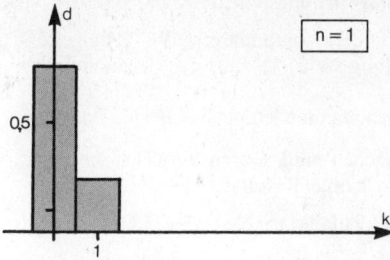

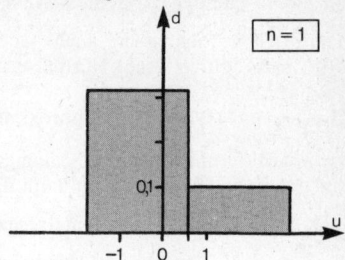

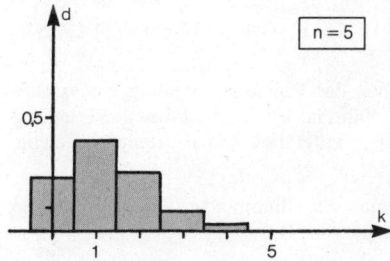

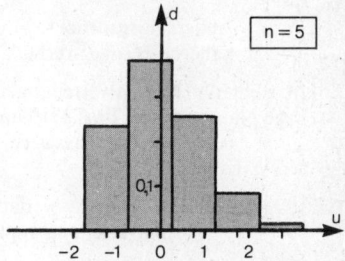

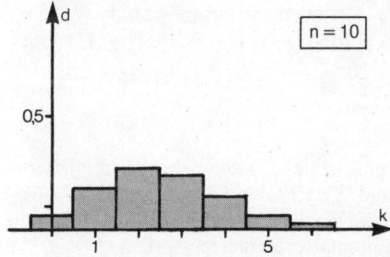

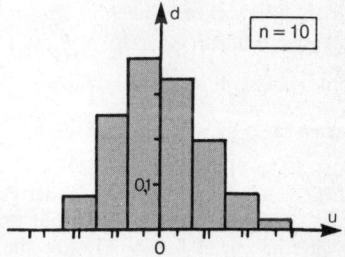

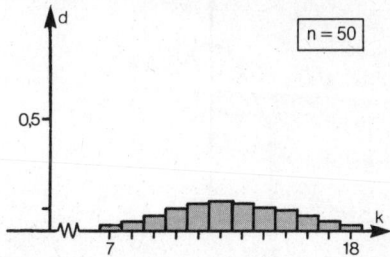

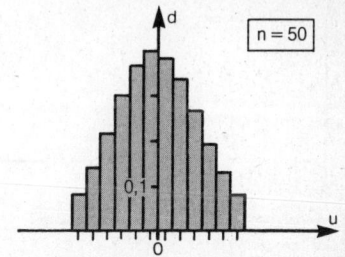

Figur 37

Satz 4:   Für große Werte von n nähert sich die standardisierte Binomialverteilung der Standard-Normalverteilung $N(0;1)$.

Damit läßt sich aber auch jede andere binomialverteilte Zufallsgröße $B(n;p;k)$ durch eine Normalverteilung $N(a;k)$ mit der Dichtefunktion

$$d_n(x) = \frac{1}{\sigma\sqrt{2\pi}}\, e^{-\frac{1}{2}\left(\frac{x-\mu}{\sigma}\right)^2}$$ approximieren, da man lediglich in beiden Fällen die

Standardisierung wieder rückgängig machen muß. Durch Vergleich sehen wir, daß $a = \mu$ und $k = \sigma$ ist. Somit gilt das wichtige Resultat:

Satz 5:   Für jede binomialverteilte Zufallsvariable $Z = B(n;p;k)$ gilt

$P(Z \le k) \approx \phi(u)$, wobei $u = \dfrac{k-\mu}{\sigma}$ mit $\mu = n \cdot p$, $\sigma = n \cdot p \cdot q$.

Anders ausgedrückt: jede $B(n;p;k)$-verteilte Zufallsvariable ist annähernd $N(\mu;\sigma)$-verteilt.

Somit stellt die Normalverteilung neben der Poisson-Verteilung eine zweite wichtige Näherung für $B(n;p;k)$ dar. Während jedoch die Poisson-Verteilung nur für $p < 0,1$ gute Näherungswerte liefert, taugt die Normalverteilung auch für größere p. Es gilt folgende

Faustregel: Für $\sigma^2 = npq > 9$ darf man die Binomialverteilung durch die Normalverteilung approximieren.

Beispiel 5: In einer Urne liegen 5 Kugeln mit den Nummern 1, 2, 3, 4, 5. Jemand zieht 50mal mit Zurücklegen eine Kugel. Dabei erschien nur 15mal eine gerade Zahl. Wie wahrscheinlich ist ein solches oder noch extremeres Ergebnis?
Wir berechnen $P(Z \le 15) = B(50;\frac{2}{5};0) + B(50;\frac{2}{5};1) + \ldots + B(50;\frac{2}{5};15)$ nähe-

rungsweise durch $\phi(u)$, wobei $u = \dfrac{15-20}{\sqrt{12}} = -\dfrac{5}{\sqrt{12}} \approx -1,443$ ist, da ja $\mu =$

$= 50 \cdot \frac{2}{5} = 20$ und $\sigma = \sqrt{50 \cdot \frac{2}{5} \cdot \frac{3}{5}} = \sqrt{12}$.

Es ist $\phi(-1,443) \approx 0,0745$. Dieses Ereignis ist daher selten, aber nicht allzu unwahrscheinlich. Allerdings ist der genaue Wert $P(Z \le 15) \approx 0,0955$. Diese Abweichung ist erheblich, obwohl doch $n \cdot p \cdot q = 12 > 9$ ist. Sie hat folgende Ursache (siehe Figur 38): Für die Binomialverteilung entspricht $P(Z \le 15)$ dem schraffierten Teil der Treppenfigur, der ja nicht bis 15, sondern bis 15,5 reicht.

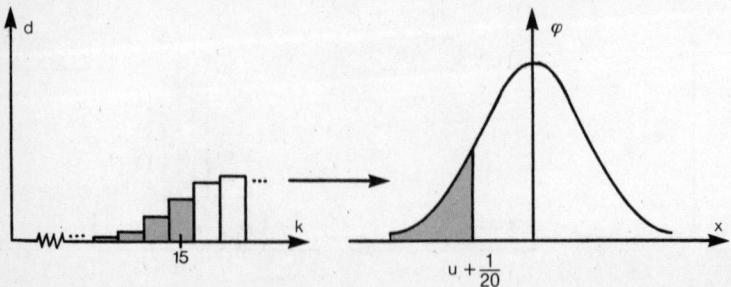

Figur 38

Daher muß man $\phi(u)$ ersetzen durch $\phi(u^*)$, wobei $u^* = \dfrac{15,5 - 20}{\sqrt{12}} \approx -1,30$ ist.

In der Tat erhält man jetzt mit $\phi(-1,30) = 1 - \phi(1,30) = 0,0968$ einen wesentlich besseren Näherungswert für $P(Z \le 15)$. Der restliche Fehler ist durch den geringen Abstand von $n \cdot p \cdot q = 12$ zu 9 bedingt.

Wir verallgemeinern unsere Überlegung zu folgender Verbesserung von Satz 5:

Satz 6: Es sei $Z = B(n; p; k)$ mit $n \cdot p = \mu, n \cdot p \cdot q = \sigma$. Dann gilt $P(Z \le k) \approx$

$$\approx \phi(u^*), \text{ wobei } u^* = \frac{k + \frac{1}{2} - \mu}{\sigma} = u + \frac{1}{2\sigma} \text{ ist. Der Summand } \frac{1}{2\sigma}$$

heißt *Stetigkeitskorrektur.*

Die Stetigkeitskorrektur wird unbedeutend, wenn $|k - \mu|$ sehr viel größer als 0,5 ist.

Beispiel 6: Wir berechnen $P(Z \le 100)$ für $Z = B(300; \frac{1}{4}; k)$ mit und ohne Stetigkeitskorrektur. Mit $\mu = 75$, $\sigma = 7,5$ ergibt sich $u = 3\frac{1}{3}$, $u^* = 3\frac{2}{5}$ und daher $\phi(3\frac{1}{3}) = 0,9996$, $\phi(3\frac{2}{5}) = 0,9996$. Hier wirkt sich die Stetigkeitskorrektur frühestens auf die 5. Stelle hinter dem Komma aus.

Zum Schluß gehen wir noch einmal auf die Rolle der Standardabweichung bei der Normalverteilung ein. Wenn man σ intuitiv als »mittlere Abweichung« interpretiert, interessiert die Frage, mit welcher Wahrscheinlichkeit ein Wert z einer (annähernd) $N(\mu; \sigma)$-verteilten Zufallsvariable um höchstens $t \cdot \sigma$ vom Mittelwert μ abweicht ($t = 1, 2, 3, \ldots$). Dabei sollen Abweichungen nach oben und unten berücksichtigt werden.

Die gesuchte Wahrscheinlichkeit ist ohne Stetigkeitskorrektur $P(|z - \mu| \le t \cdot \sigma) =$
$= P(\mu - t \cdot \sigma \le z \le \mu + t \cdot \sigma) = P(z \le \mu + t \cdot \sigma) - P(z < \mu - t \cdot \sigma) =$

$$\phi\left(\frac{\mu + t \cdot \sigma - \mu}{\sigma}\right) - \phi\left(\frac{\mu - t \cdot \sigma - \mu}{\sigma}\right) = \phi(t) - \phi(-t). \text{ Mit } \phi(-t) = 1 - \phi(t)$$

erhalten wir

Satz 7: Es sei Z eine $N(\mu; \sigma)$-verteilte Zufallsvariable. Dann gilt, daß
$$P(|z - \mu| \le t \cdot \sigma) = 2 \cdot \phi(t) - 1.$$

Satz 7 liefert folgende Tabelle, illustriert in Figur 39.

t	1	2	3
$P(|z - \mu| \le t \cdot \sigma)$	0,6826	0,9544	0,9974

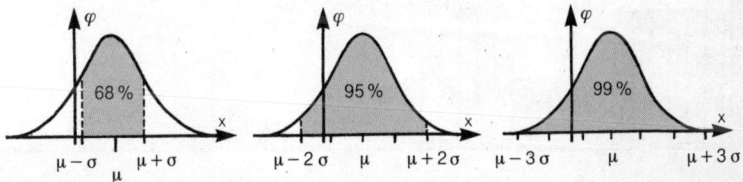

Figur 39

Mit einer Wahrscheinlichkeit von ca. 95 % liegen die Werte im sog. *2σ-Intervall*. Daher wird man beim Testen von Hypothesen (vgl. Abschnitt »Statistische Anwendungen«) stutzig, wenn Werte außerhalb des 2σ-Intervalls auftauchen. Das Auftreten von Werten außerhalb des 3σ-Intervalls ist praktisch ausgeschlossen (nur 0,3 % Wahrscheinlichkeit).

Beispiel 7: Das Gewicht von Dreipfundbroten bei einer Bäckerei gilt als $N(1520; 20)$-verteilt (Zahlen in g). Ich kaufe ein verdächtig leichtes Brot und stelle fest, daß es 1470 g wiegt. Wie groß ist die Wahrscheinlichkeit für eine solche oder noch krassere Abweichung?
$|z - \mu| = 50 = 2,5\sigma$. Daher ist $P(|z - \mu| \leq 50) = 2\phi(2,5) - 1$ und somit $P(|z - \mu| \geq 50) = 1 - (2\phi(2,5) - 1) = 2(1 - \phi(2,5)) = 2(1 - 0,9938) = 0,0124 \approx$ $\approx 1,2\%$. Man müßte die Backgewohnheiten dieses Bäckers neu überprüfen.

▶ *Übung:* Überzeugen Sie sich, daß folgende Wahrscheinlichkeitstafel richtig ist:

Ereignis	$z - \mu \leq t \cdot \sigma$	$z - \mu \geq t \cdot \sigma$	$|z - \mu| \leq t \cdot \sigma$	$|z - \mu| \geq t \cdot \sigma$
Wahrscheinlichkeit	$\phi(t)$	$1 - \phi(t)$	$2\phi(t) - 1$	$2 - 2\phi(t)$

Der Zentrale Grenzwertsatz

Warum ist die Normalverteilung – abgesehen von ihrer Verwendung als Näherung der Binomialverteilung – so bedeutungsvoll? Diese Verteilung tritt überall dort auf, wo mehrere unabhängige Faktoren durch Addition die Werte einer Zufallsvariablen bestimmen. Beispiele dafür findet man häufig bei natürlichen Vorgängen, wo etwa Wachstum, Lebensdauer, Länge oder Gewicht von Individuen durch Überlagerung sehr vieler physikalischer Faktoren bestimmt werden.

Satz 8:   Ist eine Zufallsvariable Z Summe von n unabhängigen Zufallsvariablen, so gilt mit $E(Z) = \mu$ und $V(Z) = \sigma^2$, daß Z bei hinreichend großem n annähernd $N(\mu; \sigma)$-verteilt ist. *(Zentraler Grenzwertsatz)*

Beispiel 8: Wir veranschaulichen den Zentralen Grenzwertsatz an der Augensumme beim Werfen von n Laplace-Würfeln. Die Augenzahlen bilden die unabhängigen, hier speziell identisch verteilten Zufallsvariablen. Die Blockdiagramme in der Figur 40 sprechen für sich. Bereits für $n = 3$ erkennt man die typische Form der Glockenkurve, die allerdings für große n ohne Standardisierung sehr flach und breit wird.

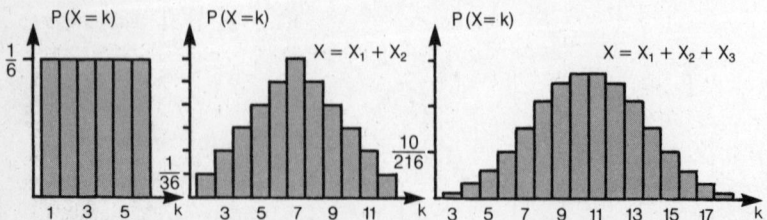

Figur 40: Augensumme X beim Werfen eines, zweier bzw. dreier Laplace-Würfel

Aufgaben

114) Wie groß sind bei dem Glücksrad in der Figur 32, S. 416 die Wahrscheinlichkeiten folgender Ereignisse:
a) $Z \leq \frac{\pi}{4}$, b) $Z < \frac{\pi}{4}$, c) $Z > \frac{8}{9}\pi$, d) $Z = 1{,}5\pi$, e) $\frac{\pi}{6} < Z < \frac{11}{6}\pi$?

115) Welche der folgenden Funktionen sind Dichtefunktionen?

a) $f(Z) = \begin{cases} 1 - |2Z| & \text{für } -\frac{1}{2} \leq Z \leq \frac{1}{2}, \\ 0 & \text{sonst} \end{cases}$ b) $f(Z) = \begin{cases} |Z| & \text{für } 0 \leq Z \leq 2 \\ 0 & \text{sonst} \end{cases}$

c) $f(Z) = \begin{cases} \frac{1}{2}\sin Z & \text{für } 0 \leq Z \leq \pi \\ 0 & \text{sonst} \end{cases}$

116) a) Berechnen Sie $P(Z \leq \frac{\pi}{4})$ für die Funktion in Aufgabe 115c). b) Für welches x gilt bei der Funktion in Aufgabe 115a), daß $P(Z \leq x) = \frac{7}{8}$ ist?

117) Es sei X eine standard-normalverteilte Zufallsvariable. Berechnen Sie
a) $P(X \leq 2)$, b) $P(X \geq -2)$, c) $P(X < -1)$, d) $P(-1 \leq X \leq 2)$, e) $P(|X| > 1)$.

118) Z sei $N(3; 3)$-verteilt. Bestimmen Sie a) $P(Z \leq 3)$, b) $P(0 < Z < 6)$.

119) Wie groß ist die Wahrscheinlichkeit, daß ein fairer Würfel bei 6000 Würfen mindestens 1100mal die »Vier« liefert?

120) Ein Spieler setzt beim Roulette 1850mal auf ZERO. Wie groß ist die Wahrscheinlichkeit, daß er genau 50mal gewinnt?
(Hinweis: $P(X = k) = P(X \leq k) - P(X \leq k - 1)$).

121) Eine Münze zeigt nur mit der Wahrscheinlichkeit 0,4 »Zahl«. In wieviel Prozent aller Fälle wird bei 80 Würfen dieser Münze dennoch öfter »Zahl« als »Wappen« auftreten?

122) Jemand behauptet, daß 30 % unserer Bevölkerung übergewichtig sind. Mit welcher Wahrscheinlichkeit sind dann unter 1000 zufällig ausgewählten Personen zwischen 250 und 350 Übergewichtige?

123) Die Körpergröße Z von Kindern eines Jahrgangs sei $N(90; 8)$-verteilt (in cm). Wieviel Prozent dieser Kinder sind zwischen 85 cm und 95 cm groß?

124) Zwischen welchen Körpergrößen befinden sich 99 % der Kinder aus Aufgabe 123?

125) Unter 1 Million Wählern weiß eine resolute Minderheit von 2000 genau, daß sie für die Partei A stimmen will, während die anderen 998 000 Wähler ihre Entscheidung zwischen Partei A und Partei B in der Wahlkabine mit einer Münze treffen. Mit welcher Wahrscheinlichkeit erhält Partei A die Stimmenmehrheit?

126) In einer Brauerei werden Bierflaschen abgefüllt, verschlossen, etikettiert und verpackt. Die dafür benötigten durchschnittlichen Arbeitszeiten sind mit ihren Standardabweichungen in der folgenden Tabelle angegeben:

Tätigkeit	Abfüllen	Verschließen	Etikettieren	Verpacken
μ	2,1 s	0,9 s	1,0 s	3,5 s
σ	0,3 s	0,1 s	0,1 s	0,5 s

Wie groß ist die Wahrscheinlichkeit, daß für alle 4 Tätigkeiten zusammen mehr als 9 s benötigt werden?

Statistische Anwendungen

Unter der Bezeichnung »Stochastik« sind die beiden mathematischen Gebiete »Wahrscheinlichkeitsrechnung« und »Statistik« zusammengefaßt. In diesem Band haben wir bis jetzt nur Wahrscheinlichkeitsrechnung getrieben, d.h. aus gegebenen Wahrscheinlichkeiten neue berechnet. Das Wort »Stochastik« kommt aus dem Griechischen und läßt sich übersetzen mit »Kunst der Vermutung«. Dieser Kunst kommen wir in der Statistik näher, wo aus Beobachtungen (z. B. statistischen Erhebungen) Wahrscheinlichkeiten geschätzt werden sollen.

Beschreibende Statistik

In Tabelle 13 ist von 1979 die monatliche Niederschlagsmenge in mm für die Stadt Frankfurt a. M. angegeben.

Tabelle 13

Monat	Jan	Feb	März	April	Mai	Juni	Juli	Aug	Sept	Okt	Nov	Dez
Menge (mm)	30	49	80	62	51	80	61	42	17	35	80	133

Wie groß war die mittlere monatliche Niederschlagsmenge in diesem Jahr? Wir erhalten diese Größe, indem wir den Gesamtniederschlag für 1979 durch die Anzahl der Monate dividieren. Die Summe der Zahlen in der Tabelle 13 beträgt 720, daher ist $\frac{720}{12} = 60$ die durchschnittliche (mittlere) Niederschlagsmenge pro Monat in mm.

Den so erhaltenen Wert bezeichnet man als Mittelwert der Erhebung. Auf die gleiche Weise berechnet man den Mittelwert einer Stichprobe, die einer Grundgesamtheit entnommen wird.

Definition 1:   Seien $x_1, x_2, ..., x_n$ die Werte einer Erhebung oder einer Stichprobe vom Umfang n. Dann heißt

$$\bar{x} = \frac{1}{n}(x_1 + x_2 + ... + x_n) = \frac{1}{n} \cdot \sum_{i=1}^{n} x_i$$

das *arithmetische Mittel* (der *Mittelwert*) der Erhebung bzw. Stichprobe.

Beispiel 1: Wie groß ist die durchschnittliche Niederschlagsmenge eines Vierteljahres bei der oben angegebenen Erhebung?
Hier muß die Summe durch 4 geteilt werden; es ergibt sich $\frac{720}{4}$ mm = 180 mm als gesuchter Wert.
Der Mittelwert muß selbst nicht unter den beobachteten Werten vorkommen. In der Tat, 60 mm taucht in der Tabelle 13 nicht auf.

▶ *Übung:* Ein Würfel wurde 300mal geworfen mit dem Ergebnis

Tabelle 14

Augenzahl	1	2	3	4	5	6
Häufigkeit	54	45	47	49	58	47

Berechnen Sie den Mittelwert $\bar{x}$ dieser Stichprobe und vergleichen Sie ihn mit dem Erwartungswert $\mu = 3,5$ der Augenzahl eines Laplace-Würfels.
Der Übung entnehmen wir zwei praktische Ergänzungen der Formel in Definition 1. Zunächst gilt für den Fall, daß der Wert x_i mit der Häufigkeit h_i vorkommt

$$\bar{x} = \tfrac{1}{n}(h_1 \cdot x_1 + h_2 \cdot x_2 + \ldots + h_k \cdot x_k),$$

wobei n der Umfang der Erhebung und k die Anzahl der verschiedenen Werte bedeutet. Wenn wir noch bedenken, daß $\frac{h_i}{n}$ die relative Häufigkeit von x_i in der Stichprobe ist, sehen wir eine Analogie zur Berechnung des Erwartungswerts einer Zufallsvariablen.
Eine zweite Vereinfachung der Berechnung von $\bar{x}$ bietet sich an, wenn man einen *Schätzwert* x^* für $\bar{x}$ verwendet. Wenn wir etwa aus der Tabelle 14, S. 428 die durchschnittliche Häufigkeit $\bar{a}$ der Augenzahlen berechnen wollen, so ergibt sich natürlich durch Addition und anschließende Division der Wert $\bar{a} = \frac{300}{6} = 50$.
Schätzt man jedoch bei einer flüchtigen Durchsicht der Tabelle 14, S. 428 die durchschnittliche Häufigkeit zu $a^* = 49$, so kann man $\bar{a}$ auch so berechnen: Man addiert die Differenzen der Häufigkeiten zu a^* und teilt diese durch 6. Dazu ist in der Tabelle 15 eine weitere Zeile mit diesen Differenzen an die Tabelle 14 angefügt.

Tabelle 15

Augenzahl a_i	1	2	3	4	5	6
Häufigkeit h_i	54	45	47	49	58	47
$h_i - a^*$	5	−4	−2	0	9	−2

Es ist nun $\tfrac{1}{6}(5 - 4 - 2 + 0 + 9 - 2) = \tfrac{1}{6} \cdot 6 = 1$, und daher $\bar{a} = a^* + 1 = 49 + 1 = 50$. Dieses Verfahren empfiehlt sich dann, wenn man damit das Rechnen mit großen Zahlen vermeiden kann.
Der Mittelwert $\bar{x}$ bezeichnet die »Mitte« der Stichprobe und liefert daher eine grobe Aussage über die Lage ihrer Werte auf der Zahlengeraden. Dabei ist $\bar{x}$ jedoch nicht das einzig denkbare Lagemaß.
Beispiel 2: Ein Fußball-Verein der 2. Bundesliga hat in der Vorrunde bei seinen Heimspielen folgende Zuschauerzahlen:
3100, 2500, 2800, 2300, 16600, 1900, 3200, 2300, 2200.
Diese Zahlen liefern eine durchschnittliche Zuschauerzahl $\bar{x} = 4100$. Doch verfälscht der »Ausreißer« von 16600 den wahren Sachverhalt, daß nämlich bei einem durchschnittlichen Spiel nur rund 3000 Zuschauer den Weg ins Stadion finden. Dem wird ein anderes Lagemaß besser gerecht, das als Zentralwert oder Median bezeichnet wird.

Definition 2: Der Wert einer Erhebung (Stichprobe), der bei einer monoton wachsenden Anordnung aller beobachteten Werte genauso viele Werte vor sich wie hinter sich hat, heißt *Zentralwert* bzw. *Median* und wird mit $\tilde{x}$ bezeichnet.

In unserem Beispiel 2 mit 9 Zahlen ist $\tilde{x}$ der fünftkleinste bzw. fünftgrößte Wert, daher gilt $\tilde{x} = 2500$. Dabei werden mehrfach vorkommende Zahlen, wie hier 2300, auch mehrfach gezählt.

Bei Stichproben mit einer geraden Anzahl von Werten gibt es keine Mitte. Daher wählt man in diesem Fall das arithmetische Mittel der beiden mittleren Werte als Zentralwert.

▶ *Übung:* Wir nehmen an, daß das letzte Spiel des Vereins aus Beispiel 2 ausgefallen sei. Zeigen Sie, daß die übrigen acht Zuschauerzahlen den Median $\tilde{x} = 2650$ haben.

Zur Bestimmung des Medians muß man praktisch nicht rechnen, und er ist im Vergleich zum Mittelwert unempfindlicher gegen Ausreißer. Daher haben wir mit ihm ein *schnelles und robustes Lagemaß*. Es hat allerdings keinen Bezug zur Summe der beobachteten Werte.

▶ *Übung:* Bestimmen Sie $\bar{x}$ und $\tilde{x}$ für die Zuschauerzahlen aus Beispiel 2 ohne den Ausnahmewert 16600 des Spiels gegen den Spitzenreiter.

Die Zahlen der Tabelle 13, S. 428 streuen recht weit um ihren Mittelwert 60, während die in der Tabelle 14, S. 428, enthaltenen Werte ziemlich dicht bei 50 liegen. Wenn man daher eine Stichprobe durch möglichst wenige Angaben charakterisieren will, benötigt man doch neben einem Lagemaß ($\bar{x}$ oder $\tilde{x}$) auch noch ein *Streumaß* zur Beschreibung der Abweichungen der Werte vom mittleren Niveau. Dazu dient – wie schon bei Zufallsvariablen – die Varianz, die man genauso berechnet wie im Abschnitt »Zufallsvariable«.

Definition 3: Haben die Werte $x_1, x_2, ..., x_n$ einer Erhebung den Mittelwert $\bar{x}$, so heißt

$$\bar{s}^2 = \frac{1}{n}\left[(x_1 - \bar{x})^2 + (x_2 - \bar{x})^2 + ... + (x_n - \bar{x})^2\right] = \frac{1}{n}\sum_{i=1}^{n}(x_i - \bar{x})^2$$

Varianz der Erhebung.

Die in der Tabelle 13, S. 428, beschriebene Erhebung besitzt die Varianz $\bar{s}^2 = \frac{1}{12}(30^2 + 11^2 + 20^2 + ... + 73^2) = 869,5$. Diese Größe hat die Einheit mm², daher verwendet man als Streumaß auch oft die *Standardabweichung* $\bar{s}$. Hier ist $\bar{s} = \sqrt{869,5}$ mm $\approx 29,5$ mm.

▶ *Übung:* Zeigen Sie, daß für die Varianz der Häufigkeiten aus der Tabelle 14, S. 428, gilt: $\bar{s}^2 = 20\frac{2}{3}$.

Gibt es ein Streumaß, das man ebenso schnell berechnen kann wie den Median? Natürlich könnte man die Differenz d zwischen kleinstem und größtem Wert der Stichprobe verwenden, aber d würde fast immer von Ausreißern abhängen, die häufig untypisch für die Erhebung sind. Um diesen Mangel zu vermeiden, wählt man den Abstand zwischen zwei »mittler gelegenen« Werten der Erhebung als Streumaß.

Definition 4: Es sei $\{x_1, x_2, ..., x_n\}$ eine Erhebung, die von ihrem Median $\tilde{x}$ in zwei Hälften zerlegt wird. Ferner seien r_1 und r_2 die Mediane der beiden Hälften. Die Zahl

$$R = |r_1 - r_2|$$

heißt *Interquartil-Spannweite* der Erhebung.

Die Interquartil-Spannweite R eignet sich als Streumaß, da man sie einfach durch Auszählen und eine Subtraktion erhalten kann. Außerdem ist sie wie der Median robust gegen Ausreißer.

Beispiel 3: Wir bestimmen R für die Erhebungen in den Tabellen 13 und 14, S. 428. Bei der ersten Erhebung ist $\tilde{x} = 56$, $r_1 = 38{,}5$ $r_2 = 80$, daher ist $R = |38{,}5 - 80| = 41{,}5$. Bei der zweiten Stichprobe betrachten wir zunächst die Augenzahlen, dann die Häufigkeiten als gemessene Werte. Für die Augenzahlen ist $\tilde{x} = 4$, $r_1 = 2$, $r_2 = 5$, $R = 3$; dagegen gilt für die Häufigkeiten, daß $\tilde{x} = 48$, $r_1 = 47$, $r_2 = 54$, $R = 7$.

Schätzwerte für Mittelwert und Varianz

Beispiel 4: In einem See befinden sich reichlich Fische. Eine Gruppe von 5 Sportanglern verbringt einen Nachmittag dort. Jeder fängt einen Fisch und bestimmt dessen Gewicht. Sie erhalten (ohne Anglerlatein) 415 g, 603 g, 466 g, 530 g, 591 g. Kann man aus diesen Daten auf das Durchschnittsgewicht aller Fische im See und auf mögliche Streuungen schließen?

Wir können die Gewichte der Grundgesamtheit »Fische im See« als Werte einer Zufallsvariablen Z auffassen, zu der eine Wahrscheinlichkeitsverteilung gehört. Daher besitzt Z einen Mittelwert $\mu = E(Z)$ und eine Varianz $\sigma^2 = V(Z)$.

Die 5 Angelvorgänge sind voneinander unabhängige, zu Z gehörige Zufallsexperimente. Diese Experimente liefern Zahlen, die sich als Werte von 5 unabhängigen, gleichartig verteilten Zufallsvariablen $Z_1, Z_2, ..., Z_5$ deuten lassen.

Definition 5: Wird ein Zufallsexperiment mit der zugehörigen Zufallsvariablen Z n-mal unabhängig wiederholt, so erhält man eine Realisierung von n unabhängigen Kopien $Z_1, Z_2, ..., Z_n$ von Z. Eine solche Realisierung heißt *unabhängige Zufallsstichprobe*. Jedes der n Beobachtungsergebnisse heißt *Stichprobenwert*.

Wir bilden die Zufallsvariable $\bar{Z} = \dfrac{Z_1 + Z_2 + ... + Z_n}{n}$, deren Wert jeweils das arithmetische Mittel der Stichprobenwerte sein soll. Wegen

$$E(\bar{Z}) = \tfrac{1}{n}(E(Z_1) + ... + E(Z_n)) = \tfrac{1}{n}(\mu + \mu + ... + \mu) = \tfrac{1}{n} \cdot n \cdot \mu = \mu \qquad (1)$$

hat $\bar{Z}$ den gleichen Erwartungswert wie Z.

Definition 6: Die Zufallsvariable $\bar{Z} = \dfrac{Z_1 + ... + Z_n}{n}$ heißt *Stichprobenmittel.*

Satz 1: Für das Stichprobenmittel $\bar{Z} = \dfrac{Z_1 + ... + Z_n}{n}$ gilt $E(\bar{Z}) = E(Z)$.

Das Stichprobenmittel ist demnach eine *erwartungstreue Schätzfunktion* für $\mu = E(Z)$. Wäre Z nicht erwartungstreu bzgl. μ, so würde man bei ihrer Verwendung einen systematischen Fehler begehen. In Beispiel 1 ist $\bar{Z} = \tfrac{1}{5}(415 + 603 + 466 + 530 + 591) = 521$ ein Schätzwert für das mittlere Gewicht der Fische im See. Selbstverständlich hätte ein anderes Fangergebnis bei nur einem der Angler sofort zu einem anderen Schätzwert $\bar{Z}$ geführt; Satz 1 besagt jedoch, daß man mit den Werten des Stichprobenmittels im Durchschnitt μ genau trifft.

Wir berechnen nun die Varianz von $\bar{Z}$:

$$V(\bar{Z}) = \frac{1}{n^2}\left(V(Z_1) + \ldots + V(Z_n)\right) = \frac{1}{n^2} \cdot n \cdot \sigma^2 = \frac{\sigma^2}{n} \qquad (1^*)$$

Satz 2:   Für die Varianz des Stichprobenmittels gilt $V(\bar{Z}) = \frac{1}{n} \cdot V(Z)$

▶ *Übung:* Verfolgen Sie die Umformungen in (1) und (1*) unter Beachtung der Sätze 1 und 5 aus dem Abschnitt »Zufallsvariable«!

Satz 2 besagt, daß das Stichprobenmittel weniger streut als die zugehörige Zufallsvariable Z auf Ω. Man kann aus ihm folgern, daß bei hinreichend großem Stichprobenumfang n der Wert von $\bar{Z}$ fast sicher beliebig wenig von μ abweicht.

Wir haben somit in einem Fall, nämlich beim Erwartungswert, aus der Stichprobe auf die Grundgesamtheit schließen können. Nun untersuchen wir, ob dies auch für die Varianz möglich ist.

Beispiel 5: Wir gehen von der Situation des letzten Beispiels aus. Die gefangenen Fische erlauben offenbar auch Rückschlüsse darauf, wie stark die Gewichte der Fische um ihren Mittelwert gestreut sind. Wenn alle Angler nur Fische vom Gewicht $\mu = 521$ g gefangen hätten, würden sie die Varianz $V(Z)$ für sehr gering halten.

Eine geeignete Schätzfunktion für $V(Z)$ ist offenbar $\frac{1}{n} \cdot \sum\limits_{i=1}^{n} (Z_i - \mu)^2$, von der

man zeigen kann, daß sie erwartungstreu ist. Dummerweise ist μ in der Regel ja nicht bekannt, und so sind wir gezwungen, statt dessen den Schätzwert $\bar{Z}$ für μ, das Stichprobenmittel, zu verwenden. Damit erhalten wir für die Varianz $V(Z)$ als Schätzfunktion die Zufallsvariable

$$F^2 = \frac{1}{n} \cdot \sum_{i=1}^{n} (Z_i - \bar{Z})^2.$$

Eine längere Rechnung, die wir hier nicht ausführen, liefert für den Erwartungswert $E(F^2)$ das Ergebnis, daß

$$E(F^2) = \frac{n-1}{n} \cdot V(Z) \qquad (2)$$

Die Schätzfunktion F^2 ist daher *nicht erwartungstreu* für σ^2. Bei ihrer Verwendung würde man die Varianz stets etwas unterschätzen, und zwar um so stärker, je kleiner n ist.

Die Gleichung (2) zeigt uns jedoch, wie wir aus F^2 eine erwartungstreue Schätzfunktion erhalten können, indem wir F^2 einfach mit $\dfrac{n}{n-1}$ multiplizieren. Aus (2) folgt daher

Satz 3:   Die Zufallsvariable

$$S^2 = \frac{1}{n-1} \cdot \sum_{i=1}^{n} (Z_i - \bar{Z})^2$$

ist eine erwartungstreue Schätzfunktion für $\sigma^2 = V(Z)$. Wir bezeichnen S^2 als *Stichprobenvarianz*. $S = \sqrt{S^2}$ heißt *Stichprobenstreuung.*

Die Fischgewichte aus Beispiel 4 liefern den Schätzwert

$S^2 = \frac{1}{5-1}((415 - 521)^2 + (603 - 521)^2 + (466 - 521)^2 + (530 - 521)^2 + (591 - 521)^2) = \frac{1}{4} \cdot 25966 = 6491,5$

für die Varianz σ^2 von Z, und dies liefert $S \approx 80,6$.

Beispiel 6: Jemand würfelt 11mal mit einem Laplace-Würfel und erhält 1 1 2 6 3 3 6 1 4 3 2. Welche Schätzwerte für μ und σ^2 liefert diese Stichprobe? Vergleichen Sie mit den bekannten Werten $\mu = 3,5$ und $\sigma^2 = \frac{35}{12} \approx 2,92$.

Nach Satz 1 und Satz 3 erhalten wir die Schätzwerte

$\bar{x} = \frac{32}{11}$ bzw. $S^2 = \frac{1}{10} \cdot \frac{3982}{121} = \frac{362}{110} \approx 3,29$.

Wir sehen, daß diese Werte noch nicht sehr gut sind. Bei größerem Stichproben-umfang verkleinert sich die Abweichung von μ bzw. σ^2 erheblich.

▶ *Übung:* Werfen Sie eine Münze $n = 26$mal und bestimmen Sie aus dieser Stichprobe Schätzwerte für $\mu = 13$ und $\sigma^2 = 6,5$ (Z = Anzahl der Einsen).

Vertrauensintervalle für den Mittelwert

Bei den folgenden Überlegungen setzen wir stets voraus, daß die zugrunde lie-gende Zufallsvariable Z normalverteilt ist. Im vorigen Abschnitt haben wir er-fahren, daß es möglich ist, eine unbekannte Wahrscheinlichkeit p durch eine plausible Schätzung $\bar{x}$ näherungsweise zu bestimmen. Dabei erhebt sich natür-lich die Frage, wie *verläßlich* die Schätzung $\bar{x}$ ist, bzw. wie weit daneben man mit welcher Wahrscheinlichkeit liegen kann.

Beispiel 7: Eine Umfrage unter 1680 Bundesbürgern ergab, daß 96 unter ihnen einen Video-Recorder zu Hause haben. Kann damit die Aussage einer Fachzeit-schrift gestützt werden, daß zu diesem Zeitpunkt schon über 5 % aller bundes-deutschen Haushalte einen Video-Recorder besitzen?

Die relative Häufigkeit $\frac{96}{1680} = \frac{2}{35}$ aus der Umfrage darf nicht verwechselt wer-den mit dem unbekannten Anteil p aller Haushalte, die einen Recorder besitzen. Wir definieren die Zufallsvariable Z = »Anzahl der Recorder-Besitzer in einer Zufallsstichprobe von 1680 Personen«. Unter der vernünftigen Annahme, daß Z normalverteilt ist, läßt sich eine Aussage über die Wahrscheinlichkeit machen, daß ein Wert z von Z um höchstens c von $E(Z)$ abweicht. Satz 7 des Abschnitts »Normalverteilung« liefert nämlich die Abschätzung

$$P(|z - \mu| \le t \cdot \sigma) = 2\,\phi(t) - 1,$$

aus der sich mit $\mu = E(Z)$, $t \cdot \sigma = c$ ergibt:

$$P(|z - E(Z)| \le c) = 2\,\phi\left(\frac{c}{\sigma}\right) - 1. \tag{3}$$

Gleichung (3) benötigt noch weitere Annahmen, bevor sie eine Aussage liefert. Das Ereignis $|z - E(Z)| \le c$ geht bei Division durch den Umfang $n = 1680$ der Stichprobe über in

$$\left| \frac{z}{n} - \frac{E(Z)}{n} \right| \le \frac{c}{n}. \tag{4}$$

Dabei ist $\frac{z}{n} = \frac{2}{35}$ der beobachtete Wert für den unbekannten Anteil $\frac{E(Z)}{n} = p$.

Dies liefert

$$P\left(\left|\frac{z}{n} - p\right| \le \frac{c}{n}\right) = 2\,\phi\left(\frac{c}{\sigma}\right) - 1. \tag{5}$$

Mit der Wahrscheinlichkeit von $2\,\phi\left(\frac{c}{\sigma}\right) - 1$ kann man daher darauf vertrauen, daß der gesuchte Anteil p von der beobachteten relativen Häufigkeit $\frac{z}{n}$ um höchstens c abweicht.

Wählt man für diese *Vertrauenswahrscheinlichkeit* einen festen Wert, so läßt sich um $\frac{z}{n}$ ein *Vertrauensintervall* für p angeben, so daß p mit der gewählten Wahrscheinlichkeit in diesem Intervall liegt.

Wir wollen die Vertrauenswahrscheinlichkeit 90 % zugrunde legen. Dann liefert (5) folgende Gleichung:

$$P\left(\left|\frac{2}{35} - p\right| \le \frac{c}{1680}\right) = 2\,\phi\left(\frac{c}{\sigma}\right) - 1 = 0,9.$$

Aus der rechten Seite folgt, daß $\phi\left(\frac{c}{\sigma}\right) = 0,95$ und daher $\frac{c}{\sigma} = 1,645$.

Mit $\sigma = \sqrt{n \cdot p \cdot (1 - p)}$ folgt $c = 1,645 \cdot \sqrt{1680 \cdot p(1 - p)}$, und eingesetzt in (4) ergibt sich nach Quadrieren

$$\left(\frac{2}{35} - p\right)^2 \le 1,645^2 \cdot \frac{p(1 - p)}{1680} \tag{6}$$

Wir lösen diese quadratische Ungleichung in p durch Umformen und verwenden Näherungswerte:

$$\left(\tfrac{4}{1225} - \tfrac{4}{35}\,p + p^2\right) \cdot 1680 \le 2,706\,p - 2,706\,p^2$$

$$1682,706\,p^2 - 194,706\,p + 5,4857 \le 0$$

Es ergibt sich das Lösungsintervall

$$0,0485 \le p \le 0,0672$$

Dies bedeutet: mit 90 %iger Sicherheit liegt der tatsächliche Anteil der Haushalte mit Video-Recordern zwischen 4,85 % und 6,72 %. Darunter befinden sich auch Werte, die kleiner als 5 % sind. Außerdem ist 90 %ige Sicherheit nicht sehr berühmt. Will man ein Vertrauensintervall für p angeben, in dem p mit 99 % Vertrauenswahrscheinlichkeit liegt, so müßte man die Grenzen noch weiter auseinander legen.

▶ *Übung:* Rechnen Sie nach, daß das 99 %-Vertrauensintervall für p im obigen Beispiel die Werte $0,0442 \le p \le 0,0735$ enthält. Hinweis: Verwenden Sie, daß $2 \cdot \phi(2,575) - 1 = 0,99$ ist.

Wir verallgemeinern unsere Betrachtung. Mit $\frac{z}{n} = h$ folgt aus (4):

$$|h - p| \le \frac{c}{n} = \frac{\frac{c}{\sigma}}{n} \cdot \sigma = \frac{c}{\sigma} \cdot \frac{1}{n} \cdot \sqrt{np(1 - p)} = \frac{c}{\sigma}\sqrt{\frac{p(1 - p)}{n}}.$$ Die Lösungen p von $|h - p| \le \frac{c}{\sigma}\sqrt{\frac{p(1 - p)}{n}}$ bilden ein abgeschlossenes Intervall.

Satz 4: Eine Stichprobe vom Umfang n liefert für ein Ereignis die relative Häufigkeit h. Die (unbekannte) Wahrscheinlichkeit p für das betreffende Ereignis liegt mit der Wahrscheinlichkeit $2 \cdot \phi \left(\dfrac{c}{\sigma} \right) - 1$ im Intervall $[p_1 ; p_2]$, wobei p_1 und p_2 die Lösungen der Gleichung

$$|h - p| = \frac{c}{\sigma} \sqrt{\frac{p(1-p)}{n}}$$

sind.

Definition 6: $2 \cdot \phi \left(\dfrac{c}{\sigma} \right) - 1 = P \left(|h - p| \leq \dfrac{c}{n} \right)$ heißt *Vertrauenswahrscheinlichkeit*.

Das Intervall $[p_1 ; p_2]$ heißt *Vertrauensintervall* für p zur Vertrauenswahrscheinlichkeit $2 \cdot \phi \left(\dfrac{c}{\sigma} \right) - 1$.

Figur 41 veranschaulicht ein Vertrauensintervall für p um h.

$$|h - p| \leq \frac{c}{n} \Leftrightarrow -\frac{c}{n} \leq h - p \leq \frac{c}{n} \Leftrightarrow h - \frac{c}{n} \leq p \leq h + \frac{c}{n}.$$

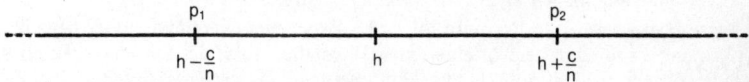

Figur 41

In der statistischen Praxis wählt man zunächst eine Vertrauenswahrscheinlichkeit, wobei sich die Werte 95%, 99% bzw. für größere Sicherheit 99,9% usw. eingebürgert haben. Danach bestimmt man das zugehörige Vertrauensintervall.

Mit dem Umfang wächst die Genauigkeit der Stichprobe, aber auch die Kosten steigen. Bei der Vorbereitung eines Tests ist es daher wichtig, den für die gewünschte Aussagekraft benötigten Umfang der Stichprobe vorher festzulegen. Dies ist unter Ausnutzung von (5) möglich.

Beispiel 8: Vierzehn Tage vor der Wahl möchte die erstarkte Opposition wissen, ob sie sich Chancen auf die absolute Mehrheit ausrechnen kann. Sie bestellt bei einem Meinungsforschungsinstitut eine Umfrage, die zwei Bedingungen erfüllen soll:
a) Die Vertrauenswahrscheinlichkeit für die Schätzung soll 95% betragen,
b) Der Wähleranteil p für die Opposition soll auf $\pm 1\%$ genau bestimmt werden.
Wie viele Wahlberechtigte muß das Institut mindestens befragen?
Zur Antwort verwenden wir Gleichung (5). Aus ihr gewinnen wir durch $\dfrac{c}{n} = 1\% = 0,01$ sowie $2 \cdot \phi \left(\dfrac{c}{\sigma} \right) - 1 = 0,95$ bzw. $\phi \left(\dfrac{c}{\sigma} \right) = 0,975$ zwei Gleichungen, aus denen sich c eliminieren läßt, nämlich

$$c = 0,01n \quad \text{und} \quad c = 1,96\sigma$$

Mit $\sigma = \sqrt{np(1-p)}$ ergibt sich

$$0,01n = 1,96\sqrt{n} \cdot \sqrt{p(1-p)},$$

und nach Quadrieren folgt

$$n = 196^2 \cdot p(1-p). \tag{7}$$

Nun kennt man in der Regel den genauen Wert für p nicht, aber $p(1-p)$ läßt sich abschätzen:

$$p(1-p) = \tfrac{1}{4} - \left(\tfrac{1}{4} - p + p^2\right) = \tfrac{1}{4} - \left(\tfrac{1}{2} - p\right)^2 \leq \tfrac{1}{4}.$$

Im ungünstigsten Fall kann die rechte Seite von (7) daher nicht größer sein als $196^2 \cdot \tfrac{1}{4}$. Daher beträgt der Mindestumfang der Stichprobe $196^2 \cdot \tfrac{1}{4} = 9604$.

► *Übung:* Zeigen Sie, daß sich der notwendige Stichprobenumfang n bei der Vertrauenswahrscheinlichkeit 95 % auf 3458 verringert, wenn man durch eine Voruntersuchung weiß, daß $p \approx 0,1$ ist.

Testen von Hypothesen

Jemand behauptet, daß er einen Reißnagel so verformt hat, daß die Ereignisse »Kopf« (0) bzw. »Spitze« (1) gleichwahrscheinlich sind. Damit stellt er eine Hypothese auf, die wir als *Nullhypothese* H_0 bezeichnen wollen. $H_0 : p = \tfrac{1}{2}$. Um diese Hypothese zu testen, wird folgendes Experiment vereinbart: Der bewußte Reißnagel soll 10mal geworfen werden. Wenn die Zahl Z der Einsen größer als 8 oder kleiner als 2 ist, soll H_0 abgelehnt werden. Das Ereignis $(2 \leq Z \leq 8)$ heißt *Annahmebereich A* von H_0, das Ereignis $(Z < 2$ oder $Z > 8)$ heißt *Ablehnungsbereich $\bar{A}$* (vgl. Figur 42). Wir haben den Ablehnungsbereich bewußt klein gehalten, denn wir müssen natürlich mit Zufallsschwankungen rechnen, die auch bei $p = \tfrac{1}{2}$ zu Abweichungen von $E(Z) = 5$ führen können.

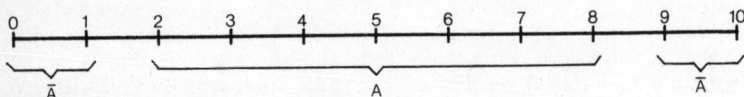

Figur 42

Solche Zufallsschwankungen könnten sogar so stark sein, daß Z in $\bar{A}$ liegt, obwohl die Nullhypothese gilt. In diesem Fall würde man H_0 *irrtümlich verwerfen*. Genauso könnte ein Ergebnis zwischen 2 und 8 auftreten, obwohl die Nullhypothese gar nicht zutrifft. In diesem Fall würde man H_0 *irrtümlich annehmen*. Bei der Entscheidung für oder gegen H_0 ist somit prinzipiell ein Fehler möglich. Die Wahrscheinlichkeit für einen solchen Fehler hängt von der Wahl von A und $\bar{A}$ ab.

Definition 7: Die Wahrscheinlichkeit α, daß wegen $Z \in \bar{A}$ eine Nullhypothese irrtümlich abgelehnt wird, heißt *Signifikanzniveau* oder *Irrtumswahrscheinlichkeit*. $1 - \alpha$ heißt *statistische Sicherheit*.

Beispiel 9: Wir bestimmen das Signifikanzniveau für den oben erwähnten Reißnageltest. $\alpha = P(Z = 0) + P(Z = 1) + P(Z = 9) + P(Z = 10)$. Dabei wird H_0 zugrunde gelegt. Die Wahrscheinlichkeiten erhalten wir aus der Formel von Bernoulli, denn $Z = 1$ läßt sich beispielsweise durch alle Bernoulli-Ketten der Länge 10 mit genau einer Eins und neun Nullen repräsentieren. Somit gilt:

$$\alpha = \binom{10}{0} \cdot \left(\tfrac{1}{2}\right)^{10} + \binom{10}{1} \cdot \left(\tfrac{1}{2}\right)^{10} + \binom{10}{9} \cdot \left(\tfrac{1}{2}\right)^{10} + \binom{10}{10} \cdot \left(\tfrac{1}{2}\right)^{10}$$

$$= \tfrac{1}{2^{10}}(1 + 10 + 10 + 1) = \tfrac{11}{512} \approx 0,0215$$

Daher wird H_0 mit der Irrtumswahrscheinlichkeit $\alpha \approx 2,15\%$ verworfen. Der Test besitzt die statistische Sicherheit $1 - \alpha \approx 97,85\%$. Diese Sicherheit ist so groß, daß man beim Auftreten eines der Werte von $\bar{A}$ H_0 auf jeden Fall verwerfen wird. Üblicherweise wählt man $\bar{A}$ so, daß α höchstens 5% ist. Andernfalls ist das Risiko zu groß, zu einer falschen Aussage zu gelangen. Falls von der Entscheidung für oder gegen H_0 viel abhängt (z. B. bei medizinischen Tests), sucht man eine höhere statistische Sicherheit.

▶ *Übung:* Im obigen Beispiel wird statt der vorherigen die folgende Entscheidungsregel verwendet: Wenn die Zahl Z der Einsen größer als 7 oder kleiner als 3 ist, soll H_0 abgelehnt werden.
Zeigen Sie, daß der Reißnageltest mit dieser Entscheidungsregel nur noch die statistische Sicherheit $\alpha \approx 10,9\%$ besitzt.
Man kann natürlich durch Verkleinerung von $\bar{A}$ die Irrtumswahrscheinlichkeit des Tests gering halten. Dabei wächst jedoch umgekehrt das Risiko, H_0 beizubehalten, obwohl H_0 gar nicht zutrifft. Die erste Möglichkeit bezeichnet man als Fehler 1. Art, die andere als Fehler 2. Art.

Definition 8: *Fehler 1. Art:* H_0 wird irrtümlich abgelehnt.
  Fehler 2. Art: H_0 wird irrtümlich angenommen.

Nicht immer heißt die Nullhypothese H_0, daß p einem festen Wert p_0 gleich ist.
Beispiel 10: Ein Gartenbauversand versichert, daß sich unter seinen Tulpenzwiebeln höchstens 10% Ausschuß befindet. Ein Kleingärtner bestellt 50 Zwiebeln und will reklamieren, sobald mehr als 5 Tulpen nicht austreiben. Mit welcher Irrtumswahrscheinlichkeit wird der Kunde reklamieren?
Hier ist $H_0: p \leq 0,1$, $\bar{A} = \{6; 7; 8; \ldots; 50\}$ und daher
$\alpha = P(\bar{A}) = 1 - P(A)$. α ist dann am größten, wenn p am größten ist. Daher berechnen wir α für $p = 0,1$:

$$\alpha = 1 - P(0) - P(1) - \ldots - P(5) = 1 - 0,9^{50} - 50 \cdot 0,9^{49} \cdot 0,1 \tag{8}$$

$$- \binom{50}{2} \cdot 0,9^{48} \cdot 0,1^2 - \ldots - \binom{50}{5} \cdot 0,9^{45} \cdot 0,1^5 \approx 0,384.$$

Die Entscheidungsregel des Kleingärtners ist schlecht. Mit etwa 38% Wahrscheinlichkeit wird er reklamieren, obwohl durch Zufallsschwankungen mehr als 5 Tulpenzwiebeln verdorben sind.
▶ *Übung:* Überlegen Sie, warum α dann am größten ist, wenn für p der größtmögliche Wert gewählt wird. Betrachten Sie dazu den Term (8).
Im Beispiel 10 lautet die Nullhypothese $H_0: p \leq p_0$. Im Gegensatz dazu wurde in Beispiel 9 eine Nullhypothese H_1 der Form $H_1: p = p_0$ getestet. Aber es gab noch einen weiteren Unterschied. Der Ablehnungsbereich $\bar{A}$ umfaßte in Beispiel 9

verdächtig große Werte von Z genauso wie verdächtig kleine Werte. Abweichungen nach oben und nach unten sprachen gegen H_0. In einem solchen Fall liefert die Entscheidungsregel einen *zweiseitigen Test*. Dagegen waren in Beispiel 10 kleine Werte von (Z = Anzahl der nicht austreibenden Zwiebeln) kein Indiz gegen H_0. Daher haben wir in diesem Fall einen *einseitigen Test* durchgeführt. Man muß vor der Durchführung festlegen, ob man einseitig oder zweiseitig testen will.

Beispiel 11: Von den insgesamt 100 Schülern der 11. Klasse entscheiden sich 20 für einen Leistungskurs Mathematik. Von den 50 Mädchen wählen allerdings nur 6 diesen Leistungskurs.

a) Der Schulleiter sagt: »Ich sehe meine Hypothese bestätigt, daß Jungen einen stärkeren Hang zur Mathematik haben als Mädchen.«

b) Die Fachsprecherin sagt: »Ich behaupte, daß die Wahl des Leistungsfachs Mathematik nicht unabhängig vom Geschlecht erfolgt ist.«

Diese Hypothesen sind nicht identisch. Während die Meinung des Schulleiters nur durch auffallend viele Jungen im Leistungskurs gestützt wird, sprechen für die andere Meinung sowohl auffallend viele als auch auffallend wenige Jungen im Leistungskurs.

Wir berechnen in beiden Fällen die Wahrscheinlichkeit α für ein Ergebnis, das durch Zufall so extrem oder noch extremer ist als das beobachtete.

Bei a) müssen wir einseitig testen. α_1 ist die Wahrscheinlichkeit, daß eine zufällig gezogene 20-Teilmenge aus 50 Mädchen und 50 Jungen höchstens 6 Mädchen enthält. Daher gilt

$$\alpha_1 = \left(\binom{20}{6} + \binom{20}{5} + \binom{20}{4} + \binom{20}{3} + \binom{20}{2} + \binom{20}{1} + \binom{20}{0}\right) : 2^{20} \approx 0{,}0577$$

Daher besitzt die Hypothese des Schulleiters eine statistische Sicherheit von ca. 94,2 %.

Bei b) müssen wir dagegen zweiseitig testen. α_2 ist die Wahrscheinlichkeit, daß eine zufällig gezogene 20-Teilmenge höchstens 6 Mädchen oder höchstens 6 Jungen enthält. Daher gilt

$$\alpha_2 = 2 \cdot \alpha_1 \approx 0{,}115.$$

Die Irrtumswahrscheinlichkeit ist hier so groß, daß aus diesen Daten die Hypothese der Fachsprecherin nicht mit ausreichender Sicherheit bestätigt werden kann.

▶ *Übung:* Erläutern Sie das scheinbare Paradoxon, daß eine weitergehende Aussage (Jungen haben stärkeren Hang zur Mathematik) mit größerer Sicherheit gestützt wird als die schwächere Aussage.

Der statistische Alternativ-Test

Beispiel 12: In zwei vollen Weinregalen R_1 und R_2 mit je 60 Flaschen beträgt der Anteil der Rotweinflaschen $r_1 = \frac{1}{6}$ bzw. $r_2 = \frac{1}{2}$. Während einer Party schickt der Hausbesitzer einen Gast in den Keller, um drei Flaschen Wein zu holen. Da die Beleuchtung defekt ist, tastet der Gast nach einem Regal, entnimmt ihm aufs Geratewohl drei Flaschen und steigt wieder nach oben. Dort stellt er fest, daß er zwei Weißwein- und eine Rotweinflasche in der Hand hat. Stammen sie eher aus Regal R_1 oder aus Regal R_2?

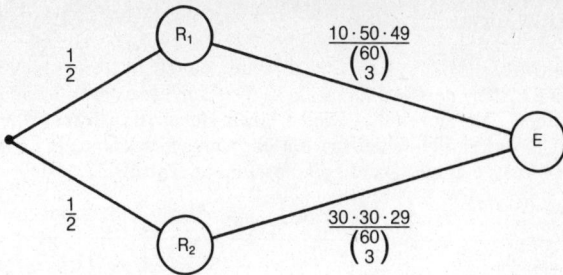

Figur 43

Der Test muß zwischen den beiden Hypothesen H_1: das Regal war R_1, und H_2: das Regal war R_2, entscheiden. Daher bezeichnen wir ihn als *Alternativtest*. Zu seiner Durchführung berechnen wir einfach die bedingten Wahrscheinlichkeiten $P(E/R_1)$ und $P(E/R_2)$, wobei E das Ereignis »Zwei Weiß- und eine Rotweinflasche« sein soll. Die Figur 43 zeigt die entsprechenden Pfade.

$$P(E/R_1) = \frac{1}{2} \cdot \frac{10 \cdot 50 \cdot 49}{\binom{60}{3}} = \frac{3 \cdot 2 \cdot 10 \cdot 50 \cdot 49}{2 \cdot 60 \cdot 59 \cdot 58} = \frac{1225}{3422}$$

$$P(E/R_2) = \frac{1}{2} \cdot \frac{30 \cdot 30 \cdot 29}{\binom{60}{3}} = \frac{3 \cdot 2 \cdot 30 \cdot 30 \cdot 29}{2 \cdot 60 \cdot 59 \cdot 58} = \frac{1305}{3422}$$

Die Wahrscheinlichkeiten verhalten sich daher wie $\frac{1225}{1305}$, so daß mit einer Wahrscheinlichkeit von $\frac{1305}{1225 + 1305} \approx 52\,\%$ die Flaschen aus Regal R_2 stammen, und mit 48 % Wahrscheinlichkeit aus R_1.

▶ *Übung:* Zeigen Sie, daß im Falle von $r_1 = \frac{1}{10}$ und $r_2 = \frac{2}{3}$ eine Wahrscheinlichkeit von 53 % für R_1 spricht.

Der Alternativ-Test braucht nicht auf zwei Möglichkeiten beschränkt zu bleiben, wie das folgende Beispiel zeigt.

Beispiel 13: In einer Urne befinden sich 5 Laplace-Würfel, 3 Würfel mit je dreimal den Augenzahlen 4 und 5, und 2 Würfel mit je zweimal den Augenzahlen 4, 5 und 6. Jemand zieht einen Würfel zufällig und würfelt fünfmal mit dem Ergebnis 44455. Für welchen Würfel spricht dieses Ergebnis?
Wir testen die drei Hypothesen H_1: Laplace-Würfel (W_1), H_2: 4–5-Würfel (W_2) und H_3: 4–5–6-Würfel (W_3), gegeneinander. Dazu berechnen wir die Wahrscheinlichkeiten

$$P(44455/W_1) = \frac{5}{10} \cdot \left(\frac{1}{6}\right)^5 = \frac{5}{10 \cdot 6^5}$$

$$P(44455/W_2) = \frac{3}{10} \cdot \left(\frac{1}{2}\right)^5 = \frac{729}{10 \cdot 6^5}$$

$$P(44455/W_3) = \frac{2}{10} \cdot \left(\frac{1}{3}\right)^5 = \frac{64}{10 \cdot 6^5}$$

Diese Wahrscheinlichkeiten verhalten sich wie $5 : 729 : 64$. Daher ist mit einer Wahrscheinlichkeit von $\frac{729}{5 + 729 + 64} \approx 91\,\%$ der gezogene Würfel einer der drei von der zweiten Sorte.

Vier- und Mehrfeldertafeln

Beispiel 14: Mit folgendem Experiment sollte untersucht werden, ob Streß abhärtet: Von 23 Affen werden 11 ausgeloste Versuchsaffen durch Stromstöße gezwungen, einen Tag lang immer wieder einen Hebel zu drücken, während die 12 anderen Kontrollaffen faulenzen dürfen. Danach werden alle 23 Affen mit einem Polio-Virus geimpft. Das Ergebnis ist in der Tabelle dargestellt.

	überlebt	gestorben	Summe
Versuchsaffen	7	4	11
Kontrollaffen	1	11	12
Summe	8	15	23

Kann man aufgrund dieser Daten behaupten, daß die Tortur abgehärtet hat?
Die Tabelle oben ist ein Beispiel für eine *Vierfeldertafel*. Solche Tafeln sind uns bereits bei der Untersuchung mehrstufiger Zufallsprozesse und bedingter Wahrscheinlichkeiten begegnet. Jetzt analysieren wir die Daten unter einer statistischen Fragestellung. Die Nullhypothese H_0 lautet: die Tafel der Tabelle oben ist nur durch Zufall zustande gekommen. Dann müssen wir die Irrtumswahrscheinlichkeit α von H_0 berechnen. Dies ist die Wahrscheinlichkeit dafür, daß *eine solche oder noch extremere* Verteilung zufällig zustande kommt. Dabei werden wir gegen die Hypothese, daß Streß abhärtet, einseitig testen.
Unter der Annahme von H_0 glauben wir, daß beim Auslosen der 11 Versuchsaffen zufällig 7 widerstandsfähige und 4 anfällige Affen dabei waren, und daß sich von vornherein 8 widerstandsfähige und 15 anfällige unter den 23 Affen befanden. Die Wahrscheinlichkeit, mindestens 7 widerstandsfähige unter den 11 ausgelost zu haben, beträgt

$$\frac{\binom{8}{7} \cdot \binom{15}{4} + \binom{8}{8} \cdot \binom{15}{3}}{\binom{23}{11}} = \frac{11375}{1352078} \approx 0{,}0084 < 1\,\%$$

Da α so klein ist, wird man H_0 ablehnen und Streß eine abhärtende Wirkung zuschreiben.
Mit dieser Methode kann man prinzipiell bei jeder Vierfeldertafel den Zusammenhang zweier Merkmale A und B testen. Dabei seien (vgl. Tabelle unten) die Häufigkeiten für A bzw. B mit a bzw. $b (b \geq a)$, und die Gesamtsumme mit s bezeichnet, und x sei die Häufigkeit von $A \cap B$.

	B	$\bar{B}$	Summe
A	x	$a - x$	a
$\bar{A}$			
Summe	b	$s - b$	s

Die Hypothese H_1: Zusammenhang zwischen A und B, wird gegen die Nullhypothese H_0: kein Zusammenhang, getestet, indem die Wahrscheinlichkeit α berechnet wird, mit der ein solches oder noch extremeres Ergebnis zufällig zustande kommen könnte.

Satz 5: Die Hypothese H_0 kann bei einer Vierfeldertafel nach der Tabelle oben mit der Irrtumswahrscheinlichkeit α angenommen werden. Dabei ist

$$\alpha = \frac{\binom{b}{x}\cdot\binom{s-b}{a-x} + \binom{b}{x+1}\cdot\binom{s-b}{a-x-1} + \cdots + \binom{b}{a}\cdot\binom{s-b}{0}}{\binom{s}{a}}$$

Der Nenner enthält die Anzahl aller möglichen a-Teilmengen der s Elemente, während im Zähler alle a-Teilmengen gezählt werden, die mindestens x Vertreter des Merkmals B enthalten.

Beispiel 15: Von einem neuen Heilmittel B wird behauptet, daß es besser wirkt als ein eingeführtes Mittel A. Ein Test an 15 Personen brachte folgendes Ergebnis:

	A	B	Summe
geheilt	6	4	10
nicht geheilt	4	1	5
Summe	10	5	15

Spricht dieses Ergebnis auf dem 5 %-Niveau signifikant für das neue Heilmittel? Mit $s = 15$, $a = 10$, $b = 5$, $x = 4$ erhalten wir

$$\alpha = \frac{\binom{10}{4}\binom{5}{1} + \binom{10}{5}\binom{5}{0}}{\binom{15}{5}} = \frac{1050 + 252}{3003} \approx 43{,}4\,\%$$

Diese Irrtumswahrscheinlichkeit ist so gewaltig, daß die Vierfeldertafel die Vermutung nicht stützen kann.

▶ *Übung:* Untersuchen Sie, ob sich in dem Fall, daß alle 5 der mit Medikament B behandelten Personen geheilt worden wären, bei sonst unveränderten Zahlen eine Signifikanz ergeben hätte.

Die Berechnung der Summe im Zähler von α gestaltet sich schwierig, wenn viele Summanden auftreten. Wir werden für diesen Fall ein Testverfahren angeben, das sich auch auf Mehrfeldertafeln anwenden läßt.

Der χ^2-Test

Beispiel 16: Von den 120 Schülern der 12. Klasse eines Städtischen Gymnasiums kommen 40 von außerhalb der Stadt. Die erste Tabelle zeigt die Verteilung der Geschlechter auf die auswärtigen bzw. städtischen Schüler.

	männl.	weibl.	Summe
auswärtig	30	10	40
städtisch	42	38	80
Summe	72	48	120

Falls die beiden Merkmale unabhängig wären, müßten die Schüler nach folgender Tabelle verteilt sein. Diese Tabelle enthält die *Erwartungswerte* der einzelnen Häufigkeiten unter der Hypothese H_0: kein Einfluß der Merkmale aufeinander.

	männl.	weibl.	Summe
auswärtig	24	16	40
städtisch	48	32	80
Summe	72	48	120

Als Maß für die Größe der Abweichung zwischen den beiden Tabellen oben definieren wir eine Zufallsvariable, für die sich die Bezeichnung χ_1^2 (lies: »Chi-Eins-Quadrat«) eingebürgert hat. χ_1^2 ist die Summe der Quadrate der Abweichungen jedes Feldes der Tafel vom jeweiligen Erwartungswert, dividiert durch den jeweiligen Erwartungswert. Summen von Quadraten der Abweichungen sind von der Berechnung der Varianz her bereits vertraut, und die Division vergleicht die Abweichung mit dem Erwartungswert. Die beiden Tabellen liefern

$$\chi_1^2 = \frac{(30-24)^2}{24} + \frac{(10-16)^2}{16} + \frac{(42-48)^2}{48} + \frac{(38-32)^2}{32} = \frac{36 \cdot 15}{96} = \frac{45}{8} \approx 5{,}6$$

Nun muß dieser Wert der Zufallsvariablen interpretiert werden. Ist 5,6 auffällig groß, oder ist es nicht allzu unwahrscheinlich, solche oder noch größere Werte zu erhalten? Dazu müßten wir die Verteilungsfunktion von χ_1^2 kennen. Diese liegt tabelliert vor. Die folgende Tabelle enthält die wichtigsten Signifikanzniveaus.

$P(\chi_1^2 \geq z)$	0,1	0,05	0,025	0,01
z	2,706	3,841	5,024	6,635

Wir lesen ab, daß sicher $P(\chi_1^2 \geq 5{,}6) < 2{,}5\,\%$ ist. Daher kann die Nullhypothese mit einer Irrtumswahrscheinlichkeit $\alpha < 2{,}5\,\%$ abgelehnt werden.
Ohne Beweis sei mitgeteilt, daß $E(\chi_1^2) = 1$ ist. Die Dichtefunktion der Zufallsvariablen χ_1^2 ist für die direkte Berechnung der Wahrscheinlichkeitsverteilung unbrauchbar.
Wir betrachten eine weitere Situation, die für einen »χ^2-Test« geeignet ist.

Beispiel 17: Ein Würfel wird 60mal geworfen. Die Tabelle unten zeigt das Ergebnis und die Erwartungswerte unter der Laplace-Annahme.

Augenzahl	1	2	3	4	5	6
Ergebnis	12	5	5	12	10	16
Erwartungswert	10	10	10	10	10	10

Auch für dieses Beispiel einer *Mehrfeldertafel* berechnen wir eine Zufallsvariable χ_5^2 (»Chi-Fünf-Quadrat«) als Maß der Abweichungen vom Erwartungswert.

$$\chi_5^2 = \frac{(12-10)^2}{10} + \frac{(5-10)^2}{10} + \dots + \frac{(16-10)^2}{10} = \frac{94}{10} = 9{,}4$$

Wegen der größeren Unabhängigkeit der einzelnen Felder voneinander können wir diese Zahl jedoch nicht mit der Tabelle für χ_1^2 interpretieren. Daher wurde die Bezeichnung χ_5^2 gewählt. Ohne Beweis sei mitgeteilt:

Satz 6: Für beobachtete und erwartete Häufigkeiten B_i bzw. $E_i (i = 1, 2, \dots, n)$ über einer Grundmenge mit n verschiedenen Ergebnissen sei

$$\chi_{n-1}^2 = \frac{(B_1 - E_1)^2}{E_1} + \frac{(B_2 - E_2)^2}{E_2} + \dots + \frac{(B_n - E_n)^2}{E_n}.$$

Dann gilt $E(\chi_{n-1}^2) = n - 1$.
Für die Vierfeldertafel ist $E(\chi_1^2) = 1$.

Die Zahl $n - 1$ wird gelegentlich als »Anzahl der Freiheitsgrade« von χ_{n-1}^2 bezeichnet. Die folgende Tabelle enthält die wichtigsten Signifikanzniveaus für 1 bis 10 Freiheitsgrade.

$P(\chi_{n-1}^2 \geq z_{n-1})$	0,95	...	0,1	0,05	0,025	0,01
z_1	0,004		2,71	3,84	5,02	6,63
z_2	0,103		4,61	5,99	7,38	9,21
z_3	0,352		6,25	7,81	9,35	11,3
z_4	0,711		7,78	9,49	11,1	13,3
z_5	1,15		9,24	11,1	12,8	15,1
z_6	1,64		10,6	12,6	14,4	16,8
z_7	2,17		12,0	14,1	16,0	18,5
z_8	2,73		13,4	15,5	17,5	20,1
z_9	3,33		14,7	16,9	19,0	21,7
z_{10}	3,94		16,0	18,3	20,5	23,2

► *Übung:* Bestimmen Sie anhand der Tabelle oben die Irrtumswahrscheinlichkeit für die Aussage: der Würfel aus Beispiel 17 ist ein Laplace-Würfel.
Die letzte Tabelle enthält aus folgendem Grund die Spalte $P(\chi_{n-1}^2 \geq z_{n-1}) = 0{,}95$: wenn der Wert von χ_{n-1}^2 nämlich zu klein ist, kann dies die Vermutung nähren, daß die Daten manipuliert worden sind, um dem Zufall etwas nachzuhelfen. Es erscheint nämlich genauso unwahrscheinlich wie eine krasse Abweichung, wenn der Zufall seinen Spielraum praktisch überhaupt nicht ausnutzt.
Beispiel 18: Bei seinen Versuchen mit Erbsen beobachtete Mendel 315 runde gelbe, 108 runde grüne, 101 runzlige gelbe und 32 runzlige grüne. Nach seiner

Vererbungslehre sollten die Anzahlen im Verhältnis $9:3:3:1$ zueinander stehen. Besteht Anlaß zum Zweifel?

Wir berechnen $\chi_3^2 = \dfrac{(315 - 312{,}75)^2}{312{,}75} + \dfrac{(108 - 104{,}25)^2}{104{,}25} + \dfrac{(101 - 104{,}25)^2}{104{,}25} +$

$$+ \frac{(32 - 34{,}75)^2}{34{,}74} \approx 0{,}47.$$

Diese Abweichung ist so gering, daß die Zahlen dem Mendelschen Gesetz entsprechen, aber sie ist verdächtig gering. So kleine Unterschiede treten nach der Tabelle, S. 443, nur in rund 5% aller Fälle auf.

Aufgaben

127) Um die Wirksamkeit eines Schlafmittels zu prüfen, wurde es an 8 Testpersonen verabreicht und jeweils die zusätzliche Schlafenszeit ermittelt

Person Nr.	1	2	3	4	5	6	7	8
Stunden	+1,5	+0,5	−0,8	+1,8	+0,4	−0,5	+2,1	+1,2

a) Wie groß ist die mittlere zusätzliche Schlafenszeit $\bar{x}$?
b) Wie groß ist der Median $\tilde{x}$ der zusätzlichen Schlafenszeiten?

128) Zwei Freunde zählen die pro Minute durch ihre Straße fahrenden Autos im Berufsverkehr. Sie erhalten die Werte

30   29   12   31   18   25   24   17   29   23.

Wie viele Fahrzeuge passieren pro Minute im Mittel diese Straße?

129) In Schlawinien arbeiten genau 200 000 Personen. 40 000 von ihnen erhalten ein Monatsgehalt von 5000 Talern, die übrigen 160 000 verdienen 2000 Taler monatlich. Bestimmen Sie Mittelwert und Median des Monatseinkommens eines Schlawiners.

130) Zwei verschiedene Diätrezepte A und B werden an je 11 zufällig ausgewählten Testpersonen miteinander verglichen. Die Tabelle zeigt für jedes Rezept die Abnahme nach einer Woche Diät in kg.

A	1,3	0,2	0,6	1,0	0,7	0,8	1,1	0,4	0,6	0,7	0,3
B	0,3	0,9	0,8	1,0	0,6	0,9	0,5	0,7	0,7	0,8	0,5

Vergleichen Sie die jeweiligen Mittelwerte, Standardabweichungen, Mediane und Interquartilspannweiten.

131) Die Schüler eines Kurses geben ihre Körpergröße an (in cm): 174, 162, 177, 185, 159, 169, 172, 183, 170, 169, 176, 184, 163, 171, 181.
Bestimmen Sie alle Lage- und Streumaße dieser Verteilung.

132) Berechnen Sie Erwartungswert und Varianz des Stichprobenmittels $\bar{Z}$ für $E(Z) = 14$, $\sigma(Z) = 4$, $n = 12$.

133) Einer eingelieferten Sendung Drucksachen entnimmt der Schalterbeamte folgende Stichprobe:

Gewicht (in g)	16	17	18	19
Anzahl	1	4	3	2

Berechnen Sie Schätzwerte für das mittlere Gewicht einer Drucksache und seine Varianz.

134) Begründen Sie anhand von Satz 3, daß man aus einer Stichprobe vom Umfang 1 keine Aussage über die Varianz der Grundgesamtheit gewinnen kann.

135) Eine Zufallsvariable Z ist $N(2;1)$-verteilt. Wie groß muß der Stichprobenumfang mindestens sein, wenn die Varianz des Stichprobenmittels kleiner sein soll als 0,1?

136) In einer Zufallsstichprobe von 100 Schülern befinden sich 8 Linkshänder. Geben Sie für die Vertrauenswahrscheinlichkeit a) 95 %, b) 99 % das Vertrauensintervall für den Anteil p der Linkshänder in der Bevölkerung an.

137) Bei einer Verkehrskontrolle wurde festgestellt, daß von 548 Fahrern 411 den Sicherheitsgurt angelegt hatten. In welchem Vertrauensintervall liegt mit 95 % Sicherheit der Anteil derjenigen unter allen Autofahrern, die sich anschnallen?

138) Welches Vertrauensintervall ergibt sich bei Aufgabe 137, wenn eine Verlängerung der Kontrolle unter 5480 Fahrern 4110 angeschnallte ermittelt?

139) a) Im Jahr 1972 kamen in Frankfurt a. M. 6029 lebend- und 55 totgeborene Kinder zur Welt. Berechnen Sie das Vertrauensintervall zur Vertrauenswahrscheinlichkeit 99 % für die Wahrscheinlichkeit p, daß ein neugeborenes Kind lebend auf die Welt kommt.
b) Im Jahr 1979 waren es in Frankfurt a. M. 5292 lebend- und 29 totgeborene Kinder. Berechnen Sie das Vertrauensintervall für p zur gleichen Vertrauenswahrscheinlichkeit. Vergleichen Sie die Intervalle aus a) und b).

140) Welchen Umfang muß eine Stichprobe haben, mit der man zur Vertrauenswahrscheinlichkeit 99 % ein Vertrauensintervall $[p-0,02;\ p+0,02]$ a) für eine unbekannte, b) für eine zu rund 0,2 geschätzte Wahrscheinlichkeit p angeben will?

141) In einer Keksdose sollen nach Angabe des Herstellers gleich viele helle und dunkle Kekse sein. Die Familie entnimmt zufällig 20 Kekse; davon sind 15 hell. Wie wahrscheinlich ist ein solches oder noch extremeres Ergebnis? Formulieren Sie H_0 und bestimmen Sie den Ablehnungsbereich $\bar{A}$.

142) Vor dem Öffnen der Keksdose in Aufgabe 141 hatte die Hausfrau bereits den Verdacht geäußert, daß weniger als die Hälfte der Kekse dunkel seien. Formulieren Sie eine Nullhypothese H_0. Mit welcher Wahrscheinlichkeit würde bei dem obigen Ergebnis H_0 verworfen?

143) In einer Lieferung Kartoffeln befinden sich angeblich 20 % der Sorte A und 80 % der Sorte B. 10 Kartoffeln sollen entnommen werden. Falls sich unter diesen mehr als vier der Sorte A befinden, soll die Lieferung reklamiert werden. Mit welcher Irrtumswahrscheinlichkeit arbeitet dieser Test?

144) Der Wetterbericht meldet, daß es morgen nicht regnen wird. Herr Maier
a) glaubt dem Wetterbericht, nimmt keine Regenkleidung mit und gerät
in einen Schauer; b) nimmt trotzdem Regenkleidung mit, braucht sie aber
nicht. Wann begeht er einen Fehler 1. bzw. 2. Art?

145) Ein Glücksrad *A* liefert 1 mit Wahrscheinlichkeit 0,5 und 0 mit derselben
Wahrscheinlichkeit. Ein Glücksrad *B* liefert 1 mit Wahrscheinlichkeit 0,7
und 0 mit Wahrscheinlichkeit 0,3. Unter 3 Glücksrädern vom Typ *A* und
5 Rädern vom Typ *B* wird eines zufällig ausgewählt und fünfmal gedreht
mit dem Ergebnis a) 11111, b) 00100. Mit welcher Wahrscheinlichkeit war
das Glücksrad jeweils vom Typ *A*?

146) Ein Waschmittelhersteller glaubt, wieder ein verbessertes Produkt hergestellt zu haben. Er stellt es der Kritik von 10 Hausfrauen, während 10 weitere Frauen das alte Waschmittel bewerten sollen.

		Waschmittel		
		neu	alt	Summe
Bewertung	positiv	9	7	16
	negativ	1	3	4
	Summe	10	10	20

Mit welcher Irrtumswahrscheinlichkeit darf er behaupten, einen Fortschritt
erzielt zu haben?

147) Einer Gruppe von Patienten, die über schlechten Schlaf klagt, wurden
Schlaftabletten gegeben, während einer anderen Gruppe wirkungslose
Tabletten (Placebos) gegeben wurden. Alle glaubten, Schlaftabletten ein-
zunehmen. Eine Nachfrage, ob die Tabletten geholfen hätten, ergab folgendes Bild:

	Guter Schlaf	Schlechter Schlaf	Summe
Schlaftabletten	44	10	54
Placebos	81	35	116
Summe	125	45	170

Unter der Annahme, daß alle Patienten die Wahrheit sagen, teste man, ob
ein Unterschied in der Wirkung der Tabletten besteht.

148) Die ortsansässigen Mütter von Frankfurt a. M. brachten im Jahr 1979
5292 Kinder zur Welt. Die Geburten verteilten sich folgendermaßen auf
die Monate:

Monat	J	F	M	A	M	J	J	A	S	O	N	D
Geburten	417	390	451	432	463	471	466	467	432	437	412	454

Sind die Geburtstage auf die 12 Monate gleichmäßig verteilt?

Lösungen der Aufgaben

Zufall, Ereignis und Häufigkeit

1) {(1;1), (1;2), (1;3), (1;4), (1;5), (1;6), (2;1), (2;2), (2;3), (2;4), (2;5), (2;6), (3;1), (3;2), (3;3), (3;4), (3;5), (3;6), (4;1), (4;2), (4;3), (4;4), (4;5), (4;6), (5;1), (5;2), (5;3), (5;4), (5;5), (5;6), (6;1), (6;2), (6;3), (6;4), (6;5), (6;6)}

2) a) 6, nämlich (1;1), (2;2), (3;3), (4;4), (5;5) und (6;6)
b) 11, c) 25, nämlich 36 (= Gesamtzahl) − 11 (mit mindestens einer Vier).

3) 10, nämlich (3;6), (6;3), (4;5), (5;4), (4;6), (6;4), (5;5), (5;6), (6;5), (6;6)

4) a) $\Omega = \{7; 8; 9; 10; B; D; K; As\}$
b) $\Omega \{Kreuz; Pik; Herz; Karo\}$

5) a) $\Omega = \{(Wappen; Wappen); (Wappen; Zahl); (Zahl; Wappen); (Zahl; Zahl)\}$
b) $\Omega = \{0; 1; 2\}$

6) (Suppe, Fisch und Pudding), (Suppe und Fisch), (Suppe und Pudding), (Fisch und Pudding), (Suppe), (Fisch), (Pudding), (gar nichts) sind die acht möglichen Ereignisse.

7) $E = \{3; 5; 7; 9; 11; 13; 15; 17\}$

8) a) 100, b) $|A| = 10$ (0 ist Quadratzahl!), $|B| = 20$, $|C| = 50$, $|D| = 6$

9) a) 90, b) 52, c) 2, d) 7

10) $A = \{(Schere; Papier); (Papier; Stein); (Stein; Schere)\}$;
$B = \{(Papier; Schere); (Stein; Papier); (Schere; Stein)\}$;
$C = \{(Schere; Schere); (Papier; Papier); (Stein; Stein)\}$.

11)

Note	1	2	3	4	5	6
h_r	10 %	17 %	30 %	27 %	13 %	3 %

12) a) $\frac{40}{144} = \frac{5}{18}$, b) $\frac{54}{144} = \frac{3}{8}$, c) $\frac{32}{144} = \frac{2}{9}$, d) $\frac{54}{144} = \frac{3}{8}$

13) Es sei $A = \{\omega_1; \omega_2; ...; \omega_k; ...; \omega_{k+l}\}$ und $B = \{\omega_k; ...; \omega_{k+l}; ...; \omega_m\}$.

$$h_r(A) = h_r(\omega_1) + ... + h_r(\omega_k) + ... + h_r(\omega_{k+l}) \qquad\Big\} \; k \in \mathbb{N}, l \in \mathbb{N}_0,$$
$$h_r(B) = \qquad\qquad h_r(\omega_k) + ... + h_r(\omega_{k+l}) + ... + h_r(\omega_m) \Big\} \; m \geq k$$

$$h_r(A) + h_r(B) = h_r(\omega_1) + ... + 2h_r(\omega_k) + ... + 2h_r(\omega_{k+l}) + ... + h_r(\omega_m)$$

Die relativen Häufigkeiten genau der Elemente $\omega_k, ..., \omega_{k+l}$ werden doppelt gezählt, die sowohl in A als auch in B liegen. Diese bilden $A \cap B$. Subtrahiert man daher von $h_r(A) + h_r(B)$ die Summe $h_r(\omega_k) + ... + h_r(\omega_{k+l}) = h_r(A \cap B)$, so erhält man $h_r(\omega_1) + ... + h_r(\omega_m) = h_r(A \cup B)$.

14) h_r (Physik) $= \frac{127}{2400} = \frac{x}{72000} \Rightarrow x = \frac{127}{2400} \cdot 72000 = 3810$. In Physik sind 3810 Plätze bereitzustellen. Analog ergibt sich ein Bedarf von 5670 Plätzen in Chemie und 10560 Plätzen in Biologie.

15) Siehe Figur.

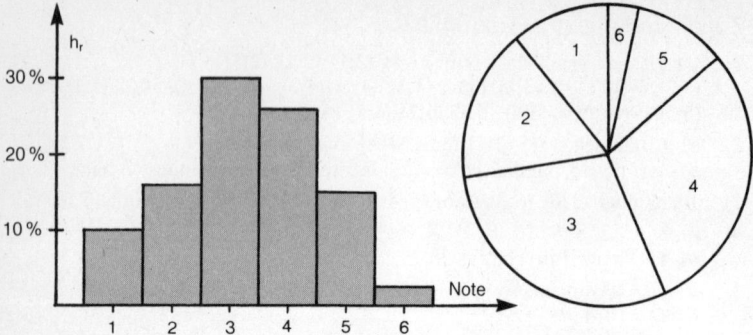

Figur 44

Wahrscheinlichkeiten

16) $P\,(\text{Kopf}) = \frac{313}{500} = 0{,}626$

17) a) $P(\text{weibl.}) = \frac{48}{120} = \frac{2}{5}$, *b)* $P(\text{erw.}) = \frac{32}{120} = \frac{4}{15}$, *c)* $P(\text{männl. jugendl.})$
$= \frac{56}{120} = \frac{7}{15}$.

18) a) $p = \frac{4}{7}$, *b)* $p = \frac{1}{2}$, *c)* $p = 1$, *d)* $p = 0$.

19) a) $P(\text{Herz}) = \frac{1}{4}$, *b)* $P(7) = \frac{1}{8}$, *c)* $P(\text{schwarz}) = \frac{1}{2}$, *d)* $P(\text{Bild}) = \frac{3}{8}$,
e) $P(\text{rote Zahl}) = \frac{1}{4}$.

20) $1 \cdot p + 2 \cdot p + \ldots + n \cdot p = 1 \Rightarrow p \cdot (1 + 2 + \ldots + n) = 1$
$\Rightarrow p \cdot \dfrac{n(n+1)}{2} = 1 \Rightarrow p = \dfrac{2}{n(n+1)}$.

21) a) $P(X \text{ durch 10 teilbar}) = \frac{1}{10}$, *b)* $P(X \text{ hat Quersumme 26}) = \frac{1}{225}$,
c) $P(\text{keine Ziffer von } X \text{ ist kleiner als 8}) = \frac{2}{125}$.

22) a) $P(\text{gerade oder rot}) = \frac{28}{37} \Rightarrow P(\text{Verlust beider Einsätze}) = 1 - \frac{28}{37} = \frac{9}{37}$
b) $p = \frac{27}{37}$.

23) Wegen $(A \cap B) \cup (A \cap \bar{B}) = A$ und $(A \cap B) \cap (A \cap \bar{B}) = \{\ \}$ gilt nach
Satz 3: $P(A) = P\big((A \cap B) \cup (A \cap \bar{B})\big) = P(A \cap B) + P(A \cap \bar{B})$

24) $A \cap B = \{\ \} \Rightarrow A \cap \bar{B} = A \Rightarrow A \subseteq \bar{B} \Rightarrow P(A) \le P(\bar{B})$

25) a) $1 = P(A_1) + P(A_2) + P(A_3) + P(A_4) = 6P(A_1) \Rightarrow P(A_1) = \frac{1}{6}$,
$P(A_2) = \frac{1}{6}$, $P(A_3) = \frac{1}{3}$, $P(A_4) = \frac{1}{3}$
b) $P(A_2 \cup A_4) = \frac{1}{6} + \frac{1}{3} = \frac{1}{2}$.

Kombinatorik

26) a) Verankerung: $A(1)$ *wahr, denn* $1^2 = \frac{1 \cdot 2 \cdot 3}{6}$
Schritt von n auf $n+1$: Sei für ein $n \in \mathbb{N}$ wahr, daß $1^2 + 2^2 + \ldots + n^2 =$
$= \dfrac{n(n+1)(2n+1)}{6}$. Dann ist $1^2 + 2^2 + \ldots + n^2 + (n+1)^2 =$

$$\overset{(A)}{=} \frac{n(n+1)(2n+1)}{6} + (n+1)^2 = \frac{2n^3 + 11n^2 + 13n + 6}{6} =$$

$$= \frac{(n+1)(n+2)(2(n+1)+1)}{6}, \text{ und } A(n+1) \text{ ist ebenfalls wahr.}$$

b) Verankerung: $A(1)$ wahr, denn $2 = 1^2 + 1$.

Schritt von n auf $n+1$: Sei $A(n)$ für ein $n \in \mathbb{N}$ wahr. Dann ist $2 + 4 + \ldots +$

$+ 2n + 2(n+1) \overset{(A)}{=} n^2 + n + 2n + 2 = n^2 + 3n + 2 = (n+1)^2 + (n+1)$,

und $A(n+1)$ ist ebenfalls wahr.

c) $A(1)$ wahr, denn $1 + x \geq 1 + x$.

Schritt von n auf $n+1$: Sei $A(n)$ für ein $n \in \mathbb{N}$ wahr. Dann ist $(1+x)^{n+1} =$

$$= (1+x)^n \cdot (1+x) \overset{(A)}{\geq} (1 + n \cdot x)(1+x) = 1 + (n+1) \cdot x + nx^2 \geq 1 +$$

$+ (n+1) \cdot x$, und $A(n+1)$ ist wahr. Die Voraussetzung $x \geq -1$ wurde an der Stelle (A) benutzt.

27) $A(1)$ wahr, denn $(x - y) = 1 \cdot (x - y)$.

Schritt von n auf $n+1$: Sei $A(n)$ für ein $n \in \mathbb{N}$ wahr, d.h. $(x^n - y^n) = k \cdot (x - y)$.

Dann ist $(x^{n+1} - y^{n+1}) = x \cdot x^n - y \cdot y^n = x \cdot x^n - x \cdot y^n + x \cdot y^n - y \cdot y^n =$

$= x(x^n - y^n) + y^n(x - y) \overset{(A)}{=} x \cdot k \cdot (x - y) + y^n(x - y) = (x \cdot k + y^n)(x - y)$,

und $A(n+1)$ ist wahr.

28) $A(1)$ wahr, denn $(x + y) = 1 \cdot (x + y)$

Schritt von n auf $n+2$: Sei $A(n)$ für ein ungerades $n \in \mathbb{N}$ wahr, d.h. $(x^n + y^n) =$

$= k \cdot (x + y)$. Dann ist $(x^{n+2} + y^{n+2}) = x^2 \cdot x^n + x^2 \cdot y^n - x^2 \cdot y^n + y^2 \cdot y^n =$

$= x^2(x^n + y^n) + y^n(y^2 - x^2) \overset{(A)}{=} x^2 \cdot k \cdot (x + y) + y^n \cdot (y - x)(y + x) =$

$= (x^2 \cdot k \cdot y^n \cdot (y - x))(x + y)$, und $A(n+1)$ ist wahr.

29) Das konvexe Polyeder mit der kleinsten Kantenzahl k ist das Tetraeder. Hier gilt $k = 6$, $e = 4$, $f = 4$, und $A(6) = 4 + 4 = 6 + 2$ liefert die Verankerung. Induktionsschritt: Sei $A(k)$ für ein $k \in \mathbb{N}$ wahr. Nun betrachten wir ein Polyeder mit $k + 1$ Kanten und entfernen eine Kante. Dabei gibt es zwei Möglichkeiten: *entweder e oder aber f* nimmt ebenfalls um 1 ab. Für das entstehende Polyeder gilt die Annahme (A): $e + f = k + 2$. Setzt man die entfernte Kante wieder ein, vergrößern sich beide Seiten um 1, und $A(k+1)$ ist wahr.

Bemerkung: Probleme mit der Konvexitätsbedingung beseitigt man, indem man das Polyeder in geeigneter Weise auf eine Ebene abbildet. Dann läßt sich der Polyedersatz für beliebige zusammenhängende Graphen beweisen.

30) $A(1)$ wahr: denn $A = |M_1|$.

Schritt von n auf $n+1$: Sei $A(n)$ für ein $n \in \mathbb{N}$ wahr. Da jedes Ergebnis eines n-stufigen Prozesses in der $(n+1)$-ten Stufe auf $|M_{n+1}|$ Arten fortgesetzt werden kann, gilt $A \overset{(A)}{=} (|M_1| \cdot |M_2| \cdot \ldots \cdot |M_n|) \cdot |M_{n+1}|$, und $A(n+1)$ ist wahr.

Nachbemerkung: In den Aufgaben 26–30 wurde jeweils an der Stelle (A) die Induktionsannahme verwendet.

31) a) Auf $6 \cdot 5 \cdot 8 = 240$ Arten, *b)* Auf $7 \cdot 6 \cdot 8 = 336$ Arten.

32) Es gibt $5^5 = 3125$ solcher Zahlen. *33)* Auf $3^8 = 6561$ verschiedene Arten.

34) auf $6 \cdot 5 \cdot 4 = 120$ verschiedene Arten. *35)* Auf $7! = 5040$ verschiedene Arten.

36) Auf $3! \cdot 4! \cdot 3! \cdot 5! = 103\,680$ verschiedene Arten.

37) Auf $\binom{10}{3} = 120$ Arten.

38) a) $\binom{15}{4} = \dfrac{15 \cdot 14 \cdot 13 \cdot 12}{4 \cdot 3 \cdot 2 \cdot 1} = 1365$,   b) $\binom{14}{3} = 364$,   c) $\binom{15}{11} = \binom{15}{4} = 1365$,

d) $\binom{30}{1} = 30$,   e) $\binom{1983}{0} = 1$.

39)

k	0	1	2	3	4	5	6	7
k Richtige	$\binom{31}{7}$	$\binom{31}{6} \cdot 7$	$\binom{31}{5} \cdot \binom{7}{2}$	$\binom{31}{4} \cdot \binom{7}{3}$	$\binom{31}{3} \cdot \binom{7}{4}$	$\binom{31}{2} \cdot \binom{7}{5}$	$\binom{31}{1} \cdot \binom{7}{6}$	1

40) a) $\binom{12}{2} = 66$,   b) $\binom{12}{3} = 220$,   c) $\binom{13}{3} = 66 + 220 = 286$,

d) $\binom{12}{0} + \ldots + \binom{12}{12} = 2^{12} = 4096$

41) $\binom{5}{3} = 10$ Möglichkeiten.   *42)* Auf $\dfrac{11!}{4! \cdot 4! \cdot 2!} = 34650$ Arten.

43) Aus Satz 8 folgt für $a = 1$ und $b = 2$, daß
$3^n = (1 + 2)^n = \binom{n}{0} \cdot 1^n \cdot 2^0 + \binom{n}{1} \cdot 1^{n-1} \cdot 2^1 + \ldots + \binom{n}{n-1} 1 \cdot 2^{n-1} + \binom{n}{n} \cdot 2^n$
und daraus folgt unmittelbar die Behauptung.

44) Auf $\frac{1}{2} \cdot \binom{22}{11} = 352716$ Arten.

45) Wir zählen alle verschiedenen n-Teilmengen einer $2n$-elementigen Menge. Ihre Anzahl beträgt $\binom{2n}{n}$. Nun denken wir uns von den $2n$ Elementen n rot und n grün markiert. Eine n-Teilmenge kann 0, 1, 2, ..., n grüne Elemente enthalten. Es gibt $\binom{n}{k} \cdot \binom{n}{n-k} = \binom{n}{k}^2$ n-Teilmengen mit genau k grünen Elementen ($k = 0, 1, \ldots, n$). Aufsummieren und Gleichsetzen mit $\binom{2n}{n}$ liefert die Behauptung.

Mehrstufige Zufallsprozesse

46) $p = \frac{5}{6}$ *47)* $p = \left(\frac{1}{2}\right)^4 = \frac{1}{16}$

48) $p = \left(\frac{1}{3}\right)^5 = \frac{1}{243}$ *49)* $p = \frac{1}{2} \cdot \frac{4}{9} = \frac{2}{9}$

50) $P(\text{Ziel wird nicht getroffen}) = 0{,}7 \cdot 0{,}3 = 0{,}21 \Rightarrow p = 1 - 0{,}21 = 0{,}79$

51) $P(\text{alle Kugeln schwarz}) = \frac{5}{9} \cdot \frac{4}{8} \cdot \frac{3}{7} = \frac{5}{42} \Rightarrow p = 1 - \frac{5}{42} = \frac{37}{42}$

52) a) $p = 1 - \left(\frac{19}{20}\right)^{20} \approx 1 - 0{,}358 = 0{,}642$

b) $1 - \left(\frac{19}{20}\right)^x > \frac{1}{2} \Leftrightarrow \frac{1}{2} > \left(\frac{19}{20}\right)^x \Leftrightarrow \lg \frac{1}{2} > x \lg \left(\frac{19}{20}\right) \Leftrightarrow x > \dfrac{\lg 1 - \lg 2}{\lg 19 - \lg 20} \approx 13{,}5$.
Bei mindestens 14 Bohrungen ist $p > \frac{1}{2}$.

53) $1 - \left(\frac{1}{2}\right)^x \geq 0{,}99 \Leftrightarrow \left(\frac{1}{2}\right)^x \leq \frac{1}{100} \Leftrightarrow 2^x \geq 100$. Wegen $2^6 < 100 < 2^7$ muß er mindestens 7 Lose kaufen.

54) a) $P(\text{A gewinnt}) = \frac{1}{2} + \frac{1}{4} + \frac{1}{8} = \frac{7}{8}$. Der Einsatz ist im Verhältnis $7:1$ aufzuteilen.

b) $P(\text{A gewinnt}) = \frac{1}{2} \cdot \frac{7}{8} + \frac{1}{2} \cdot \frac{1}{2} = \frac{11}{16}$. Der Einsatz ist im Verhältnis $11:5$ aufzuteilen.

55) Mit $P(A \cap B) = \dfrac{|A \cap B|}{|\Omega|}$, $P(A) = \dfrac{|A|}{|\Omega|}$ und $P(B) = \dfrac{|B|}{|\Omega|}$ folgt die erste Gleichung aus Definition 1. Die zweite Gleichung folgt aus der ersten nach Multiplikation mit $\dfrac{|\Omega|}{|B|}$ und umgekehrt.

56)	Schwimmer	Nichtschwimmer	Summe
Mädchen	13	13	26
Jungen	26	26	52
Summe	39	39	78

57) $P(A) = \frac{1}{2}$, $P(B) = \frac{1}{4}$, $P(C) = \frac{5}{6}$, $P(A \cap B) = \frac{1}{4}$, $P(A \cap C) = \frac{1}{3}$,
$P(B \cap C) = \frac{1}{6}$ ⇒ alle Ereignisse sind paarweise abhängig.

58) a) $p = \frac{1}{1000} \cdot \frac{1}{1000} = 10^{-6}$,   b) $p = 2 \cdot \frac{1}{1000} \cdot \frac{999}{1000} \approx 0,002$

59) $P(\text{zu Fuß}) = 1 - \frac{195}{200} \cdot \frac{196}{200} \cdot \frac{198}{200} \approx 0,054 \approx \frac{11}{200}$. An rund 11 von 200 Tagen muß er zu Fuß gehen.

60) $P(\text{Vater und Sohn helläugig}) = 0,471$. $P(\text{Vater helläugig}) \cdot P(\text{Sohn helläugig}) = 0,622 \cdot 0,619 \approx 0,385$. Daher wird die Helläugigkeit bei Vater und Sohn abhängig auftreten.

61) $P(\text{männl.} \cap 0) \approx 0,2189$, $P(\text{männl.}) \cdot P(0) \approx 0,2180$
$P(\text{männl.} \cap A) \approx 0,1937$, $P(\text{männl.}) \cdot P(A) \approx 0,1932$
$P(\text{männl.} \cap B) \approx 0,0472$, $P(\text{männl.}) \cdot P(B) \approx 0,0476$
$P(\text{männl.} \cap AB) \approx 0,0247$, $P(\text{männl.}) \cdot P(AB) \approx 0,0257$
Daher kann man die Merkmale als unabhängig bezeichnen.

Bedingte Wahrscheinlichkeiten

62) a) $P(2/\text{Primzahl}) = \frac{1}{3}$,   b) $P(2/\text{Quadratzahl}) = 0$.

63) a) $p = \frac{1}{8}$,   b) $p = \frac{1}{8} \cdot \frac{3}{31} + \frac{7}{8} \cdot \frac{4}{31} = \frac{31}{8 \cdot 31} = \frac{1}{8}$,   c) $p = \frac{1}{8}$ (nachrechnen!)

64) $p = \frac{4}{16} \cdot \frac{3}{15} \cdot \frac{2}{14} \approx 0,7\,\%$ 65) $p = \frac{3}{6} \cdot \frac{2}{5} \cdot \frac{1}{4} \cdot \frac{2}{3} = \frac{1}{30}$

66) a) $p = \frac{2}{22} = \frac{1}{11}$,   b) $p = \frac{2}{12} = \frac{1}{6}$.

67) $P(A/B) + P(\bar{A}/B) = \dfrac{P(A \cap B) + P(\bar{A} \cap B)}{P(B)} = \dfrac{P((A \cap B) \cup (\bar{A} \cap B))}{P(B)} =$
$= \dfrac{P(B)}{P(B)} = 1$.

68) a) $P(\text{zuerst 3/Summe 6}) = \dfrac{P(\text{zuerst 3}) \cdot P(\text{Summe 6/zuerst 3})}{P(\text{Summe 6})} = \dfrac{\frac{1}{6} \cdot \frac{1}{6}}{\frac{5}{36}} = \frac{1}{5}$.

   b) $P(\text{zuerst 3/Summe 7}) = \dfrac{\frac{1}{6} \cdot \frac{1}{6}}{\frac{1}{6}} = \frac{1}{6}$.

69) $P(\text{positiv}) = P(\text{Tbc}) \cdot P(\text{positiv/Tbc}) + P(\text{nicht Tbc}) \cdot P(\text{positiv/nicht Tbc})$
$= 0,001 \cdot 0,95 + 0,999 \cdot 0,04 = 0,04091 \approx 4\,\%$.

70) $P(\text{Hessen}) = 0,39 \cdot 0,28 + 0,01 \cdot 0,09 + 0,56 \cdot 0,52 + 0,04 \cdot 0,01 = 0,4017 \approx 40\,\%$.

71) $P(\text{Urne 3/beide Kugeln schwarz}) = \dfrac{\frac{1}{3} \cdot \frac{2}{15}}{\frac{1}{3} \cdot \frac{7}{22} + \frac{1}{3} \cdot \frac{11}{21} + \frac{1}{3} \cdot \frac{2}{15}} \approx 0,137$

72) $P(1. \text{Kontrolleur/defekt}) = \dfrac{0,45 \cdot 0,1}{0,45 \cdot 0,1 + 0,3 \cdot 0,2 + 0,25 \cdot 0,3} = 0,25$.

Zufallsvariable

73)

s	5	7	8	10	11	13
$P(S = s)$	$\frac{1}{6}$	$\frac{1}{6}$	$\frac{1}{6}$	$\frac{1}{6}$	$\frac{1}{6}$	$\frac{1}{6}$

74)

i	0	1	2	3	4
$P(Z \le i)$	0,1296	0,4752	0,8208	0,9744	1,000

75)

x	3	4	5
$P(X = x)$	$\frac{1}{4}$	$\frac{3}{8}$	$\frac{3}{8}$

$; \; E(X) = 3 \cdot \frac{1}{4} + 4 \cdot \frac{3}{8} + 5 \cdot \frac{3}{8} = 4\frac{1}{8}.$

76) $E(G) = \frac{10\,000}{75\,000} + \frac{15\,000}{75\,000} + \frac{10\,000}{75\,000} + \frac{20\,000}{75\,000} = \frac{11}{15}$ (DM) ≈ 73 Pfg.

77) Bei 1, 2 bzw. 3 Kugeln beträgt der Erwartungswert des Gewinns 1,8, 2,6 bzw. 2,4, bei 4 und 5 Kugeln 0. Daher ist es am günstigsten, 2 Kugeln zu ziehen.

78) a) $9k + 10k^2 = 1$. Aus $k > 0$ folgt $k = \frac{1}{10}$.
b) $P(Z \le 3) = 0,92$, $P(1 < Z < 4) = 0,62$.
c) $E(Z) = 1,88$.

79) $2 \cdot \frac{3}{4} = x \cdot \frac{1}{4} \Rightarrow x = 6$. Walter muß 6 DM dagegen setzen.

80) $E(Z) = \frac{1}{10}(0 + 1 + \ldots + 9) = 4,5$, $V(Z) = 8,25$, $\sigma \approx 2,87$

81)

f	0	1	2	3	4
$P(F = f)$	$\frac{9}{24}$	$\frac{8}{24}$	$\frac{6}{24}$	0	$\frac{1}{24}$

$\Rightarrow E(F) = 1,$
$V(F) = 1, \sigma = 1$

82) $\mu = 402,75$, $\sigma \approx 52,38$.

83) Mit $\mu = E(Z)$ gilt: $E((Z - \mu)^2) = E(Z^2 - 2\mu Z + \mu^2) = E(Z^2) - 2\mu E(Z) + E(\mu^2) = E(Z^2) - 2\mu \cdot \mu + \mu^2 = E(Z^2) - \mu^2 = E(Z^2) - (E(Z))^2.$

84) $V(Y) = E(Y^2) - \mu^2 = 17 - 11,56 = 5,44$

85) $E(Q) = 3 \cdot 4,5 = 13,5$

86) a) $E(Z) = n \cdot \frac{1}{6}$, b) $E(Z) = n \cdot \frac{1}{2}$, c) $E(Z) = n \cdot p$.

87) Aus Satz 3 und 4 folgt: $0 = a \cdot 17 + b$ und $1 = a^2 \cdot 4$. Damit ist $a = \frac{1}{2}$ und $b = -8\frac{1}{2}$.

88) a) $E(S) = 7$, b) $V(S) = 5\frac{5}{6}$, c) $P(|S - 7| \le 1) = \frac{4}{9}$,
d) $P(|S - 7| \le 1) = P(|S - 7| < 2) > 1 - \frac{5\frac{5}{6}}{4}$. Diese Abschätzung ist uninteressant, da sie schlechter ist als $P(|S - 7| < 2) \ge 0$.

89) a) $P(|Z - 8| \ge 6) \le \frac{8}{36} = \frac{2}{9}$, b) Aus $\frac{1}{2} = \frac{\sigma^2}{c^2}$ folgt $c^2 = 16 \Rightarrow c \ge 4$.

90) $P(|S - \mu| \le 2\sigma) = P(|S - \mu| \le 2 \cdot \sqrt{\frac{35}{6}}) = P(|S - 7| \le 4) = \frac{17}{18} \approx 0,94$
Abschätzung: $P(|S - \mu| \le 2\sigma) \ge 1 - 25\% = 0,75$.

91) $E(Z) = 0$, $V(Z) = 1$. Mit $c = t$ ergibt sich aus Satz 6 $P(|Z - \mu| \ge c) = P(|Z| \ge t) = \frac{1}{t^2} = \frac{\sigma^2}{c^2}$. Hier gilt also das Gleichheitszeichen.

92) $E(A) = 600 \cdot \frac{1}{6} = 100$, $V(A) = \frac{250}{3} \Rightarrow P(|A - 100| \ge 20) \le \frac{250}{3 \cdot 400} \approx 0,2.$

Die Binomialverteilung

93) *a)* $P(Z=3) = 4 \cdot \left(\frac{1}{3}\right)^3 \cdot \frac{2}{3} = \frac{8}{81}$, *b)* $P(Z=4) = \frac{1}{81}$, *c)* $P(Z<3) = 1 - \frac{9}{81} = \frac{8}{9}$.

94) *a)* $p = \left(\frac{5}{6}\right)^3 = \frac{125}{216}$, *b)* $p = 3 \cdot \frac{1}{6} \cdot \left(\frac{5}{6}\right)^2 = \frac{75}{216}$, *c)* $p = 1 - \frac{125}{216} = \frac{91}{216}$.

95) $p = P(B$ gewinnt 3 oder mehr Spiele$) = \binom{5}{3} \cdot 0{,}4^3 \cdot 0{,}6^2 + \binom{5}{4} \cdot 0{,}4^4 \cdot 0{,}6 + \binom{5}{5} \cdot 0{,}4^5 \approx 0{,}32$.

96) $E(W) = 100 \cdot \frac{1}{2} = 50$, $V(W) = 100 \cdot \frac{1}{2} \cdot \frac{1}{2} = 25$.

97) *a)* $n \cdot p = 6$, $n \cdot p \cdot (1-p) = 4 \Rightarrow p = \frac{1}{3}$, $n = 18$
   b) $P(B \geq 1) = 1 - P(B=0) = 1 - \left(\frac{2}{3}\right)^{18} \approx 0{,}9993$

98) $P(\text{Zufall}) = \left(\frac{4}{5}\right)^{15} \approx 0{,}035$ 99) $p = \left(\frac{9}{10}\right)^{10} + 10 \cdot \left(\frac{9}{10}\right)^9 \cdot \frac{1}{10} \approx 0{,}736$

100) $P(3 \text{ von } 4) = 4 \cdot \left(\frac{1}{2}\right)^4 = 0{,}25$, $P(5 \text{ von } 8) = \binom{8}{5} \cdot \left(\frac{1}{2}\right)^8 \approx 0{,}22$; das erste ist wahrscheinlicher.

101) *a)* $m = \left[10 \cdot \frac{3}{4} + \frac{3}{4}\right] = 8$, *b)* $m = \left[20 \cdot \frac{3}{4} + \frac{3}{4}\right] = 15$.

102) *a)* $B(n;p;k+1) = \binom{n}{k+1} \cdot p^{k+1} \cdot q^{n-k-1} =$

$$\frac{n!}{(k+1)!(n-k-1)!} \cdot \frac{p}{q} \cdot p^k \cdot q^{n-k} = \frac{n-k}{k} \cdot \frac{p}{q} \cdot \frac{n!}{k!(n-k)!} \cdot p^k q^{n-k},$$

und daraus folgt sofort die Behauptung.

b) $B(500; \frac{1}{365}; 0) = \left(\frac{364}{365}\right)^{500} \approx 0{,}254$, $B(500; \frac{1}{365}; 1) = \frac{500}{364} \cdot \left(\frac{364}{365}\right)^{500} \approx 0{,}348$.

103) $p = 1 - \left(\frac{364}{365}\right)^{500} - \frac{500}{364} \cdot \left(\frac{364}{365}\right)^{500} \approx 0{,}398$.

104) *a)* $p \approx 0{,}504$, *b)* $p \approx 0{,}868$

105) In Satz 4 nehmen wir als ungünstigsten Fall Gleichheit an.

$$P(|6\% - p| > 1\%) = \frac{1}{4n \cdot 10^{-4}} \Rightarrow 0{,}001 = \frac{10^4}{4 \cdot n} \Rightarrow n = 2\,500\,000.$$

Die Hochrechnung beruht auf mindestens $2\,500\,000$ Stimmen.

Die Poisson-Verteilung

106) *a)* $\lambda = 5 \Rightarrow B(50; 0{,}1; 5) \approx 0{,}175$,   *b)* $\lambda = 2 \Rightarrow B(200; 0{,}01; 4) \approx 0{,}090$,
   c) $\bar{p} = 0{,}05$, $\bar{k} = 4 \Rightarrow B(144; 0{,}95; 140) = B(144; 0{,}05; 4) \approx 0{,}084$.

107) Satz 1 liefert $\dfrac{B(2000; 0{,}017; 341)}{B(2000; 0{,}017; 340)} \approx \dfrac{P(34; 341)}{P(34; 340)} = \dfrac{34}{341} \approx \dfrac{1}{10}$.

108) $p = B(30; \frac{1}{6}; 0) \approx P(5; 0) \approx 0{,}0067$.

109) *a)* $\lambda = \frac{25}{60}$, $k = 3 \Rightarrow p = P(\lambda; k) \approx 0{,}0079$
   b) $p = 1 - P(\lambda; 0) - P(\lambda; 1) - P(\lambda; 2) \approx 0{,}0089$

110) $\lambda = \frac{2}{5} \Rightarrow p \approx P(\lambda; 0) \approx 0{,}670$

111) *a)* $P(1; 1) = \frac{1}{e} \approx 0{,}3679$, *b)* $P(0{,}09; 2) \approx 0{,}0037$, *c)* $P(7; 0) = e^{-7} \approx 0{,}00091$

112) Die Summe der $h(k)$ ist 200. Daher ist $E(K) = \lambda = \frac{1}{200} \cdot (65 + 2 \cdot 22 + 3 \cdot 3 + 4) = 0{,}61$. Die Tabelle zeigt die gerundeten Werte von $200 \cdot P(0{,}61; k)$.

k	0	1	2	3	4	5
$200 \cdot P(0{,}61; k)$	109	66	20	4	1	0

Die Näherung ist sehr gut; daher sind die $h(k)$ Poisson-verteilt.

113) Mit $p = \frac{2}{100}, n = 80, \lambda = 1,6$ ergibt sich $P(\text{Verlegenheit}) \approx P(1,6;0) \approx 0,20$.

Die Normalverteilung

114) a) $p = \frac{1}{8}$, b) $p = \frac{1}{8}$, c) $p = \frac{5}{9}$, d) $p = 0$, e) $p = \frac{5}{6}$.

115) a) f ist Dichte, da $f(Z) \geq 0$ für alle Z und $\int_{-\infty}^{\infty} f(Z)\,dZ = 1$ (vgl. Figur 45)

b) f ist keine Dichte, da $\int_{-\infty}^{\infty} f(Z)\,dZ > 1$ (vgl. Figur 45)

c) $f(Z)$ ist Dichte, da $f(Z) \geq 0$ überall, und weil $\int_{0}^{\pi} \frac{1}{2} \sin Z\,dZ = 1$ (vgl. Figur 45).

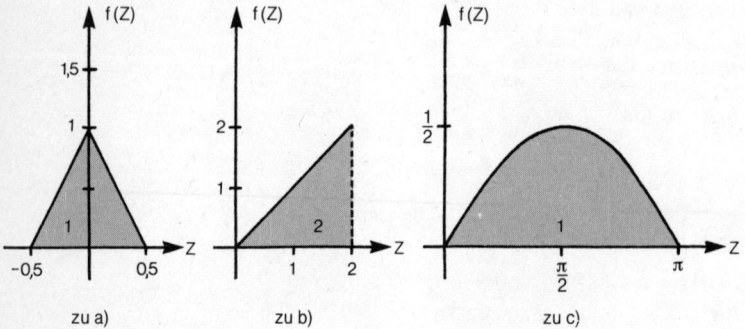

Figur 45

116) a) $P(Z \leq \frac{\pi}{4}) = \frac{1}{2} \int_{0}^{\frac{\pi}{4}} \sin Z\,dZ = -\frac{1}{2}\left[\cos Z\right]_{0}^{\frac{\pi}{4}} \approx 0,856$, b) $x = \frac{1}{4}$

117) a) 0,97725, b) 0,97725, c) 0,15866, d) 0,81859, e) 0,31732.

118) a) 0,5 b) $P(0 < Z < 6) = \phi\left(\frac{6-3}{3}\right) - \phi\left(\frac{0-3}{3}\right) \approx 0,68268$

119) $Z = B(6000; \frac{1}{6}; k) \Rightarrow P(Z \geq 1100) \approx 1 - \phi\left(\frac{1100-1000}{\sigma}\right)$. Mit $\sigma = \frac{50}{\sqrt{3}}$ ist $P(Z \geq 1100) \approx 1 - \phi(3,464) \approx 0,0003$.

120) $n = 1850, p = \frac{1}{37}, \sigma \approx 6,975 \Rightarrow P(X = 50) = \phi(0) - \phi\left(\frac{49-50}{6,975}\right) \approx 0,0557$.

121) $n = 80, p = 0,4, \sigma = \sqrt{19,2} \approx 4,38$. $P(Z > 40) = 1 - P(Z \leq 40) \approx$ $\approx 1 - \phi(1,826) \approx 0,034 = 3,4\%$.

122) $n = 1000, \mu = 300, \sigma = \sqrt{210} \Rightarrow P(|Z - 300| \leq 50) = P(|Z - 300| \leq 3,45\sigma)$ $= 2\phi(3,45) - 1 \approx 0,99944$.

123) Mit Stetigkeitskorrektur gilt: $p = P(Z \leq 95) - P(Z \leq 84) \approx$ $\approx 2\phi\left(\frac{5,5}{8}\right) - 1 \approx 0,51$.

124) $2\phi(u^*) - 1 = 0,99 \Rightarrow \phi(u^*) = 0,995 \Rightarrow u^* \approx 2,58 \Rightarrow k_1 \approx 110\,\text{cm}, k_2 \approx 70\,\text{cm}$.

125) $P(A \text{ siegt}) = P(Z > 498\,000) \approx 1 - \phi\left(\frac{-1000}{499,5}\right) \approx \phi(2) \approx 0,977$.

126) $E(\text{Gesamtzeit}) = 7,5\,\text{s}, V(\text{Gesamtzeit}) = 0,36\,s^2, \sigma = 0,6\,\text{s}$. Nach Satz 8 ist die Gesamtzeit $G N(7,5; 0,6)$-verteilt, und $P(G > 9) = 1 - \phi\left(\frac{2}{0,6}\right) \approx 0,00043$.

Statistische Anwendungen

127) a) $\bar{x} = 0{,}775$ h, b) $\tilde{x} = \frac{1{,}2 + 0{,}5}{2} = 0{,}85$ h.

128) $\bar{x} = 23{,}8$ *129)* $\bar{x} = 2600$ Taler, $\tilde{x} = 2000$ Taler.

130) A: $\bar{x} = 0{,}7$ kg, $\sigma \approx 0{,}32$ kg, $\tilde{x} = 0{,}7$ kg, $R = 1{,}0 - 0{,}4 = 0{,}6$ kg
     B: $\bar{x} = 0{,}7$ kg, $\sigma = 0{,}2$ kg, $\tilde{x} = 0{,}7$ kg, $R = 0{,}9 - 0{,}5 = 0{,}4$ kg

131) $\bar{x} = 173$ cm, $\sigma \approx 7{,}82$ cm, $\tilde{x} = 173$ cm, $R = 8$ cm.

132) $E(\bar{Z}) = 14$, $V(\bar{Z}) = \frac{1}{12} \cdot 16 = 1\frac{1}{3}$.

133) $\bar{G} = 17{,}6$ g, $S^2 = \frac{14}{15}$ g^2.

134) Für $n = 1$ ist S^2 nicht definiert.

135) $\frac{1}{n} \cdot 1 = V(\bar{Z}) < 0{,}1 \Rightarrow n > 10$.

136) a) $9{,}95 = 2\,\phi\left(\dfrac{c}{\sigma}\right) - 1 \Rightarrow \dfrac{c}{\sigma} = 1{,}96$. Aus $(0{,}08 - p)^2 = 1{,}96^2\,\dfrac{p(1-p)}{100}$
     folgt $[p_1; p_2] = [0{,}041; 0{,}150]$.
    b) Analog ergibt sich $[p_1; p_2] = [0{,}0335; 0{,}179]$.

137) $[p_1; p_2] = [0{,}712; 0{,}784]$ *138)* $[p_1; p_2] = [0{,}738; 0761]$

139) a) $[p_1; p_2] = [0{,}987; 0{,}994]$, b) $[p_1; p_2] = [0{,}991; 0{,}997]$
    Die Intervalle überlappen sich.

140) $\frac{c}{n} = 0{,}02$, $2\,\phi\left(\frac{c}{\sigma}\right) - 1 = 0{,}99 \Rightarrow c = 2{,}58\sigma$ und $c = 0{,}02n \Rightarrow 0{,}02n =$
    $= 2{,}58 \cdot \sqrt{np(1-p)}$. a) $p(1-p) \le \frac{1}{4} \Rightarrow \sqrt{n} \ge 129 \cdot \frac{1}{2} \Rightarrow n \ge 4161$.
    b) $p = 0{,}2 \Rightarrow \sqrt{n} \approx 129 \cdot 0{,}4 \Rightarrow n \ge 2663$.

141) $H_0: P(\text{heller Keks}) = \frac{1}{2}$, $\bar{A} = \{0; 1; \ldots; 5; 15; 16; \ldots; 20\}$,
    $P(\bar{A}) = 2 \cdot \frac{1}{2^{20}} \cdot \left(\binom{20}{0} + \binom{20}{1} + \ldots + \binom{20}{5}\right) \approx 0{,}041$.

142) $H_0: P(\text{heller Keks}) < \frac{1}{2}$. $\bar{A} = \{15 \text{ bis } 20 \text{ helle Kekse}\}$,
    $p = 1 - P(\bar{A}) \approx 0{,}979$.

143) $\alpha = B(10; 0{,}2; 5) + B(10; 0{,}2; 6) + \ldots + B(10; 0{,}2; 10) \approx 0{,}0328$.

144) a) Fehler 2. Art, b) Fehler 1. Art.

145) a) $P(11111/A) = \frac{3}{8} \cdot 0{,}5^5 \approx 0{,}012$, $P(11111/B) = \frac{5}{8} \cdot 0{,}7^5 \approx 0{,}105$
    $P(\text{Typ } A) \approx 0{,}10 = 10\,\%$.
    b) $P(00100/A) = \frac{3}{8} \cdot 0{,}5^5 \approx 0{,}012$, $P(00100/B) = \frac{5}{8} \cdot 0{,}3^4 \cdot 0{,}7 \approx 0{,}0035$
    $P(\text{Typ } A) \approx 77\,\%$.

146) $\alpha = \dfrac{\binom{10}{3} \cdot \binom{10}{1} + \binom{10}{4} \cdot \binom{10}{0}}{\binom{20}{4}} = \dfrac{22}{323} \approx 6{,}8\,\%$.

147) $\chi_1^2 \approx 2{,}57$. Ein möglicher Zusammenhang wäre noch nicht einmal auf dem $10\,\%$-Niveau signifikant.

148) $\chi_{11}^2 \approx 16{,}21$. Die Abweichungen sind überraschenderweise noch nicht einmal auf dem $10\,\%$-Niveau signifikant.

2. Register